쉽게 배우는

# 기본 유체역학

# Basic Fluid Mechanics

유주식 지음

교육과학사

# 머리말

유체역학은 기계, 자동차, 조선, 항공, 화학, 토목 등 여러 공학 분야에서 배우는 과목이므로 세계적으로도 널리 알려진 훌륭한 교재들이 있다. 그런데 유명한 책들은 대부분 그 양이 너무 방대하여 특히 수학적/물리적 기초가 부족한 학생에게는 적합하지 않은 면이 있으므로 기본적인 내용을 간추려서 쉽게 설명한 책이 필요하다.

이 책은 유체역학 입문서로서 유체역학의 기본적인 핵심 내용을 간결하게 정리하여 설명하였다. 특히 공무원과 중등교사 임용시험 및 기사시험 등의 수준에 적합하도록 책의 내용을 구성하여 실질적으로 도움이 되게 하였다. 유체역학의 가장 기본적인 내용은 유체정역학, 연속방정식, 베르누이 방정식(에너지 방정식), 운동량 정리이다. 이 책은 이들 내용들을 중심으로 하여 몇 가지 응용 분야를 다루고 있으며, 기본적으로는 미적분을 사용하지 않고 관련 이론을 적용하여 문제를 풀 수 있게 하였다.

충분한 양의 예제와 연습 문제를 수록하였고, 유체역학을 처음 배우거나 기초가 부족한 학생들도 스스로 공부할 수 있게끔 공식 유도와 문제 풀이 과정을 상세히 기술하였다. 연습문제는 주요 핵심 개념을 파악할 수 있게 하는 문제들로 구성되어 있으며 공무원과 중등교사 임용시험 문제 등을 많이 수록하여 각종 시험 준비에도 도움이 되게 하였다. 특히 학생들이 편리하게 관련 내용을 알고 이해하는 것을 목적으로 모든 문제의 정답을 수록하고 풀이 과정을 기술하였다.

아무쪼록 이 책을 통하여 유체역학의 기초를 튼튼하게 다지고 유체역학에 대한 자신감을 갖게 되기를 바라는 바이다. 끝으로 책의 출판에 도움을 주신 교육과학사 관계자들께 감사드린다.

2021년 3월

유 주 식

# 차 례

# 제1장

# 서 론

## 1.1 유체역학 소개

유체역학(fluid mechanics)은 정지해 있거나 운동하고 있는 유체를 다루는 학문이다. 유체 역학은 크게 정지 상태 유체를 연구하는 유체 정역학(hydro-statics)과 운동하고 있는 유체에 대해 연구하는 유체 동역학(hydro-dynamics)으로 나눌 수 있다. 또는 유체의 종류에 따라 액체를 다루는 수력학과 기체를 다루는 기체역학으로 나누기도 한다.

유체역학은 펌프, 터빈, 가정이나 빌딩의 물 배관, 공기 배관망, 화학 공장의 배관 시스템 등과 같이 여러 분야에서 광범위하게 응용된다. 또한 아음속 및 초음속 비행기의 공기역학적 설계를 할 때나 주유소의 미터기와 같은 많은 종류의 유동 측정 장치를 개발할 때도 유체의 거동을 연구하여 응용하고 있다.

자동차에도 유체역학의 응용사례가 많이 있다. 연료탱크로부터 실린더에 이르기까지 연료 수송(연료 펌프, 연료 선, 연료 분사기)뿐만 아니라 실린더 내에서 연료와 공기의 혼합과 배기파이프 내에서 연소가스의 소기에 관련된 모든 부품들은 유체역학을 이용하여 해석된다. 또한 유체역학은 난방과 공기 조화 시스템, 유압 브레이크, 동력 조향 장치, 자동변속기, 윤활 시스템, 라디에이터와 물 펌프를 포함하는 엔진 블록의 냉각 계통과 타이어 등의 설계에 이용된다. 신 모델 자동차의 매끈한 유선형 모양은 자동차 표면 위 유동에 대한 광범위한 해석을 이용하여 공기에 의해 자동차에 작용하는 항력(drag)을 최소화하기 위한 노력의 결과이다.

보다 폭넓은 규모에서 유체역학은 선박, 잠수함, 항공기, 로켓, 제트엔진, 풍력 터빈, 생의학 장치(인공 심장과 혈액 흐름 및 호흡기 계통 등), 전기 집진기, 전자 부품의 냉각 시스템, 물과 원유 및 천연가스 수송 시스템 등에 관한 설계와 해석에서 중요한 역할을 담당한다. 그리고 바람에 의해 발생하는 항력을 구조물이 지탱할 수 있는가를 확인하기 위해 건물과 교량 및 광고 게시판의 설계에도 유체역학이 응용된다. 또한 강수 주기, 날씨 패턴, 토네이도, 허리케인, 쓰나미(seismic sea wave, 지진으로 인한 해일) 현상, 태풍 경로, 맨틀 대류 등의 자연 현상에도 유체역학의 원리가 적용된다.

이와 같이 유체역학의 응용 범위는 아주 광범위하고. 유체역학은 아주 오랜 역사를 지닌 분야이지만 앞으로도 많이 연구되어야 할 중요한 학문 분야이다. 그런데 실제 유체의 거동은 매우 복잡하며 그 현상을 정확하게 조사하는 것은 아주 어렵다. 이 책은 유체역학 입문서로서 유체역학의 아주 기초적인 사항만 다룰 것이다.

먼저 이 장에서는 유체역학을 포함한 모든 역학 분야에서 가장 기본적인 차원과 단위에 대한 기본개념을 알아본다.

## 1.2 차원

자연에서 일어나는 물리적인 현상은 일반적으로 숫자를 사용하여 측정한 결과를 기술한다. 이와 같이 어떤 물리 현상을 정량적으로 기술하기 위해 사용하는 수를 물리량(physical quantity)이라 하고, 물리량의 성질을 표현하기 위해 사용되는 변수를 차원(dimension)이라 한다.

자연과학과 공학에서 사용하는 기본차원에는 [표 1.1]의 7개가 있으며 다른 차원들은 모두 이들의 조합으로 표현된다.

[표 1.1] 기본차원

| 차원 | 단위 | 차원 | 단위 |
|---|---|---|---|
| 질량 | kg | 물질량 | mol(몰) |
| 길이 | m | 전류 | A (암페어) |
| 시간 | s | 광도 | cd(칸델라) |
| 온도 | K (Kelvin) | | |

예를 들어 속도는 단위 시간에 이동한 거리를 나타내므로 기본차원인 '길이'와 '시간'의 조합(길이/시간)으로 표현된다. 특히 유체역학에서 나타나는 물리량들은 대부분 3 개의 기본차원 '질량, 길이, 시간'의 조합으로 나타내어진다. 이 책에서는 '질량, 길이, 시간, 온도'의 기본차원과 이들의 조합으로 나타나는 파생차원만 다룰 것이다.

## 1.3 단위

### 1 단위

단위(unit)는 인위적으로 정한 크기를 기준으로 하여 물리량의 차원을 표현하기 위해 사용되는 것을 말한다.

**설명** 길이는 길거나 짧거나 같은 차원(길이의 차원)을 갖는다. 그러나 길고 짧음을 비교하기 위해서는 길이의 크기를 나타낼 수 있는 어떤 기준이 필요하다. 이와 같이 같은 물리량의 크기를 서로 비교하는 기준으로 사용하는 것을 단위라 한다. 단위(unit)는 인위적으로 정한 크기를 기준으로 차원을 표현하기 때문에 여러 가지로 표현될 수 있다. 예를 들어 길이의 단위에는 'ft, m, 자' 등 여러 가지가 있다. 따라서 인위적으로 정한 크기는 기준에 따라 다를 수가 있으므로 각 나라마다 사용하는 단위가 다양하게 나타나는데 최근에는 국제적으로 공인된 SI 단위를 많이 사용하는 추세에 있다.

[참조] SI 단위에서 질량, 길이, 시간의 기초단위는 각각 kg, m, s이다.

(1) 표준 킬로그램(kg) : 1kg 질량의 표준 원기는 파리 근교의 국제도량형국에 보관되어 있는 높이와 지름이 3.9cm인 백금-이리듐 원통이다.

(2) 표준 1 미터(m)는 $\dfrac{1}{299,792,458}$ 초 동안에 진공 속에서 빛이 진행한 길이이다. 이 숫자는 빛의 속도($c$)가 정확하게

$$c = 299,792,458 \text{ m/s}$$

가 되도록 택한 숫자이다.

(3) 표준 1초(s)는 세슘-133 원자로부터 방출된 특정 파장의 빛이 9,192,631,770번 진동할 때 걸리는 시간으로 정의한다.

## 2 절대단위계

기준량으로 질량($M$), 길이($L$), 시간($T$)을 잡고 이들의 조합으로써 다른 물리량의 단위를 나타내는 것을 절대단위계($MLT$ 계)라 한다.

## 3 중력단위계

기준량으로 힘($F$), 길이($L$), 시간($T$)을 잡고 이들의 조합으로써 다른 물리량의 단위를 나타내는 것을 중력단위계($FLT$ 계)라 한다.

**설명** 유체 역학에서 나타나는 물리량들의 차원은 대부분 다음과 같이 질량($M$), 길이

($L$), 시간($T$)으로써 표현되는데 이와 같은 것을 절대단위계라 한다.

$$[Y] = M^{\alpha} L^{\beta} T^{\gamma} \quad \text{①}$$

식 ①을 물리량 $Y$의 차원식이라 한다. 예를 들어 밀도($\rho$)와 가속도($a$)의 차원을 절대단위계로 나타내면 다음과 같다.

$$[\rho] = \left[\frac{\text{질량}}{\text{부피}}\right] = \frac{[\text{질량}]}{[\text{부피}]} = \frac{M}{L^3} = ML^{-3} \quad \text{②}$$

$$[a] = \left[\frac{dv}{dt}\right] = \frac{[v]}{[t]} = \frac{L/T}{T} = LT^{-2} \quad \text{③}$$

한편 질량 대신에 일정 질량에 작용하는 중력을 기본량으로 택하여 다른 물리량을 표현할 수도 있다(중력단위계). 기본차원을 힘($F$), 길이($L$), 시간($T$)으로 하면 중력단위계에서 $Y$의 차원식은

$$[Y] = F^{\alpha} L^{\beta} T^{\gamma} \quad \text{④}$$

가 된다.

뉴턴 운동법칙 $F = ma$에서 힘의 차원을 절대단위계로 나타내면

$$[F] = [ma] = [m][a] = MLT^{-2} \quad \text{⑤}$$

이다. 여기에서 질량 대신에 힘 $F$를 기본량으로 취하여 질량의 차원을 중력단위계로 나타내면

$$[M] = [F]/[a] = FL^{-1}T^2 \quad \text{⑥}$$

이 된다. 식 ⑤와 ⑥을 이용하면 각각 '중력단위계 → 절대단위계', '절대단위계 → 중력단위계'로 변환할 수 있다.

[표 1.2]에는 절대 단위계의 기본차원과 SI 기본단위를 나타내었다.

**[표 1.2] 기본차원과 SI 단위**

| 물리량 | 차원 | 명칭 | SI 단위(unit) |
|---|---|---|---|
| 질량 | $M$ | kilogram | kg |
| 길이 | $L$ | meter | m |
| 시간 | $T$ | second | s |
| 온도 | $\Theta$ | Kelvin | K |
| 평면각 | (무차원량) | radian | rad |

**[예제 1.1]** 압력($P$)은 단위면적($A$)에 수직으로 작용하는 힘($F$)으로 정의된다. 압력의 차원을 $FLT$ 계와 $MLT$ 계로 나타내어라.

**풀이** 압력 $P=\dfrac{F}{A}$이므로 $FLT$ 계에서 압력의 차원은

$$[P]=\left[\frac{F}{A}\right]=\frac{[F]}{[A]}=\frac{F}{L^2}=FL^{-2}$$

이고, 힘의 차원은

$$[F]=[ma]=[m][a]=M\times(L/T^2)=ML/T^2$$

이므로 $MLT$ 계에서 압력의 차원은 다음과 같다.

$$[P]=\frac{F}{L^2}=\frac{ML/T^2}{L^2}=ML^{-1}T^{-2}$$

## 4 동차성의 원리

이론적으로 어떤 물리량 $y$와 변수 $x_1$, $x_2$, $\cdots$, $x_n$의 관계가 다음과 같을 때

$$y=f(x_1, x_2, \cdots, x_n)$$

좌변과 우변의 각 항은 같은 차원을 가진다.

**설명** 물리적인 현상을 기술하는 방정식의 각 항들은 차원의 동일성을 만족해야 한다는 것이 기본 전제가 된다. 예를 들어 초기 속도 $V_0$, 가속도 $a$인 물체의 $t$ 시간 후의 속도($V$)는

$$V=V_0+at \quad \cdots\cdots ①$$

이다. 식 ①을 차원 관점에서 쓰면 속도의 차원은 $LT^{-1}$이고, 가속도의 차원은 $LT^{-2}$이므로

$$LT^{-1}=LT^{-1}+(LT^{-2})(T)$$

$$\therefore\ LT^{-1}=LT^{-1}+LT^{-1} \quad \cdots\cdots ②$$

이다. 식 ②에서 각 항의 차원이 같으므로 식 ①은 동차성의 원리를 만족한다. 이와 같은 차원 해석(dimensional analysis)은 물리적인 문제의 답에 대한 중요한 검산 역할을 하며, 과학자나 공학자에게 식이 취해야 할 형태에 대한 힌트를 제공한다. 예를 들면, 에너지 $E$, 질량 $m$, 빛의 속도 $c$를 관련 짓는 아인슈타인의 식 $E=mc^2$은 왜 $E=m^2c$ 또는 $E=mc^3$이 아닐까? 에너지 $E$의 차원은 $ML^2/T^2$이다. 그러나 $m^2c$와 $mc^3$의 차원은 각각 $M^2(L/T)$, $M(L/T)^3$이므로 $E$의 차원과 다르다. 따라서 $E=m^2c$ 또는 $E=mc^3$이 될 수 없다. 반면 $mc^2$의 차원은 $M(L/T)^2$이므로 $E$의 차원과 일치한다. 따라서 $E=mc^2$은 차원의 관점에서 옳은 식임을 알 수 있다.

**[예제 1.2]** 지름 $D$, 길이 $l$인 관 속을 평균속도 $V$로 점성유체가 흐를 때 마찰 손실 $h_L$은 다음과 같이 주어진다.

$$h_L = \lambda \frac{l}{D}\frac{V^2}{2g}$$

여기에서 $\lambda$는 손실계수이며 차원이 없는 상수이고 $g$는 중력가속도이다. 마찰 손실 $h_L$의 차원을 구하여라.

**풀이** 준 식에 각 변수의 차원을 대입하면 다음과 같다.

$$[h_L] = [\lambda]\frac{[l]}{[D]}\frac{[V^2]}{[2g]} = 1 \times \frac{L}{L} \times \frac{(L/T)^2}{L/T^2} = L$$

즉, 마찰손실 $h_L$은 길이의 차원을 갖는다.

† [예제 1.2]에 주어진 식은 Darcy-Weisbach 방정식이라 하며 관에서 마찰 손실을 구할 때 사용하는 식이다. 여기에서 $h_L$은 길이의 차원을 가지며 손실수두라고 한다(7장).

# 1.4 역학에 관한 단위

## 1 MKS 단위계 (SI 단위계)

길이 [m], 질량 [kg], 시간 [s] 을 기본단위로 하는 단위계를 **MKS 단위계**라 한다. **MKS 단위계**에서 힘의 단위는 N (Newton), 압력은 Pa (Pascal), 일과 에너지는 J (Joule), 일률(동력)은 W (Watt)이다.[1)]

① 1N : 1kg 의 물체에 $1m/s^2$의 가속도를 내게 하는 힘

$$1N = 1kg \cdot m/s^2$$

② 1J : 1N 의 힘을 작용하여 1m 이동했을 때 한 일

$$1J = 1N \cdot m$$

③ 1Pa : 1N 의 힘이 $1m^2$에 수직으로 작용할 때의 압력

$$1Pa = 1N/m^2 \quad (1\,bar = 10^5 Pa)$$

④ 1W : 1 초에 1J 의 일을 할 때의 일률

$$1W = 1J/s = 1N \cdot m/s$$

## 2 CGS 단위계

길이 [cm], 질량 [g], 시간 [s] 을 기본단위로 하는 단위계를 **CGS 단위계**라 한다.

① 1 dyne : 1g 의 물체에 $1cm/s^2$의 가속도를 일으키는 힘

$$1dyne = 1g \cdot cm/s^2 \quad (1N = 10^5 dyne)$$

1) 단위를 잘 알아두도록 한다. 단위를 모르고 역학을 공부하겠다는 것은 1, 2, 3,... 숫자를 모르고 수학을 공부하겠다는 것과 같다.

② 1erg : 1dyne 의 힘을 작용하여 1cm 이동했을 때 한 일

$$1\,\text{erg} = 1\,\text{dyne} \cdot \text{cm}$$

## 3 중력단위계

길이 [m], 시간 [s]과 힘의 단위 [kgf]를 사용하는 단위계를 중력 단위계라 한다.

- 1kgf : 질량 1kg 의 물체에 작용하는 중력

$$1\text{kgf} = 9.80665\,\text{N}$$

† 질량 $m$인 물체의 무게는 $W = mg$이고, 질량 1kg의 무게는 다음과 같다.

$$W = mg = 1\text{kg} \times 9.80665\text{m/s}^2 = 9.80665\,\text{kg} \cdot \text{m/s}^2 = 9.80665\,\text{N}$$

여기에서 $g$는 중력가속도이며, 유체역학을 포함한 기계공학에서 일반적으로 사용하는 중력가속도 값은 다음과 같다.

$$g = 9.8\text{m/s}^2 \quad (\text{또는}) \quad g = 9.81\text{m/s}^2$$

† SI 단위계에서 길이 [m], 질량 [kg], 시간 [s] 을 기본단위라 하고, 이들의 조합으로 표현되는 N(Newton), Pa(Pascal), J(Joule), W(Watt) 등을 유도단위 또는 조립단위라고 한다. SI 단위계(Standard International unit)는 각국에서 사용하던 단위계를 표준화시키기 위해 만든 것이다.

**[예제 1.3] 중력 단위계에서 $1\text{kgf/cm}^2$의 압력을 SI 단위계의 Pa과 kPa로 환산하여라.**

풀이 SI 단위계에서 압력[Pa, kPa]과 중력단위계에서 $\text{kgf/cm}^2$의 관계는 다음과 같다.

$$\begin{aligned} 1\text{kgf/cm}^2 &= 9.80665\,\text{N/cm}^2 \\ &= 9.80665\,\text{N}/(10^{-2}\text{m})^2 = 98066.5\,\text{N/m}^2 \\ &= 98066.5\,[\text{Pa}] = 98.0665\,[\text{kPa}] \end{aligned}$$

## 4 기타 환산단위

기계공학에서 자주 사용하는 일률(동력, power)의 단위에는 마력(馬力, horse power)이 있다. SI 단위계에서는 1마력을 1PS로 나타내며 다음과 같이 정의한다.

$$1\,\mathrm{PS} = \frac{75\,\mathrm{kgf \cdot m}}{\mathrm{s}} = 75 \times 9.80665\,\frac{\mathrm{J}}{\mathrm{s}} \approx 735.5\,\mathrm{W}$$

한편 영국 단위계에서는 1마력을 1HP (hp)로 표시하며 그 크기는 다음과 같다.

$$1\,\mathrm{kW} = 1.341\,\mathrm{HP}$$
$$1\,\mathrm{HP} = 745.7\,\mathrm{W} \approx 746\,\mathrm{W}$$

영국 단위계는 미국을 비롯한 몇몇 나라에서 사용하고 있는데 오늘날에는 대부분 SI 단위로 대체되고 있다. 영국 단위계의 길이와 힘은 SI 단위로 다음과 같이 정확하게 환산된다.

길이 : $1\,\mathrm{inch(in)} = 2.54\,\mathrm{cm}$

$1\,\mathrm{foot(ft)} = 12\,\mathrm{inch} = 0.3048\,\mathrm{m}$

힘 : $1\,\mathrm{pound(lb)} = 4.448221615260\,\mathrm{N}$

## 5 SI 단위의 접두사

매우 크거나 작은 물리량들을 편리하게 다루기 위하여 [표 1.3]과 같은 SI 단위의 접두사를 사용한다. 예를 들어 $4\,\mathrm{km} = 4 \times 10^3\,\mathrm{m}$, $5\,\mathrm{mm} = 5 \times 10^{-3}\,\mathrm{m}$, $7\,\mathrm{MPa} = 7 \times 10^6\,\mathrm{Pa}$이다. 유체역학에서는 m (milli), c(centi), k(kilo), M (mega), G (giga) 등의 접두사가 많이 사용된다.

[표 1.3] SI 단위의 접두사

| 곱해지는 수 | 명칭 | 기호 | 곱해지는 수 | 명칭 | 기호 |
|---|---|---|---|---|---|
| $10^{24}$ | yotta | Y | $10^{-1}$ | deci | d |
| $10^{21}$ | zetta | Z | $10^{-2}$ | centi | c |
| $10^{18}$ | exa | E | $10^{-3}$ | milli | m |
| $10^{15}$ | peta | P | $10^{-6}$ | micro | $\mu$ |

| 곱해지는 수 | 명칭 | 기호 | 곱해지는 수 | 명칭 | 기호 |
|---|---|---|---|---|---|
| $10^{12}$ | tera | T | $10^{-9}$ | nano | n |
| $10^{9}$ | giga | G | $10^{-12}$ | pico | p |
| $10^{6}$ | mega | M | $10^{-15}$ | femto | f |
| $10^{3}$ | kilo | k | $10^{-18}$ | atto | a |
| $10^{2}$ | hecto | h | $10^{-21}$ | zepto | z |
| $10^{1}$ | deka | da | $10^{-24}$ | yocto | y |

[표 1.4]에 기계공학에서 많이 나타나는 물리량들의 절대단위계 차원과 SI 단위를 종합적으로 나타내었다.

**[표 1.4] 절대단위계 차원과 SI 단위**

| 물리량 | 차원 | SI 단위 |
|---|---|---|
| 면적 $A$ | $L^2$ | $\mathrm{m}^2$ |
| 부피 $V$ | $L^3$ | $\mathrm{m}^3$ |
| 속도 $v$ | $L/T$ | $\mathrm{m/s}$ |
| 가속도 $a$ | $L/T^2$ | $\mathrm{m/s}^2$ |
| 각속도 $\omega$ | $1/T$ | $1/\mathrm{s}$ |
| 힘 $F$ | $ML/T^2$ | $\mathrm{kg \cdot m/s^2}$ 또는 N (Newton) |
| 밀도 $\rho$ | $M/L^3$ | $\mathrm{kg/m^3}$ |
| 비중량 $\gamma$ | $M/L^2T^2$ | $\mathrm{N/m^3}$ |
| 주파수 $f$ | $1/T$ | $1/\mathrm{s}$ 또는 Hz |
| 압력 $P$ | $M/LT^2$ | $\mathrm{N/m^2}$ 또는 Pa (Pascal) |
| 응력 $\sigma, \tau$ | $M/LT^2$ | $\mathrm{N/m^2}$ 또는 Pa (Pascal) |
| 표면장력 $\sigma$ | $M/T^2$ | $\mathrm{N/m}$, $\mathrm{kg/s^2}$ |
| 선운동량 $\vec{p}=m\vec{v}$ | $ML/T$ | $\mathrm{N \cdot s}$, $\mathrm{kg \cdot m/s}$ |
| 일 $W$, 에너지 $E$ | $ML^2/T^2$ | $\mathrm{N \cdot m}$ 또는 J (Joule) |
| 열전달률 $\dot{Q}$ | $ML^2/T^3$ | $\mathrm{J/s}$ |
| 토크(모멘트) $T$ | $ML^2/T^2$ | $\mathrm{N \cdot m}$ |

| 물리량 | 차원 | SI 단위 |
|---|---|---|
| 동력 $P$, $L$ | $ML^2/T^3$ | J/s 또는 W (Watt) |
| 체적유량 $Q$ | $L^3/T$ | $m^3/s$ |
| 질량유량 $\dot{m}$ | $M/T$ | kg/s |
| 중량유량 $G$ | $ML/T^3$ | N/s |
| 기체상수 $R$, 비열 $c$ | $L^2/T^2\Theta$ | J/kg · K |
| 점성계수 $\mu$ | $M/LT$ | kg/m · s, N · s/$m^2$, Pa · s |
| 동점성계수 $\nu$ | $L^2/T$ | $m^2/s$ |

† 차원에서 $M$, $L$, $T$, $\Theta$는 각각 질량, 길이, 시간, 절대온도를 나타낸다.
$M = FL^{-1}T^2$을 대입하면 중력단위계($FLT$계)의 차원이 얻어진다.

## 1.5 단위 연산

차원이 있는 물리량을 계산할 때 단위 연산을 하는 경우, 단위를 문자와 같이 취급하여 연산한다. 즉, 단위 기호들은 보통의 대수기호(문자변수)처럼 곱하여지고 나누어진다.

일반적으로 기본 단위는 SI 접두어와 같이 사용하는 경우가 많은데, 이때는 여러 형태의 단위를 어느 한 단위로 통일한 후 연산한다. 예를 들어 km, cm, mm는 모두 m로 환산한다. 따라서 많이 사용하는 SI 접두어 m(milli), c(centi), k(kilo), M(mega), G(giga) 등은 꼭 알아야 한다.

**[예제 1.4]** 무한히 큰 수조의 수면으로부터 깊이 $h$에 설치한 오리피스로부터 분출되는 유체의 속도 $v = \sqrt{2gh}$이다. $h = 490\,\text{cm}$일 때 유속 $v$[m/s]를 구하여라. 단, 중력가속도 $g = 9.8\text{m/s}^2$이다.

**풀이** 유속 $v = \sqrt{2gh} = \sqrt{2 \times 9.8\dfrac{\text{m}}{\text{s}^2} \times 490\text{cm}}$

$$= \sqrt{2 \times 9.8\frac{\text{m}}{\text{s}^2} \times 4.9\text{m}}$$

$$= \sqrt{(9.8)^2 \times \frac{m^2}{s^2}} = 9.8\sqrt{\left(\frac{m}{s}\right)^2} = 9.8\,[m/s]$$

**[예제 1.5]** 밀도가 $\rho$인 유체의 유속이 $V$일 때 유체 흐름에 의해 발생하는 동압은 $P_v = \frac{1}{2}\rho V^2$이다. $\rho = 1000\text{kg/m}^3$, $V = 2\text{m/s}$일 때 동압 $P_v$는 몇 Pa인가?

**풀이** 동압 $P_v = \frac{\rho V^2}{2} = \frac{\left(1000\frac{kg}{m^3}\right)\times\left(2\frac{m}{s}\right)^2}{2}$

$$= 2000\frac{kg}{m^3}\times\frac{m^2}{s^2}$$

$$= 2000\left(kg\cdot\frac{m}{s^2}\right)\times\frac{1}{m^2}$$

$$= 2000\frac{N}{m^2} \qquad \left(\leftarrow 1N = 1kg\cdot\frac{m}{s^2}\right)$$

$$= 2000\,[Pa] \qquad (\leftarrow 1Pa = 1N/m^2)$$

**[단위를 하나의 단위계로 통일하여 계산하는 방법]**

위 예제들에서는 모두 단위를 직접 대입하고 단위연산과 단위 변환을 하여 원하는 단위로 환산된 값을 구하였다. 그런데 차원이 있는 물리량의 계산에서 나타나는 모든 단위를 어느 한 단위계(SI 단위계, kg, m, s, N, Pa, J, W)로 통일해 주면 복잡한 단위 연산을 하지 않아도 구하고자 하는 값을 얻을 수 있다.[2)]

**[예제 1.6]** **[압력]** 비중량 $\gamma$인 유체 내의 깊이 $h$에서 유체에 의한 압력 $p = \gamma h$이다. 물의 비중량 $\gamma = 9.8\text{kN/m}^3$일 때 $h = 1\text{m}$에서 압력은 몇 Pa인가?

**풀이** (1) 단위를 모두 대입하여 계산한다.

$$p = \gamma h = \left(9.8\frac{kN}{m^3}\right)\times 1m$$

2) 이 책에서는 주로 이 방법으로 문제를 풀 것이다.

$$= \left(9.8 \times \frac{1000\text{N}}{\text{m}^3}\right) \times 1\text{m}$$

$$= 9800 \frac{\text{N}}{\text{m}^2}$$

$$= 9800\,[\text{Pa}] \quad (\leftarrow \text{N/m}^2 = \text{Pa})$$

(2) 주어진 단위를 MKS 단위(SI 단위) m, N으로 통일하여 계산한다.

$$\gamma = 9.8\text{kN/m}^3 = 9800\text{N/m}^3$$

$$h = 1\text{m}$$

$$\therefore \quad p = \gamma h = 9800 \times 1 = 9800\,[\text{Pa}]$$

길이와 힘의 단위를 각각 m, N으로 하면 계산 결과로 나오는 압력의 단위는 SI 단위 Pa이다.

**[예제 1.7]** **[속도]** 피토관으로 측정한 동압이 $\Delta P$일 때 유속 $V = \sqrt{\dfrac{2\Delta P}{\rho}}$이다. 유체의 밀도 $\rho = 1000\text{kg/m}^3$, $\Delta P = 200\,\text{kPa}$일 때 $V$[m/s]를 구하여라.

**풀이** 여기에서 $\Delta P$, $\rho$를 모두 SI 단위 kg, m, Pa로 통일하여 계산하면 단위연산을 하지 않아도 결과로 나오는 속도($V$)의 단위는 [m/s]가 된다.

$$\rho = 1000\text{kg/m}^3$$

$$\Delta P = 200\,\text{kPa} = 200 \times 10^3\text{Pa}$$

$$\therefore \quad V = \sqrt{\frac{2\Delta P}{\rho}} = \sqrt{\frac{2 \times (200 \times 10^3)}{1000}} = 20\,[\text{m/s}]$$

단위 연산을 하면 다음과 같이 $\sqrt{\Delta P/\rho}$의 단위가 유도된다.

$$\left[\sqrt{\frac{\Delta P}{\rho}}\right] = \sqrt{\frac{\text{Pa}}{\text{kg/m}^3}} = \sqrt{\frac{\text{N/m}^2}{\text{kg/m}^3}}$$

$$= \sqrt{\frac{(\text{kg} \cdot \text{m/s}^2)/\text{m}^2}{\text{kg/m}^3}} = \sqrt{\frac{\text{m}^2}{\text{s}^2}} = \frac{\text{m}}{\text{s}}$$

**[예제 1.8]** **[질량]** 부피 $V$, 압력 $P$, 절대온도 $T$, 기체상수 $R$, 질량 $m$일 때 이상기체 상태 방정식은 $PV=mRT$이다. 가로, 세로, 높이가 각각 20cm, 50cm, 80cm인 직육면체 용기 내에 들어있는 $T=27℃$, $P=300\text{kPa}$, $R=0.2\text{kJ/kg}\cdot\text{K}$인 이상기체의 질량 $m$[kg]을 구하여라. 절대온도 $T(\text{K})=273+T(℃)$이다.

**풀이** SI 단위 m, kg, Pa, J, K로 통일하여 계산한다.

$$V=0.2\text{m}\times0.5\text{m}\times0.8\text{m}=0.08\text{m}^3$$

$$T=27℃=273+27\,[\text{K}]=300[\text{K}]$$

$$P=300\text{kPa}=300\times10^3\text{Pa}=3\times10^5\text{Pa}$$

$$R=0.2\text{kJ/kg}\cdot\text{K}=200\text{J/kg}\cdot\text{K}$$

$$\therefore\ \text{질량}\ m=\frac{PV}{RT}=\frac{(3\times10^5)\times(0.08)}{200\times300}[\text{kg}]=0.4[\text{kg}]$$

$m=PV/RT$에서 단위 연산을 하면 상당히 복잡하다는 것을 알 것이다. 그런데 단위를 모두 SI 단위로 바꾸고 계산하면 단위 연산을 하지 않아도 결과로 나오는 질량의 단위는 SI 단위 kg이다. 직접 단위를 대입하고 단위 연산을 하여 그 결과가 동일한 지 확인해 보아라.

**[예제 1.9]** **[힘]** 유체 속에 잠긴 원판에 작용하는 항력($F_D$)은 다음 식으로 표현된다. 항력계수 $C_D=1.1$, 유체의 밀도 $\rho=1.23\text{kg/m}^3$, 원판 지름 $D=50\text{cm}$, 유체의 속도 $U=150\text{km/h}$일 때 항력 $F_D$[N]을 구하여라.

$$F_D=C_D\times\frac{1}{2}\rho U^2A,\quad A=\frac{\pi}{4}D^2$$

**풀이** SI 단위 kg, m, s로 통일하여 계산한다. 1km=1000m, 1h=3600s이다.

$$F_D=C_D\times\frac{1}{2}\rho U^2A=C_D\times\frac{1}{2}\rho U^2\left(\frac{1}{4}\pi D^2\right)$$

$$=1.1\times\frac{1}{2}(1.23)\left(\frac{150\times1000}{3600}\right)^2\times\left(\frac{\pi\times0.5^2}{4}\right)[\text{N}]$$

$$=231[\text{N}]$$

단위를 SI 단위[kg, m, s]로 통일하면 단위 연산을 하지 않아도 결과로 나오는 항력의 단위는 SI 단위 N이다.

유체역학을 비롯하여 공학에서는 대부분 문자를 사용하여 현상을 해석하지만 실제의 물리량은 모두 단위를 가지고 있다. 특히 역학에서는 차원이 다른 여러 가지 물리량들이 여러 종류의 단위(mm, cm, km, $mm^2$, $cm^2$, dyne, N, kN, kgf, Pa, MPa, GPa, W, PS, ...)로 표현되므로 단위를 잘 알아야 한다. 문자변수로 표현된 결과 식을 알아도(예를 들어 $P=\dfrac{F}{A}$, $\dfrac{P}{\gamma}+\dfrac{V^2}{2g}+z=C$, $F=\rho QV\sin\theta$, ...) 단위 환산을 잘못하여 틀리는 경우가 많으므로 단위에 대한 개념을 확실하게 파악하도록 한다.

**24** 물리량과 그 단위를 나타낸 것으로 옳지 않은 것은? [공무원 임용시험][4)]

① 에너지 : $kg \cdot m^2 \cdot s^{-2}$ ② 길이 : Å
③ 압력 : $kg \cdot m^{-1} \cdot s^{-1}$ ④ 동력(power) : $J \cdot s^{-1}$

**25** 다음 물리량들을 $MLT$계의 차원으로 나타낸 것 중 옳지 않은 것은? [공무원 임용시험)]

① 표면장력 : $MT^{-2}$ ② 동점성계수 : $L^2T^{-1}$
③ 운동량 : $MLT^{-2}$ ④ 동력 : $ML^2T^{-3}$

**26** 다음 중 옳지 않은 것은?

① $1\text{bar} = 10^5\text{Pa}$ ② $1\text{MPa} = 10^6\text{Pa}$ ③ $1\text{N} = 10^5\text{dyne}$ ④ $1\text{J} = 10^6\text{erg}$

**27** 중력가속도가 $9.5\text{m/s}^2$인 위치에서 질량이 100kg인 물체의 무게는 몇 [N]인가?

**28** 물의 온도를 높이기 위해 3kW의 가열기를 2시간 작동하였다. 사용된 전기에너지는 몇 [kJ]인가?

**29** 단면적 $A$의 면에 $F$의 힘이 수직으로 작용할 때 면이 받는 압력은 $P = F/A$로 정의된다. 가로가 4cm이고 세로가 5cm인 직사각형 단면에 $F$=150kN의 힘이 수직으로 작용할 때 면이 받는 압력 $P$[MPa]를 구하여라.

**30** 높이 차이가 $\Delta h$일 때 압력 차이 $\Delta P = \gamma \Delta h$이다. 여기에서 $\gamma$는 유체의 비중량이고, 유체의 비중 $S = \gamma / \gamma_w$로 정의된다. $\Delta h = 85$cm, $S = 13.6$, 물의 비중량 $\gamma_w = 9.8\text{kN/m}^3$일 때 압력 차이 $\Delta P$[MPa]를 구하여라.[5)]

$$\Delta P = \gamma \Delta h, \quad S = \frac{\gamma}{\gamma_w}$$

**31** 이상기체의 상태방정식과 절대온도[K]와 섭씨온도[℃]의 관계는 다음과 같다. 섭씨온도 $T = 20$℃, 부피 $V$=100L, 질량 $m$=1kg일 때 압력 $P$[kPa]을 구하여라. 단, 기체상수 $R = 0.3\text{kJ/kg} \cdot \text{K}$이다.

$$PV = mRT, \quad T[\text{K}] = 273 + T[℃]$$

4) 7급, 9급, 지역 공무원(9급) 등의 공개경쟁채용시험에 출제된 문제를 표시한다.
5) 여기에 제시된 식들은 이후에 배우게 될 기본적인 공식들이다. 단위를 모르면 이와 같이 공식을 알려 줘도 최종 정답이 틀리게 된다.

**32** 대기 중에서 음속(소리의 속도, $a$)은 다음 식으로 결정된다. 비열비 $k=1.4$, 절대온도 $T=288$K, 기체상수 $R=0.287\text{kJ/kg}\cdot\text{K}$일 때 음속[m/s]을 구하여라.

$$a=\sqrt{kRT}$$

**33** 피에조미터 수두($h_p$)는 다음 식으로 정의된다. 압력 $P=0.49$bar, 유체의 비중량 $\gamma=9.8\text{kN/m}^3$, 고도 $z=80$cm일 때 $h_p$[m]를 구하여라.

$$h_p=\frac{P}{\gamma}+z$$

**34** 안지름 $D=40$cm인 관에 평균속도 $V=20$m/s로 유체가 흐를 때 질량유량 $\dot{m}$[kg/s]를 구하여라. 단, 유체의 밀도 $\rho=1\text{g/cm}^3$이고, 질량유량 $\dot{m}$은 다음과 같이 정의된다. 여기에서 $Q$는 체적유량, $A$는 관의 단면적이다.

$$\dot{m}=\rho Q,\quad Q=AV,\quad A=\frac{\pi D^2}{4}$$

**35** 밀도가 $\rho$인 유체가 체적 유량 $Q$, 유속 $V$로 기울어진 평판에 분사될 때 평판이 유체로부터 받는 충격력의 크기는 $F=\rho QV\sin\theta$이다. 여기에서 $\theta$는 평판의 기울어진 각도이다. $\rho=1000\text{kg/m}^3$, $Q=240\text{L/min}$, $V=4\text{m/s}$, $\theta=30°$일 때 평판이 받는 충격력의 크기 $F$[N]을 구하여라.

$$F=\rho QV\sin\theta$$

**36** 원관 내 층류유동에서 체적유량($Q$)과 압력강하($\Delta P$)의 관계를 나타내는 다음 식을 Hagen-Poiseuille 방정식이라고 부르며, 유체역학이 관련된 여러 분야에서 많이 이용되고 있다. 물의 점성계수 $\mu=1.52\times10^{-3}\text{Pa}\cdot\text{s}$, 관의 길이 $L=50$m, 지름 $D=2$cm이며, 체적유량 $Q=0.04[\text{L/s}]$일 때 압력강하 $\Delta P$[Pa]를 구하여라.

$$Q=\frac{\pi D^4\Delta P}{128\mu L}$$

**37** 레이놀즈수($Re$)와 유체의 동점성계수($\nu$)는 각각 다음과 같이 정의된다. 유체의 점성계수 $\mu=1.8\times10^{-5}\text{kg/(m}\cdot\text{s)}$, 밀도 $\rho=1.2\text{kg/m}^3$, 관 지름 $D=4$mm, 유속 $V=9\text{cm/s}$일 때 레이놀즈수($Re$)를 구하여라.

$$Re=\frac{VD}{\nu},\quad \nu=\frac{\mu}{\rho}$$

**38** 저널베어링에서 길이 $L$, 반지름 $R$인 축이 $N$[rpm]으로 회전할 때 필요한 축동력 $H$는 다음과 같다. $L=40\text{cm}$, $R=5\text{cm}$, 기름 막 두께 $h=0.15\text{cm}$, 기름의 점성계수 $\mu=0.3\text{Pa}\cdot\text{s}$, 축의 회전속도 $N=600\text{rpm}$일 때 필요한 축동력 $H$[W]를 구하여라.

$$H=T\omega, \quad T=\frac{2\pi\mu R^3\omega L}{h}, \quad \omega=\frac{2\pi N}{60}$$

**39** 바람이 불어올 때 서 있는 실린더에 작용하는 항력($F_D$)은 다음 식으로 표현된다. 항력계수 $C_D=0.3$, 공기의 밀도 $\rho=1.19\text{kg/m}^3$, 실린더 지름 $D=80\text{cm}$, 높이 $H=15$ m, 풍속 $U=120\text{km/h}$일 때 항력 $F_D$[N]을 구하여라.

$$F_D=C_D\times\frac{1}{2}\rho U^2 A, \quad A=DH$$

**40** 액체 속에서 아주 느린 속도로 침강하고 있는 입자의 정상상태 속도(종말속도)는 다음 식으로 표현된다. 입자의 지름 $D_p=3\text{mm}$, 밀도 $\rho_p=2500\text{kg/m}^3$이고, 액체의 점성계수 $\mu=0.07\text{Pa}\cdot\text{s}$, 밀도 $\rho=875\text{kg/m}^3$일 때 $U_t$[m/s]를 구하여라. 단, 중력가속도 $g=9.81\text{m/s}^2$이다.

$$U_t=\frac{(\rho_p-\rho)gD_p^2}{18\mu}$$

**41** 펌프의 수동력($L_w$)과 축동력($L_s$) 및 펌프 효율($\eta_p$)의 관계식은 다음과 같다. 펌프의 전양정 $H=10\text{m}$, 양수량 $Q=90\text{m}^3/\text{min}$, 펌프 효율 $\eta_p=80\%$일 때 축동력 $L_s$[PS]를 구하여라. 단, 물의 비중량 $\gamma=1000\text{kgf/m}^3$이다.

$$L_w=\gamma QH, \quad \eta_p=\frac{L_w}{L_s}$$

**42** 벤투리 유량계에서 체적유량 $Q$는 다음 식으로 구해진다. 압력 $P_1=85\text{kPa}$, $P_2=81$ kPa, 지름 $D_1=6\text{cm}$, $D_2=4\text{cm}$, 유체의 밀도 $\rho=1.23\text{kg/m}^3$일 때 체적유량 $Q$ [$\text{m}^3/\text{s}$]를 구하여라.

$$Q=\frac{A_2\sqrt{2(P_1-P_2)/\rho}}{\sqrt{1-(D_2/D_1)^4}}, \quad A_2=\frac{\pi}{4}D_2^2$$

# 제2장

# 유체의 물리적 성질

# 2.1 유체의 특성

## 1 유체의 정의

'유체(fluid)는 아무리 작은 전단응력(shear stress, 접선응력)을 받아도 연속적으로 변형되는 물질'로 정의한다. 전단응력이 작용하는 한 유체의 운동이 지속되기 때문에 '정지 상태에서 전단응력을 지탱할 수 없는 물질'을 유체라고 정의할 수도 있다.

**설명** 물질을 이루는 분자 사이 거리와 인력의 크기에 따라 물질을 크게 고체와 유체로 나눈다. 유체는 액체와 기체를 포함한다. 분자 간 응집력은 고체에서 가장 크고 다음에 액체에서 크며, 기체에서는 아주 작다. 고체 분자들이 단단히 결합되어 있는 반면, 유체에서는 분자 간 응집력이 약하기 때문에 비교적 자유롭게 움직일 수 있다. 따라서 유체는 일정한 형태를 지니지 못하고 자유롭게 변형하는 특성이 있다. 즉 임의 형상의 그릇에 채울 수 있으며 아주 작은 전단 응력도 지탱하지 못하고 변형된다.

전단응력은 물체의 표면에 접선 방향 힘이 작용할 때 발생한다. 강철과 같은 고체에 전단 응력이 작용하면 처음에는 아주 작은 변형이 생기지만 전단응력을 제거하면 그 변형이 지속되지 않는다. 그러나 물, 기름, 공기와 같은 물질은 전단응력을 받으면 변형이 유지된다. 따라서 이들을 유체라 한다. 유체가 취할 수 있는 형태(phase, 상)는 액체와 기체이다. 그런데 슬러리(slurry), 타르(tar), 치약과 같은 물질은 전단응력이 작으면 고체의 성질을 나타내지만 어떤 임계값 이상의 응력에서는 유동이 일어나므로 유체와 고체의 구분이 쉽지 않다. 이러한 물질에 대한 학문을 유변학(rheology)이라 한다. 이 책에서는 고전적인 유체역학의 범위에서 가장 기본적인 유체에 대해 공부한다.

유체 입자는 많은 분자들로 구성되어 있고 각 분자들은 서로 떨어져 있다. 그런데 유체의 분자구조는 미시적인 관점에서 유체의 종류를 구분하는데 중요하지만 각 분자의 거동을 모두 기술하는 것은 불가능하다. 그 대신 거시적인 관점에서 많은 수의 분자로 구성된 일정 부피 유체의 평균값으로 유체의 거동을 기술한다. 또한 압력, 속도 등 유체의 주요 성질은 유체 내부에서 연속적으로 변한다고 가정한다. 즉, 유체를 연속체(continuum)로 취급한다. 연속체로 유체를 다루기 위해서는 고려하는 유체의 영역이 분자의 크기 또는 분자의 평균 자유행로보다 커야 한다. 그런데 분자는 아주 작으므로 일반적으로 우리가 다루는 유체는 모두 연속체라 할 수 있다.

### 2 유체의 분류

점성이 있는 유체를 점성유체(viscous fluid), 점성이 없는 유체를 비점성유체(inviscid fluid)라 하고, 압축이 되는 유체를 압축성 유체(compressible fluid), 압축되지 않는 유체를 비압축성 유체(incompressible fluid)라 한다. 그리고 비점성·비압축성 유체를 이상유체(ideal fluid)라 한다.

**설명** 실제유체는 모두 점성을 가지며 압축이 된다. 그런데 실제로는 점성·압축성유체이지만 그 영향이 매우 작게 나타나는 경우에는 일반적으로 비점성·비압축성 유체로 가정하여 해석한다. 점성과 압축성이 모두 고려되는 실제유체의 이론적 해석은 매우 어렵다. 학부 과정의 기초적인 유체역학에서 취급하는 유체는 대부분 이상유체이다.

## 2.2 밀도, 비중량, 비중

### 1 밀도

물질의 단위 부피($V\,[\mathrm{m^3}]$)당 질량($m$[kg])을 밀도(density)라 하고 일반적으로 기호 $\rho$로 나타내며 다음과 같이 정의한다.

$$\rho = \frac{m}{V} \quad [\mathrm{kg/m^3}] \qquad \cdots\cdots (2.1)$$

## 2 비중량

물질의 단위 부피( $V$ [m$^3$])당 무게( $W$ [N])를 비중량(specific weight)이라 한다. 밀도가 $\rho$[kg/m$^3$]인 물질의 비중량 $\gamma$는 다음과 같다. $g$[m/s$^2$]는 중력가속도이다.

$$\gamma = \frac{W}{V} = \frac{mg}{V} = \frac{m}{V} \times g = \rho g \ \ [\mathrm{N/m^3}] \qquad \cdots\cdots (2.2)$$

## 3 비중

순수한 물의 밀도를 기준으로 한 유체의 상대적 밀도를 비중이라 한다. 물의 밀도를 $\rho_w$라 하면 밀도 $\rho$인 물질의 비중 $S$는 다음과 같이 정의된다. 여기에서 $\gamma$와 $\gamma_w$는 각각 물질과 물의 비중량을 나타낸다. 비중은 차원이 없는 무차원수이다.

$$S = \frac{\rho}{\rho_w} = \frac{\rho g}{\rho_w g} = \frac{\gamma}{\gamma_w} \qquad \cdots\cdots (2.3)$$

**설명** 열역학에서는 밀도의 역수인 비체적($v = V/m$)을 많이 사용하지만 유체역학에서는 밀도($\rho$)와 비중량($\gamma$)을 주로 사용한다. 고체 내부의 압력은 거의 일정하다. 그러나 유체에서는 온도가 상승하면 분자 운동이 활발해지고, 이에 따라 분자 사이 거리가 멀어짐으로 인해 밀도가 작아지고 압력은 상승한다.

비중은 어떤 물질의 무게가 물보다 얼마나 더 가벼운 지 또는 무거운 지를 나타내는 척도가 된다. 비중이 큰 물질로는 수은($S \approx 13.6$)이 있으며 공기의 비중은 약 1/800이다. 보통 기름의 비중은 1보다 작으므로 물에 기름을 부으면 기름은 모두 물 위에 뜬다. 비중이 1보다 작다는 것은 물보다 더 가볍다는 것을 뜻한다.

비중량($\gamma$)은 단위 부피당 무게를 나타내며 SI 단위는 $[\gamma] = \mathrm{N/m^3}$이다. 그러나 비중은 물의 밀도에 대한 물질의 밀도 비를 나타내므로 차원이 없는 무차원 수(dimensionless number)이다.

4 ℃ 에서 순수한 물의 밀도는 1000 kg/m$^3$이고, 비중량은 9.8 kN/m$^3$이므로 비중 $S$인 물질의 밀도 $\rho$와 비중량 $\gamma$는 다음과 같다.

$$\rho = 1000\,S \;\; [\mathrm{kg/m^3}]$$
$$\gamma = 9.8\,S \; [\mathrm{kN/m^3}] = 9800\,S \; [\mathrm{N/m^3}]$$

[표 2.1] **표준대기압과 25 ℃ 에서의 유체의 밀도**

| 유체 | 밀도[kg/m$^3$] | 유체 | 밀도[kg/m$^3$] |
|---|---|---|---|
| 벤젠 | 879 | 등유 | 815 |
| 사염화탄소 | 1584 | 메탄올 | 787 |
| 에틸알코올 | 783 | 엔진오일 | 885 |
| 가솔린 | 750 | 물 | 997 |
| 글리세린 | 1260 | 수은 | 13580 |

**[예제 2.1]** 부피가 4 m$^3$인 유체의 무게가 30 kN일 때 유체의 비중량, 밀도, 비중을 구하여라.

**풀이** (1) 비중량 $\gamma = \dfrac{W}{V} = \dfrac{30\,\mathrm{kN}}{4\,\mathrm{m^3}} = 7.5\,\mathrm{kN/m^3} = 7500\,\mathrm{N/m^3}$

(2) 밀도 $\rho = \dfrac{\gamma}{g} = \dfrac{7500\mathrm{N/m^3}}{9.8\mathrm{m/s^2}} = 765.3\,\mathrm{kg/m^3}$ $\left(\because \;\; \mathrm{N} = \mathrm{kg} \cdot \dfrac{\mathrm{m}}{\mathrm{s^2}}\right)$

(3) 비중 $S = \dfrac{\gamma}{\gamma_w} = \dfrac{7.5\,\mathrm{kN/m^3}}{9.8\,\mathrm{kN/m^3}} = 0.7653$

**[예제 2.2]** 밑면 지름 50 cm, 높이 100 cm인 실린더(cylinder) 형 용기에 밀도가 885 kg/m$^3$인 기름이 가득 채워져 있다. 기름의 질량과 무게를 구하여라.

**풀이** 밀도 $\rho = \dfrac{m}{V}$ 이므로 질량($m$)과 무게($W$)는 다음과 같다.

$$m = \rho V = \rho \times \left( \frac{\pi D^2 H}{4} \right) = 885 \times \left( \frac{\pi \times 0.5^2 \times 1}{4} \right) = 173.8\,[\text{kg}]$$

$$W = mg = 173.8 \times 9.8 = 1703\,[\text{N}]$$

## 2.3 점성

### 1 점성계수

[그림 2.1]과 같이 유체 유동이 속도분포 $u(y)$를 가질 때 유체 내부에서 발생하는 전단응력 $\tau$가 속도기울기 $\dfrac{du}{dy}$에 비례하는 유체를 뉴턴유체라 하고, 다음과 같이 정의되는 비례상수($\mu$)를 절대점성계수(absolute viscosity), 역학적 점성계수(dynamic viscosity) 또는 간단히 점성계수(viscosity)라 한다.

$$\tau = \mu \frac{du}{dy} \quad \cdots\cdots (2.4)$$

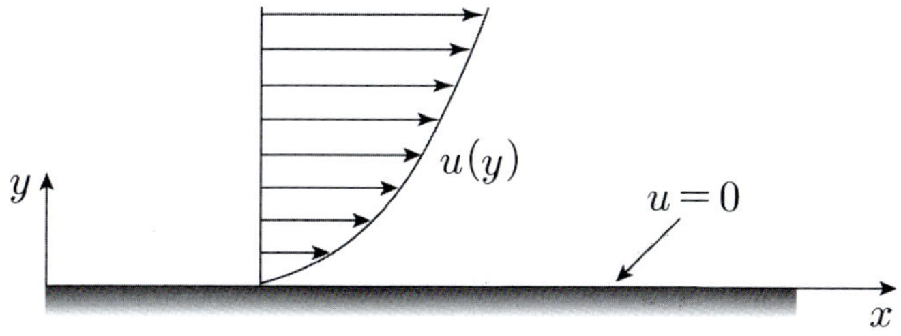


[그림 2.1] 벽면 부근에서 유동의 속도분포

**설명** [그림 2.2]와 같이 접촉된 두 판 사이에 속도 차이가 있으면 두 판 사이에 마찰력이 발생한다. 고체와 마찬가지로 유체 층 내에서도 속도 차이가 존재하면 마찰력(전단응력)이 발생하며 이러한 성질을 나타내는 물리량을 점성계수(점도)라 한다. 즉, 점성은 유체 층 사이에 상대 운동이 일어날 때 이 상대 운동을 방해하는 성질을 말한다. 이것을 유체마찰(fluid friction)이라 하며 이러한 유체의 성질을 점성이라 하는 것이다. 예를 들어 기름은 물에 비하여 흐르기가 어렵다. 이것은 기름이 형태를 바꿀 때(흘러 갈 때) 큰 저항력(마찰력)을 받기 때문이다. 이때 기름은 물보다 큰 점성계수를 갖는다.

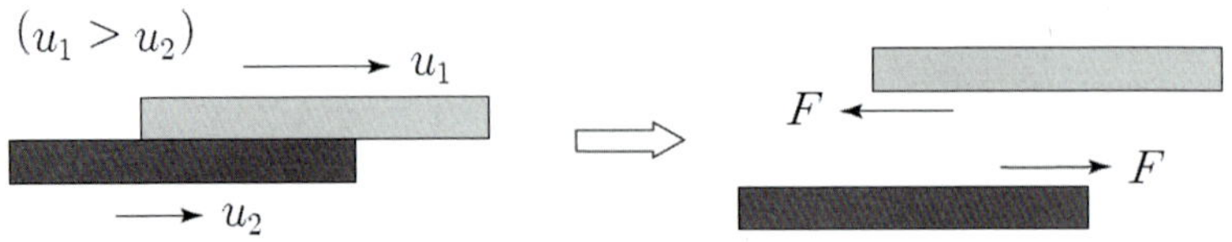


[그림 2.2] 속도 차이에 의한 마찰력

## 2 벽 점착조건

유체가 고체 표면 위를 흐를 때 고체 표면에서 유체입자가 고체와 미끄럼이 없다는 조건, 즉 '벽에서 유체의 속도 $u=0$'이라는 조건을 벽 점착조건(no-slip condition)이라 한다.

**설명** 대기권 밖에서와 같이 아주 희박한 기체에서 유동은 벽면에서 속도가 0이 아닐 수도 있다. 그러나 일반적으로 우리가 살고 있는 지구에서 물, 공기, 기름 등이 흐를 때 '벽에서 유체의 속도 $u=0$'이라고 한다. 이에 따라 점성 유체가 흘러가면 벽에서 유체 속도가 0이므로 벽 부근에서는 반드시 속도 기울기가 존재한다. 따라서 점성유동에서 고체 면은 언제나 흐르는 유체에 의한 전단력(마찰력)을 받게 된다.

**[참고 - 유체역학을 아는 물고기]**

여름에 비가 많이 와서 시냇물이 넘치고 급류가 흐르면 평소에는 시냇물 가운데 있는 물고기들이 냇가로 헤엄쳐 나온다. 이는 벽 점착 조건에 의해 냇가 벽면에서 유속은 0이므로 그 부근은 유속이 느리게 되기 때문에 급류로부터 안전한 지역이 되기 때문이다. 수업시간에 유체역학을 잘 들은 물고기들은 "비가 많이 오네. 아, 물살이 너무 세다. 그래도 괜찮아. ○ 교수님이 벽 점착 조건에 의해 냇가에서 유속은 0이라고 했어. 빨리 밖으로 나가자" 하면서 일단 밖으로 피신한 후에 물살이 잔잔해지면 다시 집으로 돌아간다. 그러나 수업 시간에 유체역학을 제대로 듣지 않은 물고기들은 그냥 그대로 있다가 급류에 휩쓸려 다시는 고향으로 돌아가지 못할 것이다.

이 얘기를 듣는 어떤 학생은 이런 말을 할 것이다. "아니요, 비 올 때 밖으로 나온 물고기들은 사람들한테 다 잡혀요" … 어디 가나 꼭 이런 학생이 있는 법이다.

## 3 뉴턴의 점성법칙

점성계수의 정의 식 $\tau = \mu \dfrac{du}{dy}$ 를 뉴턴의 점성법칙이라 한다. 이 법칙을 따르는 유체를 뉴턴유체(Newtonian fluid)라 하고, 따르지 않는 유체를 비뉴턴 유체(non-Newtonian fluid)라 한다.

[표 2.2] **표준대기압, 20℃ 에서의 유체의 점성계수와 동점성계수**

| 유체 | 점성계수[Pa · s] | 동점성계수[$m^2/s$] |
|---|---|---|
| 수소 | $8.8 \times 10^{-6}$ | $1.05 \times 10^{-4}$ |
| 공기 | $1.81 \times 10^{-5}$ | $1.51 \times 10^{-5}$ |
| 가솔린 | $2.9 \times 10^{-4}$ | $4.26 \times 10^{-7}$ |
| 물 | $1.01 \times 10^{-3}$ | $1.01 \times 10^{-6}$ |
| 에틸알코올 | $1.2 \times 10^{-3}$ | $1.52 \times 10^{-6}$ |
| 수은 | $1.5 \times 10^{-3}$ | $1.1 \times 10^{-7}$ |
| SAE 30 오일 | 0.29 | $3.25 \times 10^{-4}$ |
| 원유 | $7.18 \times 10^{-3}$ | $8.39 \times 10^{-6}$ |
| 글리세린 | 1.494 | $1.18 \times 10^{-3}$ |

## 4 동점성계수

다음과 같은 점성계수($\mu$)와 밀도($\rho$)의 비를 동점성계수($\nu$)라 한다. 동점성계수(kinematic viscosity)의 SI 단위는 $m^2/s$이다.

$$\nu = \frac{\mu}{\rho} \qquad \cdots\cdots (2.5)$$

**설명** 유체 유동의 운동방정식에서 점성계수와 밀도의 비가 많이 나타나므로 이와 같은 동점성계수를 정의하여 사용한다. 동점성계수의 차원은 열확산계수($\kappa$, thermal diffusivity)의 차원과 같으므로 $\nu/\kappa$는 차원이 없다. 유체역학에서는 무차원수 $Pr = \nu/\kappa$를 프란틀 수(Prandtl number)로 정의하며, 이 변수는 온도가 유체 유동에 영향을 미치는 자연대류(natural convection)나 혼합 대류(mixed convection)에서 유체의 특성을 나타내는 가장 기본적인 변수가 된다.

## 5 점성계수의 차원과 단위

점성계수 $\mu$의 차원은 $[\mu]=M/LT$, $FT/L^2$이고, 점성계수의 SI 단위는 kg/m · s, Pa · s, N · s/m² 이다.

**설명** 점성계수의 정의 $\tau=\mu\dfrac{du}{dy}$로부터 $\mu$의 차원을 $FLT$계로 나타내면

$$[\mu]=[\tau]\left[\frac{dy}{du}\right]=[\tau]\frac{[y]}{[u]}=\frac{F}{L^2}\times\frac{L}{L/T}=FT/L^2$$

이고, 주요 단위에는 Pa · s, N · s/m², dyne · s/cm² 등이 있다.

$MLT$계에서 $\mu$의 차원은

$$[\mu]=\frac{FT}{L^2}=\frac{(ML/T^2)T}{L^2}=M/LT$$

이다.

점성계수의 SI 단위는 kg/m · s, N · s/m²이지만 실용단위로는 포아즈(poise, P)와 cP = 1 centipoise = $10^{-2}$ poise가 있다.

$$\begin{aligned}1\,\text{poise} &= 1\,\text{g/cm}\cdot\text{s}=0.1\,\text{kg/m}\cdot\text{s}\\ &=1\,\text{dyne}\cdot\text{s/cm}^2=0.1\,\text{N}\cdot\text{s/m}^2\\ &=100\,\text{cP}\end{aligned}$$

20℃ 순수한 물의 점성계수는 약 1 cP 이다.

## 6 동점성계수의 차원 및 단위

동점성계수의 차원은 $[\nu]=L^2/T$이고, SI 단위는 m²/s, cm²/s 이다.

**설명** 동점성계수의 차원은

$$[\nu] = \frac{[\mu]}{[\rho]} = \frac{M/LT}{M/L^3} = L^2/T$$

이다. 동점성계수의 단위는 $m^2/s$, $cm^2/s$ 등을 사용하며, 실용단위로는 스토크(stoke, St)와 $cSt = 1\,centistoke = 10^{-2}\,stoke$가 있다.

$$\begin{aligned} 1\,stoke &= 1\,cm^2/s \\ &= 10^{-4}\,m^2/s \\ &= 100\,cSt \end{aligned}$$

20℃ 순수한 물의 동점성계수는 약 1 cSt이다.

## 7 점성계수와 온도의 관계

온도가 상승하면 액체의 점성계수는 감소한다. 그러나 기체의 점성계수는 온도가 증가함에 따라 함께 증가한다.

**설명** [그림 2.3]과 [그림 2.4]에 온도변화에 따른 유체의 점성계수와 동점성계수의 변화를 나타내었다. 그림과 같이 점성계수는 온도에 따라 다양하게 변화한다. 특히 액체와 기체는 분자 간 특성이 서로 다르기 때문에 점성계수에 미치는 온도의 영향이 서로 다르다. 이와 같은 것은 주로 분자 간 응집력의 차이 때문에 발생한다. 즉, 기체에서 분자 간 응집력은 무시할 수 있을 정도로 작고, 이와 반대로 액체 분자의 응집력은 기체에 비하여 아주 크다.

유체의 점성은 유체 분자 사이 응집력이나 운동량의 전달 현상으로 나타나는 것이다. 유체 분자끼리 서로 응집력(인력)이 작용하면 인접한 유체층 사이에서 마찰저항이 발생한다. 액체의 경우 분자 운동에 의한 운동량 교환이 분자 사이 응집력에 비해 작으므로 전단응력과 점성계수는 주로 이 응집력의 크기에 달려 있다. 온도가 상승하면 액체 분자 간 응집력이 감소한다. 따라서 온도가 올라가면 액체의 점성은 감소하게 된다. 그림에서 온도가 증가함에 따라 모든 액체의 점성계수가 감소하고 있다는 것을 알 수 있다.

기체의 경우 액체에 비하여 활발한 분자 운동으로 인해 빨리 움직이는 분자와 느리게 움직이는 분자 간에 어떤 층이 존재하여 서로를 가속시키거나 감속시킨다. 기체의 응집력은 분자 운동에 의한 운동량 교환에서 발생하는 마찰력보다 아주 작으므로 기체의 전단응력과 점성계수는 주로 이 분자 운동에 달려 있다. 따라서 온도가 증가하면 기체 분자의 운동이 더욱 더 활발하게 되어 분자 간 마찰력(전단응력)이 증가하게 되므로 점성이 증가하게 된다. 즉, 기체의 점성계수는 온도가 상승함에 따라 증가한다.

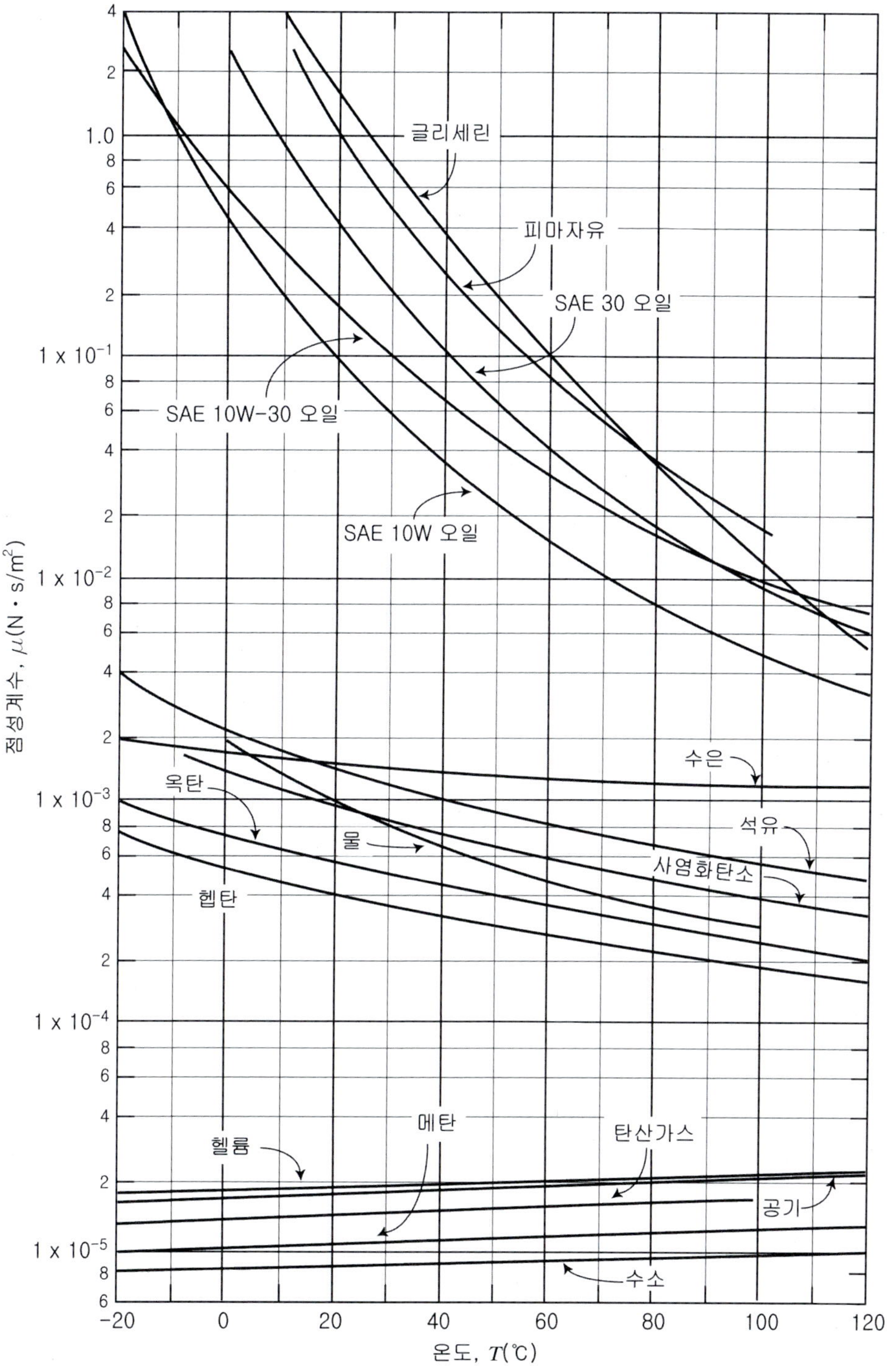


**[그림 2.3] 온도에 따른 유체의 점성계수**

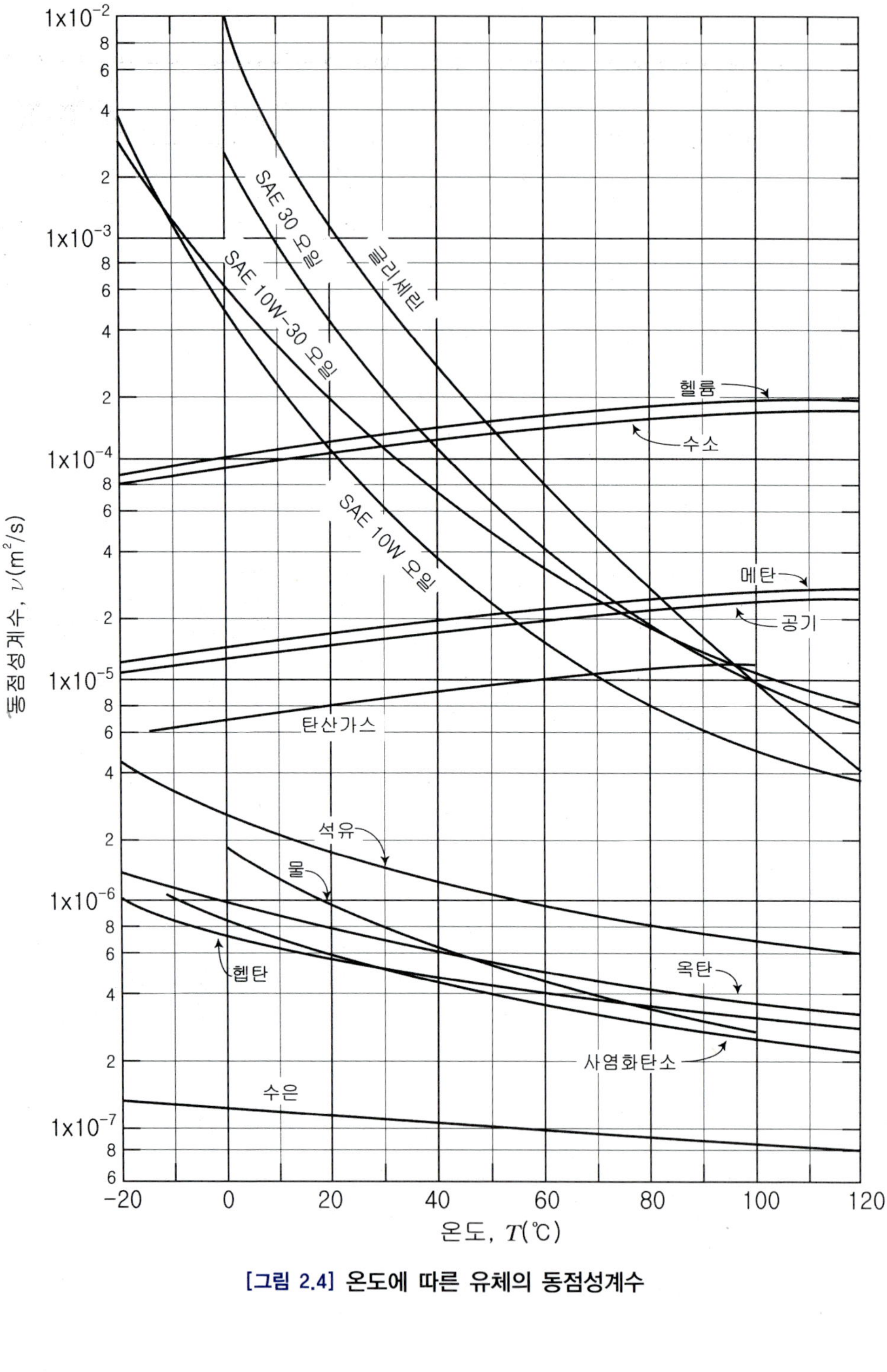


**[그림 2.4] 온도에 따른 유체의 동점성계수**

**[예제 2.3]** $20\,℃$에서 물의 점성계수는 약 $10^{-3}\mathrm{Pa\cdot s}$, 밀도는 $998\,\mathrm{kg/m^3}$이고, 공기의 점성계수는 약 $1.8\times10^{-5}\mathrm{N\cdot s/m^2}$, 밀도는 $1.2\,\mathrm{kg/m^3}$이다. 물과 공기의 동점성계수를 각각 구하여 비교하여라.

**풀이** 동점성계수의 정의 $\nu=\dfrac{\mu}{\rho}$로부터

(1) 물의 동점성계수 $\nu_w=\dfrac{\mu_w}{\rho_w}=\dfrac{10^{-3}}{998}=1.002\times10^{-6}\,[\mathrm{m^2/s}]$

(2) 공기의 동점성계수 $\nu_a=\dfrac{\mu_a}{\rho_a}=\dfrac{1.8\times10^{-5}}{1.2}=1.5\times10^{-5}\,[\mathrm{m^2/s}]$

점성계수는 물이 공기보다 크지만 공기의 밀도가 작기 때문에 동점성계수는 오히려 공기가 물보다 크다.

**[예제 2.4]** [그림 2.5]와 같이 고정된 두 수평 무한 평판 사이에서 Poiseuille 유동의 속도분포는 $u(y)=U\left[1-\left(\dfrac{2y}{H}\right)^2\right]$이다. 여기에서 $H$는 평판 사이 간격, $U$는 판 중심에서 속도이고, 원점은 두 판 사이의 중앙에 위치하고 있다. 뉴턴유체의 점성계수가 $\mu$일 때 아래 평판($y=-H/2$)에 작용하는 전단응력을 구하여라.

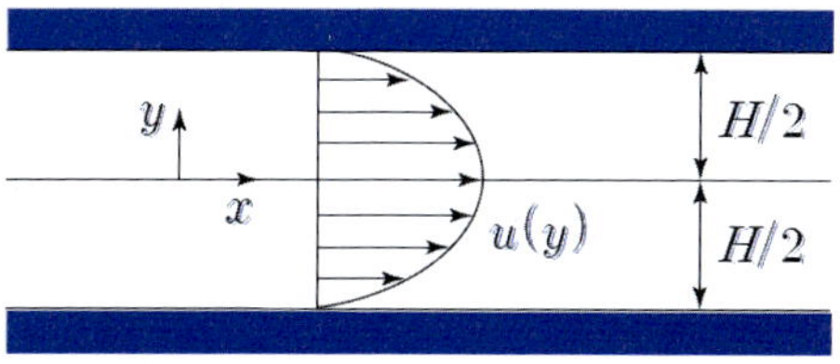


[그림 2.5] Poiseuille 유동의 속도분포

**풀이** 뉴턴유체에서 임의 위치 $y$에서 전단응력은

$$\tau=\mu\frac{du}{dy}=\mu\frac{d}{dy}\left[U\left(1-\frac{4y^2}{H^2}\right)\right]=\mu U\left[-\frac{8y}{H^2}\right]$$

이므로, $y=-H/2$에서의 전단응력은 다음과 같다.

$$\tau(-H/2) = \mu U \left[ -\frac{8(-H/2)}{H^2} \right] = \frac{4\mu U}{H}$$

# 2.4 쿠에트 유동

## 1 평판 사이 쿠에트 유동

거리가 $H$인 두 무한평판 사이의 유체에서, 아래 평판을 고정하고 위 평판을 $V$의 속도로 이동할 때[그림 2.6] 유체의 속도 분포가 다음과 같이 선형적인 분포를 갖는 유동을 쿠에트(Couette) 유동이라 한다.

$$u(y) = \frac{Vy}{H} \quad \cdots\cdots (2.6)$$

이때 유체의 점성계수가 $\mu$이면 유체의 속도분포와 점성에 의해 면적 $A$의 평판이 받는 힘 $F$는 다음과 같다.

$$F = \mu \frac{VA}{H} \quad \cdots\cdots (2.7)$$

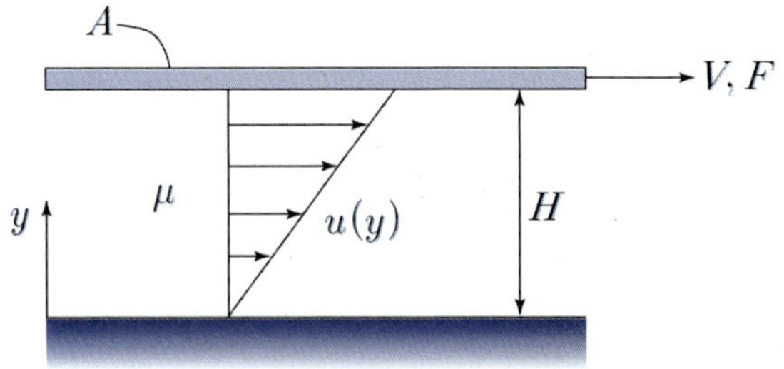


[그림 2.6] 쿠에트 유동의 속도분포

**증명** 선형적인 유체의 속도분포를

$$u(y) = ay + b \quad \cdots\cdots ①$$

로 놓으면, 벽 점착조건에 의해 아래 평판의 속도는 0이므로

$$y=0\text{일 때 } u=0 \quad \therefore \; b=0$$

이고, 위 평판의 속도는 $V$이므로
$y=H$일 때 $u=V$에서

$$V=aH \quad \therefore \; a=\frac{V}{H}$$

이다. 따라서 속도분포는

$$u(y)=\frac{Vy}{H} \quad \cdots\cdots ②$$

이다. 그리고 점성계수 $\mu$인 유체에서 전단응력은

$$\tau=\mu\frac{du}{dy}=\mu\frac{d}{dy}\left(\frac{Vy}{H}\right)=\frac{\mu V}{H} \quad \cdots\cdots ③$$

이므로 평판이 받는 힘은

$$F=\tau A=\frac{\mu VA}{H} \quad \cdots\cdots ④$$

가 된다.

† 평판이 마찰력에 의해 소비하는 동력(Power)은 $L=FV$ 이다.

**[예제 2.5]** **간격이 0.4cm인 평형 평판 사이에 점성계수 $5\,\text{N}\cdot\text{s/m}^2$의 유체가 채워져 있다. 아래 평판을 고정하고 위 평판을 $8\,\text{m/s}$의 속도로 당길 때 유체에서 발생하는 전단응력은 몇 kPa인가?**

**풀이** 판 사이 간격이 좁으므로 속도분포가 선형이라고 가정한다. 이때 전단응력은 다음과 같다.

$$\tau=\mu\frac{du}{dy}=\mu\frac{\Delta u}{\Delta y}=(5\text{N}\cdot\text{s/m}^2)\times\frac{8\text{m/s}}{0.004\,\text{m}}$$
$$=10{,}000\,\text{N/m}^2=10{,}000\,\text{Pa}=10\text{kPa}$$

**[예제 2.6]** 두께가 2mm인 얇은 기름 막 위에서 면적 $0.1\text{m}^2$의 평판을 5m/s의 일정속도로 이동하였을 때 평판에 걸리는 힘이 150N이라면 기름의 점성계수는 얼마인가?

**풀이** 판 사이 간격이 좁으므로 유체의 속도분포는 선형이라고 가정한다. 이때 평판이 받는 힘 $F = \tau A = \dfrac{\mu VA}{H}$이므로 점성계수는 다음과 같다.

$$\mu = \frac{FH}{VA} = \frac{150\text{N} \times 0.002\text{m}}{(5\text{m/s}) \times 0.1\text{m}^2} = 0.6\,\text{N} \cdot \text{s/m}^2$$

**[예제 2.7]** 그림과 같이 무게 120N인 정사각형 평판이 2mm 두께의 얇은 기름 막 위에서 일정한 속도로 미끄러져 내려오고 있다. 평판의 면적이 $0.4\text{m}^2$, 기름의 점성계수가 2Pa · s일 때 평판의 속도($V$)를 구하여라.

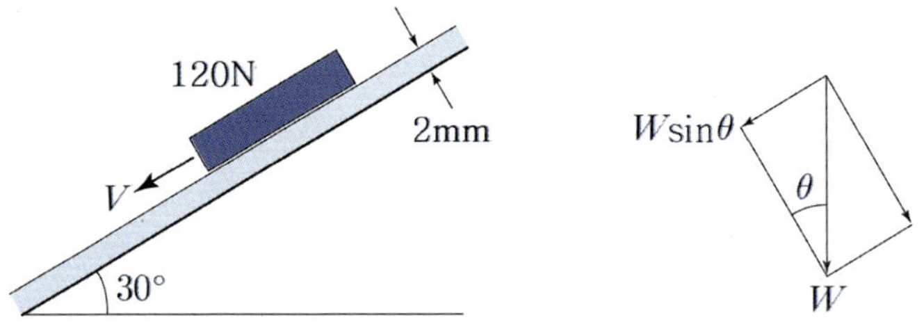


**[그림 2.7]** 기름 막 위에서 미끄러져 내려오는 평판

**풀이** 뉴턴 운동법칙($\sum F = ma$)에 의해 등속운동($a = 0$)에서 물체에 작용하는 경사면 방향의 힘의 합은 0($\sum F = 0$)이다. 따라서 평판 무게의 경사면 방향 성분은 $W\sin\theta$이고, 평판과 기름 막 사이의 마찰력 $f = \tau A$이므로 힘의 평형에 의해 다음 관계식이 성립한다.

$$W\sin\theta - \tau A = 0$$

기름 막에서 유체의 속도 분포가 선형이라 가정하면 전단응력은 $\tau = \mu\dfrac{V}{h}$이고 이것을 위 식에 대입하면 평판의 속도($V$)가 구해진다.

$$W\sin\theta - \left(\mu\frac{V}{h}\right)A = 0$$

$$\therefore \quad V = \frac{hW\sin\theta}{\mu A} = \frac{(2\times10^{-3})(120)\sin30°}{2(0.4)} = 0.15\ [\mathrm{m/s}]$$

**[예제 2.8]** 그림과 같이 고정된 두 벽면 사이에 있는 얇은 평판을 일정속도 $V$로 당기고 있다. 평판의 아래와 위쪽에는 각각 점성계수 $\mu$, $2\mu$의 유체가 채워져 있을 때 판에 작용하는 마찰력을 구하여라. 평판으로부터 아래와 위 벽면까지 거리는 각각 $H_1$, $H_2$이고, 판의 면적은 $A$이며 판의 두께는 무시한다.

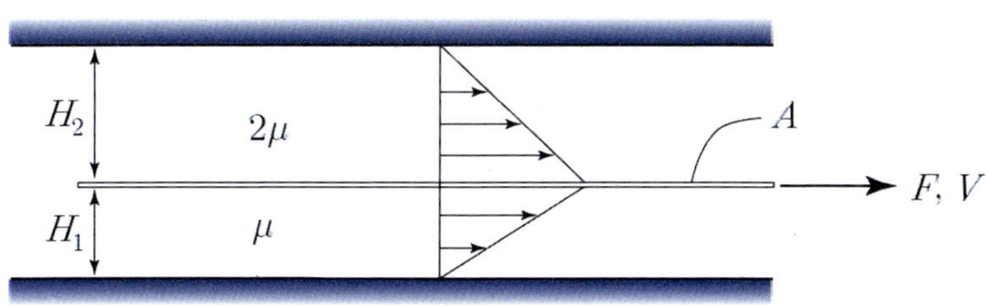


**[그림 2.8] 점성계수가 다른 두 유체 사이에서 운동하는 얇은 평판**

**풀이** 벽 점착 조건에 의해 그림과 같이 평판의 위와 아래에 각각 쿠에트 유동이 발생한다. 평판의 아랫면과 윗면에 발생하는 전단응력을 각각 $\tau_1$, $\tau_2$라 하면

$$\tau_1 = \mu\frac{V}{H_1}, \quad \tau_2 = 2\mu\frac{V}{H_2}$$

이다. 따라서 판에 작용하는 마찰력 $F$는 다음과 같다.

$$F = \tau_1 A + \tau_2 A = \left(\mu\frac{V}{H_1}\right)A + \left(2\mu\frac{V}{H_2}\right)A$$

$$= \mu VA\left(\frac{1}{H_1} + \frac{2}{H_2}\right)$$

**[예제 2.9]** 그림과 같이 바깥지름 $d$의 축이 일정속도 $V$로 축 방향으로 운동하고 있다. 축과 안지름 $D$의 고정된 베어링 사이에 점성계수 $\mu$의 유체가 차 있을 때 축을 당기는데 걸리는 힘을 구하여라. $d/D \approx 1$이며 유막에서 유동은 쿠에트 유동이라 가정한다.

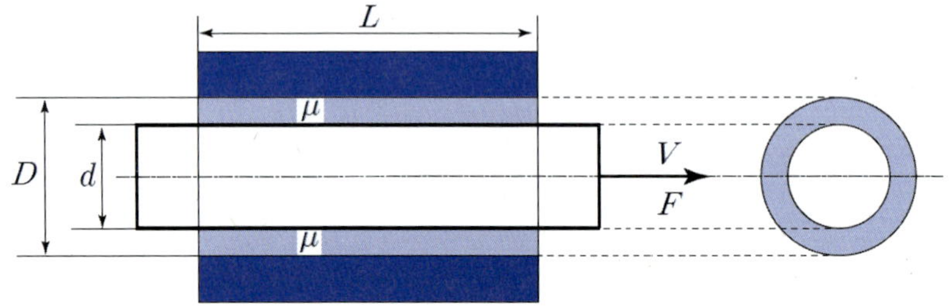


**[그림 2.9] 두 동심 실린더 사이의 유막과 안쪽 실린더의 운동**

**풀이** 유막에서 유동이 쿠에트 유동이므로 유막 두께 $h = \dfrac{D-d}{2}$에서 발생하는 전단응력 $\tau_w$는 다음과 같다.

$$\tau_w = \mu \frac{V}{h} = \frac{2\mu V}{D-d}$$

따라서 전단응력 $\tau_w$가 작용하는 축 둘레의 면적 $A = \pi d \times L$이므로 축을 당기는데 걸리는 힘 $F$는 다음과 같이 구해진다.

$$F = \tau_w A = \frac{2\mu V}{D-d} \times \pi d L = \frac{2\pi \mu d L V}{D-d}$$

## 2 동심 실린더 사이 쿠에트 유동

[그림 2.10]과 같이 길이가 $L$인 두 동심 실린더 사이에 유체가 채워져 있다. 안쪽 실린더의 반지름 $R$, 유체의 점성계수 $\mu$, 두 실린더 사이 간격이 $h$일 때, 바깥 실린더를 고정하고 안쪽 실린더를 각속도 $\omega$로 회전시키기기 위한 토크 $T$는 다음과 같다.

$$T = \frac{2\pi \mu R^3 \omega L}{h} \qquad \cdots\cdots (2.8)$$

여기에서 안쪽 실린더 반지름 $R$은 실린더 사이 간격 $h$에 비하여 매우 크다고 가정한다.

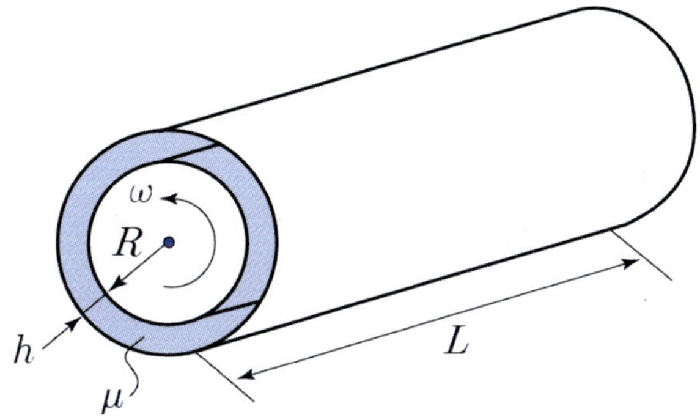


**[그림 2.10] 고정된 바깥쪽 실린더와 일정 각속도로 회전하는 안쪽 실린더**

**증명** 원주 방향의 속도를 $u(r)$로 하면 유체에서 전단응력은 다음과 같다.

$$\tau = \mu \frac{du}{dr} \quad \cdots\cdots ①$$

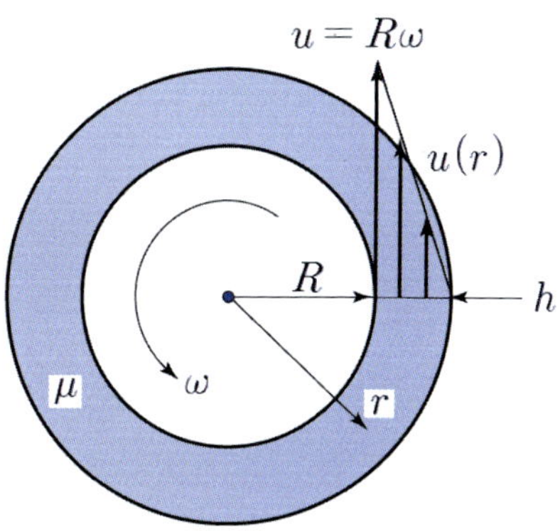


**[그림 2.11] 동심 실린더 사이 유체에서 속도 분포**

여기에서 실린더 반지름에 비하여 간격이 아주 작으면 유체의 속도 분포는 [그림 2.11]과 같이 선형으로 가정할 수 있다. 따라서 $\omega$의 각속도로 회전하는 반지름 $R$인 안쪽 실린더의 원주 속도는 $R\omega$이고, 고정된 바깥 실린더의 속도는 0이므로

$$\frac{du}{dr} = \frac{R\omega}{h} \quad \cdots\cdots ②$$

이다. 이때 안쪽 실린더에 작용하는 전단응력은

$$\tau = \mu \frac{R\omega}{h} \quad \cdots\cdots ③$$

이고, 유체에 접하고 있는 길이 $L$인 안쪽 실린더의 면적은 $2\pi RL$이므로 실린더에 가해야 할 힘은

$$F = \tau A = \left(\mu \frac{R\omega}{h}\right)(2\pi RL) = \frac{2\pi\mu R^2 \omega L}{h} \quad \cdots\cdots ④$$

이다. 따라서 실린더를 회전시키기 위한 토크($T$)는 다음과 같다.

$$T = F \times R = \frac{2\pi\mu R^2 \omega L}{h} \times R = \frac{2\pi\mu R^3 \omega L}{h} \quad \cdots\cdots ⑤$$

† 실린더가 마찰력에 의해 소비하는 동력은 $L = T\omega$ 이다.

**[예제 2.10]** 길이가 40cm이고 안지름과 바깥지름이 각각 20cm, 22cm인 동심 실린더의 틈 사이에 유체가 채워져 있다. 바깥 실린더를 고정하고 안쪽 실린더를 30rpm으로 회전시켰을 때 1.2N · m의 토크가 걸렸다고 하면 유체의 점성계수($\mu$)는 몇 N · s/m$^2$인가?

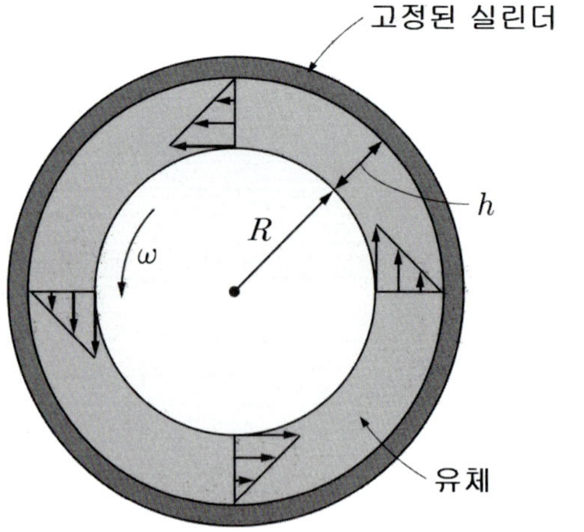


**[그림 2.12]** 유체의 점성 측정

**풀이** 주어진 단위를 SI 단위 m, s, N으로 환산하여 계산한다.

$$R=\frac{D_i}{2}=\frac{20\text{cm}}{2}=0.1\text{m},\quad L=40\text{cm}=0.4\text{m}$$

$$h=\frac{D_o-D_i}{2}=\frac{22\text{cm}-20\text{cm}}{2}=0.01\text{m}$$

$$\omega=\frac{2\pi N}{60}=\frac{2\pi\times 30}{60}=3.14\,[\text{rad/s}]$$

$$T=1.2\text{N}\cdot\text{m}$$

이므로 $T=\dfrac{2\pi\mu R^3\omega L}{h}$ 로부터 유체의 점성계수($\mu$)는 다음과 같다.

$$\mu=\frac{Th}{2\pi R^3\omega L}=\frac{(1.2)(0.01)}{2\pi(0.1^3)(3.14)(0.4)}=1.52\,[\text{N}\cdot\text{s/m}^2]$$

# 2.5 압력

## 1 압력의 정의

단위 면적에 수직으로 작용하는 힘을 압력이라 한다. 면적 $A$에 힘 $F$가 수직으로 작용할 때 압력 $P$는 다음과 같다.

$$P=\frac{F}{A} \quad \cdots\cdots (2.9)$$

국제단위계에서는 1N의 힘이 1m$^2$에 작용할 때의 압력을 1Pascal이라 하고, 기호 Pa로 나타낸다.

$$1\text{Pa}=1\text{N/m}^2$$

편의상 많이 사용하는 압력의 단위에는 다음과 같이 정의되는 bar, 표준기압(atm) 등이 있다. 공학에서는 1kgf/cm$^2$을 1공학기압(at)이라 한다.

$$1\text{bar} = 10^5\,\text{Pa} = 100\,\text{kPa}$$

$$1\text{ 표준기압} = 1\text{atm} = 1.01325\,\text{bar} = 101.325\,\text{kPa}$$

$$1\text{ 공학기압} = 1\text{at} = 1.0\text{kgf/cm}^2$$

atm은 국제단위계 이전에 압력의 단위로 많이 사용된 단위이다. SI 단위계에서 표준상태 대기압은 약 1bar이다.

## 2 절대압력

완전 진공(vacuum) 상태의 절대 0 기압을 기준으로 측정한 압력을 절대압력(absolute pressure)이라 한다.

**설명** 대기압은 여러 가지 조건에 따라 변하기 쉬우므로 압력을 나타낼 때는 이론적으로 완전한 진공 상태의 절대 0 기압을 기준으로 나타내는 것을 원칙으로 하는데 이와 같은 압력을 절대압력이라 한다. 특히 열역학 관계식에서 사용하는 압력은 특별한 언급이 없으면 모두 절대압력이다.

## 3 계기압력

절대압력($P_{abs}$)이 대기압($P_{atm}$)보다 높을 때 절대압력과 대기압의 차이를 계기압력(게이지 압력, gage pressure, $P_{gage}$)이라 한다.

$$P_{gage} = P_{abs} - P_{atm} \qquad \cdots\cdots (2.10)$$

## 4 진공

절대압력이 대기압보다 낮을 때 대기압 이하의 압력을 진공(vacuum) 또는 진공압(vacuum pressure, $P_{vac}$)이라 한다.

$$P_{vac} = P_{atm} - P_{abs} \quad \cdots\cdots (2.11)$$

**설명** 일반적인 압력계는 실제압력인 절대압력과 대기압과의 차이를 측정하며 이때의 압력을 계기압력(게이지압력)이라 한다.

완전진공을 절대압력으로 나타내면 0Pa이고, 진공도 100%가 된다. 표준대기압력은 절대압력으로 101.325kPa이고, 진공도 0%가 된다.

절대압력은 대기압보다 높을 수도 있고 낮을 수도 있는데 그 차이를 각각 계기압력(게이지 압력)과 진공이라 한다. 대기압보다 높은 압력을 정압, 낮은 압력을 부압이라고도 한다. 압력의 관계는 [그림 2.13]과 같다.

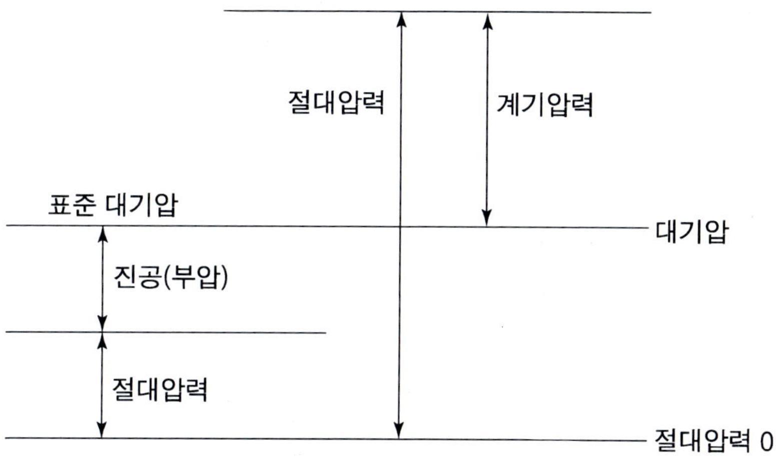


**[그림 2.13] 압력의 상호 관계**

**[예제 2.11]** 외부 대기 압력이 100kPa일 때 용기의 계기압력이 20kPa이면 절대압력은 몇 kPa인가?

**풀이** 절대압력 $P_{abs} = P_{atm} + P_{gage} = 100 + 20 = 120$ [kPa]

# 2.6 온도

## 1 섭씨온도, 화씨온도

표준 대기압 1 atm 에서 순수한 물의 어는점을 0 ℃, 끓는점을 100 ℃로 한 온도를 섭씨(Celsius)온도라 하고, 어는점을 32 °F, 끓는점을 212 °F로 한 온도를 화씨(Fahrenheit)온도라 한다.

## 2 섭씨온도와 화씨온도의 관계

섭씨온도 $T(℃)$와 화씨온도 $T(°F)$의 관계는 다음과 같다.

$$T(℃) = \frac{5}{9}[T(°F) - 32]\ [℃] \qquad \cdots\cdots (2.12)$$

$$T(°F) = \frac{9}{5}T(℃) + 32\ [°F] \qquad \cdots\cdots (2.13)$$

**설명** 국제단위계(SI)에서 사용되는 온도 눈금은 섭씨온도이고, 영국단위계에서 온도 눈금은 화씨온도이다. 섭씨온도는 어는점과 끓는점 사이를 100 등분하고, 화씨온도는 두 점 사이를 180 등분하였으므로 다음 비례식이 성립한다.

$$[T(°F) - 32] : 180 = [T(℃) - 0] : 100$$

$$180\,T(℃) = 100[T(°F) - 32]$$

$$\therefore\ T(℃) = \frac{5}{9}[T(°F) - 32]\ [℃]$$

## 3 절대온도

1954년 제 10차 국제도량형회의에서 물의 고체, 액체, 증기 상이 평형 상태로 존재하는 삼중점(triple point)의 온도를 273.16 K, 0.01 ℃로 정하였다. 섭씨온도와 관련된 절대온도 척도(absolute scale of temperature)는 Kelvin 척도이며 도의 기호를 생략한 기호 K로 나타낸다. 영국 단위계에서 열역학적 온도 척도는 Rankine 척도이며 기호 R로 나타낸다.

섭씨온도 $T$[℃]와 Kelvin 온도 $T$[K]의 관계식은 다음과 같다.

$$T\,[\mathrm{K}] = T\,[℃] + 273.15 \quad \cdots\cdots (2.14)$$

화씨온도 $T$[°F]와 Rankine 온도 $T$[R]의 관계식은 다음과 같다.

$$T\,[\mathrm{R}] = T\,[°\mathrm{F}] + 459.67 \quad \cdots\cdots (2.15)$$

그리고 두 단위계의 절대 온도는 다음 관계를 가진다.

$$T\,[\mathrm{R}] = \frac{9}{5}\,T\,[\mathrm{K}] = 1.8\,T\,[\mathrm{K}] \quad \cdots\cdots (2.16)$$

**설명** 절대온도는 열역학적 온도(thermodynamic temperature)라고도 한다. 열역학에서는 물질 자체 또는 물질의 상태량에 독립적인 온도 눈금을 가지는 것이 바람직한데 이러한 눈금을 열역학적 온도라 한다. 273.15는 정확한 값이다. 섭씨온도 −273.15℃는 기체의 분자운동이 정지하는 열역학적 최저온도이며, 이것을 0K로 하는 온도를 국제단위계(SI)에서의 절대온도라 한다.

온도차이 1℃는 정확히 1K이다. 따라서 두 점에 대한 섭씨 눈금과 Kelvin 눈금의 온도 차이는 같다. 영국 단위계의 1R과 1°F의 눈금의 크기도 같다. 예를 들어 물질의 온도를 20℃ 올리는 것은 20K 올리는 것과 같다. 온도 차이에 대하여 다음 관계식이 성립한다.

$$\Delta T[\mathrm{K}] = \Delta T\,[℃], \quad \Delta T[\mathrm{R}] = \Delta T\,[°\mathrm{F}] \quad \cdots\cdots (2.17)$$

## 2.7 이상기체

다음 상태방정식을 만족하는 기체를 이상기체(ideal gas)라 한다.

$$P\bar{v} = \bar{R}\,T \quad \cdots\cdots (2.18)$$

여기에서 $P$는 절대압력, $\bar{v}$는 몰 비체적(molar specific volume, 단위몰당 체적), $T$는 절대온도이다. $\bar{R}$는 일반기체상수(universal gas constant)라 하며 모든 이상기체에 대하여 동일한 값을 갖는다.[1)]

$$\bar{R} = 8.31441 \frac{\mathrm{J}}{\mathrm{mol \cdot K}} = 8.31441 \frac{\mathrm{kJ}}{\mathrm{kmol \cdot K}} \quad \cdots\cdots (2.19)$$

$n$ 몰의 부피를 $V$라 하면 $\bar{v} = \dfrac{V}{n}$이므로 상태방정식은 다음과 같이 된다.

$$PV = n\bar{R}T \quad \cdots\cdots (2.20)$$

질량 $m$으로 상태방정식을 나타내면 $n = \dfrac{m}{M}$ ($M$은 분자량)이므로

$$PV = mRT, \quad R = \frac{\bar{R}}{M} = \frac{8.314}{M} \frac{\mathrm{kJ}}{\mathrm{kg \cdot K}} \quad \cdots\cdots (2.21)$$

가 되고, 비체적 $v = \dfrac{V}{m}$와 밀도 $\rho = \dfrac{m}{V}$으로 나타내면

$$Pv = RT, \quad P = \rho RT \quad \cdots\cdots (2.22)$$

가 된다. 여기에서 $R$은 특정기체상수 또는 기체상수(gas constant)라 부른다. 이 값은 기체의 종류마다 다르다. [표 2.3]에 몇 가지 이상기체의 기체상수 값을 나타내었다.

온도가 일정하게 유지되면서 이상기체의 상태가 변할 때

$$Pv = C \ (C\text{는 상수}) \quad \cdots\cdots (2.23)$$

의 관계식이 성립하고 이것을 등온과정(isothermal process)의 상태방정식이라 한다. 한편 기체가 외부와 단열되어 열의 출입이 없이 변화하는 과정을 단열과정이라 하며, 가역단열 과정(reversible adiabatic process, 등엔트로피 과정, isentropic process)에서는 다음 관계식이 성립한다.

$$Pv^k = C \ (C\text{는 상수}) \quad \cdots\cdots (2.24)$$

1) 일반기체상수 값 8.314는 기억하도록 한다.

이 식에서 $k$는 다음과 같은 정압비열($C_p$)과 정적비열($C_v$)의 비이다.

$$k = \frac{C_p}{C_v} \quad \cdots (2.25)$$

공기의 비열비 $k = 1.4$이다. 모든 기체에 있어서 $C_p > C_v$이므로 기체의 비열비 $k > 1$이다.

**설명** 이상기체는 완전기체(perfect gas)라고 부르기도 한다. 실제로 존재하지 않는 기체이지만 밀도가 낮은 실제기체의 $P-V-T$ 거동은 이상기체의 상태방정식과 비슷한 거동을 보인다는 것을 실험적으로 관찰하였다. 압력이 낮거나 온도가 높아지면 기체의 밀도가 감소하며 이상기체와 유사한 거동을 나타낸다. 대개의 경우 공기, 산소, 수소, 질소, 헬륨, 이산화탄소 등을 이상기체로 취급할 수 있다.

**[표 2.3] 이상기체의 기체상수와 25℃ 에서의 비열 및 비열비**

| 기체 | 분자식 | $R$ [kJ/kg · K] | $C_p$ [kJ/kg · K] | $C_v$ [kJ/kg · K] | $k$ [kJ/kg · K] |
|---|---|---|---|---|---|
| 공기 | | 0.2870 | 1.004 | 0.7165 | 1.400 |
| 헬륨 | He | 2.0773 | 5.1931 | 3.1159 | 1.667 |
| 네온 | Ne | 0.4120 | 1.0301 | 0.6180 | 1.667 |
| 아르곤 | Ar | 0.2081 | 0.5203 | 0.3122 | 1.667 |
| 수소 | $H_2$ | 4.1245 | 14.304 | 10.180 | 1.405 |
| 질소 | $N_2$ | 0.2968 | 1.0396 | 0.7428 | 1.400 |
| 산소 | $O_2$ | 0.2598 | 0.9180 | 0.6582 | 1.395 |
| 일산화탄소 | CO | 0.2968 | 1.0404 | 0.7436 | 1.399 |
| 이산화탄소 | $CO_2$ | 0.1889 | 0.8437 | 0.6547 | 1.289 |
| 산화질소 | NO | 0.2771 | 0.9946 | 0.7175 | 1.386 |
| 메탄 | $CH_4$ | 0.5183 | 2.2215 | 1.7032 | 1.304 |
| 아세틸렌 | $C_2H_2$ | 0.3193 | 1.6935 | 1.3742 | 1.232 |
| 에탄 | $C_2H_6$ | 0.2765 | 1.7449 | 1.4684 | 1.188 |
| 프로판 | $C_3H_8$ | 0.1886 | 1.6692 | 1.4806 | 1.127 |
| 부탄 | $C_4H_{10}$ | 0.1431 | 1.6945 | 1.5514 | 1.092 |

**[예제 2.12]** 기체상수 $R = 0.1889\,\text{kJ/kg}\cdot\text{K}$인 이산화탄소의 $25\,℃$, $100\,\text{kPa}$에서 밀도($\rho$), 비중량($\gamma$), 비중($S$)을 구하여라. 단, 이산화탄소는 이상기체이고, 중력가속도 $g = 9.8\,\text{m/s}^2$, 물의 비중량은 $9.8\,\text{kN/m}^3$이다.

**풀이** 이상기체 상태방정식 $Pv = RT$로부터 밀도를 구한 후 비중량과 비중을 구한다.

(1) $\rho = \dfrac{1}{v} = \dfrac{P}{RT} = \dfrac{100\text{kPa}}{(0.1889\,\text{kJ/kg}\cdot\text{K})\times(273.2+25)\text{K}} = 1.775\,\text{kg/m}^3$

(2) $\gamma = \rho g = (1.775\,\text{kg/m}^3)\times(9.8\,\text{m/s}^2) = 17.4\,\text{N/m}^3$

(3) $S = \dfrac{\gamma}{\gamma_w} = \dfrac{17.4\text{N/m}^3}{9800\,\text{N/m}^3} = 1.776\times10^{-3}$

**[예제 2.13]** $25\,℃$, $100\,\text{kPa}$에서 $10\text{m}\times10\text{m}\times10\text{m}$의 직육면체 방에 가득 차 있는 어떤 기체의 질량이 $1170\,\text{kg}$일 때 기체상수와 밀도를 구하여라. 단, 이상기체라고 가정한다.

**풀이** (1) 기체상수 : 이상기체 상태방정식 $PV = mRT$ 로부터

$$R = \frac{PV}{mT} = \frac{(100\times10^3\text{N/m}^2)\times(10\times10\times10\text{m}^3)}{1170\text{kg}\times(273.2+25)\text{K}} = 286.6\,\text{J/kg}\cdot\text{K}$$

(2) 밀도 : $\rho = \dfrac{m}{V} = \dfrac{1170\text{kg}}{(10\times10\times10)\text{m}^3} = 1.17\,\text{kg/m}^3$

## 2.8 압축성과 체적탄성계수

### 1 체적탄성계수, 압축률

유체의 체적탄성계수(bulk modulus of elasticity, $E$)는 다음과 같이 정의된다. 체적탄성계수의 SI 단위는 Pa 또는 $\text{N/m}^2$이다.

$$E = -\frac{dP}{dv/v} = -v\frac{dP}{dv} = \rho\frac{dP}{d\rho} \quad \cdots (2.26)$$

압축률($\beta$)은 다음과 같이 정의되며 체적탄성계수의 역수이다.

$$\beta = \frac{1}{E} = -\frac{1}{v}\frac{dv}{dP} = \frac{1}{\rho}\frac{d\rho}{dP} \quad \cdots (2.27)$$

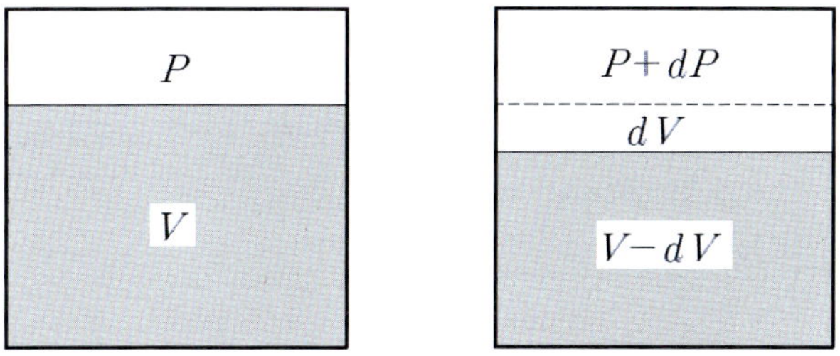


**[그림 2.14] 압력 차이에 의한 부피 변화**

**설명** 고체에 비하여 유체 분자들은 멀리 떨어져 있으므로 유체는 압력에 따라서 부피가 감소하거나 증가한다. 유체가 압축될 때는 $\Delta P > 0$, $\Delta V < 0$이고, 팽창할 때는 $\Delta P < 0$, $\Delta V > 0$이다. 이와 같이 유체에 압력을 가하면 유체가 수축하는 성질을 유체의 압축성이라 한다. 유체에 가해진 압력 $\Delta P$와 유체의 압축비율 $\frac{\Delta V}{V}$는 거의 비례하는데 다음과 같이 정의되는

$$E = \lim_{\Delta V \to 0}\left[-\frac{\Delta P}{\Delta V/V}\right] = -\frac{dP}{dv/v} = -v\frac{dP}{dv} = \rho\frac{dP}{d\rho}$$

를 유체의 체적탄성계수(bulk modulus of elasticity)라 한다. 체적탄성계수 $E$의 단위는 압력의 단위와 같다. 음(−)의 부호는 $E$의 값을 양으로 만들기 위한 것이다. 한편 체적탄성계수의 역수 $\beta = 1/E$를 압축률(compressibility) 또는 체적압축계수라 한다. 압축률은 압력 증가에 따른 압축비를 나타낸다. 일반적으로 액체는 압축되지 않는 비압축성유체로 취급한다. 표준상태에서 물의 압축률은 약 $4.8 \times 10^{-8}\ m^2/N$이므로 거의 압축되지 않는다고 하여도 무방하다. 압축률의 값이 작을수록 (또는 체적탄수계수 값이 클수록) 압축하기 어려운 유체를 나타낸다.
표 [2.4]에 몇 가지 액체의 체적탄성계수를 나타내었다.

**[표 2.4] 표준대기압과 16 ~ 21 ℃ 에서의 체적탄성계수**($10^9 N/m^2 = 1 GPa$)

| 액체 | 체적탄성계수 [$N/m^2$] |
|---|---|
| 에틸알코올 | $1.206625 \times 10^9$ |
| 벤젠 | $1.03425 \times 10^9$ |
| 사염화탄소 | $1.103200 \times 10^9$ |
| 글리세린 | $4.343850 \times 10^9$ |
| 수은 | $2.6201 \times 10^{10}$ |
| 물 | $2.0685 \times 10^9$ |

## 2 기체의 체적탄성계수

상태 변화 과정에 따라 체적탄성계수가 달라진다. 먼저 다음과 같은 폴리트로픽(polytropic) 과정에 대해 살펴본다.

$$Pv^n = C \quad (n\text{은 폴리트로픽 지수}) \qquad \cdots (2.28)$$

여기에서 $P = Cv^{-n}$이므로

$$\frac{dP}{dv} = -nCv^{-n-1}$$

이다. 따라서 체적탄성계수는 다음과 같이 표현된다.

$$E = -v\frac{dP}{dv} = -v(-nCv^{-n-1})$$
$$= nCv^{-n} = nP$$

$$E = nP \qquad \cdots (2.29)$$

식 (2.29)에서 등온과정인 경우 $Pv = C$에서 $n = 1$이므로 체적탄성계수는

$$E = P \qquad \cdots (2.30)$$

가 되고, 등엔트로피 과정(isentropic process)인 경우 $Pv^k = C$에서 $n = k$이므로 체적

탄성계수는 다음과 같다.

$$E = kP \quad (k\text{는 비열비}) \qquad \cdots\cdots (2.31)$$

## 3 음파의 속도

유체에 부과된 압력 교란(pressure disturbance)은 파동(wave)에서 다음 속도 $a$로 이동한다.

$$a = \sqrt{\frac{dP}{d\rho}} = \sqrt{\frac{E}{\rho}} \qquad \cdots\cdots (2.32)$$

$$\bullet\ \text{등엔트로피 과정}: a = \sqrt{kRT} \qquad \cdots\cdots (2.33)$$

**설명** 체적탄성계수의 정의 $E = \rho \dfrac{dP}{d\rho}$에서 $\dfrac{dP}{d\rho} = \dfrac{E}{\rho}$이므로 $a = \sqrt{\dfrac{E}{\rho}}$이다. 대기의 변화가 등엔트로피 과정이라 하면 $E = kP$이고 상태방정식에서 $\dfrac{P}{\rho} = RT$이므로 공기 중에서 음파의 속도(acoustic velocity, 음속) $a$는

$$a = \sqrt{\frac{kP}{\rho}} = \sqrt{kRT}$$

가 된다.

† 공기의 비열비 $k = 1.4$, 기체상수 $R = 287\,\text{J/kg}\cdot\text{K}$이므로 15℃에서 소리의 속도는 $a = \sqrt{1.4(287)(273.2+15)} = 340\,[\text{m/s}]$이다.

**[예제 2.14]** 피스톤-실린더 장치에 들어있는 $0.01\,\text{m}^3$의 액체에 120MPa의 압력을 가했을 때 액체의 부피가 $0.009\,\text{m}^3$이 되었다. 액체의 체적탄성계수는 몇 GPa인가?

**풀이** 체적탄성계수의 정의로부터

$$E = -\frac{\Delta P}{\Delta V/V} = -\frac{120\,\text{MPa}}{(0.009-0.01)/0.01} = 1200\,\text{MPa} = 1.2\,\text{GPa}$$

**[예제 2.15]** 어떤 액체에 2MPa의 압력을 가했을 때 액체의 부피가 0.17% 감소하였다면 액체의 체적탄성계수는 얼마인가?

**풀이** 부피가 0.17% 감소하였으므로

$$\frac{\Delta V}{V} = -0.17\% = -0.0017$$

$$\therefore \quad E = -\frac{\Delta P}{\Delta V/V} = -\frac{2\,\text{MPa}}{-0.0017} = 1176\,\text{MPa}$$

**[예제 2.16]** 0℃ 물을 압축하여 부피를 5% 줄이는 데 필요한 압력을 구하여라. 단, 0℃ 물의 체적탄성계수는 2040MPa이다.

**풀이** 부피를 5% 줄이므로 $\frac{\Delta V}{V} = -5\% = -0.05$이다. 따라서

$$E = -\frac{\Delta P}{\Delta V/V}$$

로부터

$$\Delta P = -E \times \frac{\Delta V}{V} = -2040\,\text{MPa} \times (-0.05) = 102\,\text{MPa}$$

의 압력을 가해야 한다.

**[예제 2.17]** 물의 체적탄성계수가 2200MPa일 때 물 속에서 음속[m/s]은?

**풀이** 물속에서 전파되는 소리의 속도($a$)는 다음과 같다.

$$a = \sqrt{\frac{E}{\rho}} = \sqrt{\frac{2200 \times 10^6\,\text{Pa}}{1000\text{kg/m}^3}} = \sqrt{2.2 \times 10^6 \frac{\text{m}^2}{\text{s}^2}} = 1483\ [\text{m/s}]$$

이상에서 $\frac{\text{Pa}}{\text{kg/m}^3} = \frac{\text{N}}{\text{m}^2} \times \frac{\text{m}^3}{\text{kg}} = (\text{kg} \cdot \frac{\text{m}}{\text{s}^2})\frac{1}{\text{m}^2} \times \frac{\text{m}^3}{\text{kg}} = \frac{\text{m}^2}{\text{s}^2}$

† MKS 단위로 통일하면 결과로 나오는 속도의 단위는 m/s이다.

# 2.9 표면장력과 모세관 현상

## 1 표면장력

액체는 액체분자의 응집력에 의해 표면을 작게 하려는 성질이 있는데 이 때문에 액체의 표면을 따라 발생하는 장력을 표면장력(surface tension)이라 한다. 정량적으로 표면장력은 자유표면의 단위 길이당 분자 간 인력으로 정의되며, 표면장력에 의한 힘의 방향은 항상 접해 있는 표면의 접선방향이다. 표면장력의 단위는 N/m이다.

**설명** 액체 내부의 분자는 모든 방향으로 분자 간 상호 인력이 평형을 이루고 있지만 자유표면(free surface)에 있는 분자에는 액체 내부로의 인력만이 작용하게 된다. 이와 같은 자유표면에 있는 분자에 작용하는 인력의 총 합력을 표면장력이라 한다. 분자 사이 인력은 온도의 높을수록 약해지므로 표면장력도 온도에 따라 변화하며 온도가 상승하면 감소하게 된다. 표면장력의 크기는 얇은 막을 잡아당길 때 걸리는 힘을 측정하여 구할 수 있다. 표 [2.5]에 몇 가지 액체의 표면장력을 나타내었다.

[표 2.5] 표준대기압과 16 ~ 21 ℃ 에서의 액체의 성질

| 액체 | 밀도 [kg/m$^3$] | 표면장력 [N/m] |
|---|---|---|
| 에틸알코올 | 789 | 0.022 |
| 벤젠 | 876 | 0.029 |
| 사염화탄소 | 1593 | 0.027 |
| 글리세린 | 1258 | 0.063 |
| Kerosene | 809 | 0.025 |
| 수은 | 13550 | 0.487 |
| SAE 10 오일 | 917 | 0.036 |
| SAE 30 오일 | 917 | 0.035 |
| 물 | 998 | 0.073 |

† 표면장력은 공기와 접촉할 때 값이다.[2)]

2) 밀도와 표면장력은 온도에 따라 변하므로 책마다 조금씩 값이 다를 수 있다.

## 2 모세관 현상

작은 지름의 관(모세관, capillary tube)을 액체 속에 세웠을 때, 액체의 부착력이 응집력보다 큰 경우에는 관내의 액면이 올라가고, 액체의 부착력이 응집력보다 작은 경우에는 관내의 액면이 내려가는 현상을 모세관 현상(capillarity)이라 한다.

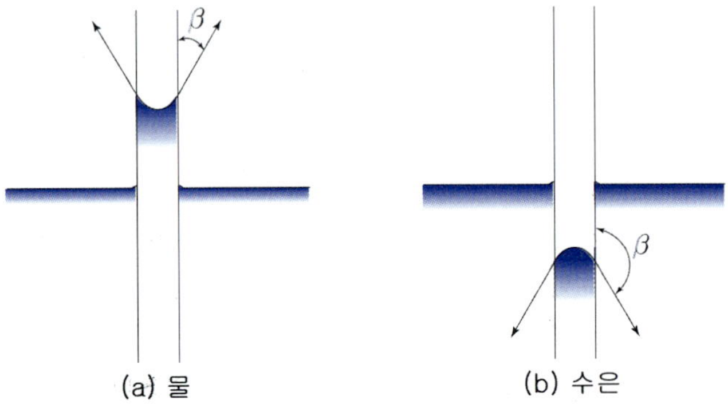


[그림 2.15] 물과 수은에서 모세관 현상

**설명** 액체의 부착력이 응집력보다 크면 고체 면에 접촉한 액체 면이 올라가게 되고, 작을 때에는 내려가게 된다[그림 2.15]. 따라서 물과 같이 부착력이 큰 경우에는 그림의 (a)와 같은 모양을 보이고, 수은과 같이 응집력이 큰 액체에서는 그림의 (b)와 같은 현상을 나타낸다. 이때 표면장력에 의한 힘의 방향과 고체 면이 이루는 각을 접촉각(wetting angle, contact angle)이라 한다. 그림에서 $\beta$는 접촉각을 나타낸다. 공기 중에서 물과 깨끗한 유리의 접촉각은 거의 $0°(0° \sim 9°)$이고, 수은과 유리의 접촉각은 약 $130° \sim 150°$이다. 그리고 $\beta < 90°$이면 액체가 고체를 적신다, $\beta > 90°$이면 액체가 고체를 적시지 않는다고 말한다. 수은이 바닥에 떨어지면 마치 쇠구슬과 같은 모양을 하고 구르는데, 이것은 $\beta \approx 140°$인 액체 수은이 고체를 적시지 않기 때문이다.

## 3 물방울과 비눗방울의 표면장력

일반적으로 물방울(droplet)은 전체가 모두 물로 구성되어 있고, 비눗방울(soap bubble)은 얇은 막으로 되어 있으며 내부가 비어 있다. 따라서 물방울과 비눗방울을 반으로 잘라

보면 표면장력이 나타나는 테두리 선이 물방울은 하나이지만 비눗방울은 (막 두께의 양쪽으로) 두 개가 된다. 이로 인하여 표면 장력 특성이 서로 다르게 나타난다.

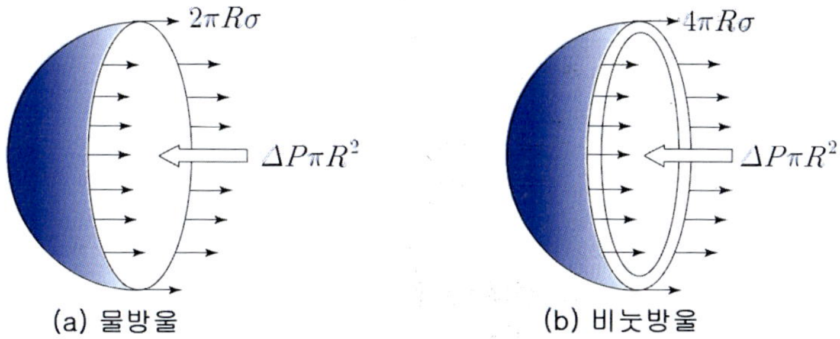


**[그림 2.16] 물방울과 비눗방울의 표면장력**

## [ 1 ] 물방울의 표면 장력

[그림 2.16]의 (a)와 같이 물방울을 반으로 나누어 보면, 물방울 내부와 외부에 작용하는 압력에 의한 힘과 표면장력에 의해 물방울 막을 지탱하고 있는 힘이 평형을 이루고 있다는 것을 알 수 있다. 물방울의 안과 밖의 압력 차이를 $\Delta P$라 하면 압력에 의한 힘은

$$F_P = PA = \Delta P(\pi R^2)$$

이고, 물방울 테두리의 길이는 $2\pi R$ 이므로 표면장력에 의한 힘은

$$F_S = \sigma L = \sigma(2\pi R)$$

이다. 따라서 $F_P = F_S$에서 압력 차이 $\Delta P$는 다음과 같다.

$$\Delta P(\pi R^2) = \sigma(2\pi R)$$

$$\Delta P = \frac{2\sigma}{R} \quad \cdots (2.34)$$

## [ 2 ] 비눗방울의 표면 장력

일반적으로 비눗방울 막의 두께는 아주 얇으므로 비눗방울 내부와 외부 반지름이 같다고 가정한다. 이때 [그림 2.16]의 (b)에서 표면장력이 작용하는 테두리선의 길이가 $2\times(2\pi R)$이 되므로 표면장력에 의한 힘은

$$F_S = \sigma L = \sigma(4\pi R)$$

이다. 따라서 $F_P = F_S$에서 압력 차이 $\Delta P$는 다음과 같다.

$$\Delta P(\pi R^2) = \sigma(4\pi R)$$

$$\Delta P = \frac{4\sigma}{R} \quad \cdots\cdots (2.35)$$

물방울이나 비눗방울 같은 구의 표면에 작용하는 표면장력은 구의 안과 밖의 압력 차이를 지탱할 수 있다. 표면장력은 분자간의 인력에 의한 응집력 때문에 발생하는 힘이므로 구 내부의 압력은 항상 외부 압력보다 높다. 따라서 $\Delta P$를 내부 초과 압력이라고도 한다. 공기 중에서 물방울 내부 압력을 $P_i$라 하면 외부 압력이 대기압 $P_{atm}$이므로 압력 차이 $\Delta P = P_i - P_{atm}$은 물방울 내부의 계기압력이 된다.

**[예제 2.18]** 물방울 내부 압력이 외부 압력보다 20 Pa 만큼 높을 때 물방울의 반지름을 구하여라. 단, 물의 표면장력은 0.073 N/m 이다.

**풀이** 식 (2.34)로부터 물방울의 반지름($R$)은 다음과 같다.

$$\Delta P = \frac{2\sigma}{R}$$

$$\therefore \; R = \frac{2\sigma}{\Delta P} = \frac{2 \times 0.073}{20}[\text{m}] = 0.0073[\text{m}] = 7.3\,[\text{mm}]$$

**[예제 2.19]** 지름이 40 mm 인 속이 빈 비눗방울의 내부 압력이 외부 압력보다 30 Pa 만큼 높을 때 비누 막의 표면장력[N/m]을 구하여라.

**풀이** 식 (2.35)로부터 비누 막의 표면장력($\sigma$)은 다음과 같다.

$$\Delta P = \frac{4\sigma}{R} = \frac{4\sigma}{(D/2)} = \frac{8\sigma}{D}$$

$$\therefore \; \sigma = \frac{D\Delta P}{8} = \frac{(0.04) \times 30}{8} = 0.15\,[\text{N/m}]$$

**[예제 2.20]** [그림 2.17]과 같이 지름 $D$의 유리관을 액체 속에 세울 때 액체의 표면 장력 $\sigma$에 의해 관 벽을 따라 상승하는 액체의 높이 $H$를 구하여라. 단, 접촉각은 $\beta$이다.

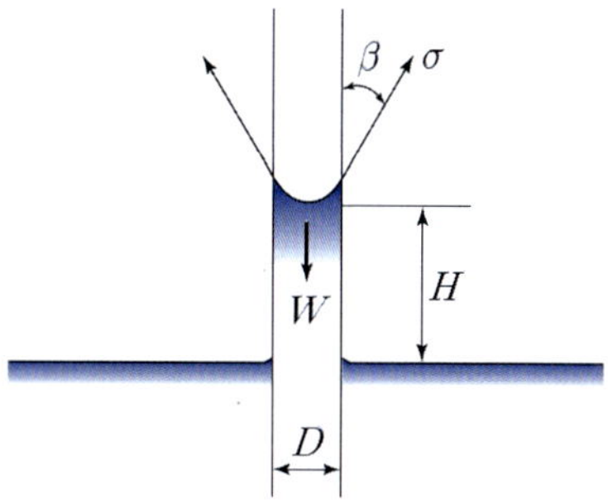


**[그림 2.17] 모세관 현상에 의한 액체 기둥의 상승 높이**

**풀이** 모세관 속에서 상승한 높이 $H$의 액체 기둥의 무게는

$$W = mg = (\rho V)g = \rho\left(\frac{\pi D^2 H}{4}\right)g \quad \cdots\cdots ①$$

이고, 이것은 표면장력에 의해 발생하는 힘의 수직 성분

$$F_v = \sigma(\pi D)\cos\beta \quad \cdots\cdots ②$$

와 평형을 이룬다. 따라서 힘의 평형 $W = F_v$로부터 식 ①, ②의 우변을 같게 놓으면

$$\rho\left(\frac{\pi D^2 H}{4}\right)g = \sigma(\pi D)\cos\beta \quad \cdots\cdots ③$$

이다. 식 ③에서 다음과 같이 모세관 내부 액체의 상승 높이 $H$가 구해진다.

$$H = \frac{4\sigma\cos\beta}{\rho g D} = \frac{4\sigma\cos\beta}{\gamma D} \quad \cdots (2.36)$$

식 (2.36)에서 접촉각 $\beta > 90°$이면 $H < 0$이 된다. 이것은 액체의 응집력이 부착력보다 강하여 관에서 액면이 수평면 아래로 내려가는 것을 의미한다. [그림 2.17]을 보면 접촉각 $\beta > 90°$인 경우 표면장력에 의한 힘의 방향이 아래 방향임을 알 수 있다. 즉, 표면장력이 유체를 아래로 끌어내리므로 관속에서 액면이 아래로 내려가게 된다.

## 연습문제 2

**01** 부피가 $0.1\,m^3$인 기름의 질량이 $90\,kg$일 때 기름의 밀도와 비중량을 구하여라.

**02** 휘발유 50L의 질량과 무게를 구하여라. 단, 휘발유의 밀도는 $750\,kg/m^3$이다.

**03** 지름 50cm, 높이 90cm의 원통에 가득 채워진 유체의 질량을 구하여라. 단, 유체의 밀도는 $700\,kg/m^3$이다.

**04** 그림과 같은 쿠에트 유동에서 $H=3\,mm$, $V=4\,m/s$일 때, 유체에 의해 면적 $A=2\,m^2$의 판에 작용하는 수평 방향 힘이 $F=800\,N$이면 유체의 점성계수($\mu$)는 몇 Pa·s인가?

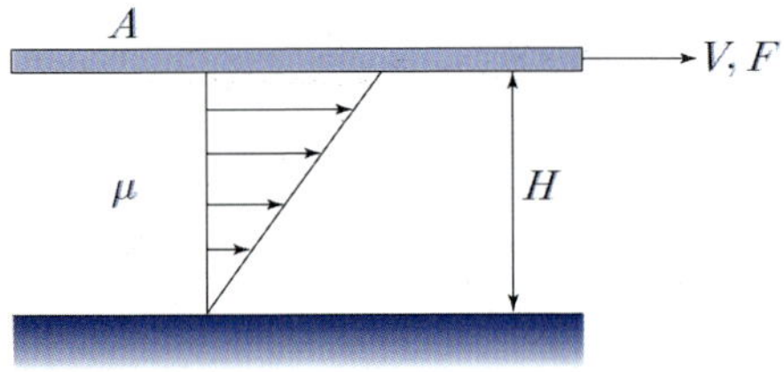


[문제 2.4]

**05** 비중 0.86, 점성계수 0.05 Pa·s인 원유의 동점성계수[$m^2/s$]를 구하여라.

**06** 동점성계수가 $5\times10^{-4}\,m^2/s$이고 비중이 2.0인 유체의 점성계수[$N\cdot s/m^2$]를 구하여라.

**07** 동점성계수가 1.8 St이고 비중이 0.9인 유체의 점성계수는 몇 Pa·s인가?

**08** 두 개의 큰 평행 평판 사이에 두께 4mm의 액체가 채워져 있고, 어떠한 힘이 위 평판에 가해져 평판이 일정한 속도로 이동할 때 액체에서 30Pa의 전단응력이 발생하였다. 평판의 이동 속도를 구하여라. 단, 아래 평판은 고정되어 있고 액체의 점성계수는 0.02 Pa·s이다.

**09** 그림과 같이 두께 $t=2\,mm$의 얇은 기름 막 위에서 40cm × 40cm 평판을 일정 속도 $V=30\,cm/s$로 끌어당기는 데 필요한 힘 $F$를 구하여라. 단, 기름의 점성계수는 1.5 Pa·s이다.

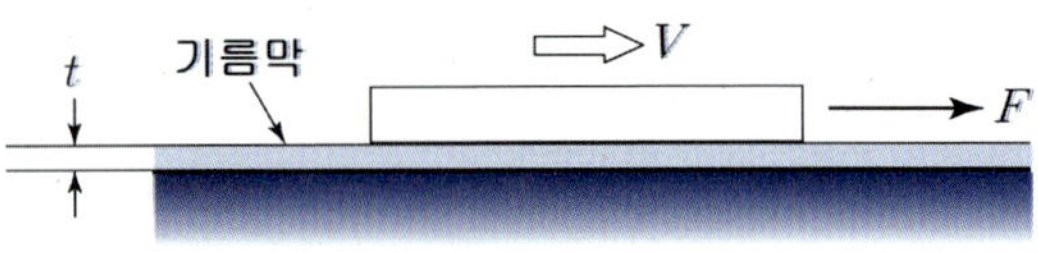


[문제 2.9]

**10** 그림과 같이 평판 위를 흐르는 유체의 속도분포가 다음과 같이 주어질 때 벽면($y=0$)에서 전단응력을 구하여라. 유체의 점성계수는 $\mu$이다.

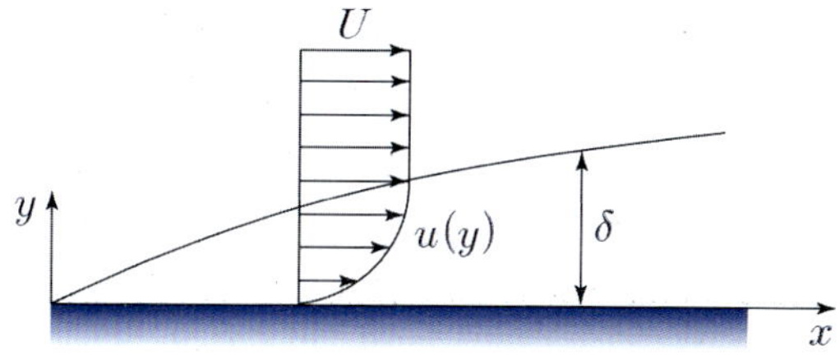


[문제 2.10]

$$u(y) = U\left[2\left(\frac{y}{\delta}\right) - \left(\frac{y}{\delta}\right)^2\right] \ (0 \le y \le \delta)\ ;\ u(y) = U \ \ (y \ge \delta)$$

**11** 그림과 같이 고정된 두 벽면 사이에 유체가 채워져 있고 중심부에 있는 얇은 평판이 일정속도 $50\,\text{cm/s}$로 운동하고 있다. 평판에 작용하는 단위면적당 마찰력($F/A$)이 $30\,\text{N/m}^2$일 때 유체의 점성계수를 구하여라. $A$와 $F$는 각각 평판의 면적과 마찰력을 나타내며 평판의 두께는 무시한다.

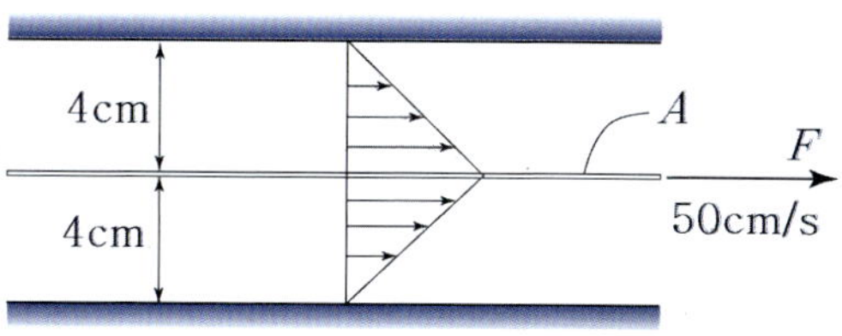


[문제 2.11]

**12** 무게 $W$, 지름 $D$, 길이 $L$의 추가 기름막이 형성된 실린더 안쪽 벽을 따라서 일정속도 $V$로 미끄러져 내려오고 있다. $W=20\text{N}$, $D=100\,\text{mm}$, $L=80\,\text{mm}$, $V=150\,\text{mm/s}$, 기름 막 두께는 $0.1\,\text{mm}$일 때 기름의 점성계수[Pa · s]를 구하여라.

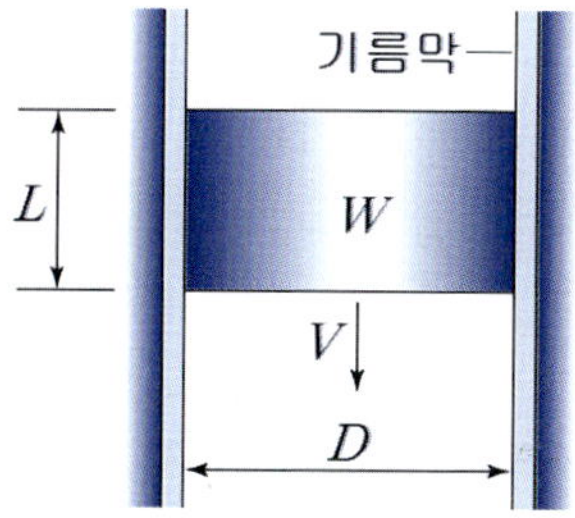


[문제 2.12]

**13** 그림과 같이 면적 $A$, 무게 $W$인 평판이 두께 $h$의 얇은 기름 막 위에서 $V$의 일정 속도로 미끄러져 내려오고 있다. $A=0.4\,\text{m}^2$, $W=100\text{N}$, $h=0.1\text{cm}$, $V=20\text{cm/s}$일 때 기름의 점성계수 [Pa · s]를 구하여라.

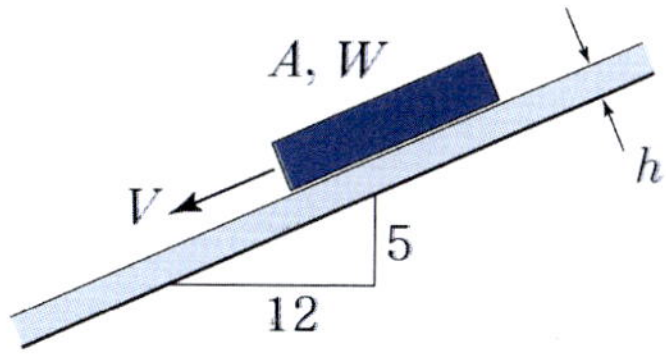


[문제 2.13]

**14** 그림과 같이 안지름 $D_1$인 실린더 속에서 바깥지름 $D_2$, 길이 $L$인 피스톤이 $V$의 일정 속력으로 운동하고 있다. $D_1 = 100.2\,\text{mm}$, $D_2 = 100\,\text{mm}$, $L = 200\text{mm}$, $V = 4\text{m/s}$, 윤활유의 점성계수가 $0.02\,\text{Pa}\cdot\text{s}$이면 피스톤의 마찰 손실 동력은 몇 W인가?

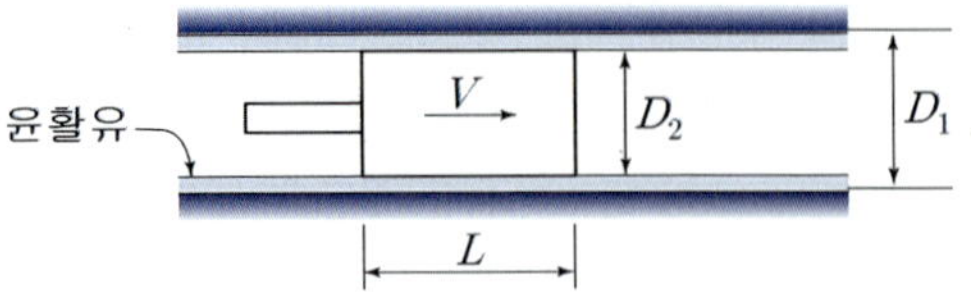


[문제 2.14]

**15** 반지름 $R_1$, $R_2$인 두 동심 실린더 사이에 점성계수 $\mu$의 유체가 채워져 있고, 안쪽 실린더가 $N$[rpm]으로 회전하고 있다. $R_1 = 15\,\text{cm}$, $R_2 = 15.4\,\text{cm}$, $N = 30\,\text{rpm}$일 때 안쪽 실린더에 걸리는 토크가 $4\text{N}\cdot\text{m}$이면 유체의 점성계수는 몇 $\text{Pa}\cdot\text{s}$인가? 단, 바깥 실린더는 고정되어 있고, 실린더의 길이는 $50\text{cm}$이며 원통 끝의 단면 효과는 무시한다.

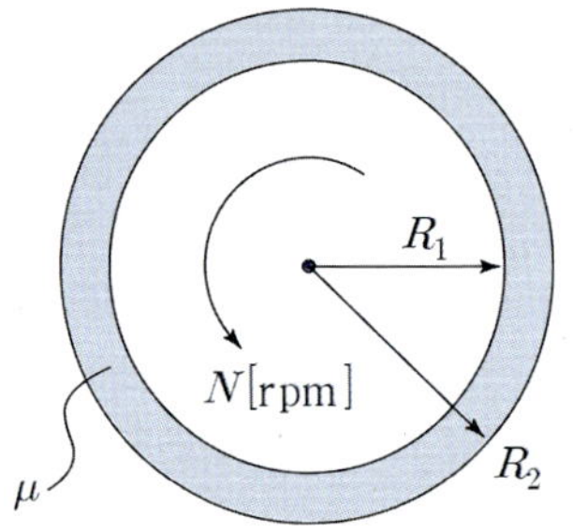


[문제 2.15]

**16** 반지름 $R_1$, $R_2$인 고정된 두 동심 실린더 사이에 유체가 채워져 있고, 반지름 $R$의 중간 실린더가 $N$[rpm]으로 회전하고 있다. $R = 15\text{cm}$, $R_1 = 14.8\,\text{cm}$, $R_2 = 15.2\,\text{cm}$, 실린더 길이는 $50\text{cm}$일 때 다음 물음에 답하여라. 단, 원통 끝의 단면 효과는 무시한다.

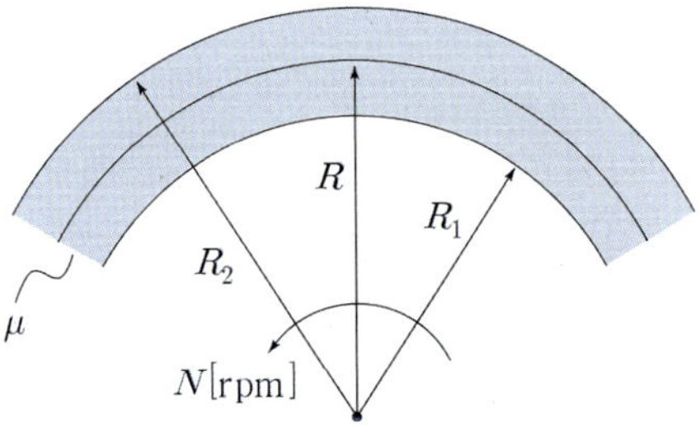


[문제 2.16]

(1) 점성계수가 $0.2\,\text{Pa}\cdot\text{s}$이면 중간 실린더를 $30\text{rpm}$으로 회전시키는데 필요한 토크는 몇 $\text{N}\cdot\text{m}$인가?

(2) $N = 20\text{rpm}$일 때 안쪽 실린더에 걸리는 토크가 $3\text{N}\cdot\text{m}$이면 점성계수는 몇 $\text{Pa}\cdot\text{s}$인가?

**17** 대기압이 $1.01\text{bar}$일 때, 압력계의 눈금이 $1300\,\text{kPa}$을 가리키고 있다면 절대압력은 몇 $\text{kPa}$인가?

**18** 대기압이 102 kPa일 때, 진공계의 눈금이 진공 30 kPa을 가리키고 있다면 절대압력은 몇 kPa인가?

**19** 진공도가 40%인 용기 안의 절대 압력은 몇 kPa인가? 단, 대기압은 100 kPa이다.

**20** 다음 섭씨온도를 화씨온도로 환산하여라.

(1) 70 ℃ (2) −80 ℃

**21** 25 ℃를 Kelvin 온도[K])와 Rankine 온도[R]로 나타내어라.

**22** 온도 차이 72 °F를 K, R, ℃의 온도 차이로 나타내어라.

**23** 2m × 3m × 5m의 직육면체 컨테이너에 있는 100 kPa, 20 ℃ 공기의 질량을 구하여라. 단, 공기의 기체상수 $R = 0.287$ kJ/kg · K이다.

**24** 부피 5m$^3$, 온도 25 ℃의 용기 내에 분자량 32의 이상기체 10 kg이 들어있다. 기체의 압력을 구하여라.

**25** 변형되지 않는 견고한 용기 내에 150 kPa, 20 ℃의 공기 10 kg이 들어있다. 압력과 온도가 각각 200 kPa, 30 ℃가 될 때까지 공기를 주입한다면 공급한 공기량은 얼마인가?

**26** 피스톤-실린더 장치에 들어있는 0.01 m$^3$의 액체에 52 MPa의 압력을 가했을 때 액체의 부피가 0.0095 m$^3$이 되었다면 액체의 체적탄성계수는 얼마인가?

**27** 체적탄성계수가 1.2 GPa인 에틸알코올을 5% 압축하기 위해 필요한 압력을 구하여라.

**28** 체적탄성계수 210 GPa, 밀도 7800 kg/m$^3$의 금속 봉에서 전파되는 소리의 속도를 구하여라.

**29** 압력 100 kPa, 온도 20 ℃인 헬륨 기체에서 음속을 구하여라. 헬륨의 기체상수는 2.08 kJ/kg · K이고 비열비는 1.667이다.

**30** 일산화탄소와 공기의 기체상수는 각각 0.297 kJ/kg · K, 0.287 kJ/kg · K이고, 두 기체의 비열비는 같다. 15.5℃, 1기압에서 공기 속에서 음속이 340 m/s이면, 같은 온도와 압력 조건에서 일산화탄소 속에서 음속은 얼마인가?

**31** 표면장력의 크기는 얇은 유체 막을 잡아당기는 힘을 측정하여 구할 수 있다. 그림과 같이 길이 $L$의 철사를 사용하여 표면 장력에 의해 형성된 얇은 유체 막을 잡아당기는데 걸리는 힘이 $0.007\,\mathrm{N}$일 때 유체의 표면장력을 구하여라. 단, $L = 10\,\mathrm{cm}$이다.

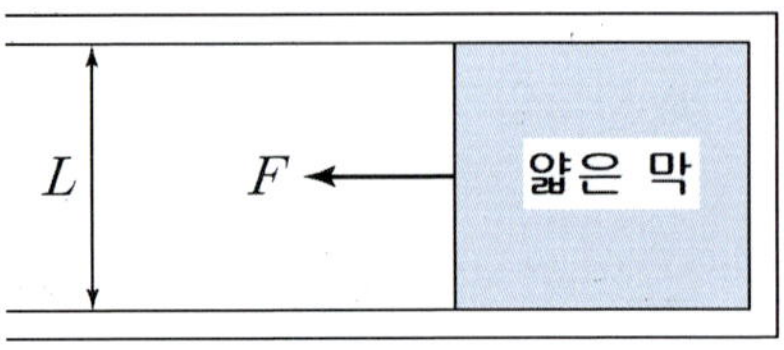


[문제 2.31]

**32** 지름 $0.02\,\mathrm{mm}$인 물방울의 내부 초과 압력은 얼마인가? 내부 초과 압력은 물방울 내부 압력($P_i$)과 바깥 압력($P_o$)의 차이 ($P_i - P_o$)를 말하며, 물의 표면장력은 $0.07\,\mathrm{N/m}$이다.

**33** 공기 중에 형성된 지름이 $200\,\mu\mathrm{m}$인 물방울(droplet)과 물 기포(bubble)의 내부압력(절대압력)을 구하여라. 대기압은 $100\,\mathrm{kPa}$이고 물의 표면장력은 $0.07\,\mathrm{N/m}$이다.

**34** 물방울 내부의 압력이 바깥 압력보다 $140\,\mathrm{Pa}$ 높을 때 물방울의 지름을 구하여라. 단, 물의 표면장력은 $0.07\,\mathrm{N/m}$이다.

**35** 지름 $0.2\,\mathrm{mm}$의 깨끗한 관에서 표면장력에 의해 상승한 물기둥의 높이가 $15\mathrm{cm}$이면 물의 표면장력은 얼마인가? 단, 물의 밀도는 $996\,\mathrm{kg/m^3}$, 중력가속도는 $9.81\,\mathrm{m/s^2}$이고, 접촉각은 $0°$이다.

**36** 안지름 $100\mu\mathrm{m}$의 유리관을 수은 속에 수직으로 세웠을 때 수은이 밀려 내려가는 높이를 구하여라. 단, 수은과 유리관의 접촉각은 $140°$이고 수은의 표면장력은 $0.47\,\mathrm{N/m}$, 비중은 $13.6$이다.

**37** 그림과 같이 두 평판을 액체 속에 세웠을 때 모세관 현상에 의해 평판의 틈새로 끌어올려진 액체의 높이 $h$를 구하여라. 단, 액체의 표면장력은 $\sigma$, 비중량은 $\gamma$, 접촉각은 $\beta$, 틈새 간격은 $w$이다.

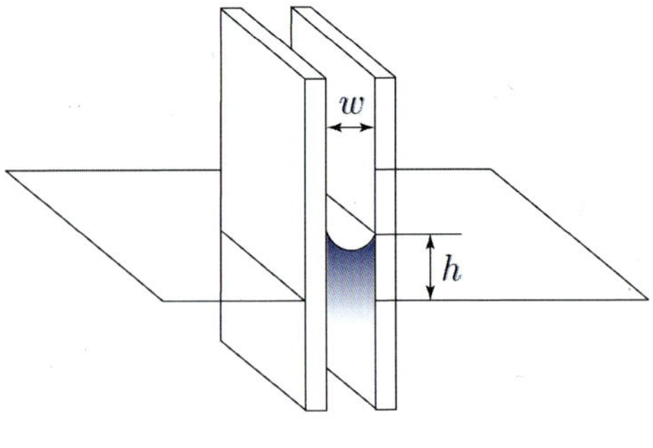


[문제 2.37]

**38** 수면 위에 수평으로 놓인 지름 2cm의 고리(wire ring)를 수면에서 들어 올리려면 최소한 몇 dyne의 힘이 필요한가? 단, 물의 표면장력은 0.07N/m이고, 고리의 무게는 무시한다.

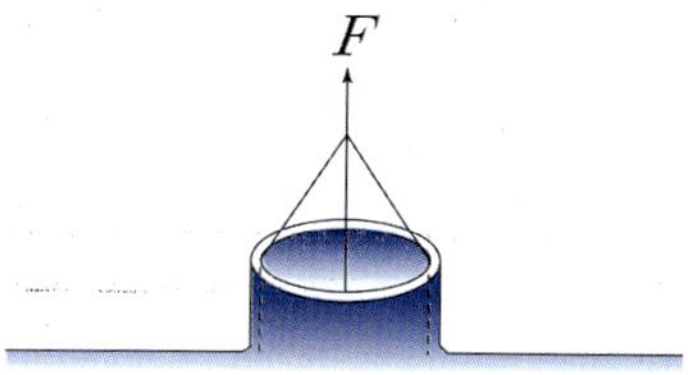


[문제 2.38]

**39** 안지름 2mm의 유리관을 표면장력이 30dyne/cm인 액체 속에 세웠을 때 모세관 현상에 의해 상승한 액체의 높이를 구하여라. 단, 접촉각은 10°, 액체의 비중은 0.8이다.

**40** 두 개의 무한 평판 사이에 비압축성 유체가 있고, 위쪽의 무한 평판 A가 0.4m/s로 그림과 같이 이동하고, 아래쪽 무한 평판은 정지되어 있다. 이들 평판 사이의 거리는 0.25mm로 작기 때문에 액체 간의 점성 마찰로 인한 속도 분포가 선형적이라고 가정된다. 액체의 점도는 $0.6\times10^{-3}$kg/(m · s)이고, 액체의 밀도는 800kg/$m^3$이며, 점성계수 $\mu$가 일정하다고 가정할 경우 다음 질문에 답하시오. [중등교사 임용시험-기계]

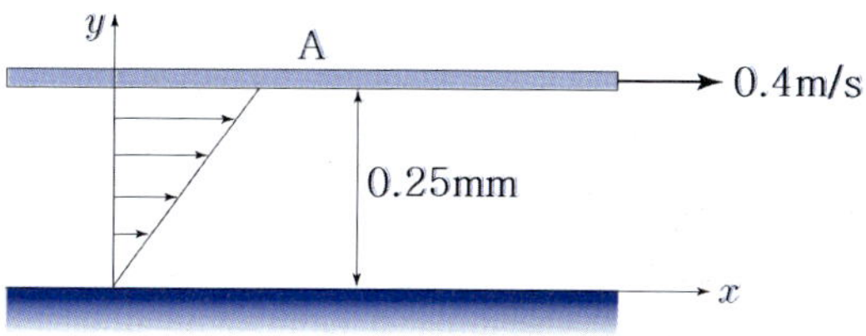


[문제 2.40]

(1) 무한 평판 사이의 동점성계수를 $m^2$/s의 단위로 계산하시오.

(2) 아래의 정지된 무한 평판에 작용하는 전단응력을 Pa 단위로 계산하시오.

**41** 유체의 성질에 대한 설명으로 옳지 않은 것은? [공무원 임용시험]

① 어떤 물체의 비중은 물체의 단위중량과 4℃의 순수한 물의 단위중량과의 비이다.

② 점성계수의 차원은 $[L^2T^{-1}]$이며 동점성계수의 차원은 $[ML^{-1}T^{-1}]$이다.

③ 모세관현상에서 액체와 고체 벽 사이의 부착력이 액체 분자 간의 응집력보다 작으면 액체는 하강한다.

④ 물의 표면장력은 온도가 상승하면 감소한다.

**42** 직경이 10mm인 기름방울의 내부 초과압력이 16Pa일 때 표면장력은 몇 N/m인가? [중등교사 임용시험-기계]

① 0.01 ② 0.02 ③ 0.04 ④ 0.08

**43** 유체의 점성계수의 단위인 1Poise는? [기사시험]

① $1\,\dfrac{\text{dyne}\cdot\text{s}}{\text{cm}^2}$ ② $1\,\dfrac{\text{g}\cdot\text{s}^2}{\text{cm}}$ ③ $1\,\dfrac{\text{dyne}\cdot\text{cm}^2}{\text{s}}$ ④ $1\,\dfrac{\text{g}\cdot\text{s}}{\text{cm}^2}$

**44** 두 평행 평판 사이 층류유동의 속도분포는 $u(y) = 4u_{\max}[y/h - (y/h)^2]$ 으로 주어진다. 여기에서 $y$는 아래 평판으로부터 수직 좌표축이고, $h$는 평판 사이 거리이며, $u_{\max}$는 판 사이 중앙 면에서 발생하는 최대 유속이다. 유체의 점성계수가 $\mu$ 일 때 유동에 의해 아래 평판에 발생하는 전단응력을 구하여라.

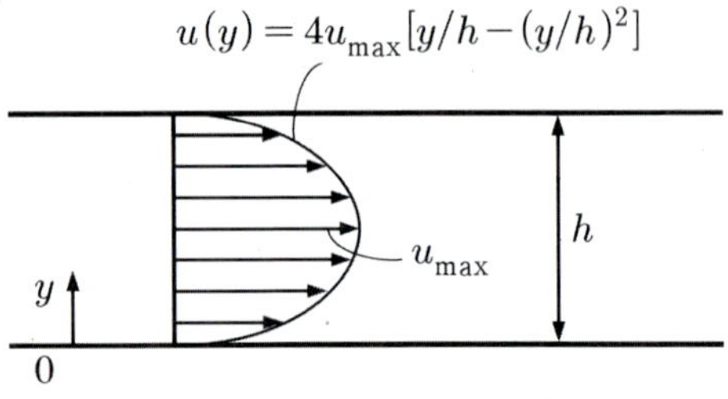


[문제 2.44]

**45** 그림과 같이 하나는 정지해있고 다른 하나는 0.3m/s의 속도로 움직이는 두 개의 판 사이에 있는 두께가 3.6mm인 기름 층을 관통하여 얇은 20cm × 26cm의 평판이 수평으로 3m/s의 속도로 당겨진다. 기름 층에서 속도는 선형적으로 변화하고 기름의 점성계수가 0.2Pa · s일 때 다음 물음에 답하여라.

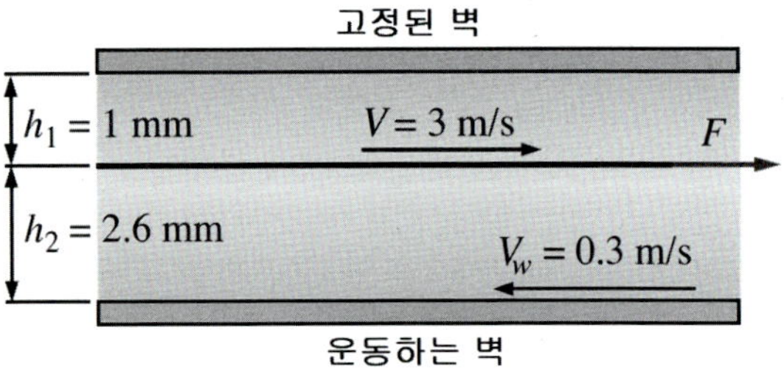


[문제 2.45]

(1) 기름의 속도가 0인 위치를 구하여 아래 벽(운동하는 벽)으로부터 거리[mm]로 나타내어라.

(2) 3m/s의 속도로 당겨지는 판에 작용하는 힘 $F$[N]을 구하여라.

**46** 길이가 50cm인 두 개의 동심실린더로써 유체의 점성계수를 측정하고자 한다. 안쪽 실린더 바깥지름은 14cm이고 실린더 사이 틈새 폭은 0.12cm이다. 실린더 사이 틈새에 유체를 채우고 안쪽 실린더를 300rpm으로 회전시켰을 때 실린더에 걸리는 토크가 4.6N · m로 측정되었다. 유체의 점성계수 [Pa · s]를 구하여라.

[문제 2.46]

**47** 비눗방울의 표면장력이 0.025N/m 일 때 지름이 2cm 인 비눗방울 내부의 계기압력[Pa]을 구하여라.

**48** 분자량이 44kg/kmol인 어떤 이상기체의 온도가 20℃ 일 때 밀도가 1.9kg/m$^3$이다. 이때 기체의 압력[kPa]을 구하여라.

**49** 온도 400K의 공기 중에서 음속[m/s]을 구하여라. 단, 공기의 비열비는 1.4이고, 기체상수는 0.287kJ/kg · K 이다.

**50** 어떤 유체를 1% 압축하기 위해 대기압 하에서 유체의 압력을 210atm으로 올려야 한다. 유체의 체적탄성계수[atm]를 구하여라.

**51** 안지름이 0.8mm인 유리관을 표면장력이 0.028N/m 인 액체 속에 세웠을 때 모세관 현상에 의해 올라간 액체의 높이[mm]를 구하여라. 단, 접촉각은 25°이고, 액체의 밀도는 750kg/m$^3$이다.

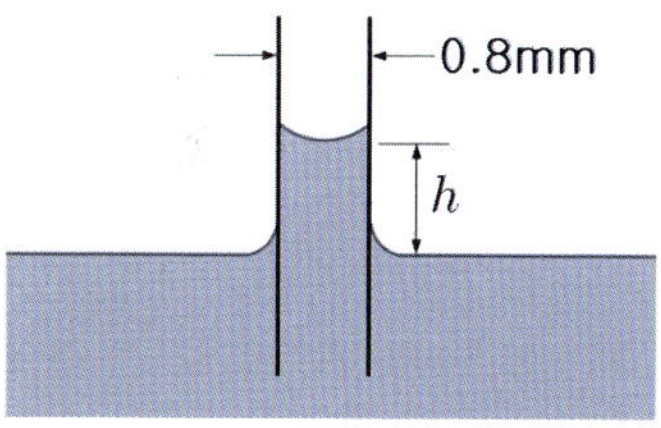


[문제 2.51]

**52** 길이가 50cm이고 지름이 10cm인 축이 지름이 10.3cm인 저널베어링 내에서 회전하고 있다. 축과 베어링 사이에는 점도가 0.3Pa · s인 오일이 완전히 채워져 있다. 축이 800rpm으로 회전할 때 오일의 점성에 의한 마찰력을 극복하기 위해 필요한 축의 동력[W]을 구하여라. 단, 베어링 저널은 고정되었고, 축과 저널의 중심은 일치한다. (윤활에서는 점성계수를 점도라 한다.)

**53** 점성계수 $\mu$의 차원은 어느 것인가? [중등교사 임용시험–기계]

① $ML^{-1}T^{-1}$ ② $ML^{-1}T^{-2}$ ③ $ML^{-2}T^{-1}$ ④ $MLT$

**54** 다음은 유체의 전단응력과 관련된 설명이다. 옳지 않은 것은? [공무원 임용시험]

① 점성(viscosity)이란 전단에 저항하려는 유체의 성질이다.

② Newton의 점성법칙에 의하면, 전단응력은 주어진 유체의 각변형가속도와 점성계수에 정비례한다.

③ 점성계수의 SI 단위는 N · s/m$^2$이다.

④ 점성유체라도 인접한 층 사이에 상대운동이 없는 경우, 겉보기 전단응력은 생기지 않는다.

**55** 직경이 0.4mm인 물방울의 표면장력이 70dyne/cm일 때 물방울 내부와 외부의 압력차[$N/m^2$]는? [공무원 임용시험]

① 35 ② 70 ③ 350 ④ 700

**56** 어떤 유체의 부피가 $8m^3$이고 무게는 1,600kgf이다. 이 유체의 단위중량[$kgf/m^3$]과 비중을 구하여라. [공무원 임용시험]

**57** 압력용기 내의 게이지 압력이 30kPa로 측정되었다. 대기압력이 100kPa일 때 압력용기 내의 절대압력[kPa]은? [공무원 임용시험]

① 130 ② 70 ③ 30 ④ 0

**58** 유체의 점성에 대한 설명으로 옳지 않은 것은? [공무원 임용시험]

① 점성계수(dynamic viscosity)의 차원은 [$ML^{-1}T^{-1}$]이다.

② 실무에서는 동점성계수(kinematic viscosity)를 많이 사용하며 차원은 [$L^2T^{-1}$]이다.

③ 뉴턴의 점성법칙은 유체에 작용하는 전단응력과 유속이 비례한다는 것으로, 이때 비례상수가 점성계수이다.

④ 물은 전단응력 변화에 따른 점성계수의 변화를 무시할 수 있는 뉴턴 유체이다.

**59** 유체기계 사용 시 점성을 동반하는 유체 유동의 동점성계수(kinematic viscosity)를 설명한 것이다. 옳은 것을 〈보기〉에서 모두 고른 것은? [공무원 임용시험]

| |
|---|
| ㄱ. 유체의 압력을 밀도로 나눈 값이다. |
| ㄴ. 유체의 점성계수(coefficient of viscosity)를 밀도로 나눈 값이다. |
| ㄷ. 단위는 Poise[P]이다. |
| ㄹ. 단위는 Stoke[St]이다. |

① ㄱ, ㄷ ② ㄱ, ㄹ ③ ㄴ, ㄷ ④ ㄴ, ㄹ

**60** 다음 중 유체의 점성(또는 점성계수)에 대한 설명으로 옳지 않은 것은? [공무원 임용시험]

① 점성의 단위는 kg/(m·s) 등이 있다.

② 점성의 측정을 통해 뉴턴유체와 비뉴턴유체의 구분이 가능하다.

③ 온도가 내려갈수록 유체의 점성은 커진다.

④ 윤활유의 점성이 작을 경우 마모가 쉽게 일어난다.

**61** 점성계수가 $\mu_1$, $\mu_2$인 두 유체층 사이에서 얇은 평판을 일정한 속도 $V$로 끌어당기고 있다. 평판 사이 간격이 $h_1$, $h_2$이고 평판의 면적이 $A$일 때 평판을 끌어당기는데 필요한 힘 $F$를 구하여라. 평판 사이 유체의 속도분포는 선형이라고 가정한다.

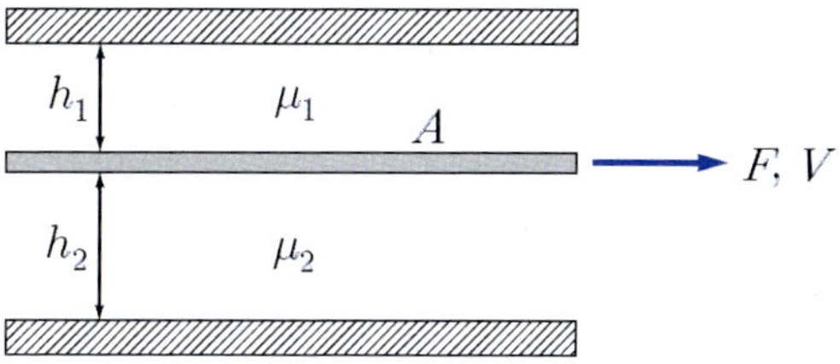

[문제 2.61]

**62** 그림과 같이 질량이 $m$인 물체가 질량이 $M$인 물체의 무게에 의해 테이블의 기름 막 위에서 일정한 속도 $V$로 미끄러지고 있다. 기름 막의 두께가 $h$이고 기름의 점성계수가 $\mu$일 때 속도 $V$를 구하여라. 기름 막과 접촉하고 있는 물체 바닥의 단면적은 $A$이고, 중력가속도는 $g$이며, 줄의 무게와 풀리에서 마찰은 무시하고, 기름 막에서 속도 분포는 선형이라고 가정한다.

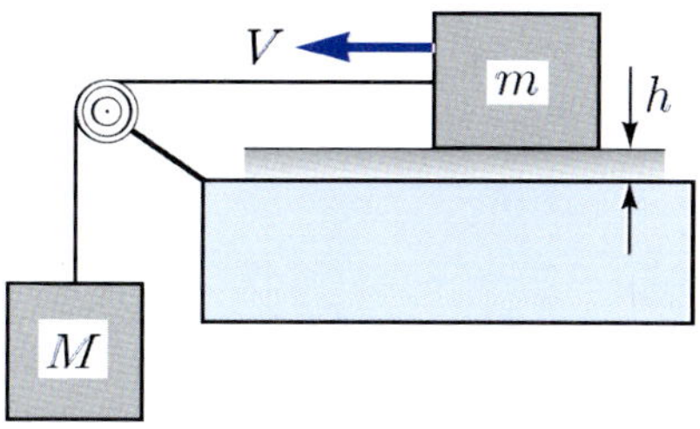

[문제 2.62]

**63** 길이가 $L$인 두 동심 실린더 사이에 유체가 채워져 있다. 바깥 실린더가 고정되었을 때, 안쪽 실린더를 각속도 $\omega$로 회전시키려면 토크 $T$가 필요하다. 안쪽 실린더의 반지름 $R$이 두 실린더 사이의 간격 $h$에 비하여 매우 크다고 가정할 때, 유체의 점도 $\mu$를 주어진 변수들로 나타내시오. [국가공무원 5급(기술) 제2차시험]

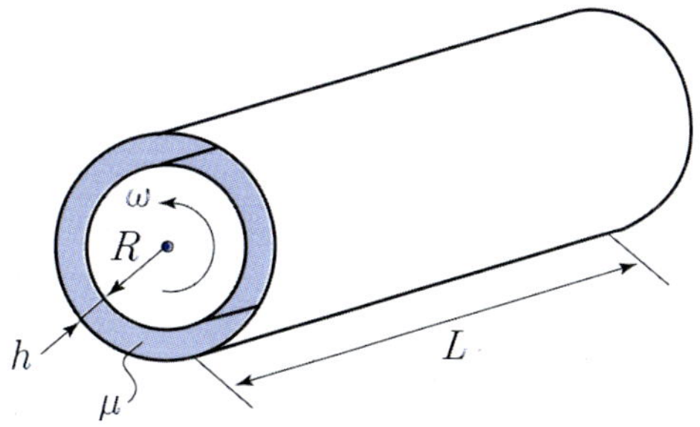

[문제 2.63]

# 제3장

# 유체 정역학

## 3.1 개요

유체 정역학(Fluid statics, Hydrostatics)은 유체 요소들 사이에 상대운동이 없는 유체를 다루는 분야이다. 유체 내의 각 요소들 사이에 상대운동이 없으므로 모든 점에서 속도구배가 0이 된다. 따라서 유체의 점성계수와 무관하게 유체 내의 모든 점에서 전단응력이 존재하지 않는다. 즉, 유체가 정지해 있거나 용기에 들어있는 유체 전체가 같은 속도로 이동할 때에는 유체 입자들 사이에 상대 운동이 없으므로 전단력이 발생하지 않는다. 이때 고려해야 할 힘은 압력과 체적력(body force)인데 전기장이나 자기장 등이 존재하지 않으면 고려해야 할 힘은 압력과 중력뿐이다. 따라서 유체의 점성에 의한 힘을 고려해야 하는 유체 동역학(hydrodynamics)에 비하여 이론적 해석이 용이하다.

유체정역학은 수학적으로 쉽게 접근할 수 있다. 유체 정역학 문제를 해석하기 위해서는 역학에서 힘의 평형 원리(principle of equilibrium, $\sum\vec{F}=0$, $\sum\vec{M}=0$)만 적용하면 된다. 즉, 평형 상태에 있는 물체 또는 질량요소에 작용하는 모든 외력의 합과 모멘트 합은 모두 0이 된다. 이 원리에 유체의 밀도($\rho$) 또는 비중량($\gamma$)에 대한 지식을 결합하면 유체정역학 문제를 해석할 수 있다.

이와 같은 유체정역학의 수학적 해석 결과는 그대로 공학 문제에 적용할 수 있다. 유체 속에 잠겨있는 물체가 받는 힘, 댐이나 수문이 받는 힘, 유압 프레스, 자동차의 유압 브레이크 등을 해석할 때 유체정역학적 지식을 사용하여 필요한 물리량을 구할 수 있다.

## 3.2 한 점에서 압력의 성질

### 1 압력의 방향성

유체의 압력은 임의의 면에 수직으로 작용한다.

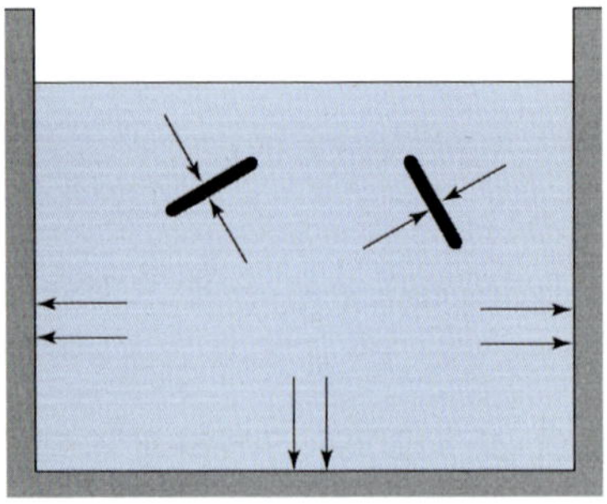

[그림 3.1] **벽면에 작용하는 압력의 방향**

**설명** 압력은 단위 면적에 수직으로 작용하는 힘($P = F/A$)으로 정의한다. 유체 내에서 압력의 방향은 [그림 3.1]과 같다. 어떤 점에 놓인 면적 $A$가 압력 $P$에 의해 받는 힘 $F = PA$이다.

## 2 압력의 등방성

정지 유체 내부의 임의의 한 점에 작용하는 압력은 모든 방향으로 같은 크기를 갖는다.

**증명** [그림 3.2]와 같은 쐐기 모양의 미소 유체요소에 작용하는 압력에 의한 힘의 평형을 고려해 보자. 유체요소의 폭을 1로 하면 압력이 작용하는 각 단면의 면적은 $dx \times 1$, $dy \times 1$, $ds \times 1$이고, 빗면과 수평면이 이루는 각을 $\theta$라 하면 삼각함수의 정의에 의해 다음 관계식이 성립한다.

$$dx = ds\cos\theta\,, \quad dy = ds\sin\theta$$

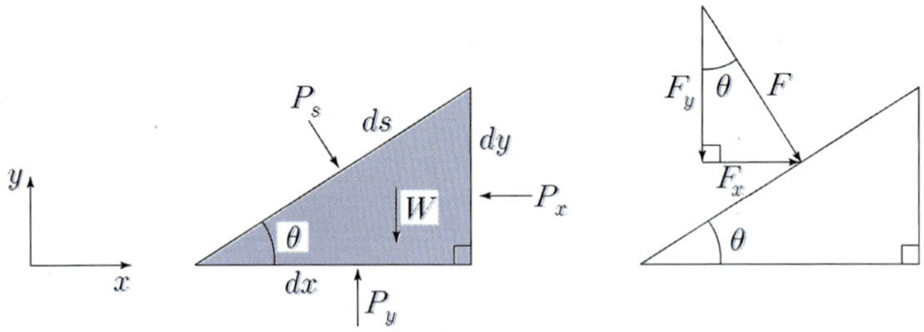


[그림 3.2] **미소 유체요소에 작용하는 압력**

단면 $dx$, $dy$, $ds$에 작용하는 압력을 각각 $P_x$, $P_y$, $P_s$라 할 때, 유체가 정지해 있으므로 물체에 작용하는 힘의 합력은 0이다. 그림에서 빗면에 작용하는 압력 힘 $P_s ds$의 $x$,

$y$성분은 각각 $P_s dx\sin\theta$, $-P_s ds\cos\theta$라는 것을 알 수 있다. 따라서 $x$ 방향 힘의 합력은 0이라는 조건에서

$$-P_x dy + P_s ds\sin\theta = 0$$

$$\therefore\ P_x = P_s \quad (\because\ dy = ds\sin\theta) \cdots\cdots ①$$

가 된다. 그리고 유체의 비중량을 $\gamma$라 하면 유체의 무게는

$$W = \gamma V = \gamma\frac{1}{2}(dx \times dy \times 1) = \frac{\gamma dx dy}{2}$$

이다. $y$ 방향 힘의 합력은 0이라는 조건을 적용하면

$$P_y dx - P_s ds\cos\theta - \frac{\gamma dx dy}{2} = 0$$

$$\therefore\ P_y - P_s - \frac{\gamma\, dy}{2} = 0 \quad (\because\ dx = ds\cos\theta) \cdots\cdots ②$$

이다. 식 ②에서 크기가 0인 한 점에서 압력을 고려하여 $dy \to 0$로 하면

$$P_y = P_s \cdots\cdots ③$$

가 된다. 식 ①과 ③으로부터 $P_x = P_y = P_s$가 성립한다는 것을 알 수 있다. 즉, 정지 유체 내의 한 점에 작용하는 압력 힘은 모든 방향으로 같은 크기를 갖는다.[1)]

## 3 파스칼의 원리

**"밀폐된 용기 속에 갇혀 있는 유체에 압력을 가하면 가한 압력은 유체의 모든 부분에 동일한 세기로 전달된다."** 라는 것을 파스칼(Pascal)의 원리라 한다.

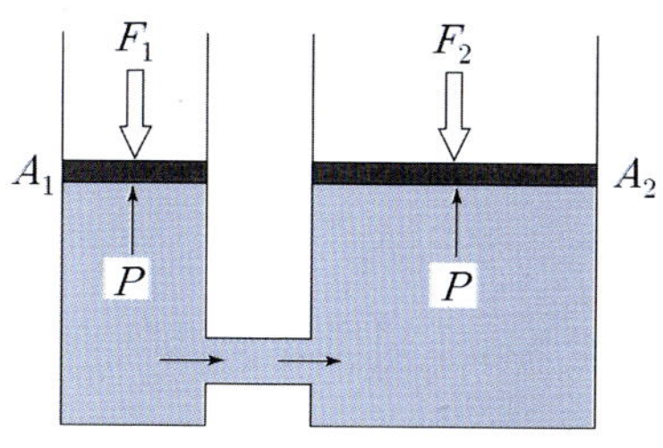


**[그림 3.3] 파스칼의 원리**

1) 증명 과정은 참고로 하고 압력의 성질을 잘 이해하도록 한다.

**설명** 작은 힘으로 큰 힘을 얻는 수압기는 파스칼의 원리를 응용한 것이다. [그림 3.3]에서 면적 $A_1$의 피스톤에 $F_1$의 힘을 가하는 경우를 살펴보자. 중력의 영향을 무시하면 모든 점에서 압력이 같으므로 압력의 정의 $P = F/A$에 의해 유체에서 압력은

$$P = \frac{F_1}{A_1} = \frac{F_2}{A_2}$$

이다. 따라서

$$F_2 = \frac{A_2}{A_1} \times F_1$$

이므로 면적 비 $A_2/A_1$을 크게 하면 작은 힘 $F_1$을 증폭시켜 큰 힘 $F_2$를 얻을 수 있다.

† 자동차의 유압브레이커와 기계적인 유압작동장치 등은 10MPa 이상의 고압을 사용한다. 이와 같이 대기압 100kPa = 0.1MPa 보다 아주 높은 고압에서는 중력에 의한 영향을 거의 무시할 수 있으므로 파스칼의 원리를 그대로 적용할 수 있다.

**[예제 3.1]** [그림 3.4]와 같이 지름 $D_1$, $D_2$의 두 피스톤으로 구성된 유압프레스가 있다. $D_1 = 200\text{mm}$, $D_2 = 50\text{mm}$일 때 다음 물음에 답하여라. 단, 실린더 내의 유체는 비압축성 유체이며, 실린더와 피스톤 사이 마찰과 피스톤의 무게는 무시한다.

(1) 지름 $D_2$의 작은 피스톤에 $W = 100\text{N}$의 물체를 올려놓을 때 큰 피스톤에 전달되는 힘 $F$는?

(2) 작은 피스톤이 8cm 내려갔을 때 큰 피스톤이 이동한 거리는 얼마인가?

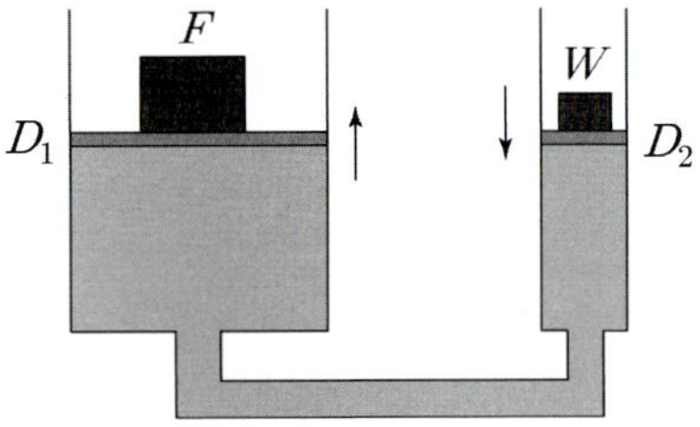


**[그림 3.4] 두 피스톤으로 구성된 유압프레스**

**풀이** (1) 큰 피스톤과 작은 피스톤의 단면적을 각각 $A_1$, $A_2$라 하면

$$A_1 = \frac{\pi D_1^2}{4}, \quad A_2 = \frac{\pi D_2^2}{4}$$

이고, 실린더 내부의 압력을 $P$라 하면 압력은

$$P = \frac{F}{A_1} = \frac{W}{A_2}$$

이다. 따라서 큰 피스톤에 전달되는 힘은

$$F = \frac{A_1}{A_2}W = \frac{\pi D_1^2/4}{\pi D_2^2/4} \times W = \left(\frac{D_1}{D_2}\right)^2 W = \left(\frac{200}{50}\right)^2 \times 100 = 1600\,[\mathrm{N}]$$

이다. 즉, 작은 피스톤에 가해준 힘 100N이 1600N으로 증폭되어 큰 피스톤으로 전달된다.

(2) 큰 피스톤과 작은 피스톤이 이동한 거리를 각각 $S_1$, $S_2$라 하면 작은 피스톤이 밀어낸 유체의 양과 큰 피스톤 쪽으로 들어오는 유체의 양($V\ \mathrm{cm}^3$)이 같으므로

$$V = A_1 S_1 = A_2 S_2$$

이다. 따라서 큰 피스톤이 이동한 거리 $S_1$은 다음과 같다.

$$S_1 = \frac{A_2}{A_1}S_2 = \left(\frac{D_2}{D_1}\right)^2 S_2 = \left(\frac{50}{200}\right)^2 \times 8 = 0.5\,[\mathrm{cm}]$$

**[예제 3.2]** 그림과 같은 수압기에서 $Q=100$N의 힘으로 $W=50{,}000$N의 힘을 받는 피스톤(B)을 지탱하고 있을 때 힘 $F$를 받는 피스톤 A의 지름 $d$를 구하여라. 단, 두 피스톤의 자중은 무시하고, 두 피스톤의 바닥면은 같은 높이에 있으며, 힘 $Q$의 작용점으로부터 100cm 지점은 마찰력이 없는 힌지로 연결되어 있다.

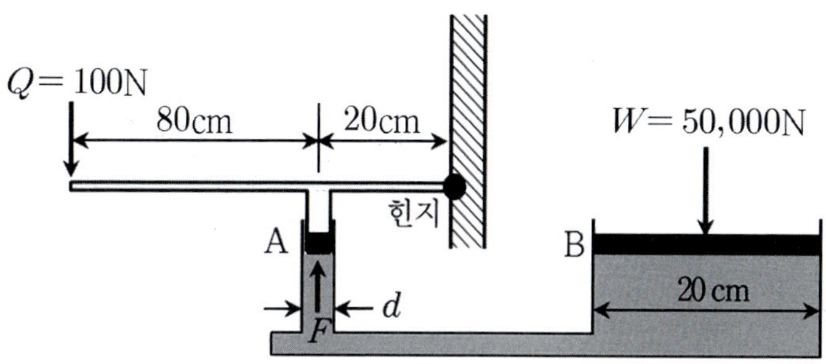


[그림 3.5] 수압기

**풀이** 힘 $Q$와 $F$를 받고 있는 레버에 대해 힌지에 대한 모멘트 평형을 적용하면

$$F \times 20 = Q \times (80 + 20)$$
$$\therefore \; F = \frac{100}{20} \times Q = 5 \times 100 = 500\,[\text{N}]$$

이다. 다음에 파스칼의 원리로부터 수압기 내 압력($P$)이 같다는 조건을 적용하면 다음과 같이 피스톤 A의 지름 $d$가 구해진다.

$$P = \frac{F}{\pi d^2/4} = \frac{W}{\pi \times (20)^2/4}$$
$$\therefore \; d = 20\sqrt{\frac{F}{W}} = 20\sqrt{\frac{500}{50{,}000}} = 2\,[\text{cm}]$$

# 3.3 정지 유체에서 압력 변화

## 1 수평 방향 압력 변화

유체가 정지해 있을 때 기준면으로부터 같은 깊이(또는 같은 높이)에 있는 점의 압력은 모든 점에서 같다. 즉, 정적인 유체에서 압력은 수평면에서 일정하다.

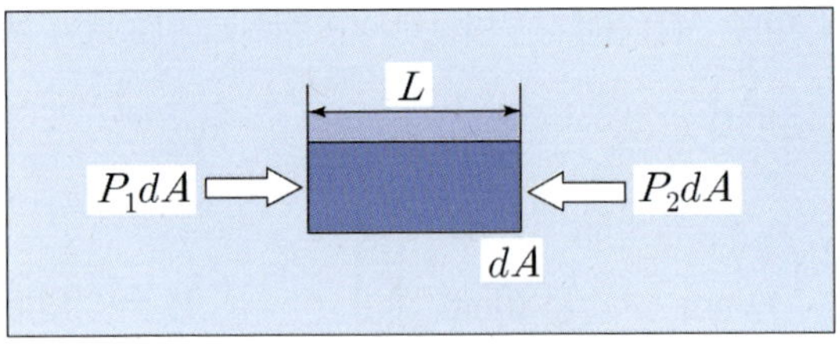


[그림 3.6] 수평 방향 압력 힘

**증명** [그림 3.6]과 같이 임의의 깊이에 있는 단면적 $dA$, 길이 $L$의 유체요소를 고려해 보자. 이 요소의 왼쪽과 오른쪽에 작용하는 압력을 각각 $P_1$, $P_2$라 하면 수평방향으로 작용하는 힘은 각각 오른 쪽으로 $P_1 dA$, 왼쪽으로 $P_2 dA$가 된다. 따라서 유

체는 정지 상태에 있으므로 수평 방향 힘의 평형을 고려하면 다음과 같이 된다.

$$\sum F_x = P_1 dA - P_2 dA = 0$$
$$\therefore \ P_1 = P_2$$

따라서 정지 유체에서 같은 깊이(또는 같은 높이)에서의 압력은 같다. 즉, 정지 유체에서 수평 방향으로는 압력 변화가 없다.

## 2 연직 방향 압력 변화

### [ 1 ] 고도에 따른 압력 변화 미분 식

정지 유체에서 압력은 높이(깊이)에 따라 변화한다. 기준면으로부터 고도를 $z$, 유체의 비중량을 $\gamma$라 하면 압력 분포 $P(z)$는 다음 관계식을 따른다.

$$\frac{dP}{dz} = -\gamma \quad (\gamma = \rho g) \qquad \cdots\cdots (3.1)$$

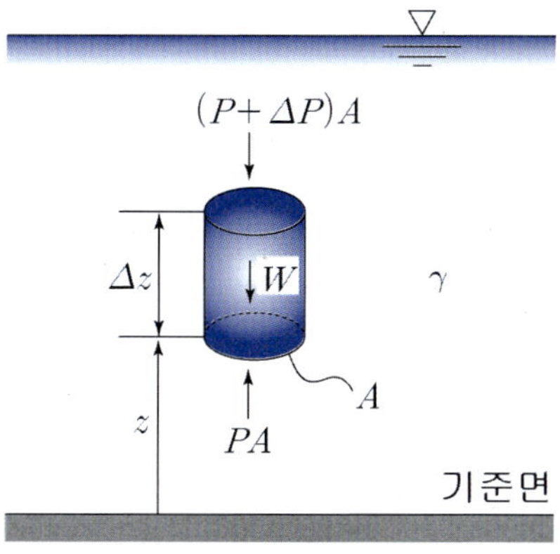


[그림 3.7] 미소 원기둥에 작용하는 압력 힘

**증명** [그림 3.7]과 같이 기준면으로부터 $z$의 높이에 있는 단면적 $A$, 높이 $\Delta z$인 미소 원기둥에서 힘의 평형을 고려한다. 원기둥의 아래 면에 작용하는 압력을 $P$라 하면 위 면에 작용하는 압력은 $P+\Delta P$이므로 원기둥에 작용하는 수직 방향 압력 힘은 위 방향으로 $PA$, 아래 방향으로 $(P+\Delta P)A$이다. 그리고 유체의 비중량을 $\gamma$라 하면 중력에 의한 원기둥의 무게 $W=\gamma V=\gamma A\Delta z$는 아래 방향으로 작용한다. 따라서 유체는 정지 상태에 있으므로 수직 방향 힘의 평형을 고려하면 다음과 같이 된다.

$$\sum F_z = PA - (P + \Delta P)A - W = 0$$

$$-\Delta PA - \gamma A\Delta z = 0 \quad (\because W = \gamma A\Delta z)$$

$$\therefore \frac{\Delta P}{\Delta z} = -\gamma \quad \cdots\cdots ①$$

식 ①의 극한을 취하면 압력에 대한 다음 미분 식이 얻어진다.

$$\frac{dP}{dz} = -\gamma \quad \cdots\cdots ②$$

일반적으로 비중량 $\gamma$는 온도의 함수이며 그 관계식을 알면 압력을 구할 수 있다.

## [ 2 ] 일정한 밀도의 유체(액체)에서 압력

밀도($\rho$)가 일정한 유체 속에서 높이 차이가 $h$인 두 지점이 있을 때 아래 지점 압력을 $P_L$, 위 지점 압력을 $P_U$이라 하면 두 지점의 압력 사이에는 다음과 같은 관계식이 성립한다.

$$P_L = P_U + \gamma h \quad (\gamma = \rho g) \quad \cdots\cdots (3.2)$$

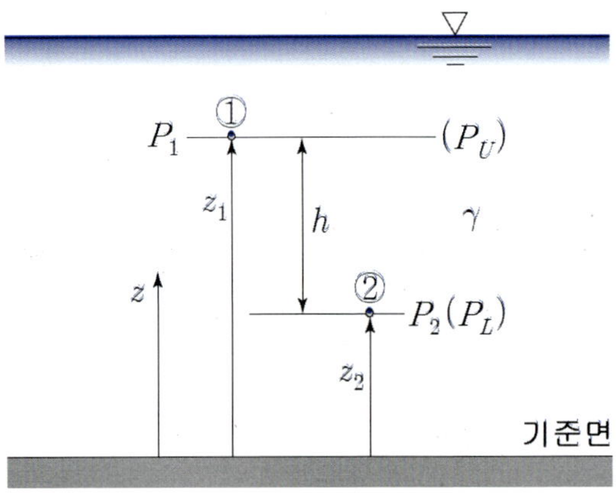


**[그림 3.8] 고도 차이와 압력 차이**

**증명** 액체의 경우는 밀도($\rho$)가 거의 일정하므로 $\gamma = \rho g$는 상수가 된다. $\gamma$가 일정한 값을 가지면 이 식은 바로 적분이 되므로 압력을 쉽게 구할 수 있다. [그림 3.8]과 같이 높이 $z = z_1$, $z = z_2$인 곳에서 압력을 각각 $P_1$, $P_2$라 하면

$$\frac{dP}{dz} = -\gamma \quad \cdots\cdots \text{①}$$

로부터 $dP = -\gamma dz$이므로 이 식을 적분하면

$$\int_1^2 dP = -\int_1^2 \gamma\, dz$$

$$[P]_1^2 = -\gamma[z]_1^2$$

$$\therefore \ P_2 - P_1 = -\gamma(z_2 - z_1) \quad \cdots\cdots \text{②}$$

이다. 여기에서 두 지점의 높이 차이를 $z_1 - z_2 = h$라 하면

$$P_2 - P_1 = \gamma(z_1 - z_2) = \gamma h$$

$$\therefore \ P_2 = P_1 + \gamma h \quad \cdots\cdots \text{③}$$

가 된다. 즉, 두 지점의 높이 차이가 $h$이면 아래 지점($P_L$)은 위 지점($P_U$)보다 $\gamma h$의 압력을 더 받고, 역으로 위 지점은 아래 지점보다 $\gamma h$의 압력을 덜 받는다. 액체는 대부분 밀도가 일정한 비압축성 유체에 가까우므로 액체 속에서 압력은 식 ③의 관계식을 적용하여 구할 수 있다.[2)]

† $\frac{dP}{dz} = -\gamma \ (\gamma > 0)$이므로 기준면으로부터 위로 올라갈수록 압력이 낮아진다.

**[예제 3.3]** 해수면에서 100 m 아래에 있는 잠수함에 작용하는 절대압력은 몇 kPa인가? 대기압은 101 kPa이고, 바다 물의 밀도는 1024 kg/m³이다.

**풀이** 잠수함은 대기압($P_a$)과 물에 의한 압력($\gamma h$)을 모두 받으므로 절대압력은 다음과 같다.

$$P = P_a + \gamma h = P_a + \rho g h$$

$$= 101 + (1024 \times 9.8 \times 100) \times \frac{1}{1000} \ [\text{kPa}]$$

$$= 1104.52 \ [\text{kPa}]$$

2) 증명 과정은 참고로 하고 특히 식 ③의 의미를 잘 이해하도록 한다.

**[예제 3.4]** [그림 3.9]와 같이 수면으로부터 $h = 10\text{m}$ 아래에 $4\text{m} \times 5\text{m}$의 평판이 수평으로 놓여 있다. 물의 무게에 의해 평판이 받는 압력 힘을 구하여라.

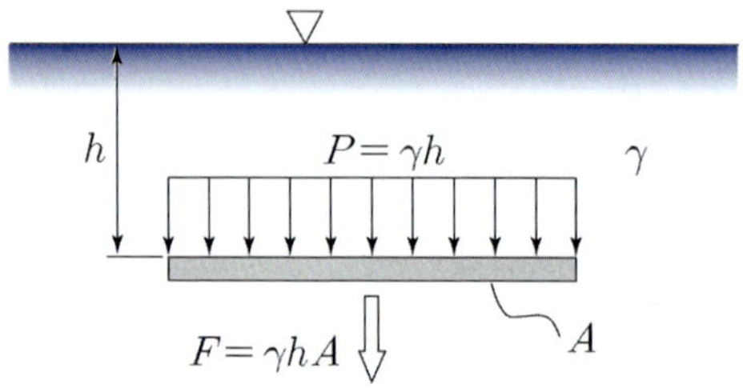


[그림 3.9] **수평으로 놓인 판에 작용하는 압력 힘**

**풀이** 깊이가 같은 지점에서의 압력은 같으므로 수평으로 놓여 있는 평판에는 물에 의해 균일한 압력

$$P = \gamma h$$

가 작용한다. 따라서 평판이 받는 물에 의한 압력 힘은

$$F = PA = \gamma h A = 9.8 \times 10 \times (4 \times 5)\,[\text{kN}] = 1960\,[\text{kN}]$$

이다.

† 평판에 작용하는 절대압력은 $P_a + \gamma h$이고 판이 받는 전체 압력 힘은 $(P_a + \gamma h)A$이다. 그런데 대기압에 의한 압력 힘 $P_a A$는 지구상의 어느 위치에서도 받는 힘이다. 일반적으로 수압이라고 하면 대기압을 제외하고 물의 무게에 의한 압력 $\gamma h$를 의미한다.

**[예제 3.5]** [그림 3.10]과 같이 밀폐된 용기와 상부가 개방된 용기에 엔진 오일이 저장되어 있다. 오일(Oil)의 밀도가 $885\,\text{kg/m}^3$일 때 용기 바닥의 절대압력을 각각 구하여라. 단, 대기압은 $1.013\,\text{bar}$이다.

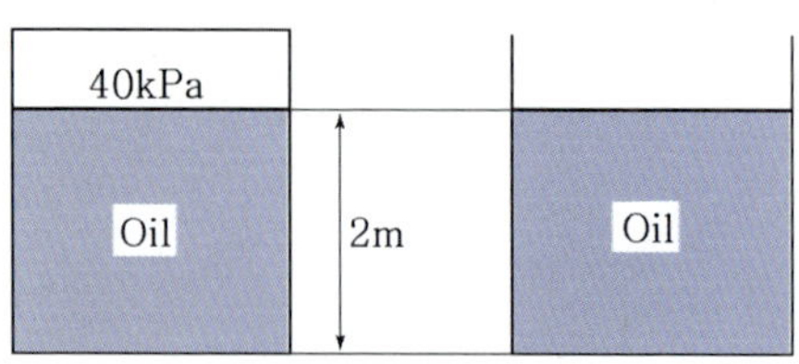


[그림 3.10] **밀폐된 용기에서 압력**

풀이 (1) 밀폐된 용기의 바닥 압력 :

$$P_1 = 40\text{kPa} + \gamma h = 40{,}000 + (885 \times 9.8) \times 2\ [\text{Pa}]$$
$$= 57{,}346\ [\text{Pa}] = 57.3\ [\text{kPa}]$$

(2) 개방된 용기의 바닥 압력 :

$$P_2 = P_{atm} + \gamma h = 1.013 \times 10^5 + (885 \times 9.8) \times 2\ [\text{Pa}]$$
$$= 118{,}646\ [\text{Pa}] = 118.6\ [\text{kPa}]$$

## [ 3 ] 기체에서 압력

기체는 액체와 달리 압력을 받으면 압축되고 압력이 감소하면 팽창한다. 즉, 압력에 따라 밀도가 변하므로 식 $\frac{dP}{dz} = -\rho g$에서 압력과 밀도의 관계식을 알아야 압력 분포를 구할 수 있다. 기체의 압력과 밀도는 여러 가지 관계식을 가질 수 있는데, 하나의 예로써 등온과정(isothermal process)인 경우를 살펴본다.

이상기체 상태방정식 $Pv = P/\rho = RT$ 로부터

$$\rho = \frac{P}{RT} \quad \cdots\cdots ①$$

이므로 압력에 대한 미분 식은 다음과 같다.

$$\frac{dP}{dz} = -\rho g = -\frac{Pg}{RT} \quad \cdots\cdots ②$$

여기에서 온도가 일정한 경우 $g/RT = C$(상수)가 된다. 식 ②의 변수를 분리하면

$$\frac{dP}{P} = \left(-\frac{g}{RT}\right) dz \quad \cdots\cdots ③$$

이고, 식 ③을 적분하여 압력 분포를 구한다. 기준면 $z = 0$와 임의 위치 $z$에서 압력을 각각 $P_0$, $P(z)$라 하면 압력 분포 $P(z)$는 다음과 같다.

$$\int_{P_0}^{P(z)} \frac{dP}{P} = -\frac{g}{RT} \int_0^z dz$$

$$\ln\left[\frac{P(z)}{P_0}\right] = -\frac{gz}{RT}$$

$$P(z) = P_0 \exp\left(-\frac{gz}{RT}\right) \quad \cdots\cdots (3.3)$$

**[예제 3.6]** 대기 온도가 일정하다고 할 때 1km 상공에서 압력을 구하여라. 단, 해상($z=0$)에서 대기압은 101kPa이고, 온도는 0℃이며 공기의 기체상수 $R = 0.287\,\text{kJ/kg}\cdot\text{K}$이다.

**풀이** 식 (3.3)으로부터 온도가 일정할 때 압력은 다음과 같다.

$$P = P_0 \exp\left(-\frac{gz}{RT}\right) = 101 \times \exp\left(-\frac{9.8 \times 1000}{287 \times 273.2}\right) [\text{kPa}]$$
$$= 89.13\,[\text{kPa}]$$

## 3.4 기압계와 압력계

일반적으로 대기압을 측정하는 장치를 기압계(barometer)라 한다. 기압계에는 $\Delta P = \gamma h$의 관계식을 이용하는 수은기압계, 금속의 탄성을 이용하는 아네로이드(Aneroid) 기압계, 센서를 이용하는 디지털(digital) 기압계 등이 있다.

### 1 수은 기압계

수은 기압계는 한쪽이 막힌 관에 공기가 들어가지 않도록 수은을 채우고 관의 열린 부분을 저장조의 수은 표면 아래쪽에 오도록 뒤집어 놓은 장치로서 대기의 절대 압력을 측정할 때 사용한다.

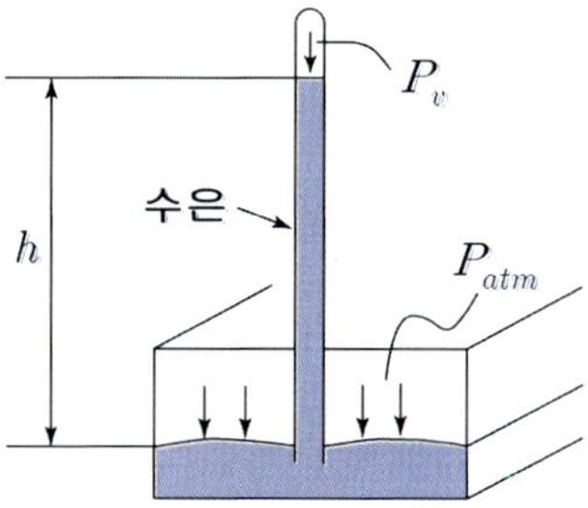


**[그림 3.11] 수은 기압계**

**설명** 수은 기압계의 원리는 [그림 3.11]과 같다. 그림에서 대기압을 $P_{atm}$, 수은주의 높이를 $h$, 수은의 비중량을 $\gamma_{Hg}$, 수은의 증기압을 $P_v$라 하면 관 속에서 증기압과 수은주 무게에 의한 압력과 용기의 수은 면에 작용하는 압력이 평형을 이루고 있으므로

$$P_{atm} = P_v + \gamma_{Hg} h$$

가 된다. 여기에서 수은 증기의 작은 압력($P_v \approx 1.59 \times 10^{-4}$ kPa)을 무시하면 수은 위 공간에서 압력은 절대압력 0이므로 대기압은

$$P_{atm} = \gamma_{Hg} h$$

이고, 이것은 대기의 절대압력을 나타낸다. 수은 기압계는 1643년에 Torricelli가 고안한 매우 기본적인 장치이지만 어떤 절대압력을 쉽게 측정할 수 있으므로 공업용으로도 사용된다.

1표준기압(atm)은 0℃ 수은기둥 높이 $h = 760$mm에 상당하는 압력으로 정의한다.

| 1 표준기압(1atm) = 760 mmHg (수은기둥)<br>= 10.33 mAq (물기둥) 또는 10.33m$H_2O$<br>= 1.01325 bar = 101.325 kPa<br>= 1.033kgf/cm$^2$ |
|---|

| 1 공학기압(at) = 735.5mmHg (수은기둥)<br>= 10mAq (물기둥)<br>= 1.0kgf/cm$^2$ |
|---|

0℃ 수은의 밀도는 약 13600kg/m³, 중력가속도는 약 9.8m/s²이므로 수은기둥 760mm에 상당하는 압력은

$$P = \rho g h \approx 13600 \times 9.8 \times 0.76\,[\mathrm{N/m^2}] \approx 101.3\,[\mathrm{kPa}] = 1.013\,[\mathrm{bar}]$$

가 된다. 10mAq는 물기둥 10m의 높이에 상당하는 압력을 나타낸다. 여기에서 1기압은 약 100kPa이므로 수은 기압계로 절대 압력을 측정할 때 수은의 증기압 $P_v \approx 1.59 \times 10^{-4}$ kPa은 무시할 수 있다는 것을 알 수 있다.

## 2 아네로이드 기압계

아네로이드 기압계는 액체를 사용하지 않고 금속의 탄성을 이용하여 절대압력을 측정하는 기구이다. 아네로이드 기압계의 원리는 [그림 3.12]와 같다. 기압계의 기본 요소는 한 끝 면(B)이 탄성적인 다이어프램(diaphragm)으로 되어 있는 짧은 실린더(A)이다. 실린더 A는 비어 있으며 다이어프램 B의 바깥쪽에 작용하는 압력은 그것을 안쪽으로 휘게 하고 이 휨의 크기는 작용한 압력의 크기를 나타낸다. 이것을 적절한 링크장치(C)에 의해 적당한 눈금(D)으로 전달하면 압력의 크기를 측정할 수 있다. 여기에서 만약 실린더 A가 완전히 비어 있으면 압력을 이루는 유체 분자가 없으므로 그 속에서 압력은 절대영(0)이 될 것이다. 따라서 이때 측정한 압력은 절대압력이 된다.

기압계에서 편리하게 사용하는 아네로이드 실린더는 좁은 범위의 압력만 측정할 수 있음에도 불구하고 그 기본적인 원리는 좀 더 일반적인 절대 압력계에서도 이용할 수 있다.

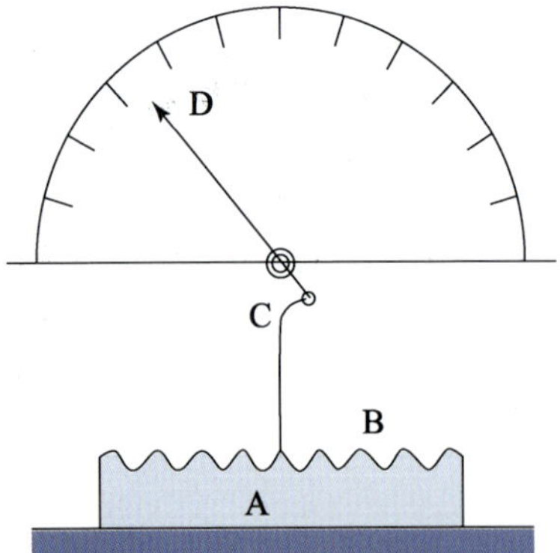


[그림 3.12] 아네로이드 기압계

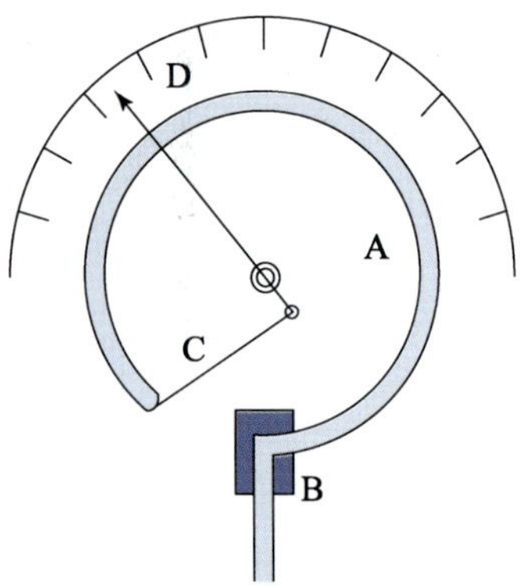


[그림 3.13] 부르동 압력계

## 3 부르동 압력계

부르동(Bourdon) 압력계는 게이지 압력(또는 진공)을 측정하는 표준적인 기계적 장치이다. [그림 3.13]에 부르동 압력계의 개략적인 모양을 나타내었다.

압력계에서는 단면이 타원인 곡관(A)이 지점 B에 고정되어 있고, A의 자유단은 링크(C)에 의해 지침 D에 연결되어 있다. 만약 타원형 단면의 관 내부에 압력이 가해지면 그 단면은 원형이 되려 하고, 관을 곧게 펴려고 하므로 지침이 새겨진 눈금 위에서 오른쪽으로 움직이게 된다. 관 내부와 외부 압력이 같을 때에는 관이 변형되지 않으므로 압력계를 적절하게 조정하여 압력이 가해지지 않을 때는 지침이 눈금의 영점에서 정지하게 만든다. 즉, 측정하려는 부분의 압력이 대기압과 같을 때 부르동 압력계의 지침은 0의 압력을 가리킨다. 반면 대기압보다 낮은 압력에 대하여는 관은 수축하려 하고 지침은 왼쪽으로 움직인다. 따라서 대기압보다 높은 압력에 대한 읽음은 양(+)이고 이것은 게이지 압력이 되며, 대기압 이하의 압력에 대한 읽음은 음(−)이고 이것은 진공(vacuum)을 나타낸다.

**[예제 3.7]** 압력 850mmHg는 몇 bar인가?

**풀이** 760mmHg = 1.01325bar 이므로

$$850\text{mmHg} = \frac{850}{760} \times 1.01325\,\text{bar} = 1.133\,[\text{bar}]$$

이다. 또는 $P = \gamma h$의 식을 사용하면

$$P = \gamma_{Hg} h = (13.6 \times 9.8) \times 0.85\,[\text{kPa}] = 113.3\,[\text{kPa}] = 1.133\,[\text{bar}]$$

**[예제 3.8]** 수은의 비중이 13.6이면 700mmHg는 몇 kPa인가? 또 이 압력에 대응하는 물기둥의 높이는 몇 m인가?

**풀이** 비중이 13.6이므로 비중량 $\gamma_{Hg} = S\gamma_w = 13.6 \times 9800\,\text{N/m}^3$이다.

$$\therefore\ P = \gamma_{Hg} h = (13.6 \times 9.8)\frac{\text{kN}}{\text{m}^3} \times 0.7\text{m} = 93.3\,\text{kPa}$$

또 이것을 물기둥의 높이로 환산하면 다음과 같다.

$$P = \gamma_{Hg} \times 0.7\,\text{m} = \gamma_w h$$

$$\therefore \quad (13.6 \times \gamma_w) \times 0.7\,\text{m} = \gamma_w h$$

$$\therefore \quad h = 9.52\,[\text{m}]$$

여기에서 물기둥 높이 9.52 m에 대응하는 압력을 9.52 mAq로 나타낸다. 즉, 700 mmHg = 9.52 m Aq = 93.3 kPa이다.

**[예제 3.9]** 대기압이 760 mmHg일 때 진공도가 20%인 밀폐 용기의 절대압력은 몇 mmHg인가?

**풀이** 절대압력 $P_{abs} = P_{atm} - \dfrac{20}{100} \times P_{atm} = 0.8 P_{atm}$

$$= 0.8 \times 760\text{mmHg} = 608\,[\text{mmHg}]$$

**[예제 3.10]** 대기압이 101.3 kPa이고 계기압이 100 mmHg이면 절대압력은 몇 kPa 인가?

**풀이** 절대압력 $P_{abs} = P_{atm} + P_{gage}$

$$= 101.3\text{kPa} + \frac{100}{760} \times 101.325\,\text{kPa} = 114.632\,[\text{kPa}]$$

## 3.5 액주계

### 1 액주계

수직으로 세운 유리관 속의 액체 기둥(액주)의 높이를 측정하여 압력을 측정하는 장치를 액주계라 한다. 압력 원과 같은 유체를 사용하는 액주계를 피에조미터(piezometer)라 하고, 다른 유체를 사용하는 것을 마노미터(manometer)라 한다. 액주계는 비교적 낮은 압력을 측정할 때 사용한다.

**설명** 탱크 속의 수압을 측정하는 [그림 3.14]에서 왼쪽은 피에조미터, 오른쪽은 마노미터를 나타내며, 마노미터의 액체로는 비중이 큰 수은을 주로 사용한다. 액주의 높이로써 압력을 나타낼 때 수은(Hg)은 mmHg, 물은 mAq를 많이 사용한다.

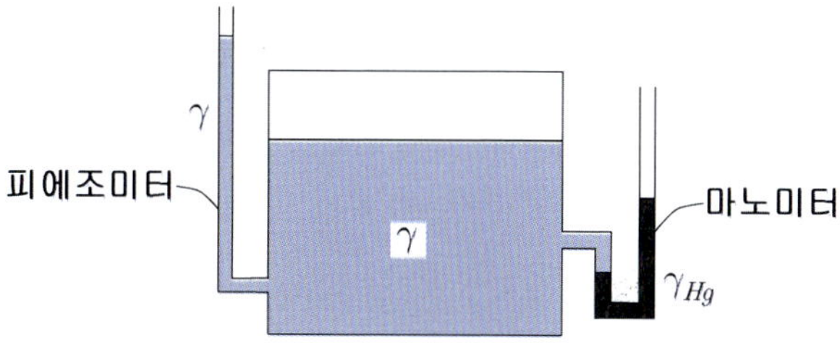


[그림 3.14] **피에조미터와 마노미터**

**[예제 3.11]** [그림 3.15]와 같이 상부가 개방된 용기에 비중이 다른 두 종류의 유체 A, B가 채워져 있고 각각에 피에조미터를 설치하였다. A와 B의 비중이 각각 0.7과 1.2일 때 다음을 구하여라.

(1) 피에조미터 A에서 액체 표면의 고도
(2) 피에조미터 B에서 액체 표면의 고도
(3) 탱크 바닥이 받는 전 압력

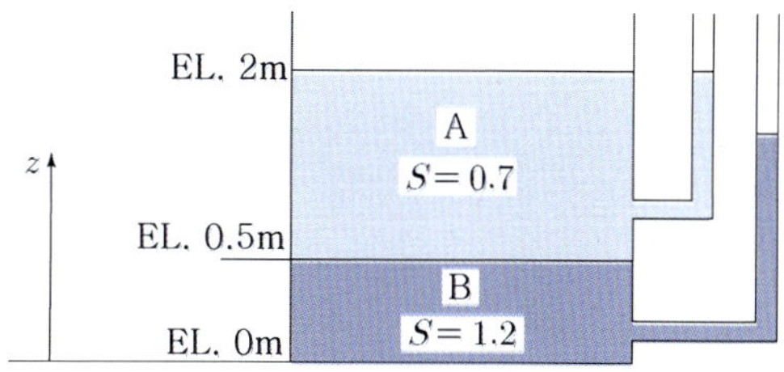


[그림 3.15] **두 종류의 액체로 채워진 상부가 개방된 용기**

**풀이** (1) 탱크와 피에조미터의 상부가 모두 열려 있으므로 피에조미터 A에서 액체 표면의 고도는 탱크의 액체 A의 표면 고도와 같다. 즉 2m까지 상승한다.

(2) 피에조미터 B에서 액체 표면은 액체 A의 압력에 의해 탱크의 액체 B의 표면 고도 0.5m보다 더 높이 상승하게 된다. 액체 A에 의한 A의 바닥(B의 표면)에서 압력은

$$P_A = \gamma_A \Delta y_A = (0.7 \times 9.8) \times (2 - 0.5) = 10.29\,[\mathrm{kPa}]$$

이므로 액체 A의 압력에 의한 액체 B의 상승 높이를 $h_{AB}$라 하면

$$P_A = \gamma_B h_{AB}$$

$$\therefore \ h_{AB} = \frac{P_A}{\gamma_B} = \frac{10.29}{1.2 \times 9.8} = 0.875\,[\mathrm{m}]$$

이다. 따라서 피에조미터 B에서 액체 B는 $0.5 + 0.875 = 1.375\,[\mathrm{m}]$ 상승한다.

(3) 탱크의 바닥에는 대기압과 액체 A, B의 무게에 의한 압력이 모두 작용한다.

$$\begin{aligned} P &= P_0 + P_A + P_B = P_0 + \gamma_A \Delta h_A + \gamma_B \Delta h_B \\ &= 101.3 + (0.7 \times 9.8) \times (2 - 0.5) + (1.2 \times 9.8) \times 0.5\,[\mathrm{kPa}] \\ &= 117.47\,[\mathrm{kPa}] \end{aligned}$$

## 2 액주계의 원리

(1) 같은 유체에서 같은 높이에 있는 두 지점의 압력은 같다.
(2) 비중량 $\gamma$인 유체 내에서 두 지점의 높이 차이가 $h$일 때 아래 지점의 압력($P_L$)은 위 지점의 압력($P_U$)보다 $\gamma h$만큼 높다.

$$P_L = P_U + \gamma h$$

### [ 1 ] 마노미터

[그림 3.16]은 용기의 압력 $P_x$를 측정하기 위해 설치한 U자관 액주계이다. 측정 유체의 비중량과 액주계 유체의 비중량은 각각 $\gamma_1$, $\gamma_2$이다.

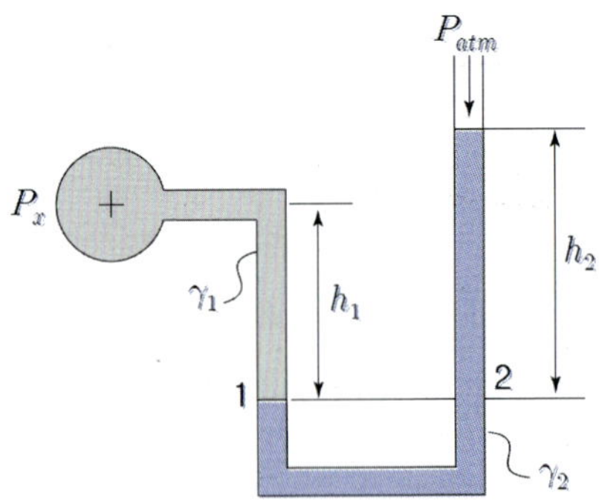


[그림 3.16] U자관 액주계

먼저 액주계의 왼쪽을 고려하면 지점 1에서 압력은

$$P_1 = P_x + \gamma_1 h_1 \cdots\cdots ①$$

이고, 오른쪽에서 지점 1과 같은 높이에 있는 단면 2에서 압력은

$$P_2 = P_{atm} + \gamma_2 h_2 \cdots\cdots ②$$

이다. 두 점 1, 2는 같은 유체(액주계 유체)에서 같은 높이에 있으므로 압력이 같다. 따라서 식 ①과 ②를 같게 놓으면.

$$P_1 = P_2$$

$$P_x + \gamma_1 h_1 = P_{atm} + \gamma_2 h_2$$

$$P_x - P_{atm} = -\gamma_1 h_1 + \gamma_2 h_2 \cdots\cdots ③$$

$$P_x = P_{atm} - \gamma_1 h_1 + \gamma_2 h_2 \cdots\cdots ④$$

가 구해진다. 여기에서 식 ③은 용기 안의 계기압력($P_x - P_{atm}$)을 나타내고, ④는 절대압력($P_x$)을 나타낸다. 따라서 액주계의 눈금 $h_1$, $h_2$를 읽으면 식 ③으로부터 계기압력을 곧바로 측정할 수 있다는 것을 알 수 있다.

**[예제 3.12]** 관 내부를 흐르는 물의 압력을 구하기 위하여 그림과 같이 수은 액주계를 설치하였다. 액주계 읽음이 [그림 3.17]과 같을 때 관 중심의 계기압력을 구하여라. 수은의 비중은 13.6이다.

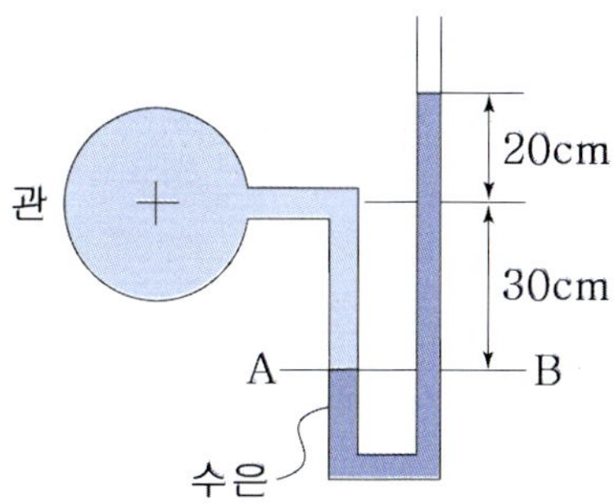


**[그림 3.17] 수은 액주계**

**풀이** 관 중심의 압력을 $P$, 물의 비중량을 $\gamma_w$라 하면 단면 A에서 압력은

$$P_{\rm A} = P + \gamma_w \times 0.3\,{\rm m}$$

이고, 대기압을 $P_0$, 액주계의 수은의 비중량을 $\gamma_{\rm Hg}$라 하면 A와 같은 높이에 있는 액주계의 단면 B에서 압력은

$$P_{\rm B} = P_0 + \gamma_{\rm Hg} \times (0.2 + 0.3){\rm m}$$

이다. 두 점 A, B는 같은 유체(수은) 내에서 같은 높이에 있으므로 압력이 같다. 따라서 관 중심의 계기압력은 다음과 같다.

$$P_{\rm A} = P_{\rm B}$$
$$P + \gamma_w \times 0.3{\rm m} = P_0 + \gamma_{\rm Hg} \times (0.2 + 0.3){\rm m}$$
$$\therefore \quad P - P_0 = \gamma_{\rm Hg} \times (0.2 + 0.3){\rm m} - \gamma_{\rm w} \times 0.3{\rm m}$$
$$= (13.6 \times 9.8)(0.5) - 9.8 \times 0.3 \ \ [{\rm kPa}]$$
$$= 63.7 \ [{\rm kPa}]$$

**[예제 3.13]** [그림 3.18]에서 밀폐된 탱크의 바닥에 설치된 압력계가 40 kPa의 계기압력을 가리키고 있다. 탱크 내 공기의 계기압력을 구하여라.

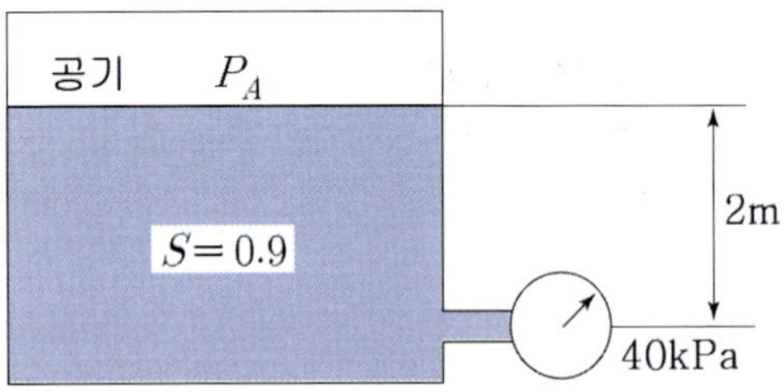


**[그림 3.18] 밀폐된 탱크**

**풀이** 대기압을 $P_0$라 하면 압력계에서 절대압력은 $P_0 + 40{\rm kPa}$이고, 이 압력은 탱크 내 공기 압력 $P_A$와 비중 $S = 0.9$인 액체의 무게에 의한 압력의 합과 같다.

$$\therefore \quad P_0 + 40\,{\rm kPa} = P_A + \gamma h$$

따라서 탱크 내 공기의 계기압력($P_A - P_0$)은 다음과 같다.

$$P_A - P_0 = 40\,{\rm kPa} - \gamma h$$

$$= 40 - (0.9 \times 9.8) \times 2\ [\mathrm{kPa}] = 22.36\ [\mathrm{kPa}]$$

† 공기와 압력계의 계기압력을 각각 $P_1$, $P_2$이라 하면 $P_2 = P_1 + \gamma h$이다. 일반적으로 압력계에서 읽는 압력은 계기압력이다.

## [ 2 ] 시차 액주계

액주계를 이용하여 두 지점 또는 두 용기의 압력 차이를 측정하는 장치를 시차액주계(differential manometer, 차동마노미터, 차압계)라 한다. [그림 3.19]와 같이 U자관 액주계를 이용하면 압력 차이를 간단하게 측정할 수 있다.

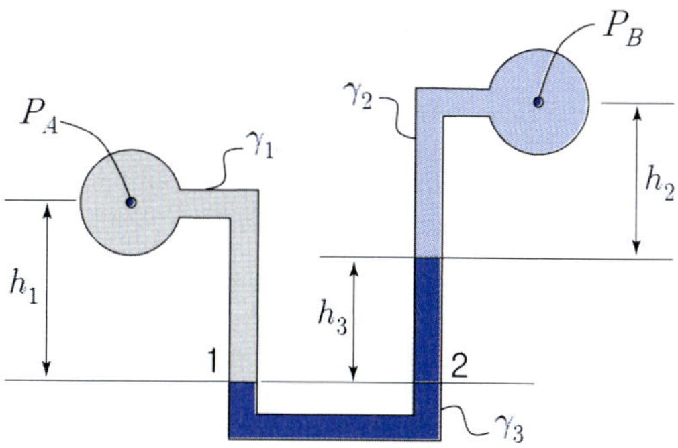


**[그림 3.19] 시차 액주계**

비중량 $\gamma_1$인 액주계의 왼쪽을 고려하면 지점 1에서 압력은

$$P_1 = P_A + \gamma_1 h_1 \quad \cdots\cdots ①$$

이고, 지점 1과 같은 높이에 있는 오른쪽 단면 2에서 압력은

$$P_2 = P_B + \gamma_2 h_2 + \gamma_3 h_3 \quad \cdots\cdots ②$$

이다. 두 점 1, 2는 같은 유체(비중량 $\gamma_3$의 유체)에서 같은 높이에 있으므로 압력이 같다. 즉, $P_1 = P_2$이므로 식 ①과 ②의 우변을 같게 놓으면 다음과 같이 압력 차이가 구해진다.

$$P_A + \gamma_1 h_1 = P_B + \gamma_2 h_2 + \gamma_3 h_3$$

$$\therefore\ P_A - P_B = -\gamma_1 h_1 + \gamma_2 h_2 + \gamma_3 h_3 \quad \cdots\cdots ③$$

**[예제 3.14]** 탱크 A와 B의 압력 차이를 측정하기 위하여 수은이 들어 있는 마노미터를 설치하였다. 마노미터 읽음이 [그림 3.20]과 같을 때 압력 차이 $P_B - P_A$를 구하여라. 오일의 비중은 0.8, 글리세린의 비중은 1.26이다.

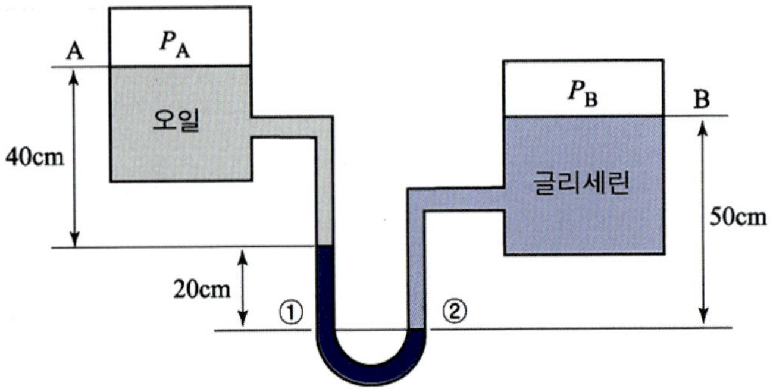


**[그림 3.20] 압력 차이 측정**

**풀이** 오일의 비중을 $\gamma_{oil}$, 수은의 비중량을 $\gamma_{Hg}$라 하면 마노미터의 왼쪽에서 단면 ①의 압력은

$$P_1 = P_A + \gamma_{oil} \times 0.4\text{m} + \gamma_{Hg} \times 0.2\,\text{m}$$

이고, 글리세린의 비중을 $\gamma_{gl}$이라 하면 ①과 같은 높이에 있는 마노미터의 오른쪽 단면 ②의 압력은

$$P_2 = P_B + \gamma_{gl} \times 0.5\text{m}$$

이다. 두 점 ①, ②는 같은 유체(수은) 내에서 같은 높이에 있으므로 압력이 같다. 이 조건을 적용하면 다음과 같이 압력 차이 $P_B - P_A$가 구해진다.

$$P_1 = P_2$$

$$P_A + \gamma_{oil} \times 0.4\text{m} + \gamma_{Hg} \times 0.2\,\text{m} = P_B + \gamma_{gl} \times 0.5\text{m}$$

$$\begin{aligned} \therefore\ P_B - P_A &= \gamma_{oil} \times 0.4\text{m} + \gamma_{Hg} \times 0.2\,\text{m} - \gamma_{gl} \times 0.5\text{m} \\ &= [0.8 \times 0.4 + 13.6 \times 0.2 - 1.26 \times 0.5] \times 9.8\,[\text{kPa}] \\ &= 23.62\ [\text{kPa}] \end{aligned}$$

† 여기에서 비중량 $\gamma = S \times \gamma_w = S \times 9.8[\text{kN/m}^3]$라는 것에 주의한다.

**[예제 3.15]** **[역 U자관 액주계]** [그림 3.21]과 같은 역 U자관 액주계에서 압력 차이 $P_A - P_B$를 구하여라.

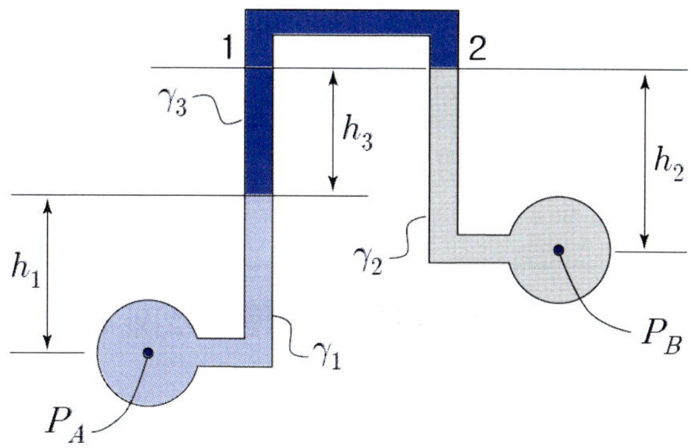


[그림 3.21] 역 U자관 액주계

**풀이** 액주계의 왼쪽을 고려하면 지점 1에서 압력은

$$P_1 = P_A - \gamma_1 h_1 - \gamma_3 h_3 \quad \cdots\cdots ①$$

이고, 지점 1과 같은 높이에 있는 오른쪽 단면 2에서 압력은

$$P_2 = P_B - \gamma_2 h_2 \quad \cdots\cdots ②$$

이다. 여기에서 $P_1 = P_2$이므로 압력 차이는 다음과 같다.

$$P_A - \gamma_1 h_1 - \gamma_3 h_3 = P_B - \gamma_2 h_2$$

$$\therefore \quad P_A - P_B = \gamma_1 h_1 - \gamma_2 h_2 + \gamma_3 h_3 \quad \cdots\cdots ③$$

† 같은 유체에서 높이가 같은 지점의 압력은 같고, 아래로 $h$만큼 내려가면 압력이 $\gamma h$만큼 증가하고, 위로 $h$만큼 올라가면 압력이 $\gamma h$만큼 감소한다.

**[복잡한 액주계에서 압력 차이]**

압력 차이를 구하는 하나의 좋은 방법은, 시스템의 한 끝에서 시작하여 위 원리를 반복 적용하여 시스템의 다른 끝에 도달할 때까지 진행하는 것이다. 예를 들어 [그림 3.21]에서 왼쪽 $P_A$부터 시작하면 위 방향으로 $h_1$만큼 이동한 지점의 압력은 $\gamma_1 h_1$만큼 감소한다. 다시 위로 $h_3$만큼 이동한 지점의 압력은 $\gamma_3 h_3$만큼 감소한다. 똑같은 압력이 오른쪽의 같은

[그림 3.24]와 같이 상대적으로 큰 저장 용기의 수평면과 각 $\theta$를 이루는 작은 관이 연결되어 있을 때 관에서 압력 평형에 의해 용기의 압력 $P_x$는 다음 관계식을 만족한다.

$$P_x = P_a + \gamma h$$

여기에서 $h = l\sin\theta$이므로 용기의 계기압력은 다음과 같다.

$$P_x - P_a = \gamma l \sin\theta \quad \cdots\cdots (3.4)$$

압력계의 경사각 $\theta$는 고정되어 있고 관을 따라서 표시된 눈금을 통하여 계기압력을 곧바로 읽을 수 있다. 이와 같이 경사관 액주계는 압력 차이에 의해 상승하는 액주의 수직거리($h$)를 경사거리($l$)로 확대하여 미세한 압력 차이를 측정할 수 있게 만든 장치이다. $l = \dfrac{h}{\sin\theta}$이므로 경사각 $\theta$가 작을수록 더욱 더 정밀하게 눈금을 매길 수 있다. $\theta = 90°$이면 일반적인 마노미터가 된다.

## 3.6 평면 표면에 작용하는 압력 힘

평면 표면에 작용하는 압력 힘의 크기와 방향 및 작용선은 댐, 수문, 유체 저장 탱크 등을 설계할 때 필수적으로 고려해야 할 사항이다. 평판이 수평으로 유체 속에 잠겨있는 경우에는 압력이 평면 전체에 균일하게 작용하고 그 합력은 면적에 압력을 곱한 것과 같다. 그러나 일반적으로 유체 속에 잠겨 있는 표면에 작용하는 압력 힘은 깊이와 표면 경사각 및 표면 형상 등에 따라 달라지므로 수평이 아닌 면에 작용하는 압력의 경우는 그 상황이 복잡해진다.

일정한 밀도의 액체에서 압력은 깊이에 따라 선형적으로 변화한다. [그림 3.25]에 나타낸 것과 같이 액체 표면이 대기에 접하고 있다면 압력은 0(액체 표면에서 압력)에서 $\gamma H$(탱크 바닥에서 압력)까지 선형적으로 변한다는 것을 알 수 있다. 그림은 이와 같은 변화를 압력분포선도로 나타낸 것이다. 여기에서 대기압은 용기의 양면에 동등하게 영향을 미치고 있으므로 그 영향이 상쇄되기 때문에 대기압을 포함시키지 않았다는 것에 주의한다. 그러나 밀폐된 용기 안에 액체가 있고 액체의 자유표면에 작용하는 압력이 용기의 외부에 작용하는 압력과 같지 않을 때는 이 압력차를 고려해서 계산해야 한다.

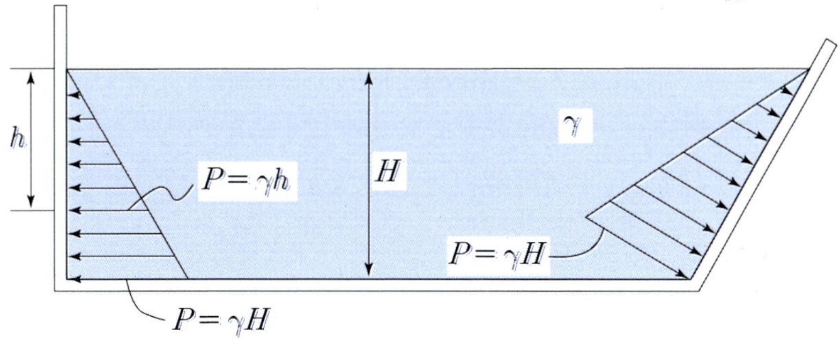


[그림 3.25] 깊이에 따른 압력 분포

이 장에서는 밀도가 일정한 액체를 고려하고, 액체의 자유표면이 대기에 접하고 있는 경우를 다루므로 자유표면으로부터 깊이 $h$에서 압력(수압)은 $P=\gamma h$가 된다. 이와 같은 조건에서 액체 속에 잠긴 평면 표면에 작용하는 압력 힘과 전압력의 작용점(압력중심, center of pressure)을 구해 본다.

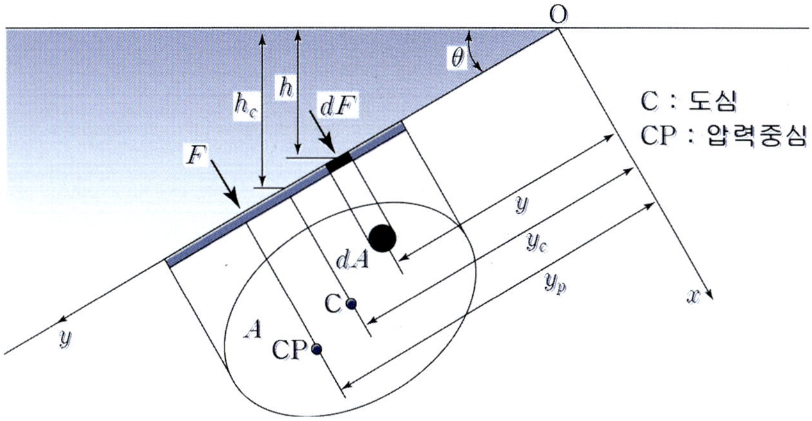


[그림 3.26] 기울어진 평판에 작용하는 압력 힘과 압력 중심 위치

[그림 3.26]에 액체 속에 잠겨 있는 기울어진 평판을 나타내었다. 평판은 수평면과 $\theta$의 각도를 이루고 있다. 평판의 연장선과 수면이 만나는 점을 원점 O로 하고, 원점으로부터 평판의 임의 위치까지 거리를 $y$로 한다.

평판의 단면적($A$)에 작용하는 압력은 깊이에 따라 다르다. 그림과 같이 깊이 $h$에서 미소면적 $dA$에 작용하는 힘 $dF$는 다음과 같다.

$$dF = P\,dA = (\gamma h)\,dA = \gamma y \sin\theta\, dA$$

이 식을 전체 면적에 대하여 적분하면 평판에 작용하는 전압력($F$)이 된다.

$$F = \int_A \gamma y \sin\theta \, dA = \gamma \sin\theta \int y \, dA$$

면적도심(centroid of area)의 정의에 의해 원점으로부터 평판의 도심까지 거리를 $y_c$라 하면

$$y_c A = \int y \, dA$$

이므로 다음 관계식을 얻는다.

$$F = \gamma \sin\theta \int y \, dA = \gamma y_c \sin\theta \, A$$

여기에서 수면으로부터 도심까지 수직거리를 $h_c$로 하면 $y_c \sin\theta = h_c$이므로 전압력은 다음과 같이 표현된다.

$$F = \gamma h_c A$$

이 식으로부터 평판에 작용하는 전압력은 평판의 도심에 작용하는 압력($\gamma h_c$)에 판의 면적($A$)을 곱한 것과 같다는 것을 알 수 있다.

전압력 $F$가 작용하는 압력중심(center of pressure)은 기초역학의 모멘트 평형 원리를 적용하여 구한다. 즉, 어떤 점에 대한 합력의 모멘트는 분력의 모멘트 합과 같다. 따라서 원점 O로부터 압력중심까지 거리를 $y_p$로 하면 다음 관계식이 얻어진다.

$$y_p F = \int y dF = \int y(\gamma y \sin\theta \, dA) = \gamma \sin\theta \int y^2 \, dA$$

이와 같이 압력의 중심은 직접적분을 하여 구할 수 있다. 그런데 직사각형이나 원과 같은 간단한 형태의 판에 대해서는 다음과 같이 면적의 2차 모멘트(second moment of area)를 이용하여 직접적분을 하지 않고 구할 수 있다. 2차 모멘트의 정의에 의해 점 O를 지나는 축에 대한 판의 2차 모멘트는

$$I_O = \int y^2 \, dA$$

이고, 판의 도심을 지나는 축에 대한 2차 면적 모멘트를 $I_c$, 원점 O로부터 판의 도심까지 거리를 $y_c$라 하면

$$I_O = I_c + y_c^2 A$$

이다. 따라서

$$y_p F = \gamma \sin\theta \int y^2 dA = \gamma \sin\theta \,(I_c + y_c^2 A)$$

로 쓸 수 있고, 여기에서 $F = \gamma y_c \sin\theta A$를 대입하면

$$y_p(\gamma y_c \sin\theta A) = \gamma \sin\theta \,(I_c + y_c^2 A)$$

$$\therefore \;\; y_p = y_c + \frac{I_c}{y_c A}$$

가 구해진다. 이 식으로부터 기울어진 평판에서 압력중심($y_p$)은 언제나 도심($y_c$)보다 아래에 존재한다는 것을 알 수 있다.

이상에서 구한 전압력과 압력중심의 위치를 요약하면 다음과 같다.[3)]

• 전압력 : $F = \gamma h_c A$ ······ (3.5)

• 압력중심 : $y_p = y_c + \dfrac{I_c}{y_c A}$ ······ (3.6)

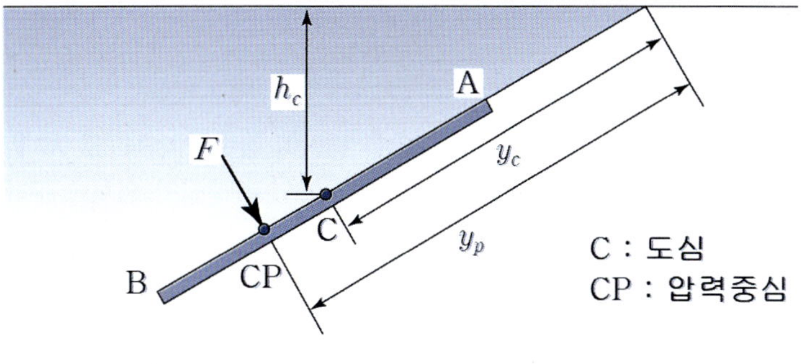


**[그림 3.27] 도심과 압력 중심 위치**

식 (3.5)와 (3.6)으로부터 판의 면적과 도심 위치 및 중심축에 대한 2차 모멘트를 알면 적분을 하지 않고도 평판에 작용하는 전압력과 압력중심의 위치를 구할 수 있다. 여기에서 $y_p$, $h_c$, $y_c$의 정의를 확실하게 알아두도록 한다. [그림 3.27]과 같이 $h_c$는 수면으로부터

3) 식의 유도과정은 참고로 하고, 이 공식의 적용/응용 법을 익히도록 한다.

평판의 도심까지 수직거리이고, $y_c$는 도심으로부터 평판의 연장선이 수면과 만나는 점까지 거리이다. 몇 가지 기본요소의 도심 위치와 2차 모멘트는 [표 3.1]과 같다.

**[표 3.1] 넓이, 도심위치, 도심을 지나는 축에 대한 2차모멘트**4)

| 도형 | | 넓이 $A$ | 도심위치 $y_c$ | 2차모멘트 $I_c$ |
|---|---|---|---|---|
| 직사각형 | 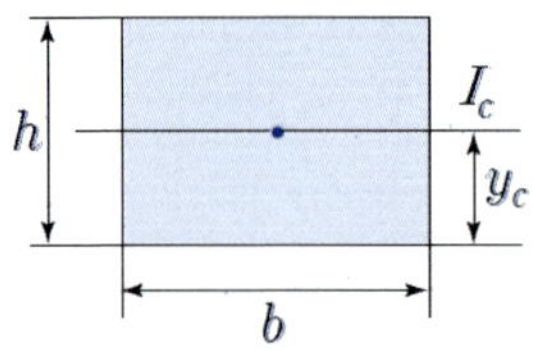  | $A = bh$ | $y_c = \frac{h}{2}$ | $I_c = \frac{bh^3}{12}$ |
| 삼각형 | 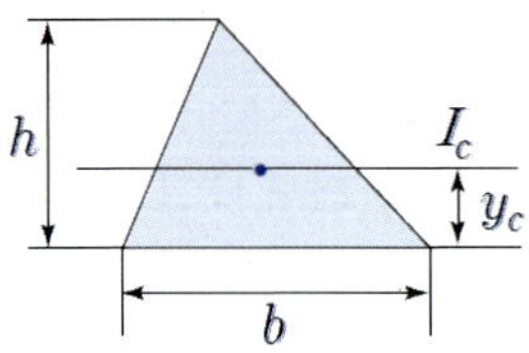  | $A = \frac{1}{2}bh$ | $y_c = \frac{h}{3}$ | $I_c = \frac{bh^3}{36}$ |
| 원 | 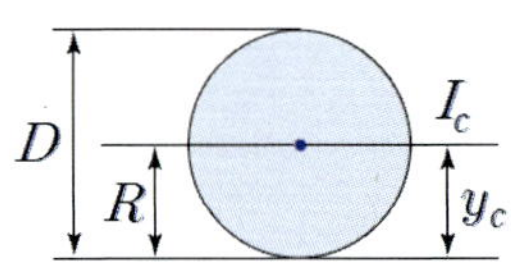  | $A = \frac{\pi D^2}{4}$ | $y_c = \frac{D}{2}$ | $I_c = \frac{\pi D^4}{64} = \frac{\pi R^4}{4}$ |

**[예제 3.18]** 그림과 같이 $4\,\text{m} \times 6\,\text{m}$의 직사각형 평판이 물속에 수직으로 서 있다. 평판의 한쪽 면에 작용하는 물에 의한 전압력과 압력 중심의 위치를 구하여라.

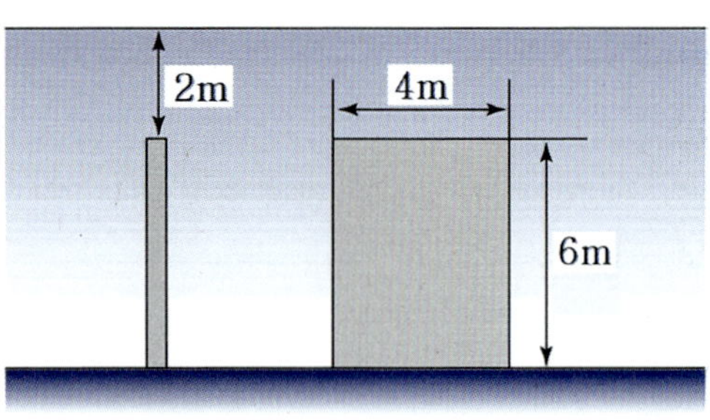


**[그림 3.28] 물속에 수직으로 서 있는 직사각형 평판**

4) 직사각형과 원의 2차모멘트는 기억하도록 한다.

**풀이** 직사각형 수문이 수직으로 서 있으므로

$$h_c = y_c = 2 + \frac{6}{2} = 5\,[\mathrm{m}]$$

이다. 따라서 평판에 작용하는 전압력은

$$F = \gamma h_c A = 9800 \times 5 \times (4 \times 6)\,[\mathrm{N}] = 1176\,[\mathrm{kN}]$$

이고, 압력중심의 위치는

$$y_p = y_c + \frac{I_c}{y_c A} = 5 + \frac{\frac{4 \times 6^3}{12}}{5 \times (4 \times 6)}\,[\mathrm{m}] = 5 + \frac{3}{5}\,[\mathrm{m}] = 5.6\,[\mathrm{m}]$$

이다. 즉, 압력중심은 수면으로부터 5.6 m 아래에 있다.

**[예제 3.19]** 그림과 같이 수직으로 설치된 반지름 $R$인 원형 수문에 작용하는 전압력과 압력 중심의 위치를 구하여라. 수면으로부터 수문의 최상단까지 거리는 $H$이고 물의 비중량은 $\gamma_w$이다.

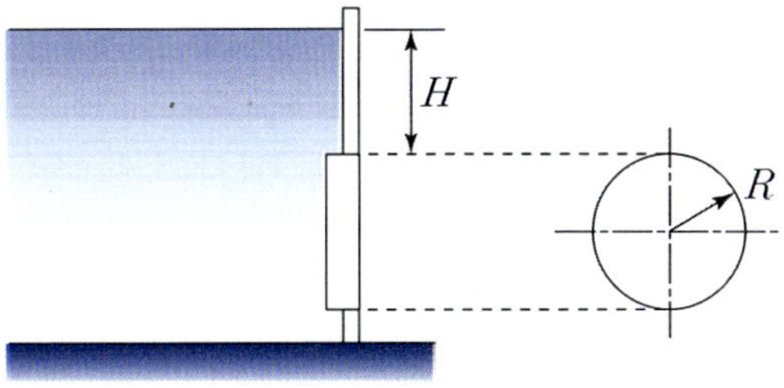


**[그림 3.29] 수직으로 설치된 원형 수문**

**풀이** 원형 수문이 수직으로 서 있으므로 수면으로부터 도심까지 수직거리는

$$h_c = y_c = H + R$$

이다. 따라서 평판에 작용하는 전압력은

$$F = \gamma h_c A = \gamma_w (H + R) \times (\pi R^2) = \pi \gamma_w R^2 (H + R)$$

이고, 압력중심의 위치는 다음과 같다.

$$y_p = y_c + \frac{I_c}{y_c A} = (H+R) + \frac{\frac{\pi R^4}{4}}{(H+R)\times(\pi R^2)}$$

$$= H + R + \frac{R^2}{4(H+R)}$$

$y_p$는 수면으로부터 압력중심까지 수직거리를 나타낸다.

**[예제 3.20]** 그림과 같이 설치된 수문을 열기 위해 수문에 수직으로 점 B에 가해야 할 최소한의 힘($R$)을 구하여라. 단, A점은 힌지(hinge)되어 있고 수문의 폭은 5 m이다.

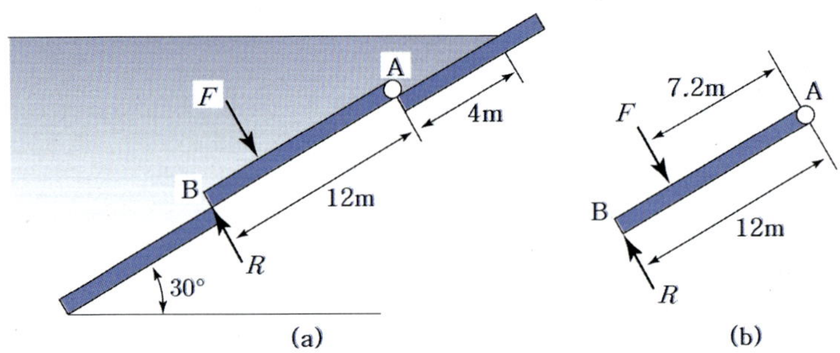


**[그림 3.30] 수면에 경사지게 설치된 수문**

풀이 경사면을 따라서 수면으로부터 도심까지 거리는

$$y_c = 4 + \frac{12}{2} = 10\,[\mathrm{m}]$$

이고, 수면으로부터 도심까지 수직거리는

$$h_c = y_c \sin 30° = 10 \times \sin 30° = 5\,[\mathrm{m}]$$

이므로 평판에 작용하는 전압력은

$$F = \gamma h_c A = 9800 \times 5 \times (5 \times 12)\,[\mathrm{N}] = 2940\,[\mathrm{kN}]$$

이다. 그리고 압력중심의 위치는

$$y_p = y_c + \frac{I_c}{y_c A} = 10 + \frac{\frac{5 \times 12^3}{12}}{10 \times (5 \times 12)} [\text{m}] = 10 + \frac{6}{5} [\text{m}] = 11.2 [\text{m}]$$

이므로 점 A로부터 압력중심까지 거리는

$$l_p = y_p - 4\,\text{m} = 11.2 - 4 [\text{m}] = 7.2 [\text{m}]$$

이다. 따라서 평판(AB)에 작용하는 전압력($F$)과 압력중심($l_p$)의 위치를 나타내면 [그림 3.30]의 (b)와 같다. 여기에서 힌지 점에 대한 모멘트 합은 0이라는 조건을 적용하면 다음과 같이 점 B에 가해야 할 힘 $R$이 구해진다.

$$R \times 12 = F \times 7.2$$

$$\therefore \ R = F \times \frac{7.2}{12} = 2940 \times \frac{7.2}{12} [\text{kN}] = 1764 [\text{kN}]$$

**[예제 3.21]** [그림 3.31]의 (a)와 같은 물탱크에서 직사각형 벽면 AB에 작용하는 전압력과 수면으로부터 압력중심까지 수직거리를 구하여라. AB의 폭은 3 m이다.

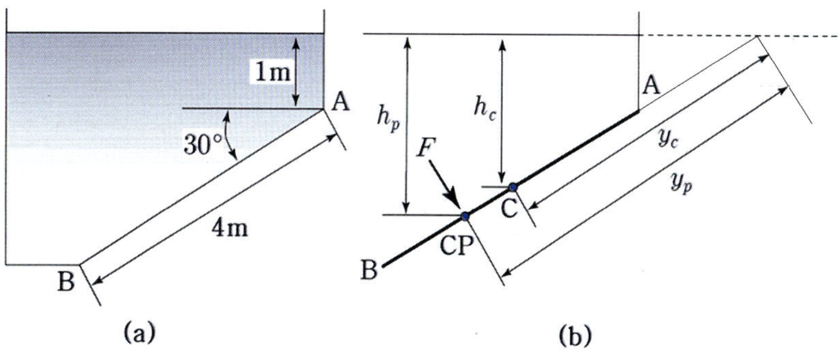


[그림 3.31] 물탱크의 벽면에 작용하는 압력 힘

풀이 경사면을 따라서 도심으로부터 벽면의 연장선과 수면의 연장선의 교점까지 거리는

$$y_c = \frac{1\text{m}}{\sin 30°} + \frac{4\text{m}}{2} = 4 [\text{m}]$$

이므로 수면으로부터 도심까지 수직거리는

$$h_c = y_c \sin 30° = 4 \times \sin 30° = 2 [\text{m}]$$

이다. 따라서 평판에 작용하는 전압력은

$$F=\gamma h_c A = 9800\times 2\times(3\times 4)\,[\mathrm{N}] = 235.2\,[\mathrm{kN}]$$

이다. 그리고 압력중심의 위치는

$$y_p = y_c + \frac{I_c}{y_c A} = 4 + \frac{\dfrac{3\times 4^3}{12}}{4\times(3\times 4)} = 4 + \frac{1}{3} = 4.33\,[\mathrm{m}]$$

이므로 수면으로부터 압력중심까지 수직거리는

$$h_p = y_p \sin 30° = 4.33\times \sin 30° = 2.17\,[\mathrm{m}]$$

이다. $y_c$, $y_p$, $h_c$, $h_p$를 도시하면 [그림 3.31]의 (b)와 같다.

## 3.7 곡면 표면에 작용하는 압력 힘

곡면에 작용하는 압력 힘은 힘의 방향이 연속적으로 변화하기 때문에 평면 표면보다 다루기가 어렵다. 이 문제를 푸는 방법에는 압력 힘을 수평성분과 수직성분으로 분해하여 직접 적분을 하여 구하는 방법과 자유물체도를 구성한 후 기본역학에서 사용하는 힘의 평형 원리를 이용하여 구하는 방법이 있다. 그런데 직접 적분을 하는 방법은 일반적인 방법이지만 상당히 어려운 과정이며 간단하고 일반적인 공식을 유도할 수도 없다. 반면 기본역학 방법을 적용하면 복잡한 적분을 하지 않고도 비교적 간단하게 곡면 표면에 작용하는 압력 힘을 구할 수 있으므로 여기에서는 이 방법을 사용하도록 한다.

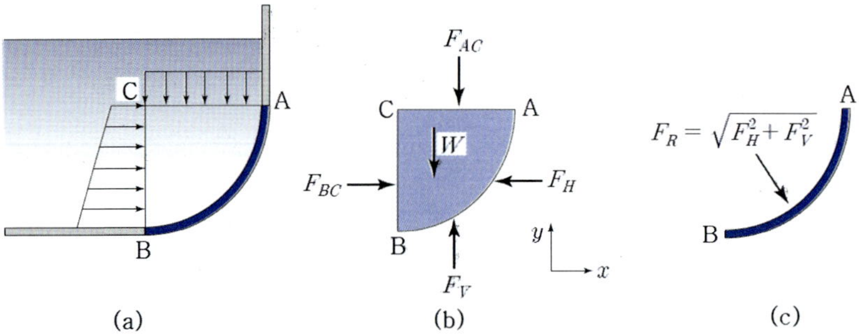


**[그림 3.32] 유체 요소에 작용하는 힘**

[그림 3.32]의 (a)와 같은 탱크의 곡면 부분 AB를 고려해보자. 먼저 이 문제를 해석하기 위하여 편리한 유체의 체적(유체요소)을 선택한다. 이때 유일하게 요구되는 것은 유체요소의 경계들 중 하나가 고려하고 있는 곡면과 일치하게 하는 것이다.

다음에 유체요소에 대한 자유물체도(free body diagram)를 그린다. 즉, [그림 3.32]의 (b)와 같이 유체질량을 격리시킨 후에 유체질량에 작용하는 모든 힘들을 표시한다.

(b)에서 수평면 AC와 수직면 BC에 작용하는 압력 힘 $F_{AC}$, $F_{BC}$는 수평 및 수직 평면에 대한 관계식($F_{AC} = \gamma h A$, $F_{BC} = \gamma h_c A$)으로부터 구할 수 있다. $W$는 유체요소의 중량($W = \gamma V$)이고, 수평성분 $F_H$와 수직 성분 $F_V$는 유체요소 ABC가 곡면으로부터 받는 힘을 나타낸다.

자유물체도에서 힘의 평형조건($\sum \vec{F} = 0$)을 적용한다. 수평방향과 수직방향의 힘의 합은 각각 0이라는 조건으로부터

$$\sum F_x = F_{BC} - F_H = 0$$
$$\sum F_y = F_V - W - F_{AC} = 0$$

이므로 $F_H$와 $F_V$는 다음과 같다.

$$F_H = F_{BC}$$
$$F_V = W + F_{AC}$$

작용-반작용 원칙에 따라 곡면이 유체로부터 받는 힘은 유체요소가 곡면으로부터 받는 힘 $F_H$, $F_V$와 크기가 같고 방향이 반대이다. 따라서 다음 식으로부터 곡면에 작용하는 전압력의 크기 $F_R$을 구할 수 있고, $F_R$의 방향은 [그림 3.32]의 (c)와 같다.

$$F_R = \sqrt{(F_H)^2 + (F_V)^2}$$

전압력의 작용방향은

$$\theta = \tan^{-1}\left(\frac{F_V}{F_H}\right)$$

이다. 이상에서 구한 $F_H$는 곡면을 수직면에 투영한 면적에 작용하는 전압력과 같고, $F_V$는 곡면 위에 있는 전체 유체의 무게와 같다. 한편 곡면이 원호인 경우에는 합력이 원호의 중심을 지나므로 적절한 축에 대한 모멘트 평형을 고려하여 작용점 위치를 구할 수 있다.[5)]

5) 대부분의 문제는 이와 같은 기초역학 방법으로 간편하게 해석되므로 이 방법을 잘 이해하도록 한다.

**[예제 3.22]** [그림 3.33]의 (a)와 같이 수면 아래 2m에 놓여있는 반지름 4m, 폭 3m인 1/4원통에 작용하는 물에 의한 전압력의 크기와 작용 방향을 구하여라.

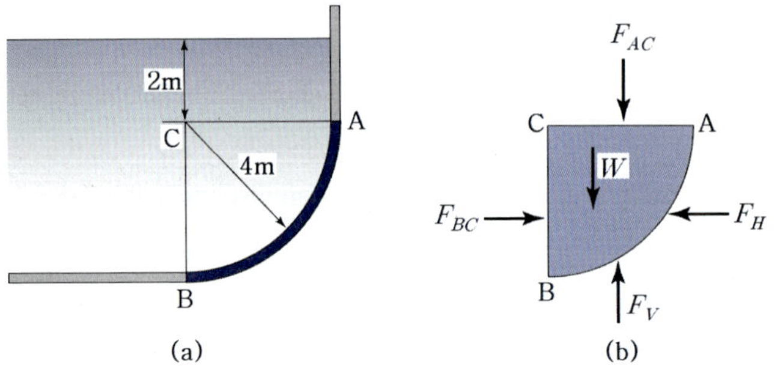


**[그림 3.33] 1/4원통 형상의 요소에 작용하는 힘**

**풀이** [그림 3.33]의 (b)에서 수평분력 $F_H$는 곡면을 수직면에 투영한 BC면(높이 4m, 폭 3m)에 작용하는 압력 힘 $F_{BC}$와 같다.

$$F_H = F_{BC} = \gamma h_c A = 9.8 \times \left(2 + \frac{4}{2}\right) \times (4 \times 3) = 470.4\,[\text{kN}]$$

AC면에 작용하는 압력 힘 $F_{AC}$와 유체의 무게 $W$는

$$F_{AC} = \gamma h A = 9.8 \times 2 \times (4 \times 3) = 235.2\ [\text{kN}]\,(\downarrow)$$

$$W = \gamma V = \gamma \times \left(\frac{\pi}{4} R^2 \times b\right) = 9.8 \times \left(\frac{\pi}{4} \times 4^2 \times 3\right) = 369.5\ [\text{kN}]\,(\downarrow)$$

이므로 수직분력은

$$F_V = F_{AC} + W = 604.7\ [\text{kN}]\ (\uparrow)$$

이다. 따라서 곡면에 작용하는 힘의 크기는

$$F_R = \sqrt{(F_H)^2 + (F_V)^2} = \sqrt{470.4^2 + 604.7^2} = 766.1\ [\text{kN}]$$

이고, 전압력의 작용방향은

$$\theta = \tan^{-1}\left(\frac{F_V}{F_H}\right) = \tan^{-1}\left(\frac{604.7}{470.4}\right) = 52.1°$$

이다. 여기에서 $F_V = F_{AC} + W$는 곡면 위 물의 무게와 같다.

**[예제 3.23]** [그림 3.34]의 (a)와 같이 반지름 3m, 길이 10m인 1/4원통에 작용하는 물에 의한 전압력의 크기를 구하여라.

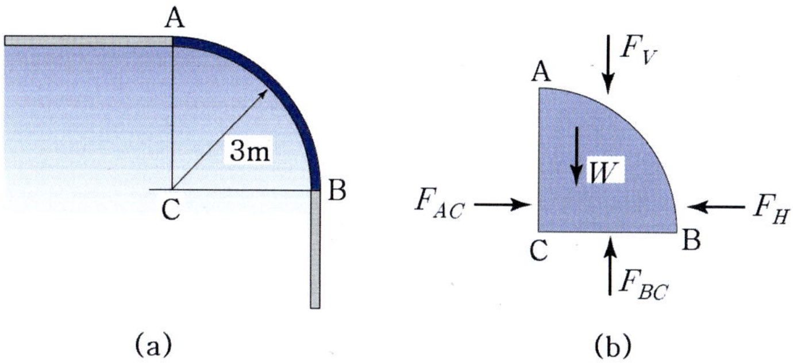


**[그림 3.34] 1/4원통 형상의 요소에 작용하는 힘**

**풀이** [그림 3.34]의 (b)에서 수평분력 $F_H$는 곡면을 수직면에 투영한 AC면(높이 3m, 폭 10m)에 작용하는 압력 힘 $F_{AC}$와 같다.

$$F_H = F_{AC} = \gamma h_c A = 9.8 \times \frac{3}{2} \times (3 \times 10) = 441\,[\text{kN}]$$

BC면에 작용하는 압력 힘 $F_{BC}$와 유체의 무게 $W$는

$$F_{BC} = \gamma h A = 9.8 \times 3 \times (3 \times 10) = 882\ [\text{kN}]\,(\uparrow)$$

$$W = \gamma V = \gamma \times \left(\frac{\pi}{4} R^2 \times L\right) = 9.8 \times \left(\frac{\pi}{4} \times 3^2 \times 10\right) = 692.7\ [\text{kN}]\,(\downarrow)$$

이므로 $F_{BC} - W - F_V = 0$으로부터 수직분력은

$$F_V = F_{BC} - W = 882 - 692.7 = 189.3\ [\text{kN}]\,(\downarrow)$$

이다. 따라서 곡면에 작용하는 힘의 크기는 다음과 같다.

$$F_R = \sqrt{(F_H)^2 + (F_V)^2} = \sqrt{441^2 + 189.3^2} = 479.9\ [\text{kN}]$$

# 3.8 부력

## 1 아르키메데스의 원리

아르키메데스(Archimedes)의 원리는 다음과 같이 기술된다.

"유체 중에 잠겨있는 물체는 그 물체가 밀어낸 부피의 유체 무게와 같은 크기의 부력을 받는다."

**증명** 물체가 유체 속에 완전히 잠겨 있거나 떠 있을 때 물체에 작용하는 유체 힘의 합력을 부력(buoyancy force)이라 한다. [그림 3.35]의 (a)와 같이 비중량 $\gamma$인 유체 속에 잠겨 있는 어떤 물체 abcd를 고려한다. 물체에 접하는 수직 측면을 가지는 유체 요소를 분리하여 해석하면 물체의 아랫면(adc)과 윗면(abc)이 주위 유체에 미치는 수직 방향 힘을 조사할 수 있다.

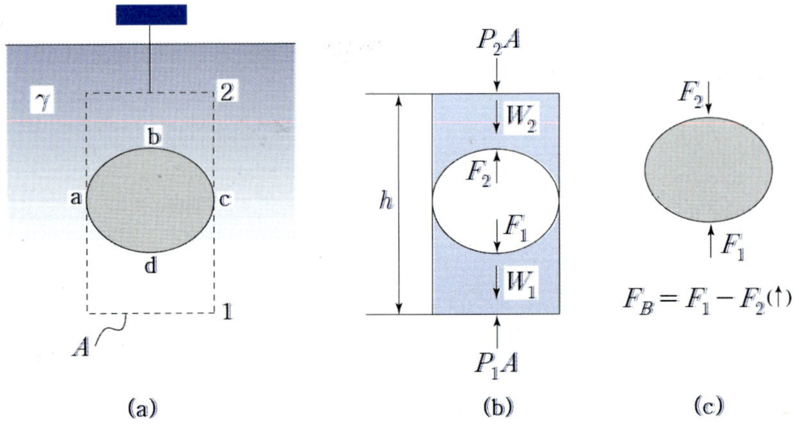


**[그림 3.35] 유체 속에 잠긴 물체에 작용하는 힘**

(b)의 자유물체도에서 유체요소의 무게를 각각 $W_1$, $W_2$, 수직방향으로 물체의 투영면적을 $A$로 놓는다. 그리고 아랫면과 윗면에서 유체가 물체로부터 받는 힘을 각각 $F_1(\downarrow)$, $F_2(\uparrow)$라 하고 힘의 평형 조건($\sum \vec{F} = 0$)을 적용한다. 자유물체도의 윗부분에 대해서는

$$\sum F_y = F_2 - W_2 - P_2 A = 0 \cdots\cdots ①$$

이고, 아랫부분에 대해서는

$$\sum F_y = F_1 + W_1 - P_1 A = 0 \cdots\cdots ②$$

이다. ② − ①을 하면 다음 식을 얻는다.

$$F_B = F_1 - F_2 = (P_1 - P_2)A - (W_1 + W_2) \cdots\cdots ③$$

식 ③에서 $(P_1 - P_2)A = \gamma hA = \gamma(hA) = \gamma V$ ($V$는 부피)이므로 이것은 수평면 1과 2 사이 유체 실린더의 무게이다. 따라서 식 ③의 우변은 물체의 부피와 정확하게 같은 유체 부피의 무게와 동일하다. (c)와 같이 작용-반작용 법칙에 의하여 물체가 유체로부터 받는 힘은 각각 $F_1(\uparrow)$, $F_2(\downarrow)$이므로 물체에 작용하는 부력의 크기는 $F_1 - F_2(\uparrow)$이다. 따라서 부력은 다음과 같고, 부력법칙(아르키메데스의 원리)이 증명된다.[6)]

$$F_B = \gamma \times (\text{잠겨있는 물체의 부피}) \cdots\cdots (3.7)$$

$\gamma$ : 유체의 비중량

**[부력의 성질]**

압력은 깊이에 따라 증가하고 아래 면에 작용하는 압력 힘이 위에서 작용하는 힘보다 크기 때문에 부력은 수직 위 방향으로 작용한다. 부력은 밀어낸 부피의 무게중심을 통과하며 부력이 작용하는 점을 부력중심이라 한다.

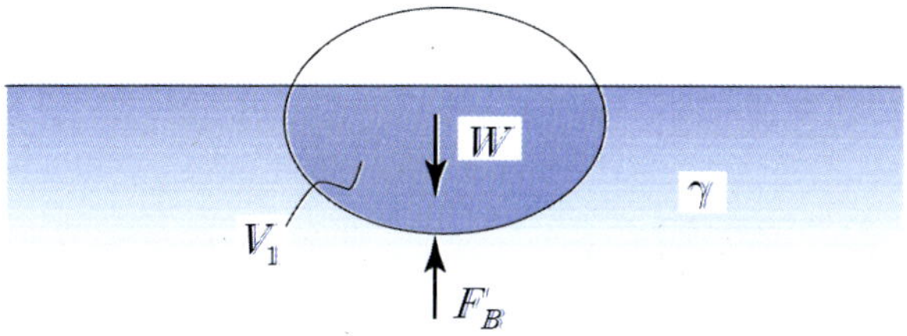


**[그림 3.36] 떠 있는 물체의 무게와 부력 : $F_B = W$**

[그림 3.36]과 같이 떠 있는 물체에서 부력($F_B$)은 다음과 같다.

6) 증명 과정은 참고로 하고 부력의 개념을 잘 파악하도록 한다. 부력을 구하는 식에서 부피는 잠겨있는 물체의 부피이고, 비중량은 유체의 비중량이라는 데 주의한다.

$$F_B = \gamma \times (\text{배제된 액체의 부피}) = \gamma V_1$$
$$\gamma : \text{액체의 비중량}$$
...... (3.8)

물체가 떠 있을 때 정적 평형 조건으로부터 물체의 무게(↓)는 부력(↑)과 같아야 한다($W = F_B$). 그러므로 물체는 그것이 떠 있는 액체를 자신의 중량에 해당하는 액체의 부피만큼 밀어낸다.

**[예제 3.24]** 어떤 금속의 중량이 공기 중에서는 1470 N이고 물속에 완전히 잠겼을 때는 980N이다. 금속의 부피와 비중을 구하여라.

**풀이** 금속의 부피를 $V$, 물의 비중량을 $\gamma_w$라 하면 물속에서는 위 방향으로

$$F_B = \gamma_w V$$

의 부력을 받아서 물체의 무게는 부력만큼 가벼워진다. 따라서

$$1470 - \gamma_w V = 980$$
$$1470 - 9800 \times V = 980$$
$$\therefore \quad V = 0.05\,[\text{m}^3]$$

이다. 공기 중에서 금속의 무게 $W = 1470\,[\text{N}]$이므로 금속의 비중량은

$$\gamma_s = \frac{W}{V} = \frac{1470}{0.05} = 29{,}400\,[\text{N/m}^3]$$

이고, 비중은 다음과 같다.

$$S = \frac{\gamma_s}{\gamma_w} = \frac{29{,}400}{9{,}800} = 3$$

## 2 비중계

부력의 원리를 이용하면 액체의 비중을 측정할 수 있다. 그림과 같이 유리구 속에 비중이 큰 납을 채우고 그 위에 유리막대를 붙여 유체 속에 세우면 유체의 비중에 따라 잠기는 깊이가 달라진다.

[그림 3.37]에서 (a)는 순수한 4℃ 순수한 물속에 비중계를 넣었을 때이다. 물의 비중은 1이므로 그림에서 수면과 접촉하는 부위의 눈금을 1로 매겨둔다. 여기에서 비중계의 무게를 $W_0$, 물속에 잠긴 비중계의 부피를 $V_0$, 물의 비중량을 $\gamma_w$로 하면 부력($\gamma_w V_0$)은 비중계의 무게($W_0$)와 같다.

$$W_0 = \gamma_w V_0 \quad \cdots\cdots (3.9)$$

위에서 만든 비중계를 다른 액체에 세우면 액체의 비중에 따라 비중계는 더 많이 잠기거나 위로 뜨게 된다.

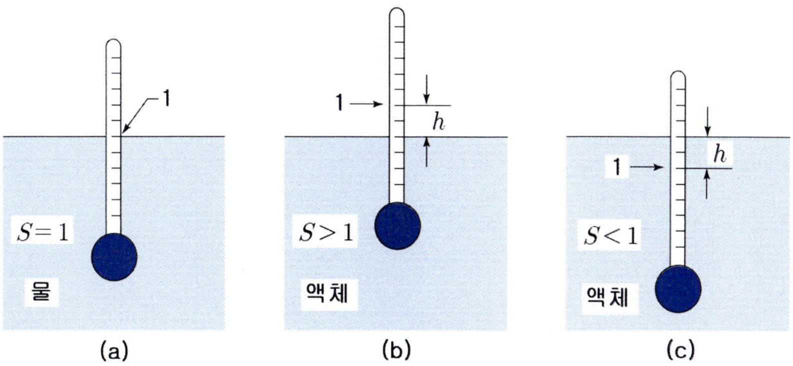


[그림 3.37] 비중계

[그림 3.37]에서 (b),(c)는 비중을 측정하려는 어떤 액체에 비중계를 넣었을 때이다. 비중계가 가라앉거나 상승한 높이 차이를 $h$, 비중계 유리관의 단면적을 $A_0$로 하면 비중계가 밀어낸 액체의 부피는 $V_0 \pm hA_0$이다. $+h$와 $-h$는 각각 비중계가 가라앉을 때(c)와 상승할 때(b)를 나타낸다. 액체의 비중량을 $\gamma$라 하면 부력은 비중계의 무게($W_0$)와 같으므로 다음 식이 성립한다.

$$W_0 = \gamma (V_0 \pm hA_0) \quad \cdots\cdots (3.10)$$

식 (3.9)와 (3.10)의 우변을 같게 놓으면

$$\gamma_w V_0 = \gamma (V_0 \pm hA_0)$$

$$1 = \frac{\gamma}{\gamma_w}\left(1 \pm \frac{hA_0}{V_0}\right)$$

이다. 여기에서 비중 $S=\dfrac{\gamma}{\gamma_w}$이므로 다음과 같은 비중에 대한 관계식이 얻어진다.

$$S=\frac{1}{1\pm hA_0/V_0} \quad \cdots\cdots (3.11)$$

이 식에서 $A_0$, $V_0$는 비중계에 따라 정해진 값이므로 높이 $h$를 읽으면 비중 $S$를 계산할 수 있다. $+h$와 $-h$는 물에서보다 더 가라앉을 때와 상승할 때를 각각 나타낸다.

**[예제 3.25]** 유리관 지름이 10mm인 비중계를 어떤 액체 속에 세웠더니 4℃ 순수한 물에서보다 50mm 더 가라앉았다. 물에 넣을 때 잠기는 비중계의 부피가 $40\text{cm}^3$이면 액체의 비중은 얼마인가?

**풀이** 유리관 지름 $d=10\,\text{mm}$, 단면적 $A_0=\dfrac{\pi d^2}{4}$, 부피 $V_0=40\,\text{cm}^3$이고, 가라앉은 깊이 $h=50\,\text{mm}$이므로 비중은 다음과 같다.

$$S=\frac{1}{1+hA_0/V_0}=\left(1+5\times\frac{\pi\times 1^2}{4}\times\frac{1}{40}\right)^{-1}=0.91$$

**[예제 3.26]** 한 변의 길이가 40 cm이고 비중이 0.8인 정육면체 물체가 [그림 3.38]과 같이 물에서 반듯하게 떠 있을 때 물속에 가라앉은 깊이를 구하여라.

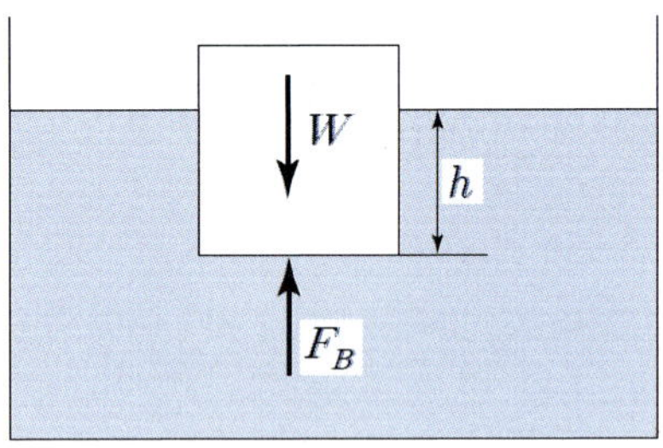


[그림 3.38] 반듯하게 떠 있는 정육면체 물체

**풀이** 물 위에 떠 있을 때 물체의 무게와 부력이 평형을 이루고 있다. 물체의 비중량과 물의 비중량을 각각 $\gamma$, $\gamma_w$, 물체의 부피와 물에 잠긴 물체의 부피를 각각 $V$, $V_1$

으로 하면

$$F_B = W$$
$$\therefore \ \gamma_w V_1 = \gamma V$$

이다. 따라서 물속으로 들어간 물체의 높이를 $h$라 하면

$$\gamma_w \times (40 \times 40 \times h) = (0.8\gamma_w) \times (40 \times 40 \times 40)$$
$$\therefore \ h = 32\,[\mathrm{cm}]$$

이다. 즉, 물속으로 32cm 만큼 가라앉는다.

## 3.9 가속도를 받는 유체질량

유체질량은 유체 입자 사이 또는 유체 입자와 경계면 사이에 상대 운동이 없이 가속도를 받고 운동할 수 있다. 이러한 유체 운동을 포함하는 일반적인 부류의 문제는 유체 덩어리가 강체운동을 할 때 일어난다. 예를 들어 용기 속에 담겨서 용기와 함께 운동하는 유체가 이에 해당된다. 용기가 직선경로를 따라 가속된다면 초기의 출렁거림이 사라진 후 평형 상태에서 유체는 강체처럼 각 입자가 같은 가속도를 가지고 움직일 것이다. 그리고 고정된 축에 대하여 회전하는 탱크 안에 담겨 있는 유체도 탱크와 함께 회전 운동을 하게 된다. **이와 같이 유체가 강체처럼 운동하면 유체 입자 사이에 상대 운동이 없고 전단응력이 없으므로 정지유체와 같이 취급할 수 있다.**

### 1 수평 방향 등가속도 운동

[그림 3.39]의 (a)와 같이 위가 열린 용기가 오른쪽으로 등가속도 $a_x$로 운동하고 있는 경우를 고려한다. 이때 액체의 표면은 가속도에 의하여 수평방향과 $\theta$의 각도만큼 기울어진 상태에서 평형을 이루게 된다.

$$-\frac{\partial P}{\partial x} = \rho a_x$$

$$-\frac{\partial P}{\partial y} = \rho a_y$$

$$-\frac{\partial P}{\partial z} = \rho (g + a_z)$$

예를 들어 수평 방향 가속도 $a_x = 0$, $a_y = 0$이고, 연직 상방으로 $a_z$의 일정 가속도를 가질 때($\vec{a} = a_z \vec{k}$) $P = P(z)$이므로

$$\frac{dP}{dz} = -\rho(g + a_z)$$

가 성립한다. 이 식을 적분하면 높이 차이가 $h$인 두 지점의 압력 차이는

$$P_L - P_U = \rho(g + a_z)h \quad \cdots\cdots (3.13)$$

가 된다. $P_L$와 $P_U$는 각각 아래와 위 지점의 압력을 나타낸다.

**[예제 3.28]** 위가 열린 물탱크가 연직 위 방향으로 $4.2\text{m/s}^2$으로 가속되고 있다. 수면으로부터 2m 깊이에서 계기압력을 구하여라.

**풀이** 가속도 $a_z = 4.2\text{m/s}^2$이므로 식 (3.13)으로부터 $h = 2\text{m}$에서 계기압력은 다음과 같다.

$$P - P_0 = \rho(g + a_z)h = 10^3 \times (9.8 + 4.2) \times 2 \text{ [Pa]}$$
$$= 28 \text{ [kPa]}$$

## 3 등속 원운동

원통용기에 액체를 채우고 용기를 중심축에 대해 일정한 각속도($\omega$)로 회전시키면 평형 상태에서 액체 입자 사이의 상대 운동이 없어지고 액체가 마치 고체처럼 회전하게 된다. 이때 유체 입자 사이에는 전단응력이 작용하지 않으므로 유체는 정지유체와 같은 특성을 갖는다. 따라서 유체 정역학의 원리를 이용하여 해석할 수 있다.

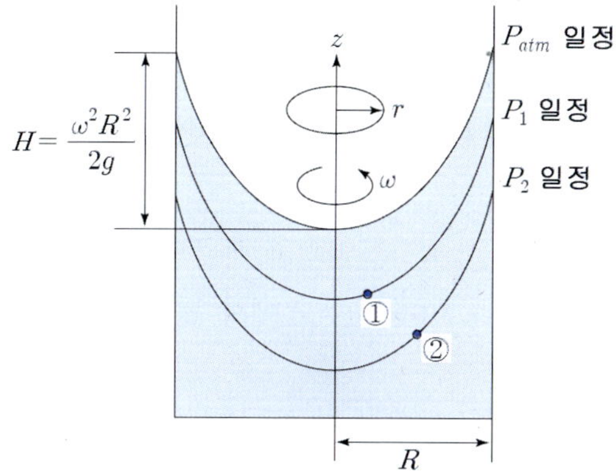


**[그림 3.41] 일정 각속도로 회전하는 용기 내 액체**

[그림 3.41]과 같이 회전축으로부터 반지름 방향 거리를 $r$로 잡는다. 기초 운동학으로부터 각속도 $\omega$로 회전할 때 반지름 방향 가속도 $a_r = -\omega^2 r$이므로 압력에 대한 방정식은 다음과 같다.

$$\frac{\partial P}{\partial r} = -\rho a_r = \rho\omega^2 r \quad \cdots\cdots ①$$

$$\frac{\partial P}{\partial z} = -\rho g \quad \cdots\cdots ②$$

압력은 $r$, $z$의 함수 $P = P(r, z)$로 전 미분은

$$dP = \frac{\partial P}{\partial r}dr + \frac{\partial P}{\partial z}dz \quad \cdots\cdots ③$$

이다. 식 ③에 ①, ②를 대입하면

$$dP = \rho\omega^2 r\,dr - \rho g\,dz \quad \cdots\cdots ④$$

이므로 등압면(압력 일정 면 : $dP = 0$)의 미분방정식은

$$dP = \rho\omega^2 r\,dr - \rho g\,dz = 0$$

$$\therefore \frac{dz}{dr} = \frac{\omega^2}{g}r \quad \cdots\cdots ⑤$$

이 된다. 식 ⑤를 적분하면 다음과 같은 등압면의 방정식이 얻어진다.

$$z = \frac{\omega^2}{2g} r^2 + z_c \quad \cdots\cdots ⑥$$

여기에서 $z_c$는 회전축($r=0$)에서 높이이다. 식 ⑥은 등압선들이 회전축에 대하여 대칭인 포물선들임을 나타낸다.

수면은 압력이 대기압($P = P_{atm}$)으로 일정한 하나의 등압면이다. 반지름 $R$인 원통에서 수면의 최대 높이 차이 $H$는 $r=0$와 $r=R$에서 높이 차이이다. 따라서 식 ⑥으로부터 $H$는 다음과 같다.[8)]

$$z_R = \frac{\omega^2}{2g} R^2 + z_c$$

$$H = z_R - z_c = \frac{\omega^2}{2g} R^2$$

$$H = \frac{\omega^2 R^2}{2g} \quad \cdots\cdots (3.14)$$

[그림 3.41]에 등압선의 분포와 수면에서 최대 높이 차이($H$)를 나타내었다.

회전 물체에서 선속도 $v = R\omega$이므로 식 (3.14)의 높이 차이는 지면에서 연직 위 방향으로 $v$의 속도로 쏘아올린 공이 올라갈 수 있는 최대 높이 $h_{max} = v^2/2g$와 유사하다.

위의 결과로부터 수면의 높이 차이($H$)를 측정하여 회전속도($\omega$)를 구할 수 있으므로 회전체의 회전 속도를 측정하거나 제어하는 장치를 만들 때 이와 같은 원리를 응용할 수 있다. 한편 회전속도 $N$[rpm]으로 회전할 때 각속도 $\omega$는 다음과 같다.

$$\omega = \frac{2\pi N}{60} \ \text{[rad/s]} \quad \cdots\cdots (3.15)$$

**[예제 3.29]** 물이 담겨 있는 반지름 15cm인 긴 원통이 수직으로 서 있다. 원통의 중심을 축으로 하여 원통을 120rpm으로 회전시키면 수면의 최저점과 최고점의 높이 차이는 얼마[cm]가 되는가?

**풀이** 회전속도가 $N$[rpm]일 때 각속도 $\omega = 2\pi N/60$이다. 따라서 높이 차이($H$)는 다음과 같다.

8) 식의 유도 과정은 참고로 하고 이 결과 식은 기억하도록 한다.

$$H = \frac{\omega^2 R^2}{2g} = \frac{(2\pi N/60)^2 R^2}{2g}$$
$$= \frac{(2\pi \times 120/60)^2 (0.15)^2}{2 \times 9.8} [\mathrm{m}]$$
$$= 0.1813 [\mathrm{m}]$$
$$= 18.13 [\mathrm{cm}]$$

† 높이 차이($H$)는 밀도와 점성계수 등 유체 상태량에 대해 독립적이므로 이 해석은 모든 액체에 대해 유효하다.

**[예제 3.30]** 물이 담겨 있는 반지름 10cm인 긴 원통이 수직으로 서 있다. 원통의 중심을 축으로 하여 원통을 일정한 속도로 회전시켰을 때 수면의 최저점과 최고점의 높이 차이가 16cm로 측정되었다. 이때 원통의 회전속도[rpm]를 구하여라.

**풀이** 회전속도가 $N$ [rpm] 일 때 높이 차이($H$)는

$$H = \frac{\omega^2 R^2}{2g} = \frac{(2\pi N/60)^2 R^2}{2g} = \frac{\pi^2 N^2 R^2}{1800g}$$

이므로 원통의 회전속도 $N$[rpm]은 다음과 같다.

$$N^2 = \frac{1800gH}{(\pi R)^2}$$
$$N = \frac{1}{\pi R}\sqrt{1800gH}$$
$$= \frac{1}{\pi(0.1)}\sqrt{1800(9.8)(0.16)} [\mathrm{rpm}]$$
$$= 169 [\mathrm{rpm}]$$

## 연습문제 3

**01** 그림과 같이 질량 $m$과 $M$의 두 피스톤이 평형을 이루고 있다. 지름 $D_1 = 10\,\text{cm}$, $D_2 = 20\,\text{cm}$이고, $m = 100\,\text{kg}$일 때 다음을 구하여라. 단, 피스톤과 실린더 사이 마찰은 무시하며 대기압은 $100\,\text{kPa}$이다.

(1) 큰 피스톤의 질량 $M$

(2) 유체의 비중을 무시할 때 유체에 작용하는 계기압력과 절대압력

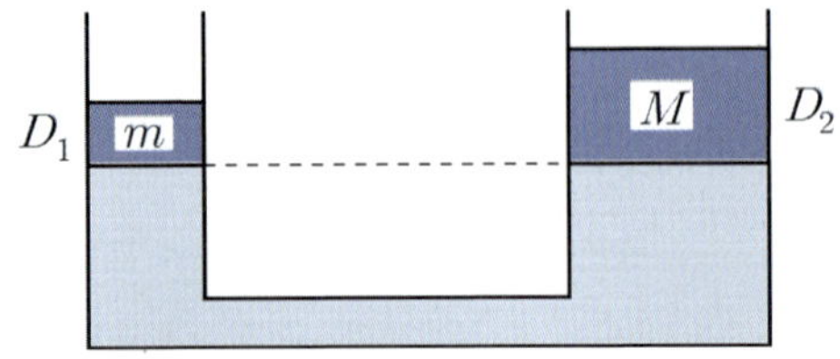


[문제 3.1]

**02** 그림과 같은 피스톤-실린더 장치에서 실린더를 가열하여 실린더 내부의 절대압력이 $200\,\text{kPa}$로 상승하였다. 피스톤의 지름 $D = 20\,\text{cm}$일 때 평형을 유지하기 위해 피스톤에 가해야 할 힘 $F$를 구하여라. 단, 대기압은 $100\,\text{kPa}$이고 피스톤과 실린더 사이 마찰은 무시한다.

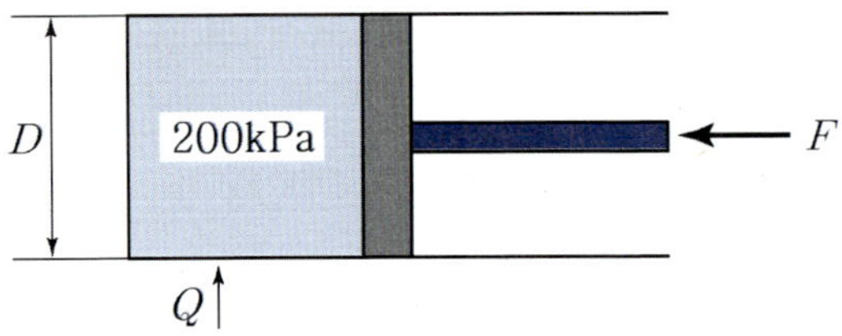


[문제 3.2]

**03** 호수의 수면으로부터 $10\,\text{m}$ 아래에 있는 지름 $50\text{cm}$의 수평면에는 몇 kN의 압력 힘이 작용하는가? 단, 대기압은 $100\,\text{kPa}$이다.

**04** 중력 가속도가 $9.8\text{m/s}^2$인 지역에서 수은 기압계의 눈금이 $750\,\text{mmHg}$이고, 진공계가 $20\,\text{kPa}$을 가리키고 있다. 절대압력은 몇 kPa인가? 단, 수은의 밀도는 $13{,}600\text{kg/m}^3$이다.

**05** 지름 $2\text{m}$의 원형 수문이 수면으로부터 $3\text{m}$ 아래인 물탱크의 바닥에 수평으로 설치되어 있다. 다음을 구하여라.

(1) 물의 무게에 의한 압력에 의해 수문이 받는 힘(전압력)

(2) 수문을 열기 위해 점 A에 가해야 할 최소한의 힘($F$)

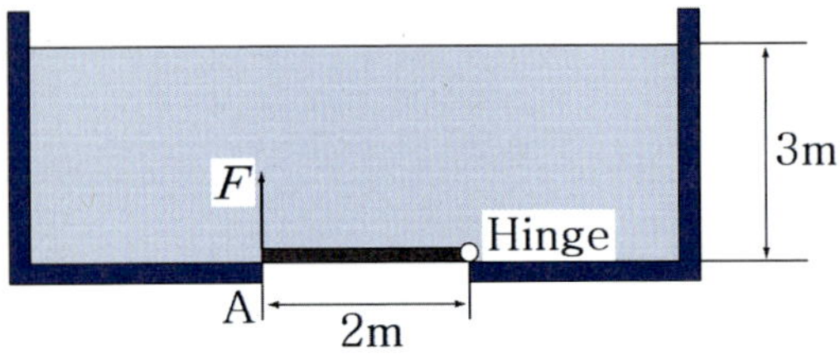


[문제 3.5]

**06** 그림과 같이 밀폐된 탱크에 공기와 물이 채워져 있다. A, C는 공기와 위 벽의 접촉 지점, B는 공기와 물의 표면을 나타낸다. 점 A의 절대압력이 100kPa일 때 점 B, C에서 절대압력을 구하여라. 공기의 밀도는 $1.2\text{kg/m}^3$이다.

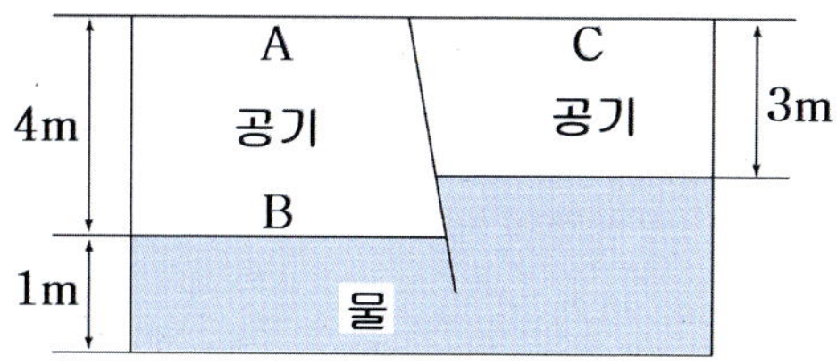

[문제 3.6]

**07** 40mAq의 압력을 kPa로 환산하여라.

**08** 40cmHg의 압력을 kPa로 환산하여라.

**09** 수은 기압계의 눈금이 그림과 같을 때 대기압은 몇 kPa인가?

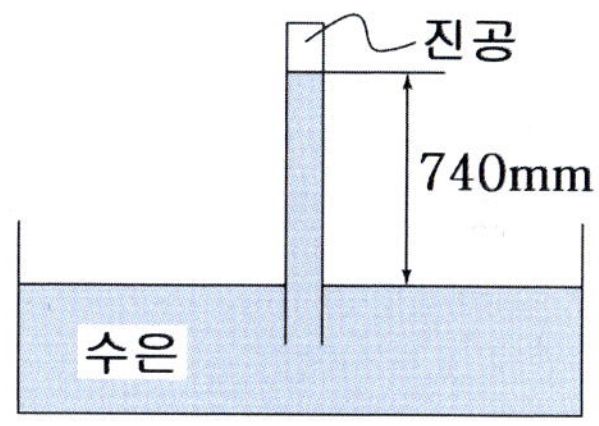

[문제 3.9]

**10** 밀폐된 용기 안에 비중이 0.9인 오일이 들어있고, 그 위에 압력 70kPa의 공기가 차 있다. 탱크 바닥이 받는 압력을 구하여라.

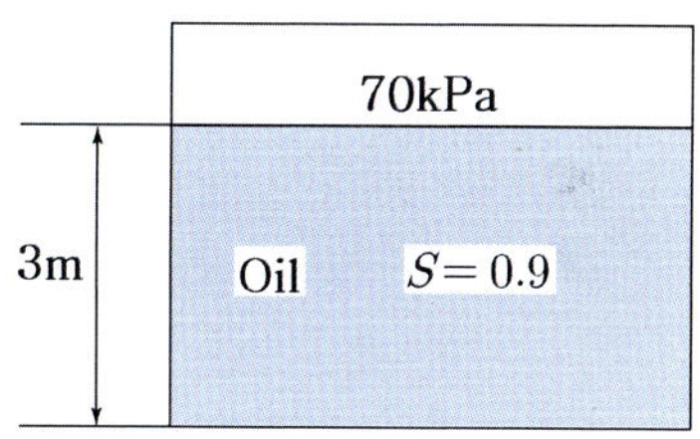

[문제 3.10]

**11*** 고도 $y$[m]에 따른 온도분포가 $T = 290 - 0.0065y$ [K]일 때 $y = 10\text{km}$에서 압력을 구하여라. 단, $y = 0$에서 대기압은 100kPa이며, 공기는 이상기체이고 기체상수는 0.287 kJ/kg·K이다.[9)]

9) * 표시한 문제는 기초적인 미적분이 사용되는 문제이다. 그렇게 복잡한 문제는 없으므로 문제풀이를 참조하여 풀어보면 될 것이다.

**12** 그림과 같이 압력용기에 연결된 피에조미터의 상승 높이가 20cm 일 때 용기 중심(A)에서 계기압력과 절대압력을 구하여라. 단, 대기압은 100kPa이고, 용기 내 유체의 밀도는 $1260\,kg/m^3$이다.

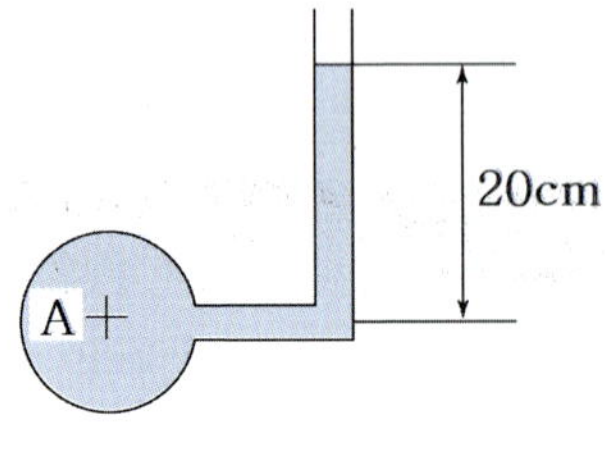


[문제 3.12]

**13** 액주계의 읽음이 그림과 같을 때 관 중심에서 계기압력($P_x$)을 구하여라.

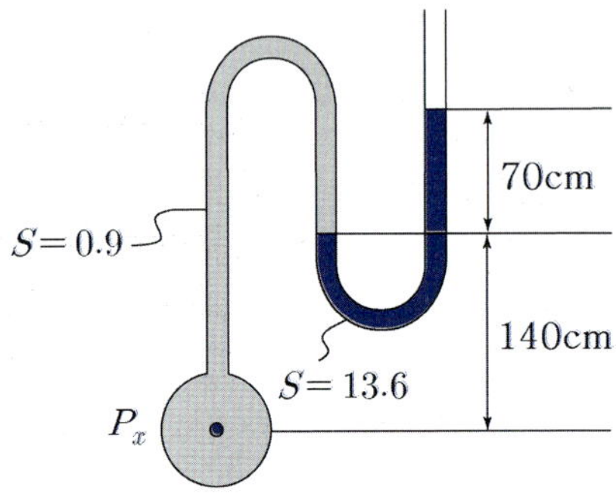


[문제 3.13]

**14** 관 내부의 공기압력을 측정하기 위하여 수은 액주계를 사용하였다. 액주계 읽음이 그림과 같을 때 다음 물음에 답하여라.

(1) 밀도가 $1.23\,kg/m^3$인 공기 기둥 2m의 압력은 몇 Pa인가?

(2) 공기의 무게를 무시하고 관 내부의 계기압력[kPa]을 구하여라.

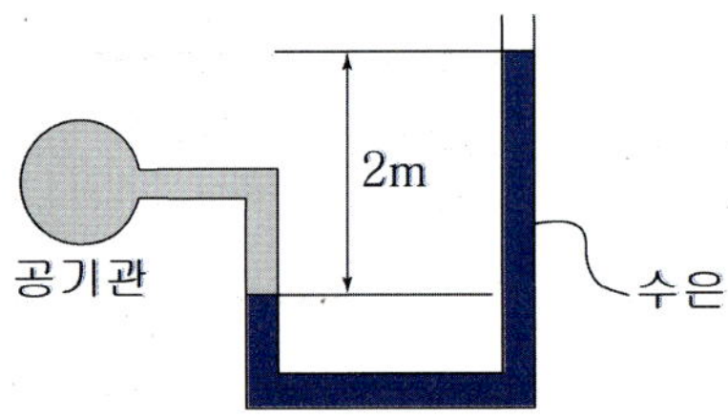


[문제 3.14]

**15** 양 끝이 열린 U자관에 물과 오일이 들어있다. 그림과 같은 상태로 평형을 이루고 있을 때 오일의 비중을 구하여라.

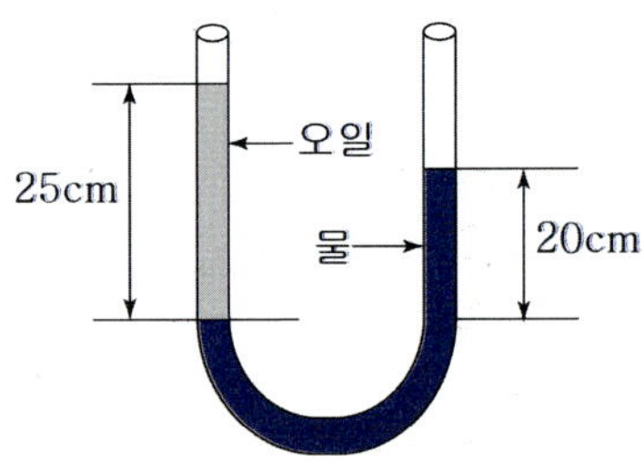


[문제 3.15]

**16** 다음과 같은 역 U자관 액주계에서 압력 차이 $P_B - P_A$를 구하여라.

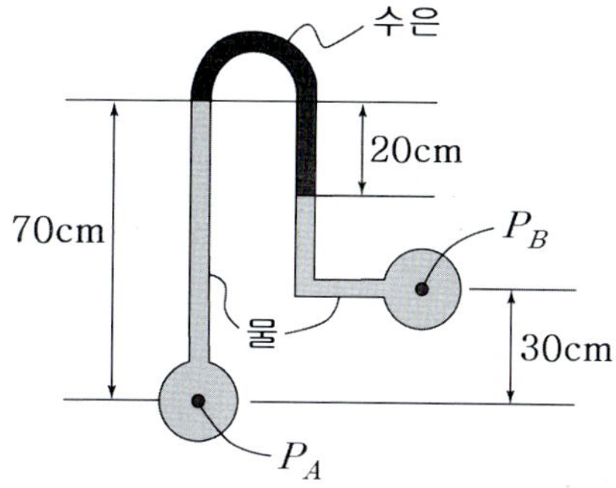


[문제 3.16]

**17** 물이 흐르는 관에 설치한 액주계 읽음이 그림과 같을 때 관 중심부 A에서 계기압력을 구하여라. 단, 액주계 유체의 비중은 13.6, $H = 20\text{cm}$, $h = 10\text{cm}$이다.

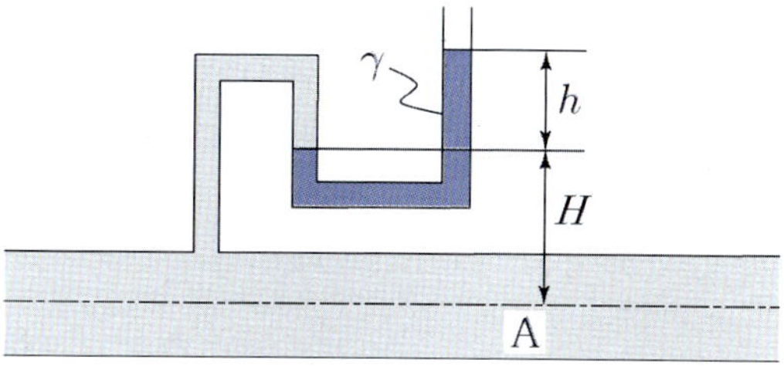


[문제 3.17]

**18** 진공펌프를 사용하여 비중 $S = 0.8$인 액체 A를 흡입하려 한다. 진공펌프의 절대압력이 $80\text{kPa}$일 때 펌프가 흡입할 수 있는 최대 높이 $h$를 구하여라. 단, 대기압은 $100\text{kPa}$이다.

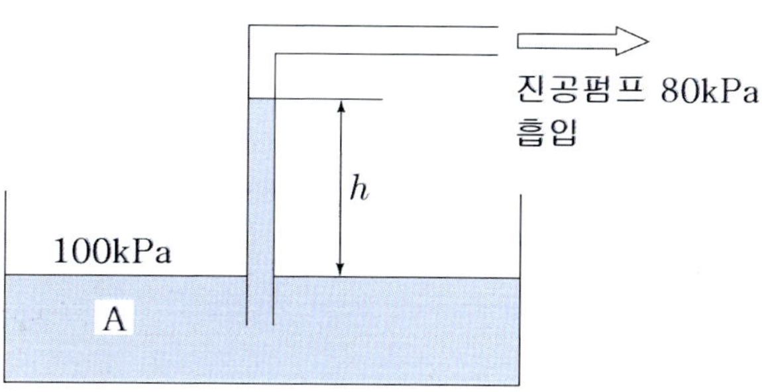


[문제 3.18]

**19** 탱크 아래에 설치된 압력계의 읽음(계기압력)을 계산하여라. 단, 공기의 밀도는 물에 비하여 아주 작으므로 공기의 무게에 의한 압력은 무시한다.

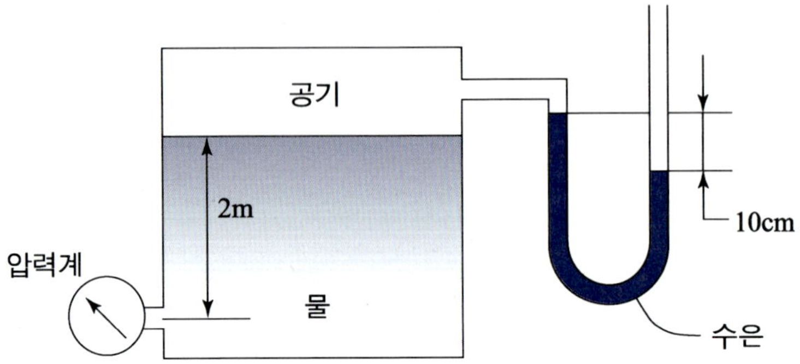


[문제 3.19]

**20** 물이 흐르는 관에 설치한 액주계 읽음이 그림과 같을 때 두 지점 A, B의 압력 차이를 구하여라.

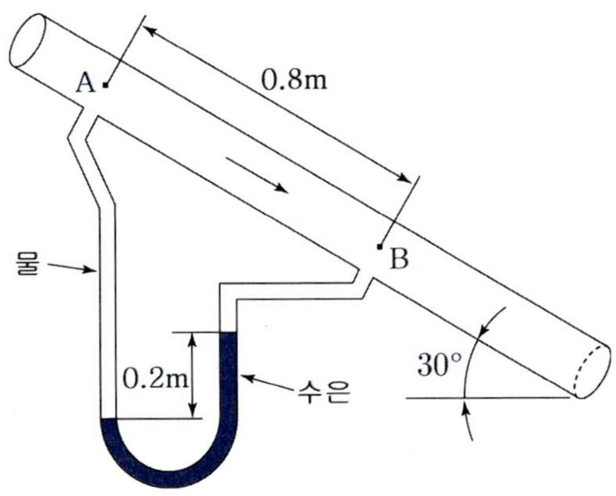


[문제 3.20]

**21** 그림은 폭이 30 cm인 수로의 수문이다. 물이 40 cm 깊이까지 차 있을 때 수문이 받는 전압력을 구하여라.

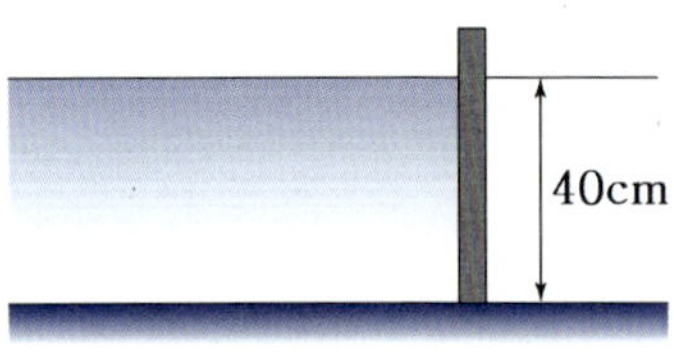


[문제 3.21]

**22** 그림과 같이 수직으로 서 있는 수문을 경계로 하여 6 m 와 4 m 깊이로 물이 차 있다. 수문의 폭이 2 m 이면 수문이 받는 전 압력 힘은 얼마인가?

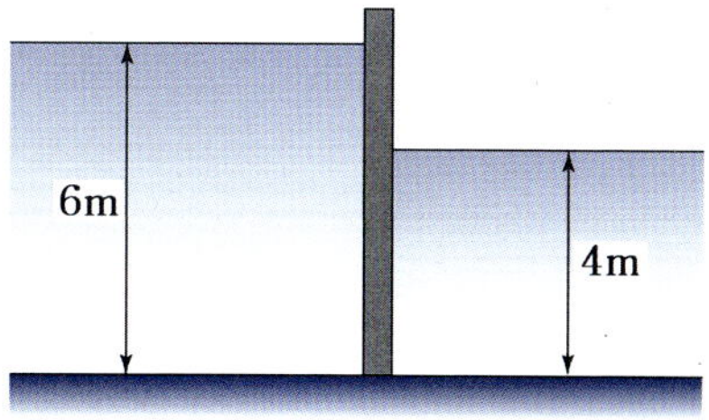


[문제 3.22]

**23** 그림과 같이 60°로 기울어진 수문에서 2 m 깊이까지 물이 차 있을 때 수문이 받는 전압력을 구하여라. 수문의 폭은 4 m 이다.

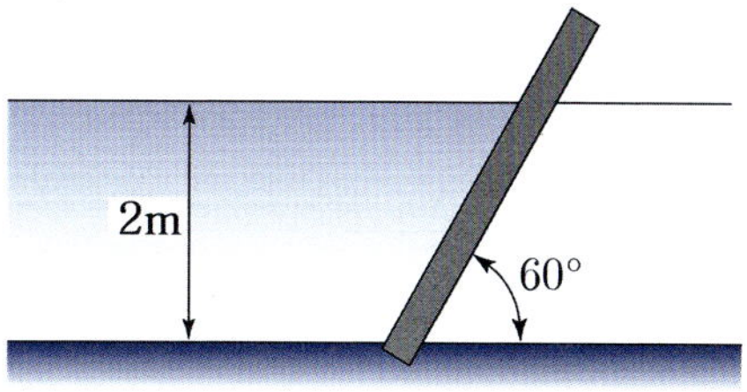


[문제 3.23]

**24** 그림과 같이 지름 2 m 의 투시경이 수족관에 설치되어 있다. 투시경에 작용하는 전압력의 크기와 수면으로부터 작용점까지 수직거리를 구하여라. 수면으로부터 투시경의 중심까지 수직거리는 3 m 이다.

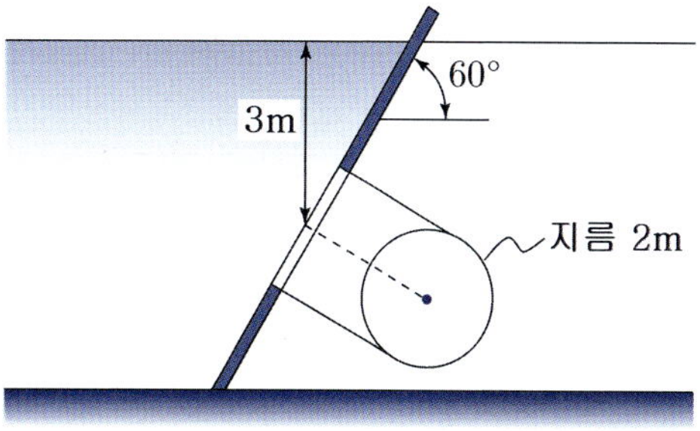


[문제 3.24]

**25** 그림과 같은 직사각형 수문에서 수문의 폭이 2 m 일 때 다음을 구하여라.

(1) 수문에 작용하는 전압력

(2) 전압력의 점 A 에 대한 모멘트(수력학적 힘의 모멘트)

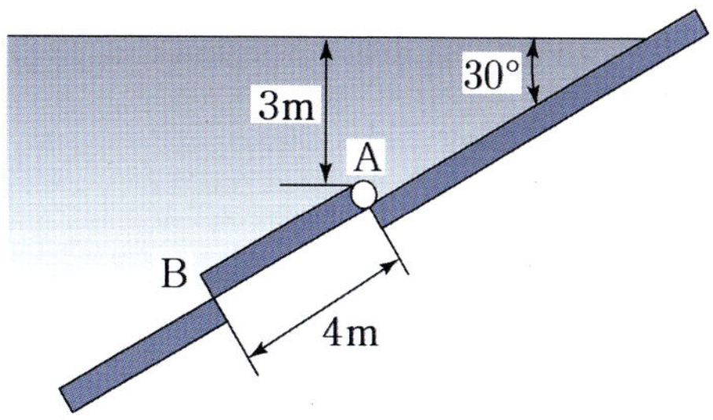


[문제 3.25]

**26** 그림과 같이 설치된 'ㄴ'자형 수문이 현 상태를 유지하는데 필요한 힘 $R$을 구하여라. 수문의 폭은 5m이고 A는 마찰 없는 힌지이다.

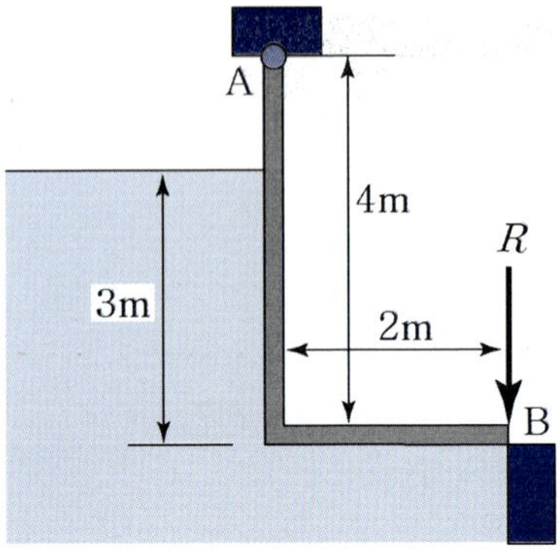


[문제 3.26]

**27** 반지름 0.7m의 관에 물이 반만큼 차 있다. 물에 의하여 길이 1m의 관 벽면(AB)에 작용하는 전압력의 크기와 작용선을 구하여라.

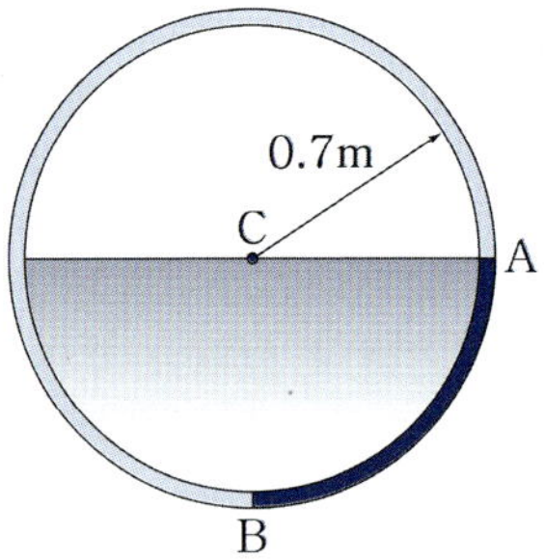


[문제 3.27]

**28** 반지름 2m의 1/4원통(AB)에 작용하는 전압력의 크기를 구하여라. 원통의 길이는 10m이다.

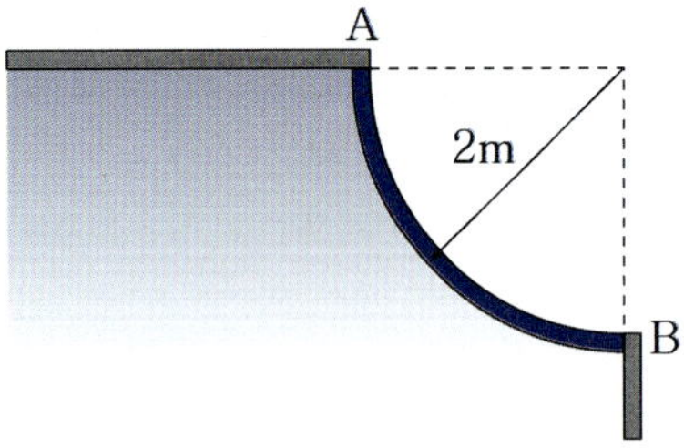


[문제 3.28]

**29** 길이 3m의 1/4 실린더(AB)에 작용하는 전압력의 크기를 구하여라.

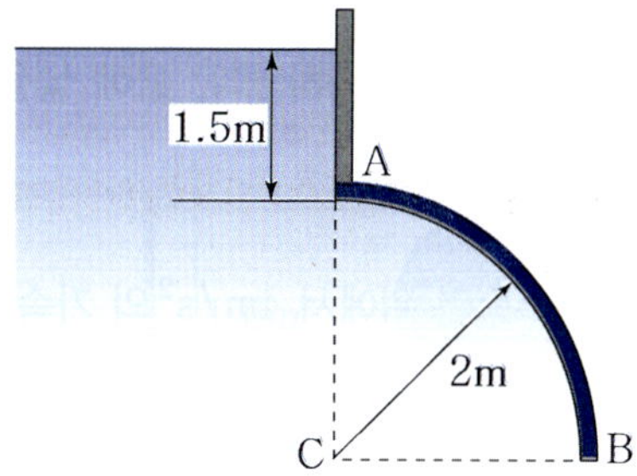


[문제 3.29]

**30** 물탱크에서 돌출한 반 실린더면(AB)에 작용하는 전압력의 크기를 구하여라. 실린더의 지름은 4m이고 길이는 10m이다.

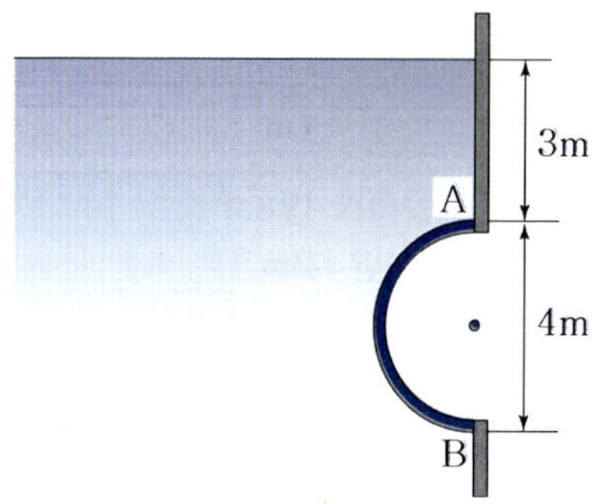


[문제 3.30]

**31** 지름이 2m이고 무게가 10kN인 구(sphere) 모양의 부표가 그림과 같이 케이블로 물속에 고정되어 있다. 케이블에 걸리는 장력을 구하여라.

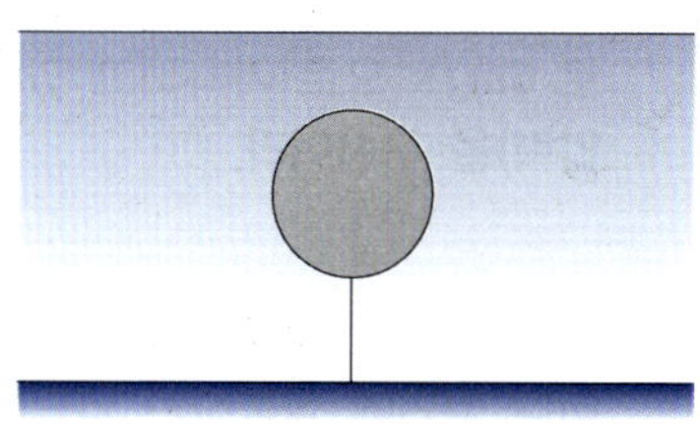

[문제 3.31]

**32** 4℃ 순수한 물에 넣었을 때 물속에 잠긴 부피가 $V$인 비중계를 어떤 액체 속에 세웠을 때 물에서보다 $h$만큼 더 가라앉았다. 액체의 비중을 구하여라. 유리관의 단면적은 $A$이다.

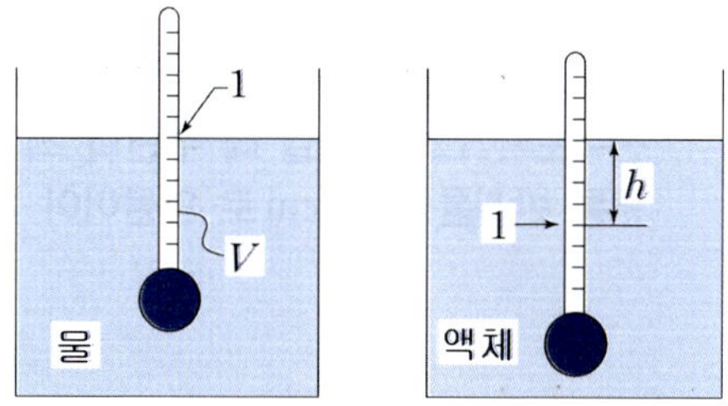


[문제 3.32]

**56** 그림과 같이 지름이 $D_1$인 A 피스톤에 $F_1$의 힘이 작용할 때, 지름이 $D_2$인 B 실린더에 작용하는 유압은? 단, $D_1 = 4D_2$이다. [공무원 임용시험]

① $\frac{4F_1}{\pi D_1^2}$ ② $\frac{F_1}{\pi D_1^2}$

③ $\frac{F_1}{2\pi D_1^2}$ ④ $\frac{F_1}{4\pi D_1^2}$

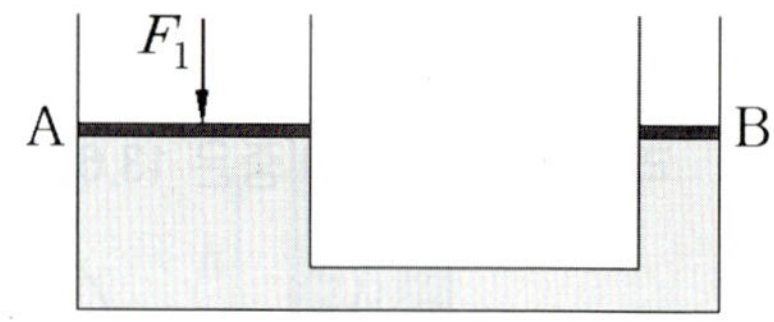


**[문제 3.56]**

**57** 다음 물리량들을 $MLT$ 계의 차원으로 나타낸 것 중 옳지 않은 것은? [공무원 임용시험]

① 표면장력 : $MT^{-2}$ ② 동점성계수 : $L^2T^{-1}$

③ 운동량 : $MLT^{-2}$ ④ 동력 : $ML^2T^{-3}$

**58** 그림과 같이 자유 수면에서 3m 수중 아래 연직으로 놓인 사각형 판에 1,800 kN의 전수압이 작용할 때 사각형 판의 폭(m)은? 단, 물의 단위 중량은 $10\,\text{kN/m}^3$이다. [공무원 임용시험]

① 5 ② 6

③ 7 ④ 8

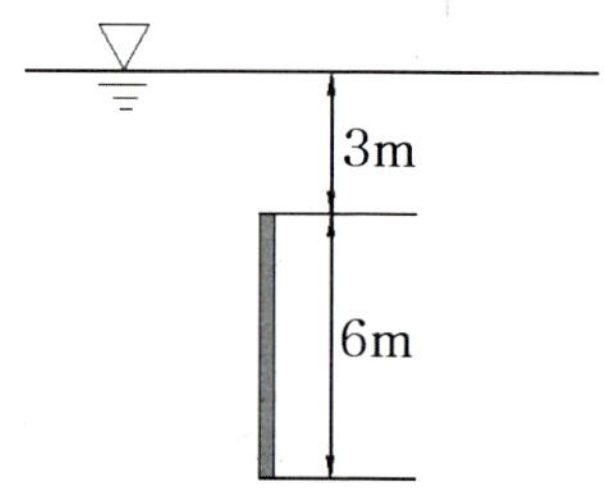


**[문제 3.58]**

**59** 해수면으로부터 15m 아래로 내려간 잠수부의 폐 속 압력과 가장 가까운 것은? 단, 해수면의 대기압은 $10^5\text{N/m}^2$(= 1기압), 중력 가속도는 $10\text{m/s}^2$, 물의 밀도는 $1000\text{kg/m}^3$이다. [공무원 임용시험]

① 1 기압 ② 1.5 기압 ③ 2 기압 ④ 2.5 기압

**60** 밀폐된 용기 안에 비중이 0.8인 기름이 있고 그 위에 압력이 $0.2\text{kgf/cm}^2$인 공기가 있다. 기름의 표면에서 2m 깊이에 있는 점의 압력은 몇 $\text{kgf/cm}^2$인가? [공무원 임용시험]

① 0.26 ② 0.36 ③ 0.46 ④ 0.56

**61** 유압 기기는 어떤 원리 또는 법칙을 이용한 것인가? [공무원 임용시험]

① 아르키메데스의 원리 ② 베르누이의 원리

③ 파스칼의 원리 ④ 보일의 법칙

**62** 부피가 같은 금속구 A와 금속구 B가 어떤 정지유체 속에 가라앉아 있다. A의 밀도는 $2\rho$이고 B의 밀도는 $\rho$이다. A가 B보다 2.5배 큰 알짜힘을 받을 때, 유체의 밀도는? (단, 두 구에 작용하는 알짜힘의 방향은 같다) [공무원 임용시험]

① $\frac{1}{3}\rho$ ② $\frac{1}{2}\rho$ ③ $\frac{2}{3}\rho$ ④ $\frac{9}{7}\rho$

**63** 부력에 관한 설명으로 옳지 않은 것은? [공무원 임용시험]

① 부력은 유체 내 고체의 위, 아래 면에 작용하는 압력 차로 발생한다.
② 잠긴 부분의 형상과 체적은 같지만 밀도가 다른 나무와 쇠의 부력은 서로 다르다.
③ 부력의 크기는 유체 내 잠긴 물체의 체적에 해당하는 유체의 무게이다.
④ 물체의 경심이 중심보다 위에 있으면 안정적이다.

**64** 그림은 밀도가 $\rho$인 물체가 밀도가 $5\rho$인 정지 액체에 부피의 2/3가 잠겨 정지 상태를 유지하고 있는 모습이다. 물체에 매여진 줄은 용기 바닥에 고정되어 있다. 물체에 작용하는 중력의 크기를 $F$라고 할 때, 줄이 물체를 당기는 힘의 크기는? (단, 줄의 질량과 부피, 물체와 액체 사이의 전기적인 상호작용은 무시한다) [공무원 임용시험]

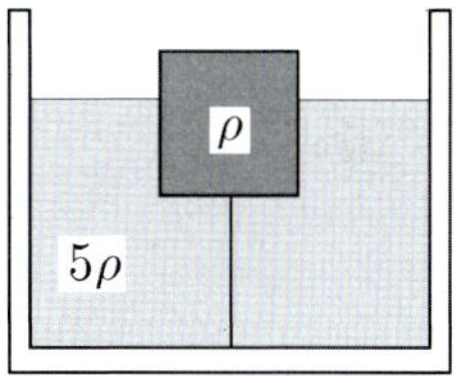

[문제 3.64]

① $\frac{5}{3}F$ ② $2F$
③ $\frac{7}{3}F$ ④ $\frac{10}{3}F$

**65** 반지름이 10cm이고 밀도가 균일한 구를 물에 넣었더니 중심이 수면에 위치한 채 정지해 있다. 이 구의 질량[kg]에 가장 가까운 것은? (단, 물의 밀도는 $1\text{g/cm}^3$이고 물의 부력과 중력을 제외한 다른 효과는 무시한다) [공무원 임용시험]

① 1 ② 2 ③ 3 ④ 4

**66** 비중이 0.9인 빙산이, 비중이 1.1인 해수에 떠 있다. 빙산이 해수면 위로 노출된 부분의 부피가 1일 때, 해수면 아래에 잠긴 빙산의 부피는? [공무원 임용시험]

① 4.5 ② 5.0 ③ 5.5 ④ 6.0

**67** 그림과 같은 유압기의 손잡이에 $F=30$kgf의 힘을 가하여 들어 올릴 수 있는 최대 무게 $W$[kgf]는? (단, 유압기의 자중은 무시한다) [공무원 임용시험]

① 300
② 600
③ 900
④ 1,200

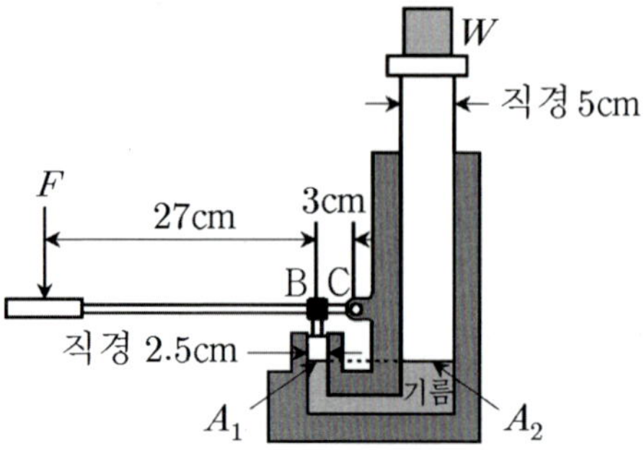


[문제 3.67]

**68** 다음 그림과 같이 밀도 $\rho = 900\text{kg/m}^3$인 직육면체 나무토막이 밀도 $\rho_1 = 1{,}100\text{kg/m}^3$인 유체에 떠 있다. 나무토막의 높이 $H = 6$cm라면 나무토막이 유체에 잠긴 깊이 $h$에 가장 가까운 값은? (단, 중력가속도 $g = 10\text{m/s}^2$이다) [공무원 임용시험]

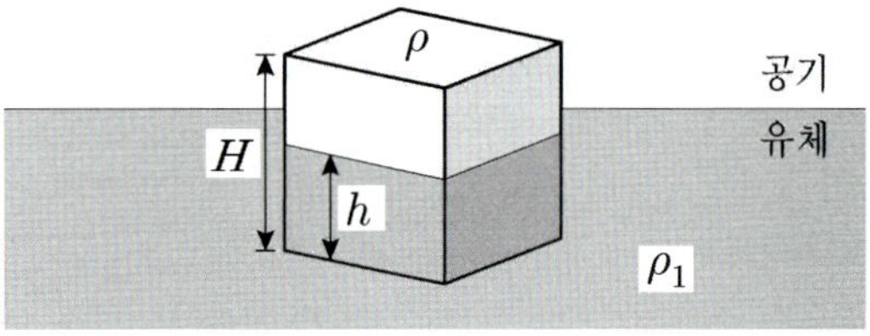


[문제 3.68]

① 3cm ② 4cm ③ 5cm ④ 6cm

**69** 그림과 같은 수직 직사각형 평면 보의 상류와 하류 수심이 각각 $H_1(=9\text{m})$, $H_2(=3\text{m})$이다. 보의 너비 1m에 작용하는 수압 및 작용점의 위치를 계산하는 과정과 답을 모두 쓰시오. 단, 답은 소수점 둘째 자리까지 구하시오. [중등교사임용시험-농공]

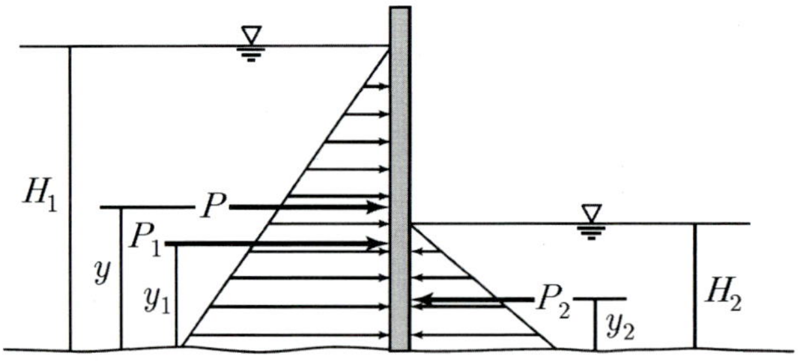


[문제 3.69]

(1) 상류 쪽 수압($P_1$) 및 작용점의 위치($y_1$)
(2) 하류 쪽 수압($P_2$) 및 작용점의 위치($y_2$)
(3) 전수압($P$) 및 작용점의 위치($y$)

**70** 다음 그림과 같은 콘크리트 댐이 있다. 〈조건〉에 따라 정수압의 합력[kN]과 댐이 전도가 발생하지 않을 최소 가로 길이($L$)[m]를 구하고, 각각의 풀이 과정과 함께 쓰시오.

[중등교사 임용시험-기술(2019)]

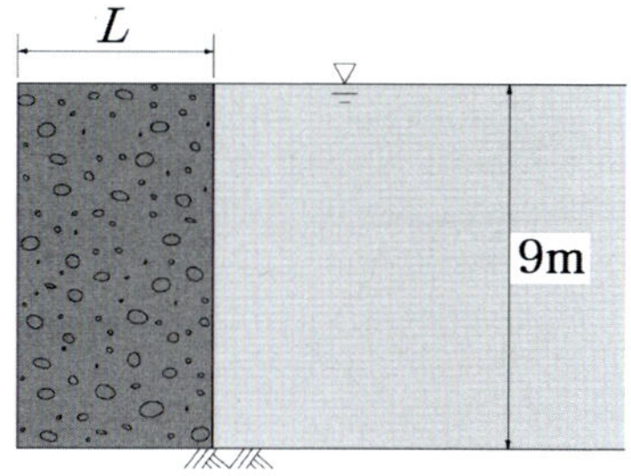


[문제 3.70]

〈조 건〉
- 물과 접해 있는 댐 수직면에만 수평 방향의 정수압이 작용하는 것으로 가정할 것.
- 댐의 폭은 1m로 가정할 것.
- 댐의 수평 이동은 없다고 가정할 것.
- 물의 단위중량은 $10\text{kN/m}^3$, 콘크리트의 단위중량은 $30\text{kN/m}^3$으로 계산할 것.

**71** 다음은 파스칼(Pascal)의 원리를 이용한 유압잭에 대한 그림과 설명이다. 괄호 안의 ㉠, ㉡에 해당하는 값을 순서대로 쓰시오.

[중등교사 임용시험-항해 · 기관(2019)]

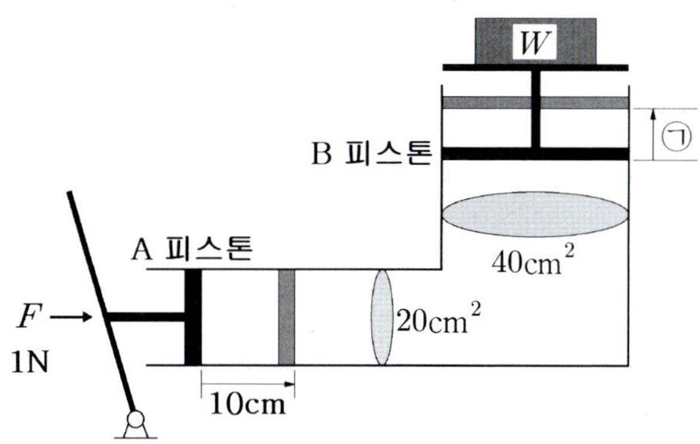


[문제 3.71]

유압잭에서 A 피스톤 및 B 피스톤의 면적은 각각 $20\text{cm}^2$, $40\text{cm}^2$이다. B 피스톤에 $W$의 무게가 누르고 있는 상황에서 레버에 의해 $F$ 방향으로 A 피스톤에 1N의 힘을 가하니 10cm 전진하여 힘의 균형을 이루었다. 이때 B 피스톤은 ( ㉠ )[cm] 상승하며, B 피스톤의 내면에는 ( ㉡ )[Pa]의 압력이 가해진다. (단, 사용된 유압 작동유는 비압축성이며, 피스톤과 실린더 사이의 마찰손실은 무시하고, 유압 작동유의 누설은 없는 것으로 한다)

**72** 물이 가득 들어있는 컵에 $10\,\mathrm{cm}^3$의 얼음(비중 0.9)이 떠 있다. 얼음이 녹으면 물이 얼마나 밖으로 넘치는지 계산하시오. 이 결과를 기초로 남·북극이 지구 온난화에 따른 해수면 상승에 미치는 영향에 대해 기술하시오. (단, 물의 증발 및 표면장력 효과는 무시한다)
[국가공무원 5급(기술) 제2차시험]

# 제4장

# 유동의 기본 방정식

# 4.1 유동 형태

## 1 속도장

유체의 모양은 자유롭게 변형될 수 있으므로 주어진 시간에서 유체 내의 위치에 따라 각 지점의 유체의 성질(속도, 압력, 온도, 밀도 등)이 달라질 수 있다. 이와 같은 특성을 갖는 유체의 성질들을 공간좌표의 함수로 나타내는 것을 흐름의 장 표현(field representation)이라 한다. 또한 특정한 장의 표현은 시간에 따라서도 달라질 수 있으므로 유체유동을 묘사하기 위해서는 유체의 성질을 공간좌표$(x, y, z)$뿐만 아니라 시간$(t)$의 함수로도 나타내어야 한다. 즉, 임의 위치와 임의 시간에서 속도, 압력, 온도 등을 다음과 같이 나타낼 수 있다.

$$\vec{V}(x, y, z, t), \quad P(x, y, z, t), \quad T(x, y, z, t)$$

이와 같은 것을 속도장, 압력장, 온도장 등으로 부르기도 하는데 속도는 크기와 방향을 갖는 벡터이므로 속도장(velocity field)은 다음과 같이 표현된다.

$$\vec{V}(x, y, z, t) = u(x, y, z, t)\vec{i} + v(x, y, z, t)\vec{j} + w(x, y, z, t)\vec{k}$$

[그림 4.1]에서 $u$, $v$, $w$는 각각 $x$, $y$, $z$ 방향의 속도 성분을 나타낸다.

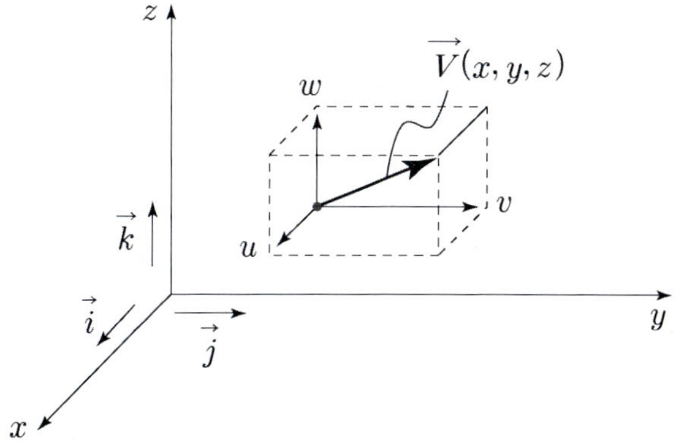


[그림 4.1] 3차원 직각 좌표계와 유체의 속도

**[예제 4.1]** 속도장이 $\vec{V}=\frac{U}{L}(x\vec{i}-y\vec{j})$인 2차원 유동에서 점 $(2L, L)$에서 유속의 $x$, $y$ 성분과 크기 및 방향을 구하여라. 단, $U$, $L$은 상수이다.

**풀이** 점 $(2L, L)$에서 유속은 $x=2L$, $y=L$을 대입하면

$$\vec{V}=\frac{U}{L}(x\vec{i}-y\vec{j})=\frac{U}{L}(2L\vec{i}-L\vec{j})$$
$$=U(2\vec{i}-\vec{j})$$

이므로 유속의 $x$, $y$ 성분은 각각

$$u=2U,\quad v=-U$$

이고, 유속의 크기는

$$|\vec{V}|=\sqrt{u^2+v^2}=\sqrt{(2U)^2+(-U)^2}$$
$$=\sqrt{5}\,U$$

이다. 그리고 유속의 방향이 $x$축의 양의 방향과 이루는 각을 $\theta$라 하면

$$\theta=\tan^{-1}\left(\frac{v}{u}\right)=\tan^{-1}\left(\frac{-U}{2U}\right)$$
$$=\tan^{-1}\left(-\frac{1}{2}\right)=-26.6^\circ$$

이다. 이상에서 구한 점 $(2L, L)$에서 유속을 도시하면 [그림 4.2]와 같다.

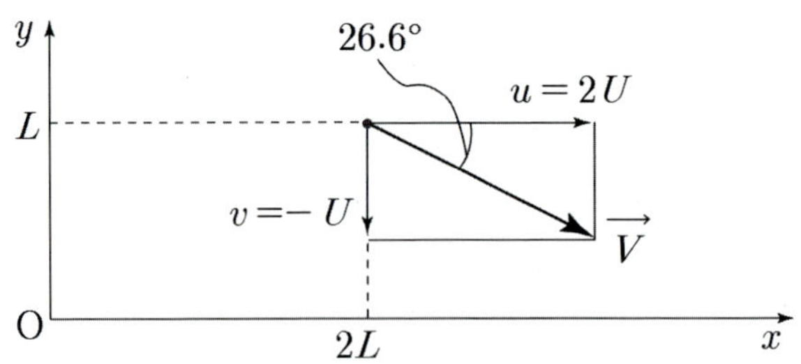


**[그림 4.2] 점 $(2L, L)$에서 유속**

## 2 유체 운동의 기술 방법

(1) **Euler 방법** : 유동장 내의 어떤 점에 착목하고 그 점에서 유체 운동의 상태를 기록하는 방법. 공간의 좌표를 $(x, y, z)$라 하면 속도와 밀도 등은 각각 $\overrightarrow{V}(x, y, z, t)$, $\rho(x, y, z, t)$로 표현된다.
(2) **Lagrange 방법** : 각각의 유체 입자(particle)에 표시를 하고 개별 유체 입자를 추적하면서 그 입자의 성질을 기록하는 방법.

**설명** 유체 역학 문제를 해석하는데 있어서는 일반적으로 위의 두 가지 방법을 사용한다. Euler 방법에서 유체운동은 속도, 압력, 밀도 등의 상태량을 공간과 시간의 함수로 기술함으로써 정해진다. 이 방법으로부터 유체가 공간상의 고정된 점을 지날 때 그 점에서 상태량의 변화를 알 수 있다. 즉, Euler 방법은 장의 개념을 도입하여 유체유동을 묘사한다. Lagrange 방법에서는 개개의 유체입자들의 움직임을 추적하며, 이들 입자의 상태량이 시간의 함수로써 어떻게 변화하는가를 조사한다. 따라서 개별 유체 입자가 구분되며 그 입자들의 운동에 따라 상태량이 변화한다. 유동장 내에서 유체 입자들이 운동함에 따라 입자들의 속도와 압력 등은 시간과 위치에 따라 변화한다. 이때 여기저기로 이동하는 입자들의 경로를 따라가는 것보다는 공간의 모든 점에서 시간에 따른 유동의 속도와 압력 등을 기술하는 것이 편리하다. 따라서 각 질량 입자들에 대한 물리량을 기술하는 Lagrange 방법보다는 공간의 고정된 점에서의 물리량을 기술하는 Euler 방법을 일반적으로 많이 사용한다. 그러나 반도체 제조 공정에 사용하는 Clean room 등과 같이 입자(먼지 입자)의 경로가 주요 관심일 때는 Lagrange 방법을 사용하여 해석한다.

**[참고 - 속도위반 감시 카메라 : 경찰들도 Euler 방법을 사용한다.]**

감시 카메라를 어떤 위치에 설치해 놓고 속도위반하는 차를 잡는 것은 Euler 방법에 해당된다. 카메라는 고정된 하나의 점을 지나는 차의 속도를 기록한다. 반면 어떤 차를 계속 따라가면서 그 차의 속도를 기록하는 것은 Lagrange 방법에 해당된다. 그런데 Lagrange 방법에 따라 경찰차가 어떤 차 한 대를 계속 따라가면서 속도위반하는가를 감시한다는 것은 여러 면에서 '뭔가 좀 아니다'라는 느낌이 들 것이다. 즉, 도로 위에 있는 차를 따라가는 것보다는 카메라를 고정시켜 놓고 지나가는 차의 속도를 재는 것이 훨씬 편리하고 적합하다는 것을 알 수 있다. 따라서 경찰들도 Euler 방법을 사용하여 과속하는 차를 단속한다.

## 3 정상유동, 비정상유동

속도, 압력, 밀도 등의 물리량이 시간이 지나도 일정하게 유지되는 유동을 정상유동(steady flow), 시간에 따라 변화하는 유동을 비정상유동(unsteady flow)이라 한다. Euler 방법으로 기술되는 유체의 속도를 $\overrightarrow{V}$, 압력을 $P$, 밀도를 $\rho$라 하면 정상류에서 물리량의 시간에 대한 미분은 0이다.

$$\frac{\partial \overrightarrow{V}}{\partial t}=0, \quad \frac{\partial P}{\partial t}=0, \quad \frac{\partial \rho}{\partial t}=0 \qquad \cdots\cdots (4.1)$$

**설명** 정상유동은 공간상의 어떤 점에서 유체의 속도가 시간에 따라 변하지 않는 경우를 말한다[그림 4.3]. 그러나 정상유동에서도 위치에 따라서는 유속이 다를 수 있다. 유속이 시간에 따라 변화하는 비정상유동의 거동은 매우 복잡하며 $\frac{\partial \overrightarrow{V}}{\partial t} \neq 0$, $\frac{\partial P}{\partial t} \neq 0$, $\frac{\partial \rho}{\partial t} \neq 0$이다.

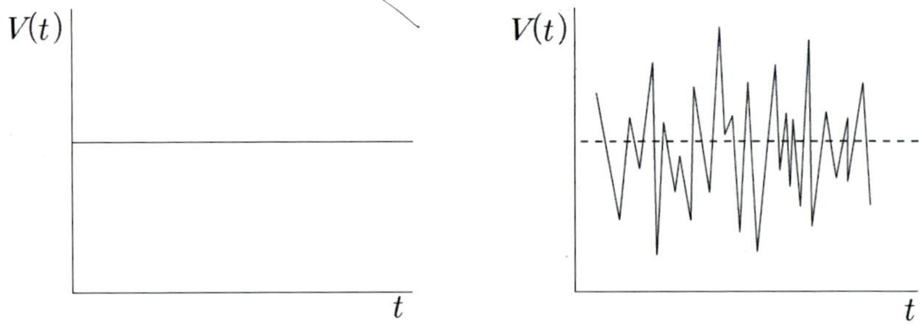

(a) 정상유동 (b) 비정상유동

**[그림 4.3] 정상유동과 비정상유동에서 시간에 따른 속도 변화**

## 4 유선, 유적선, 유맥선, 유관

유체의 흐름을 시각적으로 묘사하는 데에는 일반적으로 다음 세 가지 선이 많이 사용된다.

(1) 유선(streamline): 임의의 순간에 모든 점에서 속도벡터에 접하는 선.
(2) 유적선(path line) : 유동장 내에서 유체 입자가 이동한 궤적.
(3) 유맥선(streak line) : 유동장 내의 특정 점을 지나는 입자들의 궤적.

**설명** 어떤 순간에 임의의 가상 곡선 상의 모든 점에서 접선이 그 점에서 속도 벡터의 방향과 일치할 때 그 곡선을 유선이라 한다. 즉, 유선 위의 임의의 점에서 접선 벡터는 그 순간 그 지점에서 속도벡터와 평행하다. 유선의 작은 요소 $\overrightarrow{dr}=(dx,dy,dz)$은 속도벡터 $\overrightarrow{V}=(u,v,w)$와 같은 방향이므로 유선을 따라서

$$\overrightarrow{V}\times\overrightarrow{dr}=0 \quad \cdots\cdots (4.2)$$

$$\frac{dx}{u}=\frac{dy}{v}=\frac{dz}{w} \quad \cdots\cdots (4.3)$$

가 된다. 여기에서 $u$, $v$, $w$는 각각 $x$, $y$, $z$ 방향의 속도 성분이다. [그림 4.4]는 유선을 나타낸다.

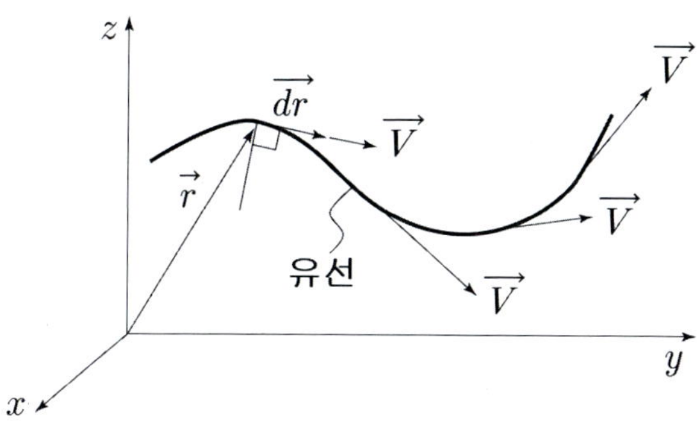


[그림 4.4] 유선

유적선은 주어진 유체 입자가 한 점에서 다른 점으로 흐를 때 그 입자가 이동한 경로를 나타내는 선이다. 실험을 할 때 유체 입자에 표식을 하고 그 움직임을 시각적으로 노출시켜 사진을 찍음으로써 유적선을 생성할 수 있다. 즉, 유적선은 Lagrange 방법에서 입자의 이동경로를 나타낸다.

유맥선은 유동에서 어떤 공통점을 지나온 모든 점들로써 구성된다. 유체가 흐를 때 주어진 어떤 위치를 통하여 이미 흘러간 표식된 입자들의 사진을 순간적으로 찍으면 유맥선

을 얻을 수 있다. 즉, 특정 지점에 염료나 연기 입자를 연속적으로 주입하고 이들의 사진을 연속적으로 찍으면 유맥선이 된다.

비정상 유동에서는 유선과 유적선이 일치하지 않지만 정상 유동에서는 유선, 유적선, 유맥선이 모두 일치한다.

(4) 유관(stream tube) : 유동장 내의 임의의 폐곡선을 지나는 유선들에 의해 형성되는 가상의 관을 유관이라 한다.

**설명** 유선 위의 임의의 점에서 접선 벡터는 그 순간 그 지점에서 속도벡터와 평행하다. 따라서 유선에 대한 수직 방향 속도 성분은 0이므로 유선을 가로지르는 흐름이 없다. 이에 따라 정상유동에 있어서 임의의 폐곡선을 지나는 유선들의 집합은 유체입자들이 통과할 수 없는 하나의 경계면을 형성한다[그림 4.5]. 이 경계면으로 만들어지는 두께가 없는 가상적인 관을 유관(streamtube)이라 한다.

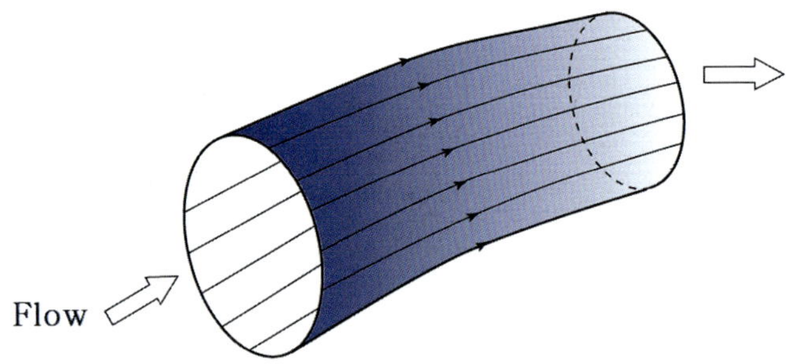


[그림 4.5] 유관

**[예제 4.2]** 2차원 유동의 속도벡터가 $\vec{V} = Ax\vec{i} - Ay\vec{j}$ ($A$는 상수, $A > 0$)일 때 유선의 방정식을 구하여라.

**풀이** $x$, $y$ 방향의 속도 성분은 각각 $u = Ax$, $v = -Ay$이므로 유선의 정의에 의하여

$$\frac{dx}{u} = \frac{dy}{v}$$

$$\therefore \ \frac{dx}{x} = -\frac{dy}{y}$$

이다. 이 식을 적분하면

$$\int \frac{1}{x}dx = -\int \frac{1}{y}dy$$

$$\ln x = -\ln y + C'$$

$$\therefore \ \ln xy = C'$$

이다. 따라서 유선의 방정식은

$$xy = C \ \ (C\text{는 상수})$$

가 된다. 여기에서 상수 $C$는 여러 가지 값을 가질 수 있으므로 유선은 쌍곡선들의 집합이다. $y > 0$의 반무한 평면에서 유선을 도시하면 [그림 4.6]과 같다. 그림은 평면정체유동(plane stagnation flow)을 보여준다.

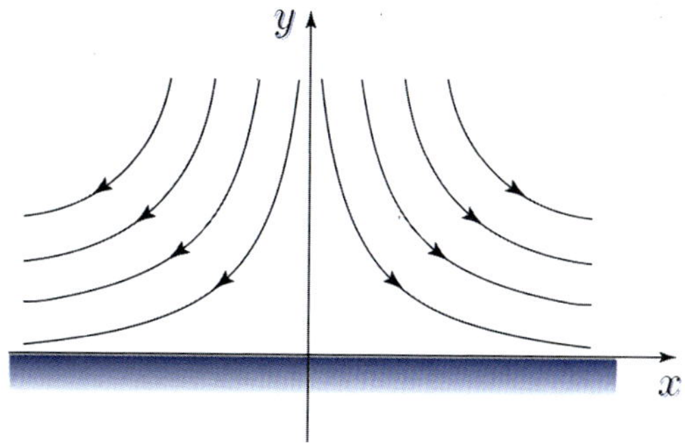


[그림 4.6] 평면정체유동

## 5 균일유동, 불균일유동

속도의 크기와 방향이 위치에 따라 변화하지 않는 유동을 균일유동(uniform flow), 위치에 따라 변화하는 유동을 불균일유동(nonuniform flow)이라 한다. 위치를 나타내는 변수를 $s$라 하면 균일유동에서 물리량의 변수 $s$에 대한 미분은 0이다.

$$\frac{\partial \vec{V}}{\partial s} = 0, \quad \frac{\partial P}{\partial s} = 0, \quad \frac{\partial \rho}{\partial s} = 0 \quad \cdots\cdots (4.4)$$

**설명** 압력 차이에 의해 지름이 일정한 긴 파이프라인(pipeline) 안을 흐르는 유동은 균일유동이라 할 수 있다. 아주 긴 파이프에서는 길이에 따른 변화가 없으므로(각

위치에서 상황이 같다) 균일유동이 된다. 불균일유동은 속도와 압력 등이 위치에 따라 변화하는 유동을 말하며 $\frac{\partial \vec{V}}{\partial s} \neq 0$, $\frac{\partial P}{\partial s} \neq 0$, $\frac{\partial \rho}{\partial s} \neq 0$이다. [그림 4.7]은 파이프에서 이상유체의 균일유동을 나타낸다. 많은 유체역학 문제에서는 이와 같은 균일유동으로 가정하여 해석한다.

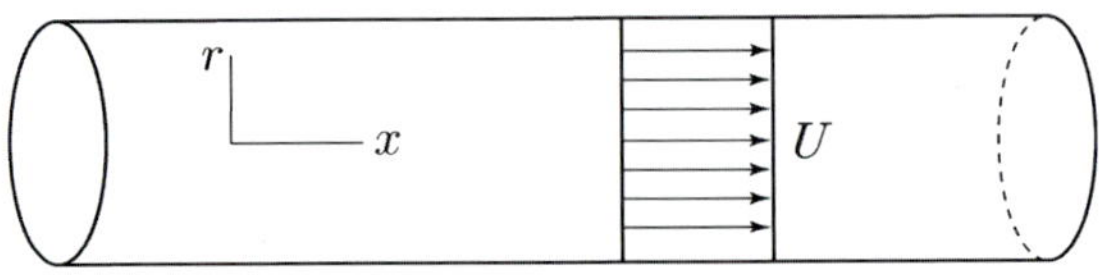


[그림 4.7] 이상유체의 균일유동

## 6 1차원 흐름, 2차원 흐름, 3차원 흐름

(1) 1차원 흐름 : 유체의 모든 성질이 하나의 공간 좌표와 시간으로 표현되는 유동을 1차원 흐름(one dimensional flow)이라 한다. 유체의 물리량 $F$가 변화하는 방향을 $x$라 하면 1차원 흐름은 다음과 같이 정의된다.

$$\frac{\partial F}{\partial x} \neq 0, \quad \frac{\partial F}{\partial y} = 0, \quad \frac{\partial F}{\partial z} = 0 \qquad \cdots\cdots (4.5)$$

**설명** 유체의 속도, 압력, 밀도 등이 공간에서 한 방향으로만 변화하는 유동을 말하며, 긴 관내에 비점성유체가 흐를 때 속도가 균일한 [그림 4.8(a)]와 같은 유동은 1차원 흐름이다. 실제 관내의 점성유체의 유동은 그림 (b)와 같다. 이 경우에는 단면에서 유체의 속도가 일정하지 않기 때문에 1차원 흐름이 아니라고 할 수 있지만 단면이 일정하면 속도분포가 하나의 공간좌표 $y$에 의존하기 때문에 1차원 흐름이 된다. 많은 경우에 있어서 관 유동은 그림 (a)와 같은 1차원 유동으로 간주하고 해석한다. 이때의 유속은 (b)의 평균유속이 된다. $x$ 방향으로 속도가 있지만 속도의 변화가 없는 유동($\partial F / \partial x = 0$)도 1차원 흐름이라 한다.

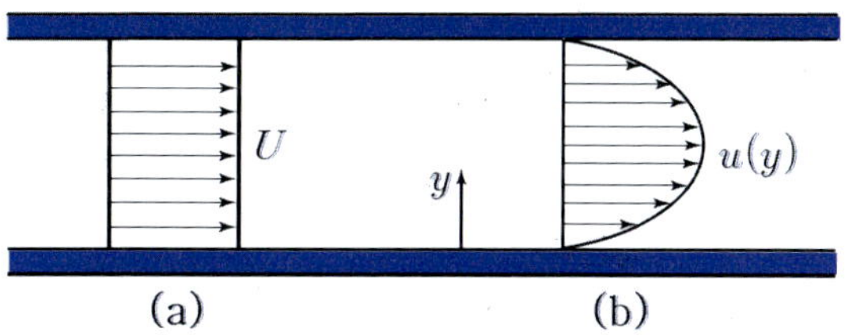


**[그림 4.8] 1차원 흐름**

(2) 2차원 흐름 : 유체의 성질이 두 개의 공간 좌표$(x, y)$와 시간$(t)$에 의존하는 유동을 2차원 흐름(유동)이라 한다. 유체의 속도, 압력, 밀도 등의 물리량 $F$에 대하여 다음과 같은 관계를 갖는다.

$$\frac{\partial F}{\partial x} \neq 0, \quad \frac{\partial F}{\partial y} \neq 0, \quad \frac{\partial F}{\partial z} = 0 \qquad \cdots\cdots (4.6)$$

**설명** 공간에서 $z$ 방향으로는 변화가 없는 유동을 말하며, 작은 레이놀즈수에서 무한히 긴 실린더 주위의 흐름[그림 4.9], 정체유동(stagnation flow), 반무한 평판 위의 유동 등은 2차원 유동을 나타낸다.

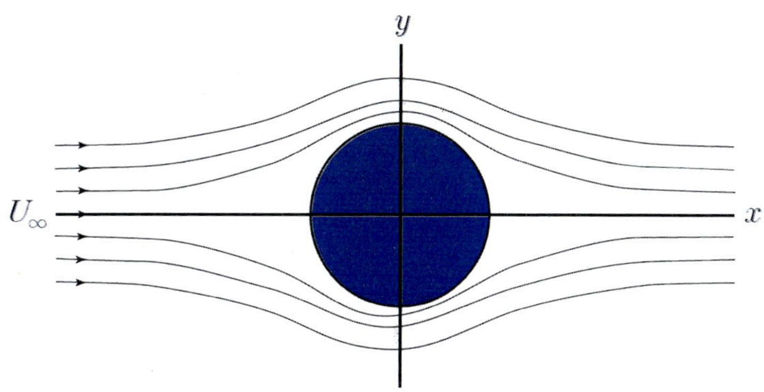


**[그림 4.9] 작은 레이놀즈수에서 실린더 주위의 2차원 흐름**

(3) 3차원 흐름 : 유체의 모든 성질이 세 개의 공간 좌표$(x, y, z)$와 시간$(t)$의 함수인 유동을 3차원 흐름(유동)이라 한다. 유체의 속도, 압력, 밀도 등의 물리량 $F$는 다음과 같이 된다.

$$\frac{\partial F}{\partial x} \neq 0, \quad \frac{\partial F}{\partial y} \neq 0, \quad \frac{\partial F}{\partial z} \neq 0 \qquad \cdots\cdots (4.7)$$

**설명** 실제유체의 흐름은 대부분 3차원 흐름이다. 그러나 3차원 유동을 그대로 해석하는 것은 매우 어려우므로 많은 경우에 있어서 2차원 또는 1차원 흐름으로 가정한다. 예를 들어 유한 차분법을 사용하여 유동을 해석할 때 2차원 유동인 경우 가로×세로를 100×100으로 나누면 총 만 개의 격자점이 나온다. 그런데 3차원 흐름인 경우 가로×세로×높이를 100×100×100으로 잡으면 총 백만 개의 격자점이 나오므로 많은 데이터를 저장할 수 있는 큰 컴퓨터 용량과 긴 계산 시간이 요구된다.

## 7 층류, 난류, 레이놀즈수

[그림 4.10]의 (a)와 같이 유체가 층층이 쌓여있는 판의 이동처럼 잘 정돈되어 규칙적으로 매끄러운 선을 따라 흐르는 유동을 층류(laminar flow)라 하고, (b)와 같이 유체의 흐름이 불규칙적이고 유체 입자들이 서로 섞이는 유동을 난류(turbulent flow)라 한다.[1)]

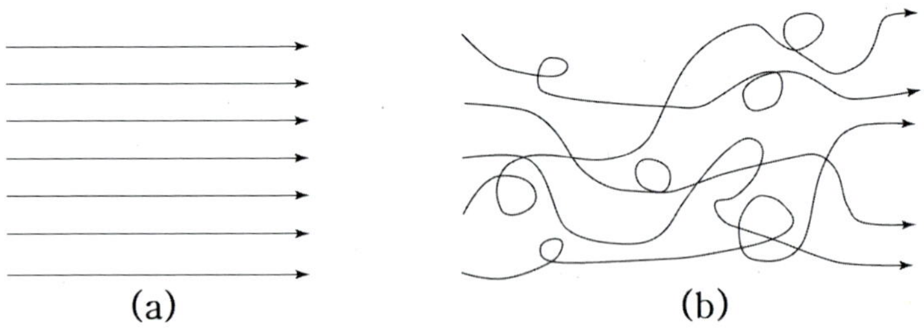


[그림 4.10] 층류(a)와 난류(b)

관(pipe) 내부 유동에서 층류와 난류는 다음과 같이 정의되는 레이놀즈수($Re$)에 의해 결정된다.

$$Re = \frac{VD}{\nu} = \frac{\rho VD}{\mu} \qquad \cdots\cdots (4.8)$$

1) 난류를 수학적으로 엄밀하게 정의하기는 어렵다. 개략적으로 이와 같이 층류와 난류로 구분한다는 것을 이해하면 된다.

여기에서 $V$는 평균유속[m/s], $D$는 관의 지름[m], $\nu$는 동점성계수[$m^2$/s], $\mu$는 점성계수[kg/m · s], $\rho$는 밀도[kg/$m^3$]이다. 레이놀즈수는 차원이 없는 무차원수(dimensionless number)이다. 레이놀즈수의 증가와 함께 층류에서 난류로의 천이(transition)가 일어나며 이때의 레이놀즈수를 임계 레이놀즈수(Critical Reynolds number)라 한다. 실험에 의해 알려진 일반적인 관에서 레이놀즈수에 따른 유동의 분류는 다음과 같다.

| $Re \le 2300$ : 층류 |
|---|
| $2300 < Re < 4000$ : 천이 영역 |
| $Re \ge 4000$: 난류 |

일반적으로 이와 같이 분류하지만 '**유동 형태를 구분하는 임계 레이놀즈수의 값은 유동 조건에 따라 다른 값을 나타낼 수 있다.**' $Re \le 2000$ 또는 $Re \le 2100$에서의 유동을 층류라고 하기도 한다.

**설명** 유체 입자의 속도에 일시적인 교란(disturbance)이 발생하여도 입자가 서로 섞이려 하는 관성력(inertia force)에 비해 이를 저지하려는 점성력(viscous force)이 더 크면 교란은 사라지고 곧 안정하게 된다. 그러나 관성력이 점점 더 커지면 교란이 증폭되어 유체 흐름은 불규칙하게 변한다. 레이놀즈수는 $\left(\frac{\text{관성력}}{\text{점성력}}\right)$을 나타내는 변수이다. 즉, 레이놀즈수가 커질수록 유체흐름은 점점 더 불안정하게 되며 어느 임계값을 넘어서면 층류에서 난류로 변화하게 된다. 임계레이놀즈 수는 실험으로 찾아내는 수이며 관의 형태나 표면 거칠기 등의 상황에 따라 다른 값을 나타낸다. 임계 레이놀즈수는 기하학적 형상에 따라서도 다른 값을 나타낸다. 레이놀즈수 $Re = \frac{VL}{\nu}$ 에서 '$V$는 특성속도, $L$은 특성길이'이며, 관에서 특성길이는 관 지름으로 정한다. 두 개의 무한평판 사이 유동에서 평균 속도를 특성 속도로 하고, 판 사이 거리를 특성 길이로 할 때 임계 레이놀즈수는 약 1500이다.

**[예제 4.3]** 안지름이 $40\,\text{cm}$인 관 속을 동점성계수가 $1.01\times10^{-6}\text{m}^2/\text{s}$인 물이 평균 유속 $10\,\text{m/s}$로 흐를 때 레이놀즈수를 구하여라.

**풀이** 레이놀즈수 $Re=\dfrac{VD}{\nu}=\dfrac{10\times0.4}{1.01\times10^{-6}}=3.96\times10^{6}$

**[예제 4.4]** 안지름이 $20\,\text{cm}$인 관 속을 흐르는 공기의 임계속도를 구하여라. 공기의 동점성계수는 $1.5\times10^{-5}\text{m}^2/\text{s}$이고 임계 레이놀즈수는 2300이다.[2)]

**풀이** 임계 레이놀즈수 $Re_c=\dfrac{V_cD}{\nu}$로부터 임계속도는 다음과 같다.

$$V_c=\frac{\nu Re_c}{D}=\frac{(1.5\times10^{-5})\times2300}{0.2}=0.1725\,[\text{m/s}]=17.25\,[\text{cm/s}]$$

## 8 비압축성 유동, 압축성 유동

일반적으로 유체의 '비압축성(incompressibility)'은 일정한 밀도를 의미한다. 액체의 흐름은 대부분의 경우 비압축성 유동(incompressible flow)이며, 공기의 속도가 충분히 낮을 때도 비압축성 유동으로 간주할 수 있다. 비압축성 유동과 달리 유동 중에 유체의 밀도가 크게 변화하는 흐름을 압축성유동(compressible flow)이라 한다. 유동의 압축가능성을 결정하는 데는 다음과 같이 정의되는 마하수(Mach number)를 이용한다.

$$M=\frac{V}{a} \quad \cdots\cdots (4.9)$$

여기에서 $V$는 특성속도이고 $a$는 음속(speed of sound)을 나타낸다. $M<0.3$이면 공기 흐름도 비압축성유동으로 취급할 수 있다.

**설명** 비압축성유동은 유체입자가 이동함에 따라 유체의 밀도가 일정한 것을 의미($D\rho/Dt=0$)하며 모든 점에서 유체의 밀도가 같을 필요는 없다. 예를 들어 관

2) 임계레이놀즈수는 책마다 2000, 2100, 2300 등으로 조금씩 다를 수 있다.

내부에서 물이 흘러가고 있을 때 관의 어떤 점에서 소금을 첨가하면 유체의 밀도는 일정하지 않지만 이 유동은 비압축성 유동이다. 일반적으로 액체는 체적탄성계수가 매우 크므로(물의 체적탄성계수는 약 $2\times10^{9}$ Pa이다) 거의 압축되지 않는다. 수격작용(water hammering)과 같이 밀도변화가 있는 현상은 예외적으로 압축성유동으로 취급하지만 대부분의 공학적인 문제에서 일어나는 액체의 흐름은 비압축성유동이다.

공기압축기와 터빈 내에서의 공기 유동 등과 같은 고속에서의 기체의 흐름은 압축성유동을 고려한다. 그러나 기체의 흐름이지만 자동차나 경비행기 주변의 유동, 비행기가 이륙할 때의 흐름 등과 같이 낮은 속도 유동($M < 0.3$)은 비압축성 유동으로 취급한다.

**[수격작용]**

관 속에서 운동하고 있는 물을 갑자기 정지시키거나, 정지한 물을 갑자기 흐르게 할 때 관 내부에서 압력의 급격한 상승 또는 강하가 일어나서 마치 망치로 치는 것 같은 소리가 나는 현상을 수격작용(수격현상, water hammering)이라 한다. 운동 상태가 갑자기 변함에 따라 순간적으로 운동에너지가 압력에너지로 또는 압력에너지가 운동에너지로 변하여 압력이 급격히 상승하거나 떨어지게 된다.

**[예제 4.5]** 음속이 340 m/s일 때 비행 속도가 900 km/h인 비행기의 마하수는 얼마인가?

**풀이** 마하수 $M=\dfrac{V}{a}=\dfrac{(900\times1000/3600)}{340}=0.735$

**[예제 4.6]** 영하 50℃의 공기 속에서 마하수 2로 비행하는 물체의 속도를 구하여라. 공기의 비열비는 1.4, 기체상수는 0.287 kJ/kg · K이다.

**풀이** 마하수 $M=V/a$로부터 물체의 속도는 다음과 같다.

$$V=Ma=M\sqrt{kRT}=2\times\sqrt{1.4\times287\times(273.2-50)}=598.9\,[\mathrm{m/s}]$$

## 9 점성유동, 비점성유동

점성의 영향을 무시할 수 없는 흐름을 점성유동(viscous flow), 점성이 고려되지 않는 흐름을 비점성유동(inviscid flow)이라 한다.

**설명** 모든 유체는 점성을 가지고 있지만 점성이 큰 영향을 미치지 않을 때는 비점성유동으로 간주하여 해석한다. 관 유동과 같은 내부유동(internal flow)에서는 특히 점성의 영향이 크다. 그러나 비행기 날개(airfoil)나 실린더 주위의 외부유동(external flow) 등에서는 점성의 영향이 물체 주위의 경계층(boundary layer)에서는 크게 나타나지만 물체로부터 멀어질수록 그 영향력이 약해지므로 물체로부터 충분히 먼 거리에서 유동은 비점성유동으로 간주할 수 있다[그림 4.11]. 따라서 점성유동보다 비점성유동의 해석이 간단하기 때문에 이러한 경우에는 물체로부터 먼 곳은 비점성 영역(inviscid region)으로 가정하고 해석하여도 실제와 큰 차이가 없다.

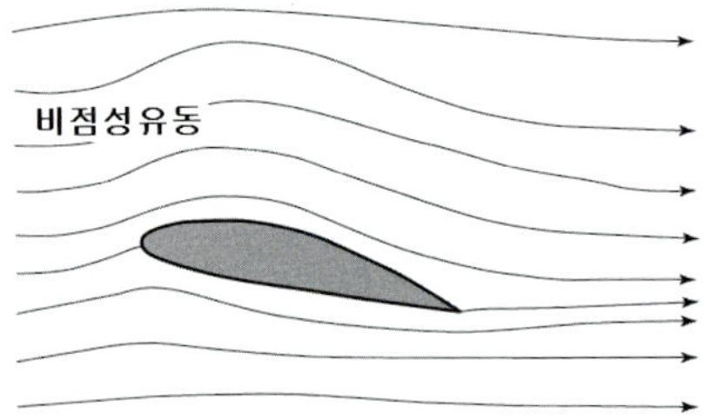


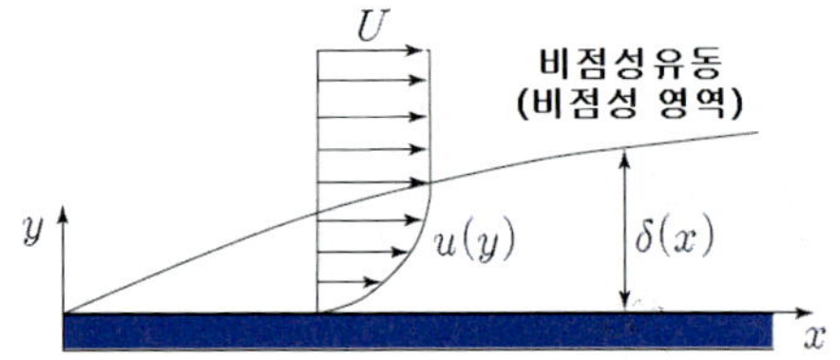


[그림 4.11] 비점성유동과 경계층

### [경계층]

벽 점착조건(no-slip condition)에 의해 고체 벽면에서 유체 속도 $u=0$이고, 벽면에서 멀어질수록 속도가 증가한다[그림 4.11(b)]. 그러나 벽면으로부터 어느 거리 이후에는 유속이 일정해지는데($u=U$) 이와 같은 현상은 실제 유체의 점성 때문에 일어나는 것이다. 즉 점성의 영향은 고체 벽면으로부터 멀어질수록 작아진다. 이와 같이 유체의 흐름에 있어서 점성의 영향이 크게 작용하는 벽면 주변의 얇은 영역을 경계층(boundary layer)이라 하고, 경계층 밖에서는 본질적으로 유체의 점성이 작용하지 않는 것으로 간주한다. 일반적으로 자유흐름 속도 $U$의 99%($u=0.99U$)가 되는 점까지 두께를 경계층 두께 $\delta(x)$로 정의한다.

**[실제 유체의 흐름]**

일반적으로 실제 유체의 흐름은 매우 복잡하다. 한 예로써 [그림 4.12]에 실린더 주위의 유동의 양상을 도시하였다. 레이놀즈수가 작을 때는 그림의 매끈한 선을 따라 유체가 흐르지만 레이놀즈수가 커지면 실린더 뒤에서 복잡한 소용돌이가 일어난다.

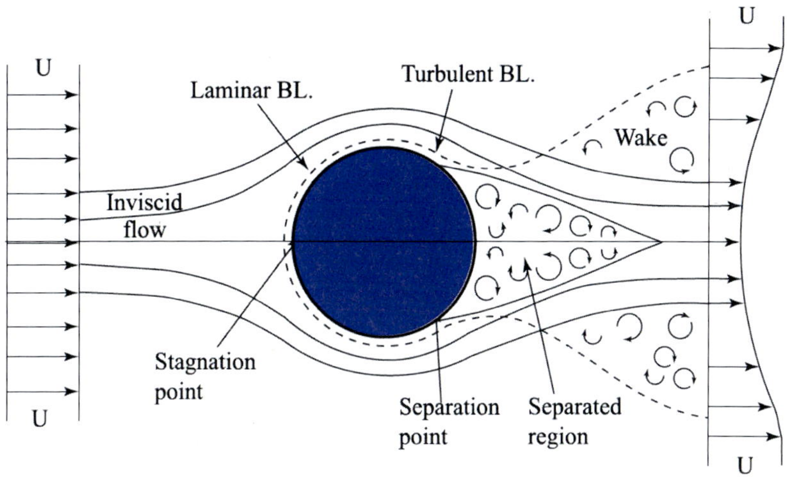


[그림 4.12] 큰 레이놀즈수에서 실린더 주위 실제 유체의 흐름

# 4.2 연속방정식 – 1차원 정상유동

## 1 1차원 정상유동의 연속방정식

단위 시간에 각 유동단면을 통과하는 유체의 질량은 모든 단면에서 같다는 것을 1차원 정상유동의 연속방정식(continuity equation)이라 한다.

단면 면적 $A$인 곳에서 유체의 밀도를 $\rho$, 속도를 $V$라 하면 1차원 정상유동의 연속방정식은 다음과 같다.

$$\rho A V = C \quad (C\text{는 상수}) \qquad \cdots\cdots (4.10)$$

**증명** 질량보존법칙을 적용하면 연속방정식이 얻어진다.[3] [그림 4.13]에서 평균 유출 속도가 $V_2$인 단면에서 $\Delta t$ 동안에 유출되는 유체의 질량은 '출구면적 $A_2$와 $\Delta t$ 동안에 이동한 거리 $V_2 \Delta t$로 이루어진 체적'에 포함된 유체의 질량과 같다.

$$m_2 = \rho_2 A_2 V_2 \Delta t$$

마찬가지로 $\Delta t$ 동안에 단면 1에 유입되는 유체의 질량은

$$m_1 = \rho_1 A_1 V_1 \Delta t$$

이다. 정상유동에서 유입되는 질량($m_1$)과 유출되는 질량($m_2$)은 같으므로

$$\rho_1 A_1 V_1 \Delta t = \rho_2 A_2 V_2 \Delta t$$

$$\therefore \ \rho_1 A_1 V_1 = \rho_2 A_2 V_2 \quad \cdots\cdots ①$$

가 성립한다. 따라서 면적이 $A$인 임의의 단면에서의 유체의 밀도를 $\rho$, 속도를 $V$라 하면 식 ①을 다음과 같이 쓸 수 있다.

$$\rho A V = C \ \ (C\text{는 상수}) \quad \cdots\cdots ②$$

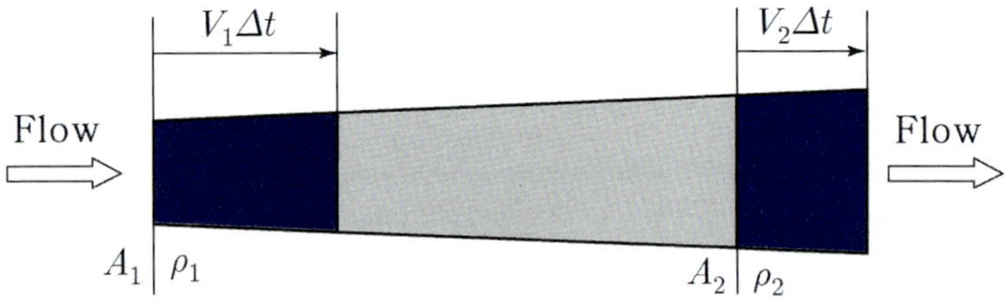


**[그림 4.13] 1차원 정상유동**

식 ②를 미분하면

$$A V d\rho + \rho V dA + \rho A dV = 0$$

이므로 양변을 $\rho A V$로 나누면 다음과 같은 1차원 정상유동에 대한 미분 형태의 연속방정식이 구해진다.

$$\frac{d\rho}{\rho} + \frac{dA}{A} + \frac{dV}{V} = 0 \quad \cdots\cdots (4.11)$$

3) 공식의 유도 과정은 참고로 하고 연속방정식 $\rho A V = C$의 개념을 잘 파악하도록 한다.

1차원 유동에서 주로 사용하는 식은 '$\rho A V = C$'의 관계식이다. 특히 [그림 4.14]와 같은 형태의 관에서 성립하는 다음 관계식이 많이 사용된다.

$$\rho_1 A_1 V_1 = \rho_2 A_2 V_2 \quad \cdots\cdots (4.12)$$

여기에서 $A_1$, $\rho_1$, $V_1$은 단면 1에서 면적, 밀도, 속도를 각각 나타내고, $A_2$, $\rho_2$, $V_2$는 단면 2에서 면적, 밀도, 속도를 각각 나타낸다.

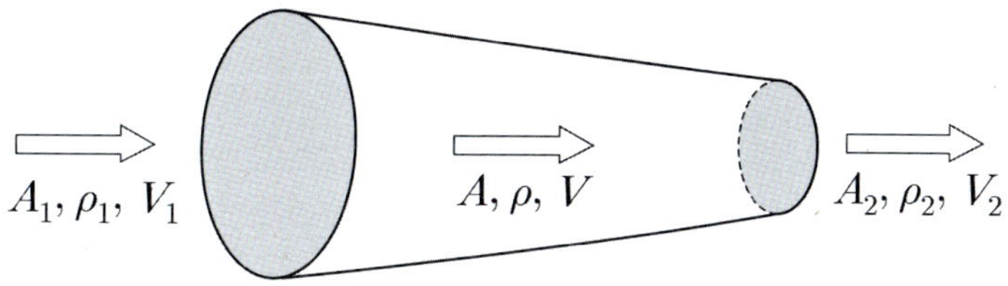


[그림 4.14] 단면에서 면적, 밀도, 유속

## 2 체적유량, 질량유량, 중량유량

1차원 유동에서 단위 시간 동안에 흐르는 유체의 체적과 질량 및 중량은 다음과 같다.

(1) 체적유량 : $Q = A V$ [m³/s]
(2) 질량유량 : $\dot{m} = \rho A V = \rho Q$ [kg/s]
(3) 중량유량 : $G = \gamma A V = \gamma Q$ [N/s]

† 기초유체역학에서는 비압축성 유체를 주로 취급하므로 일반적으로 많이 사용하는 것은 체적유량이다. **따라서 대부분의 경우에 있어서 단순히 '유량'이라고 하면 '체적유량'을 의미한다.** 체적유량을 부피유속이라고도 한다.

**[예제 4.7]** 안지름 0.5 m의 송유관을 평균속도 2 m/s로 기름이 흐를 때 다음을 구하여라. 기름의 밀도는 900 kg/m³이다.

(1) 체적유량($Q$) (2) 질량유량($\dot{m}$)
(3) 중량유량($G$)

**풀이** (1) $Q = AV = \frac{\pi D^2}{4} \times V = \frac{\pi \times 0.5^2}{4} \times 2 = 0.3927\ [\mathrm{m^3/s}]$

(2) $\dot{m} = \rho AV = \rho Q = 900 \times 0.3927 = 353.4\ [\mathrm{kg/s}]$

(3) $G = \gamma AV = \gamma Q = (900 \times 9.8) \times 0.3927 = 3463.6\ [\mathrm{N/s}]$

## 3 1차원 정상상태 비압축성유체의 연속방정식

비압축성 유체에서는 밀도($\rho$)가 일정하므로 연속방정식은 다음과 같다.[4)]

$$AV = \text{일정} \quad \cdots\cdots (4.13)$$

$$A_1 V_1 = A_2 V_2 \quad \cdots\cdots (4.14)$$

**설명** 연속방정식에서 '$\rho = \rho_1 = \rho_2 =$ 일정'이므로 '$AV =$ 일정'이 된다. 압축성유체를 취급할 때는 질량유량이나 중량유량을 사용하지만 물과 같은 액체의 유동, 저속($M < 0.3$)에서의 공기 유동 등에서는 체적유량을 사용한다. 이 식으로부터 단면적이 작을 때는 유속이 빨라지고, 단면적이 커지면 유속이 느려진다는 것을 알 수 있다.

**[참고 - 고속도로 톨게이트와 연속 방정식]**

고속도로의 톨게이트로 진입하기 전에 차선이 여러 갈래로 나누어지는 이유는 연속법칙의 개념과 유사하다. 차와 사람은 압축할 수 없으므로 비압축성 유체에 해당된다. 따라서 도로의 단면적을 $A$, 차의 속도를 $V$라 하면 차들이 정지하지 않고 계속 달리는 경우에는 연속법칙에 의해 '$AV =$ 일정'이 성립한다고 할 수 있다. 그런데 톨게이트에서는 고속도로 이용료를 지불하기 위해 차를 천천히 운행($V \searrow$)해야 한다. 즉, 속도가 느리므로 면적을 크게($A \nearrow$, 여러 차선으로) 해야 고속도로 전체의 차량 소통이 원활해진다.

4) 이 식은 기초유체역학에서 아주 많이 사용되는 식이므로 잘 알아두도록 한다.

**[예제 4.8]** [그림 4.15]와 같이 단면적이 변화하는 관을 비압축성 유체가 흐르고 있다. 안지름 $D_1$인 곳에서 평균유속이 $10\,\mathrm{m/s}$이면 안지름 $D_2$인 곳에서 평균유속은 얼마인가? 단, $D_1 = 2D_2$이다.

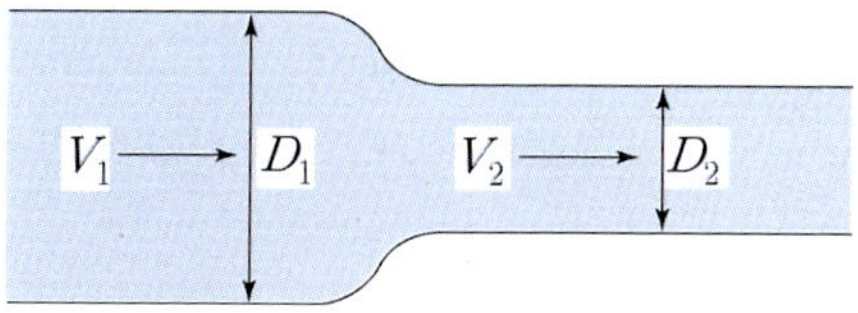


**[그림 4.15]** 단면적이 변화하는 관

**풀이** 밀도가 일정하므로 연속법칙 $Q = A_1 V_1 = A_2 V_2$로부터 안지름 $D_2$인 곳에서 평균유속 $V_2$는 다음과 같다.

$$V_2 = \frac{A_1}{A_2} \times V_1 = \frac{\pi D_1^2/4}{\pi D_2^2/4} \times V_1 = \left(\frac{D_1}{D_2}\right)^2 V_1$$

$$= \left(\frac{2D_2}{D_2}\right)^2 V_1 = (2)^2 \times 10 = 40\,[\mathrm{m/s}]$$

**[예제 4.9]** 단면적이 변화하는 관을 일정한 유량 $120\,\mathrm{m^3/min}$으로 비압축성 유체가 흐르고 있다. 단면적이 $0.25\mathrm{m^2}$인 곳에서 유속[m/s]은 얼마인가?

**풀이** 체적유량 $Q = AV$로부터 유속 $V$는 다음과 같다.

$$V = \frac{Q}{A} = \frac{120/60}{0.25} = 8\,[\mathrm{m/s}]$$

**[예제 4.10]** 안지름 $20\,\mathrm{cm}$의 관속에서 초당 $0.2\mathrm{m^3}$의 물이 흐르고 있을 때 레이놀즈수를 구하여라. 단, 물의 점성계수는 $1.01 \times 10^{-3}\,\mathrm{Pa \cdot s}$이고, 밀도는 $1000\,\mathrm{kg/m^3}$이다.

**풀이** 체적유량 $Q = AV$로부터 $V = Q/A$이므로 레이놀즈수는 다음과 같다.

$$Re = \frac{VD}{\nu} = \frac{(Q/A)\times D}{\mu/\rho} = \frac{\rho Q}{\mu}\times\frac{D}{A}$$
$$= \frac{\rho Q}{\mu}\times\frac{D}{\pi D^2/4}$$
$$= \frac{4\rho Q}{\pi\mu D}$$
$$= \frac{4\times 1000\times 0.2}{\pi\times(1.01\times 10^{-3})\times 0.2}$$
$$= 1.26\times 10^6$$

## 4.3 연속방정식 – 미분형

### 1 3차원에서 일반적인 연속방정식

3차원 직각좌표계에서 연속방정식은 다음과 같다. $\rho$는 유체의 밀도, $u$, $v$, $w$는 각각 $x$, $y$, $z$ 방향의 속도 성분을 나타내고 속도장 $\vec{V} = u\vec{i} + v\vec{j} + w\vec{k}$이다.

(1) 일반적인 연속방정식

$$\frac{\partial\rho}{\partial t} + \frac{\partial(\rho u)}{\partial x} + \frac{\partial(\rho v)}{\partial y} + \frac{\partial(\rho w)}{\partial z} = 0 \quad \cdots\cdots (4.15)$$

또는 벡터 형식으로 표현하면

$$\frac{\partial\rho}{\partial t} + \nabla\cdot(\rho\vec{V}) = 0 \quad \cdots\cdots (4.16)$$

(2) 비압축성 유체에 대한 연속방정식

$$\frac{\partial u}{\partial x} + \frac{\partial v}{\partial y} + \frac{\partial w}{\partial z} = 0 \quad \cdots\cdots (4.17)$$

또는 벡터 형식으로 나타내면

$$\nabla \cdot \overrightarrow{V} = 0 \qquad \cdots\cdots (4.18)$$

**증명** 3차원 유동에 대한 일반적인 연속방정식은 [그림 4.16]과 같은 정지된 직육면체 미소 검사체적에서 질량보존법칙을 적용하여 구할 수 있다.5)

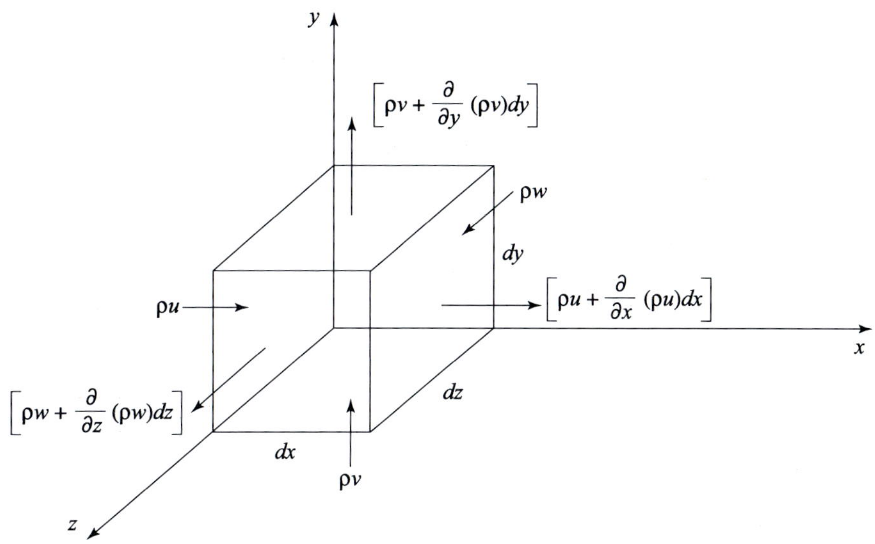


**[그림 4.16] 직육면체 모양의 미소 검사체적**

그림에서 왼쪽 면을 통하여 유입되는 질량유량은

$$\dot{m}_{x,in} = \rho u\, dydz$$

이고, 오른쪽 면을 통하여 유출되는 질량유량은

$$\dot{m}_{x,out} = \left[\rho u + \frac{\partial(\rho u)}{\partial x}dx\right]dydz$$

이다. 따라서 $x$ 방향을 통한 검사체적 내의 질량 증가율은

$$\dot{m}_{x,in} - \dot{m}_{x,out} = \rho u\, dydz - \left[\rho u + \frac{\partial(\rho u)}{\partial x}dx\right]dydz$$

5) 미분형 연속 방정식의 유도 과정은 참고로 하고 비압축성 유체에 대한 연속방정식($\nabla \cdot \overrightarrow{V} = 0$)은 알아두도록 한다.

$$= -\frac{\partial(\rho u)}{\partial x} dx\,dydz \cdots\cdots ①$$

이다. 같은 방법으로 $y$ 방향을 통한 질량 증가율은

$$-\frac{\partial(\rho v)}{\partial y} dx\,dydz \cdots\cdots ②$$

이고, $z$ 방향을 통한 질량 증가율은

$$-\frac{\partial(\rho w)}{\partial z} dx\,dydz \cdots\cdots ③$$

이다. 질량보존 법칙에 의해 검사면(control surface)을 통해 유입된 질량의 증가율은 검사체적(control volume) 내의 질량 증가율

$$\frac{\partial}{\partial t}(\rho dxdydz) = \frac{\partial \rho}{\partial t} dxdydz \cdots\cdots ④$$

와 같으므로 ①, ②, ③을 합하면 ④가 된다.

$$-\frac{\partial(\rho u)}{\partial x} dx\,dydz - \frac{\partial(\rho v)}{\partial y} dx\,dydz - \frac{\partial(\rho w)}{\partial z} dx\,dydz = \frac{\partial \rho}{\partial t} dx\,dydz$$

이 식의 양변을 $dxdydz$로 나누고 정리하면 다음과 같은 3차원 유동에 대한 일반적인 연속방정식이 구해진다.

$$\frac{\partial \rho}{\partial t} + \frac{\partial(\rho u)}{\partial x} + \frac{\partial(\rho v)}{\partial y} + \frac{\partial(\rho w)}{\partial z} = 0$$

위 식을 벡터표현으로 나타내면

$$\frac{\partial \rho}{\partial t} + \nabla \cdot (\rho \vec{V}) = 0$$

이다. 비압축성 유동에서 밀도 $\rho$는 일정하므로 연속방정식은 다음과 같이 표현된다.

$$\frac{\partial u}{\partial x} + \frac{\partial v}{\partial y} + \frac{\partial w}{\partial z} = 0 \quad \text{또는} \quad \nabla \cdot \vec{V} = 0$$

## 2 2차원 유동에서 유동함수, 속도퍼텐셜[6)]

(1) 2차원 유동에서 비압축성 유체에 대한 연속방정식은 다음과 같다.

$$\frac{\partial u}{\partial x}+\frac{\partial v}{\partial y}=0 \qquad \cdots\cdots (4.19)$$

(2) 2차원 유동에서 유동함수(흐름함수, 유선함수) : 다음 관계식을 만족하는 $\Psi(x, y)$를 2차원 유동에서 유동함수(streamfunction)로 정의한다.

$$u=\frac{\partial \Psi}{\partial y}, \qquad v=-\frac{\partial \Psi}{\partial x} \qquad \cdots\cdots (4.20)$$

(3) 속도퍼텐셜 : 2차원에서 속도퍼텐셜(velocity potential) $\phi(x, y)$는 다음과 같이 정의된다.

$$u=\frac{\partial \phi}{\partial x}, \qquad v=\frac{\partial \phi}{\partial y} \qquad \cdots\cdots (4.21)$$

(4) Cauchy-Riemann 방정식 : 2차원 유동에서 유동함수 $\Psi(x, y)$와 속도퍼텐셜 $\phi(x, y)$는 다음 관계를 갖는다.

$$\frac{\partial \phi}{\partial x}=\frac{\partial \Psi}{\partial y}, \qquad \frac{\partial \phi}{\partial y}=-\frac{\partial \Psi}{\partial x} \qquad \cdots\cdots (4.22)$$

**설명** 비압축성 유체의 정상상태 평면 2차원 유동은 실질적으로 많이 취급되는 중요한 유동 중의 하나이다. 평면 2차원 유동은 $xy$ 평면에서 속도 성분이 $u$, $v$의 두 개만 있는 경우이다. 이와 같은 2차원 비압축성 유체의 평면유동에서 유동함수를 정의하고 이를 연속방정식에 대입하면 다음과 같이 된다.

$$\frac{\partial u}{\partial x}+\frac{\partial v}{\partial y}=\frac{\partial}{\partial x}\left(\frac{\partial \Psi}{\partial y}\right)+\frac{\partial}{\partial y}\left(-\frac{\partial \Psi}{\partial x}\right)=\frac{\partial^2 \Psi}{\partial x \partial y}-\frac{\partial^2 \Psi}{\partial y \partial x}=0$$

따라서 속도 성분이 유동함수로 정의될 수 있다면 연속방정식이 자동적으로 만족된다는 것을 알 수 있다. 즉, 유체 역학 문제를 이론적으로 해석할 때 두 개의 미지

6) 미분으로 표현되었지만 직각$(x, y)$ 좌표계에서 유동함수와 속도퍼텐셜의 정의는 알아두도록 한다.

함수 $u(x,y)$, $v(x,y)$를 취급하는 것보다 하나의 미지함수 $\Psi(x,y)$를 취급하는 것이 해석을 단순화시키므로 실제 해석에서 많이 이용된다.

유동함수의 사용에 대한 또 다른 하나의 이점은 함수 $\Psi(x,y)$가 일정한 선들은 유선(streamline)이라는 것이다. 유선은 유동장의 모든 곳에서 속도벡터에 접하는 선들이다. 유선의 정의에 의해 유선 상의 점들에 대하여

$$\frac{dx}{u} = \frac{dy}{v}$$

$$\therefore \quad -vdx + udy = 0$$

이다. 함수 $\Psi(x,y)$의 전 미분은

$$d\Psi = \frac{\partial \Psi}{\partial x}dx + \frac{\partial \Psi}{\partial y}dy = -vdx + udy$$

이므로 유선 상의 점에서

$$d\Psi = 0$$

가 된다. 따라서

$$\Psi(x,y) = C \quad (C\text{는 상수}) \qquad \cdots (4.23)$$

는 하나의 유선을 나타낸다는 것을 알 수 있다.

이론적 또는 수치 해석을 통하여 유동함수를 구한 후 유동함수의 값이 같은 점들을 연결하면 유선이 된다. 따라서 유동의 양상을 시각적으로 쉽게 알 수 있으므로 2차원 문제를 해석할 때 유동함수를 많이 사용한다.

일반적으로 유동함수는 $\Psi(x,y,t)$이며 2차원 비정상상태의 비압축성 유동에서도 사용된다. 비정상 상태의 유선은 시간에 따라 계속 변화하는데 어떤 주어진 시간 $(t = t_1)$에 대한 유선을 그 시간에서의 순간유선(instantaneous streamline)이라고 한다.

**[극좌표계에서 유동함수]**

극좌표계(polar coordinate) $(r,\theta)$에서 비압축성 평면 2차원 유동에 대한 연속방정식과 유동함수의 정의는 다음과 같다.

$$\frac{1}{r}\frac{\partial(rv_r)}{\partial r}+\frac{1}{r}\frac{\partial v_\theta}{\partial\theta}=0$$

$$v_r=\frac{\partial\Psi}{r\partial\theta},\quad v_\theta=-\frac{\partial\Psi}{\partial r}$$

$v_r$, $v_\theta$는 각각 반지름 방향과 접선방향(각도방향)의 속도 성분을 나타낸다.

**[3차원에서 속도 퍼텐셜]**

일반적인 3차원 직각 좌표계에서

$$u=\frac{\partial\phi}{\partial x},\quad v=\frac{\partial\phi}{\partial y},\quad w=\frac{\partial\phi}{\partial z}$$

를 만족하는 $\phi(x,y,z)$를 속도퍼텐셜이라 한다. 이 관계식을 벡터 형식으로 쓰면 다음과 같다.

$$\overrightarrow{V}=\nabla\phi$$

이 식을 연속방정식에 대입하면 속도퍼텐셜은 다음 관계식을 만족한다.

$$\nabla^2\phi=0$$

$$\frac{\partial^2\phi}{\partial x^2}+\frac{\partial^2\phi}{\partial y^2}+\frac{\partial^2\phi}{\partial z^2}=0 \quad\cdots\cdots\cdots (*)$$

식 (*)는 'Laplace 방정식'이라고 하며 공학과 물리학의 여러 영역에서 나타나는 미분방정식이다.

† 속도퍼텐셜을 $\overrightarrow{V}=-\nabla\phi$로 정의하기도 한다.

**[예제 4.11]** 다음과 같이 주어지는 속도장이 $xy$ 평면에서 정상상태 2차원 비압축성 유체의 연속방정식을 만족하는가를 판정하여라.

(1) $u=4y,\ v=3x$　　　　(2) $u=2x,\ v=-2y$

**풀이** (1) $\frac{\partial u}{\partial x}+\frac{\partial v}{\partial y}=\frac{\partial(4y)}{\partial x}+\frac{\partial(3x)}{\partial y}=0+0=0$

(2) $\frac{\partial u}{\partial x}+\frac{\partial v}{\partial y}=\frac{\partial(2x)}{\partial x}+\frac{\partial(-2y)}{\partial y}=2-2=0$

(1), (2) 모두 연속방정식을 만족한다.

**[예제 4.12]** $xy$ 평면에서 정상상태 2차원 비압축성 유체의 $x$ 방향 속도 성분이 $u = Ax$ 일 때 $y$ 방향 속도 성분 $v$를 구하여라. 단, $A$는 상수이다.

**풀이** 연속방정식으로부터

$$\frac{\partial u}{\partial x}+\frac{\partial v}{\partial y}=\frac{\partial (Ax)}{\partial x}+\frac{\partial v}{\partial y}=A+\frac{\partial v}{\partial y}=0$$

$$\therefore \frac{\partial v}{\partial y}=-A$$

이다. 이 식을 적분하면 $y$ 방향 속도 성분은 다음과 같다.

$$v=\int(-A)dy=-Ay+f(x)$$

여기에서 $f(x)$는 $x$에 대한 임의의 함수이다. 간단한 형태의 해로 $f(x)=0$일 때 속도장은 $\vec{V}=u\vec{i}+v\vec{j}=Ax\vec{i}-Ay\vec{j}$가 된다.

**[예제 4.13]** 유동함수 $\Psi=y-x^2$인 유동장이 있다. $\Psi=0$, $\Psi=2$, $\Psi=5$인 유선을 도시하고 점 $(1,1)$에서 속도벡터와 속도의 크기를 구하여라.

**풀이** 주어진 유동함수의 값에 대한 유선의 방정식은 다음과 같다.

$$\Psi=0 : y-x^2=0 \quad \therefore y=x^2$$
$$\Psi=2 : y-x^2=2 \quad \therefore y=x^2+2$$
$$\Psi=5 : y-x^2=5 \quad \therefore y=x^2+5$$

위의 유선들은 모두 [그림 4.17]과 같이 $y$축에 대해 대칭인 포물선들이다.
유동함수의 정의에 의해 $x$, $y$방향의 속도성분은

$$u=\frac{\partial \Psi}{\partial y}=\frac{\partial}{\partial y}(y-x^2)=1$$

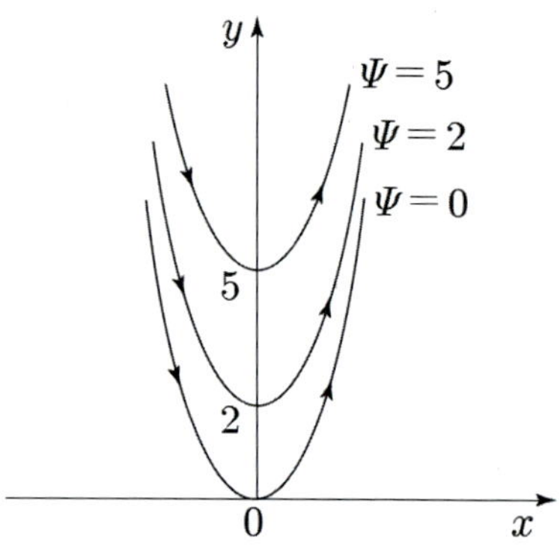

**[그림 4.17] 유선**

$$v = -\frac{\partial \Psi}{\partial x} = -\frac{\partial}{\partial x}(y - x^2) = -(-2x) = 2x$$

이므로 $x=1$, $y=1$일 때 $u=1$, $v=2$이다. 따라서 점 $(1,1)$에서 속도벡터와 속도의 크기는 다음과 같다.

$$\vec{V} = u\vec{i} + v\vec{j} = \vec{i} + 2\vec{j}$$
$$|\vec{V}| = \sqrt{u^2 + v^2} = \sqrt{1^2 + 2^2} = \sqrt{5}$$

**[예제 4.14]** 속도퍼텐셜이 $\phi = x - 2y + 3xy$일 때 $x$, $y$ 방향의 속도 성분을 구하고, 이 속도장이 2차원 비압축성 유체의 연속방정식을 만족하는가를 조사하여라.

**풀이** 속도퍼텐셜의 정의에 의해 $x$, $y$ 방향의 속도 성분은

$$u = \frac{\partial \phi}{\partial x} = \frac{\partial}{\partial x}(x - 2y + 3xy) = 1 + 3y$$

$$v = \frac{\partial \phi}{\partial y} = \frac{\partial}{\partial y}(x - 2y + 3xy) = -2 + 3x$$

이다. 이 식을 연속방정식에 대입하면

$$\frac{\partial u}{\partial x} + \frac{\partial v}{\partial y} = \frac{\partial}{\partial x}(1 + 3y) + \frac{\partial}{\partial y}(-2 + 3x) = 0 + 0 = 0$$

이다. 즉, 연속방정식을 만족한다.

## 4.4 1차원 유동 – Euler 방정식

'정상상태 비점성 유동에서 유선을 따라 성립'하는 다음 관계식을 1차원 Euler 방정식이라 한다.7)

7) 오일러 방정식의 유도 과정은 참고로 하고 이 식으로부터 나오는 베르누이 정리를 잘 알아두도록 한다.

$$\frac{dP}{\rho} + VdV + gdz = 0 \quad \cdots (4.24)$$

밀도가 균일할 때 Euler 방정식은 다음과 같이 쓸 수 있다.

$$d\left(\frac{P}{\gamma} + \frac{V^2}{2g} + z\right) = 0 \quad \cdots (4.25)$$

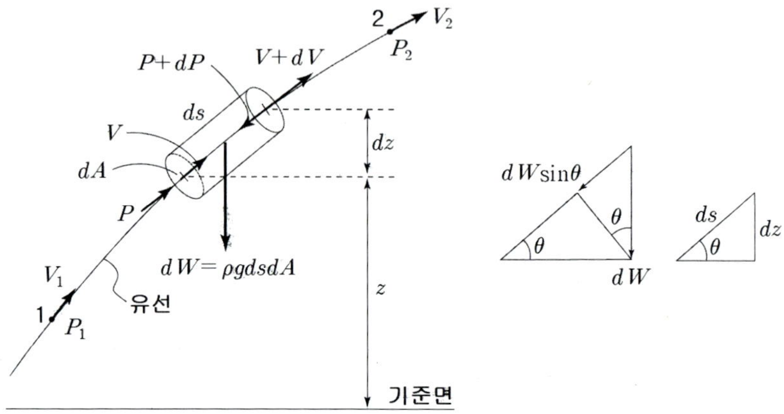


**[그림 4.18] 원통형 미소 유체요소**

**증명** [그림 4.18]과 같이 하나의 유선 위에서 단면적 $dA$, 길이 $ds$의 작은 원통형 유체 요소를 고려한다. 비점성 유동에서 마찰력이 없으므로 유체 요소에 작용하는 힘은 요소의 양 단면에 작용하는 압력 힘과 요소의 중량이다.

먼저 운동 방향(↗) 압력 힘은

$$PdA - (P+dP)dA = -dPdA \quad \cdots\cdots ①$$

이다. 그리고 요소의 질량은

$$m = \rho ds\, dA$$

이므로 중량에 의한 힘의 운동 방향(↗) 성분은

$$-mg\sin\theta = -(\rho ds\, dA)g\frac{dz}{ds} = -\rho g\, dA\, dz \quad \cdots\cdots ②$$

이다. 한편 기초운동학으로부터 요소의 가속도는

$$a = \frac{dV}{dt} = \frac{ds}{dt}\frac{dV}{ds} = V\frac{dV}{ds}$$

이므로

$$ma = (\rho\, ds\, dA)\left(V\frac{dV}{ds}\right) = \rho\, V dA\, dV \quad \cdots\cdots ③$$

이다. 식 ①~③으로부터 뉴턴 운동법칙($\sum F = ma$)을 적용하면

$$-dP dA - \rho g\, dA\, dz = \rho\, V dA dV \quad \cdots\cdots ④$$

가 된다. 위 식의 양변을 $\rho dA$로 나누고 정리하면 다음과 같은 Euler 방정식이 얻어진다.

$$\frac{dP}{\rho} + V dV + g\, dz = 0 \quad \cdots\cdots ⑤$$

이 식을 1차원 Euler 방정식이라 하며, 비압축성 유동에 대해서는 보통 중력가속도 $g$로 나누고 다음과 같이 쓴다.

$$\frac{dP}{\gamma} + d\left(\frac{V^2}{2g}\right) + dz = 0 \quad \cdots\cdots ⑥$$

또는 균일 밀도의 유동에 대해서는 다음과 같이 쓸 수 있다.

$$d\left(\frac{P}{\gamma} + \frac{V^2}{2g} + z\right) = 0 \quad \cdots\cdots ⑦$$

## 4.5 베르누이 방정식

### 1 베르누이 방정식

균일 밀도 유체의 비압축성 유동에 대하여 1차원 Euler 방정식을 동일 유선 상의 두 점 1, 2 사이에서 적분하면 다음과 같이 표현된다.[8)]

8) 식의 유도과정은 참고로 하고, 이 공식의 의미, 적용 및 응용 법을 익히도록 한다.

$$\frac{P_1}{\gamma}+\frac{V_1^2}{2g}+z_1=\frac{P_2}{\gamma}+\frac{V_2^2}{2g}+z_2 \quad \cdots (4.26)$$

점 1, 2는 동일 유선 상의 임의의 점이므로 동일 유선 상의 모든 점들에 대하여 다음 식이 성립한다.

$$\frac{P}{\gamma}+\frac{V^2}{2g}+z=H \text{ (일정)} \quad \cdots (4.27)$$

위 식은 베르누이 방정식(Bernoulli equation)으로 알려져 있고, 베르누이 상수 $H$는 전 수두 또는 전 헤드(total head)라고 한다.

베르누이 방정식은 기초유체역학에서 아주 많이 사용하는 식인데 이 식이 성립하기 위해서는 다음과 같은 여러 조건이 만족되어야 한다.

(1) 정상유동 : 시간에 따른 변화가 없고 일정한 상태를 유지해야 한다.
(2) 비점성유동 : 흐름 과정에서 마찰 손실이 없어야 한다.
(3) 비압축성 유동 : 마하수 $M<0.3$이면 적용가능하다.
(4) 단일 유선을 따라서 적용된다 : 유선마다 $\frac{P}{\gamma}+\frac{V^2}{2g}+z$의 값이 다를 수 있다.
(5) 단면 1과 2 사이에 축일이 없다 : 유선 위에 설치된 펌프나 터빈이 없다.
(6) 단면 1과 2 사이에 열전달이 없다 : 흐름 중에 주위로부터 열이 공급되거나 유체로부터 주위로 열이 방출되지 않는다.

## 2 수두

베르누이 방정식에 나타나는 항들은 유체의 단위 중량당 에너지를 나타내며 각 항들과 그들의 조합을 다음과 같이 부른다.

(1) $\frac{P}{\gamma}$ : 압력수두(pressure head).
(2) $\frac{V^2}{2g}$ : 속도수두(velocity head).
(3) $z$ : 위치수두(potential head) 또는 높이수두(elevation head).
(4) $\frac{P}{\gamma}+z$ : 피에조미터수두(piezo metric head).

(5) $\dfrac{P}{\gamma}+\dfrac{V^2}{2g}+z$ : 전 수두(total head).

**설명** 압력수두는 비중량 $\gamma$의 유체가 압력 $P$를 만들어내는 유체기둥의 높이 $h$ ($P=\gamma h$)에 해당되고, 속도수두는 마찰이 없을 때 정지 상태로부터 자유낙하하여 속도가 $V$가 될 때까지 낙하 거리 $h$($mgh = mV^2/2$에서 $h = V^2/2g$)가 된다. 단위 중량당 에너지는 길이의 차원을 갖는다. 베르누이 방정식에서 세 항의 단위는

$$\left[\frac{P}{\gamma}\right]=\frac{\mathrm{N/m^2}}{\mathrm{N/m^3}}=\mathrm{m},\quad \left[\frac{V^2}{g}\right]=\frac{(\mathrm{m/s})^2}{\mathrm{m/s^2}}=\mathrm{m},\quad [z]=\mathrm{m}$$

이다. 펌프나 터빈을 해석할 때 일반적으로 수두를 이용한다.

관 내부를 흐르는 마찰이 없는 유동에 대하여 시각적으로 수두를 나타내면 [그림 4.19]와 같다. 그림에서 피에조미터수두 $\left(\dfrac{P}{\gamma}+z\right)$를 연결한 선을 수력기울기선(hydraulic gradient line; H.G.L)이라 하고, 전수두 $\left(\dfrac{P}{\gamma}+\dfrac{V^2}{2g}+z\right)$를 나타내는 선을 에너지선(energy line; E.L)이라 한다.

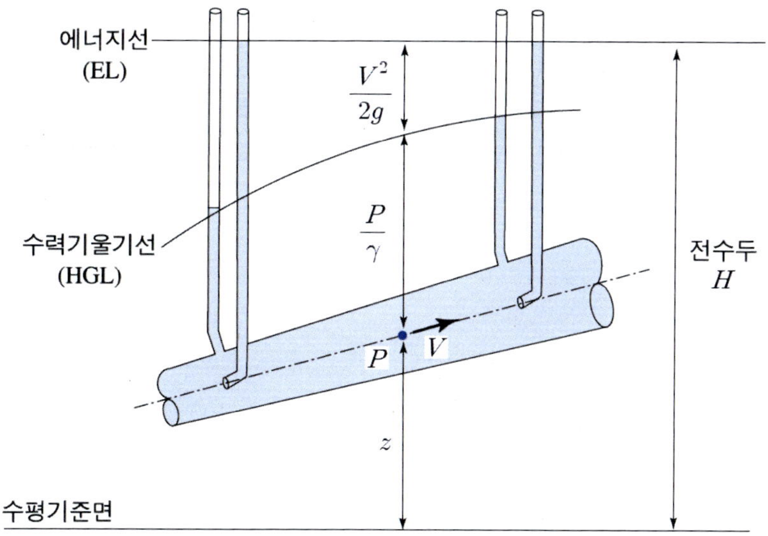


**[그림 4.19] 에너지선과 수력기울기선**

피토(Pitot)의 실험에 의하면 속도수두 $\dfrac{V^2}{2g}$과 압력수두 $\dfrac{P}{\gamma}$의 합은 유동 중에 흐

름 방향에 수직하게 아주 작은 개구관(Pitot 관)을 놓음으로써 측정할 수 있다. 그러므로 베르누이 방정식은 액체에 대하여 그림과 같이 가시화할 수 있다. 여기에서 세 항들의 합인 전수두는 수평기준면과 에너지선 사이 거리이고, 피에조미터 기둥의 정상부를 통과하며 그려진 피에조미터수두선(piezo metric head line) 또는 수력기울기선은 유동에서 압력변화의 모습을 보여준다. 마찰 손실이 없을 때 에너지 선의 높이는 일정하다. 손실이 있는 경우에는 흐름 방향으로 나아갈수록 손실 수두만큼 에너지 선의 높이가 낮아진다.

## 3 정압, 동압, 정체압력

운동에너지와 위치에너지를 압력으로 환산하여 베르누이 방정식을 쓰면 다음과 같다.

$$P + \frac{\rho V^2}{2} + \gamma z = \text{일정} \quad \cdots (4.28)$$

위 식에서 압력 $P$를 정압(static pressure), $\rho V^2/2$을 동압(dynamic pressure)이라 하고, $P + \rho V^2/2$을 정체압력(stagnation pressure) 또는 전압(total pressure)이라 한다.

**[예제 4.15]** 동일 유선 위에 두 점 ①, ②가 있다. 점 ①에서 압력이 $150\,\text{kPa}$이고, ②에서 압력이 $100\,\text{kPa}$, 유속이 $10\,\text{m/s}$일 때 점 ①에서 유속을 구하여라. 단, 점 ②는 ①보다 $2\,\text{m}$ 높은 곳에 있고, 유체의 밀도는 $1000\,\text{kg/m}^3$이며, 손실은 무시한다.

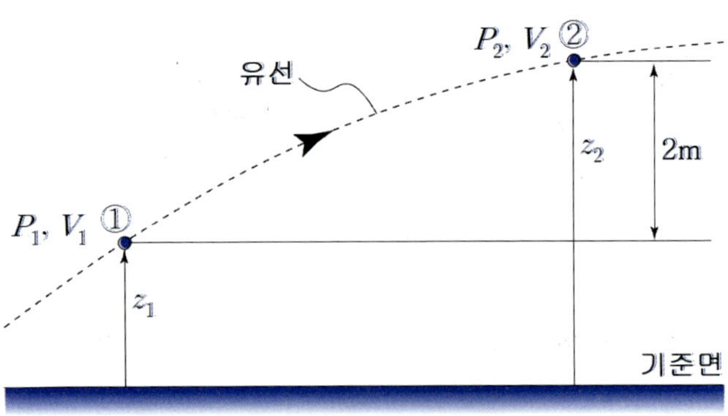


[그림 4.20] 동일 유선 상에 있는 두 점의 고도 및 압력과 유속

**풀이** 두 점 ①, ② 사이에 베르누이 정리를 적용하여 유속 $V_1$을 구한다. 기준면으로부터 거리를 각각 $z_1$, $z_2$라 하면 $z_2 - z_1 = 2\,\text{m}$이다.

$$\frac{P_1}{\gamma}+\frac{V_1^2}{2g}+z_1=\frac{P_2}{\gamma}+\frac{V_2^2}{2g}+z_2$$

$$\frac{V_1^2}{2g}=\frac{V_2^2}{2g}+\frac{P_2-P_1}{\gamma}+(z_2-z_1)$$

$$\therefore\quad V_1=\sqrt{V_2^2+\frac{2(P_2-P_1)}{\rho}+2g(z_2-z_1)}$$

$$=\sqrt{10^2+\frac{2(100-150)\times10^3}{1000}+2\times9.8\times2}\ [\text{m/s}]$$

$$=6.26\ [\text{m/s}]$$

**[예제 4.16]** [그림 4.21]과 같이 기울어진 관 내부를 유체가 흐르고 있다. 점 ①에서 압력이 120 kPa, 유속이 3 m/s이고, 점 ②에서 유속은 5m/s이다. 두 지점의 높이 차이 $h = 2\text{m}$일 때 점 ②에서 압력을 구하여라. 단, 유체의 밀도는 $1000\,\text{kg/m}^3$, 중력가속도는 $9.8\text{m/s}^2$이며 손실은 무시한다.

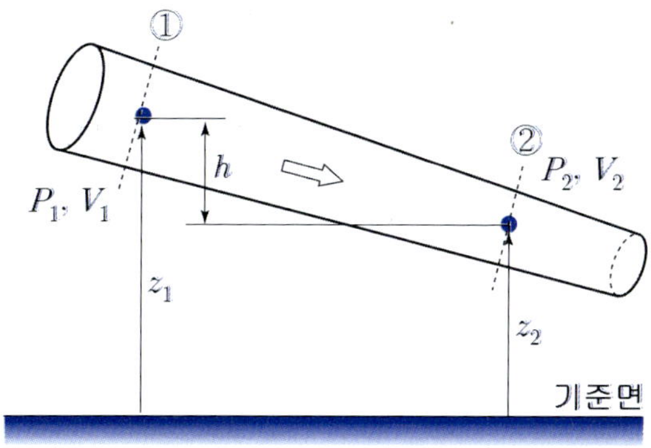


**[그림 4.21] 기울어진 관 내 두 점의 고도 및 압력과 유속**

**풀이** 두 점 ①, ② 사이에 베르누이 정리를 적용하여 압력 $P_2$를 구한다. 기준면으로부터 거리를 각각 $z_1$, $z_2$라 하면 $z_1 - z_2 = h$이다.

$$\frac{P_1}{\gamma}+\frac{V_1^2}{2g}+z_1=\frac{P_2}{\gamma}+\frac{V_2^2}{2g}+z_2$$

$$\therefore \; P_2 = P_1 + \frac{\gamma(V_1^2 - V_2^2)}{2g} + \gamma(z_1 - z_2)$$

$$= P_1 + \frac{\rho(V_1^2 - V_2^2)}{2} + \rho g(z_1 - z_2)$$

$$= 120 + \frac{1000(3^2 - 5^2)}{2} \times \frac{1}{1000} + (1000 \times 9.8 \times 2) \times \frac{1}{1000} \; [\mathrm{kPa}]$$

$$= 131.6 \; [\mathrm{kPa}]$$

**[예제 4.17]** **[연속방정식과 베르누이 방정식]** 수평으로 놓인 단면적이 변화하는 관 내부를 비압축성유체가 흐르고 있다. 단면적 $400\mathrm{cm}^2$인 곳에서 유속이 $2\mathrm{m/s}$, 압력이 $150\,\mathrm{kPa}$일 때 단면적 $100\mathrm{cm}^2$인 곳에서 압력을 구하여라. 단, 유체의 밀도는 $1000\,\mathrm{kg/m^3}$이며, 손실은 없는 것으로 가정한다.

**풀이** 단면적 $400\mathrm{cm}^2$, $100\mathrm{cm}^2$인 면을 각각 1, 2라 한다. 먼저 연속방정식으로부터 2에서 유속을 구한다.

$$A_1 V_1 = A_2 V_2$$

$$\therefore \; V_2 = \frac{A_1}{A_2} V_1 = \frac{400}{100} \times 2 = 8 \; [\mathrm{m/s}]$$

다음에 1, 2 사이에 베르누이 방정식을 적용하여 2에서 압력을 구한다.

$$\frac{P_1}{\gamma} + \frac{V_1^2}{2g} + z_1 = \frac{P_2}{\gamma} + \frac{V_2^2}{2g} + z_2$$

(← 수평관이므로 $z_1 = z_2$)

$$\frac{P_2}{\gamma} = \frac{P_1}{\gamma} + \frac{V_1^2 - V_2^2}{2g}$$

$$\therefore \; P_2 = P_1 + \frac{\gamma(V_1^2 - V_2^2)}{2g} = P_1 + \frac{\rho(V_1^2 - V_2^2)}{2}$$

$$= 150 + \frac{1000 \times (2^2 - 8^2)}{2} \times \frac{1}{1000} \; [\mathrm{kPa}]$$

$$= 120 \; [\mathrm{kPa}]$$

# 4.6 베르누이 방정식 응용

## 1 오리피스 유량계

[그림 4.22]와 같은 저장탱크의 유체 출구에 오리피스(orifice)를 설치하여 탱크로부터 유출되는 유량을 구해본다. 수면으로부터 출구까지 깊이는 $h$이고, 오리피스 단면적은 $A$이다.

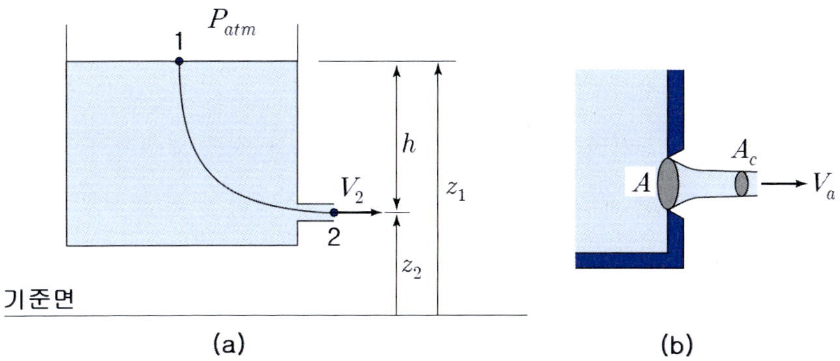


[그림 4.22] (a) 저장탱크와 오리피스 (b) 실제 분출 단면적과 유출속도

탱크 수면을 1, 오리피스 출구를 2로 하여 점 1과 2를 잇는 유선에서 베르누이 정리를 적용한다.

$$\frac{P_1}{\gamma}+\frac{V_1^2}{2g}+z_1=\frac{P_2}{\gamma}+\frac{V_2^2}{2g}+z_2 \quad \cdots\cdots ①$$

탱크 단면적이 오리피스 단면적보다 아주 클 때 수면의 하강 속도 $V_1 \approx 0$이고, 공기의 무게를 무시하면 수면과 오리피스의 출구는 모두 동일한 대기압 상태에 있다 $(P_1=P_2=P_{atm})$. 따라서 식 ①은

$$\frac{P_{atm}}{\gamma}+0+z_1=\frac{P_{atm}}{\gamma}+\frac{V_2^2}{2g}+z_2$$

$$\frac{V_2^2}{2g}=z_1-z_2 \quad \cdots\cdots ②$$

가 된다. 여기에서 $z_1 - z_2 = h$이므로 오리피스 출구에서 분출 속도는

$$V_2 = \sqrt{2gh} \quad \cdots\cdots ③$$

이다. 식 ③은 토리첼리(E. Torricelli)에 의해 발견되었으므로 토리첼리의 정리라고 한다.

이상에서 살펴본 결과에 의하면 수면 아래 $h$에 설치한 단면적 $A$인 오리피스에서 유출되는 이론적인 유체의 속도 $V$와 유량 $Q$는 다음과 같다.

$$V = \sqrt{2gh} \quad \cdots\cdots (4.29)$$

$$Q = AV = A\sqrt{2gh} \quad \cdots\cdots (4.30)$$

그런데 실제유체는 점성을 가지고 있고 이로 인해 마찰 손실이 발생한다. 따라서 실제 유출 속도는 이론속도보다 작은 값을 갖게 되고, 분출되는 유체의 단면적 또한 유체의 점성력으로 인해 오리피스 단면적보다 작아진다. 이와 같은 것을 보정하기 위하여 다음과 같이 속도계수 $C_v$와 수축 계수(coefficient of contraction) $C_c$를 도입한다.

실제 유출 속도를 $V_a$라 하면

$$V_a = C_v V = C_v \sqrt{2gh} \quad \cdots\cdots (4.31)$$

이다. 일반적으로 물의 속도계수($C_v$)는 실험에 의하여 $0.93 \sim 0.98$로 알려져 있다. 같은 방법으로, 실제로 분출되는 유체의 단면적을 $A_c$라 하면

$$A_c = C_c A \quad \cdots\cdots (4.32)$$

이다. 물의 경우 수축계수($C_c$)는 $0.5 \sim 1$로 알려져 있다. 따라서 오리피스에서 유출되는 실제 유량은

$$Q_a = A_c V_a = (C_c A)(C_v V) = C_c C_v A V$$
$$= C_d A \sqrt{2gh}$$

$$Q_a = C_d A \sqrt{2gh} \quad \cdots\cdots (4.33)$$

로 구해진다. 여기에서

$$C_d = C_c C_v \quad \cdots\cdots (4.34)$$

를 유량계수라 한다. 실험에 의해 측정된 물의 유량계수는 $0.58 \sim 0.68$ 정도의 값을 가진다.

**[베나 콘트랙타(축맥)]**

점성의 영향으로 인하여 [그림 4.23]과 같이 분출되는 유체의 단면적이 일정하지 않게 되는 현상이 발생한다. 이때 오리피스 유출부에서 분출되는 유체의 단면적이 최소인 부분을 베나 콘트랙타(vena contracta, 축맥)라 한다.

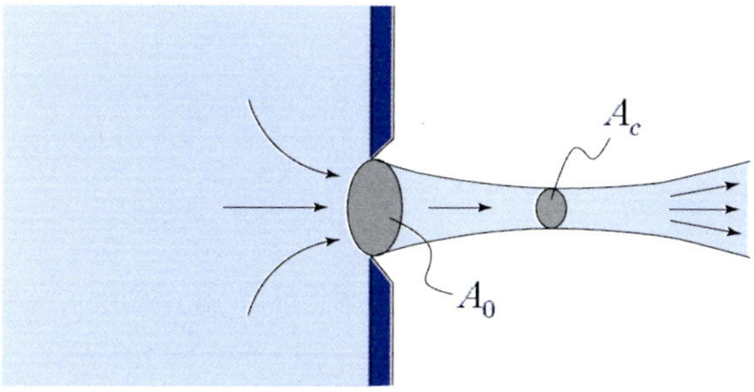


[그림 4.23] 축맥

베나 콘트랙타 단면적과 오리피스 단면적을 각각 $A_c$, $A_o$라 하면 일반적으로 수축계수 $C_c = \dfrac{A_c}{A_o}$로 정의한다. [그림 4.24]에 몇 가지 형상의 오리피스에 대한 수축계수 값들을 나타내었다.

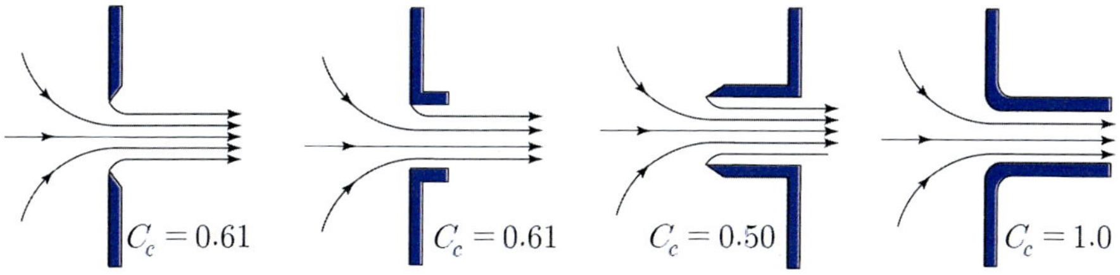


[그림 4.24] 오리피스 형상에 따른 수축계수 값

**[예제 4.18]** 그림과 같이 탱크 바닥에 설치한 지름 $d = 20\text{cm}$의 구멍을 통하여 물이 유출되고 있다. 수위를 $h = 4\,\text{m}$로 일정하게 유지하기 위해 탱크에 공급해야 할 유량 $Q$를 구하여라. 단, 손실은 없다고 가정한다.

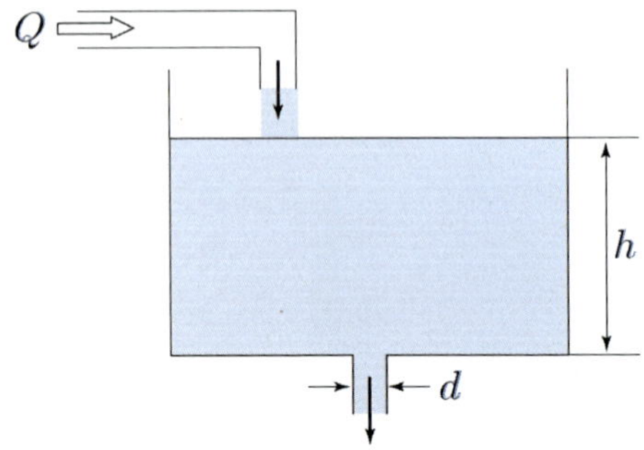


**[그림 4.25] 탱크에 공급해야 할 유량**

**풀이** 연속 법칙에 의해 바닥으로부터 유출되는 물의 양만큼 상부를 통하여 물을 공급해야 수위가 일정하게 유지된다. 따라서 공급해야 할 유량($Q$)은 다음과 같다.

$$Q = A\sqrt{2gh} = \frac{\pi d^2}{4}\sqrt{2gh}$$

$$= \frac{\pi (0.2)^2}{4} \times \sqrt{2 \times 9.8 \times 4}\ [\text{m}^3/\text{s}] = 0.278\,[\text{m}^3/\text{s}]$$

**[예제 4.19]** **[비중이 다른 두 유체]** 그림과 같이 탱크에 물과 기름이 채워져 있다. 기름의 비중이 $S$일 때 노즐 출구에서 유출되는 물의 유속($V_2$)을 구하여라. 단, 유동은 손실이 없고 출구 노즐은 탱크에 비해 아주 작다고 가정하며 중력가속도는 $g$이다.

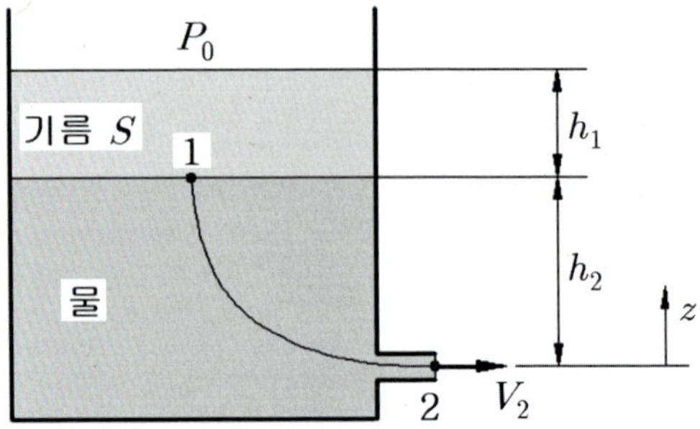


**[그림 4.26] 비중이 다른 두 유체와 오리피스**

풀이 물의 비중량을 $\gamma_w$라 하면 기름의 비중량은 $\gamma_w S$이다. 따라서 대기압을 $P_0$라 하면 기름 층의 바닥(1)에서의 압력은

$$P_1 = P_0 + \gamma_w S h_1 \quad \cdots\cdots ①$$

이다. 기름과 물의 경계면(1)과 노즐 출구(2) 사이에 베르누이 정리를 적용한다.

$$\frac{P_1}{\gamma_w} + \frac{V_1^2}{2g} + z_1 = \frac{P_2}{\gamma_w} + \frac{V_2^2}{2g} + z_2 \quad \cdots\cdots ②$$

여기에서 탱크 단면적이 노즐 단면적보다 아주 클 때 수면의 하강 속도 $V_1 \approx 0$이고, 노즐 출구 압력 $P_2 = P_0$이다. 따라서 식 ②는

$$\frac{(P_0 + \gamma_w S h_1)}{\gamma_w} + 0 + z_1 = \frac{P_0}{\gamma_w} + \frac{V_2^2}{2g} + z_2$$

$$\frac{V_2^2}{2g} = (z_1 - z_2) + S h_1 \quad \cdots\cdots ③$$

이 된다. 여기에서 $z_1 - z_2 = h_2$이므로 노즐 출구에서 유출되는 물의 유속($V_2$)은 다음과 같다.

$$\frac{V_2^2}{2g} = h_2 + S h_1$$

$$\therefore \quad V_2 = \sqrt{2g(Sh_1 + h_2)} \quad \cdots\cdots ④$$

## 2 벤투리 유량계

벤투리 유량계(Venturi meter)는 단면적 변화에 따른 압력 차이를 이용하여 유량을 측정하는 장치이다. [그림 4.27]과 같이 확대 관에 축소 관을 연결하면 축소부분에서는 유체가 가속되어 압력이 떨어지게 되고, 이 압력 강하를 액주계로 측정하면 관을 흐르는 유량을 구할 수 있다.

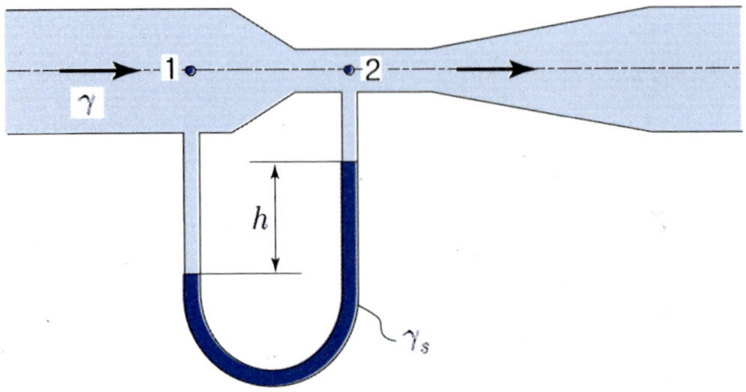


[그림 4.27] 벤투리 유량계

마찰 손실을 무시하고 두 점 1, 2 사이에 베르누이 방정식을 적용하면 다음과 같다. 관은 수평으로 놓여 있으므로 $z_1 = z_2$이다.

$$\frac{P_1}{\gamma}+\frac{V_1^2}{2g}=\frac{P_2}{\gamma}+\frac{V_2^2}{2g} \quad \cdots\cdots ①$$

연속방정식에서 유량은

$$Q = A_1 V_1 = A_2 V_2$$

이므로 단면 1, 2의 지름을 각각 $D_1$, $D_2$라 하면

$$\frac{\pi}{4}D_1^2\, V_1 = \frac{\pi}{4}D_2^2\, V_2$$

$$\therefore \quad V_1 = \left(\frac{D_2}{D_1}\right)^2 V_2 \quad \cdots\cdots ②$$

이다. 식 ②를 식 ①에 대입하여 정리하면

$$\frac{P_1 - P_2}{\gamma} = \frac{V_2^2}{2g}\left[1 - \left(\frac{D_2}{D_1}\right)^4\right] \quad \cdots\cdots ③$$

이므로 단면 2에서 속도는

$$V_2 = \frac{1}{\sqrt{1-(D_2/D_1)^4}}\sqrt{2g\frac{(P_1 - P_2)}{\gamma}} \quad \cdots\cdots ④$$

가 된다. 식 ④에서 압력수두 차이 $(P_1 - P_2)/\gamma$를 알면 $V_2$를 구할 수 있는데 이것은 그

림과 같이 설치한 액주계의 높이 차이($h$)를 읽어서 구한다. 액주계에서

$$P_1 + \gamma h = P_2 + \gamma_s h$$

$$\therefore \quad \frac{P_1 - P_2}{\gamma} = h\left(\frac{\gamma_s}{\gamma} - 1\right) \quad \cdots\cdots ⑤$$

이다. 식 ⑤를 ④에 대입하면

$$V_2 = \frac{1}{\sqrt{1-(D_2/D_1)^4}} \sqrt{2gh\left(\frac{\gamma_s}{\gamma}-1\right)} \quad \cdots\cdots ⑥a$$

이고, 유량은

$$Q = A_2 V_2 = \frac{A_2}{\sqrt{1-(D_2/D_1)^4}} \sqrt{2gh\left(\frac{\gamma_s}{\gamma}-1\right)} \quad \cdots\cdots ⑦a$$

이다. 여기에서 $A_2 = \pi D_2^2/4$ 이고, $D_1$, $D_2$, $\gamma$, $\gamma_s$ 는 주어진 값이므로 액주계의 높이 차이 $h$를 읽으면 유속과 유량을 모두 구할 수 있다.

단면 1, 2의 면적 $A_1$, $A_2$가 주어질 때 유속과 유량은 다음과 같이 표현된다.

$$V_2 = \frac{1}{\sqrt{1-(A_2/A_1)^2}} \sqrt{2gh\left(\frac{\gamma_s}{\gamma}-1\right)} \quad \cdots\cdots ⑥b$$

$$Q = A_2 V_2 = \frac{A_2}{\sqrt{1-(A_2/A_1)^2}} \sqrt{2gh\left(\frac{\gamma_s}{\gamma}-1\right)} \quad \cdots\cdots ⑦b$$

실제 유체의 흐름에서는 관로의 형상 변화, 마찰 저항 등에 따른 손실로 인하여 유량이 이론값보다 작아지므로 보정계수를 곱하여 유량을 구한다. 두 단면의 면적 비를 $m = \frac{A_2}{A_1} = \left(\frac{D_2}{D_1}\right)^2$ 으로 하면 실제 유량 $Q_a$와 이론 유량 $Q$의 관계는 다음과 같다.

$$Q_a = CQ = \frac{CA_2}{\sqrt{1-m^2}} \sqrt{2gh\left(\frac{\gamma_s}{\gamma}-1\right)} \quad \cdots\cdots ⑧$$

여기에서 $C$를 유량계수라 하는데 일반적으로 $C$의 값은 실험에 의하여 레이놀즈수와 면적비의 함수로 측정된다.

이상에서 구한 벤투리 유량계에서 유속 $V_2$와 유량 $Q$를 정리하면 다음과 같다.

$$V_2 = \frac{1}{\sqrt{1-(D_2/D_1)^4}}\sqrt{\frac{2(P_1-P_2)}{\rho}} \quad \cdots (4.35)$$

$$V_2 = \frac{1}{\sqrt{1-(D_2/D_1)^4}}\sqrt{2gh\left(\frac{\gamma_s}{\gamma}-1\right)} \quad \cdots (4.36)$$

$$Q = A_2 V_2 = \frac{A_2}{\sqrt{1-(D_2/D_1)^4}}\sqrt{2gh\left(\frac{\gamma_s}{\gamma}-1\right)} \quad \cdots (4.37)$$

$$V_2 = \frac{1}{\sqrt{1-(A_2/A_1)^2}}\sqrt{2gh\left(\frac{\gamma_s}{\gamma}-1\right)} \quad \cdots (4.38)$$

$$Q = A_2 V_2 = \frac{A_2}{\sqrt{1-(A_2/A_1)^2}}\sqrt{2gh\left(\frac{\gamma_s}{\gamma}-1\right)} \quad \cdots (4.39)$$

$m = \frac{A_2}{A_1} = \left(\frac{D_2}{D_1}\right)^2$일 때 실제 유량 $Q_a$

$$Q_a = CQ = \frac{CA_2}{\sqrt{1-m^2}}\sqrt{2gh\left(\frac{\gamma_s}{\gamma}-1\right)} \quad \cdots (4.40)$$

한편 단면 1에서 유속 $V_1 = \frac{A_2}{A_1}V_2$은 다음과 같이 표현된다.

$$V_1 = \frac{1}{\sqrt{(A_1/A_2)^2-1}}\sqrt{2gh\left(\frac{\gamma_s}{\gamma}-1\right)}$$

$$V_1 = \frac{1}{\sqrt{(D_1/D_2)^4-1}}\sqrt{2gh\left(\frac{\gamma_s}{\gamma}-1\right)}$$

$$V_1 = \frac{1}{\sqrt{(A_1/A_2)^2-1}}\sqrt{2g\frac{(P_1-P_2)}{\gamma}}$$

$$V_1 = \frac{1}{\sqrt{(D_1/D_2)^4-1}}\sqrt{2g\frac{(P_1-P_2)}{\gamma}}$$

† 벤투리관 해석에서 적용된 기본원리는 '(1) 연속방정식 (2) 베르누이 방정식 (3) 액주계

원리'의 3가지이다. 기초 유체역학 문제는 이 3가지 기본 원리를 적용하여 해석할 수 있는 경우가 많으므로 이들에 대한 개념을 잘 파악해 두도록 한다.[9)]

**[예제 4.20]** **[그림 4.27]과 같은 벤투리관에 물이 흐르고 있다. 단면 1, 2의 지름이 각각 20cm, 10cm이고 수은주의 높이 차이가 14cm일 때 두 단면에서의 유속과 유량을 구하여라.**

**풀이** 그림에서 $D_1 = 20\,\text{cm}$, $D_2 = 10\text{cm}$, $\gamma = \gamma_w$, $\gamma_s = 13.6\gamma_w$이고 측정된 수은주의 높이 차이 $h = 14\text{cm}$이다.

단면 2에서 유속은

$$V_2 = \frac{1}{\sqrt{1-(D_2/D_1)^4}}\sqrt{2gh\left(\frac{\gamma_s}{\gamma}-1\right)}$$

$$= \frac{1}{\sqrt{1-(10/20)^4}} \times \sqrt{2 \times 9.8 \times 0.14 \times \left(\frac{13.6\gamma_w}{\gamma_w}-1\right)}$$

$$= 6.07\,[\text{m/s}]$$

이므로 단면 1에서 유속은

$$V_1 = \left(\frac{D_2}{D_1}\right)^2 V_2 = \left(\frac{10}{20}\right)^2 \times 6.07 = 1.52\,[\text{m/s}]$$

이고, 유량은 다음과 같다.

$$Q = A_2 V_2 = \frac{\pi}{4} D_2^2\, V_2 = \frac{\pi}{4} \times (0.1)^2 \times 6.07 = 0.0477\,[\text{m}^3/\text{s}]$$

9) 벤투리유량계는 많이 응용되므로 식의 유도과정과 결과 식을 모두 이해하도록 한다.

**[예제 4.21]** [그림 4.28]과 같은 관에 유량 $Q$의 물이 흐르고 있을 때 다음 물음에 답하여라.

(1) 액주계 높이 차이 $h = 20\,\text{cm}$일 때 압력 차이 $P_1 - P_2$를 구하여라.

(2) 유량 $Q$를 2배로 증가시키면 액주계의 높이 차이 $h$는 어떻게 변화하는가?

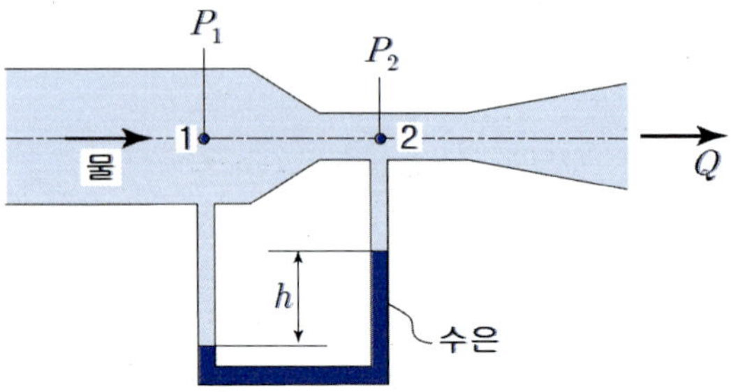


**[그림 4.28] 액주계와 유량**

**풀이** (1) 액주계에서

$$P_1 + \gamma h = P_2 + \gamma_{\text{Hg}} h$$

$$\therefore \; P_1 - P_2 = (\gamma_{\text{Hg}} - \gamma) h = (13.6 - 1) \times 9.8 \times 0.2 = 24.7\,[\text{kPa}]$$

(2) 벤투리관 해석으로부터 유량에 대한 식은 다음과 같다.

$$Q = \frac{A_2}{\sqrt{1 - (D_2/D_1)^4}} \sqrt{2gh\left(\frac{\gamma_s}{\gamma} - 1\right)} = K\sqrt{h}$$

이 식에서 $K$는 관의 구조($D_1$, $D_2$)와 유체의 물성치($\gamma$, $\gamma_s$)가 주어지면 결정되는 상수이다. 여기에서 유량은 $\sqrt{h}$에 비례하므로

$$Q \propto \sqrt{h}$$

$$\therefore \; h \propto Q^2$$

이다. 따라서 $Q$를 2배로 증가시키면 $h$는 4배가 된다.

**[예제 4.22]** **[기화기의 원리]** 가솔린 기관의 기화기(carburetor)는 공기와 연료의 혼합기체를 만들어서 연소실 안으로 보내는 역할을 하는 장치로서, 기본 구조는 [그림 4.29]와 같다. 베르누이 방정식을 이용하여 흡입된 공기와 연료실의 연료가 혼합되어 연소실로 보내지는 원리를 설명하여라.

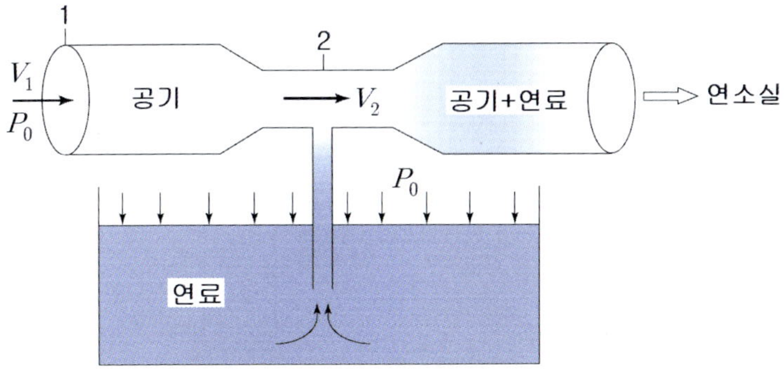


**[그림 4.29] 가솔린 기관의 기화기**

**풀이** 공기 흡입구(1)와 기화기의 목 부분(2) 사이에 베르누이 방정식을 적용한다. 기화기는 수평으로 놓여 있으므로 $z_1 = z_2$이다.

$$\frac{P_1}{\gamma}+\frac{V_1^2}{2g}=\frac{P_2}{\gamma}+\frac{V_2^2}{2g}$$

여기에서 $A_1 > A_2$이므로 연속방정식 $A_1 V_1 = A_2 V_2$에 의해 $V_1 < V_2$이다. 따라서 위의 베르누이 방정식에 의해 압력은 $P_1 > P_2$가 된다. $P_1 = P_0$(대기압)이면 $P_0 > P_2$이므로 목 부분의 압력($P_2$)이 대기압 이하로 낮아져서 연료가 빨려 올라가게 된다. 이렇게 하여 흡입된 공기는 공기와 혼합되어 연소실로 보내진다.

## 3 피토관

흐르는 유체 속에 직각으로 굽은 관을 [그림 4.30]과 같이 설치하면 정상 상태에서 관 내부 압력과 외부 압력이 평형을 이루어 관 내부 유체는 정지하게 되므로 관 입구의 점에서는 유속이 0이 된다. 이 점을 정체점(stagnation point)이라 하고 이 점의 압력을 정체압력(stagnation pressure)이라 한다. 피토관(Pitot tube)은 직각으로 굽은 관의 한 구멍을 통해 전달된 정체압력을 측정하여 유속을 구하는 장치이다.

**[피토관의 기본 원리]**

[그림 4.30]과 같이 수평으로 놓인 관의 벽에 설치한 액주계 $A$와 액주계의 끝 단면이 흐름의 방향에 수직하게 설치한 액주계 $B$에서 두 액주계의 높이 차이가 $h$일 때 관을 흐르는 유체의 속도 $V$는 다음과 같다.

$$V = \sqrt{2gh} \quad \cdots\cdots (4.41)$$

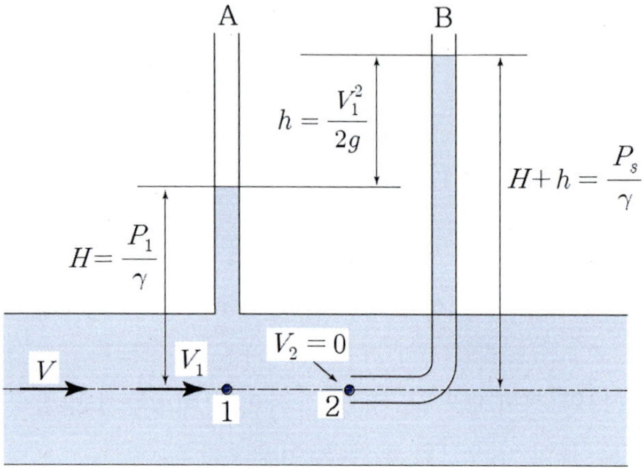


[그림 4.30] 피토관

**설명** 피토관의 원리는 다음과 같다. 그림의 점 1, 2 사이에 베르누이 정리를 적용하면

$$\frac{P_1}{\gamma} + \frac{V_1^2}{2g} + z_1 = \frac{P_2}{\gamma} + \frac{V_2^2}{2g} + z_2 \quad \cdots\cdots ①$$

이다. 여기에서 수평으로 놓인 관이므로 $z_1 = z_2$이고, 평형 상태에서 B의 입구 2에서는 유체가 액주계 속으로 유입되지 않고 정체되어 있으므로 유속 $V_2 = 0$이다. 액주계 A, B에서 점 1, 2의 압력(계기압력)은

$$P_1 = \gamma H \quad \cdots\cdots ②$$

$$P_2 = \gamma(h + H) \quad \cdots\cdots ③$$

이다. 이상의 결과들을 식 ①에 대입하면 다음과 같이 유속($V_1$)이 구해진다.

$$\frac{P_1}{\gamma} + \frac{V_1^2}{2g} + 0 = \frac{P_2}{\gamma} + 0 + 0$$

$$\frac{\gamma H}{\gamma}+\frac{V_1^2}{2g}=\frac{\gamma(H+h)}{\gamma}$$

$$\frac{V_1^2}{2g}=h$$

$$\therefore \quad V_1=\sqrt{2gh} \quad \cdots\cdots ④$$

그림에서 $H$는 압력수두, $h$는 속도수두, $H+h$는 정체압력

$$P_s=P+\frac{\rho V^2}{2}$$

에 의한 수두(또는 전 수두)를 나타낸다.

**[자유 표면을 갖는 유동에서 유속]**

[그림 4.31]과 같이 자유표면을 갖는 유동에 피토관을 설치하였을 때 피토관 입구로부터 충분히 떨어진 지점 1과 피토관 바로 입구의 점 2 사이에 베르누이 정리를 적용하면 다음과 같이 유속이 구해진다. $h$는 수면으로부터 액주 표면까지 거리이다.

$$\frac{V^2}{2g}=h$$

$$V=\sqrt{2gh}$$

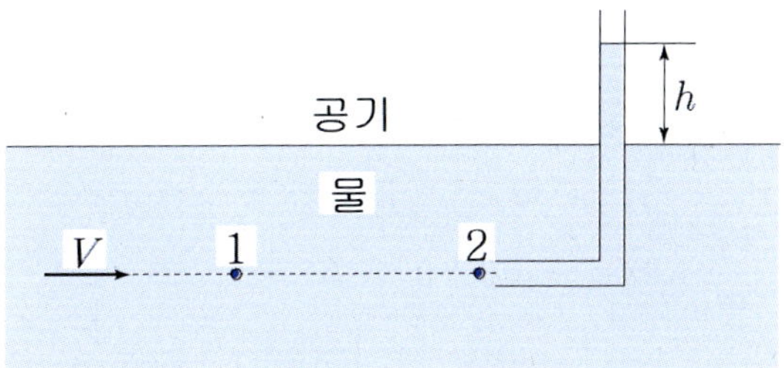


**[그림 4.31] 자유표면을 갖는 유동에서 유속 측정**

## 4 피토정압관

피에조미터와 피토관을 결합한 형태의 피토정압관(Pitot static tube)은 전압(정체압력)과 정압의 차이, 즉 동압을 측정하여 유속을 측정하는 기구이다. [그림 4.32]는 수평으로 놓인 관 내부의 유속을 측정하기 위해 설치한 피토 정압관을 나타낸다. 그림에서 유체의 비중량 $\gamma$(밀도 $\rho$), 액주계의 비중량 $\gamma_s$(밀도 $\rho_s$), 액주계의 높이 차이가 $h$일 때 유속 $V$

는 다음과 같다.

$$V=\sqrt{2gh\left(\frac{\gamma_s}{\gamma}-1\right)}=\sqrt{2gh\left(\frac{\rho_s}{\rho}-1\right)} \quad \cdots (4.42)$$

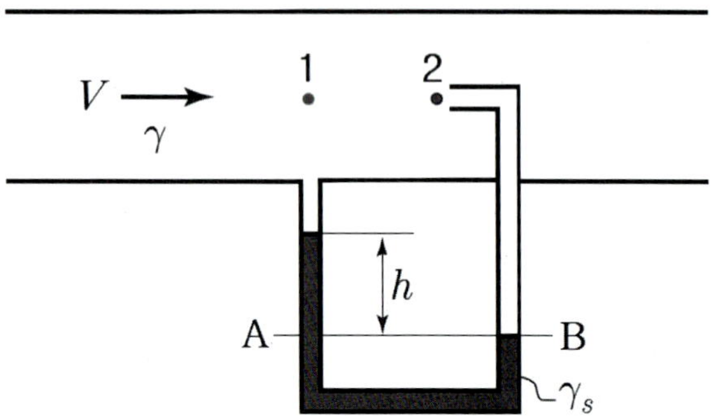


**[그림 4.32] 피토 정압관**

**증명** 같은 고도에 있는 두 점 1, 2 사이에 베르누이 방정식을 적용한다.

$$\frac{P_1}{\gamma}+\frac{V_1^2}{2g}+z_1=\frac{P_2}{\gamma}+\frac{V_2^2}{2g}+z_2 \quad \cdots\cdots ①$$

평형 상태에서 피토관 바로 입구의 점 2의 유체는 정체되어 있으므로 $V_2=0$이고, $z_1=z_2$이다. 따라서 식 ①은

$$\frac{P_1}{\gamma}+\frac{V_1^2}{2g}+0=\frac{P_2}{\gamma}+0+0$$

$$\frac{P_1}{\gamma}+\frac{V_1^2}{2g}=\frac{P_2}{\gamma}$$

$$\therefore \ \frac{V_1^2}{2g}=\frac{P_2-P_1}{\gamma} \quad \cdots\cdots ②$$

이 된다. 여기에서 U 자관 액주계에서 같은 높이에 있는 점 A, B에서 압력은 같으므로($P_A=P_B$)

$$P_1+\gamma_s h=P_2+\gamma h$$

$$\therefore \ P_2-P_1=(\gamma_s-\gamma)h \quad \cdots\cdots ③$$

이고, 이 식을 ②에 대입하면 유속($V_1$)이 구해진다.

$$\frac{V_1^2}{2g} = \frac{P_2 - P_1}{\gamma} = \frac{(\gamma_s - \gamma)h}{\gamma} = \left(\frac{\gamma_s}{\gamma} - 1\right)h$$

$$\therefore \quad V_1 = \sqrt{2gh\left(\frac{\gamma_s}{\gamma} - 1\right)} \quad \cdots\cdots ④$$

**[피토정압관의 구조]**

실질적으로 많이 사용되는 피토정압관의 기본 구조는 [그림 4.33]과 같다. 흐르는 유체의 정압과 정체압력을 알면 동압을 알 수 있으므로 유체 속도를 계산할 수 있다.

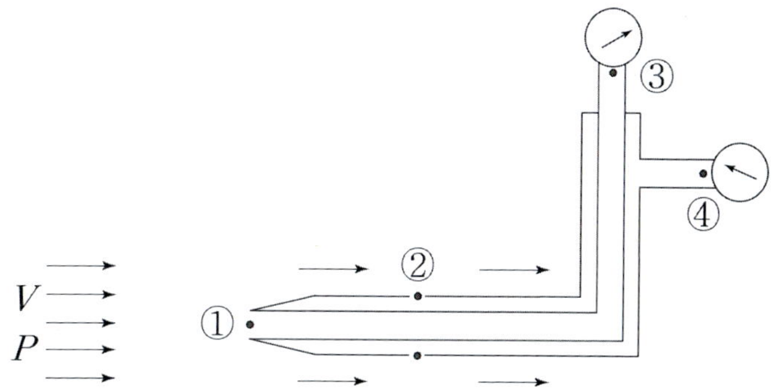


**[그림 4.33] 피토 정압관의 구조**

그림에 보인 것처럼 동심인 두 관을 두 개의 압력계에 연결한다. 안쪽 관의 열린 끝 ①과 연결된 ③에서는 정체압력을 측정한다. 유체의 높이에 따른 압력 변화를 무시할 수 있다면 평형 상태에서

$$P_3 = P + \frac{1}{2}\rho V^2$$

이다. 여기에서 $P$, $V$는 각각 정체점 ①의 상류에서 유속과 압력이다. 그리고 바깥쪽 관은 끝으로부터 적절한 거리에 단면이 유체 흐름 방향과 평행한 몇 개의 작은 구멍(②)을 뚫어서 정압을 측정하도록 만들었다. 점 ②와 ④의 높이에 따른 압력 차이를 무시한다면

$$P_4 = P_2 = P$$

이다. 위 두 식을 연립하면 유속 $V$는 다음과 같이 측정된 압력 $P_3$과 $P_4$로써 구해진다.

$$V = \sqrt{\frac{2(P_3 - P_4)}{\rho}}$$

**[예제 4.23]** 관 속을 흐르는 공기의 유속을 측정하기 위해 피토정압관을 [그림 4.30]과 같이 설치하였다. U 자관에서 수은주의 높이 차이가 $4\,\mathrm{mm}$일 때 공기의 유속을 구하여라. 단, 공기의 밀도는 $1.23\,\mathrm{kg/m^3}$이다.

**풀이** 액주계 유체의 밀도 $\rho_s = 13.6 \times 1000\,\mathrm{kg/m^3}$, 공기 밀도 $\rho = 1.23\,\mathrm{kg/m^3}$이고, 수은주의 높이 차이 $h = 0.004\,\mathrm{m}$이므로 유속은 다음과 같다.

$$\begin{aligned} V &= \sqrt{2gh\left(\frac{\rho_s}{\rho} - 1\right)} \\ &= \sqrt{2 \times 9.8 \times 0.004 \times \left(\frac{13.6 \times 1000}{1.23} - 1\right)}\,[\mathrm{m/s}] \\ &= 29.44\,[\mathrm{m/s}] \end{aligned}$$

**[예제 4.24]** 공기의 유속을 측정하기 위하여 피토정압관을 흐름 방향과 일직선상에 설치하였다[그림 4.34]. 부착된 시차 액주계의 높이 차이가 $10\,\mathrm{cm}$일 때 공기의 유속을 구하여라. 단, 공기의 밀도는 $1.225\,\mathrm{kg/m^3}$이고, 액주계 유체는 물이다.

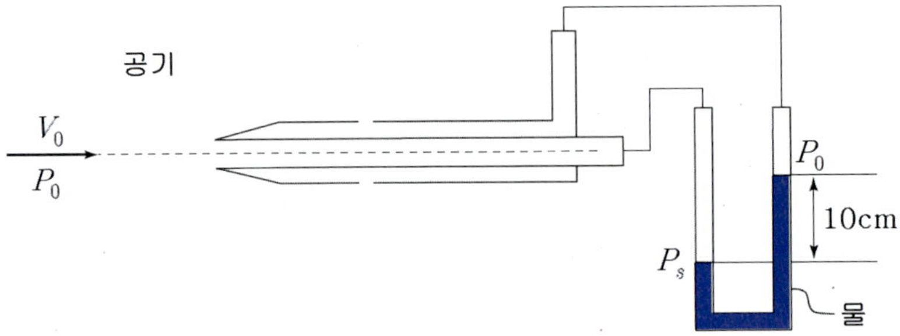


**[그림 4.34] 피토 정압관에 의한 유속 측정**

**풀이** 피토 정압관의 끝에서 정체압력($P_s$)을 감지하고, 몸통에 뚫린 구멍을 통하여 정압($P_0$)이 전달된다고 하면 액주계의 높이 차이($h$)는 $P_s - P_0$을 나타낸다. 따라서 공기의 유속($V_0$)은 다음과 같이 계산된다.

$$P_s = P_0 + \frac{1}{2}\rho_{air} V_0^2 \quad (\leftarrow \text{ 정체압력})$$

$$P_s = P_0 + \gamma_w h \quad (\leftarrow \text{액주계에서})$$

$$\therefore \quad P_0 + \frac{1}{2}\rho_{air} V_0^2 = P_0 + \gamma_w h$$

$$\therefore \quad V_0 = \sqrt{\frac{2\gamma_w h}{\rho_{air}}} = \sqrt{\frac{2 \times 9800 \times 0.1}{1.225}} = 40\,[\text{m/s}]$$

## 4.7 에너지 방정식

베르누이 방정식은 유체의 흐름에서 가장 기초가 되는 식이지만 실제 유체에 적용할 때는 관로에서 발생하는 여러 가지 손실을 고려해야 하고 여러 가지 물리적 상황을 이해해서 적용해야 한다. 유체 흐름 중에 펌프와 터빈이 설치되어 있을 때 펌프수두 $H_p$, 터빈수두 $H_t$, 손실수두 $h_L$을 모두 포함하는 에너지 방정식은 다음과 같다. 여기에서 $H_p$는 단위 중량의 유체가 펌프로부터 얻는 에너지이고, $H_t$는 유동 중에 있는 단위 중량의 유체가 터빈에 주는 에너지이다.[10)]

$$\frac{P_1}{\gamma} + \frac{V_1^2}{2g} + z_1 + H_p = \frac{P_2}{\gamma} + \frac{V_2^2}{2g} + z_2 + H_t + h_L \quad \cdots (4.43)$$

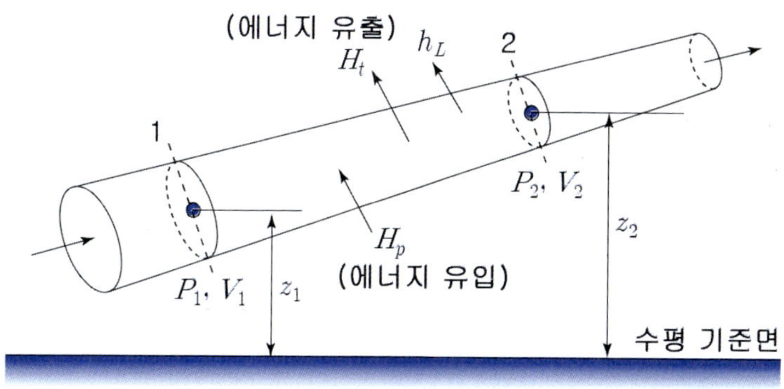


**[그림 4.35] 두 점(1, 2) 사이에서 펌프와 터빈 및 손실이 있을 때**

10) 식의 유도과정은 참고로 하고, 이 공식의 적용 및 응용 법을 익히도록 한다.

**설명** 실제 유체의 흐름은 전단응력을 발생시키는 점성의 영향으로 인해 비가역적이므로 마찰력에 의해 발생하는 에너지 손실을 고려하지 않은 베르누이 방정식은 수정되어야 한다. 에너지 방정식은 이와 같은 손실 에너지를 포함한 모든 에너지가 보존된다는 에너지 보존법칙에서 유도된다.

[그림 4.35]와 같이 유선을 따라 상류 지점 1에서 하류 지점 2로 흘러가는 유동을 고려한다. 일이나 열과 같은 에너지가 유선으로 유입되거나 유선으로부터 방출되지 않는다고 하면 점 1에서 총 에너지는 점 2에서 총 에너지와 두 지점 사이에서 발생한 유동 손실을 합한 것과 같다.

$$\frac{P_1}{\gamma}+\frac{V_1^2}{2g}+z_1=\frac{P_2}{\gamma}+\frac{V_2^2}{2g}+z_2+(\text{에너지 손실})_{1\to 2} \quad \cdots\cdots (4.44)$$

식 (4.44)의 좌변은 계로 유입되는 전 수두(total head)를 나타내고 우변은 계를 나가는 전 수두를 나타낸다. 두 지점 사이에서 발생하는 손실을 $h_L$로 하면 식 (4.44)는 다음과 같이 쓸 수 있다.

$$\frac{P_1}{\gamma}+\frac{V_1^2}{2g}+z_1=\frac{P_2}{\gamma}+\frac{V_2^2}{2g}+z_2+h_L \quad \cdots\cdots (4.45)$$

두 지점 사이에 펌프를 설치하여 유체에 에너지를 공급할 때 펌프에 의해 부가된 수두를 $H_p$라 하면 이것은 유체에 유입된 에너지이므로 식 (4.45)의 좌변에 더해진다.

$$\frac{P_1}{\gamma}+\frac{V_1^2}{2g}+z_1+H_p=\frac{P_2}{\gamma}+\frac{V_2^2}{2g}+z_2+h_L \quad \cdots\cdots (4.46)$$

반면 터빈이 유체로부터 에너지를 받는 경우 터빈으로 방출되는 수두 $H_t$는 식 (4.45)의 우변에 더해진다.

$$\frac{P_1}{\gamma}+\frac{V_1^2}{2g}+z_1=\frac{P_2}{\gamma}+\frac{V_2^2}{2g}+z_2+H_t+h_L \quad \cdots\cdots (4.47)$$

펌프와 터빈이 모두 있는 계에 대해서는 식 (4.46)과 (4.47)로부터 다음 방정식이 얻어진다.

$$\frac{P_1}{\gamma}+\frac{V_1^2}{2g}+z_1+H_p=\frac{P_2}{\gamma}+\frac{V_2^2}{2g}+z_2+H_t+h_L$$

위 식은 에너지 방정식의 일반화된 표현이다. 그런데 실제 문제의 경우 펌프와 터빈을 함께 설치하는 경우는 많지 않기 때문에 식 (4.45)~(4.47)이 주로 사용된다.

## [참고] 검사체적에서 에너지 방정식 유도

이상에서 베르누이 방정식을 확장하여 에너지 보존법칙을 도입함으로써 에너지 방정식이 유도되는 과정을 살펴보았다. 이 과정은 개념적으로 매우 이해하기 쉬울 것이다.

참고로 [그림 4.36]과 같은 검사체적을 잡은 후 에너지 보존법칙을 적용하여 에너지 방정식을 유도할 수 있다.

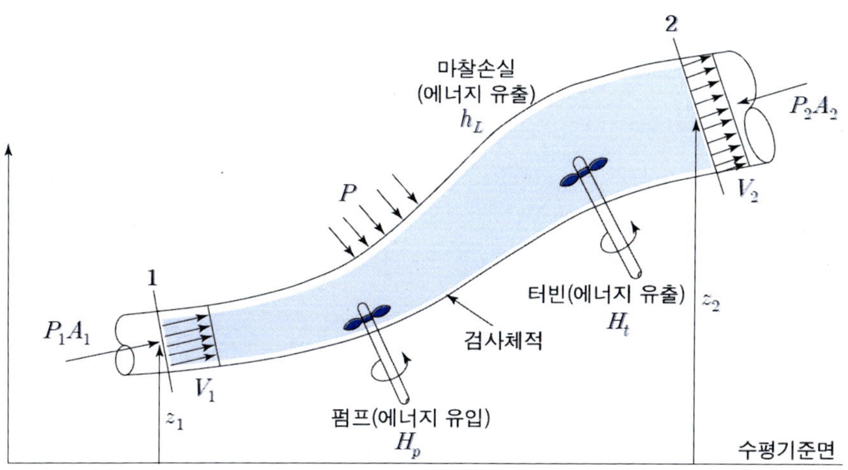


[그림 4.36] 에너지 방정식을 유도하기 위한 검사체적

에너지 보존법칙을 적용하기 위해 검사체적으로 유입되는 에너지와 유출되는 에너지를 구한다. 유체의 단위 질량당 위치에너지와 운동에너지는 각각 $gz$, $V^2/2$이므로 질량유량을 $\dot{m}$라 하면 단면 1에서 유입되는 에너지와 단면 2에서 유출되는 에너지는 각각

$$\dot{m}(gz_1+V_1^2/2),\quad \dot{m}(gz_2+V_2^2/2) \cdots\cdots ①$$

이다. 다음에 압력에 의한 일을 고려하면, 먼저 입구와 출구를 제외한 검사면의 나머지 부분에 작용하는 압력 힘은 유체의 운동방향에 수직으로 작용하므로 일을 하지 않는다.

그리고 입구의 출구에서 압력과 같은 방향으로 각각 $A_1V_1$, $A_2V_2$의 부피 변화가 생겼으므로 여기에서 압력이 한 일은 각각

$$P_1A_1V_1,\quad P_2A_2V_2 \qquad ②$$

이다. 펌프와 터빈에 의한 기계일(machine work)과 마찰에 의한 에너지 손실을 고려하면 펌프가 가한 일률과 터빈이 받은 일률 및 손실률은 다음과 같다.

$$\dot{W}_p=\dot{m}gH_p,\quad \dot{W}_t=\dot{m}gH_t,\quad \dot{E}_L=\dot{m}gh_L \qquad ③$$

따라서 정상상태를 유지하고 있는 검사체적에 대한 에너지 보존 식은 다음과 같이 표현된다.

$$\dot{m}\left(gz_1+\frac{V_1^2}{2}\right)+P_1A_1V_1+\dot{m}gH_p = \dot{m}\left(gz_2+\frac{V_2^2}{2}\right)+P_2A_2V_2+\dot{m}gH_t+\dot{m}gh_L \qquad ④$$

여기에서 연속법칙

$$\dot{m}=\rho A_1V_1=\rho A_2V_2 \qquad ⑤$$

에 의한 관계식 $A_1V_1=A_2V_2=\dot{m}/\rho$을 식 ④에 대입하면

$$\dot{m}\left(gz_1+\frac{V_1^2}{2}\right)+P_1\times\frac{\dot{m}}{\rho}+\dot{m}gH_p = \dot{m}\left(gz_2+\frac{V_2^2}{2}\right)+P_2\times\frac{\dot{m}}{\rho}+\dot{m}gH_t+\dot{m}gh_L \qquad ⑥$$

가 된다. 식 ⑥에서 $\dot{m}g$를 나누어주면 최종적으로 다음 에너지 방정식이 얻어진다.

$$\frac{P_1}{\gamma}+\frac{V_1^2}{2g}+z_1+H_p=\frac{P_2}{\gamma}+\frac{V_2^2}{2g}+z_2+H_t+h_L \qquad ⑦$$

**[예제 4.25]** **[마찰손실]** 그림과 같이 지름이 10cm인 긴 파이프가 저수지에 연결되어 물을 대기로 방류하고 있다. 방류되는 유량이 $2\,\mathrm{m^3/min}$일 때 수면으로부터 파이프 출구까지 손실수두[m]를 구하여라. 단, 수위는 일정하게 유지된다고 가정한다.

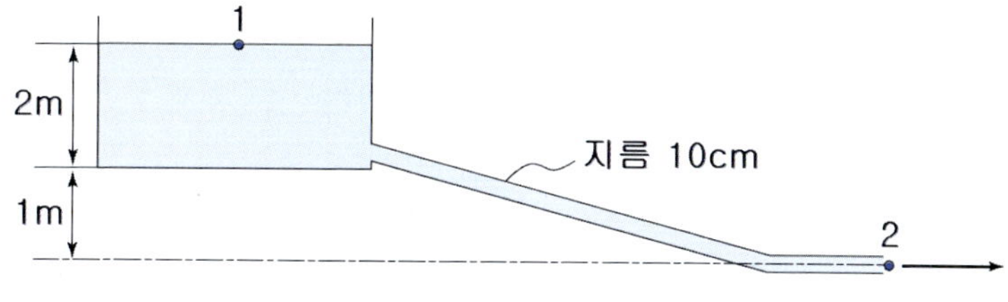


[그림 4.37] **파이프에서 마찰손실**

**풀이** 저수지 수면을 1, 물이 외부로 방류되는 파이프 끝을 2로 하여 점 1과 2 사이에 에너지 방정식을 적용한다.

$$\frac{P_1}{\gamma}+\frac{V_1^2}{2g}+z_1=\frac{P_2}{\gamma}+\frac{V_2^2}{2g}+z_2+h_L \quad \cdots\cdots ①$$

여기에서 저수지 수위가 일정하므로 수면의 하강 속도는

$$V_1=0 \quad \cdots\cdots ②$$

이고, 파이프 끝에서 물의 속도는 파이프 내부의 유속과 같으므로 연속방정식에서

$$Q=A\,V_2=\frac{\pi}{4}D^2\,V_2$$

$$\therefore\ V_2=\frac{4Q}{\pi D^2}=\frac{4\times(2/60)}{\pi\times0.1^2}=4.244\,[\mathrm{m/s}] \quad \cdots\cdots ③$$

이다. 그리고 두 지점 1, 2의 압력은 모두 대기압으로 같고,

$$P_1=P_2=P_{atm} \quad \cdots\cdots ④$$

두 지점의 고도 차이는

$$z_1-z_2=3\,[\mathrm{m}] \quad \cdots\cdots ⑤$$

이다. 식 ②~⑤를 식 ①에 대입하면 다음과 같이 손실수두($h_L$)가 구해진다.

$$\frac{P_{atm}}{\gamma}+0+z_1=\frac{P_{atm}}{\gamma}+\frac{V_2^2}{2g}+z_2+h_L$$

$$\therefore\ \ h_L=(z_1-z_2)-\frac{V_2^2}{2g}=3-\frac{4.244^2}{2\times 9.8}=2.08\,[\mathrm{m}]$$

† 에너지 방정식에서 각 항들은 단위 중량당 에너지를 나타낸다. 이 예제의 결과인 손실수두 $h_L=2.08\mathrm{m}$는 $2.08\mathrm{J/N}$과 같다. 즉, 유체 1N에서 2.08J의 에너지 손실이 발생한다는 것을 의미한다.

**[예제 4.26]** **[펌프] 펌프를 사용하여 지하에 있는 물을 지상으로 퍼 올리려 한다. 물의 유입 지점 압력은 98kPa, 방출 지점 압력은 103kPa이고, 유입 지점으로부터 방출 지점까지 높이는 40m이다. 전체 수두 손실이 3m이고, 관 지름이 일정할 때 펌프에서 공급해야 할 단위중량당 일을 구하여라.**

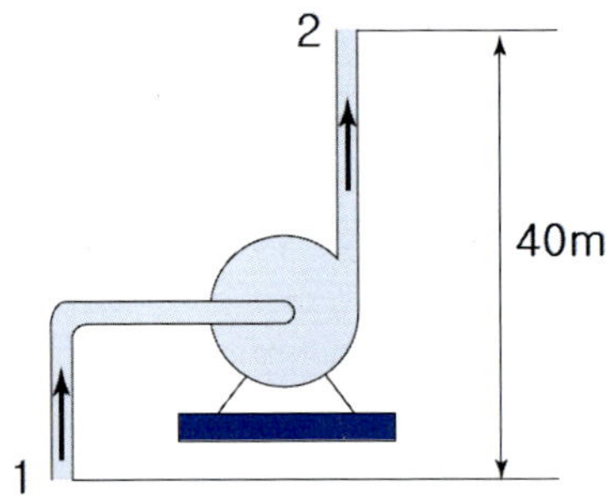


[그림 4.38] 펌프

**풀이** 물의 유입 지점을 1, 방출 지점을 2로 하여 점 1과 2 사이에 에너지 방정식을 적용한다.

$$\frac{P_1}{\gamma}+\frac{V_1^2}{2g}+z_1+H_p=\frac{P_2}{\gamma}+\frac{V_2^2}{2g}+z_2+h_L \quad \cdots\cdots ①$$

여기에서 손실수두는

$$h_L=3\,[\mathrm{m}] \quad \cdots\cdots ②$$

이고, 두 지점의 고도 차이는

$$z_2-z_1=40\,[\mathrm{m}] \quad \cdots\cdots ③$$

이다. 그리고 관 지름이 일정하므로 연속방정식으로부터 흡입관과 송출관에서 유속이 같다.

$$Q = A_1 V_1 = A_2 V_2$$
$$\therefore \quad V_1 = V_2 \quad (\because \quad A_1 = A_2) \cdots\cdots ④$$

식 ②~④를 식 ①에 대입하면 펌프에서 공급해야 할 단위중량당 일($H_p$)은 다음과 같다.

$$\frac{P_1}{\gamma} + 0 + z_1 + H_p = \frac{P_2}{\gamma} + 0 + z_2 + h_L$$
$$\therefore \quad H_p = \frac{P_2 - P_1}{\gamma} + (z_2 - z_1) + h_L$$
$$= \frac{103 - 98}{9.8} + 40 + 3 \ [\mathrm{m}]$$
$$= 43.51\,[\mathrm{m}] = 43.51\,[\mathrm{J/N}]$$

즉, 펌프는 물 1N에 대해 43.51J의 에너지를 공급해야 한다.

**[예제 4.27]** **[터빈]** 그림과 같은 터빈의 입구에서 4m/s의 속도로 물이 유입되고 있다. 입구와 출구의 압력이 각각 140kPa, 90kPa일 때 터빈이 물로부터 받는 단위중량당 에너지를 구하여라. 단, 손실은 무시한다.

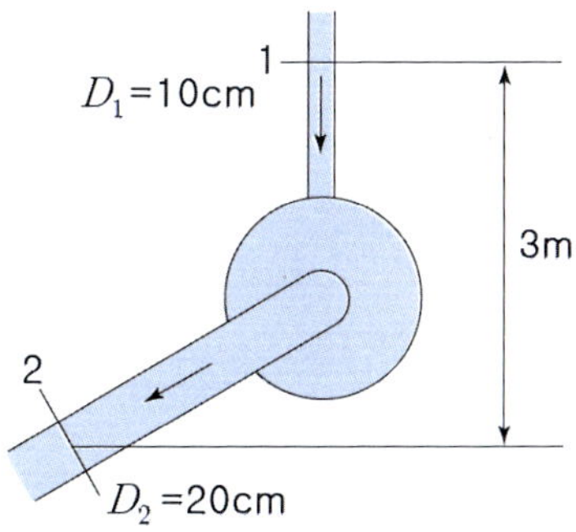


**[그림 4.39]** 터빈

**풀이** 터빈 입구와 출구를 각각 1, 2로 하여 점 1과 2 사이에 에너지 방정식을 적용한다.

$$\frac{P_1}{\gamma}+\frac{V_1^2}{2g}+z_1=\frac{P_2}{\gamma}+\frac{V_2^2}{2g}+z_2+H_t+h_L \quad \cdots\cdots ①$$

여기에서 손실수두와 입구 유속은

$$h_L=0, \quad V_1=4\,[\mathrm{m/s}] \quad \cdots\cdots ②$$

이고, 두 지점의 고도 차이는

$$z_1-z_2=3\,[\mathrm{m}] \quad \cdots\cdots ③$$

이다. 그리고 연속방정식으로부터 점 2에서 유속($V_2$)을 구한다.

$$Q=A_1V_1=A_2V_2$$

$$\therefore \quad V_2=\frac{A_1}{A_2}V_1=\frac{\pi D_1^2/4}{\pi D_2^2/4}\times V_1=\left(\frac{D_1}{D_2}\right)^2 V_1$$

$$=\left(\frac{10}{20}\right)^2\times 4\ [\mathrm{m/s}]=1\,[\mathrm{m/s}] \quad \cdots\cdots ④$$

식 ②~④를 식 ①에 대입하면 터빈이 물로부터 얻는 단위중량당 에너지($H_t$)는 다음과 같다.

$$H_t=\frac{P_1-P_2}{\gamma}+\frac{V_1^2-V_2^2}{2g}+(z_1-z_2)$$

$$=\frac{140-90}{9.8}+\frac{4^2-1^2}{2\times 9.8}+3\ [\mathrm{m}]$$

$$=8.87\,[\mathrm{m}]=8.87\,[\mathrm{J/N}]$$

즉, 물 1N은 터빈에 8.87J의 에너지를 준다.

## 4.8 운동에너지 수정계수

지금까지 베르누이 방정식이나 에너지 방정식을 하나의 유선이 아니라 단면에 대하여 적용할 때 각 유동 단면에서 유속이 균일하다고 하고 문제를 해석하였다. 그런데 실제 유동의 단면에서 유속이 균일하지 않다면 평균속도를 사용하여 구한 에너지는 실제 유동의 값과 다르게 될 것이다. 이와 같은 것을 보정하기 위해 다음과 같이 운동에너지 수정계수 (kinetic energy correction factor)를 정의하여 사용한다.[11)]

속도분포 $v$를 갖는 유동을 균일유동으로 간주하고 해석할 때 사용하는 유속은 다음과 같이 정의되는 단면에서 평균속도 $V_m$이다.

$$V_m = \frac{1}{A}\int v\,dA$$

평균속도에 의한 유체의 단위 시간당 운동에너지는 다음과 같다.

$$E_{k,m} = \frac{1}{2}\dot{m}\,V_m^2 = \frac{1}{2}(\rho A\,V_m)\,V_m^2 = \frac{1}{2}\rho\,V_m^3 A \quad \cdots\cdots ①$$

속도분포 $v$가 있을 때 미소 단면 $dA$를 통과하는 질량유량은

$$d\dot{m} = \rho v dA$$

이므로 미소 단면을 통과하는 단위 시간당 운동에너지는

$$dE_k = \frac{1}{2}(d\dot{m})v^2 = \frac{1}{2}\rho v^3 dA$$

이다. 따라서 유체가 갖는 단위 시간당 총 운동에너지는

$$E_k = \int \frac{1}{2}\rho v^3 dA \quad \cdots\cdots ②$$

가 된다. 이것을 단면에서 평균속도 $V_m$에 기준한 운동에너지 ①과 비교하여 다음과 같이 운동에너지 수정계수 $\alpha$를 정의하여 사용한다.

$$E_k = \alpha\,E_{k,m}$$

$$\int \frac{1}{2}\rho v^3 dA = \alpha\left(\frac{1}{2}\rho\,V_m^3\,A\right)$$

$$\alpha = \frac{1}{A}\int\left(\frac{v}{V_m}\right)^3 dA \quad \cdots\cdots (4.48)$$

운동에너지 수정계수를 도입하면 에너지 방정식은 다음과 같다.

11) 이 단원은 참고만 해도 되지만 운동에너지 수정계수의 정의 식 (4.48)은 알아두도록 한다.

$$\frac{P_1}{\gamma}+\alpha_1\frac{V_1^2}{2g}+z_1+H_p=\frac{P_2}{\gamma}+\alpha_2\frac{V_2^2}{2g}+z_2+H_t+h_L \quad \cdots\cdots (4.49)$$

이와 같이 운동에너지 수정계수는 불균일 유동의 운동에너지를 보정할 때 사용되며 $\alpha \geq 1$의 값을 갖는다. 곧은 원관 내부유동에서 포물선 형태의 속도분포를 갖는 경우 $\alpha=2$이고, 난류유동의 경우 $\alpha$는 1에 가까운 값($\alpha \approx 1.05$)을 갖는다.[12)]

**[예제 4.28]** 댐의 물을 이용하여 전기를 발생시키기 위해 수력터빈을 설치하였다. 터빈을 지나는 유량이 $10\text{m}^3/\text{s}$, 손실수두가 5m, 배출관에서 유속이 3m/s이고 운동에너지 수정계수가 1.05일 때 터빈이 물로부터 받는 단위 중량당 에너지를 구하여라.

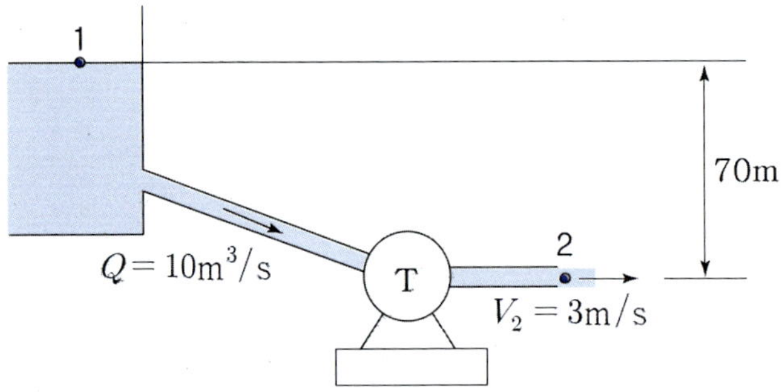


**[그림 4.40] 댐에 설치된 수력터빈**

**풀이** 댐의 수면을 1, 배출구를 2로 하고 점 1과 2 사이에 에너지 수정계수를 고려한 에너지 방정식을 적용한다.

$$\frac{P_1}{\gamma}+\alpha_1\frac{V_1^2}{2g}+z_1=\frac{P_2}{\gamma}+\alpha_2\frac{V_2^2}{2g}+z_2+H_t+h_L \quad \cdots\cdots ①$$

댐 수면의 하강 속도와 손실수두 및 두 지점 1, 2의 압력은 다음과 같다.

$$V_1=0,\ h_L=5\,[\text{m}],\ P_1=P_2=P_{atm} \quad \cdots\cdots ②$$

배출구에서 유속과 두 지점의 고도 차이는

12) 실제 문제에서 운동에너지 수정계수에 대한 언급이 없으면 이 값을 1로 한다. 즉, 우리가 잘 아는 베르누이 방정식에 펌프수두, 터빈수두, 손실수두가 추가된 방정식이다.

$$V_2 = 3\,[\mathrm{m/s}],\ z_1 - z_2 = 70\,[\mathrm{m}] \cdots\cdots ③$$

이고, 운동에너지 수정계수는

$$\alpha_2 = 1.05 \cdots\cdots ④$$

이다. ②~④의 값들을 식 ①에 대입하면 터빈이 물로부터 얻는 단위중량당 에너지 ($H_t$)는 다음과 같다.

$$0 + 0 + z_1 = 0 + \alpha_2 \frac{V_2^2}{2g} + z_2 + H_t + h_L$$

$$H_t = (z_1 - z_2) - h_L - \alpha_2 \frac{V_2^2}{2g}$$

$$= 70 - 5 - 1.05 \times \frac{3^2}{2 \times 9.8}\,[\mathrm{m}]$$

$$= 64.52\,[\mathrm{m}] = 64.52\,[\mathrm{J/N}]$$

## 4.9* Navier-Stokes 방정식

비압축성 뉴턴유체에 대한 다음과 같은 운동 방정식을 Navier-Stokes 방정식이라 한다.[13)]

- $x$ 방향 : $\rho\left(\frac{\partial u}{\partial t} + u\frac{\partial u}{\partial x} + v\frac{\partial u}{\partial y} + w\frac{\partial u}{\partial z}\right) = -\frac{\partial P}{\partial x} + \mu\left(\frac{\partial^2 u}{\partial x^2} + \frac{\partial^2 u}{\partial y^2} + \frac{\partial^2 u}{\partial z^2}\right) + \rho f_x$
- $y$ 방향 : $\rho\left(\frac{\partial v}{\partial t} + u\frac{\partial v}{\partial x} + v\frac{\partial v}{\partial y} + w\frac{\partial v}{\partial z}\right) = -\frac{\partial P}{\partial y} + \mu\left(\frac{\partial^2 v}{\partial x^2} + \frac{\partial^2 v}{\partial y^2} + \frac{\partial^2 v}{\partial z^2}\right) + \rho f_y$
- $z$ 방향 : $\rho\left(\frac{\partial w}{\partial t} + u\frac{\partial w}{\partial x} + v\frac{\partial w}{\partial y} + w\frac{\partial w}{\partial z}\right) = -\frac{\partial P}{\partial z} + \mu\left(\frac{\partial^2 w}{\partial x^2} + \frac{\partial^2 w}{\partial y^2} + \frac{\partial^2 w}{\partial z^2}\right) + \rho f_z$

13) 학부 과정에서 Navier-stokes 방정식을 기억할 필요는 없다. 유체역학에서 운동 방정식은 이와 같은 형태라는 것만 알아두면 되겠다.

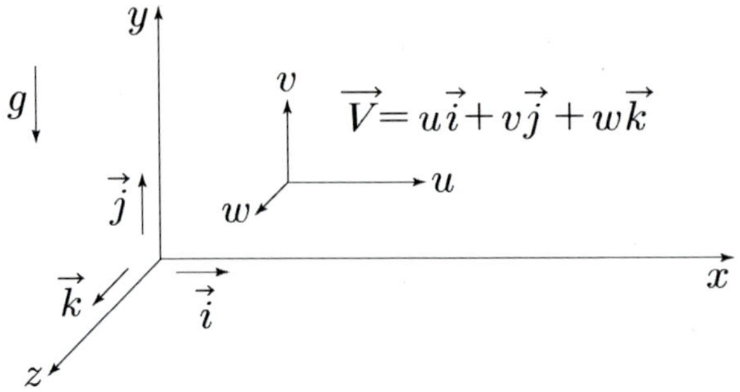


**[그림 4.41] 직각 좌표계와 속도성분**

여기에서 $u$, $v$, $w$는 각각 $x$, $y$, $z$방향의 속도성분이고, $f_x$, $f_y$, $f_z$는 각각 $x$, $y$, $z$방향의 체적력(body force)을 나타낸다[그림 4.41]. [그림 4.41]에서 중력에 의한 체적력만이 존재하는 경우 $f_x = 0$, $f_y = -g$, $f_z = 0$이다. 이상의 방정식은 상당히 복잡해보이지만 미소요소를 선정하여 뉴턴운동법칙 $\sum \vec{F} = m\vec{a}$와 연속방정식을 적용하여 유도한 식이다. 위 식들을 벡터 형태로 나타내면 다음과 같이 간단하게 표현된다.

$$\frac{\partial \vec{V}}{\partial t} + (\vec{V} \cdot \nabla)\vec{V} = -\frac{1}{\rho}\nabla P + \nu \nabla^2 \vec{V} + \vec{f}$$

여기에서 속도장 $\vec{V} = u\vec{i} + v\vec{j} + w\vec{k}$, 체적력 $\vec{f} = f_x\vec{i} + f_y\vec{j} + f_z\vec{k}$이다.

일반적으로 평판인 경우는 직각좌표계를 사용하는 것이 해석이 편리하고, 원관인 경우에는 원통 좌표계(cylindrical coordinate)를 사용하는 것이 좋다. 이것은 벽면의 형상에 맞는 좌표계를 사용하면 경계조건을 적용하기가 쉽기 때문이다. [그림 4.42]와 같은 원통 좌표계에 대하여 Navier-Stokes 방정식을 쓰면 다음과 같다.

• $r$ 방향 : $$\rho\left(\frac{\partial v_r}{\partial t} + v_r\frac{\partial v_r}{\partial r} + \frac{v_\theta}{r}\frac{\partial v_r}{\partial \theta} - \frac{v_\theta^2}{r} + v_z\frac{\partial v_r}{\partial z}\right)$$
$$= -\frac{\partial P}{\partial r} + \mu\left[\frac{1}{r}\frac{\partial}{\partial r}\left(r\frac{\partial v_r}{\partial r}\right) - \frac{v_r}{r^2} + \frac{1}{r^2}\frac{\partial^2 v_r}{\partial \theta^2} - \frac{2}{r^2}\frac{\partial v_\theta}{\partial \theta} + \frac{\partial^2 v_r}{\partial z^2}\right] + \rho f_r$$

• $\theta$ 방향 : $$\rho\left(\frac{\partial v_\theta}{\partial t} + v_r\frac{\partial v_\theta}{\partial r} + \frac{v_\theta}{r}\frac{\partial v_\theta}{\partial \theta} + \frac{v_r v_\theta}{r} + v_z\frac{\partial v_\theta}{\partial z}\right)$$
$$= -\frac{1}{r}\frac{\partial P}{\partial \theta} + \mu\left[\frac{1}{r}\frac{\partial}{\partial r}\left(r\frac{\partial v_\theta}{\partial r}\right) - \frac{v_\theta}{r^2} + \frac{1}{r^2}\frac{\partial^2 v_\theta}{\partial \theta^2} + \frac{2}{r^2}\frac{\partial v_r}{\partial \theta} + \frac{\partial^2 v_\theta}{\partial z^2}\right] + \rho f_\theta$$

• $z$ 방향 : $$\rho\left(\frac{\partial v_z}{\partial t} + v_r\frac{\partial v_z}{\partial r} + \frac{v_\theta}{r}\frac{\partial v_z}{\partial \theta} + v_z\frac{\partial v_z}{\partial z}\right)$$

$$= -\frac{\partial P}{\partial z} + \mu\left[\frac{1}{r}\frac{\partial}{\partial r}\left(r\frac{\partial v_z}{\partial r}\right) + \frac{1}{r^2}\frac{\partial^2 v_z}{\partial \theta^2} + \frac{\partial^2 v_z}{\partial z^2}\right] + \rho f_z$$

여기에서 속도장 $\vec{v} = v_r\overrightarrow{e_r} + v_\theta\overrightarrow{e_\theta} + v_z\overrightarrow{e_z}$, 체적력 $\vec{f} = f_r\overrightarrow{e_r} + f_\theta\overrightarrow{e_\theta} + f_z\overrightarrow{e_z}$이다.

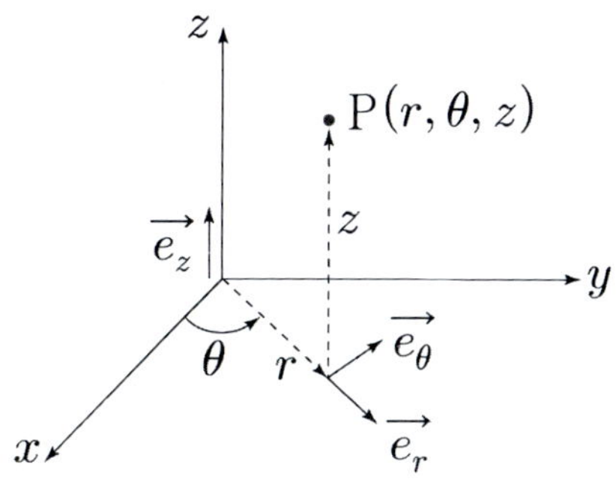


**[그림 4.42] 원통 좌표계**

Navier-Stokes 방정식으로 얻어진 엄밀해(exact solution)는 지금까지 몇 개 되지 않는다. 실제 공학 문제에 있어서 엄밀해를 구할 수 있는 경우는 극히 드물고, 대부분 수치적인 방법(Numerical method)을 통하여 해를 구한다. 컴퓨터를 사용하여 수치해(Numerical solution)를 구하는 분야를 전산유체역학(CFD : Computational Fluid Dynamics)이라 하며 오늘날 많이 사용하는 방법이다.

† 7장의 연습문제 27번과 34번에서 Navier-Stokes 방정식을 사용하여 원관 내 층류유동과 두 무한 평판 사이 층류유동의 속도분포를 구하는 과정을 소개하였다.

## 연습문제 4

**01** 다음과 같이 주어지는 속도장이 있다.

$$\vec{V} = A(x\vec{i} - y\vec{j}) \quad (A\text{는 상수})$$

(1) 점 $(1, 2)$에서 속도의 크기를 구하여라.
(2) 점 $(3, -3)$에서 속도의 방향각을 구하여라.

**02*** 2차원 유동의 속도성분이 다음과 같을 때 유선의 방정식을 구하여라.

$$u = -2y, \quad v = -2x$$

**03** 안지름 20 cm의 관 속을 흐르는 기름의 레이놀즈수가 2000일 때 평균 유속을 구하여라. 기름의 동점성계수는 $3 \times 10^{-4}\,\mathrm{m^2/s}$이다.

**04** 안지름 60 cm인 관 속을 평균 유속 10 m/s로 흐르는 유체의 레이놀즈수를 구하여라. 단, 유체의 밀도는 $1.2\,\mathrm{kg/m^3}$, 점성계수는 $1.8 \times 10^{-5}\,\mathrm{Pa \cdot s}$이다.

**05** 마하수 0.2로 달리는 고속열차가 부산에서 서울까지 450km의 거리를 가는 데 소요되는 시간을 구하여라. 음속은 340 m/s이다.

**06** 기온이 $-30$℃인 대기에서 마하수 1.5로 비행하는 물체의 속도를 구하여라. 공기의 비열비는 1.4, 기체상수는 0.287 kJ/kg · K이다.

**07** 안지름 20 cm의 관 속을 평균속도 5m/s로 기름이 흐를 때 다음을 구하여라. 기름의 비중은 0.8이다.

(1) 체적유량 (2) 질량유량 (3) 중량유량

**08** 안지름 50 cm인 관 속을 평균속도 10m/s로 흐르는 공기의 질량유량[kg/s]을 구하여라. 공기의 기체상수는 0.287 kJ/kg · K, 온도는 20℃, 압력은 150 kPa이다.

**09** 원형 관 내 유동에서 레이놀즈수($Re$)를 관의 안지름 $D$, 중력가속도 $g$, 유체의 점성계수 $\mu$, 중량유량 $G$를 사용하여 표현하여라.

**10** 그림과 같은 관 속을 일정한 유량의 비압축성 유체가 흐르고 있다. 안지름 비가 $D_1 : D_2 = 2:3$일 때 속도 비 $V_1 : V_2$를 구하여라.

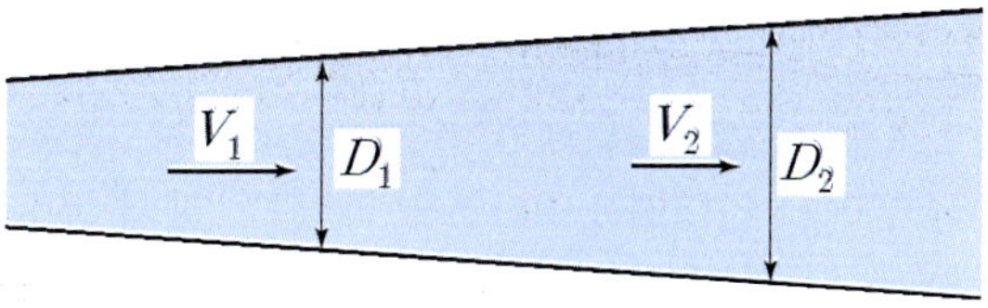


[문제 4.10]

**11** 지름이 변화하는 관 속에서 물이 흐르고 있다. 안지름 5cm인 단면에서 평균유속이 8m/s일 때 안지름이 8cm인 단면에서 유속과 체적유량을 구하여라.

**12** 그림과 같이 안지름 5cm의 파이프가 안지름 15cm인 두 개의 파이프에 연결되어 있다. 파이프를 통하여 흘려보내는 유량이 $0.01\text{m}^3/\text{s}$일 때 각 파이프에서 평균유속을 구하여라. 유체의 밀도는 일정하고, 안지름 15cm인 두 파이프에서 유량은 같다.

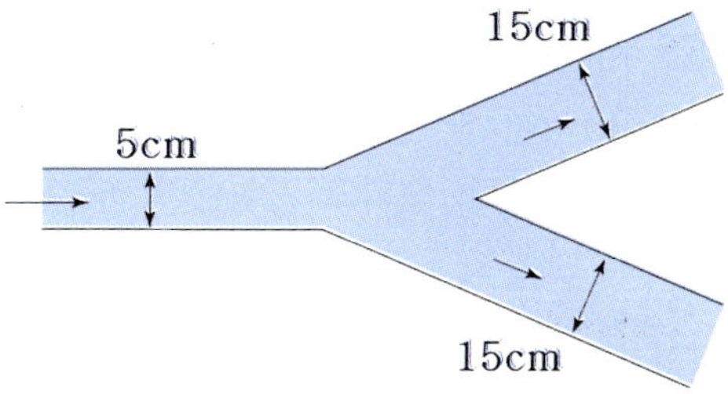


[문제 4.12]

**13** 안지름 20cm의 관을 통하여 평균속도 50m/s로 공기가 외부로 분사되고 있다. 관 내부의 계기압력이 40kPa이고 공기의 온도가 20℃일 때 1초에 몇 kg의 공기가 분사되는가? 공기의 기체상수는 0.287kJ/kg·K이고 대기압은 100kPa이다.

**14*** 다음 중 정상상태 2차원 비압축성 유체의 연속방정식을 만족하는 것은?

(1) $u = 2x,\ v = 2y$ (2) $u = 3x,\ v = -3y$

(3) $u = 1 + 2x + 3y,\ v = 3x + 4y$ (4) $u = x + 4y,\ v = 1 + 5x - y$

**15*** 유동함수가 $\Psi = -x^2 + y^2$일 때 점 $(1, 2)$에서 유속의 크기와 유속의 방향이 $x$축과 이루는 각을 구하여라.

**16*** 속도 퍼텐셜이 $\phi = y - 2x^2 + 2y^2$일 때 $x$, $y$ 방향의 속도 성분을 구하여라.

**17** 물이 흐르는 관속에 있는 어떤 점 A가 있다. 기준면으로부터 A점까지 높이는 2m, 점 A에서 압력이 58.8kPa이고 유속이 49m/s이다. A점에서 유체의 위치수두, 압력수두, 속도수두, 전수두를 구하여라.

**18** 그림과 같은 관 내부를 비압축성유체가 흐르고 있다. 점 ①에서 압력이 120kPa, 유속이 6m/s이고, 점 ②에서 압력이 110kPa일 때 점 ②에서 유속을 구하여라. 단, 유체의 밀도는 $1000\text{kg/m}^3$, 두 지점의 고도 차이 $h = 2\text{m}$이고, 손실은 무시한다.

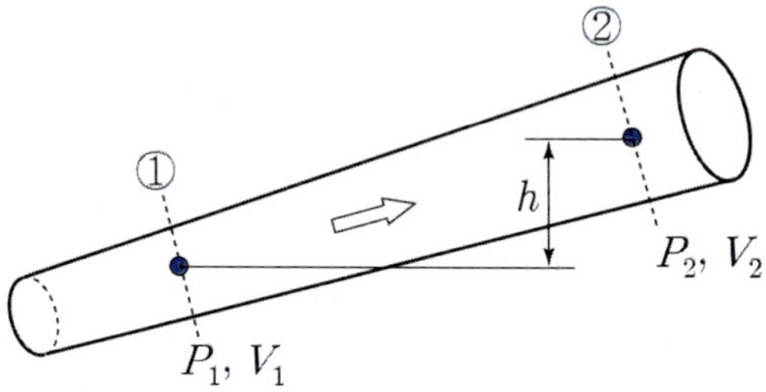


**[문제 4.18]**

**19** 수평으로 놓인 관 내부를 비압축성유체가 흐르고 있다. 단면적이 $50\text{cm}^2$인 곳에서 유속이 9m/s이고 압력이 110kPa일 때, 단면적 $150\text{cm}^2$인 곳에서 압력을 구하여라. 유체의 밀도는 $1000\text{kg/m}^3$이며, 손실은 없다고 가정한다.

**20** 지름이 다른 두 관이 연결된 관 내부를 물이 흐르고 있다. 관은 수평으로 놓여있고 지름이 $D_1$인 관에서 유속이 8m/s이고 압력이 $P_1$이며, 지름이 $D_2$인 관에서 압력을 $P_2$라 할 때 압력차이 $P_2 - P_1$을 구하여라. 단, $D_2 = 2D_1$이고, 손실은 무시한다.

**21** 그림과 같은 송유관 속을 비중량 $9\text{kN/m}^3$의 오일이 흐르고 있다. 송유관의 지름이 일정하고, 점 1에서 압력이 150kPa이고 유속이 2m/s일 때 점 2에서 유속과 압력을 구하여라. 두 지점의 고도 차이는 2m이고, 손실은 무시한다.

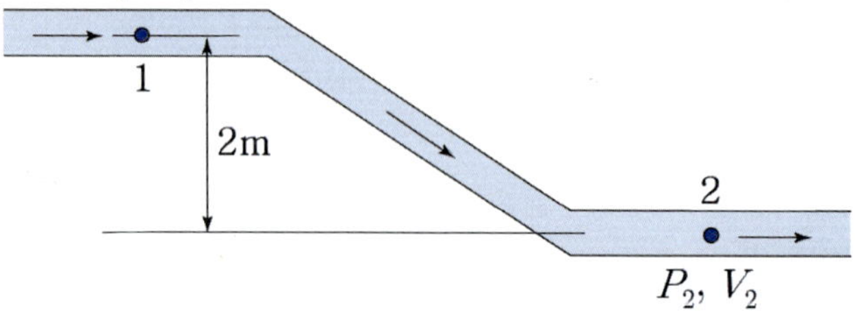


**[문제 4.21]**

**22** 수평으로 놓인 확대관 속을 기름이 흐르고 있다. 지름이 10cm 인 곳에서 속도와 압력이 각각 8m/s와 150kPa일 때 지름이 40cm 인 곳에서 속도와 압력을 구하여라. 단, 기름의 밀도는 $800\,kg/m^3$이고, 손실은 무시한다.

**23** 그림과 같은 사이펀에서 물이 유출되고 있다. 사이펀의 지름이 10cm 일 때 유량($Q$)을 구하여라. 단, 손실이 없고, 수면의 높이가 일정하게 유지된다.

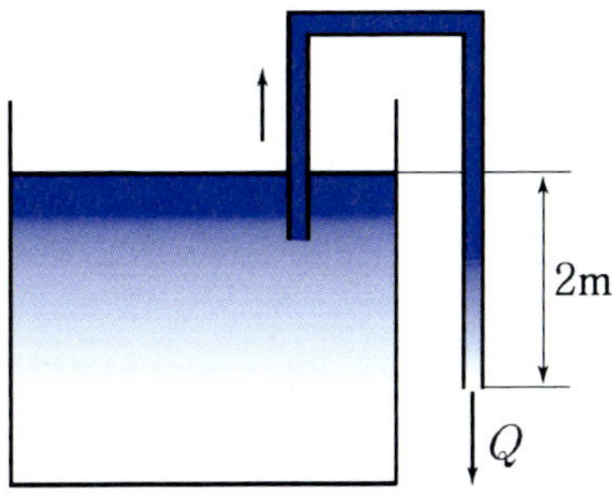


[문제 4.23]

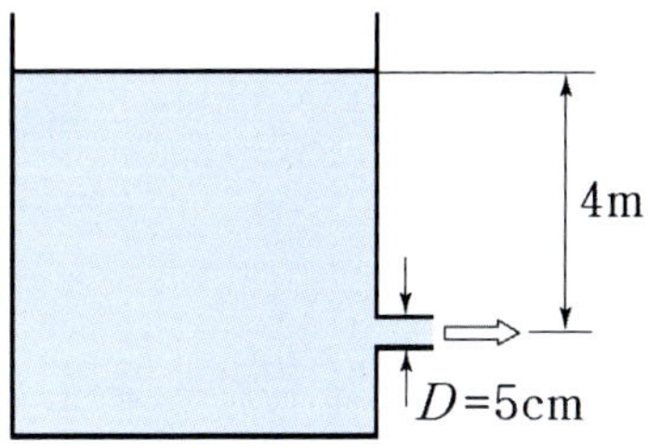


[문제 4.24]

**24** 그림과 같은 물탱크에 부착된 안지름 5cm 의 노즐에서 분출되는 물의 속도와 체적유량을 구하여라. 물은 이상유체이고 탱크는 아주 크다고 가정한다.

**25** 그림과 같이 아주 큰 저장조에 연결된 작은 관을 통하여 기체가 분사되고 있다. 저장조 내부의 압력 $P_1 = 150\,kPa$이고 관 내부의 압력 $P_2 = 100\,kPa$일 때 분사 속도를 구하여라. 기체의 밀도는 $1.2\,kg/m^3$이다.

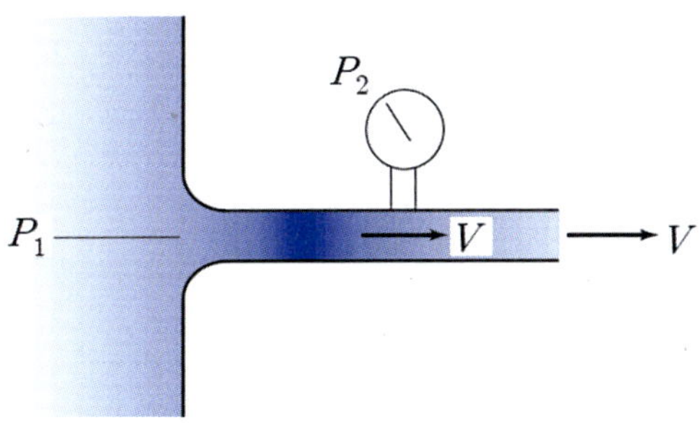


[문제 4.25]

**26** 지름이 변화하는 그림과 같은 관에 물이 흐르고 있을 때 단면 2에서 유속[cm/s]과 유량[$cm^3$/s]을 구하여라.

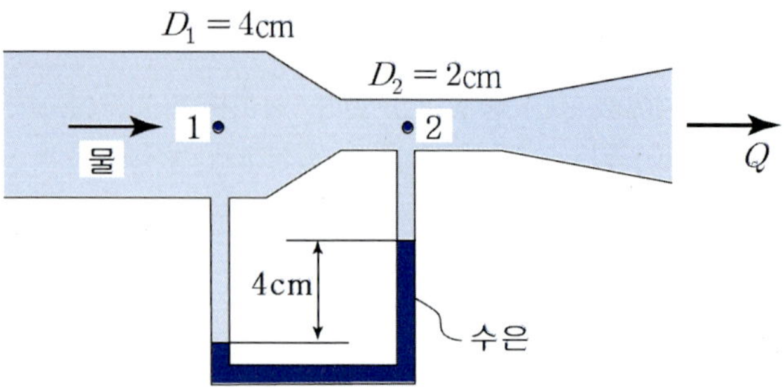


[문제 4.26]

**27** 그림과 같은 벤투리관에 물이 흐르고 있다. 단면 1의 면적은 단면 2의 면적의 8배($A_1 = 8A_2$)일 때 단면 1에서 유속 $V$[cm/s]을 구하여라.

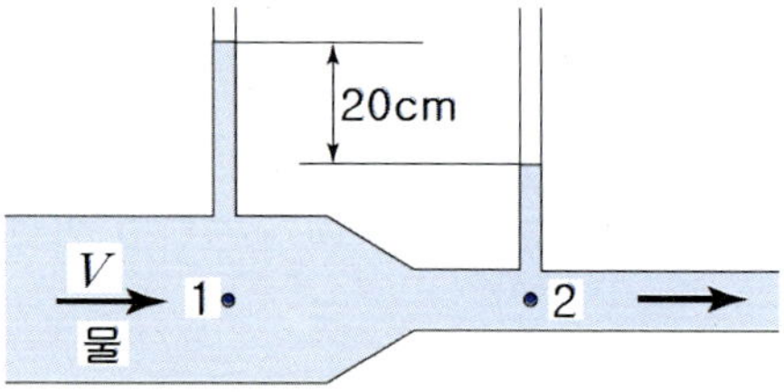


[문제 4.27]

**28** 흐르는 강물의 유속을 측정하기 위하여 그림과 같이 피토관을 설치하였다. 액주의 표면이 수면보다 10cm 높은 곳으로 상승하였을 때 유속($V$)을 구하여라.

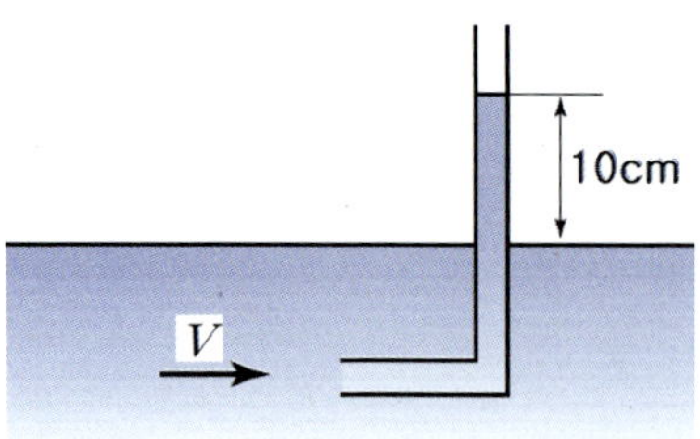


[문제 4.28]

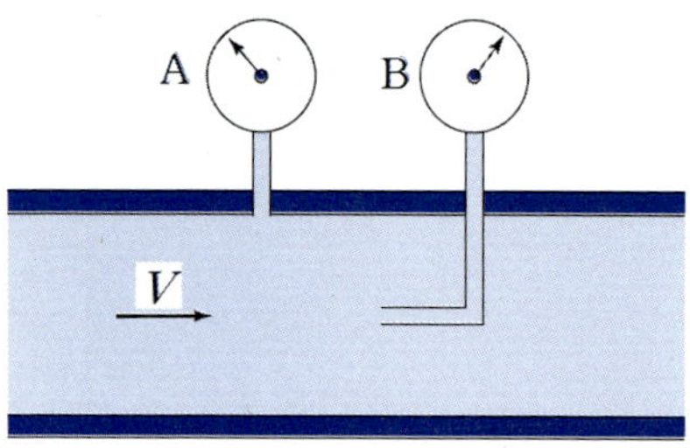


[문제 4.29]

**29** 관속을 흐르는 물의 유속을 측정하기 위하여 그림과 같이 피에조미터 A와 피토관 B를 설치하였다. A와 B의 눈금이 각각 20kPa, 80kPa을 가리킬 때 유속($V$)을 구하여라.

**30** 그림과 같은 피토 정압관에서 다음 각 경우에 대하여 유속 $V$를 구하여라.

(1) 파이프 속의 유체는 비중량 $\gamma = 11.8\,\mathrm{N/m^3}$인 공기이고, 액주계의 유체는 비중량 $\gamma_0 = 9.8\,\mathrm{kN/m^3}$인 물이며 $h = 20\mathrm{cm}$일 때

(2) 파이프 속의 유체는 비중량 $\gamma = 9.8\,\mathrm{kN/m^3}$인 물이고, 액주계의 유체는 비중량 $\gamma_0 = 132.8\,\mathrm{kN/m^3}$인 수은이며 $h = 20\mathrm{cm}$일 때

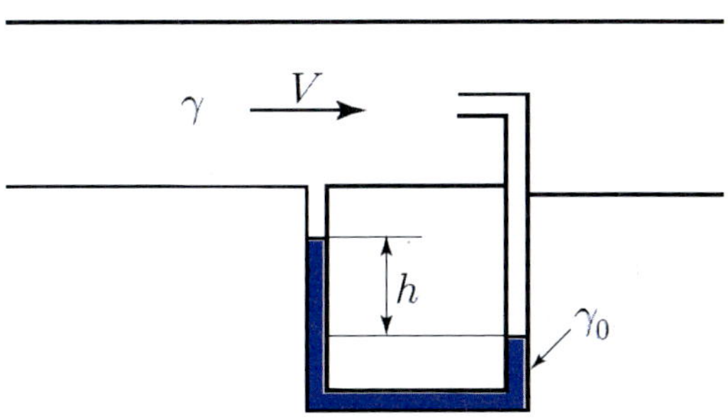


[문제 4.30]

**31*** 면적 $A$, 높이 $h$인 상부가 개방된 탱크의 바닥에 설치한 단면적 $A_1$의 오리피스를 통하여 물이 유출되고 있다. 탱크 수위 $h(t)$가 준 평형상태를 유지하면서 아주 천천히 낮아진다고 할 때 수위가 $h_1$에서 $h_2$로 낮아지는데 걸리는 시간을 구하여라. 손실은 무시한다.

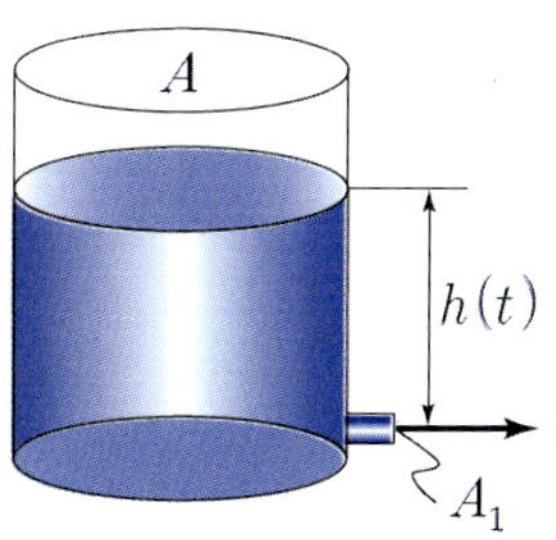


[문제 4.31]

**32** 이상유체(ideal fluid) 성질을 가진 유체가 관(tube) 속을 정상 유동할 때, 유체 $1\mathrm{kgf}$가 가지는 전체 에너지는 [(1)] + [(2)] + [(3)] = [일정]이라는 베르누이 정리(Bernoulli's theorem)를 따른다. 이 식의 빈 칸 (1), (2), (3)을 채우시오. 단, 빈 칸별로 답이 지정되어 있지 않음. [중등교사 임용시험-기계]

**33** 안지름이 $1\mathrm{m}$인 균일한 관속을 $10\mathrm{m/s}$의 평균 유속으로 물이 흐를 때 $Re$수(Reynolds number)를 구하고, 흐름이 층류인지 난류인지를 판별하시오. 단, 물의 동점성계수 $\nu = 1.0 \times 10^{-6}\mathrm{m^2/s}$이다. [중등교사 임용시험-기계]

**34** 아래 그림과 같은 형상과 치수를 갖는 관 속으로 $Q$ [$m^3/s$]의 물이 흐르고 있을 때, 다음 질문에 답하시오. (단, 수은의 비중은 13.5이고, 물의 비중은 1.0이며, 물의 비중량은 1000 kgf/$m^3$이다) [중등교사 임용시험-기계 · 금속]

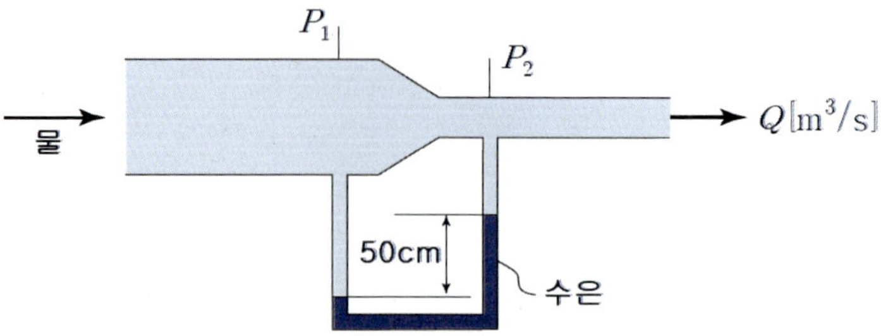


[문제 4.34]

(1) 압력차 ($P_1 - P_2$)는 몇 kgf/$cm^2$인지 구하시오.

(2) 통과 물을 3 배로 증가시키면 액주계의 높이는 어떻게 변하는지 구하시오.

**35** 직경 $d = 0.1$m의 물 줄기가 그림과 같은 직경 $D = 2$m인 탱크로부터 일정하게 흘러나올 때, 탱크속의 물 깊이가 $h = 3$m로 유지되도록 급수관을 통해 공급해야 할 유량 $Q$를 구하시오. (단, $\pi = 3$, 중력가속도 $g = 10\text{m/s}^2$로 하고, 유량 계산 과정과 최종 결과 값은 소수점 이하 셋째 자리에서 반올림할 것) [중등교사 임용시험-기계 · 금속]

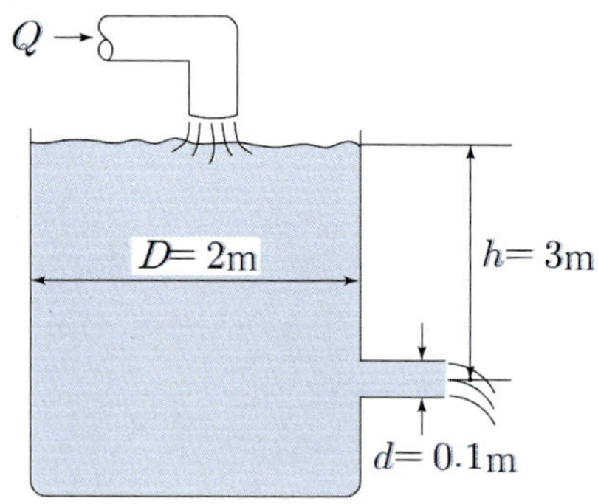


[문제 4.35]

**36** 다음 그림과 같이 물이 흐르고 있는 관이 있다. 관의 내경은 10 cm이고 대기압은 1 kgf/$cm^2$ abs, 물의 비중량은 1000 kgf/$m^3$이며, C 점의 압력은 0.2 kgf/$cm^2$ abs일 경우, 다음을 구하시오. (관로 손실은 무시함, 편의상 $\pi = 3.0$, 중력가속도 $g = 10\,\text{m/s}^2$으로 한다) [중등교사 임용시험-기계 · 금속]

(1) 물의 유출 속도[m/s]

(2) 유량[$m^3$/min]

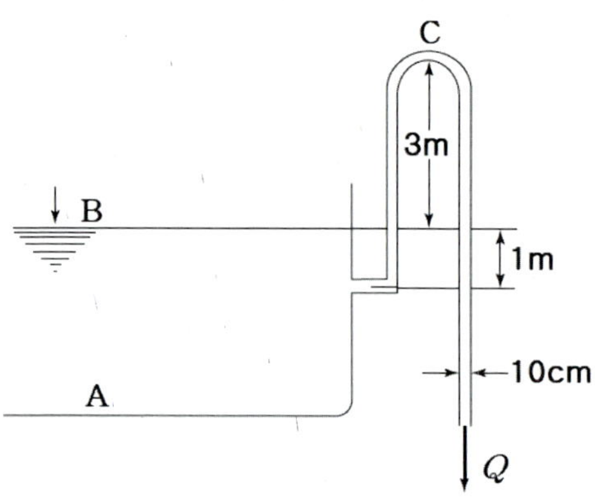


[문제 4.36]

**37** 그림과 같이 물탱크의 배수관(단면적 : $0.25\text{m}^2$)에 $0.5\text{m}^3/\text{s}$의 물이 흐르고 있다. 점 A에서의 압력의 근삿값은? (단, 물의 밀도는 $1{,}000\,\text{kg/m}^3$, 중력가속도는 $9.8\,\text{m/s}^2$이며, 대기압은 무시하고, 손실수두는 고려하지 않는다. 또한, 물탱크의 직경은 배수관의 직경에 비하여 매우 크다.)

[중등교사 임용시험–기계 · 금속]

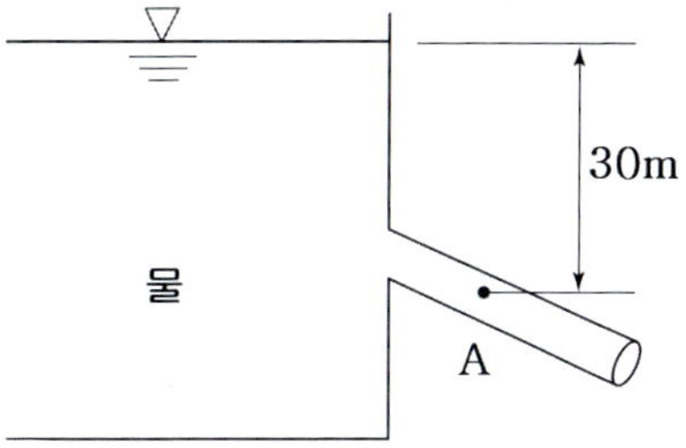


[문제 4.37]

① 282 kPa　② 292 kPa
③ 297 kPa　④ 300 kPa
⑤ 307 kPa

**38** 그림과 같이 개방된 물탱크의 바닥에 있는 노즐에서 물이 흐를 때 노즐 출구에서 $h$만큼 떨어진 ㉠ 위치에서의 물줄기 직경을 식으로 쓰시오. (단, 노즐 직경 $d$는 물탱크 직경 및 물 높이 $H$에 비해 매우 작으며, 모든 손실과 대기압은 무시한다. 물의 밀도는 $\rho$, 중력가속도는 $g$이다)

[중등교사 임용시험–기계 · 금속]

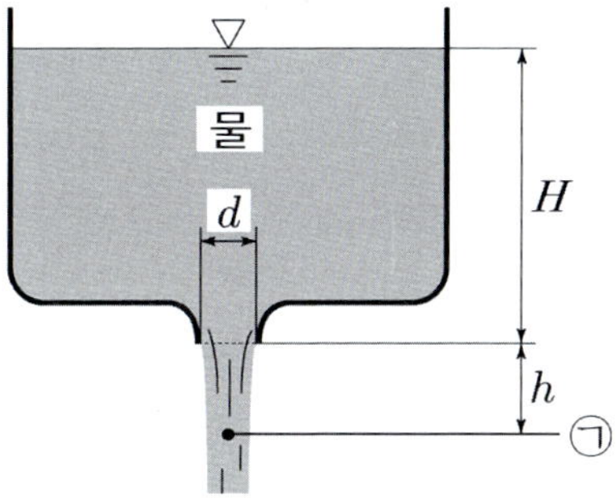


[문제 4.38]

**39** 지름 10 cm인 원관에서 층류로 흐를 수 있는 유체의 최대 평균 속도는 몇 m/s인가? 단, 임계 레이놀즈수는 2000이고, 동점성계수 $\nu = 1.3 \times 10^{-6}\text{m}^2/\text{s}$이다.

[중등교사 임용시험–기계]

① $2.6 \times 10^{-2}$　② $2.6 \times 10^{-1}$　③ $2.6 \times 10^{2}$　④ $1.3 \times 10^{-2}$

**40** 층류와 난류의 구분 척도로서 사용되는 것은 어느 것인가?

[중등교사 임용시험–기계]

① 프루드수　② 오일러수
③ 레이놀즈수　④ 웨브수

**41** 오일러의 운동 방정식을 유도할 때의 가정이 아닌 것은? [중등교사 임용시험–기계]

① 비압축성 유동　② 정상유동
③ 마찰이 없다.　④ 유체 입자가 유선을 따라 움직인다.

**42** 그림과 같이 물이 흐르고 있는 원관의 중심축에 피토관의 입구를 설치했을 때, 정압관과 피토관의 수두 차가 2.5cm 이었다. 원관은 수평으로 놓여있고, 물은 마찰에 의한 에너지 손실이 없는 완전유체이며 흐름은 정상류라고 가정할 때, 원관 중심축에서의 유속은? 단, 중력가속도는 $9.8\text{m/s}^2$으로 한다. [중등교사 임용시험–농공]

① 0.34 m/s ② 0.35 m/s

③ 0.49 m/s ④ 0.50 m/s

⑤ 0.70 m/s

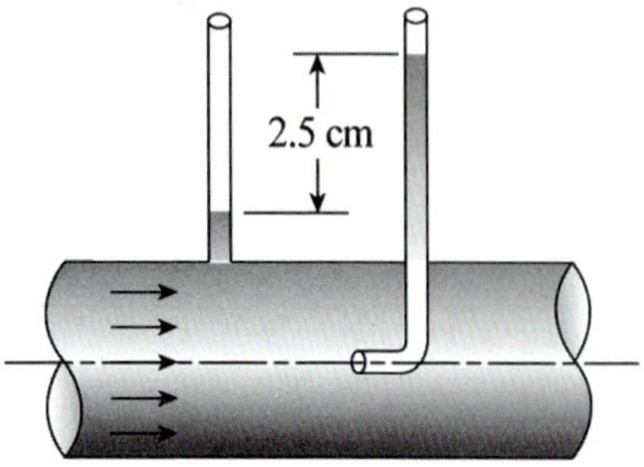


[문제 4.42]

**43** 그림과 같이 단면적이 변하는 수평관 내부를 유체가 가득 차서 흐르고 있다. 단면 1에서의 압력은 $P_1$, 지름은 $D_1$이고, 단면 2에서의 압력은 $P_2$, 지름은 $D_2$이다. $D_1 = 2D_2$일 때 단면 1에서의 유속($V_1$)은? (단. 유체의 밀도는 $1{,}000\text{kg/m}^3$, $P_1 - P_2 = 30\,\text{kPa}$이며, 이상 유체의 1차원 흐름이라고 가정한다) [중등교사 임용시험–기계 · 금속]

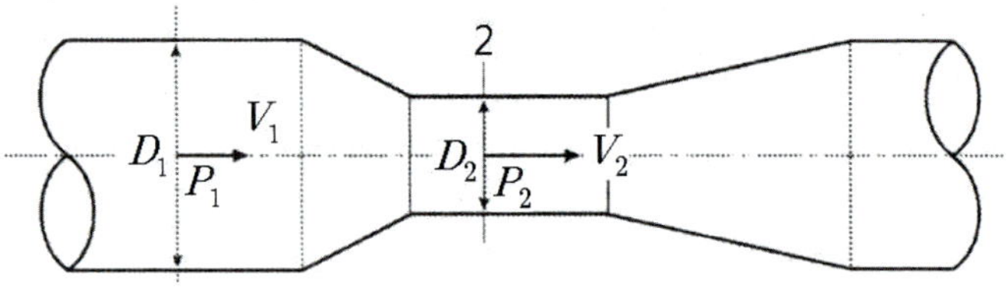


[문제 4.43]

① 2 m/s ② 3 m/s ③ 4 m/s ④ 5 m/s ⑤ 6 m/s

**44** 개방된 수조에 물이 들어 있고 수조 하부에 단면적이 변하는 배수관이 연결되어 물이 흐르고 있다. 수조의 수면에서 배수구 중심까지의 깊이 $H$가 8m 일 때, 배수관 출구 지름 $D_0$의 2배가 되는 지름 $D_x$ 지점의 내부 압력[Pa]은? (단, 배수구는 수조 크기에 비하여 매우 작고, 배수관에서의 모든 손실과 대기압은 무시한다. 물의 밀도는 $\rho\,[\text{kg/m}^3]$, 중력가속도는 $g\,[\text{m/s}^2]$이다) [중등교사 임용시험–기계 · 금속]

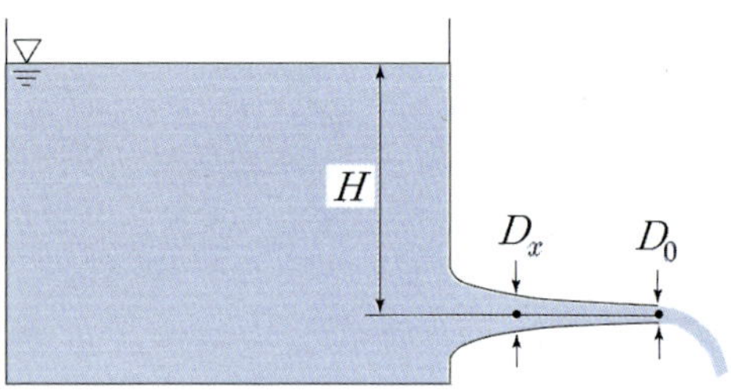


[문제 4.44]

① $4.5\rho g$ ② $6.0\rho g$ ③ $7.5\rho g$ ④ $10.5\rho g$ ⑤ $15.0\rho g$

**45** 그림과 같이 수압관에서 기준면부터의 높이가 각각 6 m, 4 m인 단면 A와 B가 있다. 이들 단면에서 관의지름은 각각 2 m, 1 m이고, 정상 흐름 상태에서 단면 A의 유속은 1 m/s, 압력은 1000 kgf/$m^2$이다. [중등교사 임용시험-농공]

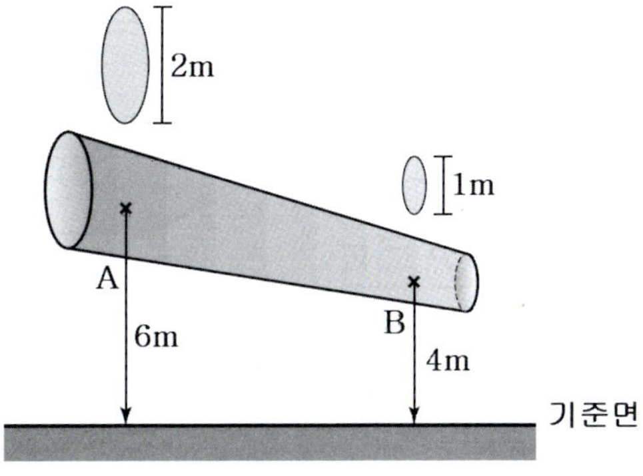


[문제 4.45]

(1) 연속 방정식을 이용하여 단면 B의 유속[m/s]을 구하는 계산 과정과 답을 모두 쓰시오.

(2) 베르누이의 정리를 이용하여 단면 B의 압력[kgf/$m^2$]을 구하는 계산 과정과 답을 모두 쓰시오. 단, 중력 가속도는 9.8 m/$s^2$, 물의 단위 중량은 1000 kgf/$m^3$으로 하고, 답은 소수점 둘째자리에서 반올림하여 첫째자리까지 쓰시오.

**46** 그림과 같이 탱크에 물(비중 1)과 기름(비중 0.5)이 채워져 있고, 아래 관을 통하여 물이 흐르고 있다. 이 때 관에 흐르는 최대유속 $v$[m/s]를 구하시오. (단, 관 직경은 탱크 직경 및 물높이에 비하여 매우 작다. 흐름은 정상유동이고 점성, 대기압, 손실수두는 고려하지 않으며, 중력가속도 $g = 9.8$[$m^2$/s]이다) [중등교사 임용시험-기계·금속]

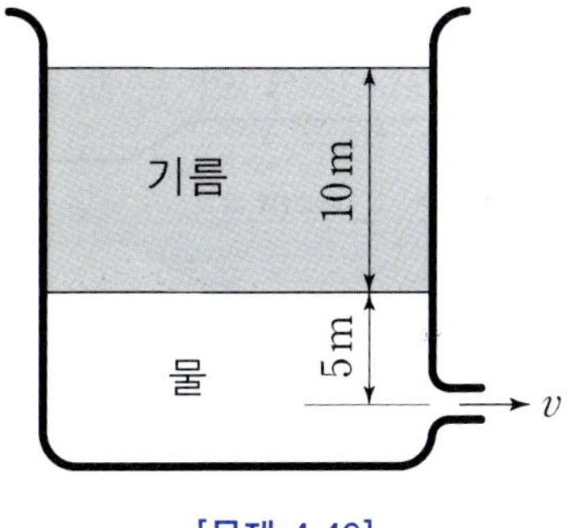


[문제 4.46]

**53** 공기의 유량을 측정하기 위해 그림과 같이 벤투리 유량계를 설치하였다. 확대 관과 축소 관의 압력이 각각 88kPa와 84kPa이고, 지름이 각각 7cm와 5cm일 때 공기의 유량 $[m^3/s]$을 구하여라. 단, 공기의 밀도는 $1.2kg/m^3$이다.

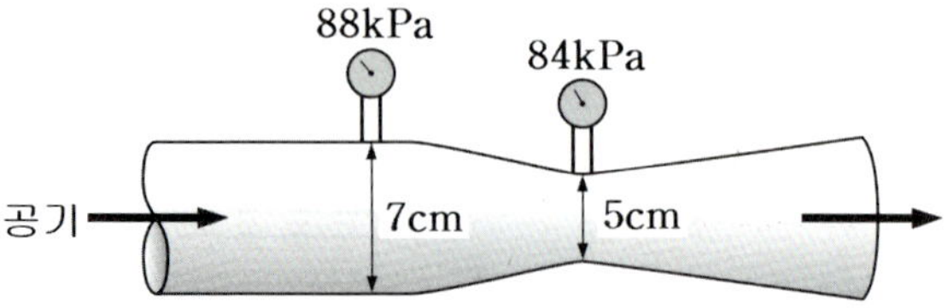


[문제 4.53]

**54** 100kPa, 27℃의 공기가 55L의 유량으로 지름이 6cm인 경사진 관속에서 위 방향으로 흘러간다. 관의 지름은 축소부를 지나면서 4cm로 감소한다. 축소부 전후의 압력차를 측정하기 위해 그림과 같이 물 마노미터를 설치하였다. 관에서 마노미터 두 팔이 부착된 곳의 높이 차이는 20cm이다. 마노미터에서 물의 높이 차이 $h$[cm]를 구하여라. 단, 축소부와 마찰로 인한 손실과 마노미터에서 공기 기둥의 무게는 무시한다. 공기의 기체상수는 $0.287kJ/kg \cdot K$이다.

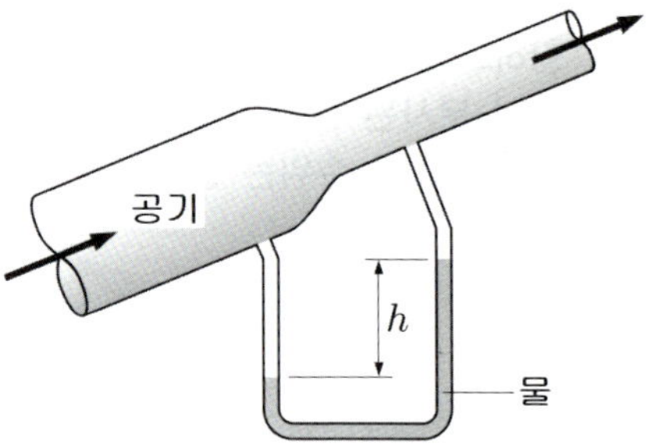


[문제 4.54]

**55** 그림과 같이 지면으로부터 높이 $H$까지 물이 차있는 물탱크가 있다. 수면으로부터 $h$ 떨어진 지점에 작은 구멍을 뚫었을 때 구멍으로부터 분사되는 물이 땅에 닿는 지점은 물탱크의 바닥 모서리에서 $x = 2\sqrt{h(H-h)}$ 만큼 떨어진 점임을 보여라. 그리고 물줄기가 가장 멀리 갈 때의 $h$와 $x_{max}$을 구하여라.

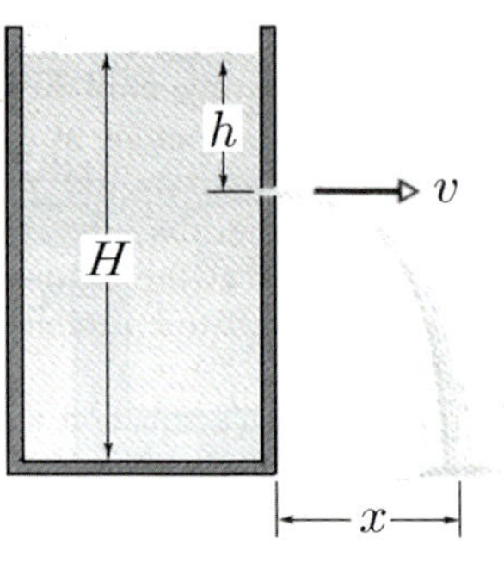


[문제 4.55]

**56** 안지름 $8\,\mathrm{cm}$인 원관 내부에 물이 $188.4\,\mathrm{L/min}$로 흐르고 있다. 레이놀즈수($Re$)를 구하고, 완전 발달된 유동에서 흐름 상태(층류 혹은 난류)를 판별하여라. 단, 물의 밀도와 점성계수는 각각 $1\,\mathrm{g/cm^3}$, $1\,\mathrm{cP}$이며, $\pi = 3.14$로 한다.

**57** 지름 $80\,\mathrm{mm}$의 곧은 관이 $700\,\mathrm{L/min}$의 유량으로 물을 수송하고 있다. 관내의 압력은 $104\,\mathrm{kPa}$이고, 수평 기준면을 관 중심선 아래 $2\,\mathrm{m}$로 선정할 때 관 중심에서 속도수두, 압력수두, 전 수두를 구하여라.

**58** 비중 0.8의 오일이 지름 $140\,\mathrm{mm}$인 관속을 흐르고 있다. 기준면은 관 중심으로부터 $1\,\mathrm{m}$ 아래에 있고, 압력이 $104\,\mathrm{kPa}$일 때 오일의 단위 중량당 에너지(전 수두)가 $20\,\mathrm{J/N}$이다. 평균 유속과 유량을 구하여라.

**59** 그림과 같은 사이펀에서 물이 유출되고 있다. 사이펀의 지름이 $10\,\mathrm{cm}$이고, 수면으로부터 사이펀의 출구까지 손실수두가 $0.5\,\mathrm{m}$일 때 사이펀을 통하여 흘러나오는 유량($Q$)을 구하여라. 단, 수면 높이는 일정하게 유지된다.

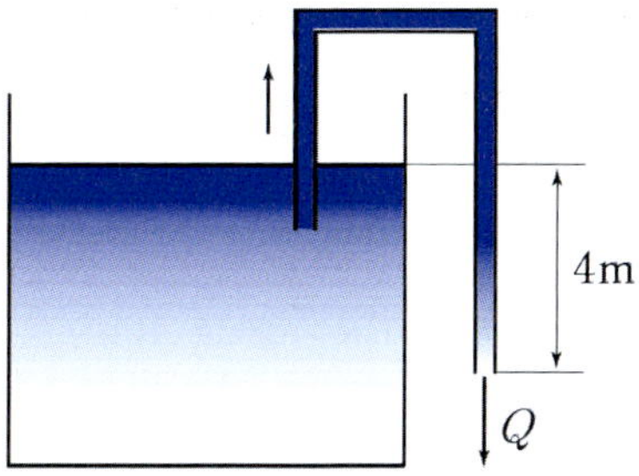


[문제 4.59]

**60** 그림과 같이 곧은 수평 관에서 압력손실을 결정하기 위한 실험을 하였다. 관에는 물이 흐르고 있고 상류 지점 1에서 압력 $P_1 = 140\,\mathrm{kPa}$, 하류 지점 2에서 압력 $P_2 = 120\,\mathrm{kPa}$일 때 두 지점(단면) 사이에서 발생하는 손실수두를 구하여라. 단, 관 지름은 일정하다.

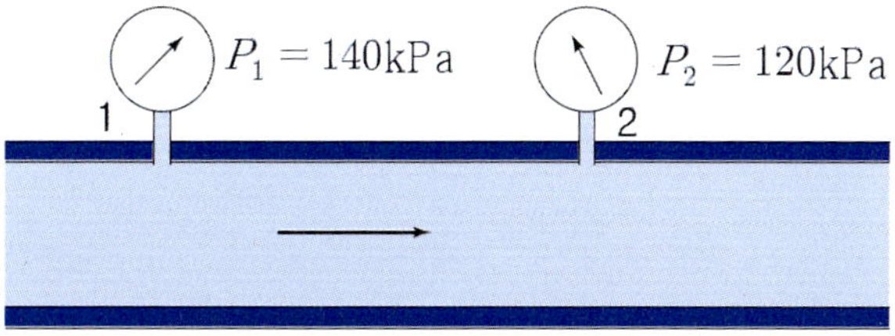


[문제 4.60]

**61** 지면에서 5m 높이의 2 층까지 수도관을 연결하였다. 지면에 있는 수도관의 지름은 10cm, 송출 압력은 200kPa, 유속은 12m/s이다. 2 층 수도관의 지름은 8cm이고 지면에서 2 층까지의 손실 수두가 0.4m일 때 2 층에서 압력을 구하여라.

**62** 저장조로부터 지름 40mm 관을 통하여 대기 중으로 물을 $0.01\text{m}^3/\text{s}$ 씩 방출하고 있다. 손실 수두가 14m일 때 배출구로부터 수면까지 거리를 구하여라. 단, 수위는 일정하게 유지된다고 가정한다.

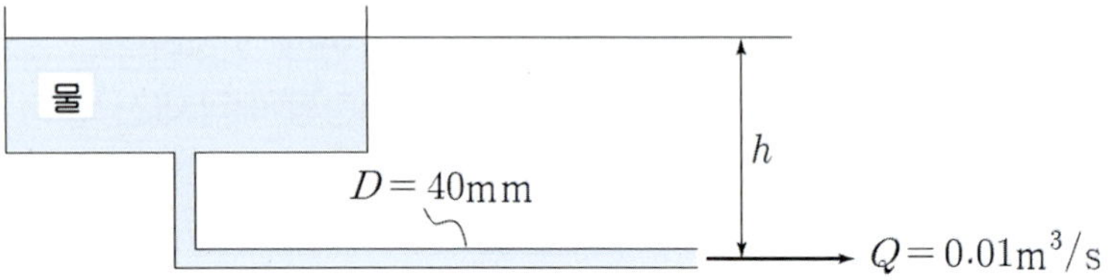


[문제 4.62]

**63** 그림과 같이 안지름이 2.5m인 원통형 탱크에서 비압축성 유체가 안지름 10mm의 관을 통하여 흘러나가고 있다. A 지점에서 관속을 흐르는 유체의 압력[$\text{kg}/(\text{m}\cdot\text{s}^2)$]을 구하여라. [중등교사 임용시험-화공 · 섬유]

> 관의 마찰손실은 없는 것으로 가정하고, 유체의 밀도는 $1{,}000\text{kg/m}^3$, 대기압($P_0$)은 $1\times10^5\text{kg}/(\text{m}\cdot\text{s}^2)$이며, 중력가속도($g$)는 $10\text{m/s}^2$으로 계산한다. 압력 $P$, 질량 $m$, 밀도 $\rho$인 유체가 기준면으로부터 높이 $h$인 위치에서 $v$의 유속으로 흐를 때, 운동에너지는 $mv^2/2$, 위치에너지는 $mgh$, 압력에너지는 $mP/\rho$이다.

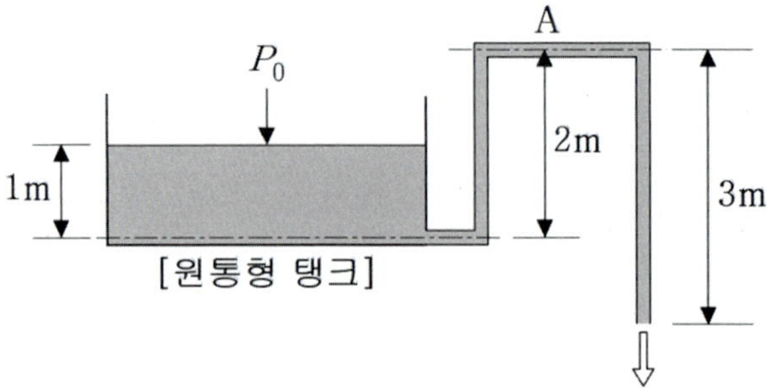


[문제 4.63]

**64** 아주 매끄러운 원통관에 흐르는 공기가 층류유동일 때, 레이놀즈수(Reynolds number)는 공기의 밀도, 점성계수와 어떤 관계에 있는가? [공무원 임용시험]

① 공기의 밀도와 점성계수 모두와 반비례 관계를 갖는다.
② 공기의 밀도와 점성계수 모두와 비례 관계를 갖는다.
③ 공기의 밀도에는 반비례하고, 점성계수에는 비례한다.
④ 공기의 밀도에는 비례하고, 점성계수에는 반비례한다.

**65** 유체기계를 운전할 때, 유체의 흐름상태가 층류인지 난류인지를 판정하는 척도가 되는 무차원 수인 레이놀즈수(Reynolds number)의 정의에 대한 설명으로 옳은 것은? [공무원 임용시험]

① 관성력과 표면장력의 비 ② 관성력과 탄성력의 비
③ 관성력과 점성력의 비 ④ 관성력과 압축력의 비

**66** 마찰이 없는 관속 유동에서 베르누이(Bernoulli) 방정식에 대한 설명으로 옳은 것은? [공무원 임용시험]

① 압력수두, 속도수두, 온도수두로 구성된다.
② 벤추리미터(Venturimeter)를 이용한 유량 측정에 사용되는 식이다.
③ 가열부 또는 냉각부 등 온도 변화가 큰 압축성 유체에도 적용할 수 있다.
④ 각 항은 무차원 수이다.

**67** 그림은 물이 높이 $h$만큼 채워진 수조의 옆면에 바닥으로부터 높이 $x$인 지점에 작은 구멍을 낸 후 물의 수평 방향 도달 거리를 측정하는 것을 나타낸 것이다. 작은 구멍의 높이가 $x = h/4$일 때 물의 수평 방향 최대 도달 거리가 1m라면, 작은 구멍의 높이가 $x = h/2$일 때 물의 수평 방향 최대 도달 거리[m]는? (단, 공기 저항과 수조 면의 두께는 무시하고, 중력 가속도 $g = 10\text{m/s}^2$이다) [공무원 임용시험]

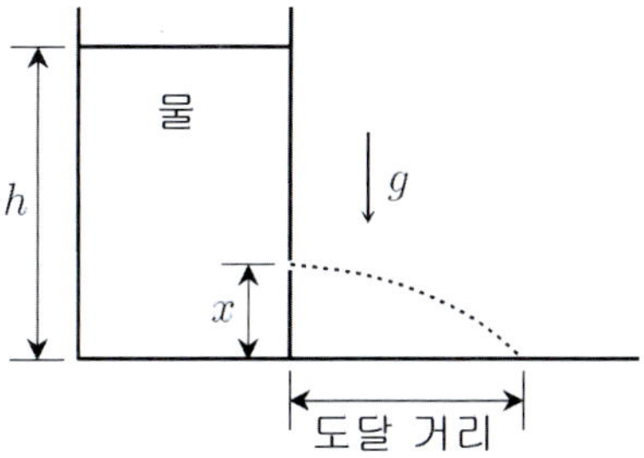


[문제 4.67]

① 2 ② $\sqrt{3}$
③ $\frac{3}{2}$ ④ $\frac{2\sqrt{3}}{3}$

**68** 그림과 같이 이상적인 유체가 관을 따라서 흐르고 있다. 단면적이 $A_1$인 영역에서 속도가 $V_1$, $A_2$인 영역에서 $V_2$라면 속도의 비 $V_2/V_1$는? [공무원 임용시험]

① $\dfrac{A_2}{A_1}$ ② $\dfrac{A_1}{A_2}$

③ $\sqrt{\dfrac{A_2}{A_1}}$ ④ $\sqrt{\dfrac{A_1}{A_2}}$

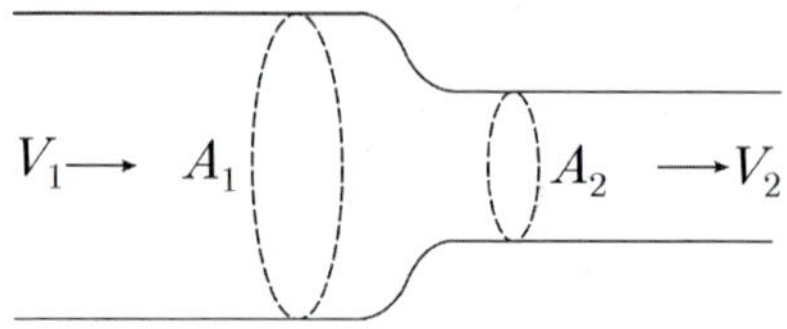

[문제 4.68]

**69** 그림은 벤츄리관이다. 넓은 관에서 좁은 관으로 기체가 통과하고, 양쪽은 물로 채워진 단면적이 같은 가는 유리관으로 연결되어 있다. 기체가 지상으로부터 높이가 같은 지점인 (나)에서 (가)로 흐를 때 밀도가 $\rho$인 물은 높이 차 $h$로 평형을 유지한다. 이에 대한 설명으로 옳지 않은 것은? (단, 좁은 쪽의 단면적은 $A$, 넓은 쪽의 단면적은 $4A$이고, 중력 가속도는 $g$이고, 기체와 물은 압축되지 않는다고 가정한다) [공무원 임용시험]

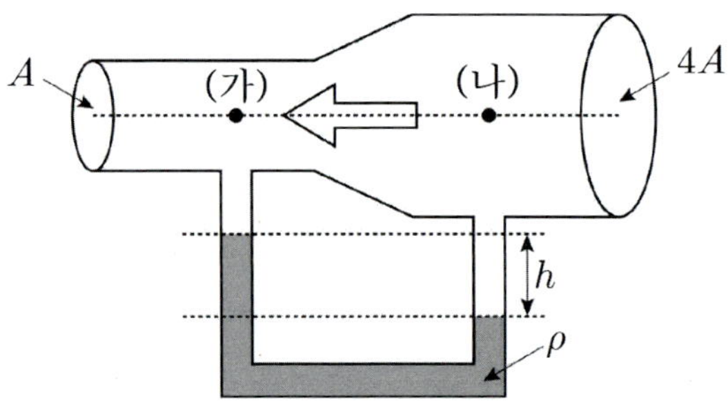

[문제 4.69]

① (가) 지점과 (나) 지점의 압력 차이는 $\rho gh$이다.
② (가)에서 기체의 속력은 (나)에서보다 4배 빠르다.
③ (가)에서 기체의 압력은 (나)에서 기체의 압력보다 크다.
④ 기체가 흐르지 않으면 양쪽 관에 미치는 압력이 같으므로 양쪽 관의 물의 높이는 같아진다.

**70** 그림과 같이 벤투리관에 밀도가 $\rho$인 비점성, 비압축성 유체가 1지점에서 속력 $V_1$으로 유입되어 2지점을 향해 흐르고 있다. 1, 2 각 지점에서 관의 단면적을 각각 $A_1$, $A_2$, 압력을 각각 $P_1$, $P_2$라 할 때, 2지점에서 유체의 속력 $V_2$를 $A_1$, $A_2$, $P_1$, $P_2$, $\rho$를 이용하여 표현하여라. [공무원 임용시험]

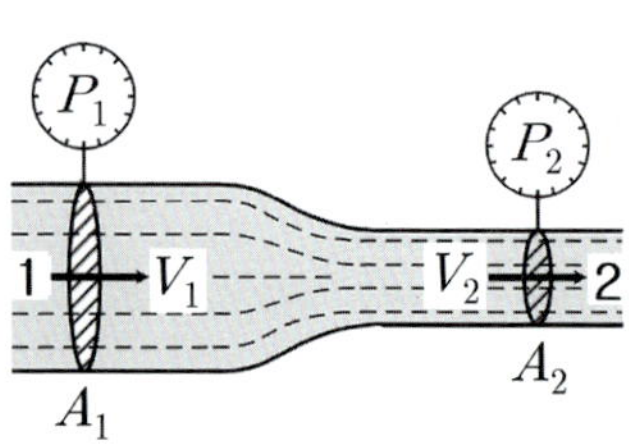

[문제 4.70]

**71** 그림과 같이 단면이 작아지는 원형 관을 통하여 공기가 흐르고 있을 때, A 지점과 B 지점 사이의 압력차를 측정하고자 밀도 $\rho_f$인 액체가 들어 있는 경사 마노메타를 설치하였다. 〈조건〉을 고려하여 B 지점에서의 속도 $V_B$[m/s], A 지점과 B 지점 사이의 압력차 $P_A - P_B$[Pa]를 각각 구하고, 풀이 과정과 함께 쓰시오.

[중등교사 임용시험–기계 · 금속(2019)]

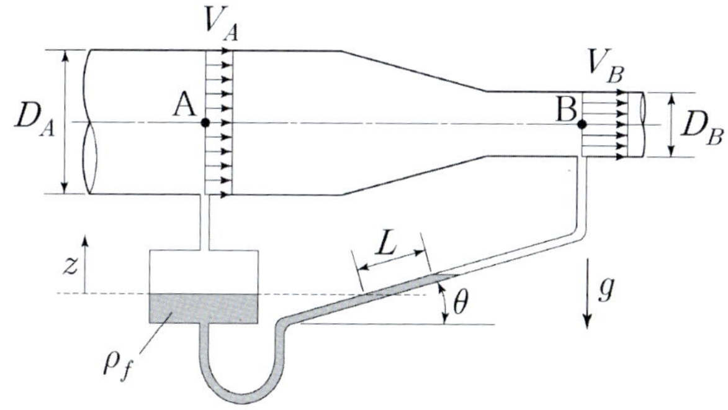


[문제 4.71]

〈조건〉

- $D_A = 100$[mm], $D_B = 50$[mm], $V_A = 10$[m/s]이다.
- $\rho_f = 9{,}000$[kg/m$^3$], $\theta = 30°$, $L = 20$[mm]이며, 중력가속도 $g = 10$[m/s$^2$]으로 계산한다.
- 공기의 압축성과 점성, 마노메타 안의 액체 표면장력은 고려하지 않는다.
- 제시된 조건 이외에는 고려하지 않는다.

**72** 아래 그림과 같은 피토관(Pitot tube)을 이용하여 밀도가 $\rho$인 공기의 유동속도를 측정하고자 한다. 관의 끝에 있는 작은 구멍(B)은 유동장의 상류를 향하고 있어 정체압(stagnation pressure, $P_0$)이 측정되며, 관의 둘레에 있는 작은 압력공(C)에서 정압(static pressure, $P$)이 측정된다. 다음 물음에 답하시오.

[국가공무원 5급(기술) 제2차시험]

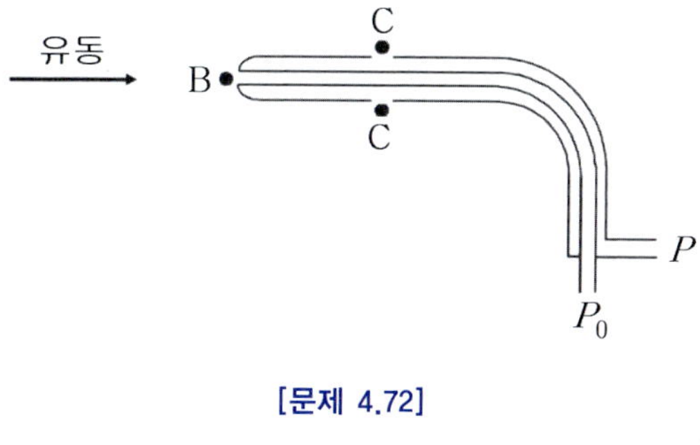


[문제 4.72]

(1) 정체압($P_0$)과 정압($P$)을 이용하여 속도($V$)를 구하는 식을 유도하시오.

(2) 이 압력들의 차가 수은주의 수직 높이로 30 mm 일 때 공기의 유동속도를 구하시오. (단, 수은의 비중은 13.6 이며 공기와 물의 밀도는 각각 1.23 kg/m$^3$, 1000 kg/m$^3$ 이다)

# 제5장

# 유동시스템의 운동량 해석

## 5.1 선형운동량 방정식

뉴턴 운동 제2법칙에서 유도되는 운동량 방정식을 적용하면 유체의 흐름에 의해 물체가 받는 힘을 구할 수 있다. 일반적인 운동량 방정식은 점성 및 비점성 유동, 압축성 및 비압축성 유동 모두에 대하여 적용할 수 있다.

어떤 계(system)에 대한 뉴턴 운동 제2법칙은 다음과 같다.

$$\vec{F} = \frac{d}{dt}(m\vec{V}) \quad \cdots\cdots (5.1)$$

$\vec{F}$는 계에 작용하는 힘, $m$은 질량, $\vec{V}$는 속도를 나타낸다. 식 (5.1)은 '계에 작용하는 외력'은 '계의 선형 운동량의 시간 변화율'과 같다는 것을 말한다. 질량이 일정할 때 가속도 $\vec{a} = \dfrac{d\vec{V}}{dt}$이므로 식 (5.1)은 $\vec{F} = m\vec{a}$가 된다.

고체와 달리 유체는 임의 형태로 변형되므로 유체에서 운동 법칙을 적용할 때는 해석하려는 영역(검사체적, control volume)을 설정해야 한다. 검사체적에 대해 뉴턴 운동 법칙을 적용하면 다음과 같은 식을 얻는다.

$$\sum\vec{F} = \frac{D}{Dt}(m\vec{V}) = \frac{\partial}{\partial t}\int_{\tilde{V}_0}\rho\vec{V}d\tilde{V} + \int_{A_0}\rho\vec{V}(\vec{V}\cdot\vec{n})dA \quad \cdots\cdots (5.2)$$

여기에서 $\sum\vec{F}$는 유체에 작용하는 모든 외력(체적력과 표면력)의 합을 나타내고, $\tilde{V}_0$와 $A_0$는 각각 검사체적과 검사면(control surface)을 나타낸다. $\vec{n}$은 검사면에 수직한 바깥 방향의 단위벡터(outward unit normal vector)이다. 식 (5.2)를 선형운동량 방정식(linear momentum equation)이라 한다. 일반적으로 많이 취급하는 정상유동($\partial/\partial t = 0$)에 대하여 식 (5.2)는 다음과 같이 표현된다.

$$\sum\vec{F} = \int_{A_0}\rho\vec{V}(\vec{V}\cdot\vec{n})dA \quad \cdots\cdots (5.3)$$

이 식으로부터 정상유동일 때는 검사면을 통과하는 유체의 운동량을 구하면 유체가 받는 힘을 구할 수 있다. 식 (5.3)에서 $\vec{V}\cdot\vec{n} = |\vec{V}||\vec{n}|\cos\theta = |\vec{V}|\cos\theta$이므로 검사면이 평면일 때 검사체적으로 유입되는 운동량은 음($-\vec{V}$)의 부호를 갖고, 검사면을 통하여 외

부로 유출되는 운동량은 양$(+\vec{V})$의 부호를 갖는다.

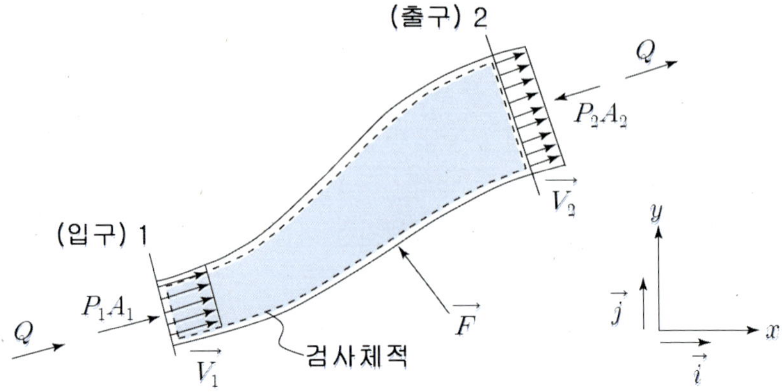


[그림 5.1] **균일 정상유동에 대한 검사체적**

각 유동 단면에서 속도가 균일한 정상유동에서 유체의 출입이 있는 검사체적의 입구와 출구가 각각 1 개씩인 경우[그림 5.1] 식 (5.3)의 운동량 방정식은 다음과 같다.

$$\sum \vec{F} = \rho_2 \vec{V_2}(V_2 A_2) - \rho_1 \vec{V_1}(V_1 A_1)$$

여기에서 첨자 1, 2는 각각 입구와 출구를 나타내고, $V_1$, $V_2$는 유속 $\vec{V_1}$, $\vec{V_2}$의 크기이다. 비압축성 유체인 경우 연속방정식으로부터

$$\dot{m} = \rho Q = \rho_1 A_1 V_1 = \rho_2 A_2 V_2$$

이다. 따라서 정상상태 비압축성 균일 유동에서 [그림 5.1]과 같이 검사체적의 입구와 출구가 각 1 개씩인 경우 운동량 방정식은 다음과 같다.[1)]

$$\sum \vec{F} = \rho Q(\vec{V_2} - \vec{V_1}) = \dot{m}(\vec{V_2} - \vec{V_1}) \quad \cdots\cdots (5.4)$$

여기에서 $Q$는 체적유량, $\dot{m}$는 질량유량이고, $\vec{V_1}$과 $\vec{V_2}$는 입구와 출구의 유속을 각각 나타낸다. 여기에서 속도와 힘이 모두 벡터라는 사실을 명심하자. 따라서 2차원에서는 다음과 같이 두 개의 스칼라 성분으로 분해하여 운동량 방정식을 적용하면 문제를 쉽게 해석할 수 있다.[2)]

1) 이상의 유도과정은 참고로 하고, 이 공식의 적용 및 응용 법을 익히도록 한다.
2) 실제로 문제를 해석할 때는 이 공식을 주로 사용한다.

$$\sum F_x = \rho Q(V_{2x} - V_{1x}) = \dot{m}(V_{2x} - V_{1x})$$
$$\sum F_y = \rho Q(V_{2y} - V_{1y}) = \dot{m}(V_{2y} - V_{1y}) \quad \cdots\cdots (5.5)$$

첨자 $x$, $y$는 $\overrightarrow{V_1}$, $\overrightarrow{V_2}$, $\overrightarrow{F}$의 $x$, $y$ 성분을 각각 나타낸다.

$$\overrightarrow{V_1} = V_{1x}\vec{i} + V_{1y}\vec{j}$$
$$\overrightarrow{V_2} = V_{2x}\vec{i} + V_{2y}\vec{j}$$
$$\vec{F} = F_x\vec{i} + F_y\vec{j}$$

일반적으로 여러 지점을 통하여 유체가 검사체적으로 흘러 들어가거나 나갈 때 정상상태 비압축성 균일 유동에 대한 운동량 방정식은 다음과 같다.[3)]

$$\sum\vec{F} = \sum(\rho Q\vec{V})_{out} - \sum(\rho Q\vec{V})_{in} \quad \cdots\cdots (5.6)$$

유체역학에서 운동량 방정식을 적용하여 문제를 해석할 때 직접 적분을 하는 경우는 거의 없고, 대부분 정상상태 균일유동에 대한 식을 사용한다.

운동량 방정식을 사용할 때 특히 '**속도와 힘이 모두 방향을 갖는 벡터**'라는 사실을 명심하도록 한다.

## 5.2 운동량 수정계수

실제 유동($v$)이 불균일한 경우 평균속도($V_m$)의 균일유동으로 계산한 것과 차이가 나게 되므로 그 차이를 보정해 줄 필요가 있다. 이에 따라 4장에서 논의한 운동에너지 수정계수($\alpha$)와 같은 방법으로 다음과 같이 운동량 수정계수(momentum correction factor)를 정의하여 사용한다.

$$\beta = \frac{1}{A}\int\left(\frac{v}{V_m}\right)^2 dA \quad \cdots\cdots (5.7)$$

3) 입구와 출구가 여러 개인 경우도 성분으로 분해하여 식 (5.5)와 같은 방법으로 해석한다.

곧은 원관 내부에서 포물선 형태의 속도분포(Poiseuille flow)를 갖는 층류유동인 경우 $\beta=\dfrac{4}{3}$이고, 난류유동의 경우 $\beta$는 1에 가까운 값($\beta \approx 1.02$)을 갖는다.

## 5.3 관 유동

[그림 5.2]와 같이 단면적과 방향이 변하는 일반적인 관에서 밀도 $\rho$의 유체가 체적유량 $Q$로 흐를 때 유체로부터 관이 받는 힘을 구해 본다.

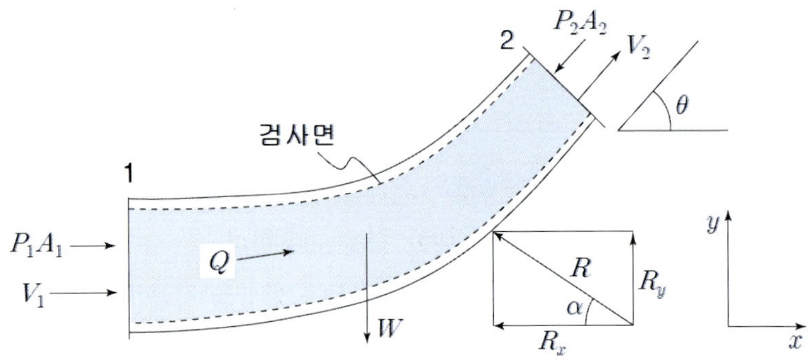


[그림 5.2] 관 유동

먼저 입구의 유속이 $x$축과 평행하도록 좌표축을 설정한다. 출구의 유속이 $x$축과 이루는 각은 $\theta$이다. 이때 입구와 출구에서의 속도와 압력힘은 다음과 같이 성분으로 분해된다.

$$\overrightarrow{V_1}=V_1\vec{i}$$

$$\overrightarrow{F_{P_1}}=P_1A_1\vec{i}$$

$$\overrightarrow{V_2}=V_2\cos\theta\,\vec{i}+V_2\sin\theta\,\vec{j}$$

$$\overrightarrow{F_{P_2}}=-P_2A_2\cos\theta\,\vec{i}-P_2A_2\sin\theta\,\vec{j}$$

유체가 관으로부터 받는 힘을 $\vec{R}$이라 하고 $\vec{R}$의 $x$, $y$ 스칼라 성분을 각각 $-R_x$, $R_y$라 한다. 검사체적 내의 유체에 작용하는 체적력의 합은 유체의 전체 무게 $W$와 같다.

$$\vec{R}=-R_x\vec{i}+R_y\vec{j}$$

$$\vec{W}=-W\vec{j}$$

유체가 외부로부터 받는 힘은 두 단면에서의 압력 힘과 $W$ 및 $\vec{R}$이므로 $x$ 방향에 대한 운동량 방정식을 적용하면 다음과 같이 $R_x$가 구해진다.

$$\sum F_x = \rho Q(V_{2x} - V_{1x})$$

$$P_1A_1 - P_2A_2\cos\theta - R_x = \rho Q(V_2\cos\theta - V_1)$$

$$R_x = P_1A_1 - P_2A_2\cos\theta - \rho Q(V_2\cos\theta - V_1) \quad \cdots\cdots (5.8)$$

마찬가지로 $y$방향에 대한 운동량 방정식을 적용하여 $R_y$를 구한다.

$$\sum F_y = \rho Q(V_{2y} - V_{1y})$$

$$-P_2A_2\sin\theta - W + R_y = \rho Q(V_2\sin\theta - 0)$$

$$R_y = P_2A_2\sin\theta + W + \rho Q V_2\sin\theta \quad \cdots\cdots (5.9)$$

두 성분의 합력 $\vec{R}$의 크기와 작용방향은 다음 식으로 구해진다.

$$R = \sqrt{R_x^2 + R_y^2} \quad \cdots\cdots (5.10)$$

$$\alpha = \tan^{-1}\left(\frac{R_y}{R_x}\right) \quad \cdots\cdots (5.11)$$

이상에서 구한 힘 $\vec{R}$은 관에 의하여 유체에 미치는 힘이다. 관이 유체로부터 받는 힘은 $\vec{R}$과 **'크기가 같고 방향이 반대'**이다.

운동량 방정식을 적용할 때 입구와 출구와 유속을 알아야 하는데 경우에 따라서는 압력만 주어지고 유속을 주지 않는 경우가 있다. 이때는 다음 연속방정식과 베르누이 방정식을 사용하여 유속을 구한다.[4)]

$$Q = A_1V_1 = A_2V_2 \quad \cdots\cdots (5.12)$$

$$\frac{P_1}{\gamma} + \frac{V_1^2}{2g} + z_1 = \frac{P_2}{\gamma} + \frac{V_2^2}{2g} + z_2 \quad \cdots\cdots (5.13)$$

4) 실제 유체에서는 점성에 의해 벽면에서 전단력과 손실이 발생하지만 여기에서는 이와 같은 점성효과를 모두 무시하고 해석한다.

**[예제 5.1]** 그림과 같이 30°로 굽어진 관에 $0.3\text{m}^3/\text{s}$의 물이 흐르고 있다. 단면 1과 2의 지름은 각각 $D_1 = 0.3\text{m}$, $D_2 = 0.2\text{m}$이고, 압력은 각각 $P_1 = 170\text{kPa}$, $P_2 = 120\text{kPa}$이다. 유체에 의하여 관에 작용하는 힘을 구하여라. 단, 유체의 무게는 무시한다.

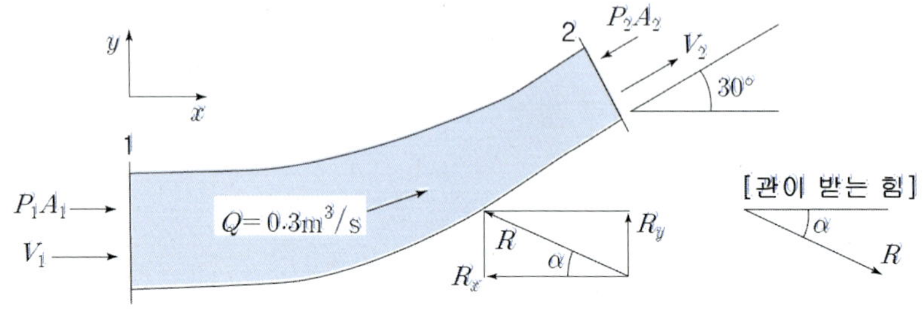


**[그림 5.3] 곡관에 작용하는 힘**

**풀이** 유량 $Q=0.3\text{m}^3/\text{s}$이므로 단면 1과 2에서 유속의 크기는 다음과 같다.

$$V_1 = \frac{Q}{A_1} = \frac{4Q}{\pi D_1^2} = \frac{4\times 0.3}{\pi\times 0.3^2} = 4.24\,[\text{m/s}]$$

$$V_2 = \frac{Q}{A_2} = \frac{4Q}{\pi D_2^2} = \frac{4\times 0.3}{\pi\times 0.2^2} = 9.55\,[\text{m/s}]$$

식 (5.8)로부터 유체가 받는 힘의 $x$ 성분은

$$\begin{aligned} R_x &= P_1A_1 - P_2A_2\cos\theta - \rho Q(V_2\cos\theta - V_1) \\ &= 170\times\frac{\pi}{4}(0.3)^2 - 120\times\frac{\pi}{4}(0.2)^2\times\cos 30° \\ &\quad - 10^3\times 0.3\times(9.55\times\cos 30° - 4.24)\times\frac{1}{1000} \\ &= 7.54\,[\text{kN}] \end{aligned}$$

이고, 식 (5.9)에서 $W=0$으로 하면 $y$ 성분은

$$\begin{aligned} R_y &= P_2A_2\sin\theta + \rho QV_2\sin\theta \\ &= 120\times\frac{\pi}{4}(0.2)^2\times\sin 30° + 10^3\times 0.3\times 9.55\times\sin 30°\times\frac{1}{1000} \\ &= 3.32\,[\text{kN}] \end{aligned}$$

이다. 따라서 유체가 받는 힘의 크기는

$$R = \sqrt{R_x^2 + R_y^2} = \sqrt{7.54^2 + 3.32^2} = 8.24\,[\text{kN}]$$

이고, 방향각 $\alpha$는 다음과 같다.

$$\alpha = \tan^{-1}\left(\frac{R_y}{R_x}\right) = \tan^{-1}\left(\frac{3.32}{7.54}\right) = 23.8°$$

위의 결과에서 두 개의 분력 $R_x$, $R_y$의 값이 모두 양이라는 것은 가정한 힘의 방향이 옳다는 것을 말해 준다. 따라서 유체에 의해 관에 작용하는 힘은 크기가 8.24[kN]이고, 방향은 수평선과 23.8° 각도 오른쪽 아래 방향이다.

† 만일 계산 결과에서 $R_x$ 또는 $R_y$의 값이 음이면 음의 값을 갖는 성분의 방향을 반대로 하면 옳은 힘의 방향이 구해진다.

**[예제 5.2]** 그림과 같이 수평으로 놓여진 180°로 구부러진 관에 $Q = 0.4\text{m}^3/\text{s}$의 물이 흐르고 있다. 관의 단면적이 $0.02\text{m}^2$으로 일정할 때 물로부터 관이 받는 수평 방향 힘을 구하여라. 단, 입구와 출구의 압력은 무시한다.

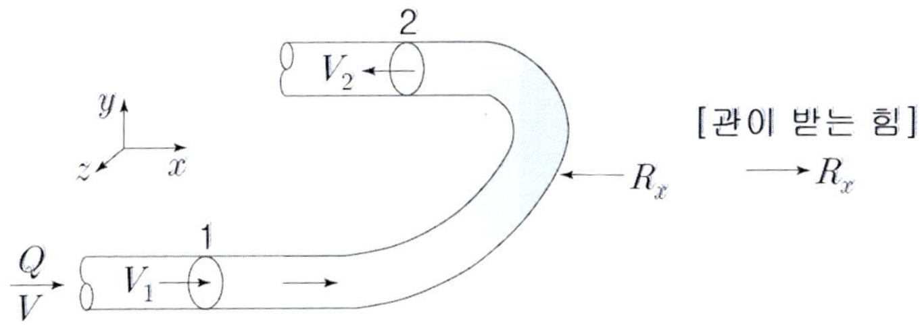


[그림 5.4] 180°로 구부러진 관이 받는 힘

**풀이** 유량 $Q = 0.4\text{m}^3/\text{s}$이므로 단면 1과 2에서 유속의 크기는 다음과 같다.

$$V = V_1 = V_2 = \frac{Q}{A} = \frac{0.4}{0.02} = 20\,[\text{m/s}]$$

그림과 같이 오른쪽 방향을 $+x$로 잡으면

$$\overrightarrow{V_1} = V_1\vec{i}, \quad \overrightarrow{V_2} = -V_2\vec{i}, \quad \overrightarrow{R_x} = -R_x\vec{i}$$

## 1 고정된 평판에 작용하는 힘

그림과 같이 고정된 평판에 $\theta$의 각도로 분류가 충돌하는 경우를 고려한다. 분류의 밀도는 $\rho$, 유속은 $V$, 유량은 $Q$이다. 분류의 압력은 대기압으로 일정하다고 가정하므로 베르누이 방정식으로부터 출구 유속의 크기는 입구 유속의 크기 $V$와 같다.

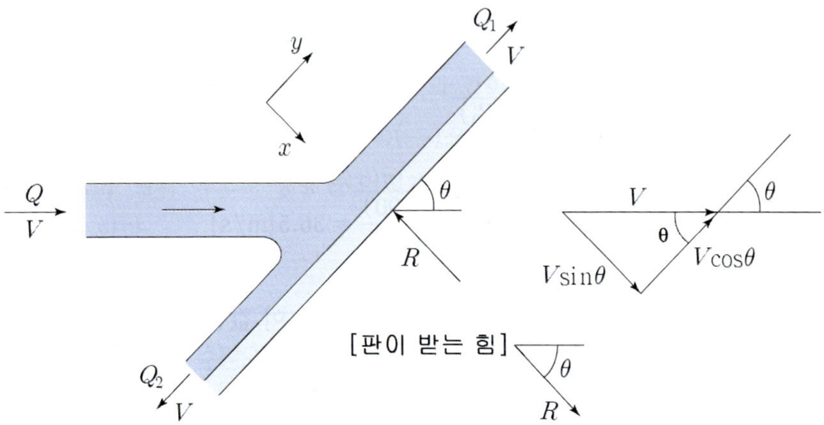


[그림 5.6] **분류에 의해 고정된 평판이 받는 힘**

먼저 평판에 수직한 방향을 $x$축으로 하여 좌표축을 설정한다. 입구에서 분류의 $x$방향 속도 성분은 $V\sin\theta$이고, 아래와 위로 나가는 분류의 $x$방향 속도 성분은 모두 0이다. 따라서 $x$방향에 대한 운동량 방정식을 적용하면 다음과 같이 평판이 받는 힘 $R$이 구해진다.

$$\sum F_x = \sum(\rho Q V_x)_{out} - \sum(\rho Q V_x)_{in}$$

$$-R = (0+0) - \rho Q V\sin\theta$$

$$R = \rho Q V\sin\theta = \dot{m} V\sin\theta \quad \cdots\cdots (5.14)$$

이와 같이 평판이 받는 힘을 구할 때는 평판에 수직한 방향을 하나의 좌표축으로 설정하는 것이 편리하다. 특히 분류가 평판에 수직으로 충돌할 때 ($\theta = 90°$) 평판이 받는 힘은 다음과 같다.

$$R = \rho Q V = \dot{m} V \quad \cdots\cdots (5.15)$$

지면과 수직한 방향으로 분류의 형태가 일정한 2차원 평면유동으로 가정하고 평판의 위 방향과 아랫방향으로의 유량 $Q_1$, $Q_2$를 구해 본다. 비점성 이상유체라 가정하므로 벽면을 따라서 마찰력이 존재하지 않는다. 따라서 평판이 받는 $y$방향 힘은 0이다.

입구에서 $y$방향 속도 성분은 $V\cos\theta\vec{j}$, 출구에서 $y$방향 속도는 위로는 $+V\vec{j}$, 아래로는 $-V\vec{j}$이다. $y$ 방향에 대한 운동량 방정식을 적용하면

$$\sum F_y = \sum(\rho Q V_y)_{out} - \sum(\rho Q V_y)_{in}$$

$$0 = (\rho Q_1 V - \rho Q_2 V) - \rho Q V\cos\theta$$

$$Q_1 - Q_2 = Q\cos\theta \quad \cdots\cdots (5.16)$$

의 관계식이 얻어진다. 그리고 연속방정식에서

$$Q_1 + Q_2 = Q \quad \cdots\cdots (5.17)$$

이므로 식 (5.16)과 (5.17)을 연립하면 다음과 같이 두 유량이 구해진다.

$$Q_1 = \frac{Q}{2}(1+\cos\theta), \quad Q_2 = \frac{Q}{2}(1-\cos\theta) \quad \cdots\cdots (5.18)$$

**[예제 5.4]** 노즐에서 분사된 물이 $V = 20\text{m/s}$의 속도로 평판에 수직으로 충돌하고 있다. 분류의 지름 $D = 40\text{mm}$이면 평판이 받는 힘은 몇 N인가?

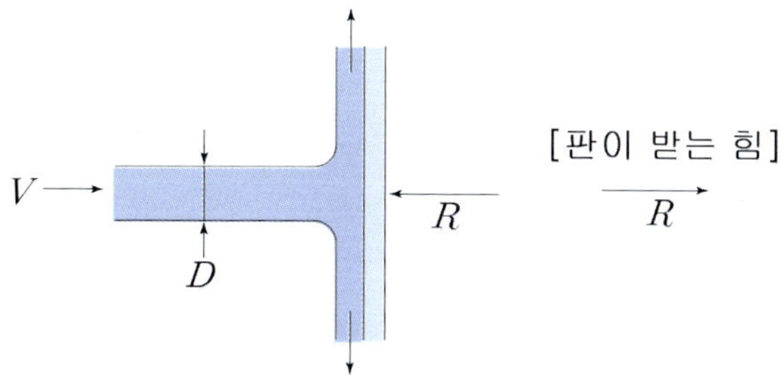


**[그림 5.7] 평판에 수직으로 충돌하는 물에 의해 평판이 받는 힘**

**풀이** 분류의 지름이 $D$일 때 유량 $Q = AV = \frac{\pi}{4}D^2V$이므로 평판에 작용하는 힘은 다음과 같다.

$$R = \rho Q V = \rho\left(\frac{\pi}{4}D^2 V\right)V = \rho \times \frac{\pi}{4}D^2 V^2$$

$$= 10^3 \times \frac{\pi}{4} \times 0.04^2 \times 20^2 = 502.7\,[\mathrm{N}]$$

## 2 고정된 곡면판에 작용하는 힘

그림과 같이 출구 쪽 판과 입구 쪽 판이 $\theta$의 각도를 이루는 고정된 곡면판에 분류가 부딪칠 때 곡면판에 작용하는 힘을 구해 본다.

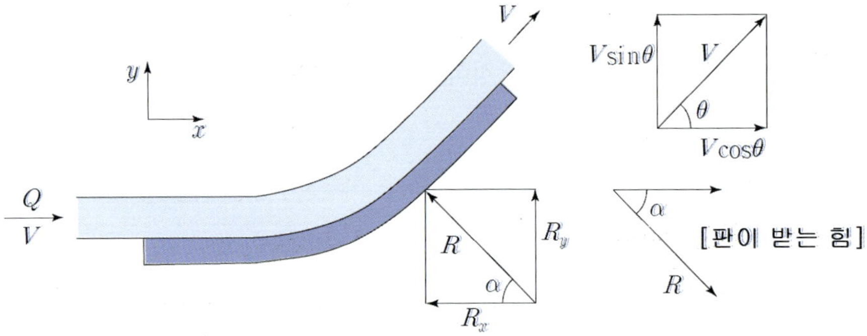


[그림 5.8] 고정된 곡면판에 충돌하는 분류

수평 방향을 $x$ 축으로 하여 좌표축을 잡으면 입구 유속 $\overrightarrow{V_1} = V\vec{i}$, 출구 유속 $\overrightarrow{V_2} = V\cos\theta\,\vec{i} + V\sin\theta\,\vec{j}$이다. $x$ 방향에 대하여 운동량 방정식을 적용하면 곡면판이 받는 힘의 $x$ 성분 $R_x$가 구해진다.

$$\sum F_x = \rho Q(V_{2x} - V_{1x})$$

$$-R_x = \rho Q(V\cos\theta - V)$$

$$R_x = \rho Q V(1 - \cos\theta) \quad \cdots\cdots (5.19)$$

마찬가지로 $y$방향에 대한 운동량 방정식을 적용하여 $R_y$를 구한다.

$$\sum F_y = \rho Q(V_{2y} - V_{1y})$$

$$R_y = \rho Q(V\sin\theta - 0)$$

$$R_y = \rho Q V\sin\theta \quad \cdots\cdots (5.20)$$

따라서 곡면판이 받는 힘의 크기($R$)는

$$R = \sqrt{R_x^2 + R_y^2} = \rho Q V \sqrt{(1-\cos\theta)^2 + \sin^2\theta}$$

이다. 여기에서

$$(1-\cos\theta)^2 + \sin^2\theta = 1 - 2\cos\theta + \cos^2\theta + \sin^2\theta$$
$$= 2(1-\cos\theta) = 4\sin^2\frac{\theta}{2}$$

이므로

$$R = 2\rho Q V \sin\frac{\theta}{2} \quad \cdots\cdots (5.21)$$

가 된다. 이 식으로부터 곡면판이 받는 힘이 최대가 되는 경우는 $\theta = 180°$, 즉 U자 형으로 굽어져 있을 때이며 최대 힘 $R_{max} = 2\rho Q V$라는 것을 알 수 있다. 힘의 방향이 $x$ 축과 이루는 각 $\alpha$는 다음 식으로 구한다.

$$\alpha = \tan^{-1}\left(\frac{R_y}{R_x}\right) \quad \cdots\cdots (5.22)$$

**[예제 5.5]** 유량 $Q = 0.04\text{m}^3/\text{s}$의 물 분류가 $V = 60\text{m/s}$의 속도로 고정된 곡면판에 충돌하고 있다. 판의 휘어진 각도가 135°일 때 분류가 판에 미치는 충격력의 크기와 방향각을 구하여라.

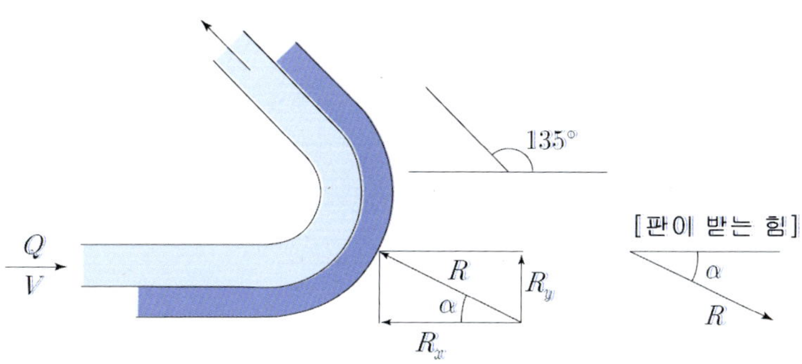


**[그림 5.9]** 고정된 곡면판에 충돌하는 분류에 의해 판이 받는 힘

**풀이** $\rho = 10^3 \text{kg/m}^3$, $Q = 0.04\text{m}^3/\text{s}$, $V = 60\text{m/s}$, $\theta = 135°$ 이므로 충격력의 $x$, $y$ 성분은 다음과 같다.

$$R_x = \rho Q V(1 - \cos\theta)$$
$$= 10^3 \times 0.04 \times 60 \times (1 - \cos 135°) = 4097\,[\text{N}]$$
$$R_y = \rho Q V \sin\theta$$
$$= 10^3 \times 0.04 \times 60 \times \sin 135° = 1697\,[\text{N}]$$

따라서 곡면판이 받는 힘의 크기와 방향각은 다음과 같다.

$$R = \sqrt{R_x^2 + R_y^2} = \sqrt{4097^2 + 1697^2} = 4435\,[\text{N}]$$
$$\alpha = \tan^{-1}\left(\frac{R_y}{R_x}\right) = \tan^{-1}\left(\frac{1697}{4097}\right) = 22.5°$$

**[예제 5.6]** 그림과 같이 고정된 날개에 유량 $Q$의 분류가 $V$의 속도로 충돌할 때 유체가 받는 힘의 두 성분 $R_x$, $R_y$를 각각 구하여라. 분류는 수평선에 대하여 $\alpha$의 각도로 유입되어 $\beta$의 각도로 유출된다. 유체의 밀도는 $\rho$이다.

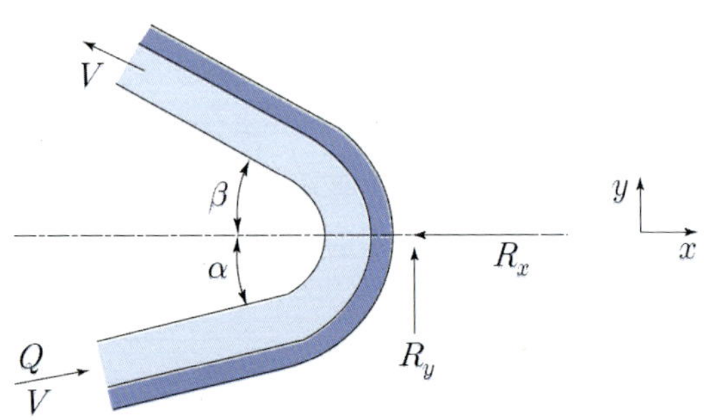


**[그림 5.10] 고정된 날개에 충돌하는 유체**

**풀이** 입구와 출구의 유속을 성분으로 나타내면 다음과 같다.

$$\overrightarrow{V_1} = V(\cos\alpha \vec{i} + \sin\alpha \vec{j})$$
$$\overrightarrow{V_2} = V(-\cos\beta \vec{i} + \sin\beta \vec{j})$$

$x$ 방향에 대한 운동량 방정식을 적용하면 수평 성분 $R_x$가 구해지고,

$$\sum F_x = \rho Q(V_{2x} - V_{1x})$$
$$-R_x = \rho Q(-V\cos\beta - V\cos\alpha)$$
$$\therefore\ R_x = \rho QV(\cos\alpha + \cos\beta)$$

$y$ 방향에 대한 운동량 방정식을 적용하면 수직 성분 $R_y$가 구해진다.

$$\sum F_y = \rho Q(V_{2y} - V_{1y})$$
$$R_y = \rho Q(V\sin\beta - V\sin\alpha)$$
$$\therefore\ R_y = \rho QV(-\sin\alpha + \sin\beta)$$

## 5.5 운동하는 날개에 작용하는 충격력

수력터빈이나 펌프는 운동하는 날개에 충돌하는 유체의 운동량 변화를 이용하여 에너지 교환이 이루어지도록 한 장치이다. 유체가 충돌하는 날개가 일정 속도로 운동하는 경우 날개의 속도에 대한 유체 속도의 상대 속도에 의하여 충격력이 발생하게 된다.

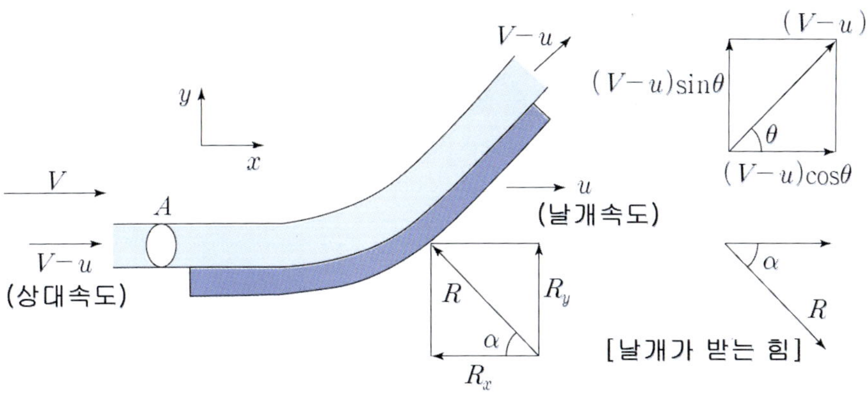


[그림 5.11] 운동하는 날개에 충돌하는 분류

### 1 하나의 날개에 작용하는 힘

[그림 5.11]과 같이 굽어진 날개가 분류와 같은 방향으로 $u$의 속도로 운동하는 경우를 살펴본다. 날개가 분류와 같은 방향으로 움직이므로 날개에 유입되는 분류의 날개에 대한

상대 속도는

$$V_r = V - u \qquad \cdots (5.23)$$

이고, 분류의 단면적을 $A$라 하면 날개에 유입되는 유량은

$$Q_r = A(V - u) \qquad \cdots (5.24)$$

이다. 따라서 날개에 작용하는 힘의 $x$, $y$ 성분은 다음과 같다.

$$\begin{aligned} R_x &= \rho Q_r V_r (1 - \cos\theta) \\ &= \rho A (V - u)^2 (1 - \cos\theta) \end{aligned} \qquad \cdots (5.25)$$

$$\begin{aligned} R_y &= \rho Q_r V_r \sin\theta \\ &= \rho A (V - u)^2 \sin\theta \end{aligned} \qquad \cdots (5.26)$$

힘 $F$를 받고 $v$의 속도로 운동하는 물체의 동력 $L = Fv$이다. 따라서 날개가 분류로부터 받는 동력 $L$은, 날개의 이동 방향으로 날개가 받는 힘 $R_x$와 날개의 이동 속도 $u$에 의해 다음과 같이 구해진다.

$$L = R_x u \qquad \cdots (5.27)$$

날개가 일정 속도로 이동하고 있을 때는 날개를 고정시켜놓고 보면 이해가 쉬워진다. 만일 날개가 분류와 같은 속도로 이동한다면 분류가 받는 충격력은 0이 될 것이다.

## 2 연속으로 배열된 날개에 작용하는 힘

여러 개의 날개가 차례로 연속하여 분류와 충돌하게 만든 장치가 있다면, 이들 날개에 충돌하는 유량은 분류의 유량 전부가 유효하게 될 것이다. 즉, 노즐에서 분사되는 유량이 모두 날개에 부딪치게 되면 날개로 유입되는 유량 $Q = AV$가 된다. 이와 같은 경우 충격력은 다음과 같다.

$$\begin{aligned} R_x = \rho Q V_r (1 - \cos\theta) &= \rho Q (V - u)(1 - \cos\theta) \\ &= \rho A V (V - u)(1 - \cos\theta) \end{aligned} \qquad \cdots (5.28)$$

$$R_y = \rho Q V_r \sin\theta = \rho Q(V-u)\sin\theta = \rho A V(V-u)\sin\theta \quad \cdots (5.29)$$

여기에서 $A$는 노즐의 단면적, $V$는 노즐에서 분사되는 유체의 속도, $u$는 날개의 선속도, $\theta$는 날개각이다.

수차와 같이 회전차의 원주 방향으로 날개가 연속적으로 부착되어 있는 경우가 이에 해당된다. 이때 수차가 분류로부터 받는 동력은 다음과 같다.

$$L = R_x u = \rho Q u(V-u)(1-\cos\theta) \quad \cdots (5.30)$$

반지름 $r$인 회전차의 각속도가 $\omega$이면 원주에 부착된 날개의 선속도 $u = r\omega$이다.

**[예제 5.7]** 단면적 $A = 0.004\text{m}^2$인 고정된 노즐에서 유량 $Q = 0.12\text{m}^3/\text{s}$의 물을 분사하고 있다. 분류와 같은 방향으로 $u = 10\text{m/s}$의 속도로 이동하는 평판을 분류에 수직으로 세운다면 판이 받는 충격력의 크기는 몇 N인가?

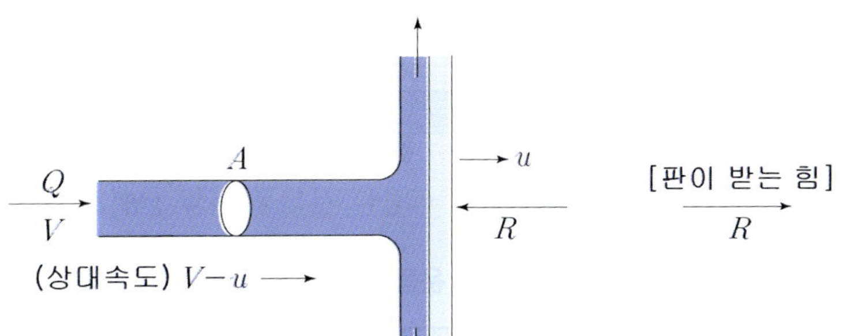


[그림 5.12] 운동하는 수직 평판에 충돌하는 분류

풀이 노즐에서 분사되는 유체의 속도는

$$V = \frac{Q}{A} = \frac{0.12}{0.004} = 30\text{m/s}$$

이다. 충돌하는 분류의 평판에 대한 상대 속도는

$$V_r = V - u$$

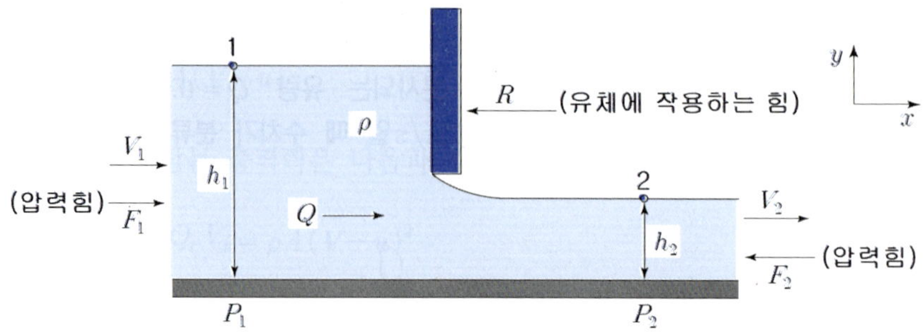


**[그림 5.15] 개수로 유동에서 수문이 받는 힘**

먼저 입구와 출구에서 유동이 균일하고 직선이며 평행한 유선들을 가지도록 검사체적을 선택한다. 수문을 기준으로 하여 상류와 하류의 단면을 각각 1, 2로 한다. 1, 2에서 수심은 각각 $h_1$, $h_2$이고, 유속은 $V_1$, $V_2$이다. 지면과 수직한 방향으로 수문의 폭을 $b$라 하면 단면을 지나는 유량은

$$Q = bh_1 V_1 = bh_2 V_2 \quad \cdots\cdots (5.31)$$

이고, 유체 정역학으로부터 평면에 작용하는 압력 힘 $F_p = \gamma h_c A$이므로 단면 1, 2에 작용하는 압력 힘은 각각

$$F_1 = \gamma \times \frac{h_1}{2} \times (bh_1) = \frac{1}{2}\gamma b h_1^2 \quad \cdots\cdots (5.32)$$

$$F_2 = \gamma \times \frac{h_2}{2} \times (bh_2) = \frac{1}{2}\gamma b h_2^2 \quad \cdots\cdots (5.33)$$

이 된다. 다음과 같이 $x$ 방향으로 운동량 방정식을 적용하면 수문이 받는 힘의 수평 성분 $R$이 구해진다.

$$\sum F_x = \rho Q(V_{2x} - V_{1x})$$

$$F_1 - F_2 - R = \rho Q(V_2 - V_1)$$

$$R = F_1 - F_2 - \rho Q(V_2 - V_1)$$

$$R = \frac{1}{2}\gamma b(h_1^2 - h_2^2) - \rho Q(V_2 - V_1) \quad \cdots\cdots (5.34)$$

만일 유체에 접한 수문이 평면이고 수직으로 서 있다면 이상유체에 대하여 접선방향 힘은 0이므로 수평 성분 $R$이 곧 수문이 받는 힘의 크기가 된다.

**[이상 유체의 수심과 유속]**

점성이 없는 이상유체라 가정하면 상류와 하류 수심 $h_1$, $h_2$가 주어질 때 단면 1, 2에서 연속방정식과 두 수면에 있는 점 사이에 베르누이 방정식을 적용하여 유속 $V_1$, $V_2$를 구할 수 있다.

연속방정식에서

$$Q = bh_1 V_1 = bh_2 V_2$$

$$V_1 = \frac{h_2}{h_1} V_2 \quad \cdots\cdots (5.35)$$

이고, 수면의 압력은 모두 대기압 $P_1 = P_2 = P_{atm}$이므로 베르누이 방정식은

$$\frac{V_1^2}{2g} + h_1 = \frac{V_2^2}{2g} + h_2 \quad \cdots\cdots (5.36)$$

가 된다. 식 (5.35)를 식 (5.36)에 대입하여 풀면 다음과 같이 유속이 구해진다.

$$V_1 = \sqrt{\frac{2gh_2^2}{h_1 + h_2}}, \quad V_2 = \sqrt{\frac{2gh_1^2}{h_1 + h_2}} \quad \cdots\cdots (5.37)$$

**[예제 5.10]** 그림과 같은 수로에 물이 흐를 때 수문이 받는 힘의 수평 분력의 크기와 방향을 구하여라. 수문의 폭은 3m이고 이상유체 유동이라 가정한다.

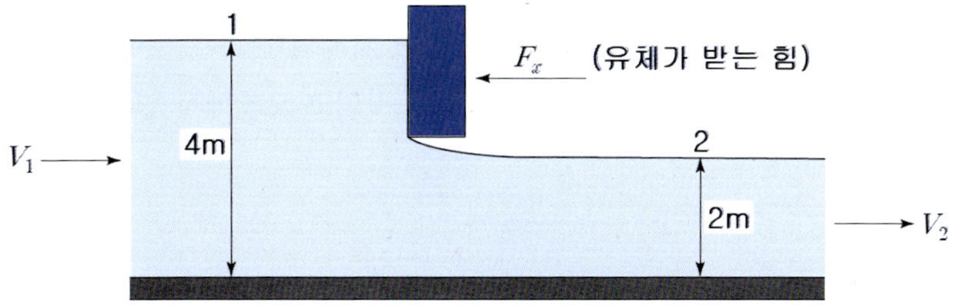


**[그림 5.16]** 수로의 수문이 받는 힘

**풀이** 본문의 결과 식으로부터 단면 1, 2에서 유속과 유량은 다음과 같이 계산된다.

$$V_1 = \sqrt{\frac{2gh_2^2}{h_1 + h_2}} = \sqrt{\frac{2 \times 9.8 \times 2^2}{4+2}} = 3.61\,[\mathrm{m/s}]$$

$$V_2 = \sqrt{\frac{2gh_1^2}{h_1 + h_2}} = \sqrt{\frac{2 \times 9.8 \times 4^2}{4+2}} = 7.23\,[\mathrm{m/s}]$$

$$Q = bh_1 V_1 = 3 \times 4 \times 3.61 = 43.32\,[\mathrm{m^3/s}]$$

따라서 유체가 받는 힘은 다음과 같다.

$$\begin{aligned} F_x &= \frac{1}{2}\gamma b(h_1^2 - h_2^2) - \rho Q(V_2 - V_1) \\ &= \frac{1}{2} \times 9.8 \times 3 \times (4^2 - 2^2) - 10^3 \times 43.32 \times (7.23 - 3.61) \times \frac{1}{1000}\,[\mathrm{kN}] \\ &= 19.58\,[\mathrm{kN}]\ \ (\leftarrow) \end{aligned}$$

유체가 받는 힘이 왼쪽이므로 작용-반작용 원칙에 따라 수문은 오른쪽(→)으로 19.58kN 의 힘을 받는다.

† 여기에서는 이미 유도한 결과 식을 사용하였다. 그러나 공식들을 기억하려 하지 말자. 기본적인 운동량 방정식, 연속방정식, 베르누이 방정식을 적용하면 문제를 해결할 수 있다.

## 5.7 로켓의 추진력

로켓(rocket)은 외부로부터 공기를 공급받지 않고 자체의 산화제를 이용하여 연료를 연소시킨다. 즉, 로켓으로 유입되는 유체의 속도 $V_1 = 0$이고 로켓에서 연소된 유체(연료+산화제)가 모두 외부로 분출된다.

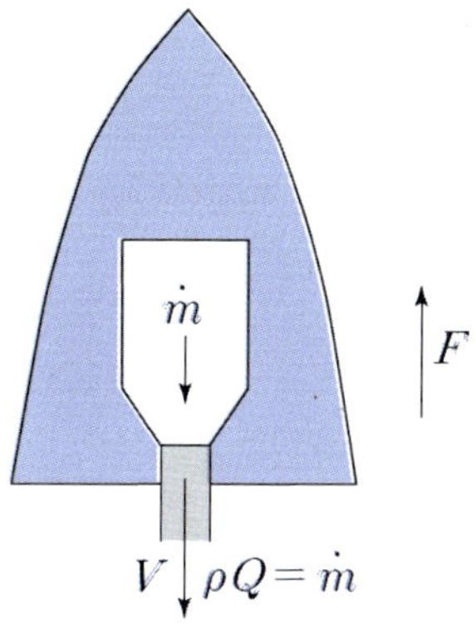


**[그림 5.17] 로켓**

[그림 5.17]과 같은 로켓에서 운동량 방정식을 적용하면 다음과 같이 로켓의 추진력($F$)이 구해진다. 입구와 출구를 각각 1, 2로 하면

$$\sum F_y = F = \rho_2 Q_2 V_2 - \rho_1 Q_1 V_1$$

이다. 이 식에서 $\rho_2 Q_2 = \rho Q$, $V_2 = V$, $V_1 = 0$이므로 로켓의 추진력은

$$F = \rho Q V = \dot{m} V \quad \cdots (5.38)$$

이다. 여기에서 $\rho Q = \dot{m}$는 단위 시간당 분사되는 가스의 질량(연료소비율)이고, $V$는 로켓에 대한 노즐에서 분사되는 가스의 상대속도이다. 로켓의 추진력은 연소되어 분사되는 연료(연료+산화제)의 운동량 변화율과 같다.

**[예제 5.11]** 80kg/s의 혼합가스를 연소시켜 2000m/s의 속도로 분출할 때 발생하는 로켓의 추진력[kN]을 구하여라. 단, 연소된 가스는 모두 대기 중으로 분사된다.

**풀이** 로켓의 추진력

$$F = \dot{m} V = 80 \times 2000[\mathrm{N}] = 16 \times 10^4[\mathrm{N}] = 160[\mathrm{kN}]$$

## 5.8 각운동량 방정식

많은 공학적인 문제에 있어서는 힘을 포함하여 축에 대한 모멘트(토크)가 중요한 물리량이 된다. 뉴턴 운동 제 2법칙으로부터 힘과 선형운동량 사이의 관계를 유도하였는데 여기에서는 모멘트를 구하는 방법을 알아본다.

기준점(O)으로부터의 위치 $\vec{r}$, 질량 $m$, 속도 $\vec{V}$인 입자의 기준점에 대한 모멘트 $\overrightarrow{M_O}$는 다음과 같이 단위 시간당 각운동량(angular momentum)의 변화율로 주어진다.

$$\overrightarrow{M_O} = \vec{r} \times \vec{F} = \frac{d}{dt}(\vec{r} \times m\vec{V}) \quad \cdots (5.39)$$

$\vec{F}$는 물체에 작용하는 힘이다.

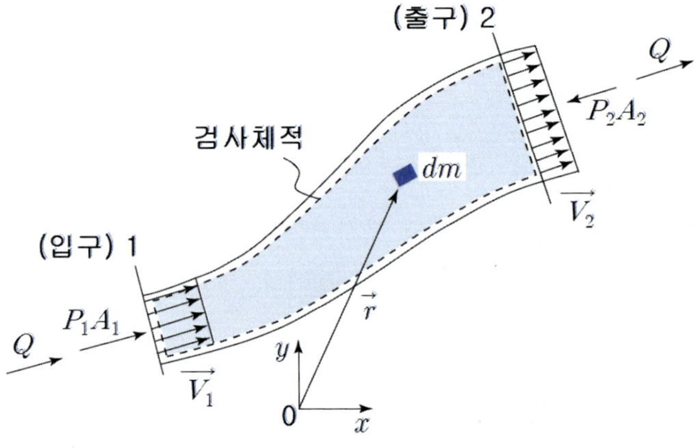


[그림 5.18] **검사체적**

유체 시스템에 있어서는 [그림 5.18]과 같이 검사체적(control volume)을 잡고 검사체적 내의 모든 유체에 대해 식 (5.39)를 적용하면 다음 식을 얻는다.

$$\begin{aligned}\sum(\vec{r} \times \vec{F}) &= \frac{D}{Dt}\int_{\tilde{V}_0}(\vec{r} \times \vec{V})\rho d\tilde{V} \\ &= \frac{\partial}{\partial t}\int_{\tilde{V}_0}\rho\vec{r} \times \vec{V} d\tilde{V} + \int_{A_0}\rho\vec{r} \times \vec{V}(\vec{V} \cdot \vec{n})dA\end{aligned} \quad \cdots (5.40)$$

여기에서 $\sum(\vec{r}\times\vec{F})$는 유체에 작용하는 모든 외력에 의한 모멘트의 합을 나타낸다. $\widetilde{V}_0$는 검사체적, $A_0$는 검사면(control surface)이고, $\vec{n}$은 검사면에 수직한 바깥 방향의 단위벡터(outward unit normal vector)이다. 이 식은 '계에 작용하는 모멘트의 합은 계의 각운동량의 시간 변화율과 같다'는 것을 의미한다. 식 (5.40)을 각운동량 방정식 또는 각역적-운동량 방정식이라 한다. 정상유동($\partial/\partial t=0$)에 대하여 식 (5.40)은 다음과 같이 표현된다.

$$\sum(\vec{r}\times\vec{F})=\int_{A_0}\rho\vec{r}\times\vec{V}(\vec{V}\cdot\vec{n})dA \quad \cdots\cdots (5.41)$$

유선들이 평행하며 단면 면적에 수직인 속도를 가진 단면들에서 유체가 들어가고 나가는 경우를 고려한다. 검사체적의 입구와 출구가 각각 1 개씩인 경우에는 식 (5.41)의 적분식이 다음과 같이 표현된다.

$$\sum(\vec{r}\times\vec{F})=\rho Q\left[(\vec{r}\times\vec{V})_{out}-(\vec{r}\times\vec{V})_{in}\right] \quad \cdots\cdots (5.42)$$

여기에서 $\vec{r}$은 검사체적의 단면을 들어오거나 나가는 유동 단면의 도심에 대한 모멘트 기준점으로부터의 위치벡터이다. $Q$는 체적유량이다.

이상으로부터 정상상태 비압축성 균일 유동에서 검사체적의 입구와 출구가 각각 1개씩인 경우 모멘트에 대한 각운동량 방정식은 다음과 같다.[5)]

$$\sum\overrightarrow{M_O}=\rho Q\left[(\vec{r}\times\vec{V})_{out}-(\vec{r}\times\vec{V})_{in}\right] \quad \cdots\cdots (5.43)$$

실질적으로 많이 다루는 2차원 유동인 경우 위의 방정식은 다음과 같이 간단하게 표현된다.[6)]

$$\sum M_O=\rho Q(r_2V_{t2}-r_1V_{t1}) \quad \cdots\cdots (5.44)$$

여기에서 $r$은 모멘트 기준점(O)으로부터 면적 도심까지 거리이고, $V_t$는 모멘트 팔에 수직인 속도 성분(접선방향 속도 성분)이다[그림 5.19]. 1, 2는 각각 입구와 출구를 나타낸

5) 이상의 유도과정은 참고로 하고, 이 공식의 적용 및 응용 법을 익히도록 한다.
6) 실제로 문제를 해석할 때는 이 공식을 주로 사용한다.

다. 반경성분 $V_r$에 의한 힘은 작용선의 연장선이 기준점을 지나므로 팔의 길이가 0이 되어 모멘트를 발생하지 않는다는 것을 알 수 있다.

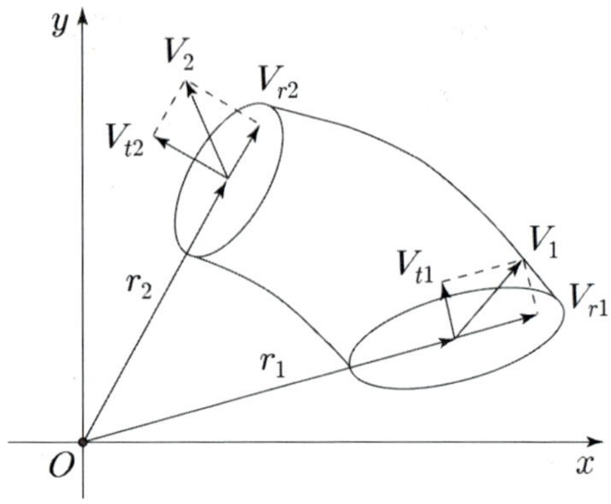


[그림 5.19] 입구와 출구가 각각 1개씩인 경우

유체가 여러 단면에서 검사체적으로 들어가거나 나갈 때 각운동량 방정식은 다음과 같다.

$$\sum M_O = \sum(\rho Q r V_t)_{out} - \sum(\rho Q r V_t)_{in} \quad \cdots (5.45)$$

특히 유체기계에서 많이 취급하는 [그림 5.20]과 같은 원심펌프에서 각운동량 방정식을 적용하면 다음과 같은 회전축에 대한 토크 $T$를 얻는다.[7)]

$$T = \rho Q(r_2 V_{t2} - r_1 V_{t1}) = \dot{m}(r_2 V_{t2} - r_1 V_{t1}) \quad \cdots (5.46)$$

여기에서 $V_{t1}$, $V_{t2}$는 유동의 원주 방향(접선 방향) 속도 성분이다. 회전 날개의 각속도가 $\omega$ (또는 회전속도가 $N$[rpm])이면 동력($L$)은 다음 식으로 구한다.

$$L = T\omega = T \times \frac{2\pi N}{60} \quad \cdots (5.47)$$

7) 토크에 대한 실질적인 문제는 거의 모두 이 공식으로써 해결되므로 최소한 이 식은 알아두도록 한다.

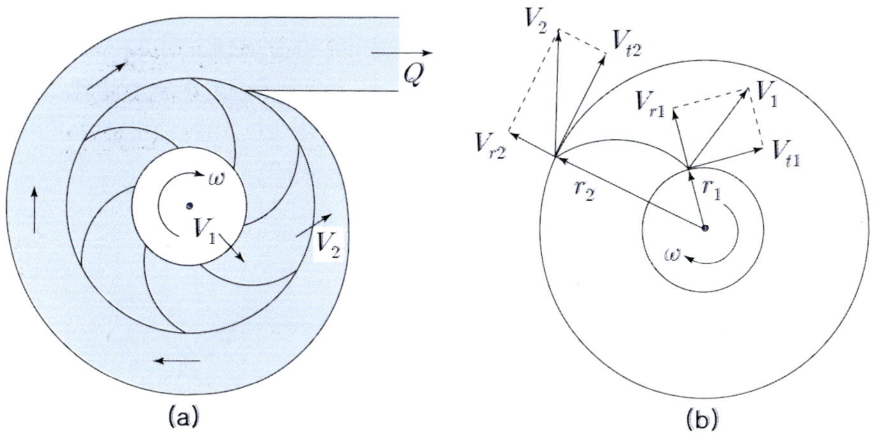


[그림 5.20] (a) 원심펌프 개략도 (b) 입구와 출구의 속도 성분

**[참고]** 이 책에서 제시하고 있는 운동량 방정식과 각운동량 방정식은 모두 절대좌표계(관성좌표계)에서 적용되는 식이다. 따라서 방정식에 나타나는 속도는 원칙적으로 모두 절대속도이다. 그런데 일정 속도 $u$의 등속직선운동인 경우 가속도가 0이므로 속도 $u$로 움직이는 좌표계(비관성좌표계)에서도 여기에서 제시하고 있는 운동량 방정식을 사용하여 유체에 작용하는 힘을 구할 수 있다.

그러나 회전운동인 경우 일정 각속도 $\omega$의 등속 원운동이라 할지라도 구심가속도($r\omega^2$)에 의한 힘이 발생하기 때문에 유체와 같이 $\omega$의 각속도로 회전하는 회전좌표계에서 여기에서 제시하고 있는 각운동량 방정식을 적용하면 안 된다. 즉, 회전운동인 경우 여기에서 제시한 각운동량 방정식을 이용하려면 반드시 절대좌표계에서 절대속도를 써야 한다. 회전하는 좌표계는 근본적으로 가속도가 0이 아닌 비관성 좌표계이므로 좌표계의 가속에 의한 관성 항을 추가로 고려해야 한다. 이 항들은 복잡한 편이므로 일반적으로 토크를 구할 때 회전좌표계를 사용하지 않고 고정된 절대좌표계를 사용한다.

**[예제 5.12]** 그림과 같이 수평으로 고정된 스프링클러에서 중앙으로부터 14L/s의 물이 유입되어 60°의 각도로 분사되고 있다. 물 제트의 지름이 1.3cm일 때 스프링클러를 고정하는데 필요한 토크($T$)를 구하여라. 단, 노즐 길이는 무시한다.

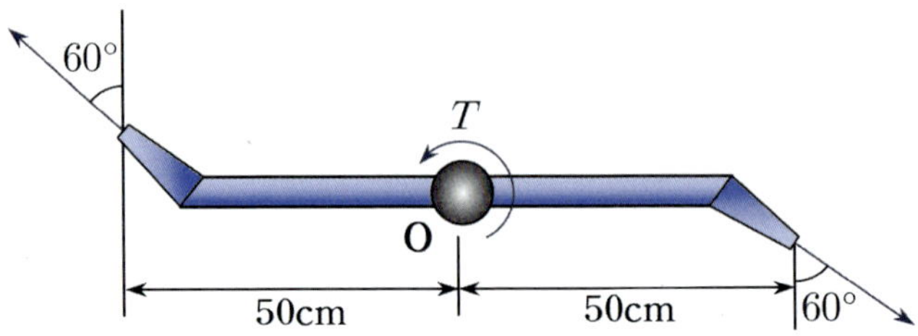


**[그림 5.21] 고정된 스프링클러**

**풀이** 입구와 노즐 출구를 각각 1, 2로 나타낸다. 유입되는 유량 $Q=14$L/s가 두 곳으로 나누어 분사되므로 출구에서 물 제트의 속도($V_2$)는

$$V_2=\frac{Q/2}{A}=\frac{Q/2}{\pi d^2/4}=\frac{2Q}{\pi d^2}$$
$$=\frac{2(14\times 10^{-3})}{\pi(0.013)^2}[\text{m/s}]=52.74[\text{m/s}]$$

이다. 그리고 출구에서 제트의 접선방향 속도($V_{t2}$)는

$$V_{t2}=V_2\cos\theta=V_2\cos 60°$$

이다. 여기에서 중앙으로부터 왼쪽과 오른쪽 제트 출구까지 거리를 각각 $r_{2,L}$, $r_{2,R}$로 나타내면 다음과 같이 스프링클러를 고정하는데 필요한 토크($T$)가 구해진다.

$$\begin{aligned}T&=T_{\text{왼쪽 부분}}+T_{\text{오른쪽 부분}}\\&=\rho(Q/2)(r_{2,L}V_{t2}-r_1V_{t1})+\rho(Q/2)(r_{2,R}V_{t2}-r_1V_{t1})\\&=\rho(Q/2)(r_{2,L}V_{t2}-0)+\rho(Q/2)(r_{2,R}V_{t2}-0)\quad(\leftarrow r_1=0)\\&=\rho Q(r_2V_{t2})=\rho Q(r_2V_2\cos 60°)\\&=10^3\times(14\times10^{-3})\times(0.5)\times(52.74\cos 60°)[\text{N}\cdot\text{m}]\\&=184.6[\text{N}\cdot\text{m}]\end{aligned}$$

이상에서 $r_{2,L}=r_{2,R}=r_2=50\text{cm}=0.5\text{m}$이다.

**[예제 5.13]** [그림 5.22]와 같은 스프링클러의 바닥을 통하여 유량 $Q=2\mathrm{L/s}$의 물이 유입되어 단면적 $A=40\mathrm{mm}^2$인 노즐에서 접선 방향으로 분사되고 있다. 회전축으로부터 노즐 중심선까지 거리 $r_2=20\mathrm{cm}$이다.

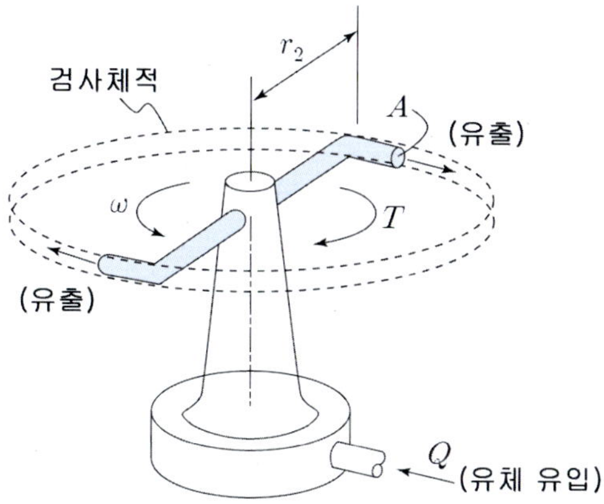


[그림 5.22] 스프링클러 개략도

(1) 스프링클러 상부를 고정시키는데 필요한 토크를 구하여라.

(2) 스프링클러가 300rpm의 각속도로 회전할 때 분사되는 유체에 의해 발생하는 토크를 구하여라.

(3) 발생하는 토크가 0일 때 스프링클러의 회전 속도를 구하여라.

**풀이** (1) 입구와 노즐 출구를 각각 1, 2로 나타낸다. 검사체적을 출입하는 유체의 속도는 [그림 5.23]과 같다. 노즐에서 유체가 접선 방향으로 분사되므로 출구에서 유체의 속도는 접선방향속도와 같다.

$$V_2=V_{t2}$$

두 개의 노즐을 통하여 유체가 분사되므로 연속방정식으로부터

$$\frac{Q}{2}=AV_2$$

$$\therefore \quad V_2=\frac{Q}{2A}=\frac{2\times 10^{-3}}{2\times(40\times 10^{-6})}=25[\mathrm{m/s}]$$

이고, 상부를 고정시키는데 필요한 토크($T$)는 다음과 같다.

$$T=\rho Q(r_2V_{t2}-r_1V_{t1})$$

$$= \rho Q(r_2 V_{t2} - 0) \ (\leftarrow r_1 = 0)$$
$$= \rho Q(r_2 V_2)$$
$$= 10^3 \times (2 \times 10^{-3}) \times (0.2 \times 25) = 10[\text{N} \cdot \text{m}]$$

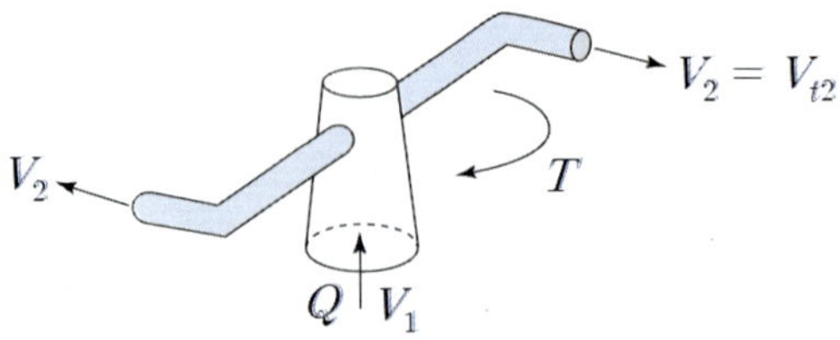


**[그림 5.23] 스프링클러 고정**

(2) 검사체적을 출입하는 유체의 속도는 [그림 5.24]와 같다. 고정된 검사표면에서 측정된 유체의 절대 속도를 $V_2$, 노즐에서 관찰되는 노즐 출구 유동의 상대 속도를 $W_2$, 고정 검사표면에서 측정된 움직이는 노즐의 속도를 $U_2 = r_2\omega$라고 한다. 노즐이 움직이는 방향이 유체가 나가는 방향과 반대 방향이므로 절대속도 $V_2$와 상대속도 $W_2$ 사이에는 다음 관계가 성립한다.

$$W_2 = V_2 - (-U_2)$$
$$\therefore \ V_2 = W_2 - r_2\omega$$

여기에서 노즐에서 흘러나오는 유량 $Q$는 노즐 단면에 대한 상대 속도 $W_2$에 의해 흘러나오는 물의 양이므로 (1)과 같이

$$\frac{Q}{2} = A W_2$$
$$\therefore \ W_2 = \frac{Q}{2A} = 25[\text{m/s}]$$

이다. 따라서

$$V_2 = W_2 - r_2\omega$$
$$= 25 - 0.2 \times \frac{2\pi \times 300}{60} = 18.7[\text{m/s}]$$

이고, 발생하는 토크($T$)는 다음과 같다.

$$T = \rho Q(r_2 V_2)$$

$$= 1000 \times (2 \times 10^{-3}) \times (0.2 \times 18.7) = 7.48[\text{N} \cdot \text{m}]$$

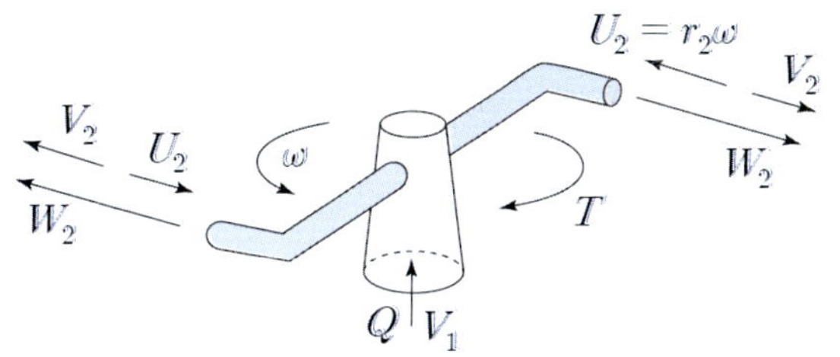


[그림 5.24] 스프링클러 회전

(3) 노즐이 $\omega$의 각속도로 회전할 때 발생하는 토크는

$$T = \rho Q(r_2 V_2) = \rho Q r_2 (W_2 - r_2\omega)$$

이다. 노즐을 나가는 유체의 상대속도 $W_2$는 노즐을 나가는 유량 $Q$에 의해 결정되므로 $Q = 2\text{L/s}$로 일정한 경우 (2)와 같은 값 $W_2 = 25[\text{m/s}]$를 갖는다. 따라서 토크 $T = 0$일 때 각속도($\omega$)는 다음과 같다.

$$W_2 - r_2\omega = 0$$

$$\therefore \ \omega = \frac{W_2}{r_2} = \frac{25}{0.2} = 125[\text{rad/s}]$$

**[상대속도]**

두 물체 A, B가 각각 $\overrightarrow{v_A}$, $\overrightarrow{v_B}$의 속도로 운동하고 있을 때 A에서 본 B의 속도를 A에 대한 B의 상대속도($\overrightarrow{v}_{B/A}$)라 하고

$$\overrightarrow{v}_{B/A} = \overrightarrow{v_B} - \overrightarrow{v_A}$$

이다[그림 5.25]. 상대속도는 운동하는 관측자가 어떤 물체의 운동을 관찰할 때 관측자에게 보이는 물체의 속도를 나타낸다.

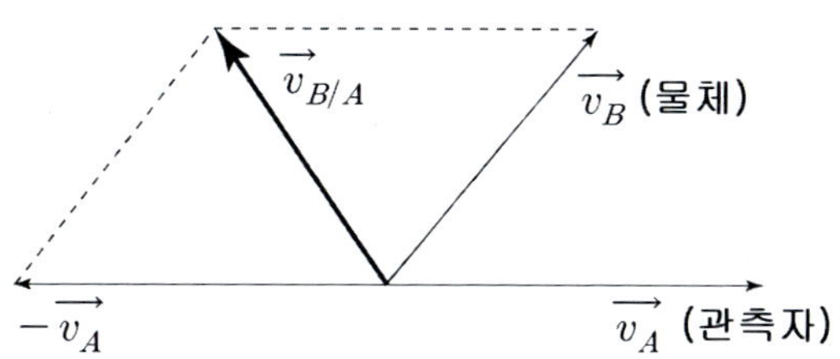


[그림 5.25] 상대속도

[예제 5.13]에서 접선방향 단위 벡터를 $\overrightarrow{e_t}$라 하면 $\overrightarrow{V_2} = V_2\overrightarrow{e_t}$, $\overrightarrow{U_2} = -U_2\overrightarrow{e_t}$, $\overrightarrow{W_2} = W_2\overrightarrow{e_t}$ ($V_2 > 0$, $U_2 > 0$, $W_2 > 0$)이므로

$$\overrightarrow{W_2} = \overrightarrow{V_2} - \overrightarrow{U_2}$$
$$W_2\overrightarrow{e_t} = V_2\overrightarrow{e_t} - (-U_2\overrightarrow{e_t})$$
$$\therefore\ W_2 = V_2 + U_2$$

가 된다.

**[예제 5.14]** 유량 $Q = 0.15\text{m}^3/\text{s}$의 물이 원심 펌프의 입구에서 반경 방향으로 날개에 유입되고 있다. 펌프 날개의 바깥지름 $r_2 = 20\text{cm}$, 출구의 접선 방향 유속 $V_{t2} = 10\text{m/s}$이다. 날개 회전수 $N = 800\text{rpm}$일 때 펌프 축에 작용하는 토크($T$)와 펌프 동력($L$)을 구하여라.

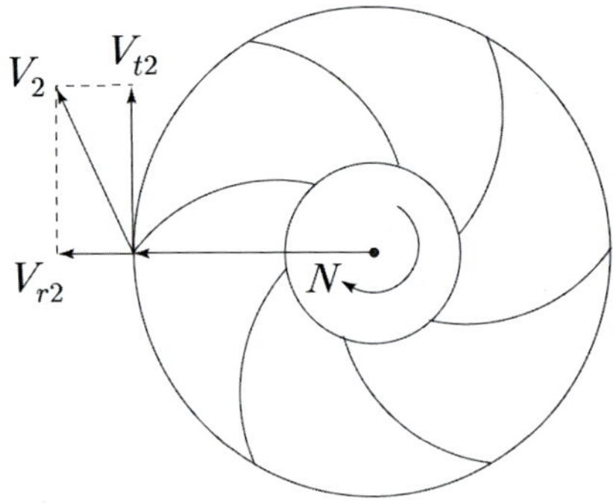


[그림 5.26] 원심펌프

풀이 반경 방향으로 유입되므로 입구에서 접선방향 속도 성분 $V_{t1} = 0$이다. 따라서 토크($T$)와 펌프 동력($L$)은 다음과 같이 구해진다.

$$T = \rho Q(r_2 V_{t2} - r_1 V_{t1})$$
$$= 1000 \times 0.15 \times (0.2 \times 10 - 0)\,[\text{N}\cdot\text{m}] = 300\,[\text{N}\cdot\text{m}]$$
$$L = T\omega = T \times \frac{2\pi N}{60}$$
$$= 300 \times \frac{2\pi \times 800}{60}\,[\text{W}] = 25{,}133\,[\text{W}] = 25.1\,[\text{kW}]$$

**[원심펌프 유량과 유속]**

원심펌프 날개차(impeller)의 입구와 출구 반지름이 각각 $r_1$, $r_2$이고, 입구와 출구에서 블레이드 폭이 각각 $b_1$, $b_2$일 때 송출유량($Q$)은 다음과 같다.

$$Q = (2\pi r_1) b_1 V_{r1} = (2\pi r_2) b_2 V_{r2} \quad \cdots (5.48)$$

여기에서 $V_{r1}$과 $V_{r2}$는 각각 입구와 출구에서 반경방향 속도성분이다. 그리고 반경방향과 $\theta$의 각도를 이루면서 $V_2$의 속도로 물이 유출될 때 출구에서 접선방향 속도성분($V_{t2}$)과 반경방향 속도성분($V_{r2}$) 및 출구 유속 ($V_2$)의 관계식은 다음과 같다[그림 5.27].

$$V_{t2} = V_2 \sin\theta = V_{r2} \tan\theta \quad \cdots (5.49)$$

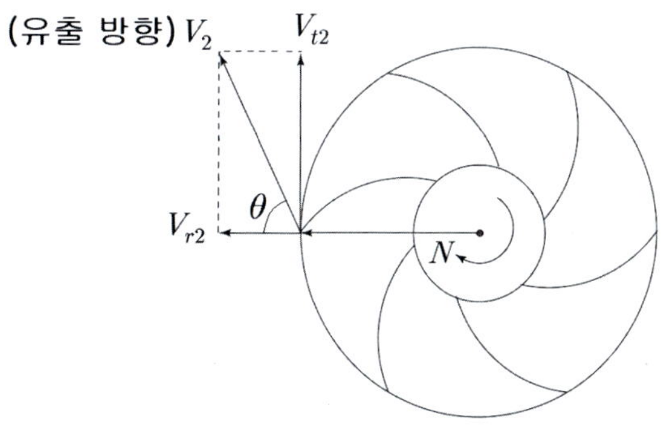


**[그림 5.27] 원심펌프 출구 유속 성분**

일반적으로 원심펌프에서 설계 유량 $Q^*$를 유동이 날개에 정확하게 수직으로 유입된다고 가정하여 계산한다. 즉, 설계 점에서 입구 유속 성분은 다음과 같다.

$$V_{r1} = V_1, \quad V_{t1} = 0 \quad \cdots (5.50)$$

여기에서 $V_{r1}$과 $V_{t1}$은 각각 입구에서 반경방향과 접선 방향 속도 성분이고, $V_1$은 입구에서 물의 유입속도이다. 실제 펌프 유량은 설계 유량보다 작다.

## 연습문제 5

**01** 밀도 $\rho$, 체적유량 $Q$, 유속 $V$일 때 $\rho QV$의 차원을 $MLT$계와 $FLT$계로 나타내어라.

**02** 안지름 0.4m인 90° 곡관 속을 20m/s의 유속으로 물이 흐르고 있다. 단면 1, 2에서 압력이 각각 120kPa, 80kPa일 때 관이 유체로부터 받는 힘의 크기와 방향을 구하여라. 두 단면 사이 유체의 무게는 3kN이다.

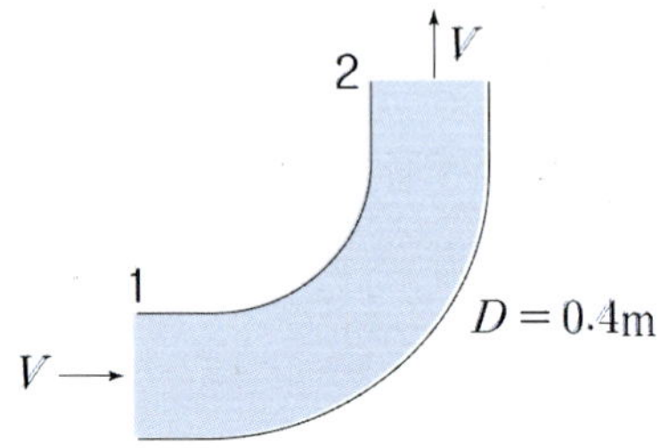


[문제 5.2]

**03** 그림과 같이 180°로 구부러진 안지름 70mm의 관에 $0.2\text{m}^3/\text{s}$의 물이 흐르고 있다. 관을 수평하게 놓았을 때 물로부터 관이 받는 힘을 구하여라. 단, 물의 무게와 입구와 출구의 압력은 무시한다.

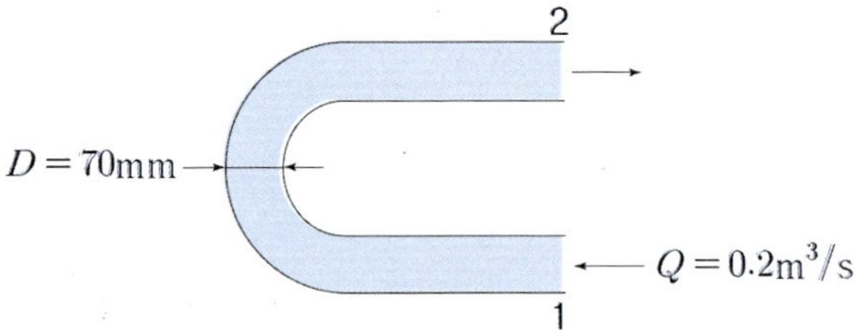


[문제 5.3]

**04** 지름 50mm의 물 분류가 40m/s의 속도로 고정 평판에 대하여 60° 각도로 부딪칠 때 평판에 수직으로 작용하는 힘은 몇 kN인가?

**05** 그림과 같이 지름 $D = 3\text{cm}$의 물 분류가 $V = 50\text{m/s}$의 유속으로 수평 평판에 $\theta = 30°$ 각도로 충돌할 때 판이 받는 충격력의 크기는 몇 N인가? 중력의 영향은 무시한다.

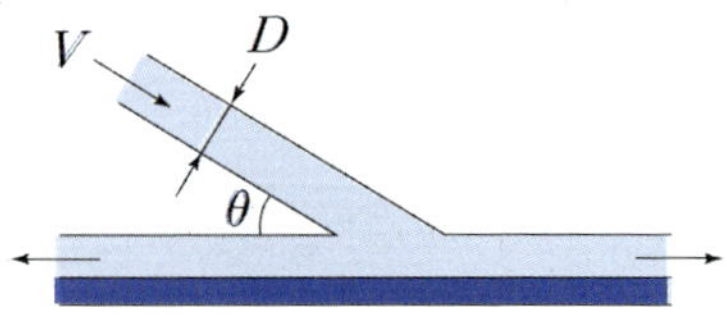


[문제 5.5]

**06** 수평 방향으로 분사된 유량 $Q = 0.06\text{m}^3/\text{s}$의 물 분류가 $V = 50\text{m/s}$의 속도로 고정된 날개에 충돌한 후 수평선에 대하여 $\theta = 60°$ 각도로 방향을 바꾸어 나가고 있다. 분류가 날개에 미치는 충격력의 크기는 몇 N인가?

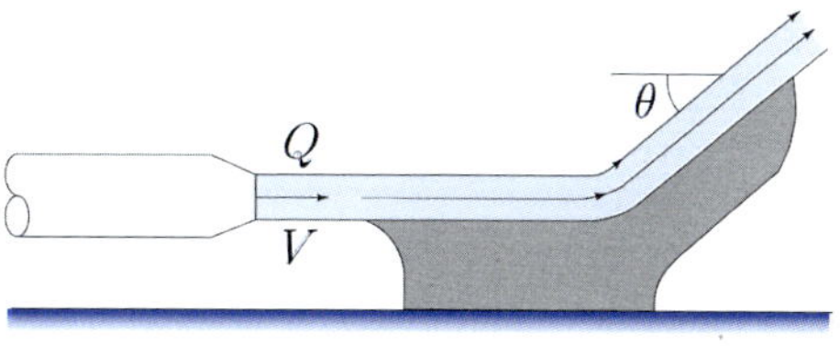

[문제 5.6]

**07** 중량 유량 300N의 물 분류가 40m/s의 유속으로 고정된 평판에 60° 각도로 충돌할 때 판이 받는 충격력의 크기는 몇 N인가?

**08** 고정된 날개에 유량 $Q = 0.02\text{m}^3/\text{s}$의 물 분류가 $V = 30\text{m/s}$의 속도로 충돌하고 있다. 분류는 수평선에 대하여 $\alpha = 30°$의 각도로 유입되어 $\beta = 45°$의 각도로 빠져 나간다. 분류에 의한 충격력의 수평 방향과 수직 방향 성분 크기를 구하여라.

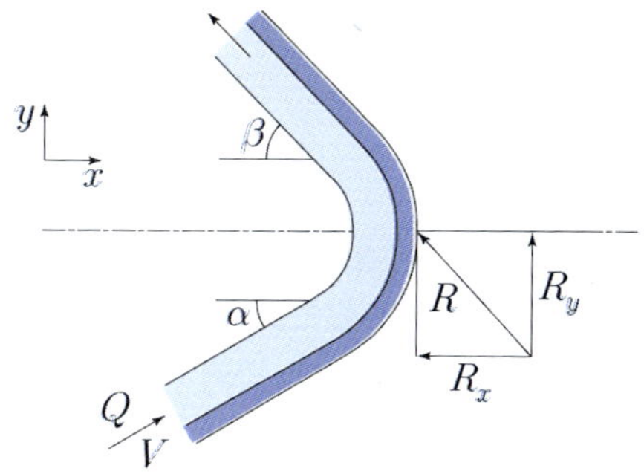

[문제 5.8]

**09** 질량이 20kg인 디스크가 노즐로부터 연직 위 방향으로 분사되는 물 분류 위에 수평으로 놓여 있다. 분류는 디스크의 중심에 충돌하고 있고, 충돌 직전 분류의 유속이 10m/s일 때 디스크가 정적 평형 상태를 유지하기 위한 충돌 직전 분류의 지름을 구하여라.

**10** 지름 $D = 4\text{cm}$의 노즐이 $V = 70\text{m/s}$의 속도로 물을 분사하여 날개에 충돌시키고 있다. 날개의 각도 $\theta = 45°$일 때 다음 물음에 답하여라.

(1) 날개가 분류와 같은 방향으로 $u = 30\text{m/s}$의 속도로 이동할 때 날개에 작용하는 힘을 구하여라.

(2) 날개가 노즐을 향하여 $u = 30\text{m/s}$의 속도로 이동할 때 날개에 작용하는 힘과 날개를 이동시키기 위해 필요한 동력을 구하여라.

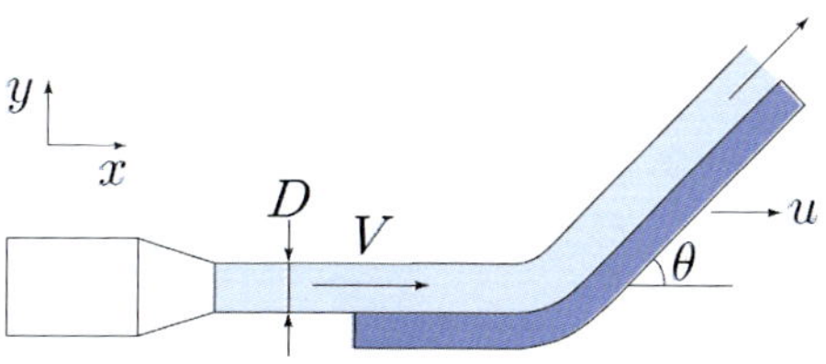

[문제 5.10]

**11** 고정된 노즐에서 $0.08\text{m}^3/\text{s}$의 물을 $40\text{m/s}$의 속도로 분사하고 있다. 분류와 같은 방향으로 $u=20\text{m/s}$의 속도로 이동하는 평판을 분류에 수직으로 세웠을 때 판이 받는 충격력의 크기는 몇 N인가?

**12** 운동하는 날개에 분류를 충돌시켜 날개에 1000N의 힘을 발생시켰다. 날개가 분류와 같은 방향으로 $20\text{m/s}$의 속도로 이동한다면 날개에 발생하는 동력은 몇 마력[PS]인가?

**13** 노즐에서 분사되는 유량 $Q$, 유체의 속도 $V$, 날개각 $\theta$, 날개 선속도 $u$일 때 수차에서 발생하는 동력 $L=\rho Q u(V-u)(1-\cos\theta)$이다. $\rho$, $Q$, $V$, $\theta$가 일정할 때 즉, 노즐 조건과 날개의 구조가 고정되었을 때 최대 동력은 날개 선속도 $u=V/2$일 때 발생하며 그 값이 다음과 같음을 보여라.

$$L_{\max}=\frac{1}{4}\rho Q V^2(1-\cos\theta)$$

**14** 지름 $D=5\text{cm}$인 고정된 노즐에서 $V=40\text{m/s}$의 속도로 물을 분사하고 있다. 그림과 같이 분류와 같은 방향으로 $u=10\text{m/s}$의 속도로 이동하는 180°로 굽어진 U자형 곡면판을 세웠을 때 판이 받는 충격력의 크기는 몇 N인가?

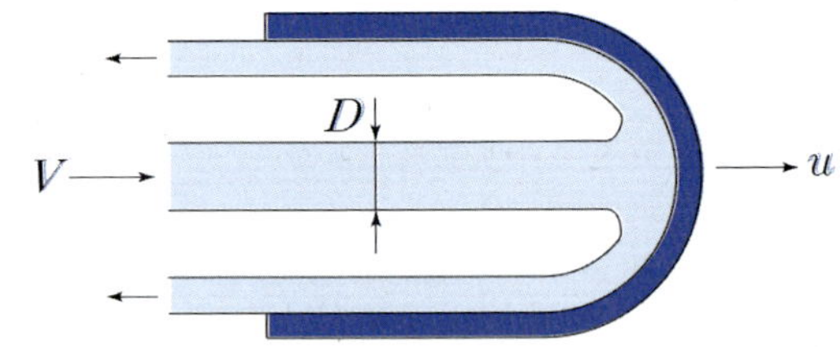


[문제 5.14]

**15** 그림의 유로는 지면에 수직인 방향으로 폭이 4m이다. 물에 의해 구조물에 작용하는 힘의 수평 성분의 크기를 구하여라. 이상유체 유동으로 가정한다.

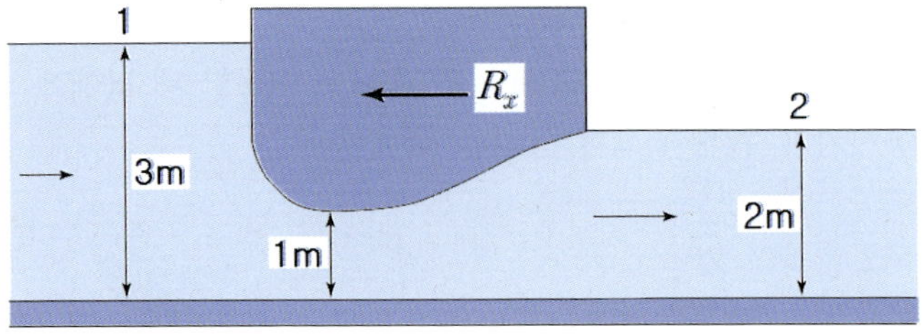


[문제 5.15]

**16** 그림과 같은 둑에서 물이 넘쳐흐르고 있다. 유체가 둑에 작용하는 힘의 수평 분력의 크기와 방향을 구하여라. 둑의 폭은 3m 이고 이상유체 유동이라 가정한다.

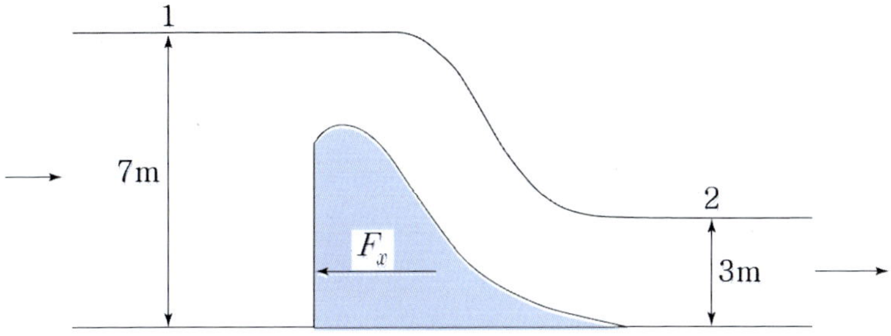


[문제 5.16]

**17** 그림과 같이 60° 로 기울어진 슬루스 게이트(sluice gate)를 지나는 단위폭 당 유량이 $24\text{m}^3/\text{s}\cdot\text{m}$ 일 때 수문에 작용하는 힘과 힘의 수직 및 수평 분력을 구하여라. 단, 수문의 폭은 4m 이고, 벽에서 마찰력은 무시한다.

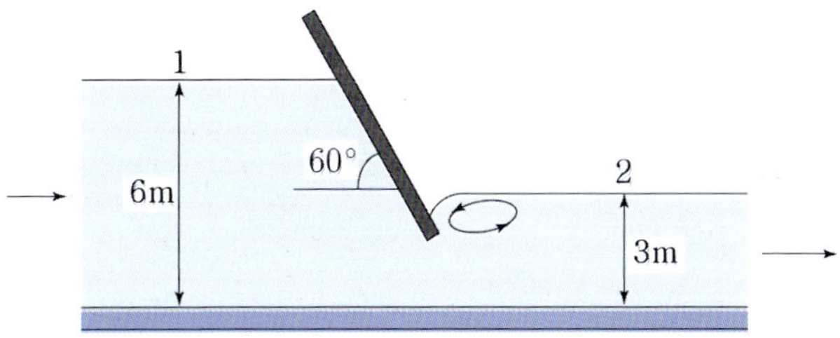


[문제 5.17]

**18** 500m/s 의 속도로 연소가스를 분사할 때 40kN 의 추진력이 발생하는 로켓의 연료소비율을 구하여라. 단, 연소된 가스는 모두 대기 중으로 분사된다.

**19** 그림과 같이 4개의 같은 모양의 노즐에서 물을 분사하는 스프링클러가 있다. 노즐 지름 $D = 4\text{cm}$ 이고 모든 노즐은 각각 $Q = 10l/\text{s}$ 의 물을 접선방향으로 분사하고 있다. 회전축으로부터 노즐 중심선까지의 거리 $r = 30\text{cm}$ 이고, 물은 회전축($r = 0$)에서 유입된다.

(1) 스프링클러를 고정시키는데 필요한 토크를 구하여라.

(2) 노즐이 $\omega = 100\text{rpm}$ 의 각속도로 회전할 때 분사되는 유체에 의해 발생하는 토크를 구하여라.

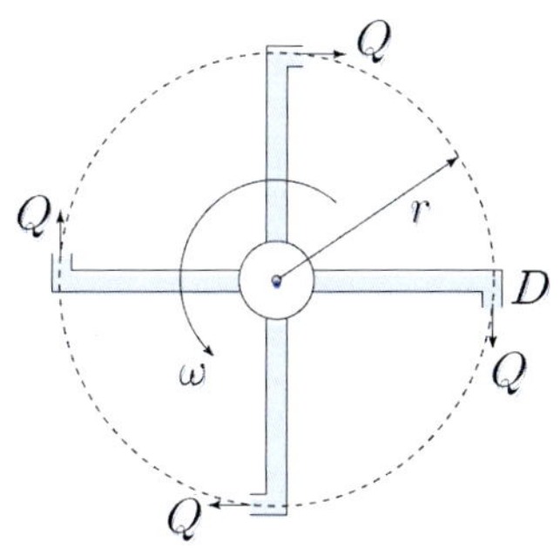


[문제 5.19]

(3) 스프링클러를 고정시키는데 필요한 토크가 40N · m 일 때 각속도($\omega$)를 구하여라.

(4) 발생하는 토크가 0일 때 각속도($\omega$)를 구하여라.

**20** 그림과 같은 스프링클러의 바닥을 통하여 유량 $Q = 1000\text{cm}^3/\text{s}$의 물이 유입되어 노즐에서 $\theta = 30°$의 각도로 분사되고 있다. 노즐 출구의 단면적 $A = 40\text{mm}^2$, 회전축으로부터 노즐 중심선까지의 거리 $r = 20\text{cm}$일 때 노즐을 고정시키는데 필요한 토크를 구하여라. 노즐 길이는 무시한다.

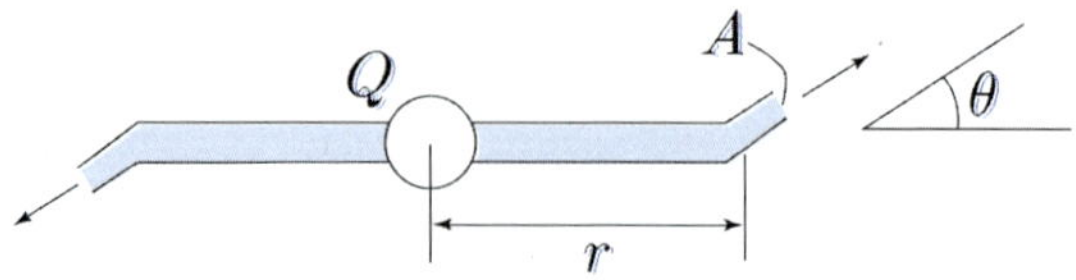


[문제 5.20]

**21** 고정된 노즐에서 지름 $D = 6\text{cm}$, 유속 $V = 40\text{m/s}$의 물 분류를 분사하여 수차의 날개에 수직으로 충돌시키고 있다. 수차의 각속도 $\omega = 10\text{rad/s}$, 날개의 회전반지름 $r = 0.5\text{m}$일 때 수차가 분류로부터 얻는 동력을 구하여라.

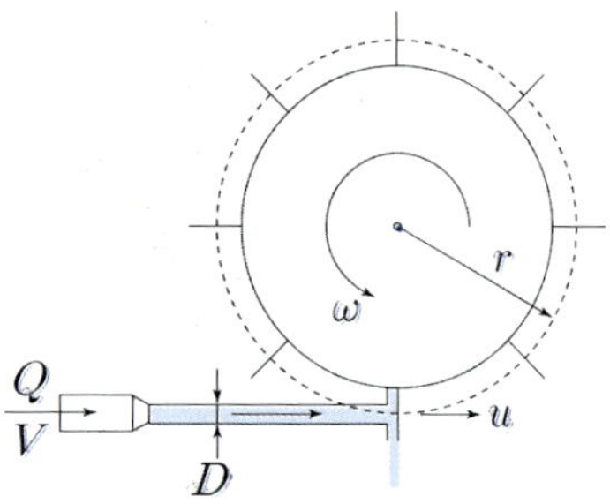


[문제 5.21]

**22** 위 문제(21번)에서 노즐에서 분사되는 유량 $Q = 0.4\text{m}^3/\text{s}$, 노즐 지름 $D = 10\text{cm}$, 수차의 회전속도 $N = 240\text{rpm}$, 날개의 회전반지름 $r = 0.6\text{m}$일 때 수차가 분류로부터 얻는 동력을 구하여라.

**23** 펌프 입구에서 접선 방향 유속 $V_{t1} = 2\text{m/s}$, 반지름 $r_1 = 10\text{cm}$이고, 출구에서 접선 방향 유속 $V_{t2} = 10\text{m/s}$, 반지름 $r_2 = 20\text{cm}$인 원심펌프가 있다. 펌프의 송출 유량 $Q = 0.12\text{m}^3/\text{s}$, 날개차 회전수 $N = 800\text{rpm}$일 때 축에 작용하는 토크와 펌프 동력을 구하여라.

**24** 그림과 같은 원심펌프의 송출유량은 $0.14\mathrm{m}^3/\mathrm{s}$이고, 날개차(impeller)의 회전속도는 1300rpm이며, 펌프 출구에서 날개차의 반지름과 블레이드 폭은 각각 30cm와 4cm이다. 날개차의 반경 방향으로 물이 유입되어 반경방향과 $60°$의 각도로 유출될 때 필요한 펌프의 최소 동력[kW]을 구하여라.

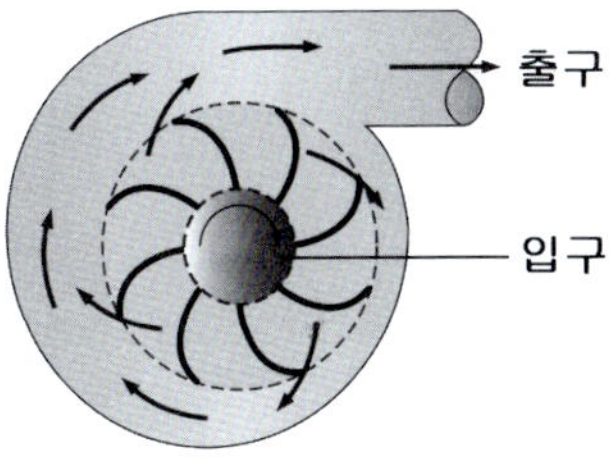


[문제 5.24]

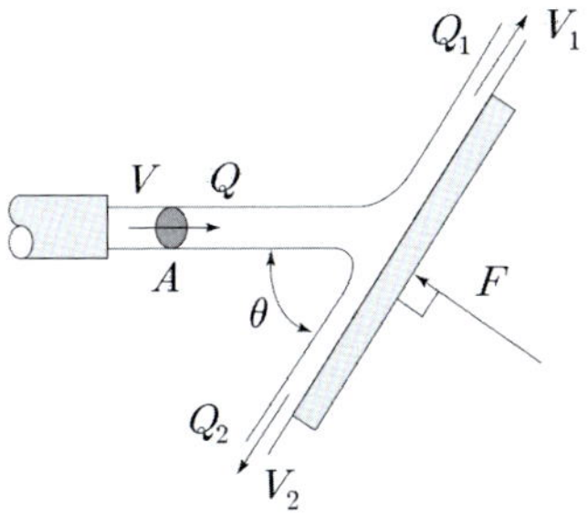


[문제 5.25]

**25** 그림과 같이 유체가 수평으로 분출하여 경사판에 충돌할 때, 분류가 판에 작용하는 힘($F$)과 충돌한 후 생기는 위쪽과 아래쪽의 유량 $Q_1$과 $Q_2$를 구하시오. (단, 분류와 날개 표면 사이의 마찰력은 무시함) [중등교사 임용시험-기계·금속]

**26** 그림과 같이 큰 피스톤에 연결된 $180°$ 날개(vane)에 노즐로부터 속도 $V$로 물을 분사하면 운동량의 변화로 인하여 힘이 발생한다. 이때 평형을 유지하기 위하여 레버의 상단 $A$에 요구되는 힘 $F_A$는? 단, $\rho$는 물의 밀도, $V$는 분사속도, $A_0$는 단면적을 나타내며, 유체는 비압축성이고, 각 요소에서 마찰은 없다고 가정한다.

[중등교사 임용시험-기계·금속]

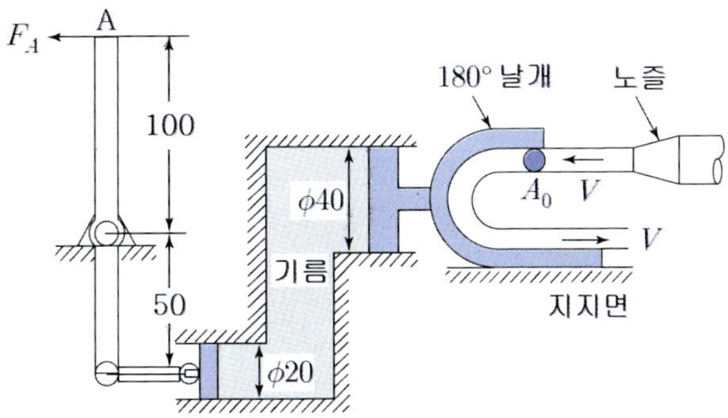


[문제 5.26]

① $\frac{1}{4}\rho A_0 V^2$ ② $\frac{1}{2}\rho A_0 V^2$ ③ $\rho A_0 V^2$ ④ $2\rho A_0 V^2$ ⑤ $4\rho A_0 V^2$

**27** 그림과 같이 물 제트에 의해 액체가 매끈하고 경사진 평판에 충돌하고 있다. 이때 평판이 수직으로 미는 힘 $F$는? 단, $\rho$는 밀도, $Q$는 유량, $V$는 유속이다. [중등교사 임용시험-기계]

① $\rho QV(1+\sin\theta)$

② $\rho QV\sin\theta$

③ $\rho QV\cos\theta$

④ $\rho QV(1-\cos\theta)$

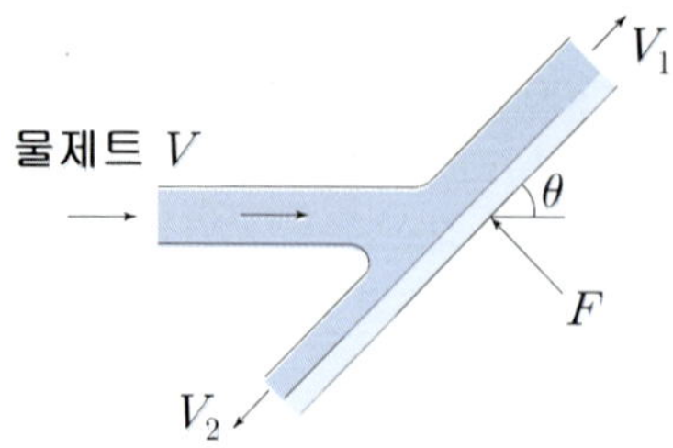


[문제 5.27]

**28** 그림과 같이 노즐에서 수평으로 분사된 단면적($A$) $0.01\text{m}^2$, 속도($V$) $10\,\text{m/s}$인 물 제트가 수조의 구멍($\phi 200\,\text{mm}$)을 막고 있는 평판에 수직으로 부딪힌다. 이때 물 제트에 의한 힘과 수조의 수압에 의한 힘이 수평 방향으로 힘의 평형을 이루는 구멍 중심까지의 깊이($H$)를 구한 근삿값은? (단, 정지 상태의 물에 의한 압력만 고려하며 대기압과 평판의 질량은 무시하고, 물의 밀도는 $1{,}000\,\text{kg/m}^3$이고 중력가속도는 $9.8\,\text{m/s}^2$이다)

[중등교사 임용시험-기계 · 금속]

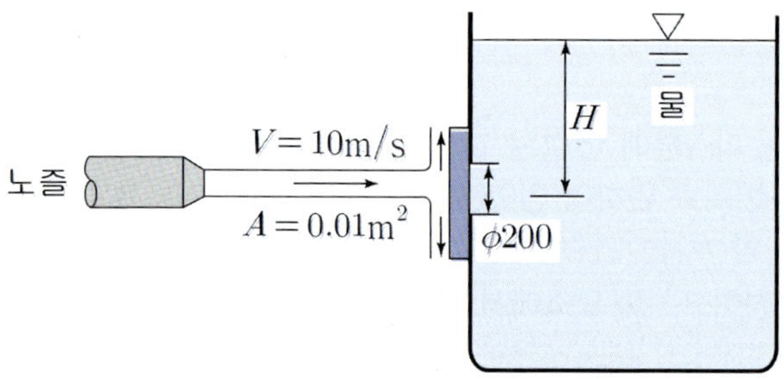


[문제 5.28]

① $3.05\,\text{m}$　② $3.25\,\text{m}$　③ $3.45\,\text{m}$　④ $3.65\,\text{m}$　⑤ $3.85\,\text{m}$

**29** 그림과 같이 수평으로 놓여진 $180°$로 굽어진 곡관에 50kg/s의 물이 흐르고 있다. 입구와 출구의 단면적이 각각 $200\text{cm}^2$와 $40\text{cm}^2$일 때 물로부터 관이 받는 수평방향 힘($R_x$)의 크기[N]를 구하여라. 단, 입구와 출구의 압력은 무시한다.

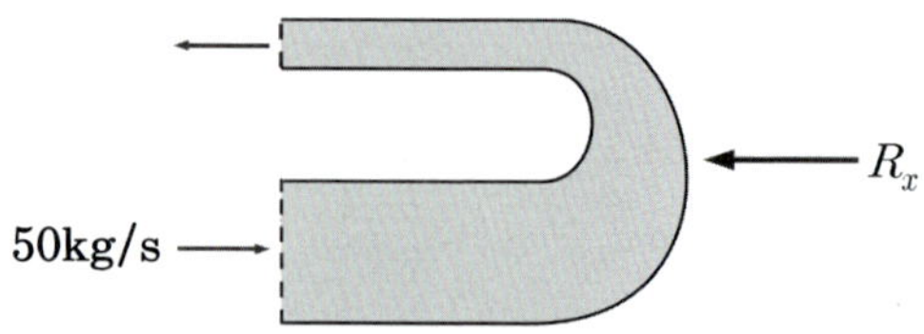


[문제 5.29]

**30** 그림과 같이 유량 $2.4\mathrm{m}^3/\mathrm{s}$ 의 물 제트가 양의 $x$방향으로 5.3m/s의 속도로 흘러가고 있다. 이 유동은 고정된 분할 판에 충돌한 후 유량의 반은 $45°$ 위 방향으로 나머지 반은 $45°$ 아래 방향으로 흘러간다. 판에 충돌한 후 두 유동의 최종 속도가 5.3m/s일 때 판에 작용하는 충격력의 $x$성분과 $y$성분의 크기를 구하여라. 단, 중력효과는 무시한다.

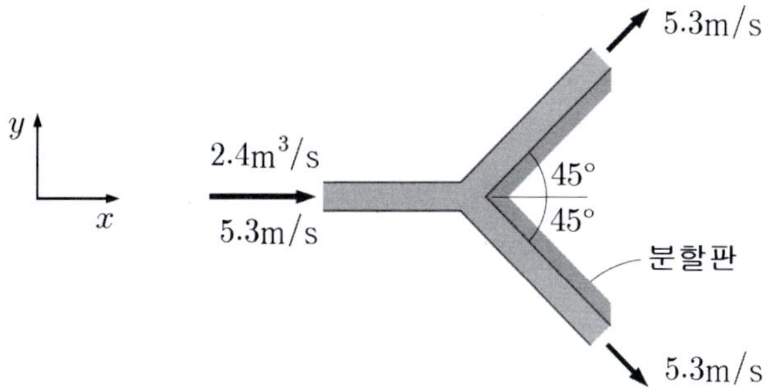


[문제 5.30]

**31** 그림과 같이 지름이 8cm이고 유속이 24m/s인 물 제트가 곡면에 충돌한 후 동일한 속도를 유지하며 방향이 $180°$ 바뀐다. 마찰효과를 무시할 때 물에 의해 곡면에 작용하는 힘[N]을 구하여라.

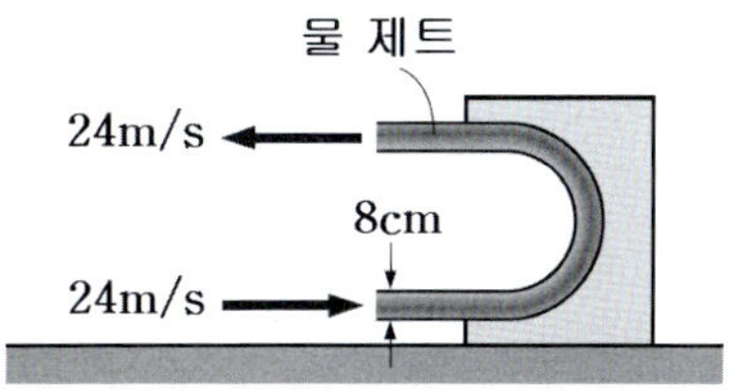


[문제 5.31]

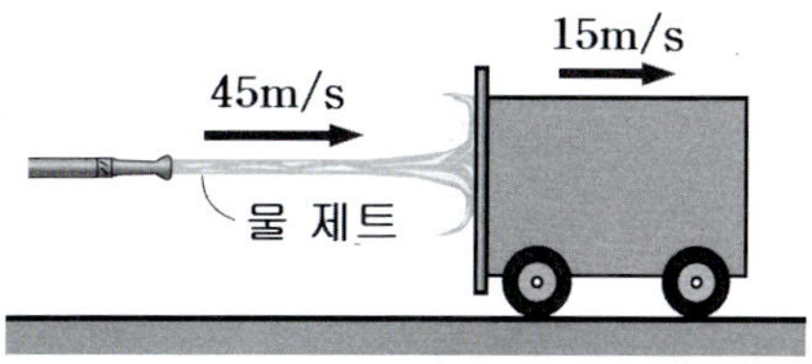


[문제 5.32]

**32** 그림과 같이 고정된 노즐에서 45m/s로 분사된 물 제트가 같은 방향으로 15m/s의 일정 속도로 운동하는 수레 뒷부분의 수직평판에 충돌하고 있다. 고정된 노즐을 통과하는 물의 질량유량이 30kg/s일 때 다음을 구하여라.

(1) 수레가 일정 속도를 유지하기 위해 브레이크에 가해야 할 힘[N]

(2) 브레이크의 제동 동력[kW]

**33** 소방관이 불을 끄기 위해 물이 분사되는 소방 호스의 끝에 부착된 노즐을 잡고 있다. 노즐 출구 지름이 7cm이고 분사되는 유량이 $6\mathrm{m}^3/\mathrm{min}$ 일 때 노즐을 붙잡기 위해 소방관이 물 제트 방향으로 노즐에 가해야 할 힘[N]을 구하여라.

**34** 수평 방향으로 분사되는 물 제트가 차량에 부착된 수직 평판에 충돌하고 있으며, 차량은 물 제트를 향해 $2V/3$의 속도로 이동하고 있다. 차량을 정지된 상태로 유지하기 위해 $F$의 힘이 요구된다면, 차량을 $2V/3$의 일정 속도로 물 제트를 향해 이동시키기 위해서는 얼마의 힘이 필요한가?

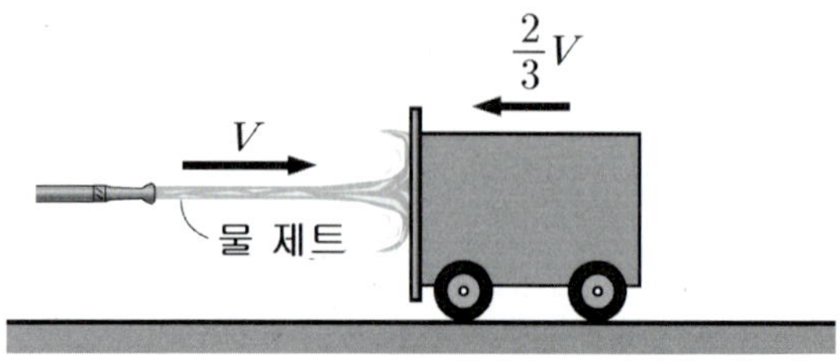


[문제 5.34]

**35** 대기압 상태에서 유량 $0.14\text{m}^3/\text{s}$, 유속 10m/s의 물이 원심펌프의 축 방향으로 유입되어 반경 방향으로 토출된다. 축 방향으로 축에 작용하는 힘을 구하여라.

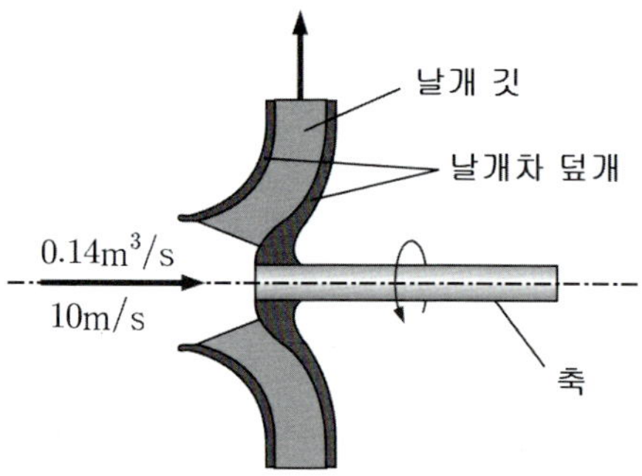


[문제 5.35]

**36** 지름이 5cm인 물 제트가 노즐에서 20m/s의 속도로 연직 위 방향으로 분사되어 평판에 수직으로 충돌하고 있다. 평판이 노즐보다 3m 위에 있을 때 물 제트가 지탱할 수 있는 평판의 최대 무게를 구하여라.

**37** 그림과 같이 길이가 0.8m와 0.4m인 두 개의 관이 $90°$로 연결된 관을 통하여 지하수를 퍼 올리고 있다. 물이 관에 가득 찼을 때 수평 관(0.4m) 구간의 단위 길이 당 질량은 50kg/m이고, 관 출구에서 대기 중으로 분출되는 물의 평균유속이 2m/s일 때 관을 지면에 고정한 점(A)에 작용하는 모멘트를 구하여라. 단, 관 출구에서 분출되는 물의 방향은 관의 축방향이고, 관 안지름은 20cm이다.

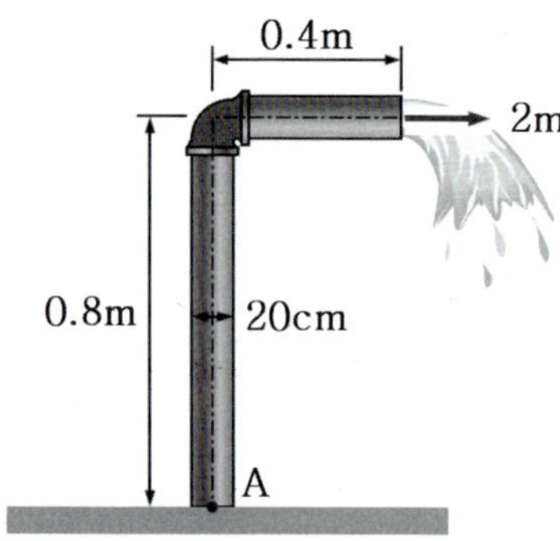


[문제 5.37]

**38** 그림과 같이 수평으로 고정된 스프링클러에서 중앙으로부터 15L/s의 물이 수직으로 유입되어 $45°$의 각도로 분사되고 있다. 물 제트의 지름이 1.2cm일 때 스프링클러를 고정하는데 필요한 토크($T$)를 구하여라. 단, 노즐 길이는 무시한다.

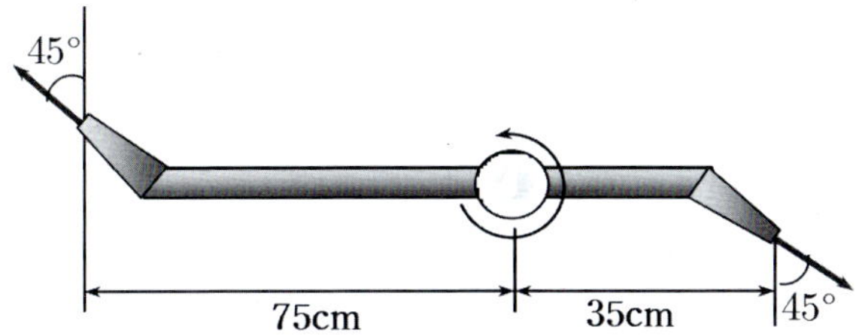


[문제 5.38]

**39** 수평으로 고정된 스프링클러에서 중앙으로부터 40L/s의 물이 수직으로 유입되어 좌우 노즐에서 스프링클러의 길이에 수직한 방향으로 분사된다. 왼쪽 큰 제트의 유출 단면적은 $5\text{cm}^2$이고 회전축으로부터 거리는 30cm이며, 오른쪽 작은 제트의 유출 단면적은 $2\text{cm}^2$이고 회전축으로부터 거리는 55cm이다. 양쪽 제트의 유량이 같을 때 스프링클러의 중앙부에 작용하는 토크($T$)를 구하여라.

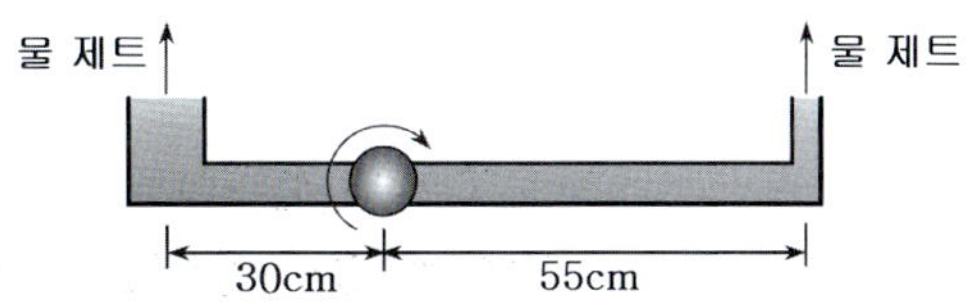


[문제 5.39]

**40** 그림과 같은 혼류 펌프를 고려한다. 여기에서 물은 $0.5\text{m}^3/\text{s}$의 유량과 4m/s의 속도로 축 방향으로 유입되어 수평 축에 대해 $70°$ 각도 방향으로 유출된다. 유출 면적이 유입 면적의 $1/2$일 때 축 방향으로 작용하는 힘[N]을 구하여라.

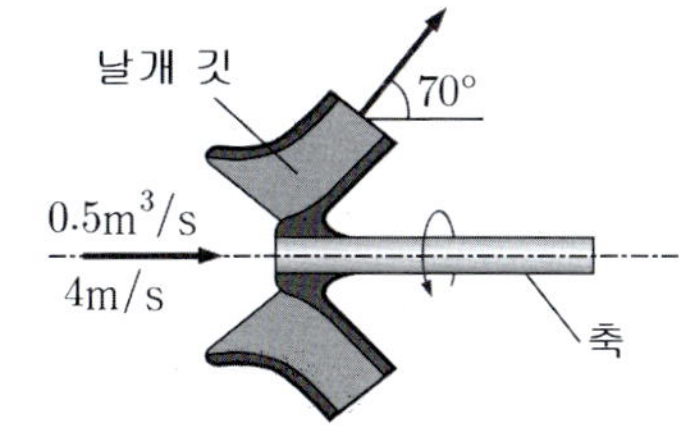


[문제 5.40]

**41** 회전속도 800rpm에서 $0.7\text{m}^3/\text{s}$의 공기를 내보내는 송풍기가 있다. 날개차(impeller) 입구에서 반지름과 날개깃(blade)의 폭은 각각 20cm와 8.2cm이고, 출구에서 반지름과 날개깃의 폭은 각각 45cm와 5.4cm이다. 공기는 날개차의 입구에서 반경 방향으로 유입되어 출구에서 반경방향과 $40°$의 각도로 유출된다고 할 때 송풍기의 최소 소비 동력[W]을 구하여라. 단, 공기 밀도는 $1.2\text{kg/m}^3$이다.

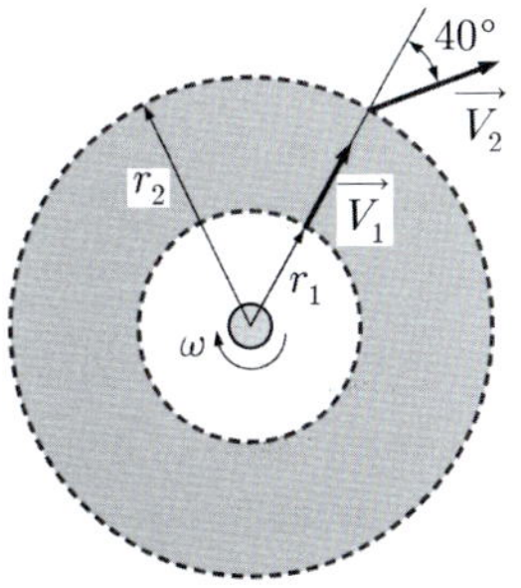


[문제 5.41]

**42** 수력터빈에서 동력을 생산하고 있다. 노즐에 의해 가속된 물이 외경이 $D$인 터빈 날개차의 가장자리를 통해 반경방향에 대해 $\theta$의 각도를 이루면서 속도 $V$로 유입되어 반경방향으로 유출된다. 유입되는 물의 질량유량이 $\dot{m}$일 때 다음 각 경우에 대해 이 반경류 터빈이 생산할 수 있는 최대 동력을 구하여라.

(1) 터빈축의 각속도가 $\omega$일 때

(2) 터빈축의 회전속도가 $N$[rpm]일 때

**43** 그림과 같은 펠턴 수차에서 물 분류가 날개에 충돌하면서 축을 회전시켜 전력을 생산하고 있다. 수평으로 놓인 노즐에서 분사되는 물의 유량 $Q = 4\text{m}^3/\text{s}$, 물의 분사속도 $V=$ 60m/s이고, 날개의 평균 반지름 $R=$2m, 축의 회전 속도 $N=$140rpm이다. 물이 버킷에서 충돌한 후 수평선에 대해 $\theta = 150°$의 각도로 유출될 때 수차가 생산할 수 있는 최대 동력[MW]을 구하여라.

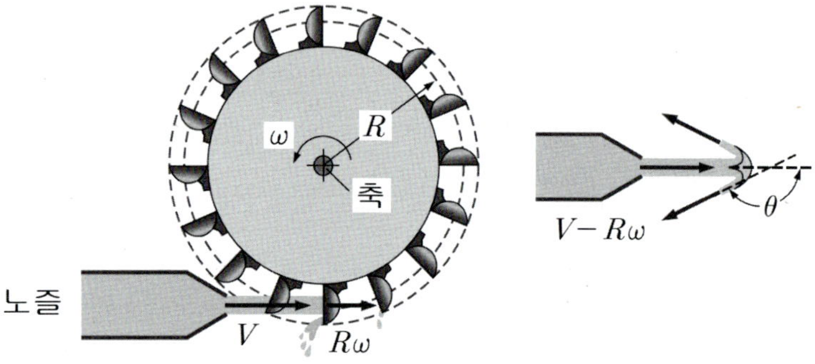


[문제 5.43]

**44** 터빈의 축이 700rpm으로 회전할 때 축에 작용하는 토크가 400N · m이면 축동력은 몇 kW인가?

**45** 날개차의 회전속도가 800rpm이고, 날개차 입구와 출구 반경이 각각 8cm와 17cm인 원심펌프가 90kg/min의 물을 송출하고 있다. 날개차 입구와 출구 모두에서 접선방향 물의 속도가 각 지점에서 날개의 접선방향 속도(선속도)와 같을 때 필요한 펌프동력을 구하여라.

**46** 질량유량이 9kg/s인 물 제트가 20km/h의 속도로 수평으로 분사되어 고정된 수직 평판에 충돌할 때 평판이 받는 충격력[N]을 구하여라.

**47** 지면에 부착된 수평 파이프가 90°로 꺾여서 수직 위 방향을 향하여 8m/s의 속도로 물을 분사하고 있다. 파이프의 안지름이 4cm이고, 수평 구간과 수직 구간 길이가 각각 3m와 2m일 때 파이프의 기초 부분에 작용하는 굽힘 모멘트를 구하여라. 단, 물의 질량은 무시한다.

**48** 수평으로 놓인 평판의 아래 면에 수직으로 20m/s의 물 제트가 충돌하고 있다. 물 제트 질량유량이 15kg/s이고, 평판의 질량이 10kg일 때 평판을 고정하기 위해 필요한 힘[N]을 구하여라. 단, 중력가속도는 $9.8\text{m/s}^2$이다.

**49** 지름이 4cm인 노즐에서 수평방향으로 30m/s의 속도로 물 제트를 분사하고 있다. 분사된 물이 물 제트와 같은 방향으로 10m/s의 속도로 운동하는 수직 평판에 충돌할 때 평판에 작용하는 충격력[N]을 구하여라.

**50** 그림과 같이 두께 $t=4\text{cm}$의 평면 제트 형태로 분사된 물이 각 $\theta$의 쐐기에 의해 두 갈래로 나누어진다. 쐐기와 물은 지면에 수직한 방향으로 무한히 긴 길이를 가진다. 쐐기를 고정하기 위해 요구되는 힘이 지면에 수직한 방향의 길이에 대해 $F=160\text{N/m}$(단위 길이 당 힘)일 때 각 $\theta$를 구하여라.

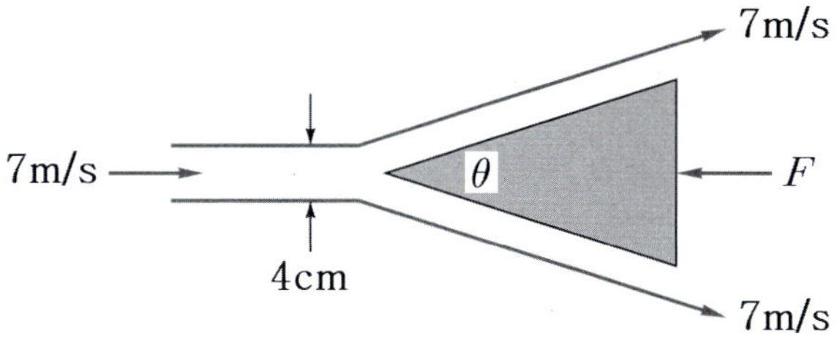


[문제 5.50]

**51** 수레 위에 설치된 물탱크에서 지름 $d=5\text{cm}$의 물 제트가 $V=7\text{m/s}$의 속도로 분사되어 수레에 부착된 곡면판에 충돌한 후 $\theta=60°$ 방향으로 분출된다. 수레바퀴 마찰을 무시할 때 수레를 고정하고 있는 케이블에 걸리는 장력[N]을 구하여라.

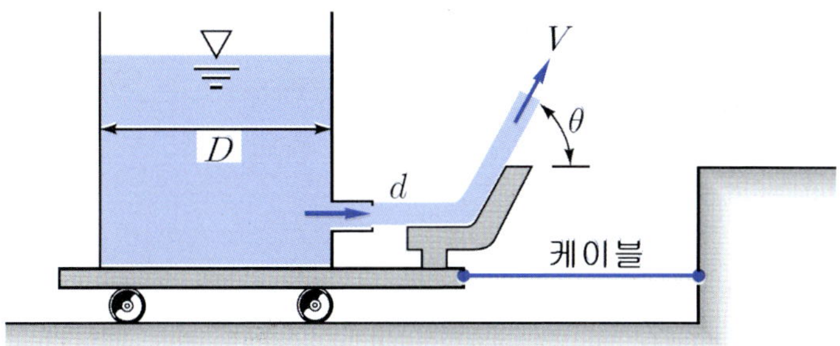


[문제 5.51]

**52** 지름 $D = 5\text{cm}$의 물 제트가 $V = 20\text{m/s}$의 속도로 분사되어 탱크 위에 설치된 깃에 충돌한 후 $\theta = 40°$로 방향을 바꾸어 탱크 안에 떨어진다. 탱크 바퀴에 마찰이 없을 때 탱크를 고정하기 위해 필요한 힘($F$)을 구하여라.

**[문제 5.52]**

**53** 그림과 같이 준설기가 모래를 배에 싣고 있다. 준설기 파이프 출구에서 모래의 중량유량이 5kN/s이고, 속도가 0.8m/s일 때 배를 고정하고 있는 밧줄에 작용하는 인장력을 구하여라. 모래 분사 각 $\theta = 40°$이고, 물의 마찰력은 무시한다.

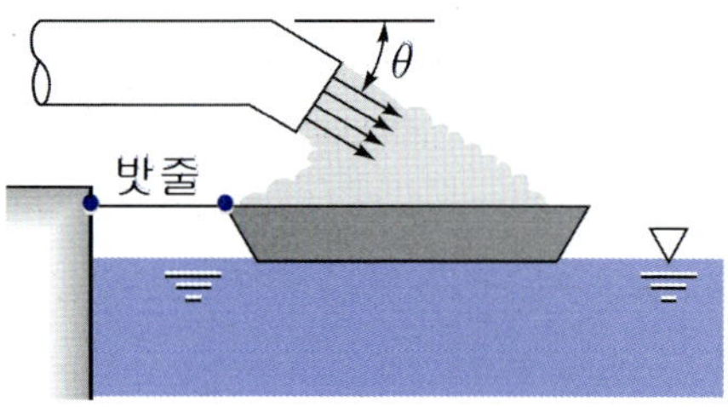


**[문제 5.53]**

**54** 그림과 같은 스프링클러에서 유량 $Q$의 유체가 중심을 통해 지면에 수직한 방향으로 유입되어 $Q/2$씩 나뉘어져 노즐에 대해 $W$의 상대속도로 분출된다. 암의 각속도가 $\omega$일 때 회전축에 전달되는 동력을 구하고, 동력이 최대가 되는 각속도($w_1$)와 이때의 최대 전달동력($L_{max}$)을 구하여라. 유체 밀도는 $\rho$이고 마찰력은 무시한다.

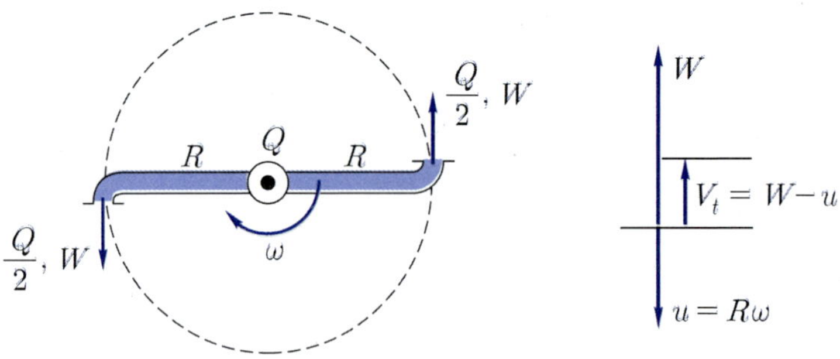


**[문제 5.54]**

**55*** 상대속도($w$)가 $1{,}500\mathrm{m/s}$이고, 질량유량($G$)이 $5\mathrm{kg/s}$인 배기가스에 의하여 초기질량($M_0$)이 $400\mathrm{kg}$인 소형 로켓이 위로 발사되어 계속 상승한다. $w$와 $G$가 일정하다고 가정할 때 다음 물음에 답하시오. (단, 중력가속도는 $9.8\mathrm{m/s^2}$이다)

[국가공무원 5급(기술) 제2차시험]

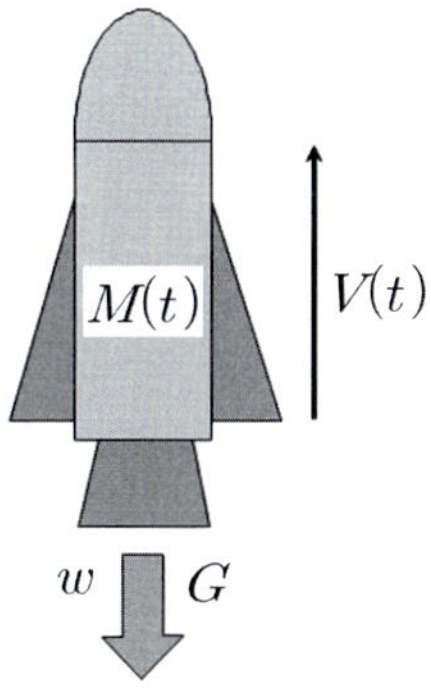


[문제 5.55]

(1) 초기 가속도를 구하시오.

(2) 발사 10초 후의 상승속도를 구하시오. (단, 이 시간 동안의 $V(t) \ll w$이고, 공기저항은 무시한다)

# 6.1 차원해석

유체 유동은 $\rho$, $\mu$, $D$, $\Delta P$,⋯ 등 여러 가지 요소에 의해 결정된다. 유동을 해석할 때는 이들을 조합하여 변수를 줄이면 특히 실험에서 소비되는 시간과 비용을 절약할 수 있다.

예를 들어 [그림 6.1]과 같이 수평으로 놓인 매끄러운 원형관에서 관 내 두 점 사이 압력강하 $\Delta P$를 고려해 보자. 여기에서 $\Delta P$에 영향을 미치는 요소는 평균유속 $V$, 관 지름 $D$, 유체의 밀도 $\rho$, 점성계수 $\mu$라고 가정하면 $\Delta P$는 다음 식으로 표현된다.

$$\Delta P = f(D, V, \rho, \mu) \quad \cdots\cdots (6.1)$$

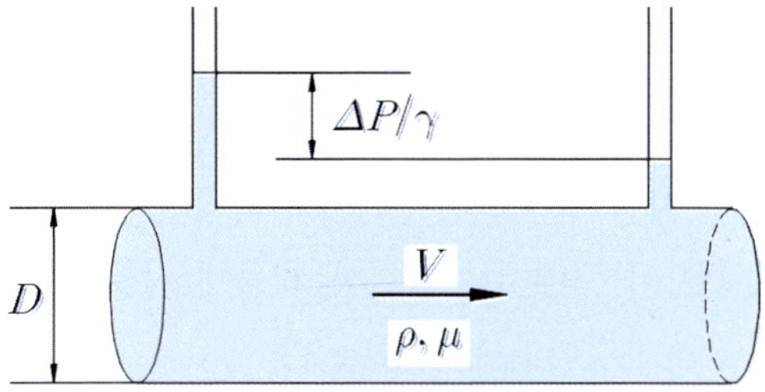


[그림 6.1] 관내 압력강하

실험에서 $\Delta P$와 $D$, $V$, $\rho$, $\mu$의 관계를 알기 위해서는 다른 변수들을 일정하게 유지하면서, 예를 들어 속도 $V$와 같은 하나의 변수만을 바꾸어 가면서 이에 대응하는 압력강하 $\Delta P$를 측정해야 한다. 그런데 이와 같은 방법은 많은 시간이 요구되며 $\Delta P$와 $D$, $V$, $\rho$, $\mu$ 사이의 일반적인 함수관계를 얻기 위해 측정된 데이터들을 조합하는 데도 어려움이 따른다.

다행히 이상에서 기술한 어려움들을 없앨 수 있는 간단한 방법이 있다. 다음 절에서 식 (6.1)과 같이 원래 변수 $\Delta P$, $D$, $V$, $\rho$, $\mu$ 대신 이 변수들을 다음과 같이 두 개의 무차원 변수조합(무차원수, 무차원 그룹)으로 모을 수 있다는 것을 보일 것이다.

$$\frac{\Delta P}{\rho V^2} = \phi\left(\frac{\rho V D}{\mu}\right) \quad \cdots\cdots (6.2)$$

식 (6.2)에는 5개의 변수 대신 단지 2개의 무차원수만 있다. 따라서 실험에서 필요한 것은 단순하게 $\rho VD/\mu$의 값에 따른 $\Delta P/\rho V^2$의 값을 결정하는 것이 된다. 이와 같은 단순화는 포함된 변수들의 차원을 고려하여 결정된다. 원래 변수 $\Delta P$, $D$, $V$, $\rho$, $\mu$의 차원을 절대단위계($MLT$계)로 나타내면 다음과 같다.

**[표] 물리량의 차원**

| 물리량 | $\Delta P$ | $D$ | $V$ | $\rho$ | $\mu$ |
|---|---|---|---|---|---|
| 차원 | $ML^{-1}T^{-2}$ | $L$ | $LT^{-1}$ | $ML^{-3}$ | $ML^{-1}T^{-1}$ |

식 (6.2)에서 두 그룹의 차원을 살펴보면 다음과 같이 모두 무차원수임을 알 수 있다.

$$\frac{\Delta P}{\rho V^2} = \frac{ML^{-1}T^{-2}}{(ML^{-3})(LT^{-1})^2} = M^0L^0T^0$$

$$\frac{\rho VD}{\mu} = \frac{(ML^{-3})(LT^{-1})(L)}{ML^{-1}T^{-1}} = M^0L^0T^0$$

즉, 변수의 개수가 5개에서 2개로 줄어들었을 뿐만 아니라 새로운 변수들은 무차원수이다. 이것은 얻어진 결과들이 사용하는 단위계와 무관하다는 것을 의미한다. 이와 같은 해석방법을 차원해석이라 한다. 이 책에서 다양한 문제들에 적용하는 차원해석은 다음 절에서 설명하는 Buckingham 파이정리에 바탕을 둔다.

## 6.2 Buckingham 파이정리

### 1 Buckingham 파이정리

무차원수의 개수와 무차원수 간의 관계에 대한 다음 정리를 Buckingham 파이정리라 한다.

> $n$개의 변수로 이루어진 식이 차원적으로 같다면(동차이면), 이 식은 $(n-r)$개의 독립적인 무차원수의 관계식으로 줄일 수 있다. 여기에서 $r$은 변수들을 표현하는데 필요한 최소 기본차원의 수이다.

무차원 곱을 흔히 '파이(pi) 항'이라 한다. Buckingham은 무차원 곱을 표현하기 위해 기호 $\Pi$를 사용하였는데, 이와 같은 표시법이 일반적으로 사용되고 있다.

파이정리는 차원의 동차성 원리에 기초하고 있다. 예를 들어 다음과 같이 $n$개의 변수를 포함하는 물리적 의미가 있는 방정식이 있다.

$$u_1 = f(u_2, u_3, \cdots, u_n) \quad \cdots\cdots (6.3)$$

여기에서 등호의 좌변에 있는 변수의 차원은 등호의 우변에 있는 독립적인 모든 항들의 차원과 각각 같아야 한다. 이때 이 방정식은 다음과 같은 무차원수(파이항)의 관계식으로 표현될 수 있다.

$$\Pi_1 = \phi(\Pi_2, \Pi_3, \cdots, \Pi_{n-r}) \quad \cdots\cdots (6.4)$$

파이항의 개수는 원래 변수의 개수보다 $r$개만큼 적다. 여기에서 $r$은 원래 변수들을 나타내기 위해 요구되는 기준차원의 최소 개수에 의해 결정된다. 일반적으로 변수들을 나타내기 위해 필요한 기준차원들은 기본차원 $M$, $L$, $T$ 또는 $F$, $L$, $T$가 된다. 그러나 어떤 경우에는 $L$, $T$와 같은 2개의 차원이 필요하기도 하고 $L$과 같은 1개의 차원만 필요할 수도 있다.

## 2 반복변수법

무차원 변수를 구하는데 가장 많이 사용되는 방법은 Edgar Buckingham에 의해 대중화된 반복변수법이다. 이 방법은 무차원 변수를 구하는 단계적인 절차라고 할 수 있다. 반복변수법의 각 단계는 다음과 같다.

- 제1단계 : 문제에 포함된 모든 변수들을 열거한다. 변수들의 개수를 $n$이라 하자.
- 제2단계 : 기본차원을 선택하여($MLT$계 또는 $FLT$계) $n$개의 모든 변수들의 차원을 기본차원(예를 들어 $M$, $L$, $T$)으로 표현한다.
- 제3단계 : 파이항의 개수를 결정한다. Buckingham 파이정리에 의해 파이항의 개수는 $(n-r)$이다. 여기에서 $r$은 주어진 변수들을 표현하는데 필요한 기본차원의 개수이다.
- 제4단계 : 열거된 변수들 중에서 반복변수를 $r$개 선택한다. 반복변수에는 기본차원이 모두 포함되어야 한다.
- 제5단계 : 비 반복변수들 중의 하나에 반복변수를 모두 곱하고, 무차원 조합이 되도록 각 반복변수의 지수를 결정하여 파이항을 만든다. 이때 $(n-r)$ 개의 파이항이 만들어진다. 각 파이항은 다음과 같이 표현된다.

$$\Pi_i = u_i u_1^{a_i} u_2^{b_i} u_3^{c_i}$$

여기에서 $u_i$는 비 반복변수들 중의 하나이고, $u_1$, $u_2$, $u_3$은 반복변수들이며, 지수 $a_i$, $b_i$, $c_i$는 $\Pi_i$가 무차원수가 되도록 결정된다.

- 제6단계 : 도출된 파이항이 무차원인지 확인하고, 최종 형태를 파이항들의 관계식으로 나타낸다. 일반적으로 다음과 같이 표현한다.

$$\Pi_1 = \phi(\Pi_2, \Pi_3, \cdots, \Pi_{n-r})$$

예를 들어 반복변수법을 적용하여 식 (6.1) $\Delta P = f(D, V, \rho, \mu)$ 에 대한 차원해석을 하는 과정은 다음과 같다.

- 제1단계 : 문제에 포함된 모든 변수는 $\Delta P$, $D$, $V$, $\rho$, $\mu$의 5개($n=5$)이다.
- 제2단계 : 주어진 변수들의 차원을 $MLT$계로 나타내면 다음과 같다.

**[표] 물리량의 차원**

| 물리량 | $\Delta P$ | $D$ | $V$ | $\rho$ | $\mu$ |
|---|---|---|---|---|---|
| 차원 | $ML^{-1}T^{-2}$ | $L$ | $LT^{-1}$ | $ML^{-3}$ | $ML^{-1}T^{-1}$ |

따라서 기본차원은 $M$, $L$, $T$이고 기본차원의 개수 $r=3$이다.

- 제3단계 : 파이항의 개수 $n-r=5-3=2$개이다.
- 제4단계 : 반복변수의 개수는 $r=3$개이고, 여기에서 $D$, $V$, $\rho$의 3개를 반복변수로 선택한다. 3개의 반복변수에는 기본차원이 모두 포함되어 있다.
- 제5단계 : $n-r=5-3=2$개의 파이항 중 첫 번째 파이항을 다음과 같이 반복변수 ($D$, $V$, $\rho$)와 비 반복변수 $\Delta P$의 곱으로 표현한다.

$$\Pi_1 = \Delta P D^a V^b \rho^c \quad \cdots\cdots ①$$

이 조합은 무차원이기 때문에 다음 식이 성립한다.

$$\Delta P D^a V^b \rho^c = (ML^{-1}T^{-2})(L)^a(LT^{-1})^b(ML^{-3})^c = M^0L^0T^0$$

$$M^{(1+c)}L^{(-1+a+b-3c)}T^{(-2-b)} = M^0L^0T^0 \quad \cdots\cdots ②$$

위 식에서 양변의 지수를 비교하면

$$M : 1+c=0$$

$$L : -1+a+b-3c=0$$

$$T : -2-b=0$$

이므로 $a=0$, $b=-2$, $c=-1$이다. 따라서 무차원수 $\Pi_1$은 다음과 같다.

$$\Pi_1 = \Delta P D^a V^b \rho^c = \Delta P D^0 V^{-2} \rho^{-1} = \frac{\Delta P}{\rho V^2} \quad \cdots\cdots ③$$

같은 방법으로 두 번째 파이항을 다음과 같이 반복변수($D$, $V$, $\rho$)와 비 반복변수 $\mu$의 곱으로 표현한다.

$$\Pi_2 = \mu D^a V^b \rho^c \quad \cdots\cdots ④$$

이 조합은 무차원이기 때문에 다음 식이 성립한다.

$$\mu D^a V^b \rho^c = (ML^{-1}T^{-1})(L)^a (LT^{-1})^b (ML^{-3})^c = M^0 L^0 T^0$$
$$M^{(1+c)} L^{(-1+a+b-3c)} T^{(-1-b)} = M^0 L^0 T^0 \quad \cdots\cdots ⑤$$

위 식에서 양변의 지수를 비교하면

$$M : 1+c=0$$
$$L : -1+a+b-3c=0$$
$$T : -1-b=0$$

이므로 $a=-1$, $b=-1$, $c=-1$이다. 따라서 무차원수 $\Pi_2$는 다음과 같다.

$$\Pi_2 = \mu D^a V^b \rho^c = \mu D^{-1} V^{-1} \rho^{-1} = \frac{\mu}{\rho V D} \quad \cdots\cdots ⑥$$

- 제6단계 : 이상에서 구한 $\Pi_1$, $\Pi_2$를 사용하여 차원해석 결과를 다음과 같은 관계식으로 나타낼 수 있다.

$$\Pi_1 = \phi(\Pi_2)$$
$$\frac{\Delta P}{\rho V^2} = \phi\left(\frac{\mu}{\rho V D}\right) \quad \cdots\cdots ⑦$$

이 결과는 처음에 도입했던 5개 변수 대신 2개의 파이항들로써 문제를 해석할 수 있다는 것을 보여준다. 그러나 차원해석은 함수 $\phi$의 형태를 결정하지는 않는다.

파이항들은 무차원수이므로 재정리할 수 있다. 즉, $\mu/\rho VD$의 역수 $\rho VD/\mu$도 무차원수이므로 $\Pi_2$항을 다음과 같이 나타낼 수 있다.

$$\Pi_2 = \frac{\rho VD}{\mu} \quad \cdots\cdots ⑧$$

이때 $\Pi_1$과 $\Pi_2$의 관계식을 다음과 같이 쓸 수 있다.

$$\frac{\Delta P}{\rho V^2} = \tilde{\phi}\left(\frac{\rho VD}{\mu}\right) \quad \cdots\cdots ⑨$$

이상에서 나타난 $\rho VD/\mu$는 유체역학에서 많이 사용하는 레이놀즈수($Re$)이다. 즉, 이 차원해석 결과에 의해 $\Delta P/\rho V^2$이 레이놀즈수의 함수라는 것을 알 수 있다.

$$\frac{\Delta P}{\rho V^2} = \tilde{\phi}(Re) \quad \cdots\cdots ⑩$$

**[예제 6.1]** **[항력]** 자동차에 작용하는 공기역학적 항력 $F_D$는 공기의 밀도 $\rho$, 점성계수 $\mu$, 자동차의 속도 $V$, 길이 $L$의 영향을 받는다. $F_D$와 $\rho$, $\mu$, $V$, $L$ 사이의 무차원 관계식을 구하여라.

**풀이** 문제에 포함된 모든 변수는 $F_D$와 $\rho$, $\mu$, $V$, $L$의 5개($n=5$)이다.

$$F_D = f(\rho, \mu, V, L) \quad \cdots\cdots ①$$

주어진 변수를 $MLT$계로 나타내면 다음과 같다.

**[표] 물리량의 차원**

| 물리량 | $F_D$ | $\rho$ | $V$ | $L$ | $\mu$ |
|---|---|---|---|---|---|
| 차원 | $MLT^{-2}$ | $ML^{-3}$ | $LT^{-1}$ | $L$ | $ML^{-1}T^{-1}$ |

표에서 기본차원은 $M$, $L$, $T$이고 기본차원의 개수 $r=3$이므로 파이항의 개수 $n-r=5-3=2$개이고, 반복변수의 개수 $r=3$개다.
여기에서 $\rho$, $V$, $L$의 3개를 반복변수로 선택한다. 먼저 2개의 파이항 중 첫 번째 파이항을 다음과 같이 반복변수($\rho$, $V$, $L$)와 비 반복변수 $F_D$의 곱으로 표현한다.

$$\Pi_1 = F_D \rho^a V^b L^c \quad \cdots\cdots ②$$

이 조합은 무차원이기 때문에 다음 식이 성립한다.

$$F_D \rho^a V^b L^c = (MLT^{-2})(ML^{-3})^a (LT^{-1})^b (L)^c = M^0 L^0 T^0$$

$$M^{(1+a)} L^{(1-3a+b+c)} T^{(-2-b)} = M^0 L^0 T^0 \quad \cdots\cdots ③$$

위 식에서 양변의 지수를 비교하면

$$M : 1 + a = 0$$
$$L : 1 - 3a + b + c = 0$$
$$T : -2 - b = 0$$

이므로 $a = -1$, $b = -2$, $c = -2$이다. 따라서 무차원수 $\Pi_1$은 다음과 같다.

$$\Pi_1 = F_D \rho^a V^b L^c = F_D \rho^{-1} V^{-2} L^{-2} = \frac{F_D}{\rho V^2 L^2} \quad \cdots\cdots ④$$

같은 방법으로 두 번째 파이항을 다음과 같이 반복변수($\rho$, $V$, $L$)와 비 반복변수 $\mu$의 곱으로 표현한다.

$$\Pi_2 = \mu \rho^a V^b L^c \quad \cdots\cdots ⑤$$

이 조합은 무차원이기 때문에 다음 식이 성립한다.

$$\mu \rho^a V^b L^c = (ML^{-1}T^{-1})(ML^{-3})^a (LT^{-1})^b (L)^c = M^0 L^0 T^0$$

$$M^{(1+a)} L^{(-1-3a+b+c)} T^{(-1-b)} = M^0 L^0 T^0 \quad \cdots\cdots ⑥$$

위 식에서 양변의 지수를 비교하면

$$M : 1 + a = 0$$
$$L : -1 - 3a + b + c = 0$$
$$T : -1 - b = 0$$

이므로 $a = -1$, $b = -1$, $c = -1$이다. 따라서 무차원수 $\Pi_2$는 다음과 같다.

$$\Pi_2 = \mu \rho^a V^b L^c = \mu \rho^{-1} V^{-1} L^{-1} = \frac{\mu}{\rho V L} \quad \cdots\cdots ⑦$$

이상에서 구한 $\Pi_1$, $\Pi_2$를 사용하여 차원해석 결과를 다음과 같은 관계식으로 나타낼 수 있다.

$$\Pi_1 = \phi(\Pi_2)$$

$$\frac{F_D}{\rho V^2 L^2} = \phi\left(\frac{\mu}{\rho VL}\right) \cdots\cdots ⑧$$

여기에서 $\mu/\rho VL$의 역수 $\rho VL/\mu$도 무차원수이므로 $\Pi_2$항을 다음과 같이 나타낼 수 있다.

$$\Pi_2 = \frac{\rho VL}{\mu} \cdots\cdots ⑨$$

이때 $\Pi_1$과 $\Pi_2$의 관계식은 다음과 같다.

$$\frac{F_D}{\rho V^2 L^2} = \tilde{\phi}\left(\frac{\rho VL}{\mu}\right) = \tilde{\phi}(Re) \cdots\cdots ⑩$$

식 ⑩에서 $Re = \dfrac{\rho VL}{\mu}$는 레이놀즈수이다. 즉, 자동차에 작용하는 항력은 레이놀즈수의 함수이다.

**[예제 6.2]** 그림과 같이 탱크 안에서 물이 앞뒤로 출렁거리고 있다. 이때 출렁거림의 주파수 $\omega$는 중력가속도 $g$, 평균수심 $h$, 탱크 길이 $l$의 함수이다. $\omega$와 $g$, $h$, $l$ 사이의 무차원 관계식을 구하여라.

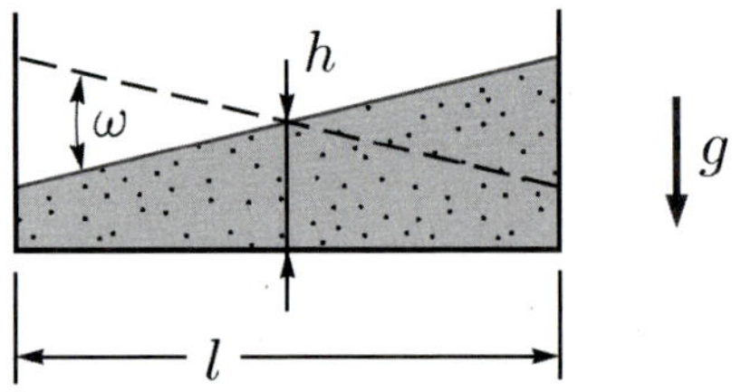


[그림 6.2] 물의 출렁거림

**풀이** 문제에 포함된 모든 변수는 $\omega$와 $g$, $h$, $l$의 4개$(n=4)$이다.

$$\omega = f(g, h, l) \cdots\cdots ①$$

주어진 변수를 $MLT$계로 나타내면 다음과 같다.

**[표] 물리량의 차원**

| 물리량 | $\omega$ | $g$ | $l$ | $h$ |
|---|---|---|---|---|
| 차원 | $T^{-1}$ | $LT^{-2}$ | $L$ | $L$ |

표에서 기본차원은 $L$, $T$이고 기본차원의 개수 $r=2$이므로 파이항의 개수는 $n-r=4-2=2$개다. 그리고 반복변수 개수 $r=2$개이다.
여기에서 $g$, $l$을 반복변수로 하여 파이항을 구한다. 먼저 2개의 파이항 중 첫 번째 파이항을 다음과 같이 반복변수($g$, $l$)와 비 반복변수 $\omega$의 곱으로 표현한다.

$$\Pi_1 = \omega g^a l^b \quad \cdots\cdots ②$$

이 조합은 무차원이기 때문에 다음 식이 성립한다.

$$\omega g^a l^b = (T^{-1})(LT^{-2})^a (L)^b = L^0 T^0$$
$$L^{(a+b)} T^{(-1-2a)} = M^0 L^0 T^0 \quad \cdots\cdots ③$$

위 식에서 양변의 지수를 비교하면

$$L : a+b=0$$
$$T : -1-2a=0$$

이므로 $a=-1/2$, $b=1/2$이다. 따라서 무차원수 $\Pi_1$은 다음과 같다.

$$\Pi_1 = \omega g^a l^b = \omega g^{-1/2} l^{1/2} = \omega \sqrt{\frac{l}{g}} \quad \cdots\cdots ④$$

같은 방법으로 두 번째 파이항을 다음과 같이 반복변수($g$, $l$)와 비 반복변수 $h$의 곱으로 표현한다.

$$\Pi_2 = h g^a l^b \quad \cdots\cdots ⑤$$

이 조합은 무차원이기 때문에 다음 식이 성립한다.

$$h g^a l^b = (L)(LT^{-2})^a (L)^b = L^0 T^0$$
$$L^{(1+a+b)} T^{(-2a)} = L^0 T^0 \quad \cdots\cdots ⑥$$

위 식에서 양변의 지수를 비교하면

$$L : 1+a+b=0$$

$$T \ : \ -2a=0$$

이므로 $a=0$, $b=-1$이다. 따라서 무차원수 $\Pi_2$는 다음과 같다.

$$\Pi_2 = hg^a l^b = h g^0 l^{-1} = \frac{h}{l} \quad \cdots\cdots ⑦$$

이상에서 구한 $\Pi_1$, $\Pi_2$를 사용하여 차원해석 결과를 다음과 같은 관계식으로 나타낼 수 있다.

$$\Pi_1 = \phi(\Pi_2)$$

$$\omega\sqrt{\frac{l}{g}} = \phi\left(\frac{h}{l}\right) \quad \cdots\cdots ⑧$$

**[예제 6.3]** **[관 마찰]** 밀도 $\rho$, 점성계수 $\mu$인 유체가 지름이 $D$인 수평 원관 내에서 평균속도 $V$로 흘러가고 있다. 이때 유체와 벽면 사이 마찰에 의해 관 내부 벽면에는 전단응력 $\tau_w$가 발생한다. 관 내벽의 평균조도 높이가 $\epsilon$일 때 전단응력 $\tau_w$와 $\rho$, $\mu$, $V$, $D$, $\epsilon$ 사이의 무차원 관계식을 구하여라.

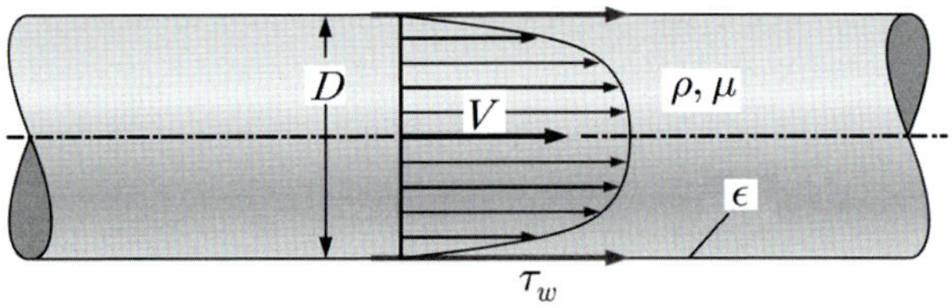


**[그림 6.3] 수평 원관 내 유동**

**풀이** 문제에 포함된 모든 변수는 $\tau_w$와 $\rho$, $\mu$, $V$, $D$, $\epsilon$의 6개($n=6$)이다.

$$\tau_w = f(\rho, \mu, V, D, \epsilon) \quad \cdots\cdots ①$$

주어진 변수를 $MLT$계로 나타내면 다음과 같다.

**[표] 물리량의 차원**

| 물리량 | $\tau_w$ | $\rho$ | $V$ | $D$ | $\epsilon$ | $\mu$ |
|---|---|---|---|---|---|---|
| 차원 | $ML^{-1}T^{-2}$ | $ML^{-3}$ | $LT^{-1}$ | $L$ | $L$ | $ML^{-1}T^{-1}$ |

표에서 기본차원은 $M$, $L$, $T$이고 기본차원의 개수 $r=3$이므로 파이항의 개수 $n-r=6-3=3$개이고, 반복변수의 개수 $r=3$개다.

여기에서 $\rho$, $V$, $D$의 3개를 반복변수로 선택한다. 먼저 3개의 파이항 중 첫 번째 파이항을 다음과 같이 반복변수($\rho$, $V$, $D$)와 비 반복변수 $\tau_w$의 곱으로 표현한다.

$$\Pi_1 = \tau_w \rho^a V^b D^c = (ML^{-1}T^{-2})(ML^{-3})^a (LT^{-1})^b (L)^c$$
$$= M^{(1+a)} L^{(-1-3a+b+c)} T^{(-2-b)} \cdots\cdots ②$$

위 식에서 우변은 무차원이다. 따라서 지수는

$$M : 1+a=0$$
$$L : -1-3a+b+c=0$$
$$T : -2-b=0$$

이므로 $a=-1$, $b=0$, $c=-2$이고, 무차원수 $\Pi_1$은 다음과 같다.

$$\Pi_1 = \tau_w \rho^a V^b D^c = \tau_w \rho^{-1} V^0 D^{-2} = \frac{\tau_w}{\rho V^2} \cdots\cdots ③$$

같은 방법으로 두 번째와 세 번째 파이항을 구한다.

$$\Pi_2 = \mu \rho^a V^b D^c \quad \rightarrow \quad \Pi_2 = \frac{\mu}{\rho VD} \cdots\cdots ④$$

$$\Pi_3 = \epsilon \rho^a V^b D^c \quad \rightarrow \quad \Pi_3 = \frac{\epsilon}{D} \cdots\cdots ⑤$$

식 ④와 ⑤에서 $Re=\rho VD/\mu$와 상대조도 $\epsilon/D$가 무차원수라는 것을 알고 있으므로 일일이 지수를 비교하지 않아도 $\Pi_2$와 $\Pi_3$을 쉽게 구할 수 있다. 이상에서 구한 $\Pi_1$, $\Pi_2$, $\Pi_3$를 사용하여 차원해석 결과를 다음과 같은 관계식으로 나타낼 수 있다.

$$\Pi_1 = \phi(\Pi_2, \Pi_3)$$
$$\frac{\tau_w}{\rho V^2} = \phi\left(\frac{\mu}{\rho VD}, \frac{\epsilon}{D}\right) \cdots\cdots ⑥$$

여기에서 레이놀즈수 $Re=\rho VD/\mu$를 도입하면 다음과 같이 벽면 전단응력에 대한 무차원 관계식을 쓸 수 있다.

## 2 2개 이상의 파이항을 가지는 문제

주어진 현상이 다음과 같이 2개의 파이항을 가지는 경우

$$\Pi_1 = \phi(\Pi_2)$$

변수들 사이의 함수 관계는 '$\Pi_2$를 변화시키면서 그에 대응하는 $\Pi_1$ 값을 측정'함으로써 결정될 수 있다. 그리고 그 실험 결과, 즉 '$\Pi_2$의 변화에 따른 $\Pi_1$의 변화 양상'을 그래프로 편리하게 나타낼 수 있다[그림 6.4].

파이항의 개수가 늘어나서 다음과 같이 3개의 파이항을 포함하는 문제에 대해서는

$$\Pi_1 = \phi(\Pi_2, \Pi_3)$$

여러 개의 곡선을 그린 그래프로써 데이터의 상호관계를 나타내는 것이 가능하다. 예를 들어 [그림 6.5]와 같이 $\Pi_3$의 값을 고정하고 $\Pi_2$의 변화에 따른 $\Pi_1$의 변화를 그래프로 나타낼 수 있다.

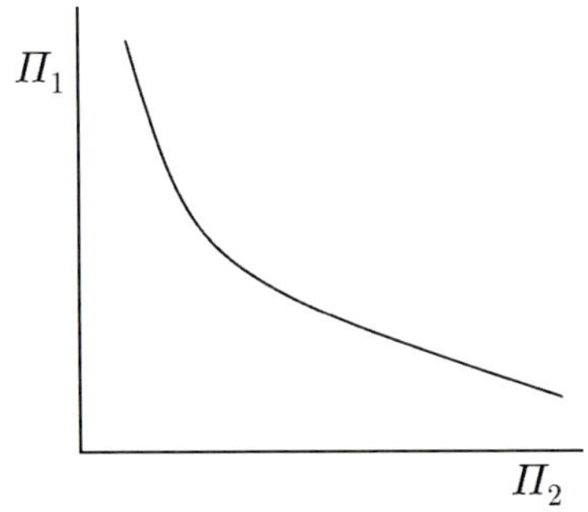


[그림 6.4] 파이항이 2개인 경우

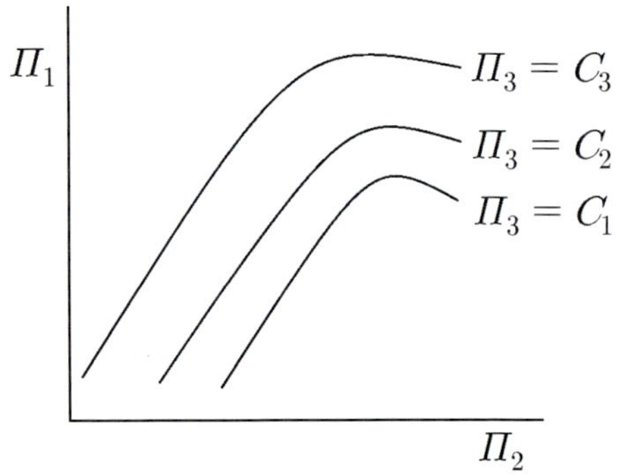


[그림 6.5] 파이항이 3개인 경우

## 6.4 유체역학에서 많이 사용하는 무차원수

특성속도 $V$, 압력 $P$, 길이 $L$, 밀도 $\rho$, 점성계수 $\mu$, 중력가속도 $g$, 표면장력 $\sigma$, 체적탄성계수 $E$로써 관련된 힘들을 나타내면 다음과 같다. 시간 $T = L/V$, 면적 $A = L^2$, 질량 $m = \rho L^3$, 가속도 $a = V/T$이다.

- 관성력 : $F_I = ma = \rho L^3\left(\frac{V}{T}\right) = \rho L^3\left(\frac{V}{L/V}\right) = \rho L^3\left(\frac{V^2}{L}\right) = \rho V^2 L^2$
- 점성력 : $F_V = \tau A = \left(\mu \frac{du}{dy}\right)A = \left(\mu \frac{V}{L}\right)L^2 = \mu VL$
- 압력 힘 : $F_P = PA = PL^2$
- 중력 : $F_G = mg = \rho L^3 g$
- 표면장력 : $F_T = \sigma L$
- 압축성 힘 : $F_E = EA = EL^2$

(1) Reynolds 수($Re$) : 점성력에 대한 관성력의 비를 나타내는 척도이다.

$$Re = \frac{F_I}{F_V} = \frac{\rho V^2 L^2}{\mu VL} = \frac{\rho VL}{\mu}$$

거의 모든 유체 유동 문제에서 중요한 변수가 되며, 특히 층류와 난류를 구분하는 기준으로 사용할 수 있다.

(2) Euler 수($Eu$) : 관성력에 대한 압력 힘의 비를 나타내는 척도이다.

$$Eu = \frac{F_P}{F_I} = \frac{PL^2}{\rho V^2 L^2} = \frac{P}{\rho V^2}$$

여기에서 $P$는 유동장의 특성 압력이다. Euler 수는 압력 차이 $\Delta P$를 사용하여

$$Eu = \frac{\Delta P}{\rho V^2}$$

로 정의하여 많이 사용하며, 두 지점 사이의 압력 차이가 중요한 변수가 되는 문제에서 사용된다.

(3) Froude 수($Fr$) : 유체의 무게에 대한 관성력의 비를 나타내는 척도이다.

$$Fr = \frac{F_I}{F_G} = \frac{\rho V^2 L^2}{\rho L^3 g} = \frac{V^2}{gL}$$

유체의 무게가 중요한 힘이 되는 유체 유동 문제에서 중요한 변수가 된다. 일반적으로 자유표면을 가지는 유동(선박 주위의 유동, 강 또는 개수로를 흐르는 유동 등)의 문제에서 중요하다.

$$Fr = \frac{V}{\sqrt{gL}}$$

로 정의하여 많이 사용한다.

(4) Weber 수($We$) : 유체에 작용하는 표면장력에 대한 관성력의 비를 나타내는 척도이다.

$$We = \frac{F_I}{F_T} = \frac{\rho V^2 L^2}{\sigma L} = \frac{\rho V^2 L}{\sigma}$$

Weber 수는 두 유체 사이의 경계면에서 발생하는 표면장력이 중요한 역할을 하는 문제에서 사용된다.

(5) Mach 수($Ma$) : 유체의 압축성 힘에 대한 관성력의 비를 나타내는 척도이다.

$$Ma = \sqrt{\frac{F_I}{F_E}} = \sqrt{\frac{\rho V^2 L^2}{EL^2}} = V\sqrt{\frac{\rho}{E}} = \frac{V}{c}$$

이상에서 음속 $c = \sqrt{\frac{E}{\rho}}$ 이다. Mach 수는 유체의 압축성이 큰 영향을 미치는 유동에서 중요한 무차원수이며, 특히 기체역학(gas dynamics)과 공기역학 분야에서 보편적으로 사용된다. Mach 수의 제곱 $Ma^2 = \frac{\rho V^2}{E} = Ca$을 Cauchy 수라 한다.

[표 6.1]에 여러 가지 무차원수에 대해 물리적 의미와 적용 예를 정리하여 나타내었다.

[표 6.1] 유체역학에서 많이 사용되는 변수와 무차원수

| 변수 | $c$ : 음속, $E$ : 체적탄성계수, $g$ : 중력가속도, $L$ : 특성길이, $V$ : 속도, $P$ : 압력, $\Delta P$ : 압력차, $\rho$ : 밀도, $\mu$ : 점성계수, $\sigma$ : 표면장력, $\nu$ : 동점성계수, $\omega$ : 진동 유동의 주파수 | | |
|---|---|---|---|
| 무차원수 | 이름 | 물리적 의미 | 적용 |
| $Re = \frac{VL}{\nu}\left(=\frac{\rho VL}{\mu}\right)$ | 레이놀즈수 (Reynolds number) | $\frac{\text{관성력}}{\text{점성력}}$ | 일반적으로 모든 유체 유동 문제에서 중요한 변수이다. |
| $Fr = \frac{V}{\sqrt{gL}}$ | 프루드수 (Froude number) | $\frac{\text{관성력}}{\text{중력}}$ | 자유표면을 가지는 유동 |
| $Eu = \frac{P}{\rho V^2}\left(\text{or } \frac{\Delta P}{\rho V^2}\right)$ | 오일러수 (Euler number) | $\frac{\text{압력힘}}{\text{관성력}}$ | 압력이나 압력차가 중요한 유동 |
| $M(\text{or } Ma) = \frac{V}{c}$ | 마하수 (Mach number) | $\frac{\text{관성력}}{\text{압축력}} = \frac{\text{속도}}{\text{음속}}$ | 압축성 유동 |
| $Ca = \frac{\rho V^2}{E} = M^2$ | 코시수 (Cauchy number) | $\frac{\text{관성력}}{\text{압축력}}$ | 압축성 유동 |
| $St = \frac{\omega L}{V}$ | 스트라울수 (Strouhal number) | $\frac{\text{원심력}}{\text{관성력}} = \frac{\text{특성시간}}{\text{진동주기}}$ | 특성 주파수를 가지는 비정상유동 |
| $We = \frac{\rho V^2 L}{\sigma}$ | 웨버수 (Weber number) | $\frac{\text{관성력}}{\text{표면장력힘}}$ | 표면장력이 중요한 유동 |

† 때로는 오일러수와 프루드수를 각각 $Eu = \frac{\Delta P}{\rho V^2/2}$, $Fr = \frac{V^2}{gL}$ 으로 정의하여 사용한다.

## 6.5 상사법칙

대부분의 실험에서는 비용과 시간을 절약하기 위해 원형(prototype) 대신 기하학적으로 축척된 모형(model)을 사용한다. 이때 모형과 원형이 완전한 상사를 이루기 위해서는 다음 3가지 조건이 모두 요구된다.

(1) 기하학적 상사(geometric similarity) : 모형은 원형에 대해 일정한 축척비를 가지며, 원형과 같은 형상이어야 한다.

(2) 운동학적 상사(kinematic similarity) : 모형 유동 내 어떤 점에서 속도의 크기도 원형 유동 내에서 대응하는 점의 속도의 크기와 비례해야(일정한 축척비만큼) 한다. 또한 모형과 원형에서 속도의 방향이 동일해야 한다[그림 6.6].
기하학적 상사는 길이 척도가 동일하고, 운동학적 상사는 시간척도가 동일하다고 생각할 수 있다. 기하학적 상사는 운동학적 상사가 성립하기 위한 필수조건이다.

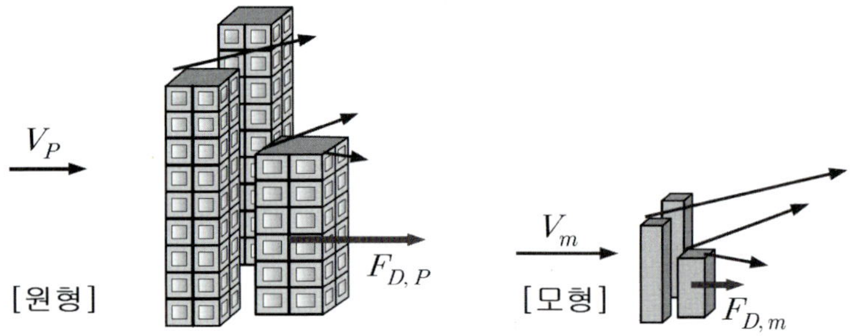


**[그림 6.6] 모든 위치에서 모형 유동의 속도 크기가 원형 유동의 대응점에서 속도 크기와 비례하고, 속도의 방향이 같을 때 운동학적 상사가 성립한다.**

(3) 역학적 상사(dynamic similarity) : 모형 유동에 나타나는 모든 힘들이 원형 유동에서 대응하는 힘과 비례해야 한다(동일한 힘 척도를 가져야 한다). 운동학적 상사는 역학적 상사가 성립하기 위한 필요조건이지만 충분조건은 아니다. 따라서 모형 유동과 원형 유동에서 기하학적 상사와 운동학적 상사가 성립해도 역학적 상사가 성립하지 않을 수 있다.
완전한 상사가 성립하기 위해서는 3가지 상사조건을 모두 만족해야 한다.

일반적인 유동장에서 기하학적 상사, 운동학적 상사, 역학적 상사가 모두 성립할 때 원형과 모형이 완전한 상사를 이룬다.

일반적인 차원해석에서 종속 $\Pi$로 부르는 한 개의 $\Pi$가 있을 때 그것을 $\Pi_1$으로 표시한다. $\Pi_1$은 독립 $\Pi$로 부르는 다른 $\Pi$들의 함수이다.

$$\Pi_1 = \phi(\Pi_2, \Pi_3, \cdots, \Pi_n) \quad \cdots\cdots (6.5)$$

여기에서 $n$은 $\Pi$의 총 개수이다.

축척 모형을 사용하여 원형 유동을 모사하는 실험에서 모형과 원형이 완전한 상사를 이루기 위해서는 다음과 같이 모형의 독립 $\Pi$(하첨자 $m$)가 대응하는 원형의 독립 $\Pi$(하첨자 $p$)와 같아야 한다.

$$\Pi_{2,m} = \Pi_{2,p}, \ \Pi_{3,m} = \Pi_{3,p}, \ \cdots, \ \Pi_{n,m} = \Pi_{n,p} \quad \cdots\cdots (6.6)$$

이와 같은 조건이 만족될 때 모형의 종속 $\Pi(\Pi_{1,m})$가 원형의 종속 $\Pi(\Pi_{1,p})$와 같아진다.

$$\Pi_{1,m} = \Pi_{1,p} \quad \cdots\cdots (6.7)$$

식 (6.7)이 구하고자 하는 예측 방정식이며, 다른 파이항들이 모두 같은 한 모형에서 얻어진 $\Pi_{1,m}$의 값이 원형의 $\Pi_{1,p}$의 값과 같다는 것을 나타낸다. 그리고 식 (6.6)에 의해 정해지는 조건들은 모형 설계조건을 제공한다. 이 조건들을 상사조건 또는 모형법칙이라고 한다.

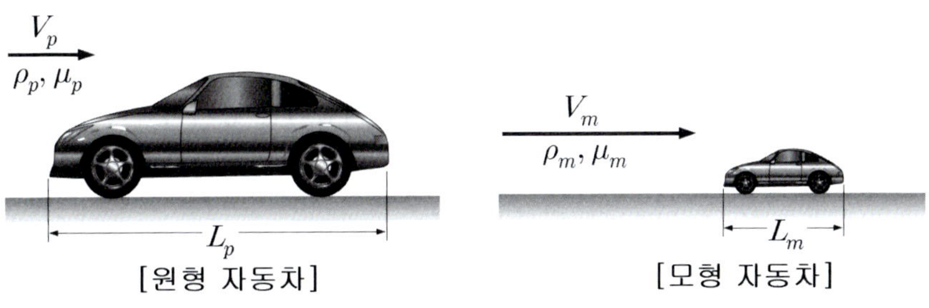


**[그림 6.7] 원형 자동차($p$)와 모형 자동차($m$)의 기하학적 상사**

**17** 모세관 현상에 의해 상승할 수 있는 액체의 높이 $h$는 관 지름 $D$, 액체의 비중량 $\gamma$, 표면장력 $\sigma$의 함수이다. 차원해석을 이용하여 액체의 높이 $h$와 $D$, $\gamma$, $\sigma$의 관계식을 구하여라.

**18** 그림과 같이 반지름이 $R$인 실린더 내에 들어있는 액체가 용기와 함께 강체 회전을 한다. 실린더 중심부 액체와 벽면 액체의 높이차 $h$는 각속도 $\omega$, 유체 밀도 $\rho$, 실린더 반지름 $R$, 중력가속도 $g$의 함수이다. 반복변수법을 사용하여 매개변수들 간의 무차원 관계식을 구하여라.

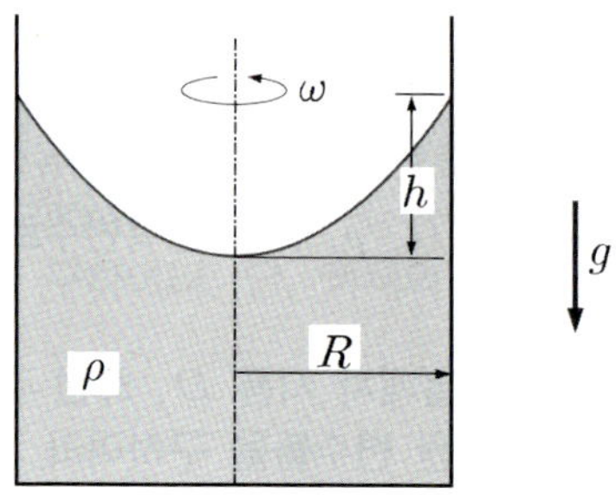


[문제 6.18]

**19** 곧은 원관 내 층류유동에서 거리 $l$ 사이 압력강하 $\Delta P$는 관 지름 $D$, 거리 $l$, 유속 $V$, 유체의 점성계수 $\mu$의 함수이다. 실험에 의해 $\Delta P$는 $l$에 비례한다는 것을 관측하였다. 차원해석을 사용하여 주어진 유속 $V$에서 압력강하 $\Delta P$가 관 지름 $D$에 따라 어떻게 변화하는 지 추론하여라.

**20** 그림과 같이 지름이 $D$인 실린더가 액체 속에 똑바로 서있다. 이때 실린더를 축 방향으로 조금 이동시켰다가 놓으면 실린더는 평형위치를 기준으로 하여 $\omega$의 주파수로 상하로 진동한다. 주파수 $\omega$가 실린더 지름 $D$, 질량 $m$, 액체의 비중량 $\gamma$의 함수일 때 차원해석을 사용하여 이들 변수들의 관계식을 구하여라.

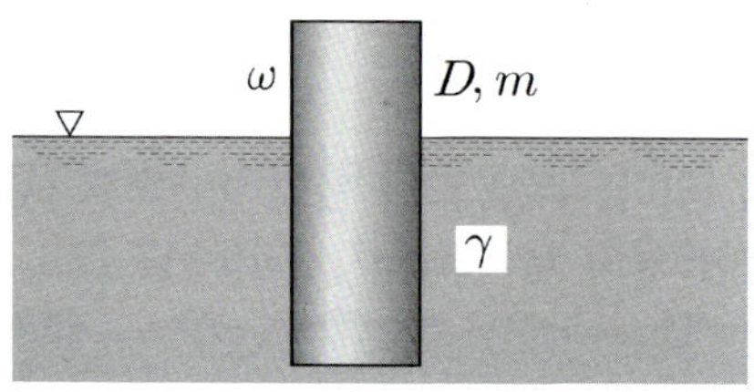


[문제 6.20]

**21** 그림과 같이 탱크 내 유체를 믹서로 혼합할 때 믹서 날개에 공급되는 축동력 $\dot{W}$은 믹서 날개 지름 $D$, 유체의 밀도 $\rho$, 점성계수 $\mu$, 날개의 각속도 $\omega$의 함수이다. 반복변수법을 사용하여 변수들 간의 무차원 관계식을 구하여라.

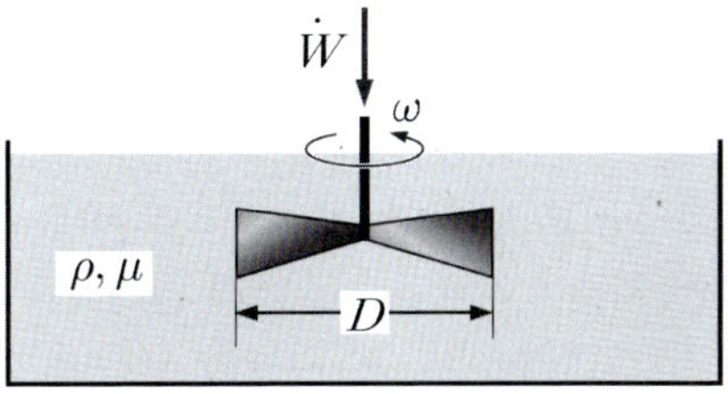


[문제 6.21]

**22** 밀도 $\rho_p$, 특성 지름 $D$인 작은 입자가 밀도 $\rho$, 점성계수 $\mu$인 유체 내에서 자유 낙하한다. 입자의 종말속도 $V$가 $D$, $\mu$, 밀도차 $(\rho_p - \rho)$, 중력가속도 $g$의 함수일 때, 반복변수법을 사용하여 변수들 간의 무차원 관계식을 구하여라.

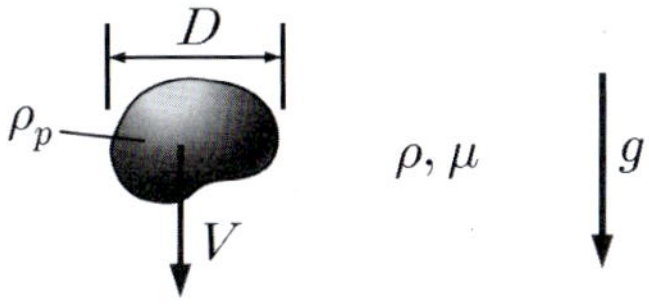


[문제 6.22]

**23** 지름이 0,6m인 관에서 1.8m/s의 속도로 공기가 흐르고 있다. 물이 0.9m/s로 관에서 흘러갈 때 레이놀즈수 상사를 만족하기 위한 관의 지름을 구하여라. 단, 공기와 물의 동점성계수는 각각 $1.52 \times 10^{-5} \mathrm{m}^2/\mathrm{s}$, $1.08 \times 10^{-6} \mathrm{m}^2/\mathrm{s}$이다.

**24** 잠수함의 유동특성을 조사하기 위해 $L_m/L_p = 1/16$인 축척 모형을 제작하여 공기 속도가 50m/s인 풍동에서 실험을 하였다. 레이놀즈수 상사를 만족하기 위해 물속에서 운행하는 원형 잠수함의 속도를 구하여라. 단, 공기와 물의 동점성계수는 각각 $1.41 \times 10^{-5} \mathrm{m}^2/\mathrm{s}$, $1.13 \times 10^{-6} \mathrm{m}^2/\mathrm{s}$이다.

**25** 길이 척도가 1:9인 모델 댐의 수로에서 유속이 2m/s이다. 프루드 상사를 만족하기 위한 원형 댐 수로의 유속을 구하여라.

**26** 프루드수와 웨버수가 중요한 변수가 되는 유동의 특성을 조사하기 위해 1:16 축척모형을 이용한다. 원형과 모형 유체의 밀도가 같을 때 표면장력 척도($\sigma_m/\sigma_p$)를 구하여라.

**27** 물속에서 지름이 0.3m인 모델 낙하산을 사용하여 지름이 9m인 원형 낙하산의 유동 특성을 조사하고자 한다. 물의 유속이 1.2m/s일 때 모델 낙하산에 작용하는 항력이 75N으로 측정되었다. 이때 공기 속에서 3m/s의 속도로 낙하하는 원형 낙하산에 작용하는 항력을 구하여라. 단, 항력 $F_D$는 속도 $V$, 밀도 $\rho$, 낙하산 지름 $D$의 함수이고, 공기와 물의 밀도는 각각 $1.23\text{kg/m}^3$, $1000\text{kg/m}^3$이다.

**28** 바람이 70km/h의 속도로 불어올 때 지름 2m인 위성 안테나에 작용하는 항력을 구하기 위해 기하학적으로 상사인 지름 0.4m인 모델 위성 안테나를 제작하여 풍동 실험을 수행한다. 모델과 원형의 공기 조건이 같을 때 다음을 구하여라.

(1) 모델에서 공기 속도를 얼마로 해야 하는가?

(2) 모든 상사조건이 만족되었을 때 모델에 작용하는 항력이 150N으로 측정되었다. 원형 위성 안테나에 작용하는 항력은 얼마로 예측되는가?

**29** 그림과 같이 관에서 유체가 흐를 때 관 안에 놓인 구에 작용하는 항력을 구하고자 한다. 항력 $F_D$는 구의 지름 $d$, 관의 지름 $D$, 유속 $V$, 유체의 밀도 $\rho$의 함수이다.

(1) 문제 해석에 필요한 무차원변수를 구하여라.

(2) 물을 사용한 실험에서 $d=0.5\text{cm}$, $D=1.25\text{cm}$, $V=0.8\text{m/s}$에서 측정된 항력이 $1.2\times10^{-2}\text{N}$이다. 지름이 0.6m인 관에서 실험에서 사용한 것과 같은 물이 2.4m/s로 흐를 때 구에 작용하는 항력을 구하여라. 구의 지름은 기하학적 상사 조건을 만족한다.

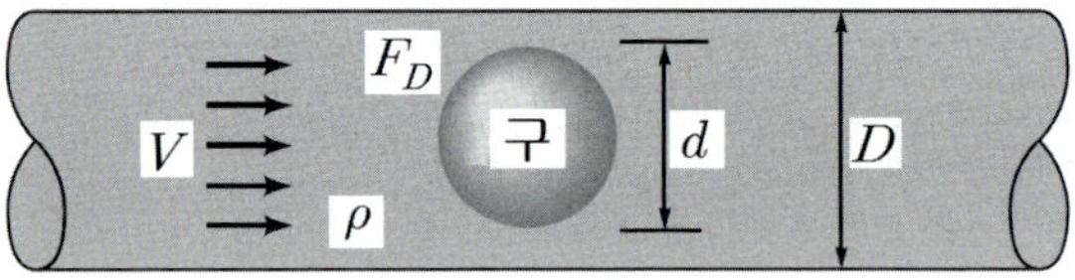


[문제 6.29]

**30** 공기 속에서 60km/h의 속도로 달리도록 설계된 원형 자동차가 있다. 이 자동차에 대한 1:5 축척의 모델 자동차를 만들어서 같은 공기를 사용하여 풍동 실험을 한다. 원형과 모델의 역학적 상사성이 만족되면서 모델 자동차에 작용하는 항력이 360N으로 측정되었다. 다음을 구하여라.

(1) 모델 자동차의 속도 $V_m$[km/h]

(2) 원형 자동차에 작용하는 항력 $F_{D,p}$[N]

(3) 항력을 극복하기 위해 필요한 원형 자동차의 동력 $H_p$[kW][2)]

2) 차원해석에서 $L$이 길이를 나타내므로 기계설계에서 많이 사용하는 동력 기호 $H$를 사용하였다.

**31** 강물에서 일어나는 다양한 유동형태의 특성을 조사하기 위해 강에 대한 모델을 만들어 사용한다. 폭과 깊이가 각각 18m와 2m이고 유량이 $30\mathrm{m}^3/\mathrm{s}$인 강이 있다. 프루드수 상사성에 기초하여 유량척도 $Q_m/Q_p = 1/250$인 모델을 제작할 때 모델의 폭[m]과 유량 $[\mathrm{m}^3/\mathrm{s}]$을 구하여라.

**32** 원형 잠수함의 길이는 2.25m이고 물속에서 0.52m/s로 운행한다. 이 잠수함을 조사하기 위해 $1/8$ 축척 모형을 제작하여 공기를 유체로 하여 풍동에서 실험을 한다. 상사성을 만족하기 위한 풍동 내 공기의 속도[m/s]를 구하여라. 단, 공기와 물의 동점성계수는 각각 $1.56\times10^{-5}\mathrm{m}^2/\mathrm{s}$, $1.14\times10^{-6}\mathrm{m}^2/\mathrm{s}$이다.

**33** 위 문제(32번)에서 상사가 이루어진 풍동 내에서 모형에 작용하는 항력이 2.5N으로 측정되었다. 원형 잠수함에 작용하는 항력[N]을 구하여라. 단, 공기와 물의 밀도는 각각 $1.18\mathrm{kg/m}^3$, $1000\mathrm{kg/m}^3$이다.

**34** Richardson 수는 $Ri = \dfrac{L^5 g\Delta\rho}{\rho Q^2}$으로 정의된다. 여기에서 $Q$는 특성 체적유량이다. 어떤 유동에서 특성길이 $L$, 밀도차 $\Delta\rho$, 밀도 $\rho$와 중력가속도 $g$가 주어져 있을 때 이 매개변수들을 사용하여 특성 체적유량과 Richardson수를 표현하여라.

**35** 관성력과 점성력이 지배적인 힘으로 작용하는 유동에서 모형과 원형의 유체가 같을 때 유량의 비가 $\dfrac{Q_m}{Q_p} = \dfrac{L_m}{L_p}$임을 보여라.

**36** 그림과 같이 얇은 평판을 따라 발달하는 정상유동의 경계층에서 경계층의 두께 $\delta$는 하류거리 $x$, 자유흐름 속도 $V$, 유체의 밀도 $\rho$, 점성계수 $\mu$의 함수이다. 반복변수법을 사용하여 $\delta$와 다른 변수들과의 무차원 관계식을 구하여라.

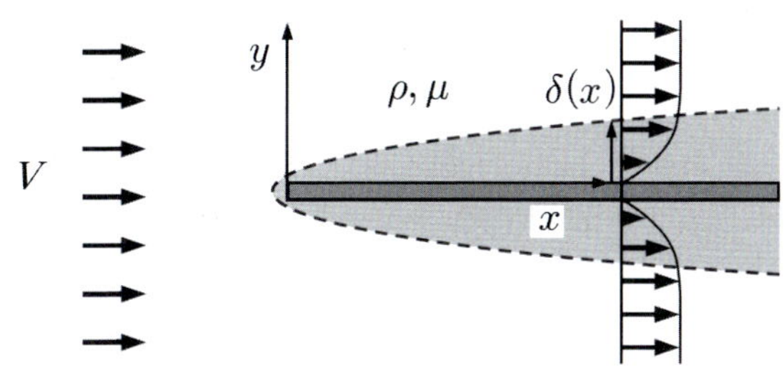


[문제 6.36]

**37** 두 평형 평판 사이의 완전발달 층류유동에서 $x$방향 속도성분 $u$는 평판 사이 간격 $h$, 압력구배 $dP/dx$, 유체의 점성계수 $\mu$, 수직 좌표 $y$의 함수이다. 차원해석을 통하여 변수들 간의 무차원 관계식을 구하여라.

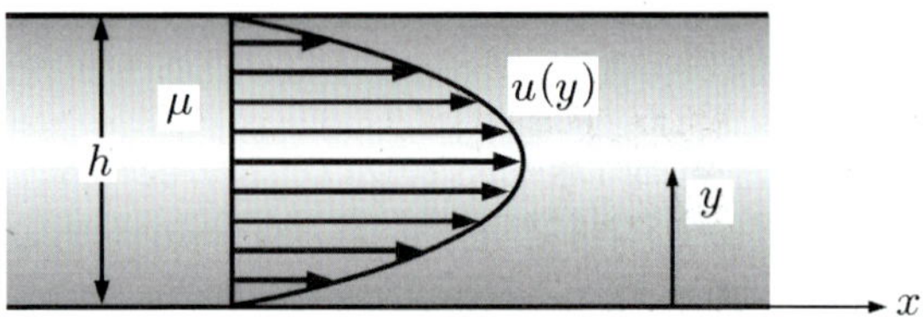


[문제 6.37]

**38** 길이가 36m인 배가 12m/s의 속도로 운항하도록 설계되었다. 이 배의 특성을 조사하기 위해 길이 1m의 모형을 만들어서 실험한다. 다음을 구하여라. 단, 모형과 원형은 동일한 중력 조건에서 동일한 유체를 사용한다.

(1) 모형의 속도($V_m$)  (2) 항력 비($F_p/F_m$)  (3) 동력 비($H_p/H_m$)

**39** 어떤 배의 $1/36$ 축척 모형에 대한 실험에서 프로펠러 회전수가 1200rpm일 때 3W의 출력을 나타내었다. 프루드 상사조건을 만족할 때 원형 프로펠러의 분당 회전수[rpm]와 출력[kW]을 구하여라. 단, 모형과 원형은 동일한 중력 조건에서 동일한 유체를 사용한다.

**40** 부두에 설치된 방파제에 속도 160cm/s, 주기 12s, 높이 4m의 조류가 충돌하고 있다. $1/16$ 축척 모형으로 조파수로에서 실험을 할 때 모형에 충돌하는 조류의 속도, 주기, 높이를 구하여라. 단, 모형과 원형에서 중력가속도는 동일하다.

**41** 길이가 200m인 원형 배에 작용하는 항력을 구하기 위해 길이 4m의 모형 배를 제작하여 실험을 하였다. 모형 배에 작용하는 항력이 2N으로 측정되었을 때 원형 배에 작용하는 항력[kN]을 구하여라. 단, 기하학적 상사와 프루드 상사가 만족되고, 모형과 원형은 동일한 중력 조건에서 동일한 유체를 사용한다.

**42** 그림과 같이 수평으로 놓인 원형 관내에서 유체가 흐르고 있다. 여기에서 두 지점 사이의 압력강하 $\Delta P$는 유체의 밀도 $\rho$, 점성계수 $\mu$, 관 길이 $L$, 지름 $D$, 표면 조도 $\epsilon$, 유속 $V$의 함수이다. 반복변수법을 사용하여 $\Delta P$와 다른 변수들과의 무차원 관계식을 구하여라.

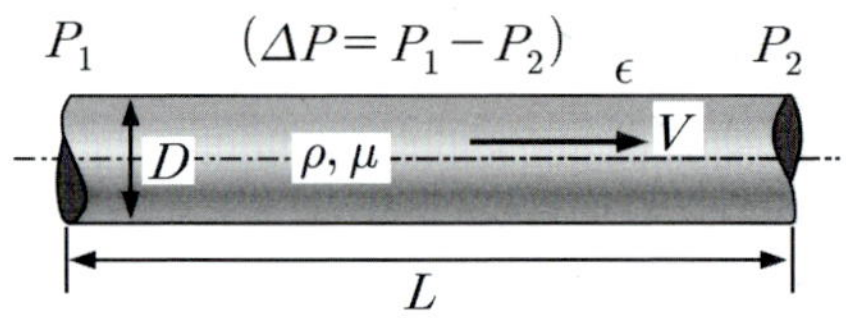


[문제 6.42]

**43** 수로에서 유량을 측정하기 위해 그림과 같이 위어(둑, weir)를 설치하였다. 여기에서 체적유량 $Q$는 중력가속도 $g$, 위어의 폭 $b$, 위어 선단으로부터 상류 수면까지 높이 $H$의 함수이다. $Q$가 $b$에 비례한다고 할 때 파이정리를 이용하여 $Q = CbH\sqrt{gH}$로 표현됨을 보여라. $C$는 상수이다.

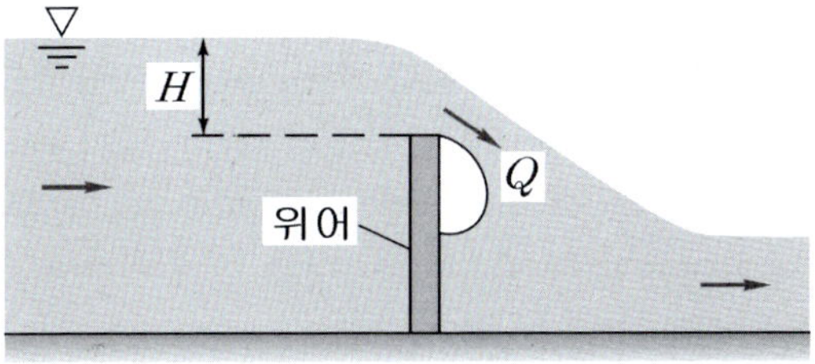


[문제 6.43]

**44** 수면에서 발생하는 파도(gravity wave)의 주파수(frequency) $\omega$는 파수(wave number) $k(k = 2\pi/\lambda$, $\lambda$는 파장)의 제곱근에 정비례한다고 알려져 있다. 차원해석을 사용하여 이 사실을 증명하고, 유체의 밀도 $\rho$와 중력가속도 $g$가 주파수 $\omega$에 어떠한 영향을 미치는지 밝히시오. (단, 유체의 표면장력에 의한 영향은 무시할 수 있다고 가정한다)

[국가공무원 5급(기술) 제2차시험]

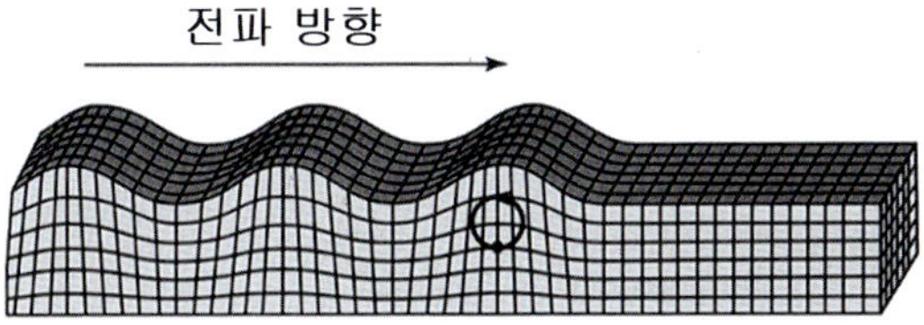


[문제 6.44] **2차원 파의 전파**

**45** 수리학적 상사법칙에 대해 다음 물음에 답하시오. [국가공무원 5급(기술) 제2차시험]

(1) 모형과 원형에서 같은 유체를 사용할 경우, Reynolds 상사법칙을 적용했을 때, 모형과 원형의 속도비 $V_r$, 유량비 $Q_r$, 시간비 $t_r$을 길이의 비 $\lambda = \dfrac{L_p}{L_m}$로 나타내시오. (단, $V_r = \dfrac{V_p}{V_m}$, $Q_r = \dfrac{Q_p}{Q_m}$, $t_r = \dfrac{t_p}{t_m}$이며 아래 첨자 $m$과 $p$는 각각 모형과 원형을 의미한다)

(2) Froude 상사법칙을 적용했을 경우, $V_r$, $Q_r$, $t_r$을 길이의 비 $\lambda = \dfrac{L_p}{L_m}$로 나타내시오. (단, 모형과 원형은 모두 지구상에 존재한다고 가정한다)

**46** 유동현상해석을 위해 실험적 접근 방법이 시도되는데, 최소의 실험으로 최대의 정보를 얻기 위하여 차원해석을 통하여 무차원 변수들을 이용하게 된다. 다음의 물음에 답하시오. [국가공무원 5급(기술) 제2차시험]

(1) 작은 구에 대한 물리적 특성값 중의 하나인 항력 $F$는 $F = f(\rho, V, \mu, D)$와 같은 물리법칙 형태로 주어질 수 있다. 즉, 밀도 $\rho$, 속도 $V$, 점성계수 $\mu$, 그리고 구의 지름 $D$만의 함수로 나타낼 수 있게 된다. 차원해석을 이용하여 무차원군을 표현하시오.

(2) 표준조건의 공기 중에서 속도 $20\mathrm{m/s}$로 운동하는 길이 $1\mathrm{m}$의 비행체가 있다. 모형실험을 위하여 모형은 $1/5$ 축척비로 제작되고 회류수조와 같은 수중조건에서 모형실험을 수행한다고 가정한다. 동역학적 상사성을 얻기 위한 물의 속도를 계산하시오. (단, 공기의 동점성 계수는 $1.50 \times 10^{-5}\mathrm{m^2/s}$이고 물의 동점성 계수는 $1.00 \times 10^{-6}\mathrm{m^2/s}$라고 가정한다)

# 제7장

# 내부 유동

## 7.1 서론

관이나 덕트(duct) 내부를 흐르는 유동을 내부유동이라 하며, 기체나 액체의 내부 유동은 냉난방 응용과 여러 시스템의 유체 배관망 등에서 광범위하게 사용된다. 이와 같은 곳에서 일반적으로 유체는 펌프나 팬(fan)에 의해 강제로 흐르게 된다. 유체가 관이나 덕트 내부를 흐를 때 마찰에 의해 압력 강하나 수두손실이 발생하고, 이와 같은 압력강하로부터 유체를 수송하는데 필요한 펌프 동력을 계산할 수 있다. 일반적인 유체 수송 시스템은 다양한 지름의 관과 접합부, 엘보(elbow), 밸브, 그리고 유체의 압력을 높이기 위한 펌프나 송풍기 등으로 구성된다.

유체를 흘러 보내기 위한 대부분의 내부 유동에서는 원형관(원관, circular pipe)이 널리 사용된다. 이것은 원형관이 관 내부와 외부의 압력차가 크더라도 심각한 변형 없이 견딜 수 있기 때문이다. 비원형관은 일반적으로 빌딩 냉난방과 같이 압력 차이가 비교적 작고 제조 및 설치비가 적으며, 설치 공간이 제한된 곳에 사용된다.

내부 유동에서 알려진 이론적인 엄밀해(exact solution)는 원관 내부에서 완전 발달된 층류유동인 Hagen-Poiseuille 유동과 같이 몇몇 단순한 경우에만 가능하다. 따라서 대부분의 경우 실험식이나 경험식에 의존해야 한다. 그런데 실험의 경우 작은 실험 조건 차이에도 그 결과가 달라질 수 있기 때문에 엄밀한 결과를 기대하기는 쉽지 않다. 많은 유체역학 교재에서 제시된 실험 관계식으로 마찰계수를 계산하면 10%(또는 그 이상)의 오차가 발생하는 것은 일반적인 일이다. 유체유동을 지배하는 방정식은 비선형이므로 유동에 대한 엄밀해를 구하는 것은 매우 어려운 일이다.

관내에서 유속은 벽 점착조건에 의해 벽면에서 0이고 중심에서 최대가 된다. 물이나 기름 등 비압축성 유동에서는 관 단면이 일정하면 평균속도($V_{avg}$)가 일정하므로 유동을 해석할 때 이 값을 사용하는 것이 편리하다. 그런데 냉난방의 경우 온도에 따른 유체의 밀도 변화로 인해 평균속도가 다소 변할 수 있다. 그러나 많은 경우에 있어서 평균온도에서 유체 상태량을 구하고 이 값이 일정하다고 가정하여 해석한다.

한편 유동 중에 관 내부 유체 입자들 사이의 마찰로 의해 기계적 에너지가 열에너지로 변환됨에 따라 유체 온도가 상승할 수도 한다. 그러나 마찰에 의한 가열 효과로 인한 온도 상승은 매우 작으므로 대부분의 해석에서는 무시한다. 예를 들어 관 내부를 흐르는 물이나 기름이 가열되거나 냉각되지 않으면 관의 입구와 출구에서 온도가 거의 변하지 않는다. 즉, 마찰에 의해서 압력강하가 발생하고 이것이 내부유동 해석에서 중요 요인이 되지만 마찰로 인한 열 효과는 크지 않다.

# 7.2 층류유동과 난류유동

## 1 층류와 난류

촛불에서 나는 연기를 보면 처음 몇 센티미터는 매끈한 모양으로 상승하다가 올라가면서 점점 임의 방향으로 흔들리는 것을 볼 수 있다. 이와 마찬가지로 관에서 내부유동도 낮은 유속에서는 [그림 7.1]의 (a)와 같이 매끈한 모양으로 흐르지만 어떤 임계값 이상의 유속에서는 (b)와 같이 복잡한 모양으로 흐르게 된다. 유체역학에서 (a)와 같은 경우를 층류(laminar flow, 층류유동)라고 하며, 이 유동은 유선이 매끈하고 질서정연한 모양을 보인다. 이에 반해 (b)는 속도 변동이 크고 매우 무질서한 운동 특성을 나타내는데, 이와 같은 유동을 난류(turbulent flow, 난류유동)라고 한다.

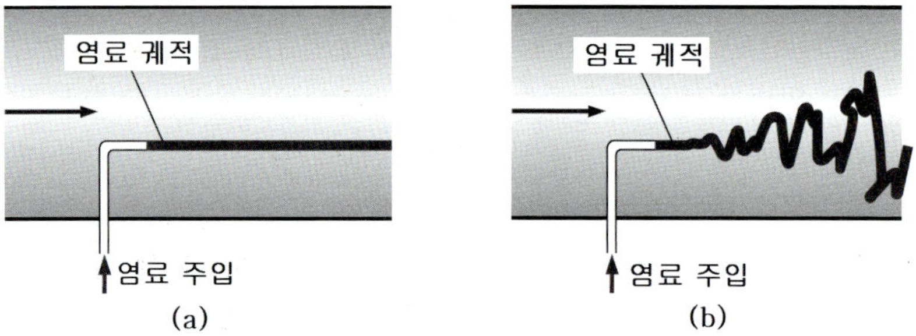


[그림 7.1] 관 내 유동 중에 주입된 염료의 궤적 (a) 층류 (b) 난류

층류로부터 난류로의 천이(transition)는 급격하게 일어나지 않으며, 완전히 난류가 되기 전에 층류와 난류 사이에서 변동하는 영역이 있다. 이 영역을 천이영역(천이유동, transitional flow)이라 한다. 즉, 유동에서 유속이 점점 증가하면 유동 양상은 '층류 → 천이영역 → 난류'의 변화 과정을 겪는다. 자연에서 실제로 일어나는 유동은 대부분 난류이다. 층류는 작은 지름의 관 또는 좁은 통로 내부에서 기름과 같은 높은 점도(점성계수)를 갖는 유체가 흐를 때 많이 발생한다.

층류와 천이 및 난류 유동 영역의 존재는 유리관 내를 흐르는 유동에 염료를 주입함으로써 확인할 수 있다. 주입된 염료 선은 낮은 유속의 층류에서는 매끄러운 직선을 이루다가 이후 간헐적 요동이 나타나는 천이 영역을 거쳐 완전한 난류가 되면 임의의 형상으로 빠르게 운동한다. 이와 같은 복잡한 유동 형상과 염료의 확산은 유체 입자들이 빠르게 혼합되고 있다는 것을 보여준다.

## 2 레이놀즈수

층류에서 난류로의 천이에는 여러 변수들 중 특히 관의 기하학적 형상, 관 표면 조도, 유속, 유체의 온도와 유체의 종류 등이 큰 영향을 미친다. 오래 전(1880년대)에 Osborne Reynolds는 많은 실험을 통해 유체의 관성력(inertial force)과 점성력(viscous force)의 비가 유동 영역을 결정한다는 것을 발견하였고, 이 두 힘의 비를 레이놀즈수(Reynolds number)라 한다. 관내 유동에서 레이놀즈수는 다음과 같이 정의된다. 레이놀즈수는 차원이 없는 무차원수이다.[1)]

$$Re = \frac{(\text{관성력})}{(\text{점성력})} = \frac{V_{avg}D}{\nu} = \frac{\rho V_{avg}D}{\mu} \quad \cdots\cdots (7.1)$$

여기에서 $V_{avg}$ : 평균 유속[m/s]

$D$ : 기하학적 특성 길이(원관에서는 관 안지름[m])

$\nu$ : 유체의 동점성계수[$m^2/s$], $\nu = \mu/\rho$

유체의 점성력은 유동을 안정화시키는 반면 관성력은 유동을 불안정하게 만든다. 레이놀즈수가 크면 $\rho V^2$에 비례하는 관성력이 점성력보다 크게 되고, 이에 따라 점성력이 더 이상 유체의 빠른 변동을 억제할 수 없게 된다. 이때 유동은 난류가 된다. 그러나 작은 레이놀즈수에서는 점성력이 유체의 변동을 억제하여 유체를 정렬시킬 수 있을 만큼 충분히 크게 된다. 이때 유동은 층류가 된다.

유동이 난류가 되기 시작하는 레이놀즈수를 임계 레이놀즈수(critical Reynolds number, $Re_c$)라 한다. 임계 레이놀즈수의 값은 관의 기하학적 형상과 유동 조건의 함수이다. 원형관 내부 유동에서 임계 레이놀즈수는 $Re_c = 2300$(또는 2100, 2000)으로 알려져 있다.

층류와 천이 및 난류 유동을 구분하는 정확한 레이놀즈수를 알기는 매우 어렵다. 층류에서 난류로의 천이는 관의 표면조도, 진동, 상류 유동에서 변동 등 여러 요소의 영향을 받기 때문이다. 대체로 일반적인 원형관에서 레이놀즈수에 따른 유동의 분류는 다음과 같다. 천이영역에서는 층류와 난류가 섞여서 존재한다.

$$Re \leq 2300 \ : \text{층류}$$

1) 4장에서 소개한 레이놀즈수를 한 번 더 정의한다. 유체역학을 배웠는데 레이놀즈수를 모른다는 것은 초등학교를 졸업했는데 1, 2, 3,... 숫자를 모른다는 것과 같다.

$$2300 < Re < 4000 \text{ : 천이 영역}$$

$$Re \geq 4000 \text{: 난류}$$

이상과 같이 레이놀즈수에 따라 층류와 난류를 구분하지만 관 내부 표면이 아주 매끈하고 관 진동과 유동 교란이 없는 경우에는 매우 높은 레이놀즈수에서도 층류가 될 수 있다는 것을 실험적으로 관찰하였다. 예를 들어 아주 정밀한 실험을 하면 $Re = 10^5$에서도 층류가 유지될 수 있다고 한다.

## 7.3 원관 입구 영역

### 1 유동의 발달 양상

균일한 속도로 원형관 내로 유입되는 유동의 발달 양상을 살펴본다. 벽 점착조건에 의해 관 표면과 접촉점에서 유체 입자의 속도는 0이고, 이와 인접한 유체층은 마찰에 의해 속도가 느려진다. 이와 같이 느려진 벽면 부근의 유동 속도를 보상하기 위해 관 중심부에서 유속이 증가함으로써 관내의 질량유량이 일정하게 유지된다. 이에 따라 관을 따라 속도 구배가 발생한다.

유체의 점성에 의한 전단력의 영향을 받는 유동 영역을 경계층(boundary layer) 또는 속도 경계층(velocity boundary layer)이라고 한다. 관 내부 유동은 속도변화와 점성에 의한 마찰 영향이 현저한 경계층 영역과 마찰 영향이 미미하고 속도가 반경 방향으로 일정한 중심부(비회전) 유동영역의 두 영역으로 구분할 수 있다.

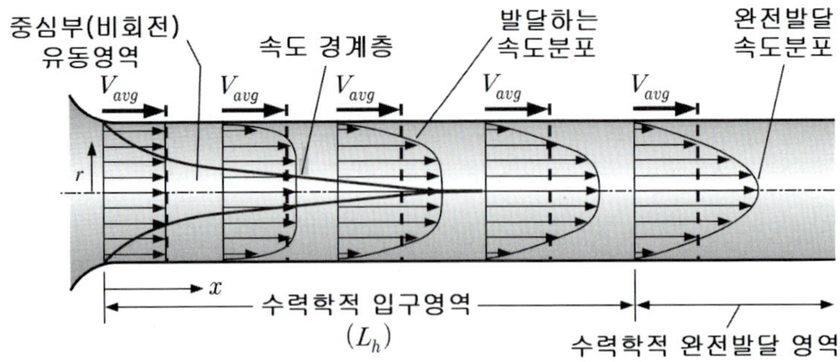


[그림 7.2] 원형관 내 유동의 발달 양상

[그림 7.2]와 같이 유체가 관 내부를 흘러감에 따라 유동 방향을 따라 경계층(속도 경계층)의 두께가 점점 증가한다. 그리고 마침내 경계층의 두께가 관 중심까지 도달하게 되면 그 이후에 약간 하류에서 완전 발달된 속도분포가 형성된다. 여기에서 관 입구부터 속도분포가 완전 발달하는 곳까지 영역을 수력학적 입구영역(hydrodynamic entrance region)이라 하고, 이 영역의 길이를 수력학적 입구길이($L_h$)라 한다. 입구영역에서는 속도분포가 점점 발달하므로 이 영역에서 유동을 수력학적으로 발달하는 유동(hydrodynamically developing flow)이라 한다. 입구영역 이후 속도분포가 완전발달하여 변하지 않는 영역을 수력학적 완전발달 영역(hydrodynamically fully developed region)이라 한다. 그리고 속도분포뿐만 아니라 온도분포도 변하지 않을 때 유동을 완전발달(fully developed)했다고 한다. 따라서 유체온도가 일정할 때는 수력학적 완전발달 유동과 완전발달 유동은 동일한 의미를 갖는다. 완전발달 유동은 층류인 경우 포물선 형태의 속도분포를 나타내며, 난류의 경우에는 중앙부에서 속도 분포가 상대적으로 평평해진다.

수력학적 완전발달 유동의 시간 평균된 속도분포($u$)는 다음과 같이 반경 방향 좌표($r$)의 함수가 된다.

$$\frac{\partial u(r,x)}{\partial x} = 0 \ : \quad u = u(r) \qquad \cdots\cdots (7.2)$$

[그림 7.3]은 완전발달 영역에서 속도분포를 나타낸다. 관 벽면의 전단응력($\tau_w$)은 벽면에서 속도분포의 기울기와 관계가 있다. 수력학적 완전발달 유동에서는 속도분포가 일정하므로 벽면 전단응력도 일정하다.

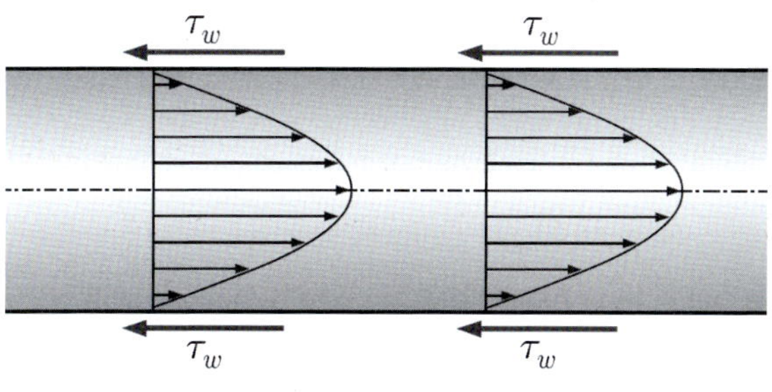


**[그림 7.3] 원형관의 완전발달 영역에서 속도분포**

[그림 7.4]와 같이 수력학적 입구영역에서는 경계층 두께가 가장 작은 관 입구에서 벽면 전단응력이 최대가 되고, 하류로 갈수록 점점 감소하여 마침내 완전발달된 값에 도달한다. 따라서 입구영역에서 압력강하가 크게 되므로 입구영역의 존재는 전체 관의 평균 마찰계

수를 증가시킨다. 이 증가는 관 길이가 짧은 경우에는 그 영향이 현저하지만 긴 관에서는 무시할 수 있다.

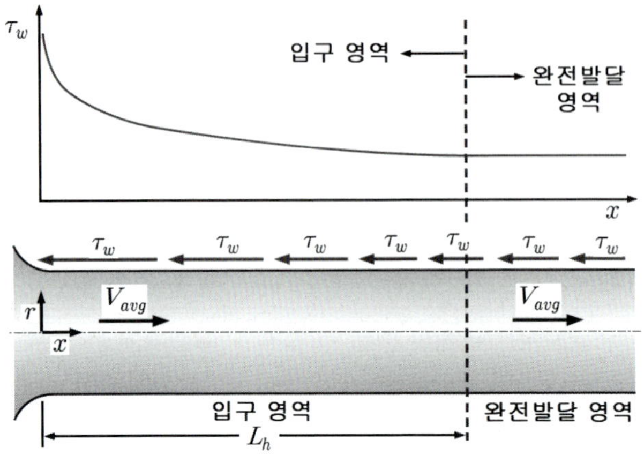


**[그림 7.4] 원형관 내 입구영역에서 완전발달 영역까지 벽면 전단응력 변화**

## 2 입구 길이

수력학적 입구 길이는 관 입구로부터 벽면 전단응력(또는 마찰계수)이 완전발달된 값의 2% 이내에 해당하는 곳까지 거리로 정의된다. 층류유동과 난류유동에서 수력학적 입구 길이($L_h$)는 대략 다음과 같다고 알려져 있다.

$$\bullet\ \text{층류} :\ \frac{L_h}{D} = 0.05Re \qquad \cdots\cdots (7.3)$$

$$\bullet\ \text{난류} :\ \frac{L_h}{D} = 1.359Re^{1/4} \qquad \cdots\cdots (7.4)$$

여기에서 $D$는 관 지름이다. $Re = 20$이면 수력학적 입구 길이는 대략 관 지름과 같고 ($L_h = D$), 층류 한계 값인 $Re = 2300$에서 $L_h = 115D$이다.

난류유동에서는 불규칙적인 변동에 의해 유체 입자들이 심하게 혼합되므로 입구길이가 층류에 비해 훨씬 짧아지고 레이놀즈수에 대한 의존도도 낮아진다. 실제 공학 문제의 많은 관 유동에서 지름의 10배가 되는 관 길이 이후([그림 7.4]에서 $x > 10D$)의 유동에서는 입구의 영향을 무시할만하며, 이때 난류유동의 수력학적 입구 길이는 다음과 같다.

$$\bullet \text{ 난류 : } \frac{L_h}{D} = 10 \qquad \cdots\cdots (7.5)$$

입구영역의 유동에 대한 많은 연구 문헌들이 있다. 그러나 대부분의 경우 관의 길이가 입구 길이보다 훨씬 길고, 이에 따라 관의 전 구간에서 완전발달 유동이라고 가정할 수 있다.

## 7.4 원관 내 층류유동

[그림 7.5]와 같이 반지름 $R$인 관 속의 정상상태 비압축성 유체의 층류 유동을 고려한다. 먼저 관 중심으로부터 반경 방향을 $r$, 길이 방향을 $x$로 하는 좌표계를 선정한다. 다음에 관 중심에 있는 길이 $dx$, 반지름 $r$인 실린더 형태의 미소요소를 고려하여 이 요소에 대한 힘의 평형 관계로부터 속도분포를 구한다.

관의 길이($x$) 방향으로 속도 분포의 변화가 없는 경우 정적인 힘의 평형이 이루어지므로 요소에 작용하는 힘의 합은 0이 되고, $x$ 방향 압력 기울기 $dP/dx$는 일정한 값을 갖게 된다.

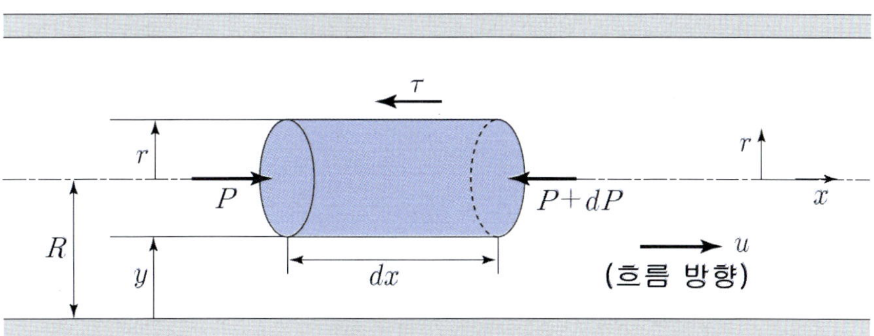


[그림 7.5] 실린더 형태의 미소요소에 작용하는 전단응력

미소요소에 평형방정식 $\sum F = 0$을 적용하면 다음과 같다. 압력이 작용하는 실린더 형 미소요소의 단면적은 $\pi r^2$이고, 전단력이 작용하는 실린더 둘레의 면적은 $2\pi r \times dx$이다.

$$P(\pi r^2) - (P + dP)(\pi r^2) - \tau(2\pi r \times dx) = 0$$

$$-rdP-2\tau dx=0$$

이 식으로부터 전단응력 $\tau$를 구하면 다음과 같다.

$$\tau=-\frac{r}{2}\frac{dP}{dx} \quad \cdots\cdots (7.6)$$

한편 벽면으로부터 거리를 $y$라 하면 $y=R-r$이므로 $dy=-dr$이 된다. 따라서 뉴턴의 점성법칙으로부터

$$\tau=\mu\frac{du}{dy}=-\mu\frac{du}{dr} \quad \cdots\cdots (7.7)$$

이다. 식 (7.6)과 (7.7)의 전단응력을 같게 놓으면 다음과 같은 속도분포에 대한 미분방정식이 유도된다.

$$-\mu\frac{du}{dr}=-\frac{r}{2}\frac{dP}{dx}$$

$$\frac{du}{dr}=\frac{r}{2\mu}\frac{dP}{dx} \quad \cdots\cdots (7.8)$$

식 (7.8)을 $r$에 대해 적분하면

$$u(r)=\frac{1}{4\mu}\frac{dP}{dx}r^2+C \quad (C\text{는 적분상수}) \quad \cdots\cdots (7.9)$$

인데, 벽 점착조건에 의해 벽면 $r=R$에서의 속도 $u(R)=0$을 적용하면 적분상수가 구해진다.

$$u(R)=\frac{1}{4\mu}\frac{dP}{dx}R^2+C=0$$

$$C=-\frac{1}{4\mu}\frac{dP}{dx}R^2$$

따라서 최종적으로 얻어지는 속도분포는 다음과 같다.

$$u(r)=\frac{1}{4\mu}\frac{dP}{dx}(r^2-R^2)=-\frac{R^2}{4\mu}\frac{dP}{dx}\left(1-\frac{r^2}{R^2}\right) \quad \cdots\cdots (7.10)$$

이 결과로부터 원관 속의 층류유동 속도 분포는 [그림 7.6]의 (a)와 같은 포물선 모양임을 알 수 있다. 여기에서 유체가 오른쪽($+x$방향)으로 흘러가기 위해서는 압력 기울기 $\frac{dP}{dx}$가 음($-$)의 값을 가져야 한다. 즉, 왼쪽 압력이 오른쪽 압력보다 높을 때 유체가 오른쪽($\rightarrow$)으로 흘러간다.

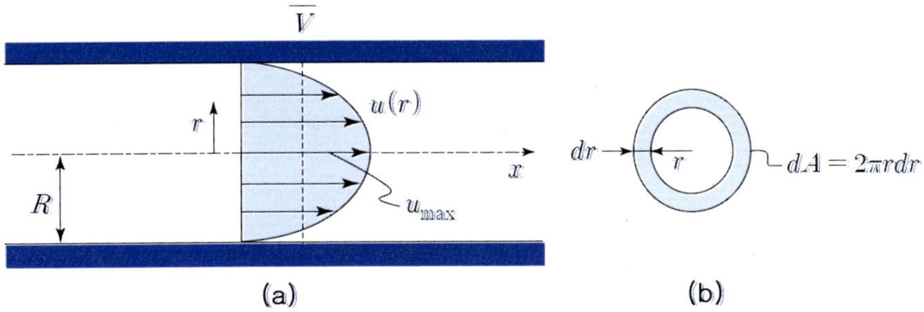


[그림 7.6] (a) 원관 속의 층류유동 속도분포 (b) 미소 면적요소

식 (7.10)에서 최대 속도($u_{\max}$)는 관 중심 $r=0$에서 일어나며

$$u_{\max} = -\frac{R^2}{4\mu}\frac{dP}{dx} \quad \cdots\cdots (7.11)$$

이다. 여기에서 $-\frac{dP}{dx}$는 관의 단위 길이당 압력 강하를 나타낸다. 식 (7.11)을 이용하면 다음과 같이 식 (7.10)의 속도분포를 간단하게 표현할 수 있다.[2)]

$$u(r) = u_{\max}\left(1 - \frac{r^2}{R^2}\right) \quad \cdots\cdots (7.12)$$

식 (7.12)의 속도분포를 갖는 유동을 Hagen-Poiseuille 유동이라 한다. 식 (7.12)를 이용하여 관속을 흐르는 유체의 체적유량을 구해보자. [그림 7.6]의 (b)와 같이 관 중심으로부터 반지름 $r$의 위치에서 두께가 $dr$인 고리 모양의 면적요소를 잡으면 미소면적은

$$dA = (2\pi r)dr$$

이므로 이 요소를 통과하는 미소 유량은

2) 원관에서 층류유동은 이와 같은 포물선 형태의 속도분포를 갖는다는 것을 알아두자. 선형적인 속도분포를 갖는 Couette 유동과 함께 가장 기본적인 속도분포이다.

$$dQ = u\,dA = 2\pi r\,u\,dr$$

이다. 따라서 관 단면 전체를 통해 흐르는 유량($Q$)은 다음과 같다.

$$\begin{aligned} Q &= \int dQ = \int_0^R 2\pi r\,u\,dr \\ &= \int_0^R 2\pi\,u_{max}\left(r - \frac{r^3}{R^2}\right)dr \\ &= 2\pi\,u_{max}\left[\frac{r^2}{2} - \frac{r^4}{4R^2}\right]_0^R \\ &= \frac{\pi R^2}{2}u_{max} \end{aligned}$$

$$Q = \frac{\pi R^2}{2}u_{max} \quad \cdots\cdots (7.13)$$

이 식을 이용하여 평균속도 $\overline{V} = \dfrac{Q}{A} = \dfrac{Q}{\pi R^2}$ 를 구하면

$$\overline{V} = \frac{1}{2}u_{max} \quad \cdots\cdots (7.14)$$

이 된다. 즉, 최대 속도는 평균속도의 2배($u_{max} = 2\overline{V}$)이다.

식 (7.11)과 (7.13)으로부터 유량과 압력 기울기의 관계를 나타내면 다음과 같다.

$$Q = -\frac{\pi R^4}{8\mu}\frac{dP}{dx} \quad \cdots\cdots (7.15)$$

길이 $L$만큼 떨어진 왼쪽 지점 1과 오른쪽 지점 2에서 유체가 1에서 2로 흘러간다면 두 지점의 압력은 $P_1 > P_2$이다. 따라서 압력 강하의 크기를 $\Delta P = P_1 - P_2$ ($\Delta P > 0$)라 하면

$$-\frac{dP}{dx} = -\frac{P_2 - P_1}{L} = \frac{P_1 - P_2}{L} = \frac{\Delta P}{L} \quad \cdots\cdots (7.16)$$

이다. 따라서 식 (7.15)와 (7.16)으로부터 층류유동의 유량은 다음 식으로 표현된다.

$$Q = \frac{\pi R^4 \Delta P}{8\mu L} \quad \cdots\cdots (7.17)$$

$$Q = \frac{\pi R^4 \gamma h_L}{8\mu L} \quad \cdots\cdots (7.18)$$

여기에서 $h_L$은 거리 $L$인 두 지점 사이의 손실수두이다. 압력강하($\Delta P$)를 압력손실이라고도 한다. 수평관인 경우 정압 차이 $\Delta P = \gamma h_L$이다.

실제 문제에 있어서는 다음과 같이 관 지름 $D\,(=2R)$로 표현된 식을 주로 사용한다.[3)]

$$Q = \frac{\pi D^4 \Delta P}{128\mu L} \quad \cdots\cdots (7.19)$$

$$Q = \frac{\pi D^4 \gamma h_L}{128\mu L} \quad \cdots\cdots (7.20)$$

일반적으로 식 (7.19)와 (7.20)을 Hagen-Poiseuille 방정식(법칙)이라고 부르며 층류유동에서 많이 이용하고 있다. 수평관인 경우 단위 길이 당 정압 차이(압력강하$\Delta P$)가 주어지면 체적 유량을 구할 수 있다.

식 (7.19)는 다음 사실을 말해준다. 주어진 유량에서 압력강하는 관의 길이와 유체의 점성계수에 비례하고 관 지름의 4제곱에 반비례한다. 따라서 예를 들어 관 지름을 2배로 하면 압력강하를 1/16로 크게 줄일 수 있다. 그러나 관 지름을 크게 하면 제작비용이 많이 든다는 것을 감안해야 할 것이다.

관 유동에서 층류와 난류의 구분은 레이놀즈수로써 판정하며 평균유속 $\overline{V}\,[\mathrm{m/s}]$, 관 지름 $D\,[\mathrm{m}]$, 동점성계수 $\nu\,[\mathrm{m^2/s}]$일 때 층류유동이 될 조건은 다음과 같다.

$$Re = \frac{\overline{V} D}{\nu} = \frac{\rho \overline{V} D}{\mu} < Re_c \quad \cdots\cdots (7.21)$$

임계 레이놀즈수 $Re_c = 2000$ 또는 2100, 2300 등으로 실험조건에 따라 조금씩 다른 값을 가진다. 일반적으로 $Re > 4000$은 난류이며 이 범위의 레이놀즈수에 대해서는 식 (7.19)와 (7.20)의 Hagen-Poiseuille 방정식을 적용할 수 없다.

한편 Hagen-Poiseuille 방정식을 평균속도($\overline{V}$)와 압력강하($\Delta P$)에 대한 관계식으로

3) 이 식은 아주 많이 사용된다. 이 공식은 기억하도록 한다.

나타내면 다음과 같다. $Q = A\overline{V} = \dfrac{\pi D^2}{4}\overline{V}$ 이므로 압력강하는

$$\Delta P = \frac{32\mu L\overline{V}}{D^2} \quad \cdots (7.22)$$

이다. 그리고 식 (7.16)에서 $\Delta P = P_1 - P_2$로 정의하였으므로 두 지점 1, 2 사이의 손실수두는 다음과 같다.

$$\frac{P_1 - P_2}{\gamma} = h_L = \frac{32\mu L\overline{V}}{\gamma D^2} \quad \cdots (7.23)$$

여기에서 $h_L$은 마찰손실수두를 나타낸다.

**[예제 7.1]** 반지름 8cm인 원관 속에 점성계수 $\mu = 0.2\,\mathrm{N \cdot s/m^2}$의 유체가 층류로 흐르고 있다. 관의 단위 길이 당 압력 강하가 $10\,\mathrm{N/m^2 \cdot m}$일 때 최대속도[m/s]와 평균속도[m/s] 및 유량[$\mathrm{m^3/s}$]을 구하여라.

**풀이** 단위 길이 당 압력 강하 $-\dfrac{dP}{dx} = 10\,\mathrm{N/m^2 \cdot m}$ 이므로 최대 속도($u_{max}$), 평균속도($\overline{V}$) 및 유량($Q$)은 다음과 같다.

(1) $u_{max} = -\dfrac{R^2}{4\mu}\dfrac{dP}{dx} = \dfrac{(0.08)^2}{4 \times (0.2)} \times 10 = 0.08\,[\mathrm{m/s}]$

(2) $\overline{V} = \dfrac{1}{2}u_{max} = \dfrac{1}{2} \times 0.08 = 0.04\,[\mathrm{m/s}]$

(3) $Q = A\overline{V} = \pi R^2 \overline{V} = \pi (0.08)^2 \times 0.04 = 8.04 \times 10^{-4}\,[\mathrm{m^3/s}]$

**[예제 7.2]** **밀도 $\rho = 850\mathrm{kg/m^3}$, 점성계수 $\mu = 0.4\mathrm{N \cdot s/m^2}$인 오일이 수평으로 놓인 지름 $D = 5\mathrm{cm}$의 곧은 관을 흐르고 있다.**

(1) 유량 $Q = 3 \times 10^{-4}\mathrm{m^3/s}$일 때 길이 $L = 10\mathrm{m}$ 사이의 압력강하 $\Delta P$[kPa]를 구하여라.

(2) $L = 10\mathrm{m}$ 떨어진 두 지점의 압력 차이 $\Delta P = 20\mathrm{kPa}$일 때 유량 $Q$ [$\mathrm{m^3/s}$]를 구하여라.

**풀이** (1) 평균속도($V$)를 구하면

$$V = \frac{Q}{A} = \frac{4Q}{\pi D^2} = \frac{4 \times (3 \times 10^{-4})}{\pi \times (5 \times 10^{-2})^2} = 0.153[\mathrm{m/s}]$$

이므로 레이놀즈수는

$$Re = \frac{\rho V D}{\mu} = \frac{850 \times 0.153 \times 0.05}{0.4} = 16.3 < 2300$$

이다. 따라서 층류유동이고, Poiseuille 방정식으로부터 압력강하 $\Delta P$는 다음과 같다.

$$\Delta P = \frac{128 \mu L Q}{\pi D^4} = \frac{128 \times 0.4 \times 10 \times (3 \times 10^{-4})}{\pi \times (5 \times 10^{-2})^4}$$
$$= 7823[\mathrm{Pa}] = 7.82[\mathrm{kPa}]$$

(2) 먼저 Poiseuille 방정식을 사용하여 유량을 구하면

$$Q = \frac{\pi D^4 \Delta P}{128 \mu L} = \frac{\pi \times 0.05^4 \times (20 \times 1000)}{128 \times 0.4 \times 10}$$
$$= 7.67 \times 10^{-4}[\mathrm{m^3/s}]$$

이다. 이때 평균속도는

$$V = \frac{Q}{A} = \frac{4Q}{\pi D^2} = \frac{4 \times (7.67 \times 10^{-4})}{\pi \times (5 \times 10^{-2})^2} = 0.391[\mathrm{m/s}]$$

이고, 레이놀즈수는

$$Re = \frac{\rho VD}{\mu} = \frac{850 \times 0.391 \times 0.05}{0.4} = 41.5 < 2300$$

이다. 여기에서 레이놀즈수가 층류 조건을 만족하므로 층류유동으로 가정한 것이 옳다. 따라서 유량은 Poiseuille 방정식을 사용하여 구한 $Q = 7.67 \times 10^{-4}[\mathrm{m^3/s}]$가 된다.

† Hagen-Poiseuille 방정식을 사용할 때는 흐름이 층류인가를 확인해야 한다.

**[예제 7.3]** 수평으로 놓인 반지름 20cm인 곧은 원관 속에서 어떤 유체가 흐르고 있다. 유체의 점성계수 $\mu = 0.1\mathrm{N \cdot s/m^2}$이고, 관 길이 1m에서 압력 강하 $\Delta P = 10[\mathrm{Pa}]$이다.

(1) 흐름 상태가 층류일 때 관 중심에서 최대 속도[m/s]를 구하여라.

(2) (1)에서 구한 최대 속도가 옳은 값이 되기 위해서는 유체의 밀도 $[\mathrm{kg/m^3}]$는 어떤 범위의 값을 가져야 하는가? 단, 임계레이놀즈수는 2300이다.

**풀이** (1) 층류유동에서 최대속도는 다음과 같다.

$$u_{\max} = -\frac{R^2}{4\mu}\frac{dP}{dx} = \frac{R^2}{4\mu} \times \frac{\Delta P}{L}$$
$$= \frac{(0.2)^2}{4 \times 0.1} \times \frac{10}{1} = 1[\mathrm{m/s}]$$

(2) 층류유동이 되어야 하므로 다음 조건을 만족해야 한다.

$$Re = \frac{\rho VD}{\mu} < Re_c = 2300$$
$$\therefore \ \rho < \frac{2300\mu}{VD} = \frac{2300\mu}{(u_{\max}/2)D} = \frac{2300 \times 0.1}{(1/2) \times (2 \times 0.2)} = 1150[\mathrm{kg/m^3}]$$

즉, 유체의 밀도 $\rho < 1150[\mathrm{kg/m^3}]$이어야 한다.

**[예제 7.4]** 밀도 $\rho = 800\text{kg/m}^3$, 점성계수 $\mu = 5\text{cP}$인 오일이 지름 $D = 4\text{cm}$의 곧은 관을 $V = 20\text{cm/s}$의 평균속도로 흘러가고 있다. 수평 길이 $L = 700\text{cm}$ 사이에서 압력강하[Pa]를 구하여라.

**풀이** 먼저 cgs 단위계로 통일하여 레이놀즈수를 구한다. cgs 단위로 환산하면

$$\rho = 800\text{kg/m}^3 = 800 \times 10^3\text{g}/(10^2\text{cm})^3 = 0.8\,\text{g/cm}^3$$

$$\mu = 5\text{cP} = 5 \times 10^{-2}\text{P} = 0.05\text{P}$$

이므로 레이놀즈수는

$$Re = \frac{\rho VD}{\mu} = \frac{0.8 \times 20 \times 4}{0.05} = 1280 < 2300$$

이다. 레이놀즈수가 2300보다 작기 때문에 층류유동이므로 Poiseuille 방정식으로부터 압력 강하를 구하면 다음과 같다.

$$\Delta P = \frac{32\mu LV}{D^2} = \frac{32 \times 0.05 \times 700 \times 20}{4^2}$$

$$= 1400\,[\text{dyne/cm}^2] = 140\,[\text{N/m}^2] = 140\,[\text{Pa}]$$

이상에서 $\text{dyne/cm}^2 = 10^{-5}\text{N}/(10^{-2}\text{m})^2 = 0.1\text{N/m}^2$이다.

**[예제 7.5]** 그림과 같이 수평선에 대하여 $\theta = 30°$ 경사진 지름 $D = 4\text{cm}$의 곧은 관에 밀도 $\rho = 850\text{kg/m}^3$, 점성계수 $\mu = 0.3\text{Pa}\cdot\text{s}$인 오일이 흐르고 있다. 고도 차이가 $5\text{m}$인 두 지점의 압력계가 $P_1 = 250\text{kPa}$, $P_2 = 150\text{kPa}$을 가리키고 있을 때 흐름 방향과 유량을 구하여라.

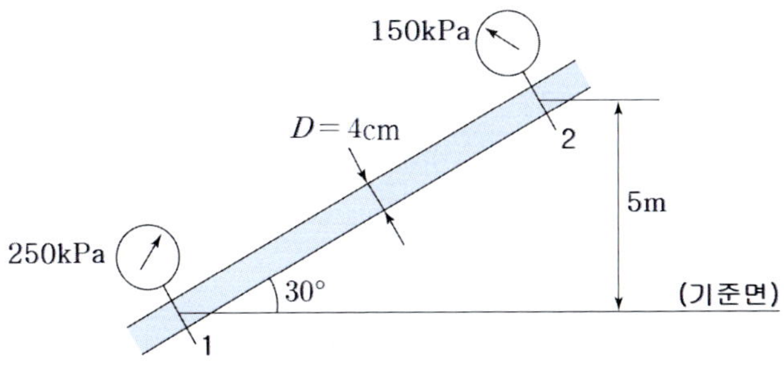


**[그림 7.7]** 경사관에서 유체 흐름 방향과 유량

**풀이** 관 지름이 일정하므로 연속법칙에 의해 두 지점을 지나는 유속은 같다. 유속을 $v$로 하고 1 번 지점과 같은 고도를 기준면으로 잡은 후 두 지점의 총 에너지를 수두로 나타내면 다음과 같다.

$$h_{t1} = \frac{P_1}{\gamma} + \frac{v_1^2}{2g} + z_1 = \frac{250}{9.8 \times 0.85} + \frac{v^2}{2g} + 0 = 30.01 + \frac{v^2}{2g}\,[\mathrm{m}]$$

$$h_{t2} = \frac{P_2}{\gamma} + \frac{v_2^2}{2g} + z_2 = \frac{150}{9.8 \times 0.85} + \frac{v^2}{2g} + 5 = 23.01 + \frac{v^2}{2g}\,[\mathrm{m}]$$

$h_{t1} > h_{t2}$이므로 오일은 1에서 2로 흐른다. 따라서 두 단면 1, 2 사이에 발생한 마찰 손실수두를 $h_L$로 하면 에너지 방정식에서

$$h_{t1} = h_{t2} + h_L$$

$$\therefore\ h_L = h_{t1} - h_{t2} = 30.01 - 23.01 = 7\,[\mathrm{m}]$$

이다. 층류유동이라 가정하고 흐르는 유량을 구한다. 두 단면 사이의 거리 $L = \frac{5}{\sin 30°} = 10\,[\mathrm{m}]$이다.

$$Q = \frac{\pi D^4 \gamma h_L}{128 \mu L} = \frac{\pi \times 0.04^4 \times (9.8 \times 850 \times 7)}{128 \times 0.3 \times 10}$$

$$= 1.22 \times 10^{-3}\,[\mathrm{m^3/s}]$$

층류로 가정하였으므로 레이놀즈수를 구하여 가정의 타당성을 점검한다.

$$Re = \frac{\rho V D}{\mu} = \frac{\rho D}{\mu} \times \frac{4Q}{\pi D^2} = \frac{4 \rho Q}{\pi \mu D}$$

$$= \frac{4 \times 850 \times (1.22 \times 10^{-3})}{\pi \times 0.3 \times 0.04}$$

$$= 110 < 2300$$

따라서 층류 조건을 만족하므로 가정한 것이 적절하고, 흐르는 유량은 Poiseuille 방정식으로 계산한 $Q = 1.22 \times 10^{-3}\,[\mathrm{m^3/s}]$이다.

**[원관 내 층류유동의 전단응력 분포]**

관 중심($r = 0$)에서 속도를 $U_c$로 하면 원관에서 층류유동 속도분포는

$$u(r) = U_c\left(1 - \frac{r^2}{R^2}\right)$$

이다. 이 식으로부터 속도 구배는

$$\frac{du}{dr} = \frac{d}{dr}\left[U_c\left(1 - \frac{r^2}{R^2}\right)\right] = U_c\left(-\frac{2r}{R^2}\right)$$

이므로 원관 내 층류유동의 전단응력 분포는 다음과 같다.

$$\tau(r) = -\mu\frac{du}{dr} = 2\mu U_c\left(\frac{r}{R^2}\right) \quad \cdots (7.24)$$

식 (7.24)에서 $0 \le r \le R$이므로 층류유동의 전단응력에 대해 다음과 같은 것을 알 수 있다.

원관 내 층류유동에서 전단응력은 관 중심($r = 0$)에서 0이며, 벽면으로 갈수록 선형적으로 증가하여 벽면($r = R$)에서 최대 전단응력($\tau_w$)을 갖는다[그림 7.8]. 벽면에서 전단응력 $\tau_w$은 다음과 같다.

$$\tau_w = \frac{2\mu U_c}{R} = \frac{4\mu U_c}{D} \quad \cdots (7.25)$$

여기에서 $U_c$는 관 중심에서 유속이고 $\mu$는 유체의 점성계수이다.

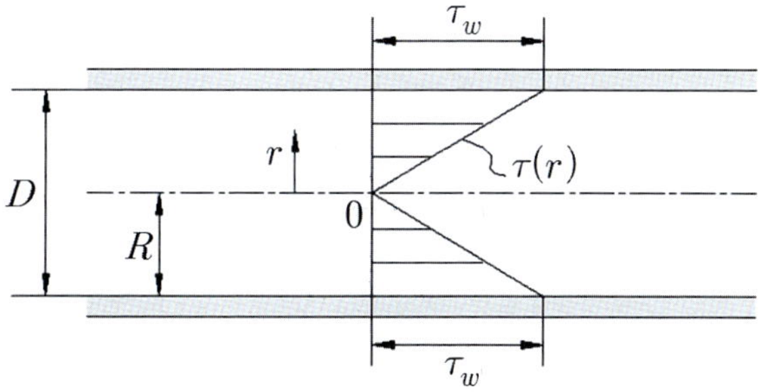


[그림 7.8] 원관 내 층류유동의 전단응력 분포

**[예제 7.6]** 반지름 $R$인 원관에서 점성계수 $\mu$인 유체가 층류로 흐르고 있다. 관 중심 유속이 $U_c$일 때 $r=\dfrac{R}{2}$에서 전단응력을 구하여라. $r$은 관 중심으로부터 거리이다.

**풀이** 원관에서 층류유동의 전단응력은 $\tau(r)=2\mu U_c\left(\dfrac{r}{R^2}\right)$이므로 $r=\dfrac{R}{2}$에서 전단응력은 다음과 같다.

$$\tau_{R/2}=2\mu U_c\left(\frac{R/2}{R^2}\right)=\frac{\mu U_c}{R}$$

## 7.5 평판 사이 층류유동

무한히 큰 두 개의 고정된 수평 평판 사이에서의 정상상태 비압축성 유체의 층류 유동을 고려한다. 유압 장치에서 피스톤과 실린더 사이의 좁은 틈새에서 일어나는 유동은 작은 레이놀즈수에서 근사적으로 이러한 유동을 보인다. 이 유동은 원관 내 층류유동과 같은 방법으로 해석할 수 있다.

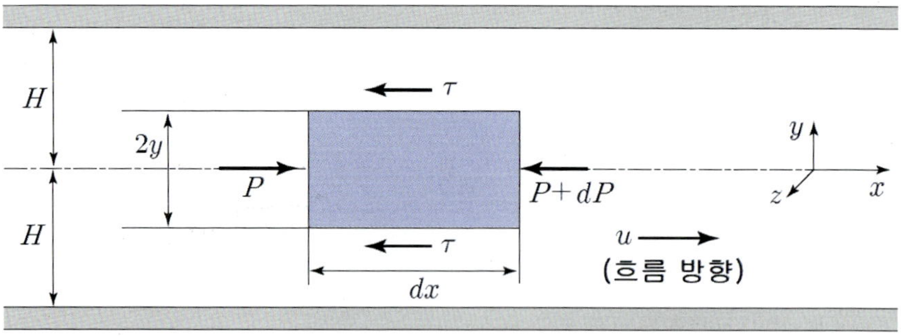


[그림 7.9] 직육면체 미소요소에 작용하는 전단응력

먼저 [그림 7.9]와 같이 수평 방향을 $x$, 판 간격의 중심선으로부터 연직 방향을 $y$로 하는 좌표계를 선정한다. $y$의 범위는 $-H \le y \le H$이다. 다음에 중심에 있는 길이 $dx$, 높이 $2y$, $z$ 방향으로의 폭이 $b$인 직육면체 형태의 요소를 고려하여 이 요소에 대한 힘의 평형 관계로부터 속도분포를 구한다. 평판 사이의 간격은 $2H$이다.

수평 방향 속도 분포의 변화가 없는 경우 정적인 힘의 평형이 이루어지므로 요소에 작용하는 힘의 합은 0이 되고, $x$ 방향 압력 기울기 $dP/dx$는 일정한 값을 갖게 된다.

설정된 요소에 평형방정식 $\sum F=0$을 적용하면 다음과 같다. $x$방향으로 압력이 작용하는 직육면체 요소의 단면적은 $b\times 2y$이고, 전단력이 작용하는 요소의 아래와 위 면의 면적은 각각 $b\times dx$이다.

$$P(2by)-(P+dP)(2by)-2\times\tau(bdx)=0$$
$$-ydP-\tau dx=0$$

이 식으로부터 전단력 $\tau$를 구하면 다음과 같다.

$$\tau=-y\frac{dP}{dx} \quad \cdots (7.26)$$

뉴턴의 점성법칙으로부터

$$\tau=-\mu\frac{du}{dy} \quad \cdots (7.27)$$

이므로 식 (7.26)과 (7.27)의 전단응력을 같게 놓으면 다음과 같은 속도분포에 대한 미분방정식이 유도된다.

$$\frac{du}{dy}=\frac{y}{\mu}\frac{dP}{dx} \quad \cdots (7.28)$$

식 (7.28)을 $y$에 대해 적분하면

$$u(y)=\frac{1}{2\mu}\frac{dP}{dx}y^2+C \quad (C\text{는 적분상수}) \quad \cdots (7.29)$$

인데, 벽 점착조건에 의해 벽면 $y=\pm H$에서의 속도 $u(\pm H)=0$인 조건을 적용하면 적분상수 $C$가 구해진다.

$$u(\pm H)=\frac{1}{2\mu}\frac{dP}{dx}H^2+C=0$$
$$C=-\frac{1}{2\mu}\frac{dP}{dx}H^2$$

따라서 최종적으로 얻어지는 속도분포는 다음과 같다.

$$u(y) = \frac{1}{2\mu}\frac{dP}{dx}(y^2 - H^2) = -\frac{H^2}{2\mu}\frac{dP}{dx}\left(1 - \frac{y^2}{H^2}\right) \quad \cdots\cdots (7.30)$$

식 (7.30)의 속도 분포는 [그림 7.10]의 (a)와 같은 포물선 모양을 갖는다.

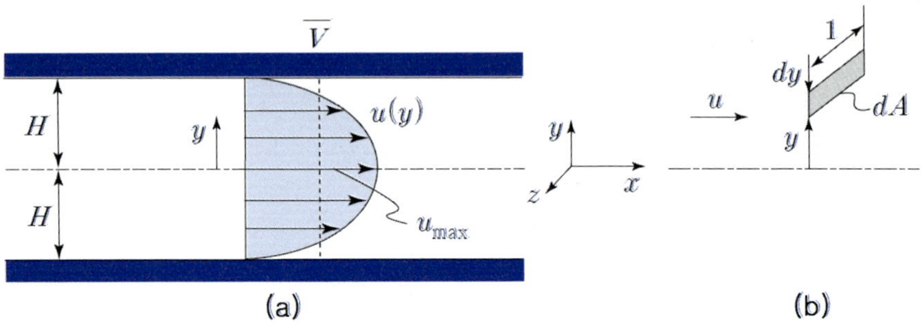


**[그림 7.10] (a) 평판 사이 층류유동 속도분포 (b) 미소 면적요소**

식 (7.30)에서 최대 속도($u_{max}$)는 판 사이 중심선 $y=0$에서 일어나며

$$u_{max} = -\frac{H^2}{2\mu}\frac{dP}{dx} \quad \cdots\cdots (7.31)$$

이고, 최대속도를 이용하면 다음과 같이 간단하게 속도분포를 표현할 수 있다.

$$u(y) = u_{max}\left(1 - \frac{y^2}{H^2}\right) \quad \cdots\cdots (7.32)$$

식 (7.32)를 이용하여 단위폭당 체적유량을 구해 본다. [그림 7.10]의 (b)와 같이 위치 $y$에서 높이 $dy$, $z$ 방향 길이 1인 직사각형 모양의 면적요소를 잡으면

$$dA = 1 \times dy$$

이므로 이 요소를 통과하는 미소 유량은

$$dq = u\,dA = u\,dy$$

이다. 따라서 판 사이 단면 전체를 통해 흐르는 단위 폭 당 체적 유량은 다음과 같다.

$$q = \int dq = \int_{-H}^{H} u\,dy = \int_{-H}^{H} u_{\max}\left(1 - \frac{y^2}{H^2}\right)dy$$

$$= 2u_{\max}\left[y - \frac{y^3}{3H^2}\right]_0^H = \frac{4H}{3}u_{\max}$$

$$q = \frac{4H}{3}u_{\max} \quad \cdots (7.33)$$

이 식을 이용하여 평균속도 $\overline{V} = \dfrac{Q}{A} = \dfrac{q}{2H \times 1}$ 를 구하면

$$\overline{V} = \frac{2}{3}u_{\max} \quad \cdots (7.34)$$

이 된다. 즉, 평균속도는 최대 속도의 $\dfrac{2}{3}$ 이다.

길이 $L$만큼 떨어진 왼쪽 지점 1과 오른쪽 지점 2에서 유체가 1에서 2로 흘러간다면 두 지점의 압력 $P_1 > P_2$이다. 따라서 압력 강하의 크기를 $\Delta P = P_1 - P_2$ $(\Delta P > 0)$라 하면

$$-\frac{dP}{dx} = -\frac{P_2 - P_1}{L} = \frac{P_1 - P_2}{L} = \frac{\Delta P}{L} \quad \cdots (7.35)$$

이고, 식 (7.31)과 (7.33)으로부터 단위폭당 유량 $q$와 길이 $L$ 사이에서 압력 강하 $\Delta P$의 관계를 나타내면 다음과 같다.

$$q = \frac{2H^3 \Delta P}{3\mu L} \quad \cdots (7.36)$$

식 (7.36)에서 $q = \overline{V} \times (2H \times 1)$ 을 대입하면 다음과 같은 평균속도 $\overline{V}$와 압력강하 $\Delta P$의 관계식이 얻어진다.

$$\Delta P = \frac{3\mu \overline{V} L}{H^2} \quad \cdots (7.37)$$

유동이 대칭이므로 해석상 편의를 위하여 판 사이 간격을 $2H$로 하였다. 실용적으로는 다음과 같이 판 사이 간격을 $h(=2H)$로 할 때 관계식을 주로 사용한다. 식 (7.36)과

(7.37)에 $H = h/2$를 대입하면

$$q = \frac{h^3 \Delta P}{12\mu L} \quad \cdots\ (7.38)$$

$$\Delta P = \frac{12\mu \overline{V} L}{h^2} \quad \cdots\ (7.39)$$

이다. 이상의 식으로부터 층류유동에서 유동 방향으로 단위 길이 당 압력강하($\Delta P/L$)가 주어지면 단위 폭 당 체적 유량 $q$를 구할 수 있다.

압력강하가 주어지면 평균속도($\overline{V}$)는 다음 식으로 구한다.

$$\overline{V} = \frac{h^2 \Delta P}{12\mu L} \quad \cdots\ (7.40)$$

평판 사이 유동에서는 판 사이 간격을 특성 길이로 하는 레이놀즈수로써 유동의 형태를 구분하며, 일반적으로 $Re < 1500$에서는 층류유동이라 한다. 평균유속 $\overline{V}$[m/s], 판 사이 간격 $h$[m], 동점성계수 $\nu$[$m^2$/s]일 때 층류유동이 될 조건은 다음과 같다.

$$Re = \frac{\overline{V} h}{\nu} = \frac{\rho \overline{V} h}{\mu} < 1500 \quad \cdots\ (7.41)$$

층류유동의 범위는 평판 사이 유동인 경우 $Re < 1400$, 원관 내 유동인 경우에는 $Re < 2000$으로 좀 더 낮은 레이놀즈수로 한정하기도 한다.

평판 사이 유동과 원관 내 유동은 서로 비슷한 특성을 보여준다. 그런데 평판 사이 유동은 $z$ 방향으로는 무한한 길이를 가지고 있으므로 $z$ 방향으로 폭을 1로 하는 단위 폭 당 유량을 취급한다는 것에 주의한다. 두 유동 중에서 특히 원관 내 유동은 실용적으로 많이 이용되므로 그 특성을 잘 파악하도록 한다.

**[예제 7.7]** **두 개의 수평 평판 사이를 흐르는 층류유동의 최대 속도가 30cm/s이면 평균 속도는 몇 cm/s인가?**

**풀이** 식 [7.34]로부터 평균속도를 구한다.

$$\overline{V} = \frac{2}{3}u_{max} = \frac{2}{3}\times 30 = 20[\mathrm{cm/s}]$$

**[예제 7.8]** 점성계수 $0.4\mathrm{Pa\cdot s}$, 밀도 $880\mathrm{kg/m^3}$인 오일이 수평 평판 사이를 흐르고 있다. 유동 방향으로 평판 길이 $10\mathrm{m}$에서 일어나는 압력 강하가 $3\mathrm{kPa}$일 때 단위 폭 당 유량을 구하여라. 판 사이 간격은 $10\mathrm{cm}$이다.

**풀이** 식 [7.38]로부터 단위폭당 유량 $q$를 구하면 다음과 같다.

$$q = \frac{h^3\Delta P}{12\mu L} = \frac{0.1^3\times(3\times 1000)}{12\times 0.4\times 10} = 0.0625\left[\frac{\mathrm{m^3/s}}{\mathrm{m}}\right]$$

이때 평균속도는

$$V = \frac{q}{h} = \frac{0.0625}{0.1} = 0.625[\mathrm{m/s}]$$

이고, 레이놀즈수는

$$Re = \frac{\rho Vh}{\mu} = \frac{880\times 0.625\times 0.1}{0.4} = 137.5 < 1500$$

이다. 층류조건을 만족하므로 단위 폭 당 유량은 $0.0625\left[\frac{\mathrm{m^3/s}}{\mathrm{m}}\right]$이다.

**[예제 7.9]** 점성계수 $0.3\mathrm{Pa\cdot s}$, 밀도 $800\mathrm{kg/m^3}$인 유체가 $Re = 40$으로 수평 평판 사이를 흐르고 있다. 판 사이 간격이 $2\mathrm{cm}$일 때 평판 길이 $5\mathrm{m}$에서 일어나는 압력 강하를 구하여라.

**풀이** 먼저 평균속도 $V$를 구한다.

$$Re = \frac{\rho Vh}{\mu}$$

$$V = \frac{\mu Re}{\rho h} = \frac{0.3\times 40}{800\times 0.02} = 0.75[\mathrm{m/s}]$$

식 [7.39]로부터 압력강하를 구하면 다음과 같다.

$$\Delta P = \frac{12\mu VL}{h^2} = \frac{12\times 0.3\times 0.75\times 5}{0.02^2}$$
$$= 33750[\mathrm{Pa}] = 33.75[\mathrm{kPa}]$$

**[예제 7.10]** 간격이 $h$인 두 수평 평판 사이 층류유동 속도분포는 다음과 같이 쓸 수 있다.

$$u(y) = U_c\left(1 - \frac{4y^2}{h^2}\right) \quad (-h/2 \le y \le h/2)$$

$y$는 평판 사이 중심선으로부터의 연직 거리이고 $U_c$는 중심선 $(y=0)$에서 속도이다. 유체의 점성계수가 $\mu$일 때 벽면에서 전단응력 $\tau_w$와 평균속도 $V$와의 관계식을 구하여라.

**풀이** 속도 구배는

$$\frac{du}{dy} = \frac{d}{dy}\left[U_c\left(1 - \frac{4y^2}{h^2}\right)\right] = U_c\left(-\frac{8y}{h^2}\right)$$

이므로 전단응력 분포는

$$\tau(y) = -\mu\frac{du}{dy} = 8\mu U_c\left(\frac{y}{h^2}\right)$$

이다. 따라서 벽면 $y = \frac{h}{2}$에서 전단응력 $\tau_w$는 다음과 같다.

$$\tau_w = 8\mu U_c\left(\frac{h/2}{h^2}\right) = \frac{4\mu U_c}{h}$$

여기에서 평균속도 $V = \frac{2}{3}U_c$이므로 벽면에서 전단응력 $\tau_w$와 평균속도 $V$와의 관계식은 다음과 같다.

$$\tau_w = \frac{6\mu V}{h}$$

## 7.6 관로 손실

저장 탱크나 댐에서 다른 지점으로 유체를 수송하기 위해서는 관이나 수로를 이용한다. 특히 관은 유체기기 외에도 수도관이나 가스관을 비롯하여 원유를 운반하는 송유관 및 화학 공장에서 각종 원료와 생산물을 운반하는 등의 여러 용도로 사용되고 있으므로 관 내부를 흐르는 유동 특성을 잘 알아야 한다.

지금까지 주로 취급한 점성이 없는 이상유체 흐름에서는 마찰력이 없지만 점성이 있는 실제 유체 흐름에는 유체의 운동에 의해 저항력이 발생한다. 이 저항력을 유체 마찰(fluid friction)이라 한다. 유체마찰에는 유체 분자 간에 일어나는 내부 마찰과 유체와 벽면간의 접촉에 의해 발생하는 외부 마찰이 있다. 이로 인하여 유체가 관 속을 흐르면 에너지 손실이 발생하기 때문에 유체를 수송하기 위해서는 이에 상응하는 에너지를 외부로부터 공급해야 한다. 따라서 이와 같은 에너지 손실을 계산하는 것이 중요하다.

실제 시스템에서 관 속을 흐르는 유동은 대부분 난류이고, 이 난류유동은 아직까지 이론적으로 명확하게 규명되지 않은 매우 어렵고 복잡한 현상이다. 따라서 대부분의 난류유동에 대한 해석은 실험적인 정보와 반 경험적인 공식에 근거를 두고 있다. 관을 사용한 유체 수송은 여러 분야에서 많이 이용되고 있으므로 관 유동에 대해서는 지금까지 많은 실험을 통하여 손실계수에 대한 데이터가 비교적 잘 체계화되어 있다.

에너지 방정식을 적용하여 관 유동 문제를 해결하기 위해서는 먼저 관 유동에서 발생하는 수두 손실( $h_L$)을 알아야 한다. 일반적으로 관로는 다양한 길이의 곧은 관과 이들을 연결하는 여러 부품(엘보, 밸브 등)들로 구성되어 있다. 곧은 관에서 점성에 의한 유체 마찰로 발생하는 손실을 주 손실($h_{L,\,\mathrm{major}}$)이라 하고, 다양한 관 부품들에서 발생하는 손실을 부차적 손실($h_{L,\,\mathrm{minor}}$)이라 한다. 이들은 모두 유체가 흐르는 것을 방해하는 손실수두가 된다. 즉, 전체 손실은

$$h_L = h_{L,\,\mathrm{major}} + h_{L,\,\mathrm{minor}}$$

이다. 이 절 이후에서는 실험적 데이터와 이론적 방법을 통하여 이 손실을 계산하는 방법을 공부하도록 한다.

# 7.7 곧은 원관에서 마찰손실

## 1 Darcy-Weisbach 방정식

점성이 있는 유체가 관이나 수로를 흐를 때는 유체 내 마찰뿐만 아니라 유체와 벽면 사이 마찰로 인해 에너지 손실이 발생한다.

[그림 7.11]에 나타낸 바와 같이 수조에 연결된 수평관에 유체를 흐르게 할 경우 단면 1과 2 사이에서 일어나는 에너지 손실은 압력 수두 차이 $h_L$로 나타난다. $h_L$은 유체가 관 속을 흐를 때 유체 마찰에 의해 발생하는 에너지 손실이므로 이것을 마찰 수두손실이라 한다(기호로는 $h_L$ 또는 $h_f$를 주로 사용한다).

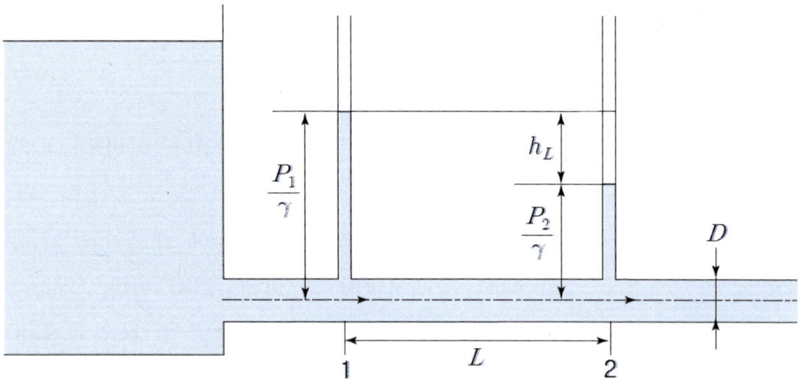


**[그림 7.11] 마찰 손실수두($h_L$)**

[그림 7.11]과 같은 곧은 관에서 정상 상태 비압축성 유체 유동에 대한 에너지 방정식은 다음과 같다.

$$\frac{P_1}{\gamma}+\frac{V_1^2}{2g}+z_1=\frac{P_2}{\gamma}+\frac{V_2^2}{2g}+z_2+h_L \quad \cdots (7.42)$$

여기에서 $h_L$은 단면 1과 2 사이 수두손실(손실수두)이다. 관이 수평으로 놓여 있으면 두 점의 고도 $z_1=z_2$이고, 관 지름이 일정하면 연속방정식에 의해 $V_1=V_2$이다. 이때 식 (7.42)는 다음과 같이 표현된다.

$$h_L=\frac{P_1-P_2}{\gamma}=\frac{\Delta P}{\gamma} \quad \cdots (7.43)$$

식 (7.43)은 수평으로 설치된 균일 단면의 관인 경우 두 지점 사이에서 발생하는 손실은 두 지점의 정압 차이와 같다는 것을 보여준다. 유체가 흐를 때 일어나는 압력강하(압력손실, $\Delta P$)는 관 길이($L$), 관 지름($D$), 관 표면조도($\epsilon$), 유체의 밀도($\rho$)와 점성($\mu$) 및 속도($V$)의 함수로 쓸 수 있다. 차원해석과 실험을 통하여 압력강하는 다음과 같이 관 길이와 유속의 제곱에 비례하고 관 지름에 반비례한다는 관계식을 얻었다.

$$\Delta P = \lambda \frac{L}{D} \frac{\rho V^2}{2} \quad \cdots (7.44)$$

여기에서 비례상수 $\lambda$를 관 마찰계수(friction factor)라 한다. $\frac{\rho V^2}{2}$은 동압을 나타낸다. 일반적으로 마찰계수 $\lambda$는 레이놀즈수($Re$)와 상대조도($\epsilon/D$)의 함수이다.

$$\lambda = \phi\left(Re, \frac{\epsilon}{D}\right) \quad \cdots (7.45)$$

식 (7.44)를 이용하여 식 (7.43)의 수두손실을 나타내면 다음과 같다.

$$h_L = \lambda \frac{L}{D} \frac{V^2}{2g} \quad \cdots (7.46)$$

식 (7.46)은 Darcy-Weisbach 방정식이라 부르며 정상 비압축성 관 유동에 대해 유효하고, 관이 수평인 경우와 경사진 경우에 대하여 모두 적용된다. 여기에서 $\lambda$를 관 마찰계수 또는 Darcy 마찰계수라고 한다.

압력강하($\Delta P$) 또는 수두손실($h_L$)을 알면 유체를 수송하기 위해 소요되는 펌프동력($L_p$)을 다음과 같이 구할 수 있다.

$$L_p = \Delta P\, Q = \gamma h_L Q = \rho g h_L Q \quad \cdots (7.47)$$

식 (7.45)의 마찰계수와 레이놀즈수 및 상대조도의 관계를 구하는 것은 쉽지 않고 많은 실험 결과를 이용한다. [그림 7.12]는 $\lambda$의 $Re$와 $\epsilon/D$에 대한 함수관계를 나타낸 것으로 Moody 선도라 불려진다. 이 선도의 마찰계수는 실험적으로 결정한 값이다. 이 선도는 유체역학 분야에서 아주 유명하고 유용한 그림 중의 하나이다. [표 7.1]에는 여러 가지의 깨끗한 관에 대한 거칠기(표면조도) 값을 나타내었다.

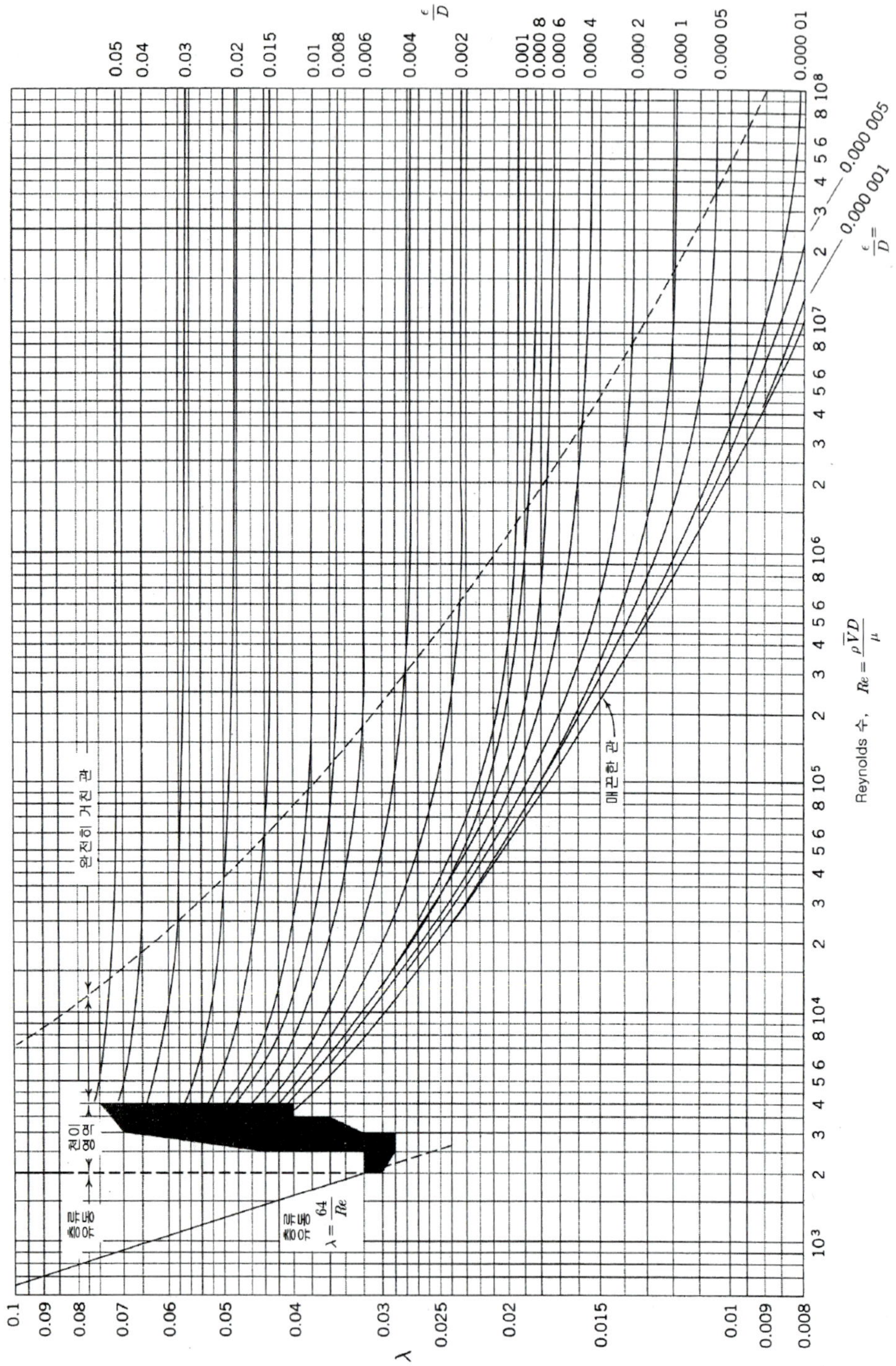


[그림 7.12] Moody 선도

Moody 선도로부터 다음과 같은 특징을 알 수 있다.

① 작은 레이놀즈수의 층류유동에서 $\lambda = 64/Re$이다. 마찰계수는 레이놀즈수($Re$)가 증가할수록 감소하고. 상대조도(표면조도)와는 무관하다.

② 마찰계수는 매끈한 관에서 최소이고, 조도에 따라 증가한다. 특히 $\epsilon = 0$인 수력학적으로 매끄러운 관에서도 마찰계수는 0이 아니다. 이것은 아무리 관 벽이 매끄러워도 수두손실이 존재한다는 것을 의미한다.

③ 층류에서 난류로의 천이영역($2300 < Re < 4000$)은 Moody 선도에서 음영으로 처리되었다. 이 영역에서 유동은 층류와 난류를 반복하고 이에 따라 마찰계수도 층류와 난류 값들 사이를 반복하므로 이 영역에서 실험 데이터는 신뢰도가 낮다.

④ 매우 큰 레이놀즈수에서는 $\lambda = \phi(\epsilon/D)$로 마찰계수 $\lambda$는 레이놀즈수와 무관하고 상대조도($\epsilon/D$)만의 함수이다. Moody 선도에서 점선 오른쪽 부분은 특정 상대 조도에 대해 마찰계수 선이 거의 수평이 된다.

⑤ 중간 정도의 레이놀즈수에 대해서는 마찰계수가 레이놀즈수($Re$)와 상대조도($\epsilon/D$)의 영향을 모두 받는다. 즉, $\lambda = \phi(Re, \epsilon/D)$이다.

**[표 7.1] 일반적인 공업용 재료로 제작한 상용 관의 거칠기(표면조도)**

| 재질 | 거칠기(조도) $\epsilon$[mm] |
|---|---|
| 유리 | 0 |
| 리벳강(riveted steel) | 0.9 ~ 9 |
| 콘크리트 | 0.3 ~ 3 |
| 나무 | 0.2 ~ 0.9 |
| 주철 | 0.26 |
| 아연도금강 | 0.15 |
| 아스팔트 주철 | 0.12 |
| 연철, 상용강(commercial steel) | 0.046 |
| 고무 | 0.01 |
| 구리, 황동, 플라스틱, 인발관 | 0.0015 |
| 스테인리스강 | 0.002 |

주어진 조건에서 수두손실을 구하는 과정은 다음과 같다. 먼저 레이놀즈수 $Re$를 계산하고, 관의 표면조도 $\epsilon$을 구하여 상대조도 $\epsilon/D$을 계산한다. 그러면 마찰계수 $\lambda$는 주어진 $Re$와 $\epsilon/D$의 값으로써 Moody 선도에서 읽을 수 있다. 마찰계수 $\lambda$가 구해지면 Darcy

방정식을 사용하여 수두손실 $h_L$을 계산한다. 그러나 평균속도 $V$가 주어지지 않은 경우에는 수두손실이 $V$의 함수이므로 마찰계수를 적절한 값으로 가정하고 주어진 조건을 만족하는가를 확인하는 과정을 반복하여 문제를 해결한다. 마찰계수 $\lambda$의 값을 정확하게 알지 못하는 경우 일반적으로 $\lambda = 0.03$의 값을 많이 사용한다.

Moody 선도는 관 마찰에 관한 문제를 해결하는데 유용하지만 눈금을 읽기가 어려운 면도 있다. 이에 따라 Moody는 엔지니어가 사용하기에 적합한 다음 관계식을 제시하였다.[4)]

$$\lambda = 0.0055\left[1+\left(20000\frac{\epsilon}{D}+\frac{10^6}{Re}\right)^{1/3}\right] \quad \cdots (7.48)$$

**[예제 7.11]** **안지름 $D = 30\text{cm}$인 수평관 속을 유량 $Q = 0.2\text{m}^3/\text{s}$의 물이 흐르고 있다. 관의 마찰계수 $\lambda = 0.015$일 때 관 길이 $L = 100\text{m}$에서 압력강하를 구하여라.**

**풀이** Darcy 방정식으로부터 수두손실 $h_L$을 구한다. 평균유속은

$$V = \frac{Q}{A} = \frac{4Q}{\pi D^2} = \frac{4\times 0.2}{\pi \times 0.3^2} = 2.83[\text{m/s}]$$

이므로 수두손실은

$$h_L = \lambda\frac{L}{D}\frac{V^2}{2g} = 0.015\times\frac{100}{0.3}\times\frac{2.83^2}{2\times 9.8} = 2.04[\text{m}]$$

이고, 압력강하는 다음과 같다.

$$\Delta P = \gamma h_L = 9.8\times 2.04 = 20\,[\text{kPa}]$$

**[예제 7.12]** **안지름 $D = 2.6\text{cm}$, 길이 $L = 4\text{m}$인 주철관 속을 평균 속도 $V = 10\text{m/s}$로 물이 흐르고 있을 때 수두손실을 구하여라. 단, 관은 수평으로 놓여있고 물의 동점성계수 $\nu = 1.0\times 10^{-6}\text{m}^2/\text{s}$이다.**

4) 이 장에서 나오는 실험식이나 실험적으로 구한 수치 등을 기억할 필요가 없다. 마찰 손실의 개념을 이해하고 Darcy 방정식과 마찰 계수의 적용법을 파악하면 된다.

**풀이** 먼저 레이놀즈수를 구한다.

$$Re = \frac{VD}{\nu} = \frac{10 \times 0.026}{1.0 \times 10^{-6}} = 2.6 \times 10^5 \ \text{(난류)}$$

[표 7.1]에서 주철관의 표면조도 $\epsilon = 0.26\text{mm}$ 이므로 상대조도는

$$\frac{\epsilon}{D} = \frac{0.26}{26} = 0.01$$

이다. Moody 선도에서 $Re = 2.6 \times 10^5$, $\frac{\epsilon}{D} = 0.01$ 에서의 $\lambda$를 찾으면

$$\lambda = 0.038$$

이 구해진다. 따라서 Darcy 방정식으로부터 수두손실 $h_L$을 구하면 다음과 같다.

$$h_L = \lambda \frac{L}{D} \frac{V^2}{2g} = 0.038 \times \frac{4 \times 10^2}{0.026 \times 2 \times 9.8} = 29.8\,[\text{m}]$$

[참고] Moody가 제시한 관계식을 사용하여 [예제 7.12]의 마찰계수를 구하면 다음과 같다.

$$\begin{aligned}\lambda &= 0.0055\left[1 + \left(20000\frac{\epsilon}{D} + \frac{10^6}{Re}\right)^{1/3}\right] \\ &= 0.0055\left[1 + \left(20000 \times 0.01 + \frac{10^6}{2.6 \times 10^5}\right)^{1/3}\right] = 0.0379\end{aligned}$$

이 값은 선도에서 구한 값과 매우 가깝다.

> **[예제 7.13]** 안지름 $D$인 관 속을 유량 $Q$의 유체가 흐를 때 관 길이 $L$에서 수두손실을 구하여라. 단, 관의 마찰계수는 $\lambda$이고, 중력가속도는 $g$이다.

**풀이** 평균유속은

$$V = \frac{Q}{A} = \frac{4Q}{\pi D^2}$$

이므로 Darcy 방정식으로부터 수두손실은

$$h_L = \lambda \frac{L}{D}\frac{V^2}{2g} = \lambda \frac{L}{D}\frac{1}{2g} \times \left(\frac{4Q}{\pi D^2}\right)^2 = \lambda \frac{8LQ^2}{\pi^2 g D^5}$$

이다. 즉, 수두손실은 다음과 같이 표현된다.

$$h_L = \lambda \frac{8LQ^2}{\pi^2 g D^5} \quad \cdots\cdots (7.49)$$

Darcy 방정식과 식 (7.49) 및 Moody 선도로부터 마찰 수두손실($h_L$)에 대해 다음과 같은 것을 알 수 있다.

① 관의 마찰손실은 관 길이($L$)에 비례한다.

② 지름이 일정할 때 관의 마찰손실은 유속의 제곱($V^2$)에 비례한다.

③ 유량이 일정할 때 관의 마찰손실은 관 안지름의 5제곱($D^5$)에 반비례한다.

④ 관의 마찰손실은 관 내벽의 표면조도($\epsilon$)가 클수록 증가한다.

⑤ 관의 마찰손실 계수는 유체의 점성이 클수록(레이놀즈수 $Re = \rho VD/\mu$가 작을수록) 증가한다.

## 2 층류 유동에서 마찰손실

일반적으로 관 마찰계수는 실험에 의해 구하지만 층류유동인 경우에는 Hagen-Poiseuille 공식으로부터 이론적인 값을 구할 수 있다.[5)]

Hagen-Poiseuille 공식에서 압력강하를 나타내면 다음과 같다.

$$\Delta P = \frac{128\mu LQ}{\pi D^4} \quad \cdots\cdots ①$$

식 ①에 $Q = AV = \frac{\pi D^2}{4}V$, $\Delta P = \gamma h_L = \rho g h_L$을 대입하여 정리하면

$$\rho g h_L = \frac{128\mu L}{\pi D^4} \times \frac{\pi D^2}{4} V$$

$$\therefore \; h_L = \frac{32\mu LV}{\rho g D^2} = 64\left(\frac{\mu}{\rho VD}\right)\frac{L}{D}\frac{V^2}{2g} = \frac{64}{Re}\frac{L}{D}\frac{V^2}{2g} \quad \cdots\cdots ②$$

이 얻어진다. 여기에서 식 ②를 Darcy-Weisbach 방정식과 비교하면 다음과 같은 층류유

5) 층류유동 마찰손실은 이론적으로 구해지는 식이므로 잘 알아두도록 한다.

동의 관 마찰계수 $\lambda$가 구해진다.

$$\lambda = \frac{64}{Re} \qquad \cdots (7.50)$$

이 식으로부터 층류유동에서 마찰계수는 레이놀즈수만의 함수임을 알 수 있다. 한편 $\lambda_F = \frac{\lambda}{4}$를 Fanning 마찰계수라고 한다.

$$\lambda_F = \frac{16}{Re} \qquad \cdots (7.51)$$

관 벽면에서 전단응력을 $\tau_w$라 하면 Fanning 마찰계수 $\lambda_F$는 다음과 같은 의미를 갖는다. Darcy 마찰계수 $\lambda = 8\tau_w/\rho V^2$이다.

$$\frac{\tau_w}{\rho V^2/2} = \lambda_F \qquad \cdots (7.52)$$

일반적으로 많이 사용하는 것은 Darcy-Weisbach 방정식에서 정의한 Darcy 마찰계수이므로 이 책에서는 $\lambda$만을 사용한다. '단위조작'과 같은 화공 관련 분야에서는 Fanning 마찰계수를 사용하기도 하지만 기계 분야에서 주로 사용하는 것은 Darcy 마찰계수이다.[6)]

**[예제 7.14]** 안지름 20mm의 곧은 관에 40L/min의 오일이 흐를 때 마찰계수와 관 길이 10m에 대한 마찰수두손실을 구하여라. 단, 오일의 동점성계수는 $3 \times 10^{-5}\,\mathrm{m^2/s}$이다.

**풀이** 먼저 평균 유속과 레이놀즈수를 구한다.

$$V = \frac{Q}{A} = \frac{4Q}{\pi D^2} = \frac{4 \times (40 \times 10^{-3}/60)}{\pi \times 0.02^2} = 2.12\,[\mathrm{m/s}]$$

$$Re = \frac{VD}{\nu} = \frac{2.12 \times 0.02}{3 \times 10^{-5}} = 1413$$

$Re < 2300$이므로 층류이다. 따라서 마찰계수는

6) 소방 기사 등의 화공 관련 시험에서는 Fanning 마찰계수에 대한 문제가 나온다.

# 7.9 부차적 손실

## 1 손실계수와 상당길이

대부분의 관 시스템은 곧은 관을 연결하는 여러 개의 부품들로 구성되어 있고 관의 단면적에도 변화가 일어난다. 유체가 관로 내를 흐르면 이와 같은 관의 단면적과 모양 변화, 흐름 방향 변화, 유로 내의 장애물 등에 의해서도 수두손실이 발생한다. 이러한 손실을 부차적 손실이라 한다.

일반적으로 관로 부품에 대한 수두손실은 실험 자료에 의해 구해지며 각종 밸브나 관이음에서 발생하는 손실에 대한 데이터는 다음 두 가지 형태로 제시된다.

첫 번째는 유동 유체의 속도수두 항으로 표시하는 방법이다.

$$h_L = K\frac{V^2}{2g} \quad \cdots (7.65)$$

여기에서 $K$는 (에너지) 손실계수이며 일반적으로 실험에 의해 구해지는 양이다. $K$의 값은 조도 증가에 따라 증가하고, 레이놀즈수 증가에 따라 감소하지만, 주로 밸브나 관이음의 기하학적 형상에 의해 크게 영향을 받는다. 배관 시스템에 부품을 끼워 넣음으로 인해 부가적으로 발생하는 수두손실은 $h_L = \Delta P/\gamma$로 정의된다.

두 번째 방법은 다음과 같이 정의되는 관의 상당길이(equivalent length)를 사용하는 방법이다. Darcy 방정식에서 관 길이를 $L_{eq}$로 하여 식 (7.65)의 수두손실과 같게 놓으면 다음과 같이 된다.

$$h_L = \lambda\frac{L_{eq}}{D}\frac{V^2}{2g} = K\frac{V^2}{2g}$$

$$L_{eq} = \frac{KD}{\lambda} \quad \cdots (7.66)$$

이와 같이 정의되는 $L_{eq}$를 곧은 관에 해당하는 상당길이 또는 등가길이라 한다. 상당길이 $L_{eq}$는 관로에 존재하는 여러 부품과 단면 변화 등에 의해 발생하는 손실을 동일 관의 길이로 환산하여 관 길이에 이 값을 더해 줌으로써 손실을 계산할 수 있게 한다. 즉, 부차적 손실에 의해 발생한 부가길이라 할 수 있다. 상당길이가 주어지면 부차적 수두손실

$h_{Lm}$은 다음과 같이 표현된다.

$$h_{Lm} = \lambda \frac{L_{eq}}{D} \frac{V^2}{2g} \quad \cdots\; (7.67)$$

관로의 부차적 손실은 거의 모두 실험에 의한 데이터에 근거를 둔다. 그런데 모든 데이터가 서로 일치하는 결과를 보여주지는 않고 있으며, 때로는 상당히 큰 차이를 보이는 경우도 있다. 손실계수가 주어지면 식 (7.65) 또는 (7.66), (7.67)을 사용하여 부차적 손실을 간단하게 구할 수 있다. 즉, 여러 부품이나 형상 변화에 따라 손실계수의 값은 다양하게 나타나지만 공식의 적용방법은 모두 같고 어렵지 않다고 할 수 있다.

**[예제 7.19]** **[지름 $D = 10\text{cm}$, 관 마찰계수 $\lambda = 0.025$인 곧은 관에 설치한 밸브의 손실계수 $K = 0.2$이다. 관 속에는 $V = 3\text{m/s}$의 평균속도로 유체가 흐르고 있을 때 다음 물음에 답하여라.**

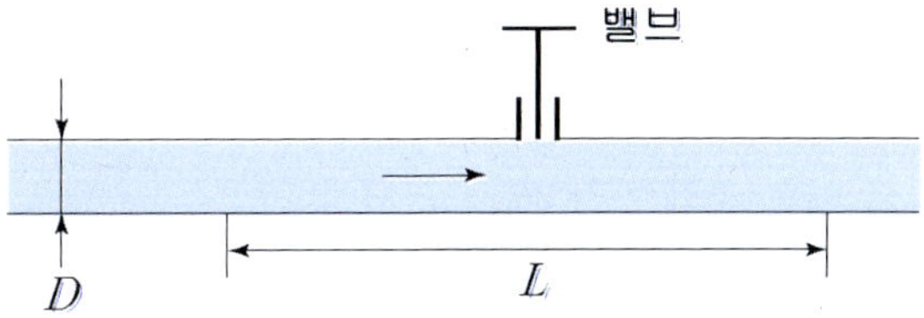


**[그림 7.16] 곧은 관과 밸브**

(1) 곧은 관의 자체 길이에 대하여 밸브의 부차적 손실에 의해 발생한 부가 길이인 상당길이 $L_{eq}$를 구하여라.

(2) (1)에서 구한 $L_{eq}$를 이용하여 밸브가 포함된 길이 $L = 2\text{m}$ 구간에서 발생하는 총 수두손실을 구하여라.

**풀이** (1) 식 (7.66)으로부터 상당길이 $L_{eq}$를 구하면 다음과 같다.

$$L_{eq} = \frac{KD}{\lambda} = \frac{0.2 \times 0.1}{0.025} = 0.8\,[\text{m}]$$

즉, 밸브에서 발생하는 손실은 곧은 관의 길이 $0.8\text{m}$에서 발생하는 손실과 같다.

(2) 총 수두손실 $h_L$은 곧은 관에서 발생하는 주손실과 밸브에서 발생하는 부차적 수두손실을 합한 것이다.

$$h_L = h_{L,\,\mathrm{major}} + h_{L,\,\mathrm{minor}} = \lambda\frac{L}{D}\frac{V^2}{2g} + \lambda\frac{L_{eq}}{D}\frac{V^2}{2g}$$
$$= \lambda\frac{(L+L_{eq})}{D}\frac{V^2}{2g}$$
$$= 0.025 \times \frac{(2+0.8)}{0.1}\frac{3^2}{2\times 9.8}\,[\mathrm{m}]$$
$$= 0.321\,[\mathrm{m}]$$

관로에서 각 부품의 상당길이가 구해져 있으면 총 수두손실을 간편하게 계산할 수 있다.

## 2 급 확대관에서 손실

관 시스템의 곡관, 엘보, 접속부품, 밸브 등으로 인한 부차적 손실은 거의 모두 실험에 의해 구해진다. 그러나 [그림 7.17]과 같은 관로에서 급확대(sudden expansion)로 인한 수두손실은 예외적으로 이론적인 해석으로 구할 수 있다.

관로의 단면적이 갑자기 확대되면 확대부에서 유속이 감소하면서 구석에서 와류가 발생한다. 이때 속도가 빠른 주류와 느린 와류 사이에는 속도구배로 인한 전단응력이 발생하므로 유동에너지를 소비하게 된다. 연속방정식, 에너지 방정식, 운동량 방정식을 적용하여 이때 발생한 손실을 구한다.

먼저 [그림 7.17]의 (a)와 같이 확대부의 입구 1과 출구 2를 단면으로 하는 검사체적을 잡는다. 실험에 의하면 급확대부에서 압력은 입구에서 압력과 거의 같다고 한다. 따라서 단면 1에서 확대부의 아래 위 구석 부분의 압력은 입구 압력 $P_1$과 같다고 가정한다. 그리고 유동이 정상 비압축성 난류일 경우에는 관 벽면에서 마찰력은 와류에 의해 발생하는 전단응력에 비해 작기 때문에 무시할 수 있다. 이와 같은 가정 하에서 검사체적에 작용하는 힘을 간결하게 나타내면 [그림 7.17]의 (b)와 같다.

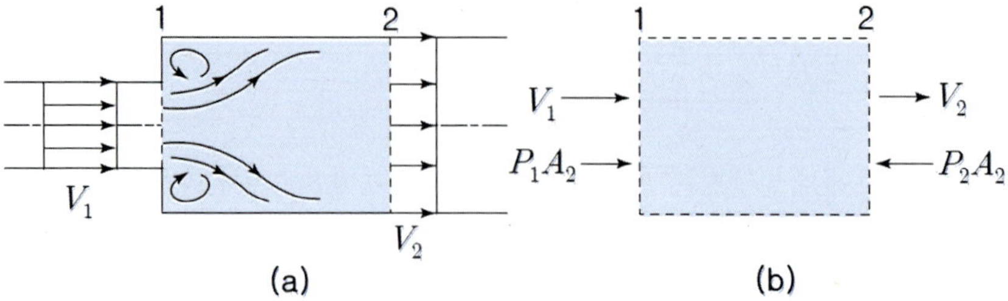


[그림 7.17] **급 확대관**

단면 1, 2 사이에 에너지 방정식을 적용하면 다음과 같다. 관이 수평으로 놓여있으므로 두 지점의 고도 $z_1 = z_2$이다.

$$\frac{P_1}{\gamma} + \frac{V_1^2}{2g} = \frac{P_2}{\gamma} + \frac{V_2^2}{2g} + h_L$$

$$h_L = \frac{P_1 - P_2}{\gamma} + \frac{V_1^2 - V_2^2}{2g} \quad \cdots (7.68)$$

여기에서 $h_L$은 확대부에서 수두손실을 나타낸다. 다음에 [그림 7.17]의 (b)에서 운동량 방정식을 적용하면

$$\sum F_x = \rho Q(V_2 - V_1)$$

$$P_1 A_2 - P_2 A_2 = \rho Q(V_2 - V_1)$$

$$\frac{P_1 - P_2}{\rho} = \frac{Q(V_2 - V_1)}{A_2}$$

$$\frac{P_1 - P_2}{\gamma} = \frac{Q(V_2 - V_1)}{g A_2} \quad \cdots (7.69)$$

이고, 연속방정식에서

$$Q = A_1 V_1 = A_2 V_2 \quad \cdots (7.70)$$

이다. (7.70)에서 $Q = A_2 V_2$를 (7.69)에 대입하고 이 식을 (7.68)에 대입하면

$$h_L = \frac{V_2(V_2 - V_1)}{g} + \frac{V_1^2 - V_2^2}{2g}$$

이 된다. 이 식을 정리하면 다음과 같이 $h_L$이 구해진다.

$$h_L = \frac{(V_1 - V_2)^2}{2g} \quad \cdots (7.71)$$

식 (7.71)에 $V_2 = \dfrac{A_1}{A_2} V_1$를 대입하고 이 식을 부차적 손실계수에 대한 정의식으로 나타내면 다음과 같다.[8)]

8) 보다-카르노 공식은 이론적으로 얻어지는 식이므로 가능하면 기억하도록 한다.

$$h_L = \left(1 - \frac{A_1}{A_2}\right)^2 \frac{V_1^2}{2g} = K\frac{V_1^2}{2g} \quad \cdots (7.72)$$

따라서 손실계수 $K$는 다음과 같이 표현된다.

$$K = \left(1 - \frac{A_1}{A_2}\right)^2 \quad \cdots (7.73)$$

식 (7.72)와 (7.73)을 보다-카르노(Borda-Carnot) 공식이라 하며, 실험결과와 잘 일치한다고 알려져 있다. 식 (7.73)에서 급확대되는 정도가 클수록 $K$는 1에 접근해 가며 $A_1/A_2 = 0$이면 $K = 1$이다. 즉, 유한한 크기의 관에서 아주 큰 저장조($A_2 \approx \infty$)로 유입되는 경우에는 확대부의 손실계수 $K = 1$이 된다. 이것은 직관적으로 이해할 수 있다. 왜냐하면 연속방정식에서 출구 유속 $V_2 = 0$이 되어 운동에너지를 모두 잃어버리게 되므로 수두손실은

$$h_L = \frac{V_1^2}{2g} \quad \cdots (7.74)$$

이 된다. 이때 유동하는 유체가 갖는 운동에너지는 모두 마찰에 의해 열에너지로 변환된다.

**[예제 7.20]** 그림과 같이 안지름 $D_1 = 20\text{cm}$인 원관이 안지름 $D_2 = 40\text{cm}$인 원관에 급확대 연결되어 있는 관로에 $Q = 400\text{L/s}$의 물이 흐를 때 단면적의 확대로 인하여 발생하는 수두손실을 구하여라.

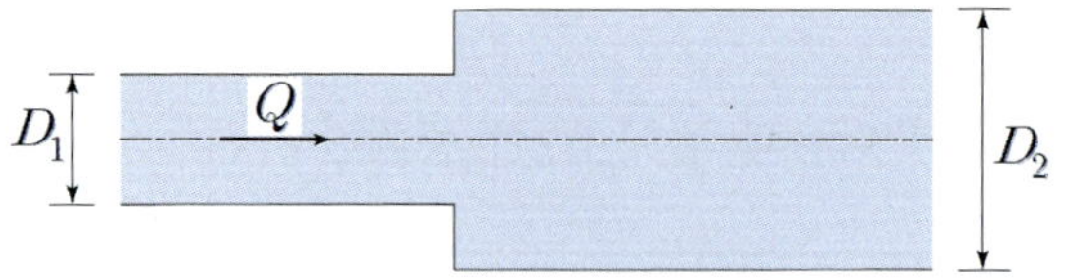


**[그림 7.18] 급확대 연결관**

**풀이** 지름 $D_1$인 관에서의 평균유속과 면적 비를 구하면 다음과 같다.

$$V_1 = \frac{Q}{A_1} = \frac{4Q}{\pi D_1^2} = \frac{4 \times (400 \times 10^{-3})}{\pi \times 0.2^2} = 12.73[\text{m/s}]$$

$$\frac{A_1}{A_2} = \frac{\pi D_1^2/4}{\pi D_2^2/4} = \left(\frac{D_1}{D_2}\right)^2 = \left(\frac{20}{40}\right)^2 = 0.25$$

따라서 수두손실은 다음과 같이 구해진다.

$$h_L = \left(1 - \frac{A_1}{A_2}\right)^2 \frac{V_1^2}{2g} = (1-0.25)^2 \times \frac{12.73^2}{2 \times 9.8} = 4.65\,[\mathrm{m}]$$

## 3 급 축소관에서 손실

급수축관을 지나는 유동을 [그림 7.19]에 나타내었다. [그림 7.19]는 급수축부의 뒤에서 축맥(vena contracta)이 형성되며 이로 인해 축맥의 전후에서 유체가 가속되고 재팽창하는 모습을 보여준다.

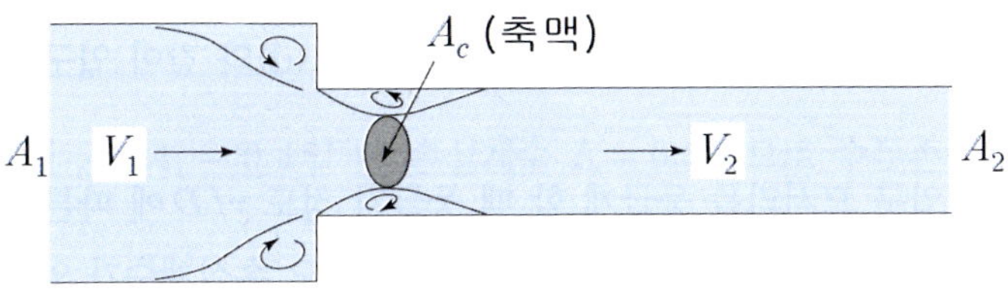


**[그림 7.19] 급축소관**

급축소관에서는 일반적으로 다음과 같이 손실계수 $K$를 정의하여 사용하고 있다.

$$h_L = K\frac{V_2^2}{2g} \qquad \cdots (7.75)$$

여기에서 $V_2$는 축소관에서 평균유속이다. 급축소관에 대한 손실계수 $K$는 면적 비 $A_2/A_1$의 함수이다. 실험적으로 측정한 $K$의 값들은 $A_2/A_1=0$일 때 $K=0.5$로부터 $A_2/A_1=1$일 때 $K=0$으로 변화하는 경향은 모두 일치한다. 그러나 크기에 있어서는 약간의 차이가 있는데 [표 7.2]에 Weisbach가 물이 흐르는 경우에 대해 실험을 통하여 얻은 수축계수와 손실계수를 나타내었다. 여기에서 수축계수 $C_c$는 축맥의 면적 $A_c$와 축소관의 단면적 $A_2$의 비이다.

이므로 [표 7.2]에서 손실계수 $K = 0.36$이다. 따라서 단면적의 축소로 인한 압력손실은 다음과 같다.

$$\Delta P_L = \gamma h_L = K\frac{\rho V_2^2}{2}$$

$$= 0.36 \times \frac{1000 \times 15.9^2}{2} \times \frac{1}{1000} = 45.5[\text{kPa}]$$

## 4 점진적 확대관에서 손실

관 단면적이 점진적으로 확대될 때 수두손실은 다음과 같이 나타낸다.

$$h_L = K\frac{(V_1 - V_2)^2}{2g} \quad \cdots (7.77)$$

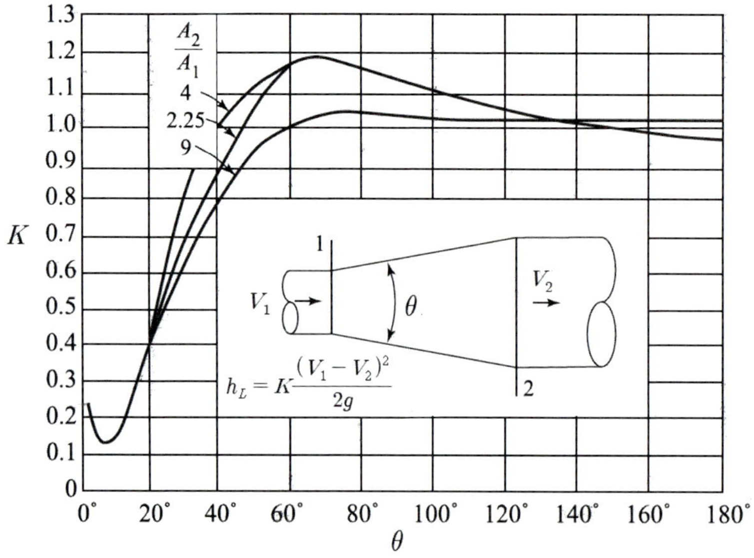


[그림 7.22] 원추 확대부에 대한 손실계수

[그림 7.22]는 원추 확대부의 손실계수에 대한 하나의 실험결과를 나타낸 것이다. 그림과 같이 손실계수 $K$는 주로 원추각에 의존하지만 면적비에도 영향을 받는다. 그림의 실험결과는 원추각 $\theta = 7°$ 부근에서 손실계수가 최소가 되고, $\theta = 70°$ 부근에서 최대가 된다는 것을 보여주고 있다. 또한 $\theta = 60°$ 가까이의 원추 확대보다는 급확대관을 사용하

는 것이 더 좋다. 왜냐하면 급확대의 손실계수 $K=1$이 원추 확대의 값보다 더 작기 때문이다.

**[예제 7.23]** 지름 20cm의 수평관이 $\theta=20°$의 원추 확대에 의해 지름 40cm의 관로로 연결되었다. 관로 속을 $0.2\text{m}^3/\text{s}$의 물이 흐르고 있고, 작은 관에서의 압력 $P_1=120\text{kPa}$일 때 큰 관에서 압력을 구하여라.

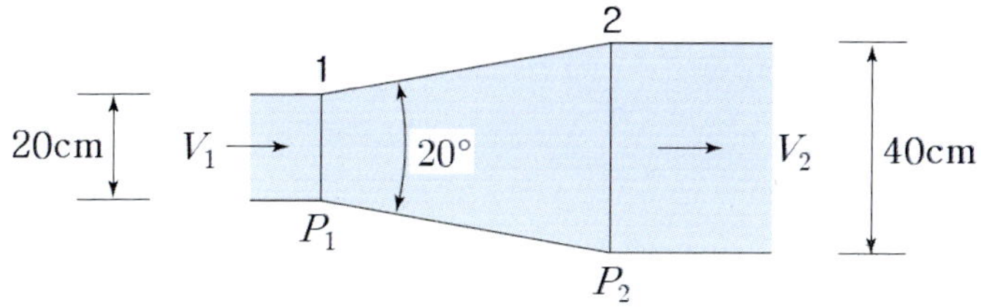


**[그림 7.23] 원추 확대 연결관**

**풀이** 단면적비 $\dfrac{A_2}{A_1}=\left(\dfrac{D_2}{D_1}\right)^2=4$, 원추각 $\theta=20°$일 때 [그림 7.22]로부터 손실계수 $K=0.43$이다. 다음에 유량으로부터 각 단면에서 평균유속을 구한다.

$$V_1=\frac{Q}{A_1}=\frac{4Q}{\pi D_1^2}=\frac{4\times 0.2}{\pi\times 0.2^2}=6.37[\text{m/s}]$$

$$V_2=\frac{Q}{A_2}=\frac{4Q}{\pi D_2^2}=\frac{4\times 0.2}{\pi\times 0.4^2}=1.59[\text{m/s}]$$

두 점 1, 2 사이에 에너지 방정식을 적용한다.

$$\frac{P_1}{\gamma}+\frac{V_1^2}{2g}+z_1=\frac{P_2}{\gamma}+\frac{V_2^2}{2g}+z_2+h_L$$

여기에서 $h_L=K\dfrac{(V_1-V_2)^2}{2g}$이고 수평관에서 $z_1=z_2$이므로 이것을 대입하면 다음과 같이 큰 관에서 압력 $P_2$가 구해진다.

$$\frac{120\times 10^3}{9800}+\frac{6.37^2}{2\times 9.8}+0=\frac{P_2}{9800}+\frac{1.59^2}{2\times 9.8}+0+0.43\times\frac{(6.37-1.59)^2}{2\times 9.8}$$

$$\therefore\ \ P_2=120\times 10^3+9800\times 1.44\ [\text{Pa}]=134\times 10^3[\text{Pa}]=134\,[\text{kPa}]$$

## 5 점진적 수축관에서 손실

짧고 양호한 점진적 수축에 의해 일어나는 수두 손실은 너무 작아서 공학 문제에서는 보통 무시될 수 있다.

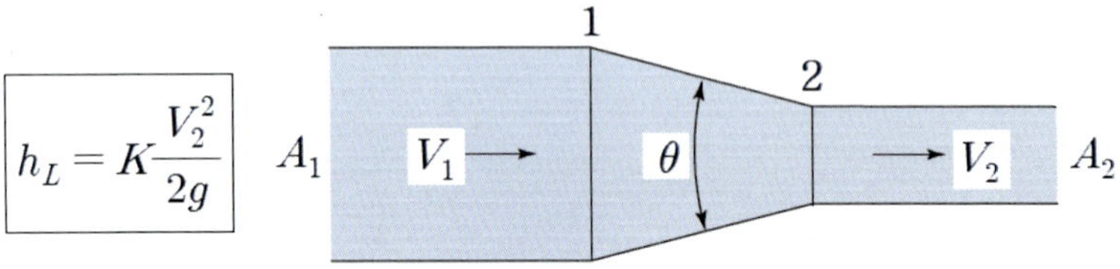


**[그림 7.24] 점진적 수축관**

[그림 7.24]와 같은 짧고 양호한 유선형 수축부에 대해 손실수두를

$$h_L = K\frac{V_2^2}{2g} \quad \cdots (7.78)$$

로 정의하면 실험적으로 구한 손실계수 $K$의 표준값은 0.04이고, 설계를 잘하면 0.02까지 저하시킬 수 있다. 그러나 긴 수축부에 대해서는 벽 마찰로 인하여 0.04보다 더 큰 값들이 될 수 있을 것이다. 원추각 $\theta \le 60°$인 보통의 수축관에 대해 실험으로 구한 손실계수의 값은 대개 0.08보다 작으므로 [그림 7.22]의 확대부 손실계수에 비하여 아주 작다는 것을 알 수 있다[표 7.3].

**[표 7.3] 점진적으로 수축되는 관의 손실계수 $K$**

| 면적비 | 원추각($\theta$) | | | | | | |
|---|---|---|---|---|---|---|---|
| $A_2/A_1$ | 10° | 15° ~ 40° | 50° ~ 60° | 90° | 120° | 150° | 180° |
| 0.50 | 0.05 | 0.05 | 0.06 | 0.12 | 0.18 | 0.24 | 0.26 |
| 0.25 | 0.05 | 0.05 | 0.07 | 0.17 | 0.27 | 0.35 | 0.41 |
| 0.10 | 0.05 | 0.05 | 0.08 | 0.19 | 0.29 | 0.37 | 0.43 |

## 6 총 수두손실

배관 시스템의 관로의 각 부분에서 모든 손실계수가 구해지면 총 수두손실($H_L$)은 다음과 같다.

$$H_L = h_{L,\mathrm{major}} + h_{L,\mathrm{minor}} = \sum_i \lambda_i \frac{L_i}{D_i}\frac{V_i^2}{2g} + \sum_j K_j \frac{V_j^2}{2g} \quad \cdots (7.79)$$

여기에서 $i$는 지름이 동일한 관로의 구간을 의미하고, $j$는 부차적 손실이 발생하는 부품 또는 관로의 특정 부분을 나타낸다.

모든 구간이 지름 $D$의 동일한 관으로 구성되어 있고 총 길이가 $L$이면 곧은 관에서 손실과 관로의 모양 변화 및 여러 가지 연결 부품으로 인해 유체를 수송하는 관로에서 발생하는 총 수두손실 $H_L$은 다음과 같이 표현된다.

$$H_L = \lambda\frac{L}{D}\frac{V^2}{2g} + \left(\sum K\right)\frac{V^2}{2g} = \left[\lambda\frac{L}{D} + \left(\sum K\right)\right]\frac{V^2}{2g} \quad \cdots (7.80)$$

여기에서 $V$는 전체 시스템의 평균 유속이고, $\sum K$는 모든 부차적 손실계수의 합이다. $D=$(일정)이므로 연속법칙에 의해 $V=$(일정)이다. 이와 같이 곡관, 밸브 등의 부차적 손실계수가 주어지면 관로에서 발생하는 손실을 쉽게 구할 수 있다. 유속 $V$가 주어지지 않으면 마찰계수를 모르므로 먼저 적당한 유속을 가정하여 마찰계수를 구한 후 반복계산에 의해 해를 구할 수 있다.

관 연결 부품에는 사용 목적에 따라 [그림 7.25]와 같은 엘보(elbow), 티(Tee), 크로스(Cross) 등이 있다. 몇 가지 관 연결 부품에 대한 손실계수를 [표 7.4]에 나타내었다.

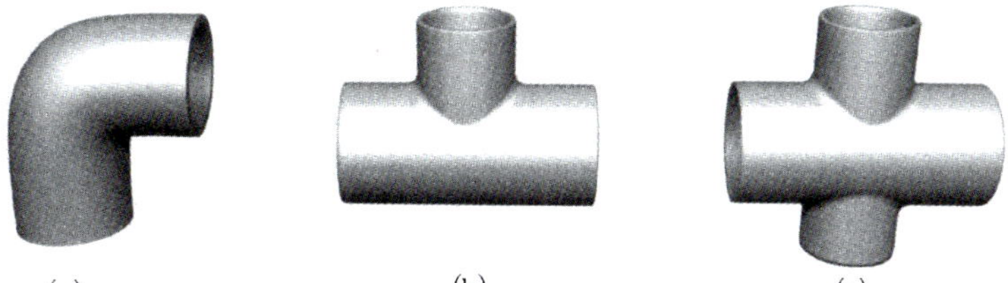


[그림 7.25] 연결 부품 : (a) 엘보 (b) 티 (c) 크로스

**[표 7.4] 상업용 관 이음 부품에 대한 근사적인 손실계수 $K$ ; $h_L = K\frac{V^2}{2g}$**

| 부품 | | | 나사이음 | 플랜지 이음 |
|---|---|---|---|---|
| 엘보 (Elbow) | 90° – 정규 | | 1.5 | 0.3 |
| | 90° – 긴 반지름 | | 0.7 | 0.2 |
| | 45° – 정규 | | 0.4 | – |
| | 45° – 긴 반지름 | | – | 0.2 |
| 180° – 리턴벤드(Return bend) | | | 1.5 | 0.2 |
| 유니언(Union) | | | 0.08 | – |
| 티(Tee) | 선유동(Line flow) | | 0.9 | 0.2 |
| | 분기유동(Branch flow) | | 2.0 | 1.0 |
| 밸브 (Valve) | 글로브(Globe) – 완전히 열림 | | 10 | 5 |
| | 게이트(Gate) – 완전히 열림 | | 0.2 | 0.1 |
| | 스윙체크(Swing check) | 2 | | |
| | 앵글(Angle) – 완전히 열림 | 2 | | |
| | 풋(Foot) | 0.8 | | |

상업용으로 쓰이는 전형적인 밸브 형상을 [그림 7.26]에 도시하였다. 각 밸브의 특성은 다음과 같다.

(a) 게이트(gate) 밸브 : 단면을 미끄러져 내려가서 흐르는 양을 조절한다.

(b) 글로버(globe) 밸브 : 특별한 삽입물에 의해 구멍을 닫는다.

(c) 앵글(angle) 밸브 : 글로버 밸브와 비슷하지만 90°로 꺾여 있다.

(d) 스윙체크(swing-check) 밸브 : 한 방향 유동만을 허용한다.

(e) 원판(disk) 밸브 : 단면이 원형인 문으로써 유로를 막는다.

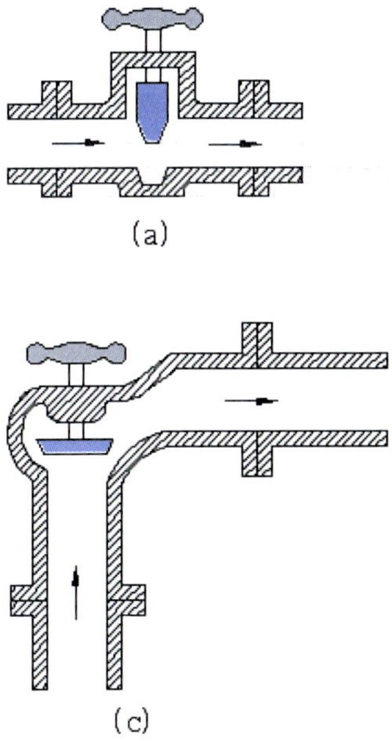


[그림 7.26] 밸브 모양 : (a) 게이트 밸브 (b) 글로버 밸브 (c) 앵글밸브 (d) 스윙체크 밸브 (e) 원판형 게이트 밸브

이 절에는 몇 가지 손실계수의 값을 제시하였는데 급확대관을 제외하고는 모두 실험적인 측정 데이터에 기초한 값이다. 따라서 이러한 손실 계수 $K$의 값은 여러 가지 실제 상황에 따라서 많이 달라진다. 또한 실험자에 따라서도 상당한 불확실성을 가지고 있으므로 여러 유체역학 책에서 제시하고 있는 값들도 인용 및 참고 자료에 따라 상당히 다를 수 있다. 대개의 경우 $\pm 50\%$의 불확실성이 있다는 것을 염두에 두고, 책에 나오는 손실계수의 값이 정확하게 맞는 것이라는 생각은 않도록 한다. 실제 유체 현상은 그만큼 어렵고 복잡하다. 우리는 먼저 물리적인 현상을 이해하고 다음에 주어진 데이터를 이용하여 문제를 해석하는 방법을 익혀야 할 것이고, 또 그것으로 충분하다고 할 수 있다.[9]

[Note] 실제 유체 유동은 대부분 난류이고 난류는 아직까지 이론적으로 완전하게 규명되지 않은 어려운 현상이다. 따라서 실험과 경험에 근거를 하여 해석하는 경우가 많다. 특히 손실계수의 값들은 여러 가지 상황에 따라 다른 값을 나타낼 수 있다. 학교에서 시험 문제를 낼 때 [표 7.4]를 보고 '스윙 체크 밸브의 손실계수는 엘보의 손실계수보다 크다.'라는 지문은 옳은 것으로 하는 식의 문제는 내지 않도록 한다. 구체적인 상황에 따라 다를 수 있다.

9) 일반적으로 기사시험이나 공무원 시험 등의 문제에서는 이러한 손실계수 값이 주어진다.

$h_{L,1} = h_{L,2}$이므로

$$\lambda_1 \frac{L_1}{D_1}\frac{V_1^2}{2g} = \lambda_2 \frac{L_2}{D_2}\frac{V_2^2}{2g}$$

이고, 이 식으로부터 두 병렬 관 내 평균유속과 유량은 다음 관계식을 가진다.

$$\frac{V_1}{V_2} = \sqrt{\frac{\lambda_2}{\lambda_1}\frac{L_2}{L_1}\frac{D_1}{D_2}}$$

$$\frac{Q_1}{Q_2} = \frac{A_1 V_1}{A_2 V_2} = \left(\frac{D_1}{D_2}\right)^2 \sqrt{\frac{\lambda_2}{\lambda_1}\frac{L_2}{L_1}\frac{D_1}{D_2}} = \left(\frac{D_1}{D_2}\right)^{5/2} \sqrt{\frac{\lambda_2}{\lambda_1}\frac{L_2}{L_1}}$$

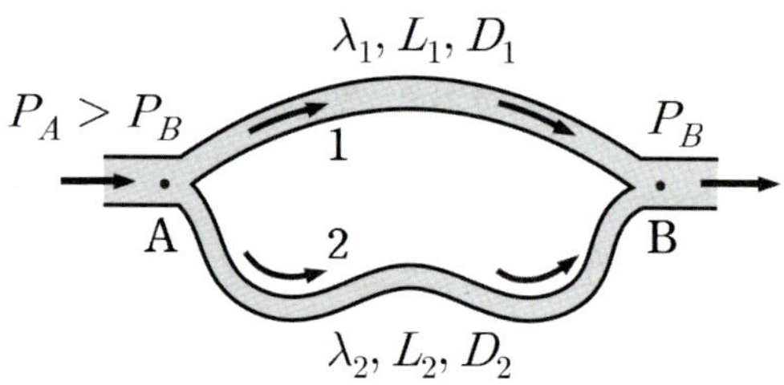


$$h_{L,1} = h_{L,2}$$
$$Q_A = Q_1 + Q_2 = Q_B$$

**[그림 7.29] 병렬연결 관 : 각 관의 손실수두가 같고, 총 유량은 각 관의 유량의 합이다.**

따라서 병렬 관의 상대적인 유량은 각 관의 수두손실이 같다는 조건으로부터 결정된다. 이 결과는 여러 개의 병렬 관에도 적용할 수 있다. 또한 부차적 손실에 의한 부품의 등가길이를 관 길이에 더하면 부차적 손실이 현저하게 큰 관에도 적용할 수 있다. 위 관계식으로부터 병렬 관에서 관 하나의 유량은 관 지름의 5/2승에 비례하고 관 길이와 마찰계수의 제곱근에 반비례한다는 것을 알 수 있다.

배관 시스템이 복잡해도 배관망 해석에는 다음 두 가지 간단한 원리가 적용된다.

(1) 시스템 전체에서 질량보존법칙이 만족되어야 한다. 즉, 관이 여러 갈래로 분기될 때는 접합부로 유입되는 질량과 접합부에서 유출되는 질량이 같아야 하고, 직렬연결의 경우에는 관 지름의 변화와 무관하게 관 내 유량이 일정해야 한다.

(2) 두 접합부 사이의 모든 유로에 대하여 두 접합부 사이의 압력강하(수두손실)는 서로 같아야 한다. 한 점에서 압력은 두 값을 가질 수 없기 때문에 이 법칙이 성립한다. 실제 문제에서 이 법칙은 하나의 루프(loop)에서 수두손실의 대수적 합은 0이 된다는 조건으로 이용된다.

따라서 배관망 해석은 유량과 압력을 각각 전압으로 바꾸면 전기회로 해석(Kirchhoff 법칙)과 유사하다. 그러나 전기저항과 달리 유동저항은 비선형함수이기 때문에 상황이 훨씬 더 복잡하다. 따라서 배관망을 해석하기 위해서는 비선형 방정식 시스템의 풀이가 요구되며 이를 위하여 Matlab과 같은 상용프로그램이 이용되기도 한다.

**[예제 7.25]** 주철로 만들어진 관으로 구성된 병렬 배관이 있다. 관내를 흐르는 유동은 완전 난류이고, 두 관의 지름은 30cm이며, 1번관의 길이는 1800m이고, 2번관의 길이는 800m이다. 1번관을 흐르는 유량이 $0.6\text{m}^3/\text{s}$일 때 다음을 구하여라. 단, 두 관의 마찰계수가 같고, 부차적 손실은 무시한다.

(1) 2번관을 흐르는 유량($Q_2$)

(2) 총 유량($Q$)

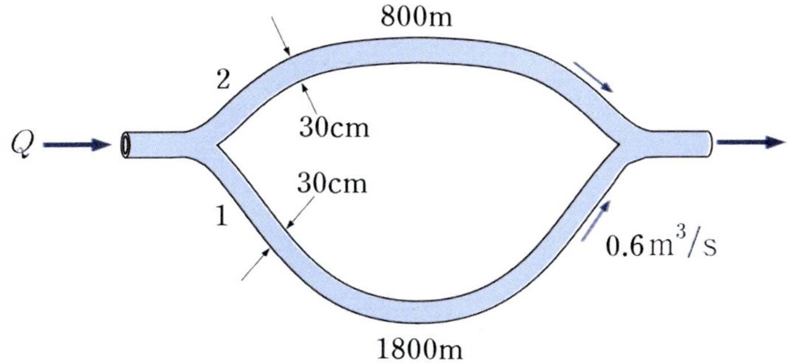


**[그림 7.30] 병렬연결 관**

**풀이** 병렬 관에서 부차적 손실을 무시하면 수두손실이 같으므로 두 병렬 관 유량은 다음 관계식을 가진다. $Q_1 = 0.6\text{m}^3/\text{s}$, $L_1 = 1800\text{m}$, $L_2 = 800\text{m}$이다.

$$\frac{Q_1}{Q_2} = \left(\frac{D_1}{D_2}\right)^2 \sqrt{\frac{\lambda_2}{\lambda_1}\frac{L_2}{L_1}\frac{D_1}{D_2}}$$

(1) 2번관을 흐르는 유량($Q_2$) : 여기에서 $D_1 = D_2$, $\lambda_1 = \lambda_2$이므로

$$\frac{Q_1}{Q_2} = \sqrt{\frac{L_2}{L_1}}$$

$$\therefore\ Q_2 = Q_1\sqrt{\frac{L_1}{L_2}} = 0.6\sqrt{\frac{1800}{800}} = 0.9[\text{m}^3/\text{s}]$$

(2) 총 유량($Q$) : 질량보존법칙에 의해

$$Q = Q_1 + Q_2 = 0.6 + 0.9 = 1.5\,[\mathrm{m^3/s}]$$

† Moody선도에서 레이놀즈수가 아주 큰 난류 영역에서 마찰계수는 레이놀즈수와 무관하고 상대조도($\epsilon/D$)만의 함수이다. 따라서 재질이 같은 두 관에서 마찰계수가 같다.

## 연습문제 7

**01** 지름 $D$, 압력강하 $\Delta P$, 점성계수 $\mu$, 길이 $L$일 때 $\dfrac{\pi D^4 \Delta P}{128\mu L}$의 차원을 $MLT$계로 나타내면 체적유량 $Q$의 차원과 같은 $L^3/T$임을 확인하여라.

**02** 안지름이 $2\text{cm}$인 곧은 수평 원관에서 층류로 흐를 수 있는 물의 최대속도[$\text{cm/s}$]를 구하여라. 단, 물의 동점성계수는 $\nu = 1.01 \times 10^{-6}\,\text{m}^2/\text{s}$이고 임계레이놀즈수는 $Re_c = 2300$이다.

**03** 안지름 $D = 40\text{cm}$의 곧은 수평 원관 내에 유체가 흐르고 있을 때 관의 단위 길이 당 압력강하 $\dfrac{\Delta P}{L} = 2\text{kPa}$이다. 그림의 자유물체도를 이용하여 벽면에서 발생하는 전단응력 [$\text{Pa}$]을 구하여라.

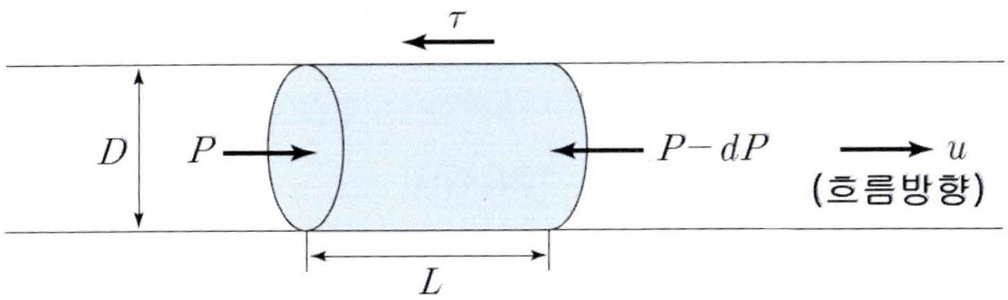


[문제 7.3]

**04** 반지름 $10\text{cm}$인 곧은 원관 내에 점성계수 $\mu = 0.5\,\text{N}\cdot\text{s/m}^2$의 유체가 층류로 흐르고 있다. 관 길이 $20\text{m}$에서 발생하는 압력 강하가 $0.4\text{kPa}$일 때 유동의 최대속도[m/s]와 평균속도[m/s] 및 유량[L/s]을 구하여라.

**05** 반지름 $R$인 수평 원관 내 완전발달 층류유동에서 평균속도와 같은 속도를 갖는 지점의 위치를 구하여라.

**06** 안지름 $3\text{cm}$인 수평 원관 내에 비압축성 유체가 층류로 흐르고 있다. 관 중심에서 유속이 $4\text{cm/s}$일 때 체적유량[$\text{cm}^3/\text{s}$]을 구하여라.

**07** 안지름 $20\text{cm}$인 곧은 수평 원관에서 밀도 $850\text{kg/m}^3$, 점성계수 $0.3\text{N}\cdot\text{s/m}^2$인 오일이 흐르고 있다. 관 길이 $10\text{m}$당 압력강하가 $100\text{Pa}$일 때 오일의 체적유량[L/s]을 구하여라.

**08** 안지름 $10\text{cm}$, 길이 $400\text{m}$인 원관을 이용하여 $4\times10^{-3}\text{m}^3/\text{s}$의 오일을 수송하려 할 때 요구되는 펌프 송출압력[kPa]을 구하여라. 단, 오일의 비중은 $0.9$이고 점성계수 $\mu=0.1\text{N}\cdot\text{s/m}^2$이다.

**09** 안지름 $10\text{cm}$인 곧은 수평 원관에서 동점성계수 $\nu=3\times10^{-4}\text{m}^2/\text{s}$인 오일이 흐르고 있다. 유량 $Q=0.01\text{m}^3/\text{s}$일 때 관 중심에서 유속[m/s]을 구하여라.

**10** 반지름 $R$인 원관에서 층류유동 속도분포가 $u(r)=U_c\left(1-\dfrac{r^2}{R^2}\right)$ 일 때 다음을 구하여라. 유체의 점성계수는 $\mu$이다.

(1) $0\le r\le 2R/3$의 원형 단면을 통과하는 체적유량($Q$)

(2) 단면의 경계 $r=2R/3$에서 전단응력

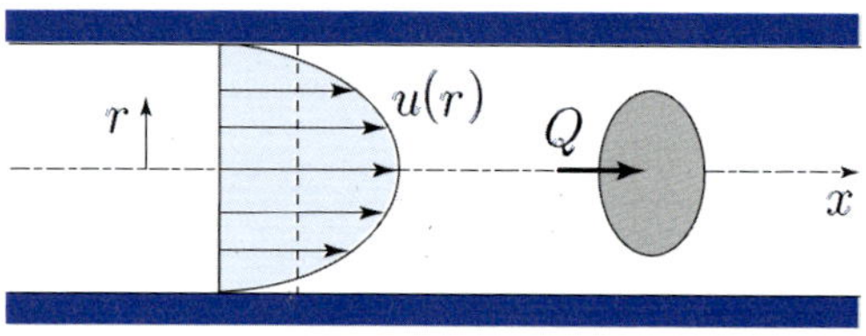


[문제 7.10]

**11** 안지름 $10\text{cm}$인 곧은 원관 속에서 점성계수 $\mu=0.04\text{N}\cdot\text{s/m}^2$인 유체가 층류로 흐르고 있다. 관 길이 $20\text{m}$에서 압력강하가 $300\text{Pa}$일 때 관에 흐르는 체적유량[L/s]을 구하여라.

**12** 원형 관 내 유동에서 레이놀즈수($Re$)를 질량유량 $\dot{m}$, 관 지름 $D$, 점성계수 $\mu$를 사용하여 표현하여라.

**13** 원형 관 내 유동에서 레이놀즈수($Re$)를 체적유량 $Q$, 관 지름 $D$, 동점성계수 $\nu$를 사용하여 표현하여라.

**14** 그림과 같이 밀도 $\rho = 850\,\text{kg/m}^3$, 점성계수 $\mu = 0.2\,\text{Pa}\cdot\text{s}$인 액체가 지름 $D = 4\text{cm}$의 관을 통하여 일정한 속도로 흘러 내려오고 있다. 손실은 관에서만 발생하고, 대기와 접한 액면이 모두 일정하게 유지된다고 가정할 때 관을 통해 흐르는 유량[L/s]을 구하여라.

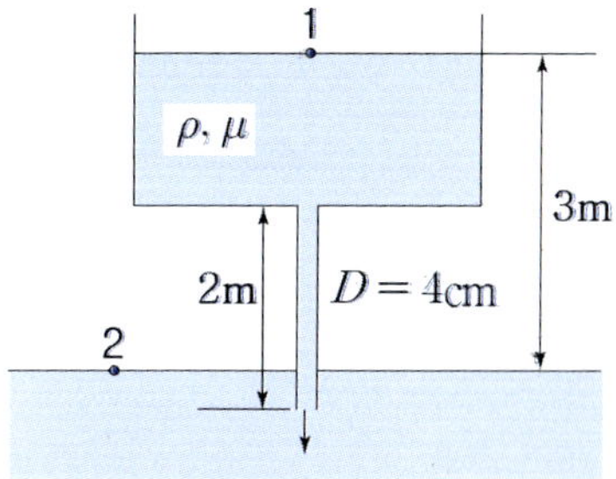


[문제 7.14]

**15** 지름이 $D$인 원관 내에 점성계수 $\mu$인 유체가 층류로 흐르고 있다. 관 중심에서 유속이 $U_c$일 때 $r = D/4$에서 전단응력을 구하여라. 단, $r$은 관 중심으로부터 거리이다.

**16** 그림과 같이 일정하게 가압되는 용기를 이용하여 어떤 유체를 안지름 5mm, 길이 100mm인 관을 통하여 측정용 컵으로 흐르게 하고 있다. 10분 동안에 $3600\text{cm}^3$의 유체가 측정용 컵으로 유입되었다면 유체의 동점성계수는 몇 $\text{m}^2/\text{s}$인가? 단, 관에서 수두손실은 1m로 측정되었다.

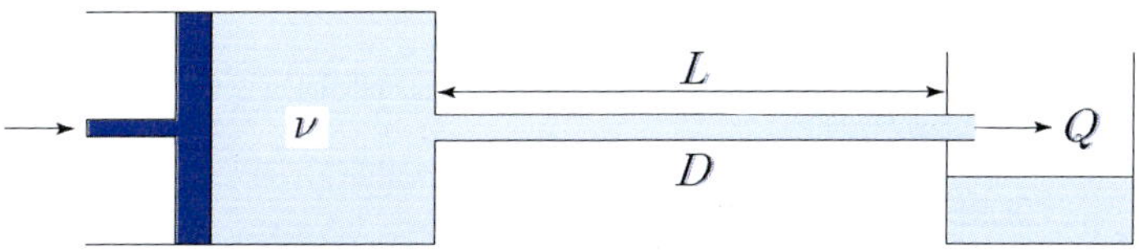


[문제 7.16]

**17** (1) 점성계수가 $\mu$인 유체를 수평 원관을 이용하여 평균속도 $V$로 수송하려 한다. 유동이 층류일 때 관 길이 방향으로 거리 $L$만큼 수송하기 위해 펌프에서 공급해야 할 동력은 $L_p = 8\pi\mu L V^2$임을 보여라.

(2) 점성계수 $0.4\,\text{Pa}\cdot\text{s}$, 밀도 $840\text{kg/m}^3$인 오일을 지름 10cm의 수평 원관을 이용하여 평균속도 1m/s로 수송하려 한다. 관 길이가 10m일 때 펌프에서 공급해야 할 동력[W]을 구하여라.

**18** 그림과 같이 경사진 관에 밀도 $\rho = 1260\text{kg/m}^3$, 점성계수 $\mu = 1.49\,\text{Pa}\cdot\text{s}$인 유체가 일정한 속도로 흐르고 있을 때 흐름 방향과 유량을 구하여라.

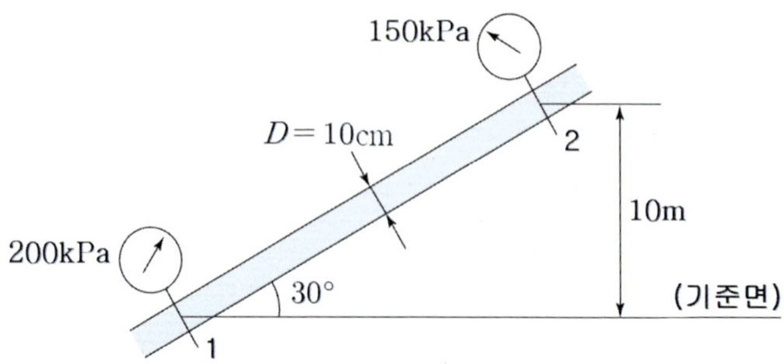


[문제 7.18]

**19** 밀도 $1000\text{kg/m}^3$, 점성계수 $1.31\times10^{-3}\text{Pa}\cdot\text{s}$인 유체가 지름 0.2cm, 길이 40m인 원형관을 1.2m/s의 평균속도로 흐르고 있다. 다음을 구하여라.

(1) 관의 전 길이에서 압력강하[kPa]와 수두손실[m]

(2) 압력강하를 극복하기 위해 필요한 펌프동력[W]

**20** 그림과 같이 점성계수 $\mu = 0.24\,\text{kg/m}\cdot\text{s}$, 밀도 $\rho = 870\text{kg/m}^3$인 유체가 지름이 1.4cm인 원형관을 통해 압력 100kPa의 대기 중으로 방출된다. 출구 20m 전에서 유체의 절대압력이 170kPa일 때 체적유량 $[\text{cm}^3/\text{s}]$을 구하여라.

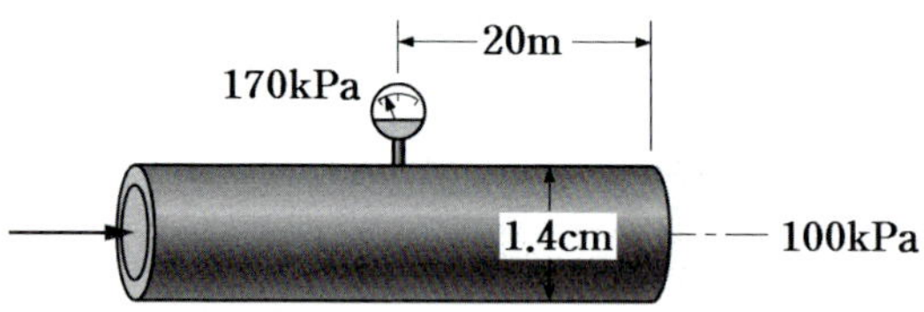


[문제 7.20]

**21** 점성계수 $\mu = 0.25\text{kg/m}\cdot\text{s}$, 밀도 $\rho = 1250\text{kg/m}^3$인 유체가 지름이 2cm이고, 길이가 30m인 수평 원형관을 통해 압력 100kPa의 대기 중으로 방출된다. 관을 통한 유량이 $45[\text{cm}^3/\text{s}]$일 때 관 입구압력[kPa]을 구하여라.

**22** 반지름 $R = 2\text{cm}$인 완전발달 층류유동의 속도분포가 $u(r) = 14(1 - r^2/R^2)$[m/s]일 때 평균속도[m/s]와 유량[L/s]을 구하여라.

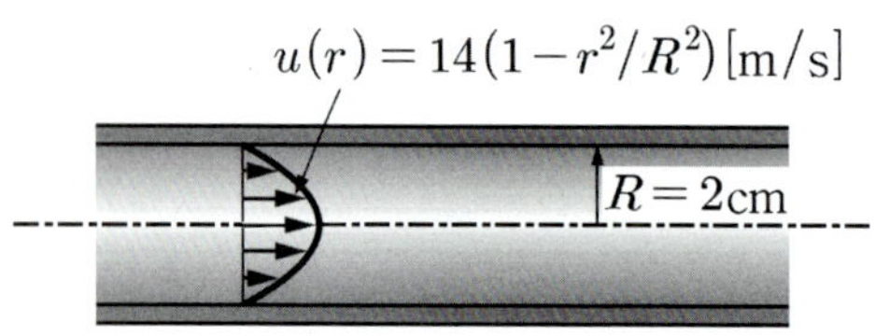


[문제 7.22]

**23** 반지름이 $R$인 원관 내 완전발달 층류유동에서 관 중심선으로부터 반경 방향으로 거리가 $R/2$인 지점의 유속이 12cm/s일 때 관 중심에서 유속[cm/s]을 구하여라.

**24** 지름 5cm, 길이 40m인 관속을 점성계수가 $0.8\text{kg/m}\cdot\text{s}$인 유체가 흐르고 있다. 관 입구와 출구의 압력이 각각 900kPa와 100kPa일 때 완전발달 층류유동을 가정하고 유체의 체적유량[L/s]을 구하여라.

**25** 원관 내 완전발달 층류유동의 속도분포가 $u(r) = 8(1 - 400r^2)$[m/s]일 때 다음을 구하여라. 단, 여기에서 $r$[m]는 관 중심선으로부터 거리이다.

(1) 관의 반지름[m] (2) 최대유속[m/s]

(3) 평균유속[m/s] (4) 체적유량[L/s]

**26** 길이가 100m인 수평 원관 내에서 물이 흘러갈 때 완전발달 층류유동의 속도분포가 $u(r) = 0.24(1 - 6944\,r^2)$[m/s]이다. 다음을 구하여라. 단, 여기에서 $r$[m]는 관 중심선으로부터 거리이고, 물의 점성계수는 $1.52 \times 10^{-3}\text{Pa}\cdot\text{s}$이며 밀도는 $1000\text{kg/m}^3$이다.

(1) 체적유량[$\text{m}^3/\text{s}$]

(2) 압력강하[Pa]

(3) 압력강하를 극복하기 위해 요구되는 펌프동력[W]

(4) 마찰계수($\lambda$)

**27*** 원통좌표계에서 Navier-Stokes 방정식을 이용하여 원관 내 완전발달 층류유동의 속도분포를 구하여라.

**28** 판 사이 간격 $h$, 압력강하 $\Delta P$, 점성계수 $\mu$, 길이 $L$일 때 $\dfrac{h^3 \Delta P}{12\mu L}$의 차원을 $MLT$계로 나타내어라.

**29** 평행한 두 개의 수평 평판 사이를 흐르는 층류유동의 평균 속도가 $10\text{cm/s}$이면 최대 속도는 몇 $\text{cm/s}$인가?

**30** 수평 평판 사이에서 유체가 흐르고 있다. 그림의 자유물체도를 이용하여 흐름 방향 관길이 $L$에서 압력강하가 $\Delta P$일 때 벽면에는 발생하는 전단응력 $\tau_w$는 다음과 같음을 보여라. $h$는 평판 사이 간격이다.

$$\tau_w = \frac{h\Delta P}{2L}$$

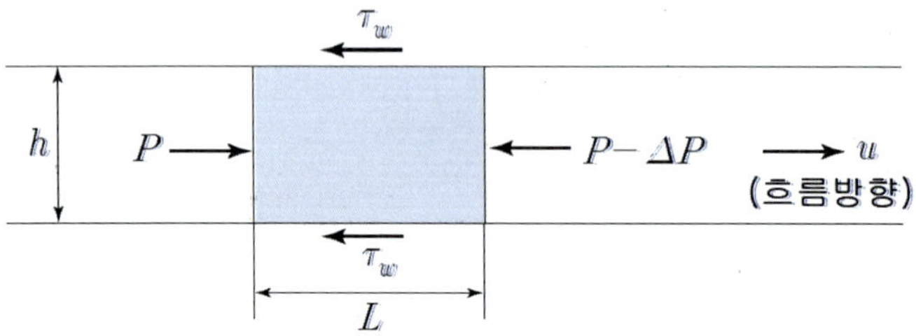


[문제 7.30]

**31** 수평 평판 사이 층류유동에서 유체의 점성계수 $\mu$, 밀도 $\rho$, 판 사이 간격 $h$일 때 유동의 레이놀즈수가 $Re$이면 평판 길이 $L$에서 일어나는 압력 강하 $\Delta P$가 다음과 같음을 보여라.

$$\Delta P = \frac{12\mu^2 L\, Re}{\rho h^3}$$

**32** 동점성계수 $1.0\times10^{-6}\,\mathrm{m^2/s}$, 밀도 $1000\,\mathrm{kg/m^3}$인 물이 $Re = 1000$으로 수평 평판 사이를 흐르고 있다. 판 사이 간격이 $1\mathrm{cm}$일 때 흐름 방향으로 평판 길이 $10\mathrm{m}$에서 일어나는 압력 강하[Pa]를 구하여라.

**33** 수평 평판 사이에 점성계수 $4\,\mathrm{poise}$인 유체가 $2\mathrm{L/s\cdot cm}$로 흐르고 있다. 판 사이 간격이 $10\mathrm{cm}$일 때 흐름 방향으로 길이 $10\mathrm{m}$에서 발생하는 압력강하[kPa]를 구하여라. 단, 유체의 밀도는 $800\mathrm{kg/m^3}$이고, $Re < 1500$이면 층류유동이다.

**34*** 직각좌표계에서 Navier-Stokes 방정식을 이용하여 평판 사이 층류유동 속도분포를 구하여라.

**35*** 반지름 $R$인 수평 원관 내부를 흐르는 층류유동 속도분포는 다음과 같이 쓸 수 있다. 단면에서 평균유속은 $V_m$이다. 이때 운동량 수정계수 $\beta = 4/3$임을 보여라.

$$u(r) = 2V_m\left(1 - \frac{r^2}{R^2}\right)$$

**36** 안지름 $20\text{cm}$, 길이 $100\text{m}$의 원관을 이용하여 $0.04\text{m}^3/\text{s}$의 물을 수송할 때 발생하는 마찰수두손실을 구하여라. 단, 관 마찰계수는 $0.03$이다.

**37** 안지름 $D = 75\text{mm}$, 길이 $L = 10\text{m}$인 관 속을 평균 속도 $V = 3.33\text{m/s}$로 물이 흐르고 있다. 관은 수평으로 놓여있고, 관 표면 조도 $\epsilon = 0.15\text{mm}$이며 물의 동점성계수는 $\nu = 1.0 \times 10^{-6}\text{m}^2/\text{s}$이다. Moody 선도를 이용하여 관 마찰계수와 수두손실을 구하여라.

**38** 안지름 $20\text{cm}$, 길이 $300\text{m}$의 곧은 수평 원관에 $5\text{m}^3/\text{min}$의 물이 흐르고 있을 때 관의 양 끝단 사이 압력 차이를 구하여라. 단, 관 마찰계수는 $0.03$이다.

**39** 비중 $0.9$, 점성계수 $0.4\text{Pa}\cdot\text{s}$인 유체를 안지름 $50\text{cm}$의 수평 원관을 이용하여 평균속도 $0.8\text{m/s}$로 $3\text{km}$ 떨어진 곳으로 수송할 때 발생하는 압력 강하를 구하여라.

**40** 비중 $0.85$, 점성계수 $4 \times 10^{-3}\text{Pa}\cdot\text{s}$인 유체가 안지름 $20\text{cm}$의 곧은 원관 속을 $0.02\text{m}^3/\text{s}$으로 흐르고 있다. Blasius 공식을 사용하여 관 길이 $300\text{m}$에서 수두손실을 구하여라.

**41** 그림과 같은 직사각형과 정삼각형 유동 단면의 수력직경을 각각 구하여라.

**42** 폭 $4\text{m}$의 직사각형 단면을 갖는 상부가 개방된 수로에 $24\text{m}^3/\text{s}$의 물이 평균속도 $3\text{m/s}$로 흐르고 있다. 유동단면의 수력반경을 구하여라.

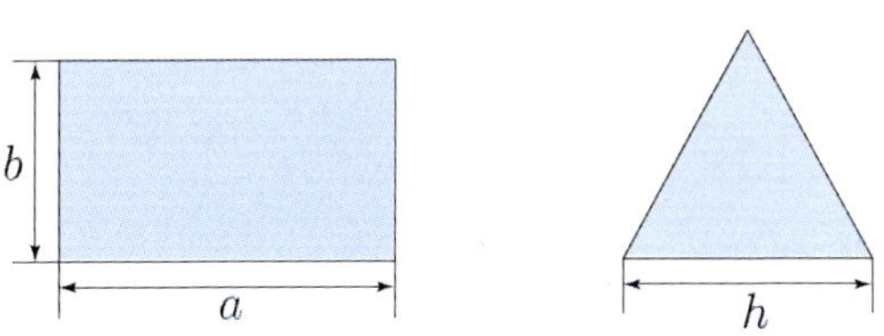


[문제 7.41]

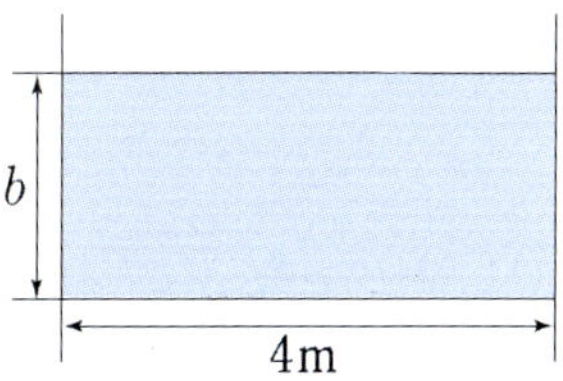


[문제 7.42]

**43*** 안지름이 $75\text{mm}$인 상용강관에 물이 흐르고 있다. 관 길이 $50\text{m}$에서 마찰수두손실이 $10\text{m}$일 때 Moody가 제시한 다음 관계식을 이용하여 유량을 구하여라. 단, 물의 동점성계수는 $1.0 \times 10^{-6}\text{m}^2/\text{s}$이고, 상용강의 조도는 $0.045\text{mm}$이다.

$$\lambda = 0.0055\left[1 + \left(20000\frac{\epsilon}{D} + \frac{10^6}{Re}\right)^{1/3}\right]$$

**44** 그림과 같이 단면적이 확대되는 관로에 물이 흐르고 있다. 출구 지름 $D_2 = 2D_1$일 때 다음 각 경우에 대하여 단면적의 확대로 인해 발생하는 수두손실을 구하여라.

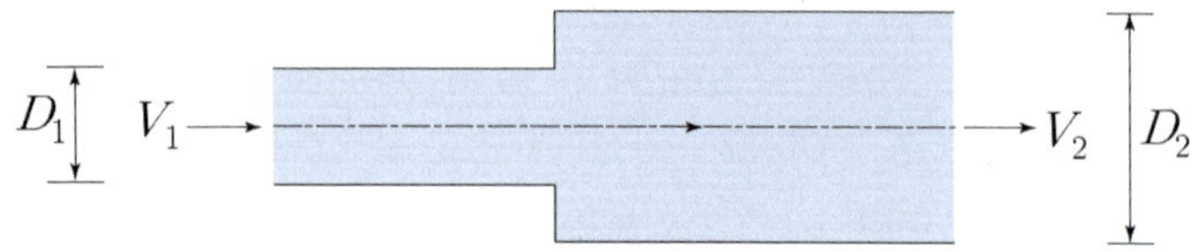


[문제 7.44]

(1) 입구 유속 $V_1 = 3\text{m/s}$일 때　　(2) 출구 유속 $V_2 = 3\text{m/s}$일 때

**45** 안지름이 30mm인 관을 통하여 200L/min의 물이 아주 큰 탱크로 흘러 들어갈 때 발생하는 수두손실을 구하여라.

**46** 단면적이 $100\text{cm}^2$에서 $500\text{cm}^2$으로 급확대되는 관로에 $0.2\text{m}^3/\text{s}$의 유체가 흐를 때 단면적의 확대로 인하여 발생하는 수두손실을 구하여라.

**47** 그림과 같이 날카로운 모서리를 갖는 급축소관에 물이 흐르고 있다. 관의 단면적비 $A_2/A_1 = 0.5$일 때 다음 각 경우에 대하여 단면적의 축소로 인해 발생하는 수두손실을 구하여라.

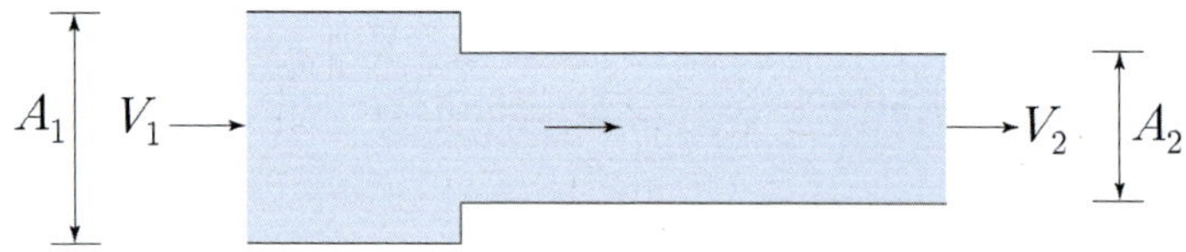


[문제 7.47]

(1) 입구 유속 $V_1 = 10\text{m/s}$일 때

(2) 출구 유속 $V_2 = 10\text{m/s}$일 때

**48** 아주 큰 물탱크로부터 직각 모서리의 관 입구를 갖는 작은 관을 통하여 외부로 물을 보내고 있다. 관에서 평균유속이 10m/s일 때 단면적의 급축소로 인해 발생하는 수두손실을 구하여라.

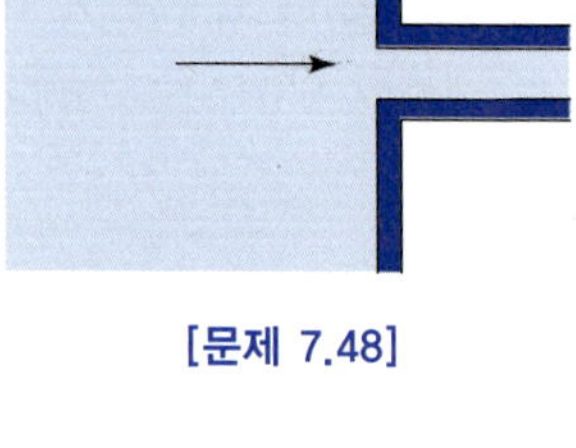

[문제 7.48]

**49** 안지름 $13.4\text{cm}$ 인 수평 원관이 안지름 $6\text{cm}$ 인 수평 원관에 연결되어 있는 관로에 $Q = 0.04\text{m}^3/\text{s}$ 의 물이 흐를 때 단면적의 축소로 인한 압력손실을 구하여라.

**50** 정사각형 덕트와 원형 덕트의 단면적이 동일할 때 수력직경이 더 큰 것은 어느 것인가?

**51** 그림과 같이 펌프를 사용하여 안지름 $D = 20\text{cm}$ 의 수평관을 통하여 유량 $Q = 0.08\text{m}^3/\text{s}$ 의 물을 아주 큰 탱크로 보내고 있다. 펌프로부터 탱크까지 거리 $L = 30\text{m}$ 이고 관 마찰손실계수 $\lambda = 0.03$ 일 때 펌프로부터 탱크까지 물이 흐르는 동안 발생하는 수두손실[m]을 구하여라. 단, 펌프 출구 손실은 무시한다.

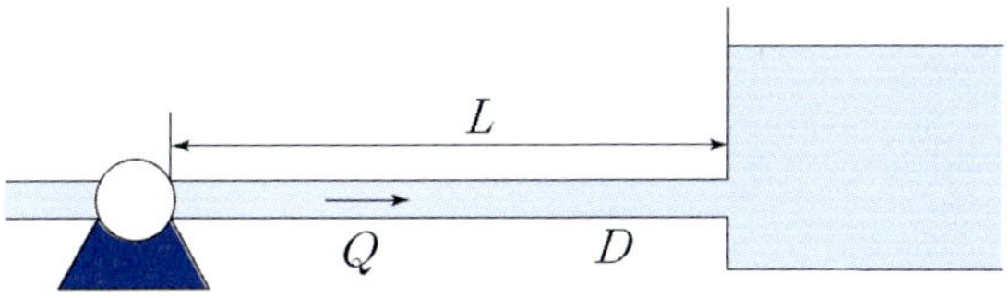


[문제 7.51]

**52** 그림과 같이 두 개의 아주 큰 물탱크가 안지름 $D = 20\text{cm}$, 길이 $L = 30\text{m}$ 의 수평관을 통하여 연결되어 있고, 관 속에는 $V = 4\text{m}/\text{s}$ 의 속도로 물이 흐르고 있다. 관 마찰손실계수 $\lambda = 0.03$ 일 때 물이 흐르는 동안 발생하는 총 수두손실을 구하여라.

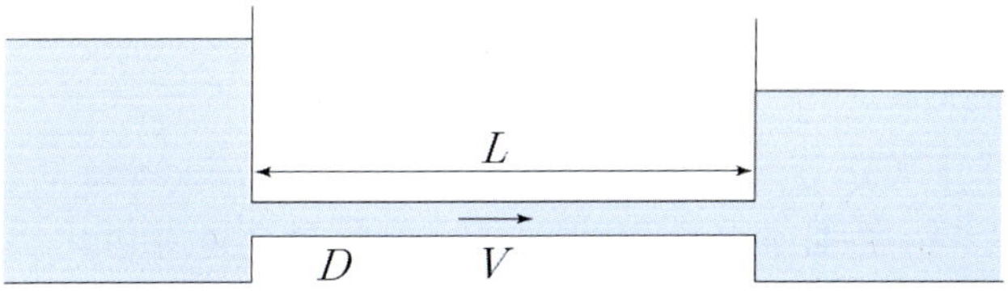


[문제 7.52]

**53** 그림과 같이 상부가 개방된 아주 큰 수조에 안지름 $5\text{cm}$, 길이 $15\text{m}$ 인 관이 연결되어 대기 중으로 물을 방출하고 있다. 수조의 수위가 관 출구보다 $10\text{m}$ 위에 위치할 때 관 속을 흐르는 물의 평균유속과 유량을 구하여라. 관 마찰손실계수 $\lambda = 0.02$ 이고, 관의 굽은 부분과 밸브에서 부차적 손실계수($K$)는 각각 1.5와 0.8이다.

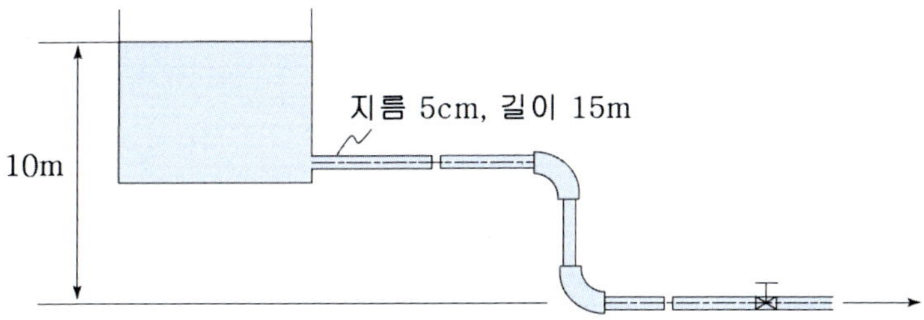


[문제 7.53]

**54** 펌프를 사용하여 수평으로 놓여있는 지름이 4cm이고 길이가 80m인 곧은 원관을 통하여 유체를 수송하고 있다. 유체 유동은 층류이고, 관 중심에서 유속이 10m/s일 때 다음을 구하여라. 단, 유체의 밀도는 $1250\text{kg/m}^3$이고 점성계수는 $0.3\text{Pa}\cdot\text{s}$이다.

(1) 평균 유속[m/s] (2) 체적유량[$\text{m}^3/\text{s}$]
(3) 레이놀즈수 (4) 마찰계수
(5) 관의 전 길이에서 수두손실[m] (6) 펌프동력[kW]

**55** 그림과 같이 상부가 개방된 두 개의 아주 큰 수조가 관으로 연결되어 물이 흐르고 있다. 두 수조의 수위 차이가 3m일 때 유량을 구하여라. 안지름 $D_1 = 4\text{cm}$와 $D_2 = 8\text{cm}$인 관에서 마찰손실계수 $\lambda$는 각각 0.03과 0.02이고, 수조의 수면은 일정하게 유지된다고 가정한다.

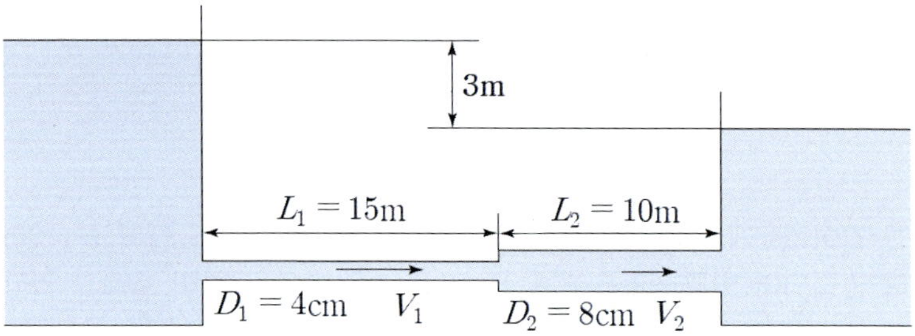


[문제 7.55]

**56** 평균유속이 $V$이고 관 벽면에서 전단응력이 $\tau_w$일 때 Fanning 마찰계수 $\lambda_F$는 다음과 같이 정의된다. 원관 내 층류유동에서 $\lambda_F = 16/Re$임을 보여라.

$$\tau_w = \lambda_F\left(\frac{1}{2}\rho V^2\right)$$

**57** 큰 파이프를 통해서 유량 $Q$의 유체가 일정하게 흐르고 있다. 파이프는 두 개의 작은 파이프로 갈라지며, 그 중에서 큰 쪽의 지름은 30mm이고, 작은 쪽 유량의 16배가 흐른다. 갈라진 두 파이프의 길이와 양끝단의 압력강하는 같다. 유동이 층류이면 작은 쪽 파이프의 지름은 얼마인가?

**58** 밀도 $1000\text{kg/m}^3$, 점성계수 $1.5\times10^{-3}\text{Pa}\cdot\text{s}$인 유체가 지름 0.5cm, 길이 14m인 수평 관 내부를 평균유속 0.6m/s로 흐르고 있다. 다음을 구하여라.

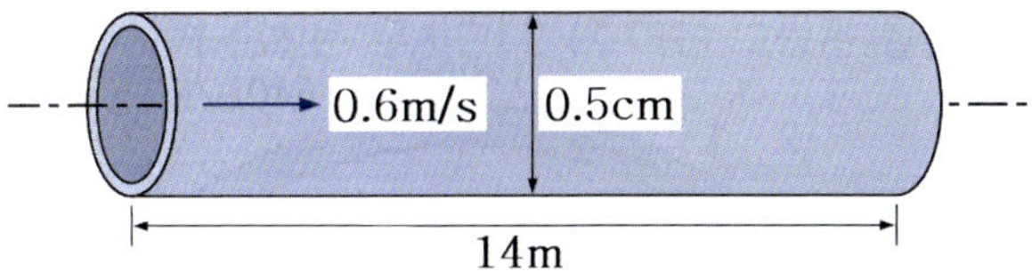


[문제 7.58]

(1) 체적유량[$\text{m}^3/\text{s}$]
(2) 레이놀즈수
(3) 마찰계수
(4) 관의 전 길이에서 압력강하[kPa]
(5) 압력강하를 극복하기 위해 요구되는 펌프동력[W]

**59** 밀도 $1000\text{kg/m}^3$, 점성계수 $1.14\times10^{-3}\text{Pa}\cdot\text{s}$인 유체가 지름이 5cm인 수평 관 내부를 6L/s의 유량으로 흐르고 있다. 관의 길이가 70m일 때 Haaland의 공식을 이용하여 다음을 구하여라. 단, 관의 조도 $\epsilon = 0.002\text{mm}$이다.

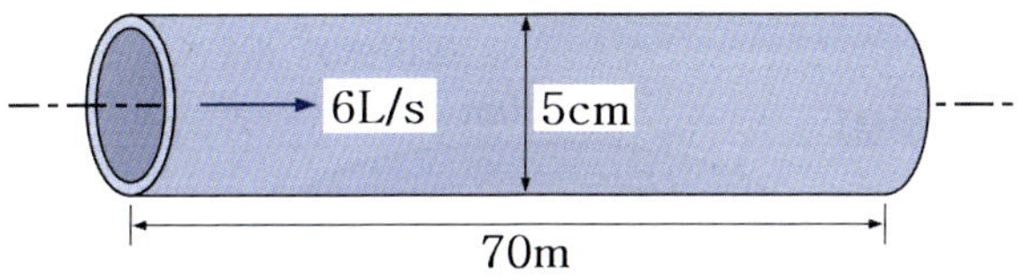


[문제 7.59]

(1) 마찰계수
(2) 수두손실[m]
(3) 관의 전 길이에서 압력강하[kPa]
(4) 압력강하를 극복하기 위해 요구되는 펌프동력[W]

**60** 지름과 재질이 동일한 두 관 A, B가 병렬로 연결되어 있다. 관 A의 길이는 관 B의 길이의 3배이다. 두 관에서 유동은 충분히 발달된 난류이므로 마찰계수($\lambda$)가 레이놀즈수와 무관하고, 아울러 부차적 손실을 무시할 때 두 관을 흐르는 유량의 비 $Q_A/Q_B$를 구하여라.

제8장

# 외부유동–항력과 양력

# 8.1 개요

이 장에서는 유체 속에 잠겨있는 물체 주위의 유동, 즉, 외부유동(external flow)에 대해 공부한다. 이와 같은 유동에는 자동차와 비행기 외부의 공기 흐름, 비, 눈, 우박과 같은 입자 주위의 공기 흐름, 잠수함이나 물고기 주위의 물 흐름 등이 있다.

외부유동을 살펴보면 건물에 부는 바람과 같이 유체가 정지해 있는 물체 주위를 흘러가기도 하고, 공기 속에서 달리는 자동차와 같이 정지해 있는 유체 속에서 물체가 운동하기도 한다. 이 두 유동 현상은 서로 다르게 보이지만 유체와 물체 사이의 상대 운동 관점에서 보면 동일한 현상이다. 즉, 물체가 $U$의 속도로 운동하는 경우, 물체를 고정하면 유체가 물체 쪽으로 $U$의 속도로 운동하는 경우가 된다. 따라서 이러한 유동은 물체에 좌표축을 고정하여 해석할 수 있다.

움직이는 유체에 잠겨있는 물체는 물체와 유체의 상호작용으로 인해 유체로부터 힘을 받는다. 물체에 좌표계를 고정시키고 유체가 정지된 물체 주위를 상류속도 $U$로 흐른다고 하자. 이때 물체에 접근하는 유체의 속도를 자유흐름 속도(free-stream velocity)라고도 한다.

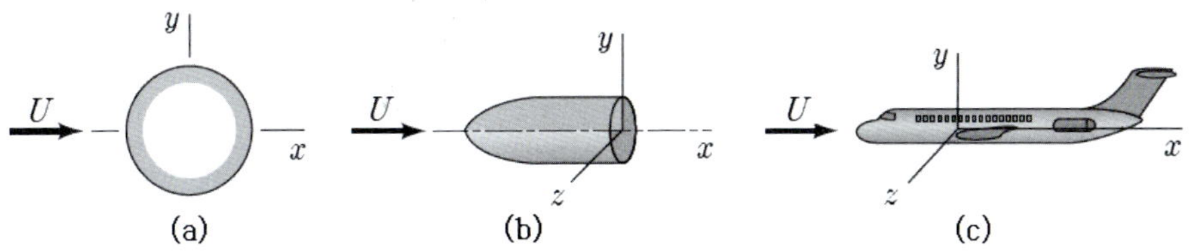


**[그림 8.1] 유동 형태 (a) 2차원 유동 (b) 축대칭 유동 (c) 3차원 유동**

물체의 형상은 물체 주위 유동 형태에 큰 영향을 미치며, 물체와 유동 형태는 일반적으로 [그림 8.1]과 같은 3가지 유형으로 나눈다.

(a) 2차원 물체와 2차원 유동 : 길이가 무한히 길고 단면의 크기와 형상이 일정한 물체를 2차원 물체라 하며, 유동 방향이 이 물체의 길이 방향에 수직일 때 물체 주위 유동을 2차원 유동이라 한다. 매우 긴 파이프 주위로 축에 수직으로 부는 바람은 2차원 유동의 한 예이다. 물체의 끝단효과를 무시할 수 있을 정도로 물체가 충분히 길고 접근하는 유동이 균일하면 2차원 유동으로 간주할 수 있다.

(b) 축대칭 물체와 축대칭 유동 : 대칭축에 대해 단면을 회전하여 형성된 물체를 축대칭 물체라 한다. 유동을 단순화할 수 있는 또 다른 경우는 물체가 유동 방향 축에 대해 회전 대칭성을 가지는 경우이다. 이 경우도 2차원 유동이며 축대칭 유동(axisymmetric flow)이라고 한다. 예를 들어 공기 속에서 날아가는 총알 주위 유동은 축대칭 유동이다.

(c) 3차원 물체와 3차원 유동 : 일반적으로 물체의 형상은 대부분 3차원이며, 이와 같은 물체 주위의 유동은 대부분 3차원 유동이다. 예를 들어 자동차와 비행기 주위의 유동은 2차원 또는 축대칭 유동으로 간주할 수 없으며, 이 유동은 3차원 유동이 된다.

## 8.2 항력과 양력

유동 방향과 평행한 방향으로 물체에 작용하는 힘을 항력(Drag)이라 하고, 유동 방향에 수직한 방향으로 물체에 작용하는 힘을 양력(Lift)이라 한다.

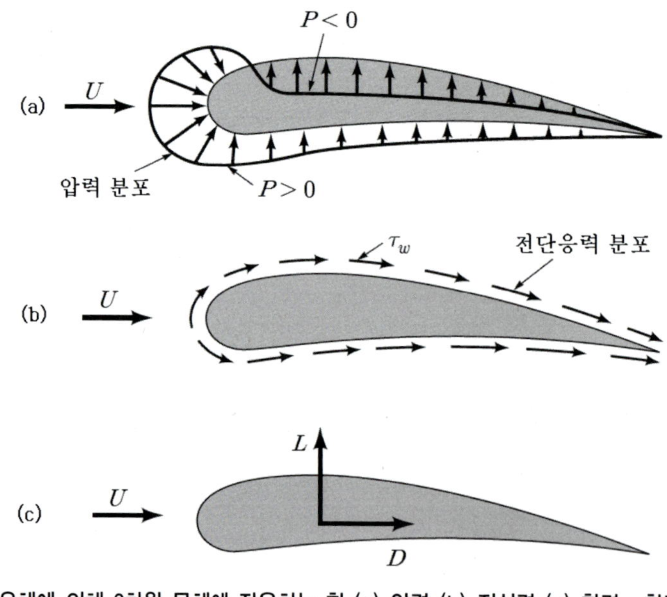


**[그림 8.2] 유체에 의해 2차원 물체에 작용하는 힘 (a) 압력 (b) 점성력 (c) 합력=항력($D$)+양력($L$)**

물체가 유체 속에서 운동할 때 그 물체에는 어떤 저항력이 작용하며, 이 저항력은 유체와 물체 접촉면에서 상호작용하는 힘으로 묘사된다. 이 힘은 점성에 의한 전단력과 압력에 의한 힘으로 나눌 수 있다.

[그림 8.2]의 (a)와 (b)에 2차원 물체에서 압력 분포와 전단응력 분포의 한 예를 도시하

였다. 전단응력 $\tau_w$와 압력 $P$는 물체 표면을 따라 그 크기와 방향이 변화한다. 여기에서 [그림 8.2]의 (c)와 같이 상류 유속 $U$와 평행한 방향의 힘을 항력(Drag, $D$, $F_D$)이라 하고, 수직한 방향의 힘을 양력(Lift, $L$, $F_L$)이라 한다.

[그림 8.3]과 같이 물체 표면의 미소면적 $dA$에 작용하는 압력 힘과 전단력은 각각 $PdA$와 $\tau_w dA$이고, 2차원 유동의 경우 $dA$에 작용하는 미소 항력($dF_D$)과 미소 양력($dF_L$)은 각각 다음과 같다.

$$dF_D = dF_x = P\cos\theta\, dA + \tau_w \sin\theta\, dA$$
$$dF_L = dF_y = -P\sin\theta\, dA + \tau_w \cos\theta\, dA$$

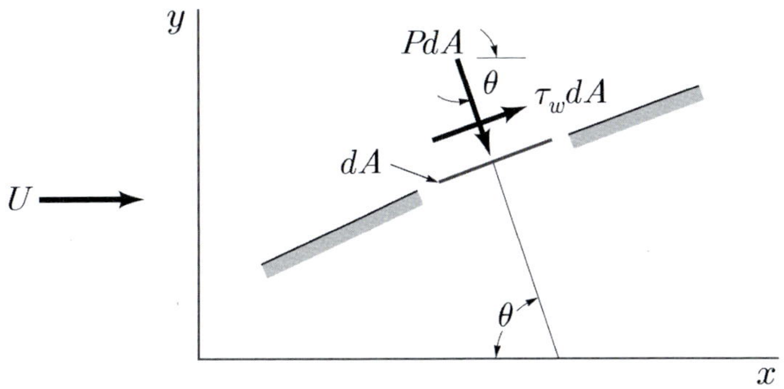


[그림 8.3] 물체 표면의 미소면적에 작용하는 압력 힘과 전단력

여기에서 $\theta$는 $dA$에 외향으로 수직인 방향과 유동의 양의 방향이 이루는 각도이다. 물체에 작용하는 총 항력($F_D$)과 양력($F_L$)은 위 식을 적분하여 구할 수 있다.

$$F_D = \int_A dF_D = \int_A P\cos\theta\, dA + \int_A \tau_w \sin\theta\, dA \quad \cdots\cdots (8.1)$$

$$F_L = \int_A dF_L = -\int_A P\sin\theta\, dA + \int_A \tau_w \cos\theta\, dA \quad \cdots\cdots (8.2)$$

위 식들은 컴퓨터를 사용하여 수치적인 방법으로 유동을 해석할 때 항력과 양력을 계산하는 식들이다. 그러나 일반적으로 $P$와 $\tau_w$의 분포를 이론적으로는 알기 어려우며 대부분 실험을 통하여 항력과 양력을 측정한다.

물체에 작용하는 항력($F_D$)과 양력($F_L$)이 결정되면 물체가 유체로부터 받는 총 힘(합력)의 크기($F_R$)는 다음과 같다.

$$F_R = \sqrt{F_D^2 + F_L^2} \quad \cdots\cdots (8.3)$$

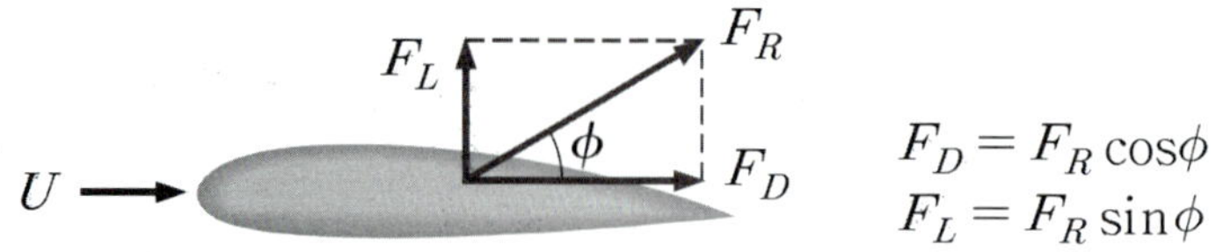


**[그림 8.4] 물체에 작용하는 항력($F_D$)과 양력($F_L$) 및 합력($F_R$)**

물체 표면에서 $P$와 $\tau_w$의 분포를 알지 못하면 식 (8.1)과 (8.2)의 적분 값을 구할 수 없다. 이를 해결하기 위해 무차원화 된 항력계수와 양력계수를 정의하고, 이론적인 해석 방법이나 수치적인 방법 또는 실험을 통하여 이 값을 구하는 방법이 널리 사용되고 있다. 무차원수인 항력계수($C_D$)와 양력계수($C_L$)는 다음과 같이 정의된다.

$$C_D = \frac{F_D}{\frac{1}{2}\rho U^2 A} \quad \cdots\cdots (8.4)$$

$$C_L = \frac{F_L}{\frac{1}{2}\rho U^2 A} \quad \cdots\cdots (8.5)$$

여기에서 $A$는 물체의 특성면적을 나타낸다. 일반적으로 $A$는 물체의 정면도면적(전면면적, frontal area), 즉 상류 유동과 같은 방향으로 물체를 투시했을 때의 면적(물체에 다가가는 유체의 흐름 방향에서 보이는 물체의 면적)이다. 예를 들어 [그림 8.5]의 (a)와 같이 지름이 $D$이고 길이가 $L$인 원형 실린더 주위를 유체가 흐를 때 원형 실린더의 정면도면적은 $A = DL$이다. 한편 [그림 8.5]의 (b)에 있는 익형(airfoil)과 같은 얇은 물체의 항력과 양력 계산에서는 물체의 평면도면적(평면면적, planform area)을 특성면적 $A$로 사용한다. 이때 $A$는 물체에 다가가는 유체 흐름에 수직인 방향에서 보이는 물체의 단면적이 된다. 즉, 그림의 (b)에서 $A = cL$이다.

항력계수와 양력계수는 물체의 형상과 관계가 깊으며, 레이놀즈수와 물체 표면 조도의 영향을 받는다.[1] 한편 식 (8.4)와 (8.5)에 표현된 $\frac{1}{2}\rho U^2$을 동압(dynamic pressure)이라 한다.

---

1) 일반적으로 실제 문제에 있어서는 각종 데이터(표, 그림, 관계식 등)를 이용하여 항력계수 값을 구한다. 이 책에서는 편의상 대부분의 문제에 대해 항력계수 값을 주었다.

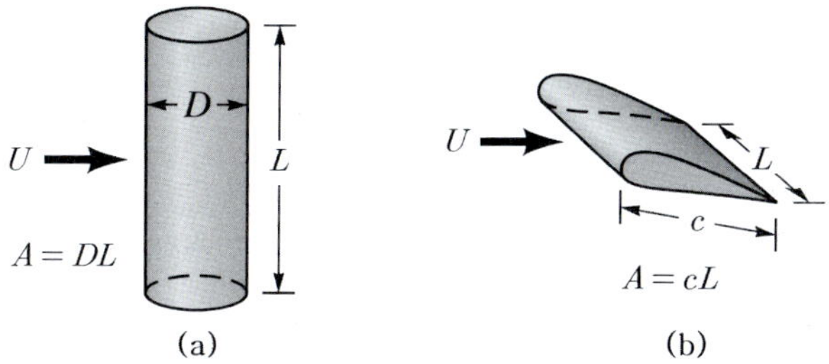


[그림 8.5] 특성 면적 (a) 실린더 (b) 익형(airfoil)

**[예제 8.1]** 그림과 같이 물체에 작용하는 압력 힘과 벽면 전단응력의 합력이 유동 방향과 30° 방향으로 700N으로 측정되었다. 물체에 작용하는 항력과 양력을 구하여라.

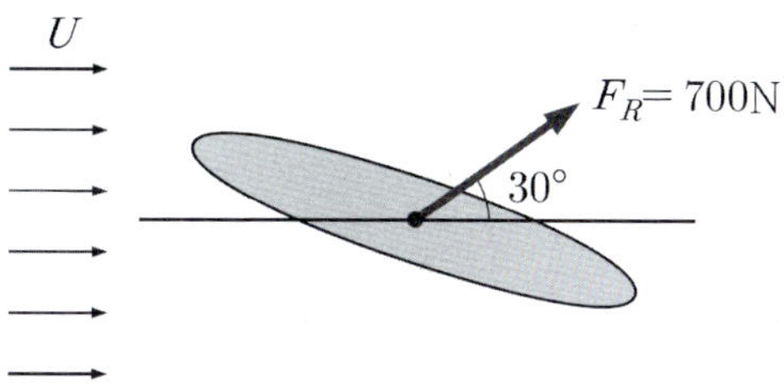


[그림 8.6] 물체에 작용하는 총 저항력

**풀이** 항력과 양력은 합력을 유동 방향과 유동에 수직한 방향의 성분으로 분해하여 결정된다.

(1) 항력 : $F_D = F_R \cos\phi = 700\cos 30° = 606[\text{N}]$

(2) 양력 : $F_L = F_R \sin\phi = 700\sin 30° = 350[\text{N}]$

**[예제 8.2]** 풍동을 이용하여 90km/h로 달리는 자동차의 항력계수를 구하고자 한다. 유동 방향으로 자동차에 가해지는 힘이 300N으로 측정되었을 때 항력계수를 구하여라. 단, 자동차의 정면도면적은 $2\text{m}^2$이고 공기의 밀도는 $1.2\text{kg/m}^3$이다.

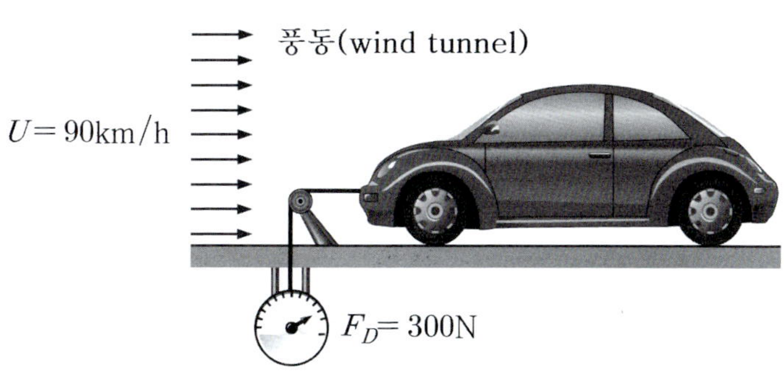


[그림 8.7] [예제 8.2]의 개략도

**풀이** 단위를 SI단위 kg, m, s, N으로 통일하여 계산한다. 자동차를 고정시켰을 때 공기의 속도($U$)는

$$U = 90\text{km/h} = 90 \times 10^3\text{m}/3600\text{s} = 25\text{m/s}$$

이고, 자동차의 항력계수($C_D$)는 다음과 같다.

$$C_D = \frac{F_D}{\frac{1}{2}\rho U^2 A} = \frac{300}{\frac{1}{2}(1.2)(25)^2(2)} = 0.4$$

이상에서 $\rho U^2 A$의 단위는 $[\rho U^2 A] = \left(\frac{\text{kg}}{\text{m}^3}\right)\left(\frac{\text{m}}{\text{s}}\right)^2 \text{m}^2 = \text{kg} \cdot \frac{\text{m}}{\text{s}^2} = \text{N}$ 이다.

## 8.3 마찰항력과 압력항력

8.2절에서 언급한 바와 같이 항력은 벽면 전단응력과 압력의 복합 작용에 의해 유동 방향으로 유체가 물체에 가하는 순수 힘이다. 때로는 이 두 가지 힘(전단응력과 압력에 의한 힘)을 구분하여 다루는 것이 더 유용하다.

### 1 마찰항력

마찰항력 $F_{D,f}$는 항력의 성분 중 물체 표면의 전단응력($\tau_w$)에 의한 것이다. 이것은 마찰효과로 인해 발생하기 때문에 표면 마찰항력(skin friction drag) 또는 마찰항력이라 한다. 유선형 물체나 레이놀즈수가 작은 경우에는 대부분의 항력이 마찰에 의해 발생한다.

마찰항력은 벽면 전단력의 유동방향 성분이므로 전단응력 $\tau_w$의 크기뿐만 아니라 물체의 방향과도 관계가 있다. 예를 들어 유동 방향에 수직으로 놓인 평판인 경우 마찰항력은 0이다. 이에 반해 유동방향에 평행하게 평판이 놓여 질 때 마찰항력이 최대가 되며, 이 경우 마찰항력은 평판 표면에 작용하는 총 전단력과 같다. 따라서 평판 상부에 평행한 유동의 경우 항력계수는 마찰항력계수 또는 단순하게 마찰계수와 같다. 마찰항력계수($C_{D,f}$)는 다음과 같이 정의된다.

$$C_{D,f} = \frac{F_{D,f}}{\frac{1}{2}\rho U^2 A} \qquad \cdots\cdots (8.6)$$

$C_{D,f}$의 값은 일반적으로 레이놀즈수($Re$)와 표면 상대 거칠기(상대조도)의 함수로 주어진다. 마찰항력계수는 관 유동에서 마찰계수와 유사하며 그 값은 유동 조건에 따라 달라진다.

## 2 압력항력

압력항력 $F_{D,P}$는 항력의 성분 중 물체 표면의 압력($P$)에 의한 것이다. 이 항력은 물체 모양에 크게 의존하므로 형상항력(form drag)이라고도 한다.

압력항력은 압력의 크기와 압력이 작용하는 표면 방향의 함수이다. 예를 들어 유동에 평행한 평판인 경우 압력은 유속에 수직으로 작용하므로 항력으로 작용하지 않는다. 즉, 이때는 아무리 압력이 클지라도 압력에 의한 항력은 0이다. 이에 반해 유동에 수직으로 놓인 평판에서 압력 힘은 전부 항력으로 작용한다. 압력항력계수($C_{D,P}$)는 다음과 같이 정의된다.

$$C_{D,P} = \frac{F_{D,P}}{\frac{1}{2}\rho U^2 A} \qquad \cdots\cdots (8.7)$$

## 3 총 항력

동일한 특성면적 $A$에 대해 마찰항력계수와 압력항력계수 또는 마찰항력과 압력항력의 값을 알면 이들을 단순하게 합하여 총 항력계수($C_D$) 또는 총 항력($D$)을 얻을 수 있다.

$$C_D = C_{D,f} + C_{D,P} \qquad \cdots\cdots (8.8)$$

$$F_D = F_{D,f} + F_{D,P} \qquad \cdots\cdots (8.9)$$

**[예제 8.3]** 공기 유동 내부에서 어떤 물체에 작용하는 총 항력과 압력항력이 각각 8N과 7.6N으로 측정되었다. 물체의 항력계수가 0.2일 때 물체의 마찰항력계수를 구하여라.

**풀이** 총 항력 $F_D=8\text{N}$, 압력항력 $F_{D,P}=7.6\text{N}$이므로 마찰항력($F_{D,f}$)은

$$F_{D,f}=F_D-F_{D,P}=8-7.6=0.4\,[\text{N}]$$

이고, 항력계수와 마찰항력계수의 정의로부터

$$C_D=\frac{F_D}{\frac{1}{2}\rho U^2 A},\qquad C_{D,f}=\frac{F_{D,f}}{\frac{1}{2}\rho U^2 A} \quad \cdots\cdots ①$$

이다. ①의 두 식에서 $\frac{1}{2}\rho U^2 A$를 같게 놓으면 다음과 같이 물체의 마찰항력계수($C_{D,f}$)가 구해진다. 항력계수 $C_D=0.2$이다.

$$\frac{C_D}{F_D}=\frac{C_{D,f}}{F_{D,f}} \quad \cdots\cdots ②$$

$$\therefore\ C_{D,f}=\left(\frac{F_{D,f}}{F_D}\right)C_D=\left(\frac{0.4}{8}\right)(0.2)=0.01$$

## 8.4 물체 형상과 항력계수

물체 형상에 따른 항력 특성은 측정된 항력계수로 나타낼 수 있다. 항력은 마찰과 압력이라는 서로 다른 두 효과에 의해 발생하지만 일반적으로 이들을 분리해서 결정하기는 어려운 경우가 많다. 그리도 대부분의 경우에 있어서 개별 항력보다는 총 항력이 더 큰 관심사가 되므로 총 항력계수가 많이 사용된다.

물체 형상에 따른 항력계수는 많은 연구의 주제가 되어 왔으며 대부분 실험에 의해 그 값을 결정한다. 이에 따라 다양한 형상들의 항력계수에 대한 많은 연구 문헌들이 있다.

일반적으로 항력계수는 레이놀즈수(Reynolds 수, $Re$)와 관계된다. 레이놀즈수가 낮은 영역, 중간 영역, 높은 영역의 항력계수는 각각 서로 다른 특성을 나타낸다.

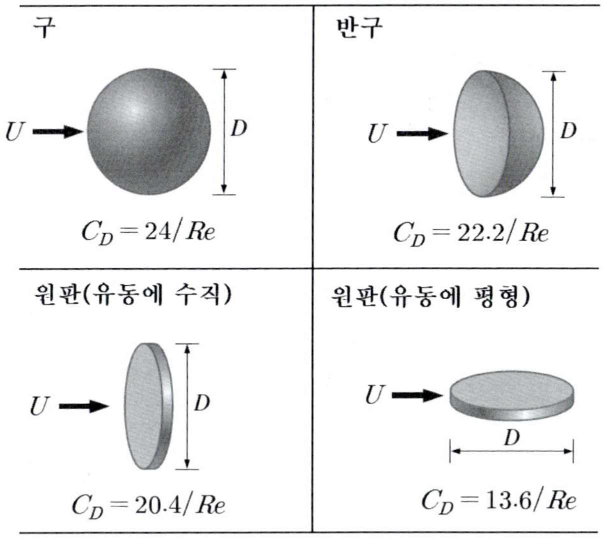


**[그림 8.8] 낮은 레이놀즈수($Re \ll 1$)에서 항력계수 :** $Re = \rho UD/\mu$, $A = \pi D^2/4$

크리핑 유동(creeping flow)으로 불리는 낮은 레이놀즈수 유동($Re \ll 1$)에서는 관성력이 무시할 수 있을 정도로 작으므로 이 항을 무시할 수 있다. 이와 같은 가정 하에서 G.G. Stokes는 구 주위의 유동을 해석하여 낮은 레이놀즈수의 구에 작용하는 항력($F_D$)이 다음과 같음을 보였다.

$$F_D = 3\pi\mu UD \qquad \cdots\cdots (8.10)$$

여기에서 $D$는 구의 지름, $\mu$는 유체의 점성계수, $U$는 유동속도이다. 이때 구의 항력계수($C_D$)는 다음과 같이 간단하게 레이놀즈수($Re$)의 함수로 표현된다[예제 8.4].

$$C_D = \frac{24}{Re} \quad (Re = \rho UD/\mu \ll 1) \qquad \cdots\cdots (8.11)$$

식 (8.10)을 Stokes 법칙이라 하며, 이 식은 때로는 공기 중의 먼지 입자나 물에 떠 있는 고체 입자에 대해서도 적용될 수 있다.[2)]

낮은 레이놀즈수 유동에서 몇 가지 형상에 대한 항력계수를 [그림 8.8]에 나타내었다. 여기에서 낮은 레이놀즈수에서는 물체 형상이 항력계수에 큰 영향을 미치지 않는다는 것을 알 수 있다.

2) Stokes 법칙은 기억하도록 한다.

높은 레이놀즈수 유동에서 여러 가지 형상의 물체에 대한 항력계수를 [표 8.1]과 [표 8.2]에 나타내었다. 표를 보면 유동 방향에 대한 상대적인 물체의 방향이 항력계수에 큰 영향을 미친다는 것을 알 수 있다. 예를 들어 [표 8.2]에서 반구의 항력계수는 구면이 유동방향으로 놓여 있으면 0.4이지만 이와 반대 방향으로 놓여 있으면 1.2가 된다. 즉, 물체의 방향에 따라 항력계수가 3배가 된다.

**[예제 8.4]** 지름이 $D$인 구에 작용하는 항력이 $F_D = 3\pi\mu UD$ 일 때 구의 항력계수가 $C_D = 24/Re$가 됨을 보여라. 단, 레이놀즈수 $Re = \rho UD/\mu$이다.

**풀이** 지름이 $D$인 구의 정면도면적 $A = \pi D^2/4$이다. 항력계수의 정의로부터

$$C_D = \frac{F_D}{\frac{1}{2}\rho U^2 A} = \frac{3\pi\mu UD}{\frac{1}{2}\rho U^2 \times \frac{\pi}{4}D^2} = 24\frac{\mu}{\rho UD} = \frac{24}{Re}$$

**[예제 8.5]** 지름이 0.4m인 구가 물속에서 7m/s의 일정 속도로 운동할 때 물에 의해 구에 작용하는 항력을 구하여라. 단, 물의 밀도는 $1{,}000\mathrm{kg/m^3}$, 점성계수는 $1.04\times10^{-3}\mathrm{Pa\cdot s}$이다.

**풀이** 먼저 레이놀즈수를 계산하면

$$Re = \frac{\rho UD}{\mu} = \frac{1000(7)(0.4)}{1.04\times10^{-3}} = 2.69\times10^6$$

이다. 따라서 $Re > 2\times10^6$이므로 [표 8.2]의 구에서 항력계수 $C_D = 0.2$이고, 구에 작용하는 항력($F_D$)은 다음과 같다.

$$F_D = C_D A\left(\frac{1}{2}\rho U^2\right) = C_D\left(\frac{\pi}{4}D^2\right)\left(\frac{1}{2}\rho U^2\right)$$

$$= 0.2\times\left(\frac{\pi}{4}\times0.4^2\right)\times\left(\frac{1}{2}\times1000\times7^2\right)\ [\mathrm{N}]$$

$$= 615.8\,[\mathrm{N}]$$

**[표 8.1]** $Re > 10^4$**에서 2차원 물체의 항력계수** $C_D$ **:** $b$**가 지면에 수직 방향 길이일 때 정면도면적** $A = bD$**, 항력** $F_D = C_D A \rho U^2/2$**,** $U$**는 상류 속도.**

[정사각형 막대]

날카로운 모서리 : $C_D = 2.2$

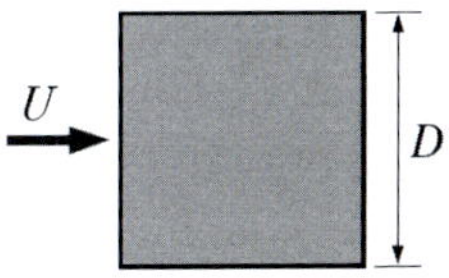


둥근 모서리 : $(r/D = 0.2)$
$C_D = 1.2$

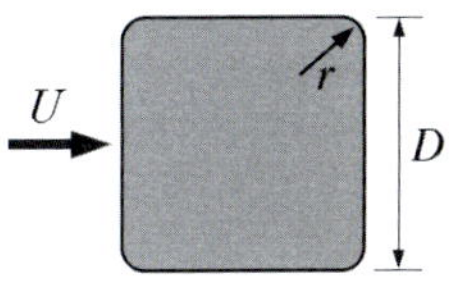


[직사각형 막대]

날카로운 모서리

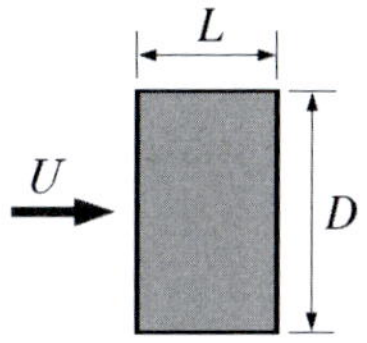


| $L/D$ | $C_D$ |
|---|---|
| 0.0* | 1.9 |
| 0.1 | 1.9 |
| 0.5 | 2.5 |
| 1.0 | 2.2 |
| 2.0 | 1.7 |
| 3.0 | 1.3 |

* 얇은 판인 경우

둥근 전면 모서리

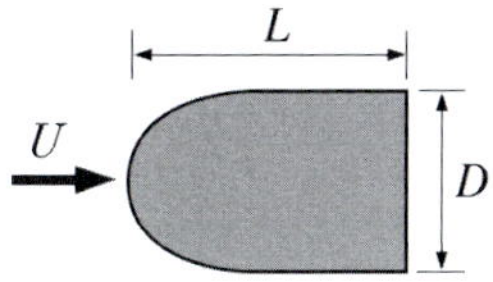


| $L/D$ | $C_D$ |
|---|---|
| 0.5 | 1.2 |
| 1.0 | 0.9 |
| 2.0 | 0.7 |
| 4.0 | 0.7 |

[둥근 막대(실린더)]

층류: $C_D = 1.2$

난류: $C_D = 0.3$

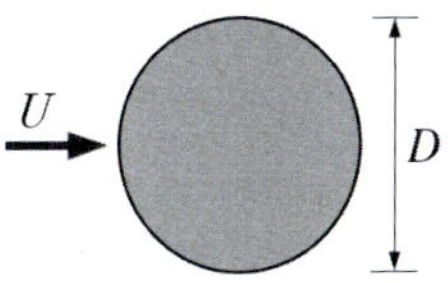


[타원형 막대]

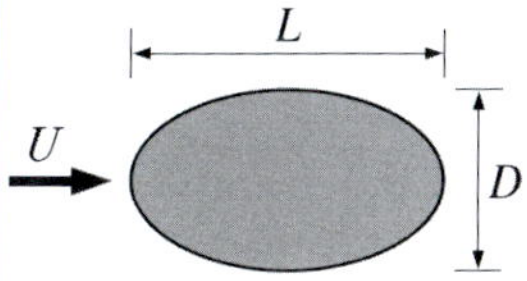


| | $C_D$ | |
|---|---|---|
| $L/D$ | 층류 | 난류 |
| 2 | 0.60 | 0.20 |
| 4 | 0.35 | 0.15 |
| 8 | 0.25 | 0.10 |

[이등변 삼각형 막대]

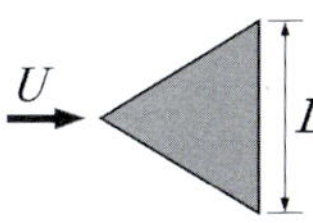


$C_D = 1.5$

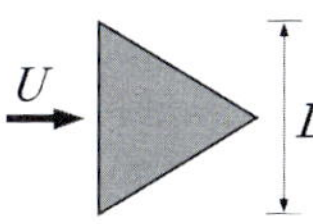


$C_D = 2.0$

[반원형 셸(shell)]

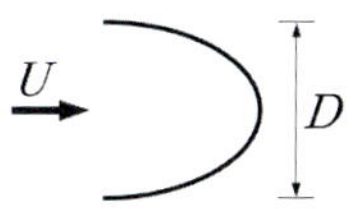


$(C_D = 2.3)$

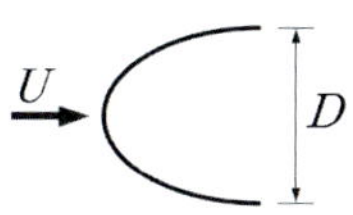


$(C_D = 1.2)$

[반원형 막대]

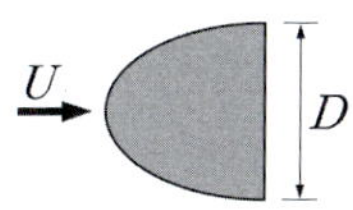


$(C_D = 1.2)$

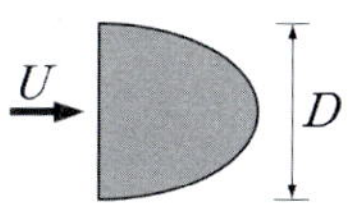


$(C_D = 1.7)$

**[표 8.2]** $Re > 10^4$**에서 3차원 물체의 항력계수** $C_D$ **: 항력** $F_D = C_D A \rho U^2/2$**,** $U$**는 상류 속도.**

[정육면체] $A = D^2$

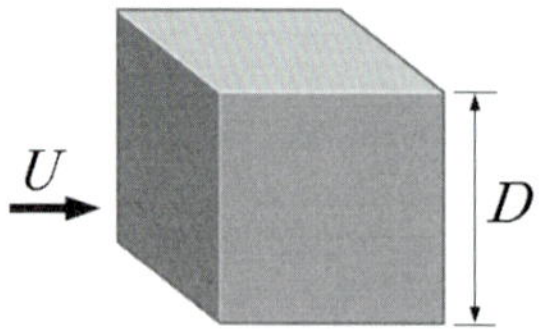

$C_D = 1.05$

[얇은 원판] $A = \pi D^2/4$

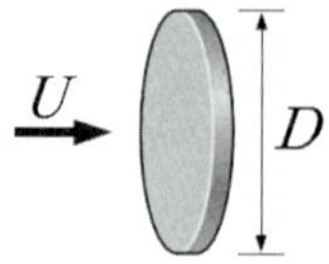

$C_D = 1.1$

[구] $A = \pi D^2/4$

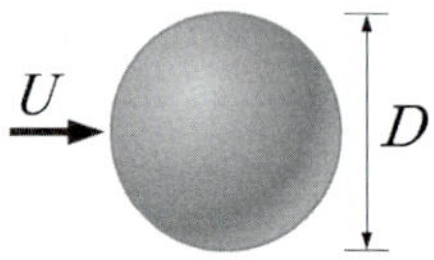

층류($Re \le 2\times10^5$) : $C_D = 0.5$

난류($Re \ge 2\times10^6$) : $C_D = 0.2$

[타원체] $A = \pi D^2/4$

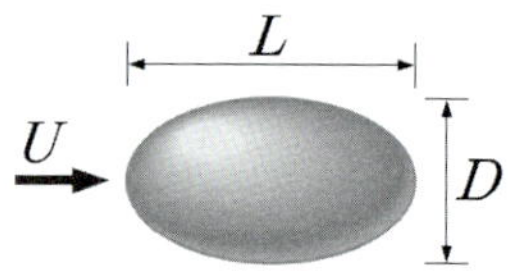

| $L/D$ | $C_D$ 층류 $Re \le 2\times10^5$ | $C_D$ 난류 $Re \ge 2\times10^6$ |
|---|---|---|
| 0.75 | 0.5 | 0.2 |
| 1 | 0.5 | 0.2 |
| 2 | 0.3 | 0.1 |
| 4 | 0.3 | 0.1 |
| 8 | 0.2 | 0.1 |

[반구] $A = \pi D^2/4$

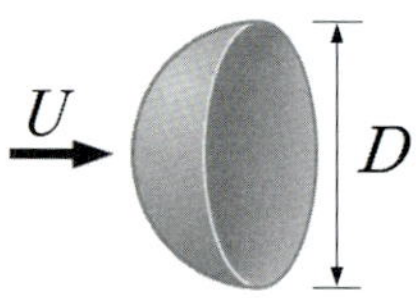

$C_D = 0.4$

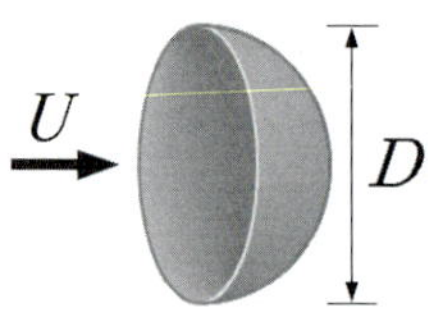

$C_D = 1.2$

[콘($\theta = 30°$)] $A = \pi D^2/4$

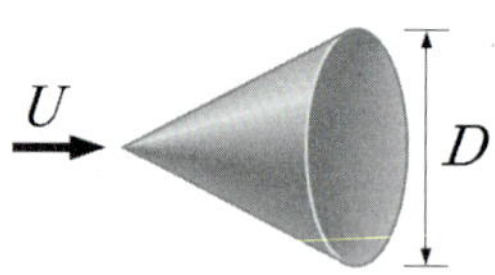

$C_D = 0.5$

**[표 8.2] (계속)**

[유한한 실린더] 수직, $A = LD$

층류 : $Re \leq 2 \times 10^5$에서 $C_D$

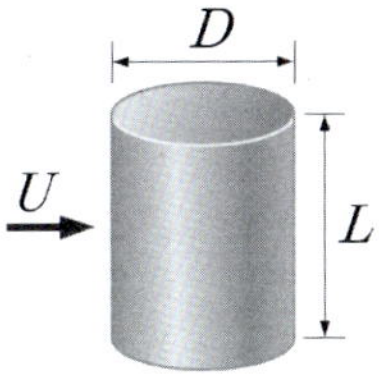


| $L/D$ | $C_D$ |
|---|---|
| 1 | 0.6 |
| 2 | 0.7 |
| 5 | 0.8 |
| 10 | 0.9 |
| 40 | 1.0 |
| ∞ | 1.2 |

[유한한 실린더] 수평, $A = \pi D^2/4$

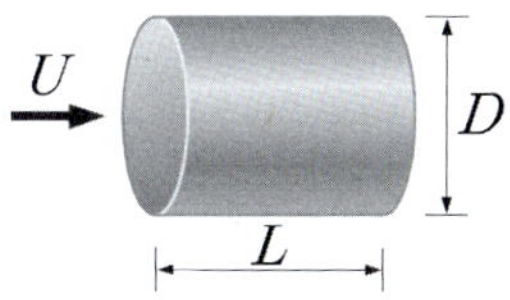


| $L/D$ | $C_D$ |
|---|---|
| 0.5 | 1.1 |
| 1 | 0.9 |
| 2 | 0.9 |
| 4 | 0.9 |
| 8 | 1.0 |

[유선형 물체] $A = \pi D^2/4$

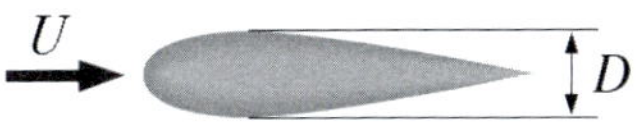


$C_D = 0.04$

[낙하산] $A = \pi D^2/4$

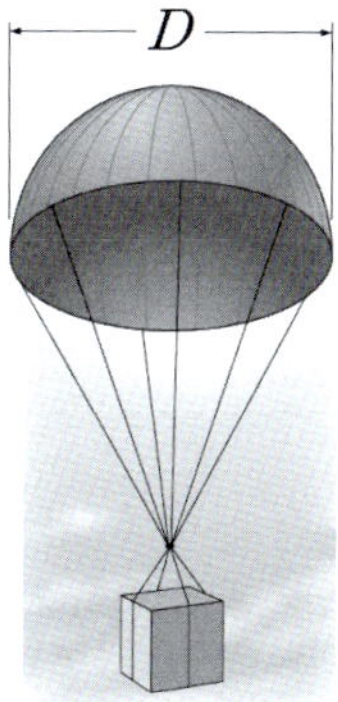


$C_D = 1.3$

## 8.5 낙하 물체의 종말속도

자유낙하 하는 물체에 작용하는 힘은 항력($F_D$)과 부력($F_B$) 및 물체의 무게($W$)이다[그림 8.9]. 어떤 물체가 유체 속에서 자유낙하 할 때 물체의 무게로 인해 처음에는 점점 속도가 증가한다. 이때 물체에는 물체가 운동하는 방향과 반대 방향으로 작용하는 항력에 의해 저항을 받고, 물체의 속도가 증가할수록 항력도 증가한다. 이와 같은 현상은 물체에 작용하는 모든 힘이 서로 균형을 이루어 물체에 작용하는 순 힘(net force)이 0($\sum F_V = 0$)이 될 때까지 계속된다. 물체에 작용하는 순 힘이 0이 되면 물체의 가속도도 0이 된다. 따라서 물체의 운동궤적에서 유체의 상태량이 변하지 않는다면 물체가 낙하하는 동안 물체의 속도가 일정하게 유지된다. 이 속도는 유체 속에서 물체가 자유낙하 할 때 도달할 수 있는 최대 속도이며, 이것을 종말속도(종단속도, 종착속도, terminal velocity)라고 한다.

종말속도에 도달했을 때 [그림 8.9]에서 다음과 같이 세 힘의 합력이 0이 된다.

$$F_D + F_B - W = 0 \quad \cdots\cdots (8.12)$$

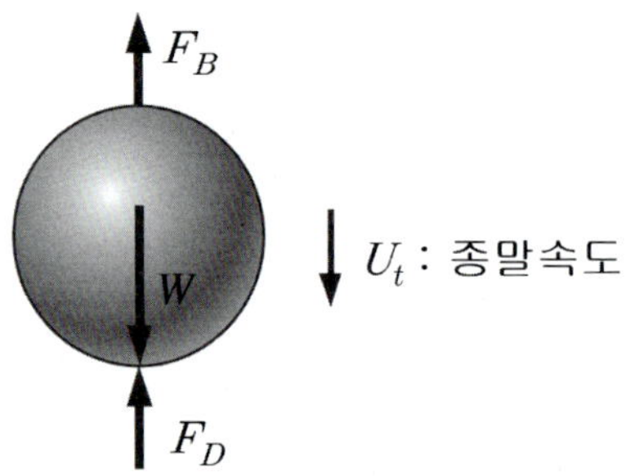


**[그림 8.9] 자유낙하 하는 입자에 작용하는 힘**

**[예제 8.6]** 작은 구형 입자 하나가 정지되어 있는 액체 속에서 아주 느린 속도로 침강하고 있다. $Re \ll 1$이고 입자가 침강하는 동안 입자 주위 유동은 크리핑 유동(creeping flow)일 때 입자의 종말속도($U_t$)를 구하여라. 단, 입자의 밀도는 $\rho_p$, 지름은 $D_p$이고, 액체의 밀도는 $\rho$, 점성계수는 $\mu$이며, 중력 가속도는 $g$이다.

**풀이** $U_t$의 속도로 침강하는 입자에는 그림과 같이 항력($F_D$)과 입자의 무게($W$) 및 부력($F_B$)이 작용한다. 부력과 항력은 입자의 운동 방향과 반대 방향으로 작용한다.

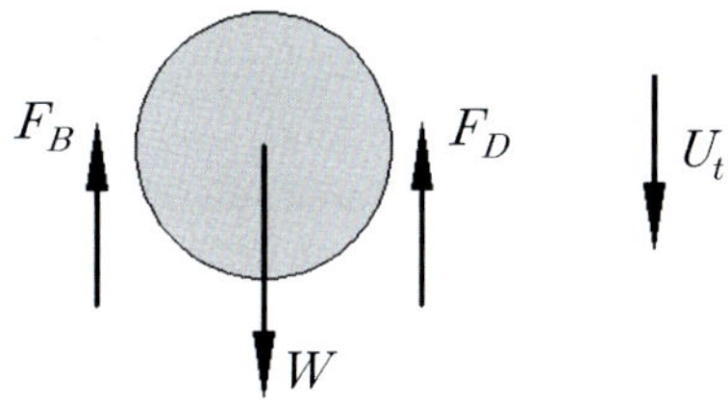


[그림 8.10] **입자에 작용하는 힘**

지름이 $D_p$인 입자의 부피 $V = \frac{4\pi}{3}r^3 = \frac{4\pi}{3}\left(\frac{D_p}{2}\right)^3 = \frac{\pi}{6}D_p^3$ 이므로 입자의 무게 $(W)$와 입자에 작용하는 부력$(F_B)$은 다음과 같다.

$$W = mg = (\rho_p V)g = \rho_p g\left(\frac{\pi}{6}D_p^3\right) \cdots\cdots ①$$

$$F_B = (\rho g)V = \rho g\left(\frac{\pi}{6}D_p^3\right) \cdots\cdots ②$$

그리고 크리핑 유동에서 종말속도$(U_t)$에 도달했을 때 입자에 작용하는 항력은 Stokes 공식으로부터

$$F_D = 3\pi\mu U_t D_p \cdots\cdots ③$$

이다. 뉴턴 운동법칙에 의해 최종 종말속도$(u_t)$에 도달했을 때 입자에 작용하는 힘의 합력이 $0(\sum F = 0)$이 된다.

$$W - F_B - F_D = 0 \cdots\cdots ④$$

식, ①, ②, ③을 식 ④에 대입하면 다음과 같이 입자의 종말속도$(U_t)$가 구해진다.

$$\rho_p g\left(\frac{\pi}{6}D_p^3\right) - \rho g\left(\frac{\pi}{6}D_p^3\right) - 3\pi\mu U_t D_p = 0$$

$$(\rho_p - \rho)g\left(\frac{\pi}{6}D_p^3\right) = 3\pi\mu U_t D_p$$

$$U_t = \frac{(\rho_p - \rho)gD_p^2}{18\mu} \cdots\cdots (8.13)$$

액체가 물일 때$(\rho = \rho_w)$ 종말속도를 입자의 비중$(S_p)$과 물의 밀도$(\rho_w)$로 표현하면 다음과 같다.

$$U_t = \frac{(S_p - 1)\rho_w g D_p^2}{18\mu} \quad \cdots\cdots (8.14)$$

† 물체가 일정한 속도로 운동할 때 물체의 가속도 $a = 0$이므로 뉴턴운동법칙에서 $\sum F = ma = 0$이 된다. 즉, 물체가 등속 운동을 할 때는 물체에 작용하는 모든 외력의 합이 0이 된다.

## 8.6 익형의 양력

양력은 유동방향에 수직으로 작용하는 순 힘으로 정의하였으며 양력계수는 식 (8.5)에서 다음과 같이 표현하였다.

$$C_L = \frac{F_L}{\frac{1}{2}\rho U^2 A}$$

여기에서 $A$는 일반적으로 평면도면적으로 물체에 수직인 방향에서 위로부터 물체를 바라볼 때 보이는 면적이다. $U$는 유체의 상류속도(또는 정지해 있는 유체 속을 비행하는 물체 속도)이다. 폭(혹은 스팬)이 $b$이고 코드 길이가 $c$인 익형(airfoil)의 평면도면적은 $A = bc$이다. 날개 또는 익형의 두 끝단 사이 거리를 날개폭(wing span) 또는 그냥 '**스팬(span)**'이라 한다. 비행기의 경우 날개폭은 두 날개 가운데에 있는 물체의 폭을 포함한 두 날개 끝 사이 전체 거리이다.

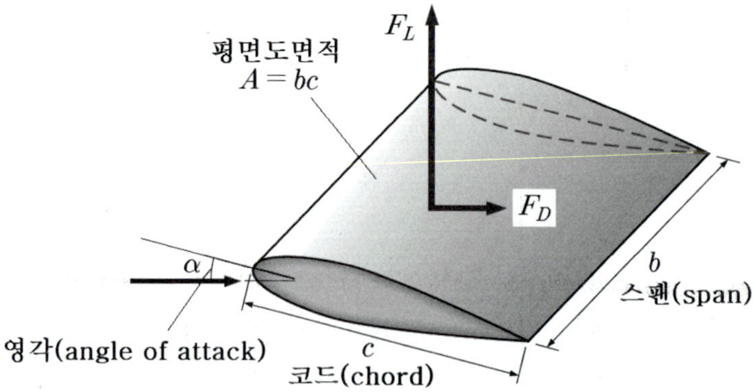


[그림 8.11] 익형(airfoil)의 모양과 용어

[그림 8.11]은 하나의 익형 모양을 보여준다. 여기에서 익형 평균 스팬의 제곱을 평면도면적으로 나눈 비를 **'종형비(aspect ratio)'**라 한다. 코드 길이가 $c$이고 스팬의 길이가 $b$인 직사각형 형태의 평면도를 갖는 익형의 경우 종형비($AR$)는 다음과 같다.

$$AR = \frac{b^2}{A} = \frac{b^2}{bc} = \frac{b}{c} \quad \cdots\cdots (8.15)$$

종형비는 익형이 유동 방향에 대해 상대적으로 얼마나 좁은지를 나타내는 하나의 척도가 된다. 큰 종형비를 갖는 길고 좁은 날개는 끝단의 길이가 짧다. 따라서 같은 평면도면적을 갖는 짧고 넓은 날개에 비하여 끝단에서 나타나는 손실이 적고 항력이 작다. 따라서 일반적으로 종형비가 증가하면 날개의 양력계수가 증가하고, 항력계수는 감소한다.

단위 평면도면적에 대한 평균양력 $F_L/A$를 **'날개하중'**(wing loading)이라 한다. **'일정한 고도를 비행할 때 비행기의 무게($W$)는 양력과 같다($F_L = W$).'** 따라서 날개하중($F_{loading}$)은 날개의 평면도면적($A$)에 대한 비행기의 무게($W$) 비와 같다.

$$F_{loading} = \frac{F_L}{A} = \frac{W}{A} \quad \cdots\cdots (8.16)$$

비행기가 날 수 있는 것은 양력 때문이므로 오랫동안 양력에 대한 연구가 수행되었다. 익형과 같이 양력을 발생시키는 장치에서는 점성효과에 의한 양력 발생은 무시할 수 있을 정도로 작다. 이것은 물체가 유선형으로 되어 있으므로 물체의 표면에서 발생하는 벽면 전단력이 표면과 평형하여 거의 양력 방향과 수직이 되기 때문이다[그림 8.12]. 따라서 양력은 물체 표면의 압력분포에만 대부분 의존하므로 물체의 형상이 압력에 주된 영향을 미치는 인자가 된다.

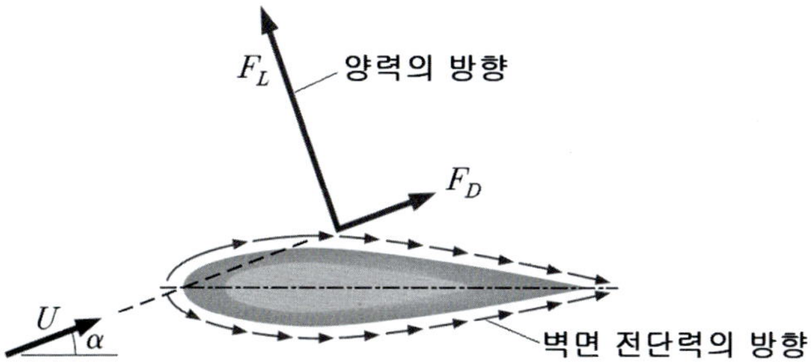


[그림 8.12] 익형의 벽면 전단력의 방향

점성효과가 양력에 미치는 영향이 작으므로 익형 주위 압력분포를 적분하여 익형에 작용하는 양력을 구할 수 있다. 익형을 설계할 때 주된 관점은 아랫면에서 평균압력을 최대로 하면서 윗면에서 평균압력을 최소로 하는 데 있다. 고압과 저압 영역을 구분할 때 베르누이 방정식을 적용할 수 있다. 즉, **'유동속도가 높은 곳에서는 압력이 작고, 유동속도가 낮은 곳에서는 압력이 높다.'** 그리고 물체의 표면조도는 벽면 전단력에 영향을 미치지만 압력에는 영향을 미치지 않으므로 적당한 영각(angle of attack)에서 양력은 표면조도와 무관하다. 전단력이 양력에 영향을 미치는 경우는 저속으로 비행하는 매우 작은(가벼운) 물체의 경우에 한정된다.

익형은 최대의 양력과 최소의 항력을 발생시킬 수 있는 것이 바람직하다. 따라서 익형의 성능을 측정하는 하나의 요소는 **'양항력비'**(lift-to-drag ratio)가 된다. 양항력비의 값은 양력계수의 항력계수에 대한 비 $C_L/C_D$와 같다. 영각의 변화에 따른 $C_L$과 $C_D$의 관계 혹은 $C_L/C_D$를 그려봄으로써 양항력비를 나타낼 수 있다.

익형의 양력과 항력 특성을 변화시키는 한 가지 방법은 영각을 변화시키는 것이다. 예를 들어 비행기의 경우에는 양력을 증가시키기 위하여 전체 기체가 상향으로 기우는 데, 이것은 날개가 동체에 고정되어 있기 때문이다. 또 다른 하나의 방법은 가변 앞전(leading edge)과 뒷전 플랩(trailing edge flaps)을 사용하여 익형의 형상을 바꾸는 것으로 현대의 대형 비행기에서 자주 사용되고 있다. 비행기가 이륙하거나 착륙할 때 양력이 최대가 되도록 플랩(flaps)을 이용하여 날개 형상을 바꿈으로써 비행기가 저속에서 이륙이나 착륙을 할 수 있도록 한다[그림 8.13]. 이때 소요되는 시간이 짧기 때문에 이때의 항력 증가는 크게 문제되지 않는다. 비행기가 이륙하여 일단 순항 고도에 도달하면 플랩은 접혀지고 날개는 다시 원래 형태로 되돌아가 순항 시 연료 소모를 줄이기 위한 최소 항력계수와 적절한 양력계수를 가지게 된다. 일반적으로 비행기의 순항 속도가 크고 양력이 속도의 제곱에 비례하므로 양력계수 값이 작아도 실제 비행 중에 나타나는 양력은 상당히 크다.

**[그림 8.13] 비행기가 착륙 할 때 플랩 모양**

총 질량이 $m$인 비행기의 최소 비행 속도($U_{min}$)는 비행기 전체 무게($W = mg$)를 양력($F_L$)과 같게 하고, 양력계수 $C_L = C_{L,max}$로 놓는 조건에서 다음과 같이 결정할 수 있다.

$$W = F_L = C_{L,max} \times \frac{1}{2}\rho U_{min}^2 A$$

$$U_{min} = \sqrt{\frac{2W}{C_{L,max}\rho A}} = \sqrt{\frac{2mg}{C_{L,max}\rho A}} \quad \cdots\cdots (8.17)$$

주어진 비행기 무게에 대하여 양력계수와 날개 면적의 곱 $C_{L,max}A$를 최대로 함으로써 이륙이나 착륙 속도를 최소로 할 수 있다. 식 (8.17)이 보여주는 또 하나 중요한 점은 '**이륙이나 착륙에 필요한 최소 속도는 밀도의 제곱근에 반비례한다.**'는 것이다. 대기 중에서 고도의 증가에 따라 공기 밀도가 감소하므로 고도가 증가하면 최소 비행 속도가 커지게 된다. 따라서 높은 고도의 공항에서는 보다 높은 최소 이륙속도와 착륙속도를 맞추기 위해 긴 활주로가 있어야 된다. 또한 공기 밀도($\rho = P/RT$)가 온도에 반비례하므로 더운 여름에는 최소 비행 속도가 커지게 된다.

한편 비행기가 $U$의 일정 속도로 운항할 때 공기에 의해 비행기에 작용하는 항력($F_D$)을 극복하기 위해 필요한 엔진 동력(power, $H$)은 다음과 같다. 이때 비행기의 추력(thrust)은 항력 $F_D$와 같다.[3)]

• 비행기 엔진 동력 : $H = F_D U = \frac{1}{2} C_D A \rho U^3 \quad \cdots\cdots (8.18)$

**[예제 8.7]** 날개의 평면도 면적이 $70\text{m}^2$이고 총 무게가 38,000kgf인 비행기가 있다. 지상에서 공기 밀도가 $1.2\text{kg/m}^3$이고 최대 양력계수가 $3.47$일 때 비행기가 이륙하기 위한 최소속도[km/h]를 구하여라.

**풀이** 먼저 SI 단위 m, kg, N으로 환산하여 최소속도 $U_{min}$[m/s]를 구한다.

$$U_{min} = \sqrt{\frac{2W}{C_{L,max}\rho A}}$$

$$= \sqrt{\frac{2(38,000)(9.8)}{3.47(1.2)(70)}}\,[\text{m/s}] = 50.5\,[\text{m/s}]$$

3) 기계설계에서 동력 기호로 많이 사용하는 $H$를 사용하였다.

여기에서 $1\text{m} = 10^{-3}\text{km}$, $1\text{s} = (1/3600)\text{h}$이므로 비행기가 이륙하기 위한 최소속도 $U_{min}$[km/h]는 다음과 같다.

$$U_{min} = 50.5\left[\frac{\text{m}}{\text{s}}\right] = 50.5\left[\frac{10^{-3}\text{km}}{(1/3600)\text{h}}\right] = 182[\text{km/h}]$$

[Note] 미국 연방항공국에서는 안전을 위하여 착륙과 이륙을 위한 최소 안전속도를 $1.2U_{min}$으로 규정하고 있다고 한다. 이에 따르면 이 예제의 조건에서 비행기가 이륙하기 위한 최소 안전속도는 218[km/h]가 된다.

**[예제 8.8]** [예제 8.7]에서 비행기가 이륙하기 위해 필요한 비행기의 최소 엔진 동력[kW]을 구하여라. 단, 비행기의 항력계수는 0.02이다.

풀이 비행기가 이륙하기 위한 최소속도 $U_{min} = 50.5$[m/s]이므로 이륙하기 위해 필요한 비행기의 최소 엔진 동력($H_{min}$)은 다음과 같다.

$$\begin{aligned} H_{min} &= F_D U_{min} = \left(\frac{1}{2}C_D A\rho U_{min}^2\right)U_{min} = \frac{1}{2}C_D A\rho U_{min}^3 \\ &= \frac{1}{2}(0.02)(70)(1.2)(50.5)^3[\text{W}] \\ &= 108\times 10^3[\text{W}] \\ &= 108[\text{kW}] \end{aligned}$$

## 8.7 회전에 의한 양력

공의 양력 특성을 바꾸어 원하는 궤적을 따라 공을 보내기 위하여 공에 회전을 주기도 한다. 예를 들어 테니스공이나 탁구공에 전방회전(top spin)을 주면 공이 갑자기 떨어지는 드롭샷이 되기도 한다. 이와 같이 고체 물체의 회전에 의해 양력이 발생하는 현상을 독일 과학자 H. Magnus의 이름을 따서 **'마그너스(Magnus) 효과'**라 한다. H. Magnus는 [그림 8.14]에 나타낸 것과 같이 이상적인 유동에서 물체 회전에 의한 양력을 처음으로 연구한 사람이다.

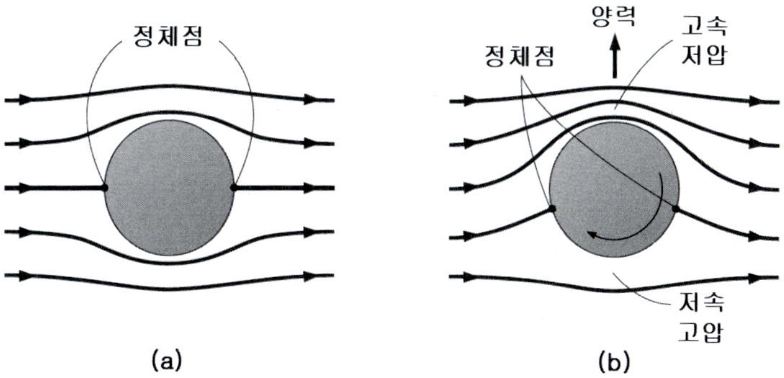


**[그림 8.14] (a) 정지한 실린더 주위의 유동 (b) 회전하는 실린더 주위의 유동**

[그림 8.14]의 (a)에 나타낸 바와 같이 공이 회전하지 않을 때는 상하부의 대칭성으로 인하여 양력이 발생하지 않는다. 그러나 (b)와 같이 실린더가 그 축을 중심으로 회전할 때는 벽 점착조건(no-slip condition)에 의해 실린더가 그 주위의 유체를 회전시키고, 이로 인해 두 정체점(stagnation point)이 아래로 이동한다. 따라서 유동은 실린더 중심을 지나는 수평면에 대해 더 이상 대칭이 아니다. 이때 베르누이(Bernoulli) 효과에 의해 상반부의 평균압력이 하반부의 평균압력보다 낮아지므로 순 상향 힘(양력)이 실린더에 작용한다.

회전하는 공에서도 이와 같이 양력이 발생할 수 있다. [그림 8.15]에 매끄러운 구의 회전율이 양력계수와 항력계수에 미치는 영향을 나타내었다. 양력계수는 회전율과 밀접하게 관련되어 있으며, 특히 각속도($\omega$)에 크게 영향을 받는다. 이에 반해 회전율이 항력계수에 미치는 영향은 상대적으로 적다. 표면조도 또한 항력계수와 양력계수에 영향을 미친다. 특정 레이놀즈수 범위에서 표면조도는 양력계수를 증가시키는 반면 항력계수는 감소시키는 효과를 발생한다. 따라서 적당한 조도를 갖는 골프공은 동일한 타격력에 대해 매끈한 공보다 더 높고 멀리 날아갈 수 있다.

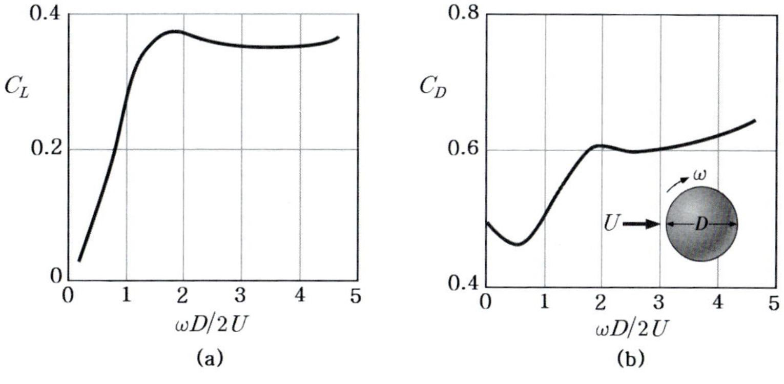


**[그림 8.15] $Re = UD/\nu = 6\times 10^4$에서 무차원화된 회전율($\omega D/2U$)에 따른 매끄러운 구의 양력계수(a)와 항력계수(b)**

**[예제 8.9]** 지름이 6.4cm인 공을 4800rpm의 후방회전(back spin)을 걸어 72km/h로 타격하였을 때 공기에 의해 공에 작용하는 양력을 구하여라. 단, 공기의 밀도와 동점성계수는 각각 $1.2\text{kg/m}^3$, $1.52\times10^{-5}\text{m}^2/\text{s}$이다.

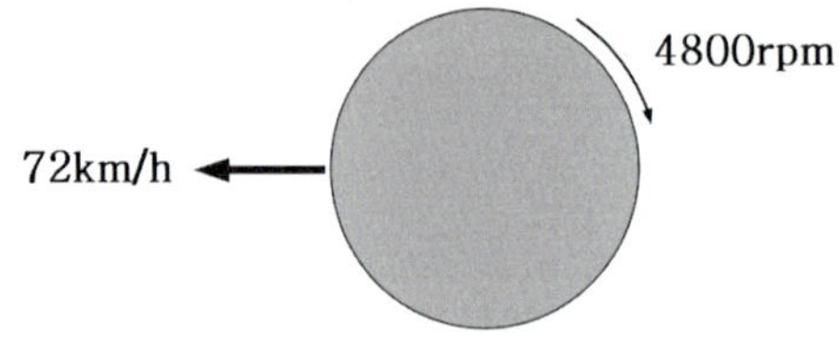


[그림 8.16] [예제 8.9]의 개략도

**풀이** SI 단위로 공의 병진속도($U$)와 각속도($\omega$)는 다음과 같다.

$$U = 72\text{km/h} = \frac{72\times1000\text{m}}{3600\text{s}} = 20[\text{m/s}]$$

$$\omega = 4800\text{rpm} = \frac{2\pi\times4800\text{rad}}{60\text{s}} = 503[\text{rad/s}]$$

이때 레이놀즈수는

$$Re = \frac{UD}{\nu} = \frac{20(0.064)}{1.52\times10^{-5}} = 8.4\times10^4$$

이고, 이 값은 $Re = 6\times10^4$에 가까우므로 [그림 8.15]로써 대략적인 양력계수의 값을 구한다. 무차원화된 각속도는

$$\frac{\omega D}{2U} = \frac{503(0.064)}{2(20)} = 0.8$$

이고, 그림에서 양력계수의 근삿값은 $C_L = 0.21$이다. 따라서 공기에 의해 공에 작용하는 양력($F_L$)은 다음과 같다.

$$F_L = C_L A\left(\frac{1}{2}\rho U^2\right) = C_L\left(\frac{\pi}{4}D^2\right)\left(\frac{1}{2}\rho U^2\right)$$

$$= 0.21\left(\frac{\pi}{4}\times0.064^2\right)\left(\frac{1}{2}\times1.2\times20^2\right)[\text{N}]$$

$$= 0.162[\text{N}]$$

# 연습문제 8

**01** 자동차가 90km/h의 일정 속도로 공기 속에서 달리고 있다. 다음 각 경우에 대하여 자동차의 항력계수를 이용하여 자동차에 작용하는 항력을 구하기 위해 사용되는 상류속도를 구하여라.

**[문제 8.1] 자동차의 이동 방향과 반대방향으로 바람이 부는 경우**

(1) 공기가 정지해 있는 경우
(2) 자동차의 이동 방향과 반대 방향으로 20km/h의 바람이 부는 경우
(3) 자동차의 이동 방향과 같은 방향으로 30km/h의 바람이 부는 경우

**02** 공기 유동 내에서 물체에 작용하는 항력과 양력이 각각 470N과 330N으로 측정되었다. 물체에 작용하는 합력의 크기[N]와 합력의 방향이 유동 방향과 이루는 각을 구하여라.

**03** 그림과 같이 물체에 작용하는 압력 힘과 벽면 전단응력의 합력이 유동 방향과 $34°$의 방향으로 450N으로 측정되었다. 물체에 작용하는 항력과 양력을 구하여라.

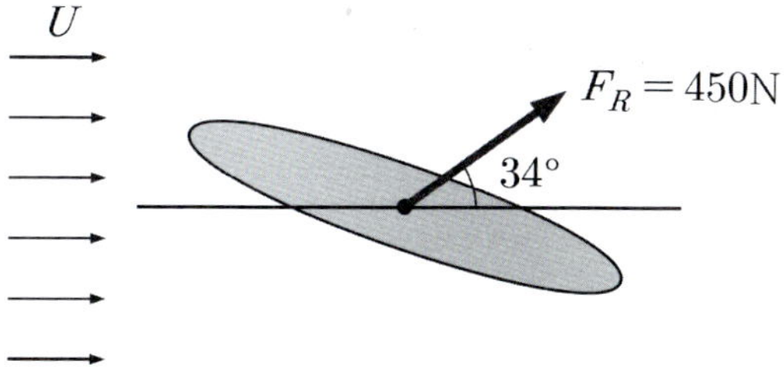


**[문제 8.3]**

**04** 대기 압력 101kPa, 온도 $25℃$에서 자동차의 항력계수를 구하기 위해 풍동을 이용하여 실험을 한다. 풍동에서 풍속이 90km/h일 때 자동차에 작용하는 수평 방향 힘이 280N으로 측정되었다. 자동차의 높이와 폭은 각각 1.35m와 1.65m일 때 자동차의 항력계수($C_D$)를 구하여라. 단, 공기의 기체상수는 $0.287\text{kJ/kg} \cdot \text{K}$이다.

**05** 유체가 항력 $D_1$을 가지고 평판 위를 흐르고 있다. 상류 유속이 2배가 되면 평판이 받는 항력 $D_2$는 몇 배가 되는가?

**06** 새로 출시된 자동차의 항력계수가 0.20이고, 단면적은 $2.8\text{m}^2$이다. 이 자동차가 정지해 있는 공기 속에서 90km/h로 주행할 때 공기로부터 받는 항력[N]을 구하여라. 단, 공기의 밀도는 $1.2\text{kg/m}^3$이다.

**07** 대기 중에서 평균 하강 속도 4m/s로 높은 곳에서 아래로 물건을 내려 보내기 위해 지름이 5m인 낙하산이 사용된다. 낙하산과 물건의 총 무게가 200N일 때 낙하산의 항력계수를 구하여라. 단, 공기의 밀도는 $1.2\text{kg/m}^3$이고, 공기에 의한 부력은 무시한다.

**08** 바깥지름이 1.2m인 구형 탱크가 45km/h의 바람이 부는 실외에 놓여 있다. 실외 공기 조건이 100kPa, $20℃$일 때 바람에 의해 탱크에 작용하는 항력을 구하여라. 단, 단, 공기의 기체상수는 $0.287\text{kJ/kg}\cdot\text{K}$이고, 탱크의 항력계수는 0.14이다.

**09** 높은 레이놀즈수($Re = 4 \times 10^6$)의 실험에서 구형 물체에 작용하는 총 항력과 압력항력이 각각 7.2N과 6.7N으로 측정되었다. 물체의 항력계수와 마찰항력계수를 구하여라. [표 8.2] 참고.

**10** 지름이 50cm인 얇은 원형 표지판에 수직으로 유속 140km/h의 바람이 불어오고 있다. 공기의 밀도가 $1.2\text{kg/m}^3$이고 항력계수가 1.1일 때 다음을 구하여라.

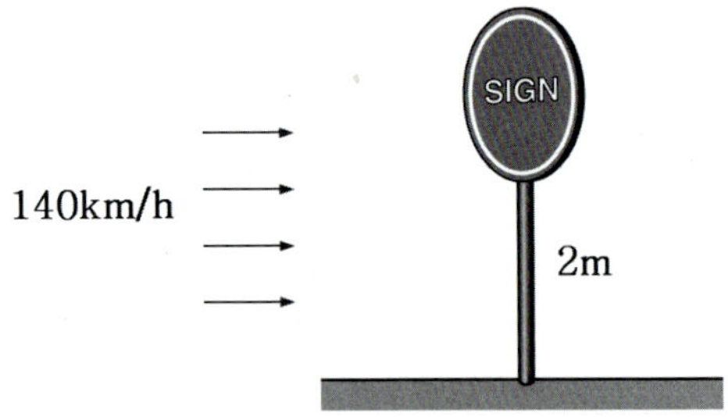


[문제 8.10]

(1) 표지판에 작용하는 항력[N]

(2) 기둥의 높이가 지면으로부터 2m일 때 표지판의 지면 고정부에 작용하는 모멘트 [N · m], 단, 기둥에 작용하는 항력은 무시한다.

**11** 지름이 12cm이고 길이가 15m인 깃대가 지면에 수직으로 고정되어 있다. 깃대의 길이에 수직한 방향으로 유속 20m/s의 바람이 불어오고 있을 때 깃대의 바닥에 작용하는 모멘트를 구하여라. 단, 공기의 동점성계수는 $\nu = 1.46 \times 10^{-5} \mathrm{m^2/s}$이고, 밀도는 $1.2 \mathrm{kg/m^3}$이며, 층류유동에서 항력계수는 1.2이다.

**12** 고속도로에서 자동차를 달리게 하는데 필요한 힘은 공기에 의해 자동차에 작용하는 항력에 비례한다. 자동차를 80km/h의 속도로 달리기 위해 필요한 동력($H_1$)과 120km/h로 달리기 위해 필요한 동력($H_2$)의 비 $H_1/H_2$를 구하여라. 단, 공기는 정지해 있다고 가정한다.

**13** 50km/h로 달리는 자동차가 공기역학적 항력을 극복하기 위해 소요되는 동력은 20kW이다. 이 자동차가 100km/h로 달리기 위해 필요한 동력[kW]을 구하여라. 단, 공기는 정지해 있다고 가정한다.

**14** 그림과 같은 잠수함을 지름 5m, 길이 25m인 타원형 물체로 간주할 수 있다고 가정한다. 이 잠수함이 정지해있는 바닷물 속에서 50km/h의 일정 속도로 수평으로 이동하기 위해 필요한 동력[kW]을 구하여라. 단, 잠수함의 항력계수는 0.1이고 바닷물의 밀도는 $1025 \mathrm{kg/m^3}$이다.

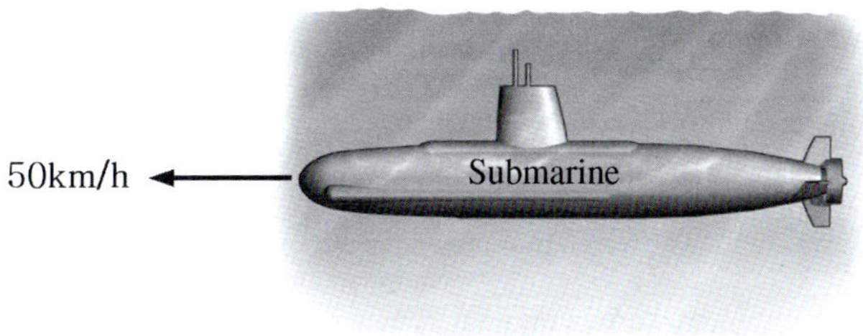


[문제 8.14]

**15** 정지한 공기 속에서 자전거를 24km/h로 달리게 할 때 페달을 밟는 데 소요되는 동력[W]을 구하여라. 단, 사람과 자전거의 총 정면도면적은 $0.36 \mathrm{m^2}$이고 항력계수는 0.88이며, 공기의 밀도는 $1.2 \mathrm{kg/m^3}$이다.

**16** 위 문제[15번]에서 자전거를 향하여 32km/h의 속도로 바람이 불어 올 때 페달을 밟는 데 소요되는 동력[W]을 구하여라.

**17** 그림과 같이 원형 기둥 위에 타원형 평판이 부착된 구조물이 있다. 이 평판과 기둥에 수직으로 80km/h의 속도로 바람이 불 때 다음을 구하여라. 단, 평판과 기둥의 항력계수는 각각 1.1과 0.5이고, 공기의 밀도는 $1.2\text{kg/m}^3$이다.

(1) 바람에 의해 구조물에 작용하는 항력[N]

(2) 바람에 의해 구조물의 지면 고정부에 작용하는 모멘트[N · m]

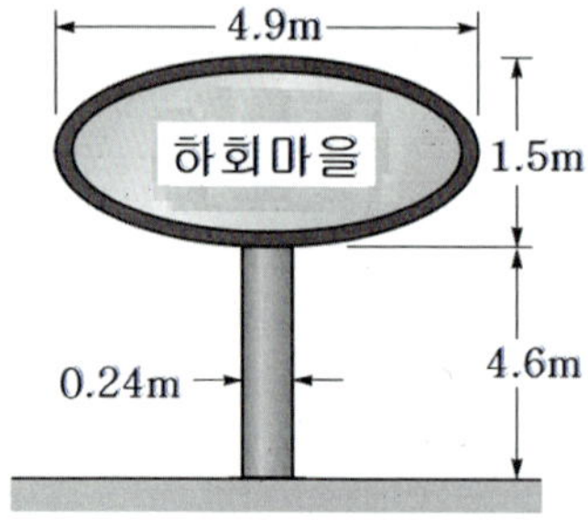

[문제 8.17]

**18** 지름 0.6m, 길이 0.9m, 무게 50N의 실린더가 지면에 수직으로 서 있다. 그림과 같이 왼쪽에서 오른쪽으로 실린더의 길이 방향에 수직인 방향으로 바람이 불어올 때 실린더가 오른쪽으로 넘어지는 순간의 풍속[m/s]을 구하여라. 단, 실린더의 항력계수는 1.0이고 공기의 밀도는 $1.2\text{kg/m}^3$이며, 그림의 코너 A를 지지점으로 하여 실린더가 오른쪽으로 넘어진다고 가정한다.

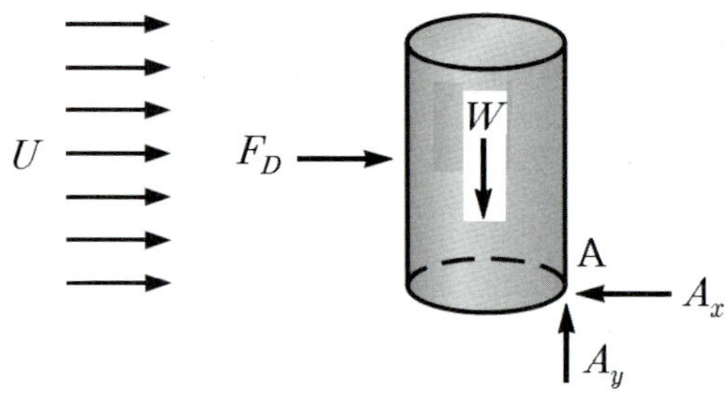

[문제 8.18]

**19** 지름 0.9m, 길이 1.1m인 원통모양의 쓰레기통이 간밤에 불어온 강한 바람으로 인해 쓰러졌다. 쓰레기통 전체의 평균 밀도를 $150\text{kg/m}^3$라 가정하고 쓰레기통이 쓰러졌을 순간의 풍속[km/h]을 구하여라. 단, 쓰레기통의 항력계수는 0.7이고 공기의 밀도는 $1.23\text{kg/m}^3$이다.

**20** 그림과 같이 티에 놓여 있는 작은 공이 점 A를 지지점으로 하여 오른쪽으로 회전하여 떨어질 때 수평으로 부는 바람의 속도 $U$[m/s]을 구하여라. 공의 반지름은 21mm, 무게는 0.44N이고, A점으로부터 공의 수직 중심축까지 거리는 5.1mm이다. 그리고 공기의 밀도는 $1.2\text{kg/m}^3$이며, 공의 양력계수는 0.22이다.

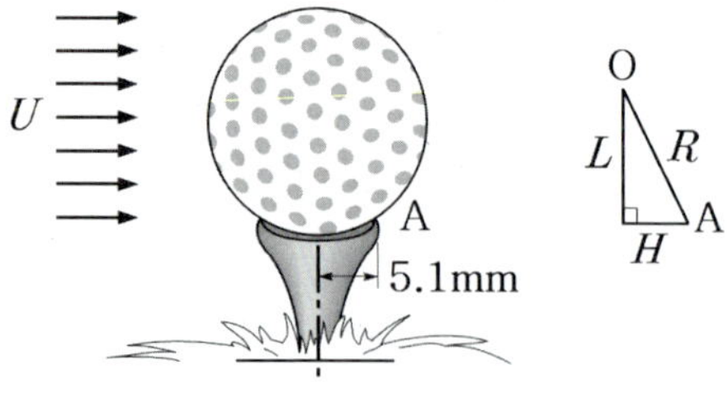

[문제 8.20]

**21** 바깥지름이 1.1m이고 높이가 20m인 원통 모양의 굴뚝이 지면에 수직으로 서 있다. 굴뚝의 길이 방향에 수직으로 100km/h의 바람이 불 때 바람에 의해 굴뚝 바닥에 작용하는 모멘트[kN · m]를 구하여라. 단, 대기 조건은 100kPa, 20℃ 이고, 공기의 기체상수는 0.287kJ/kg · K 이며, 항력계수는 0.3이다.

**22** 지름이 $0.06\mu m$ 인 물방울이 공기 속에서 자유 낙하할 때 물방울의 속도(종말속도)를 구하여라. 단, 공기의 점성계수는 $1.79\times10^{-5}$Pa · s이고, 공기의 밀도는 물의 밀도보다 아주 작으므로 무시한다. 공기의 동점성계수는 $1.46\times10^{-5}m^2/s$ 이다.

**23** 지름이 0.1mm이고 비중이 2인 작은 모래알이 깊은 호수에서 가라앉고 있다. 호수 물이 정지해 있을 때 모래알의 낙하속도(종말속도)를 구하여라. 단, 호수물의 밀도는 $1000kg/m^3$이고 점성계수는 $1.12\times10^{-3}$Pa · s이다.

**24** 그림과 같이 사람이 낙하산을 타고 공기 속에서 자유낙하하고 있다. 지름이 8m인 낙하산과 사람의 총 무게가 940N일 때 낙하산의 종말속도[m/s]를 구하여라. 단, 공기의 밀도는 $1.2kg/m^3$이고, 낙하산의 항력계수는 1.3이며, 공기에 의한 부력은 무시한다.

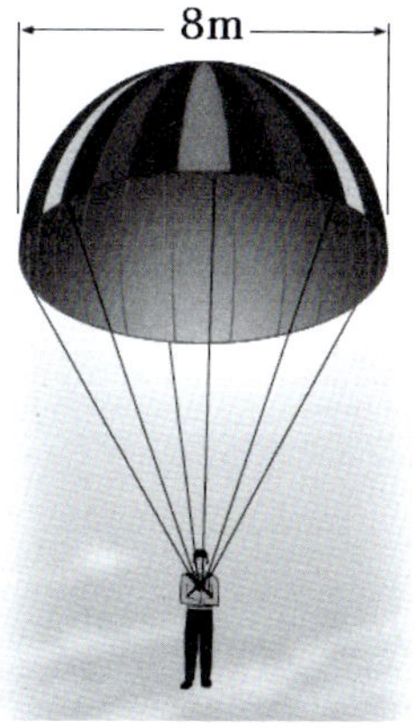


[문제 8.24]

**25** 그림과 같은 실험 장치에서 지름 3mm의 유리 공을 액체 속에 떨어뜨렸을 때 유리 공의 종말속도가 0.14m/s로 측정되었다. 액체에 의해 유리 공에 작용하는 항력은 Stokes 법칙이 적용된다고 할 때 액체의 점성계수[$N\cdot s/m^2$]를 구하여라. 단, 유리공과 액체의 밀도는 각각 $2500kg/m^3$과 $870kg/m^3$이다.

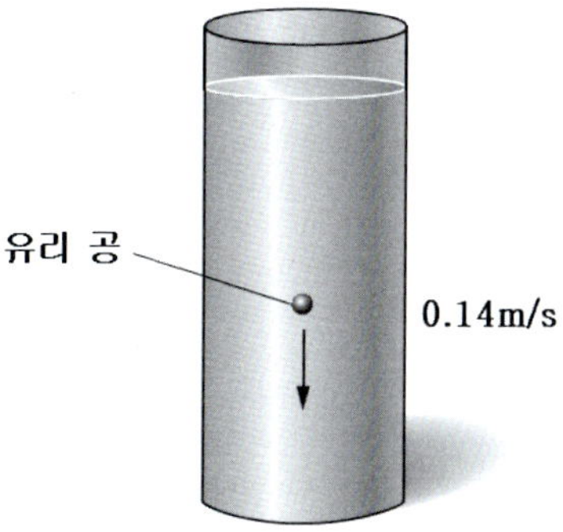


[문제 8.25]

**26** 지름이 0.06mm이고 밀도가 1.5$g/cm^3$인 작은 구형 먼지입자가 상승기류에 의해 지면으로부터 200m 위에 떠 있다. 먼지입자가 100kPa, 20℃ 인 정지한 공기 중에서 다시 지면으로 떨어지는데 걸리는 시간을 구하여라. 단, 먼지입자가 종말속도까지 가속되는 천이 구간은 무시하고 처음부터 종말속도로 하강하며, Stokes 법칙을 적용할 수 있다고 가정한다. 그리고 공기의 기체상수는 $0.284\text{kJ/kg}\cdot\text{K}$이고, 점성계수는 $1.83\times10^{-5}\text{kg/m}\cdot\text{s}$이다.

**27** 체중이 60kg인 사람이 15kg의 자전거를 타고 페달이나 브레이크를 사용하지 않고 경사각이 $7°$인 내리막길을 내려가고 있다. 자전거를 타는 사람의 정면도 면적은 $0.43\text{m}^2$이고 항력계수가 0.9일 때 사람과 자전거의 종말속도[km/h]를 구하여라. 단, 자전거에서 구름 저항과 베어링 마찰은 무시하며, 공기의 밀도는 $1.2\text{kg/m}^3$이다.

**28** 질량이 57g이고, 지름이 6.4cm인 공을 4200rpm의 후방회전(back spin)을 걸어 110km/h로 타격하였다. 중력과 공의 회전에 의해 발생하는 양력 효과를 고려하여 타격 후 공기 속에서 공이 아래로 떨어질지 위로 떠오를지를 결정하여라. 단, 공기의 밀도는 $1.2\text{kg/m}^3$이고, 공의 양력계수는 0.1이다.

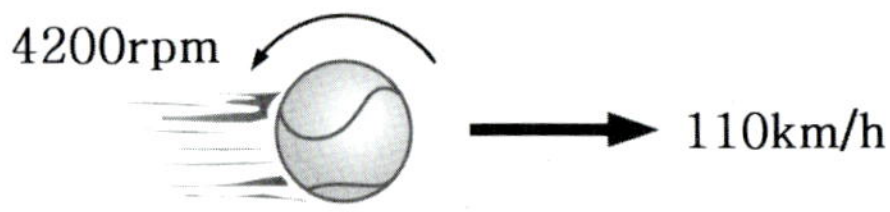


[문제 8.28]

**29** 지름 2m, 길이 8m인 타원형 물체로 가정할 수 있는 가벼운 비행선이 줄에 의해 지상과 연결되어 있다. 바람이 없는 날 부력에 의해 줄에 걸리는 장력은 45N이다. 60km/h의 바람이 비행선 축에 평행하게 불어올 때 비행선을 고정하고 있는 줄에 걸리는 장력의 크기[N]를 구하여라. 공기의 밀도는 $1.2\text{kg/m}^3$이고, 동점성계수는 $1.5\times10^{-5}\text{m}^2/\text{s}$이다. [표 8.2]의 항력계수를 이용한다.

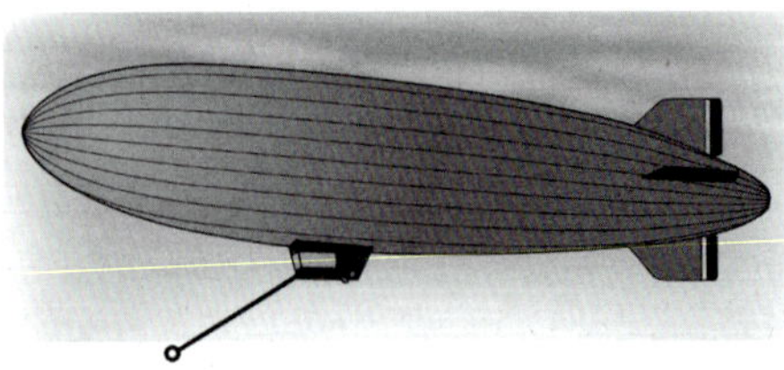

[문제 8.29]

**30** 밀도가 $1.16\text{kg/m}^3$인 공기가 바깥지름 4cm, 길이 45m인 실린더를 가로질러 7m/s의 속도로 흐르고 있다. 실린더의 항력계수가 1.2일 때 실린더에 작용하는 항력[N]을 구하여라.

**31** 자동차의 외형과 설계를 변경하여 항력계수를 0.4에서 0.35로 감소시켰다. 공기 역학적 항력으로 인해 발생하는 연료 소비가 전체의 20%에 해당된다면 항력계수 감소로 인한 전체 연료 소비의 감소율은 몇 %인가?

**32** 어떤 사람이 오토바이를 타고 밀도가 $1.2\text{kg/m}^3$인 공기 속에서 90km/h로 달리고 있다. 운전자를 포함한 오토바이의 정면도 면적이 $0.76\text{m}^2$이고, 항력계수가 0.8일 때 오토바이 진행 방향으로 작용하는 항력[N]을 구하여라.

**33** 공기 밀도가 $0.51\text{kg/m}^3$인 고도에서 700km/h의 속도로 비행기가 날아가고 있다. 비행기 날개의 평면도 면적이 $90\text{m}^2$이고, 항력계수와 양력계수가 각각 0.06과 2.1일 때 공기에 의해 날개에 작용하는 항력을 극복하기 위해 필요한 엔진 동력 [MW]을 구하여라.

[문제 8.33]

**34** 날개의 평면도 면적이 $70\text{m}^2$이고 총 질량이 38,000kg인 비행기가 공기 밀도가 $0.526\text{kg/m}^3$인 8000m 상공에서 900km/h로 날아가고 있다. 비행기의 양력계수($C_L$)를 구하여라.

**35** 날개의 평면도 면적이 $40\text{m}^2$이고 총 질량이 19,000kg인 비행기가 있다. 지상에서 공기 밀도는 $1.2\text{kg/m}^3$이고 최대 양력계수는 $3.45$이다. 비행기가 이륙하기 위한 최소속도 $U_{\min}$[km/h]를 구하여라.

**36** 날개의 평면도 면적이 $43\text{m}^2$이고 총 질량이 2100kg인 비행기가 3000m 고도에서 일정한 속도 290km/h로 비행할 때 비행기를 운전하기 위해 소요되는 엔진 동력이 230kW이다. 비행기의 양력계수와 항력계수를 각각 구하여라. 3000m 고도에서 공기 밀도는 $0.909\text{kg/m}^3$이다.

**37** 날개의 평면도 면적이 $37\text{m}^2$이고 총 질량이 4100kg이며, 이륙할 때 양력계수가 0.45인 비행기가 있다. 다음을 구하여라.

(1) 공기 밀도가 $1.225\text{kg/m}^3$인 지역에서 비행기의 이륙속도[km/h]

(2) 비행기의 날개하중(wing loading, $[\text{N/m}^2]$)

(3) 공기 밀도가 $1.225\text{kg/m}^3$이고 비행기 항력계수가 0.035일 때 비행속도 300km/h로 운항하기 위해 필요한 비행기 엔진 동력[kW]

**38** 밀도가 $\rho_0$인 유체 속에 줄에 매달린 지름 $D$, 밀도 $\rho(\rho > \rho_0)$인 구가 놓여 있다. 수평방향 유속이 $U$일 때 줄과 수평선이 이루는 각 $\theta$를 구하여라. 단, 구의 항력계수는 $C_D$이고 중력가속도는 $g$이다.

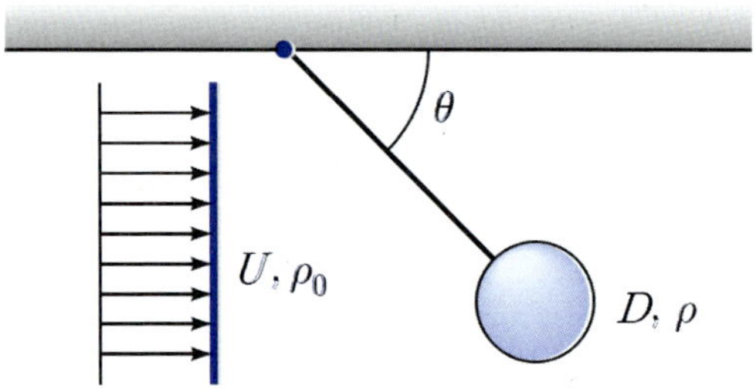


[문제 8.38]

**39** 위 문제(38번)에서 $\rho_0 = 1.23\text{kg/m}^3$, $D$=3cm, $\rho = 7850\text{kg/m}^3$, $U$=40m/s, 항력계수 $C_D$=0.5, 중력가속도 $g = 9.8\text{m/s}^2$일 때 각 $\theta$를 구하여라.

**40** 길이와 지름의 비가 $4:1$인 회전 타원체의 길이가 50m이다. 밀도가 $0.96\text{kg/m}^3$인 상공에서 200kW로 타원체가 구동될 때 얻을 수 있는 최대속도[km/h]를 구하여라. 단, 타원체의 항력계수는 0.10이다.

**41** 공기 밀도가 $0.41\text{kg/m}^3$인 상공에서 무게 65kN, 날개 평면도 면적 $30\text{m}^2$의 비행기가 일정한 속도로 순항하고 있다. 비행기의 양력계수와 항력계수가 각각 0.21과 0.015일 때 다음을 구하여라.

(1) 비행기의 순항속도[km/h]

(2) 순항속도를 유지하기 위해 요구되는 동력[kW]

**42** 밀도가 $1.2\text{kg/m}^3$인 공기가 72km/h의 속도로 높이 15m, 지름 20cm의 깃대를 스쳐 지나간다. 수직으로 서있는 깃대의 정면도 면적에 기초한 항력계수가 1.15일 때 공기 흐름으로 인해 깃대의 바닥에 작용하는 모멘트를 구하여라.

**43** 베르누이 정리는 점성이 무시된 이상유체 속에서 운동 중인 물체의 에너지가 보존되는 원리를 의미한다. 다음 그림에서 회전하지 않는 공(그림 1)에는 양력이 작용하지 않는 반면, 회전하는 공(그림 2)에는 연직 하방으로 양력($F$)이 작용한다. 그 이유를 베르누이 정리를 이용하여 설명하시오. [중등교사 임용시험-항해 · 기관]

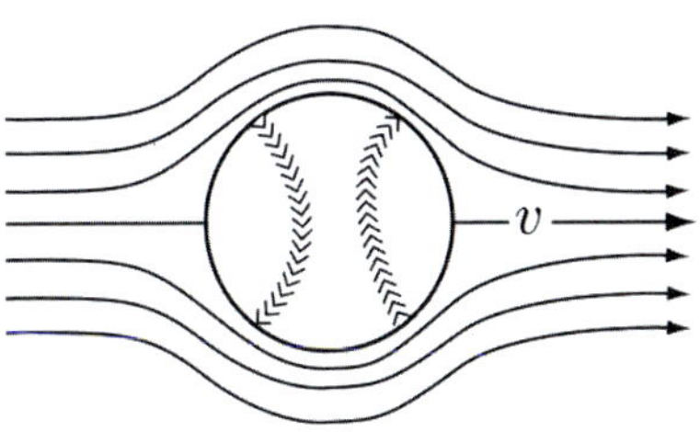


그림 1. 회전하지 않는 공

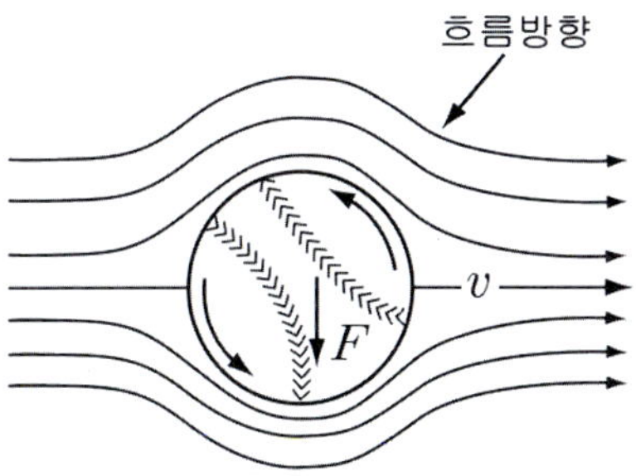


그림 2. 회전하는 공

**[문제 8.43]**

**44** 작은 구형 입자 하나가 정지되어 있는 액체 속을 자유 침강하고 있다. 이때 입자의 침강 속도는 서서히 증가하며, 액체에 의해서 입자의 운동에 방해되는 항력(drag force, $F_D$)이 작용하여 최종 종말속도(terminal velocity, $u_t$)에 도달한 후 일정한 속도로 침강을 계속한다. 다음 〈자료〉를 이용하여 항력계수(drag coefficient, $C_D$)를 입자 레이놀즈수($Re$)의 함수로 쓰시오. 그리고 이 입자가 종말속도에 도달하였을 때, 입자에 작용하는 힘을 항력 외 2가지 쓰고, 힘의 수지식을 이용하여 액체 점도를 종말속도의 함수로 쓰시오. [중등교사 임용시험-화공 · 섬유]

> 〈자료〉
>
> • 항력계수 $C_D = \dfrac{F_D/A_p}{\rho u^2/2}$ 이다.
>
> $F_D$ : 항력, $A_p$ : 입자의 투영 면적(projected area)
>
> $\rho$ : 액체 밀도, $u$ : 입자 속도
>
> • 입자가 침강하는 동안은 미동 흐름(creeping flow)이며, 항력 $F_D = 3\pi\mu u D_p$이다.
>
> $\pi$ : 원주율, $D_p$ : 입자의 직경, $\mu$ : 액체 점도
>
> • 입자의 밀도는 $\rho_p$, 중력 가속도는 $g$로 표기한다.

**45** 아래 그림과 같이 물속에 떠 있는 지름 $0.5\text{m}$, 무게 $50\text{N}$인 구형 부표를 줄로 바닥에 고정시켰다. 바닥면에 고정된 줄이 수직선과 이루는 각도가 $30°$일 때, 물의 평균속도($U$)를 구하시오. (단, 구의 항력계수는 층류일 때 $0.47$이고, 난류일 때 $0.2$이다. 중력가속도는 $9.8\text{m/s}^2$, 물의 밀도는 $1,000\text{kg/m}^3$, 점성계수는 $1.037\times10^{-3}\text{N}\cdot\text{s/m}^2$이다)
[국가공무원 5급(기술) 제2차시험]

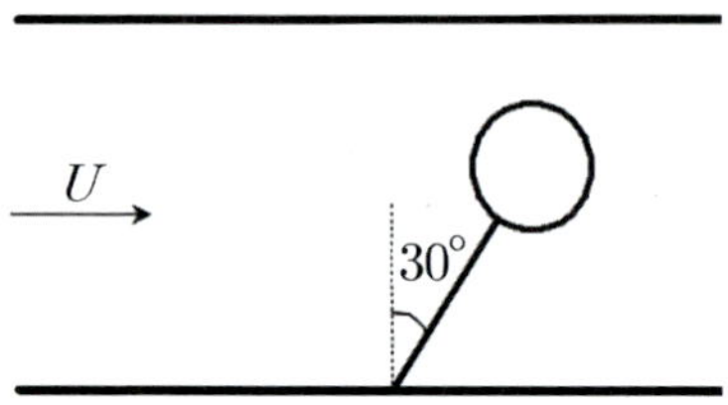


[문제 8.45]

**46** 골프공에 역회전을 주었을 때 높이 뜨거나, 투수가 던진 공이 상하좌우로 휘는 것과 같이, 유동장 내에 있는 물체가 회전하는 경우 유체흐름에 수직한 방향으로 힘을 받는 현상은? [공무원 임용시험]

① 딤플 효과(dimple effect)
② 웨지 효과(wedge effect)
③ 스트레치 효과(stretch effect)
④ 매그너스 효과(magnus effect)

# 제9장

# 유체기계-터보기계

# 9.1 유체기계의 에너지 변환

펌프는 유체에 에너지를 공급하고, 터빈은 유체로부터 에너지를 받는다. 즉, 유체는 펌프로부터 에너지를 받고(유체에 에너지가 유입되고), 터빈으로 에너지를 방출한다(유체의 에너지가 유출된다).

유체가 기계를 통과할 때 유체와 기계 사이에 에너지 전달이 이루어지는 기계를 유체기계라 하고, 에너지 전달 방향에 따라 크게 펌프(pump)와 터빈(turbine)으로 나눈다. 일반적으로 펌프는 기계적인 운동에너지를 유체의 위치에너지나 운동에너지로 변환하며, 터빈은 유체의 위치에너지나 운동에너지를 이용하여 기계적인 운동에너지를 얻는다. 펌프와 터빈은 모두 회전하는 축과 연관되므로 터보기계(turbo machinery)라고 부른다. 펌프는 유체에 에너지를 전달하고 터빈은 유체로부터 에너지를 추출한다.

펌프는 전동기로 구동시켜 전기적 에너지를 기계적 에너지로 바꾸고 이 기계적 운동 에너지에 의해 유체에 압력을 가하여 유체를 낮은 곳에서 높은 곳으로 또는 멀리 보내는 장치이다. 즉, 외부로부터 에너지를 공급받아서 유체에 압력을 가하여 유체의 운동에너지나 위치에너지를 증가시킨다.

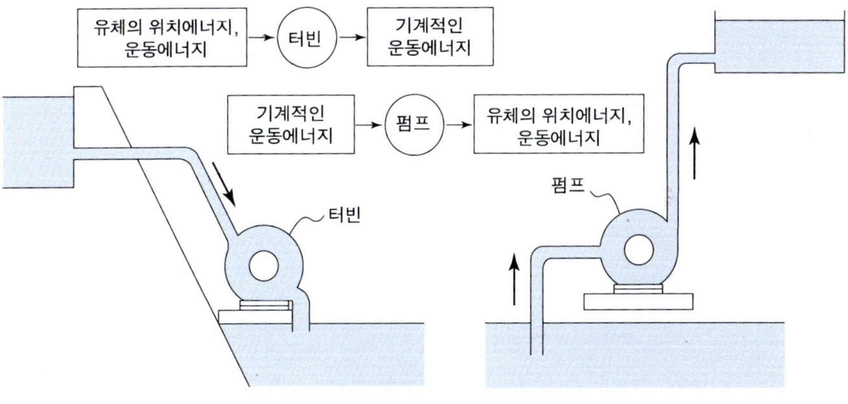


[그림 9.1] 펌프와 터빈의 에너지 변환

터빈은 크게 수력터빈, 증기터빈, 풍력터빈, 가스터빈 등으로 나눌 수 있다. 이 중 수력터빈, 증기터빈, 풍력터빈은 주로 발전 장치에 이용되고, 가스터빈은 주로 항공기의 추진용 원동기로 이용된다. 특히 수력터빈은 물이 가지고 있는 위치에너지를 기계적인 에너지로 변환하는 장치로서, 물레방아나 수력 발전 등과 같이 물을 이용하여 사람에게 유익한 일을 하는데 사용된다. 수력터빈은 일반적으로 발전기와 연결되어 발생한 동력을 전기에너지로 변환하는 수력 발전에 사용된다.

[그림 9.1]은 펌프와 터빈의 에너지 변환 관계를 나타낸 것이다. '펌프는 유체에 에너지를 공급하고, 터빈은 유체로부터 에너지를 받는다.'라는 것을 염두에 두자. 따라서 두 지점 1, 2 사이에 펌프와 터빈이 설치되어 있을 때 펌프수두(펌프에 의해 유체로 전달된 수두) $H_p$, 터빈수두(터빈에 의해 유체에서 추출한 수두) $H_t$, 손실수두 $h_L$을 모두 포함하는 에너지 방정식은 다음과 같다.

$$\frac{P_1}{\gamma}+\frac{V_1^2}{2g}+z_1+H_p=\frac{P_2}{\gamma}+\frac{V_2^2}{2g}+z_2+H_t+h_L \quad \cdots\cdots (9.1)$$

여기에서 $H_p$는 단위 중량의 유체가 펌프로부터 얻는 에너지이고(유체로 에너지 유입), $H_t$는 유동 중에 있는 단위 중량의 유체가 터빈에 주는 에너지이다(유체에서 에너지 유출).

## 9.2 펌프동력, 터빈동력

단위 시간에 하는 일의 양을 일률(동력, power)이라 한다. 펌프의 단위 중량당 에너지(펌프수두)가 $H_p$이면 동력을 구하기 위해서는 중량유량을 곱하면 된다. 유체의 비중량이 $\gamma$이고 체적유량이 $Q$이면 이론적인 펌프동력 $L_p$는 다음과 같다.[1)]

$$L_p=\gamma QH_p=\dot{m}gH_p \quad \cdots\cdots (9.2)$$

여기에서 비중량 $\gamma=\rho g$이고, 질량유량 $\dot{m}=\rho Q$이다. 마찬가지로 터빈의 단위 중량당 에너지(터빈수두)가 $H_t$일 때 이론적인 터빈동력 $L_t$는 다음과 같다.

$$L_t=\gamma QH_t=\dot{m}gH_t \quad \cdots\cdots (9.3)$$

1) 유체기계에서 $H$가 수두와 양정을 나타내므로 동력기호로 $L$을 많이 사용한다.

실제로 펌프와 터빈을 작동시킬 때, 펌프의 경우는 이론적인 값보다 더 많은 양의 에너지를 투입해야 하고, 터빈에서서는 이론적으로 얻어지는 값보다 더 적은 에너지를 얻게 된다. 이에 따라 다음과 같이 펌프효율($\eta_p$)과 터빈 효율($\eta_t$)을 정의하여 사용한다.

$$\eta_p = \frac{\gamma Q H_p}{L_{pa}} \quad \cdots\cdots (9.4)$$

$$\eta_t = \frac{L_{ta}}{\gamma Q H_t} \quad \cdots\cdots (9.5)$$

여기에서 $L_{pa}$와 $L_{ta}$는 각각 실제로 펌프에 공급해야 할 동력과 실제로 터빈이 얻게 되는 동력을 나타낸다. 따라서 실제 동력은 다음 식으로 구해진다.

$$L_{pa} = \frac{\gamma Q H_p}{\eta_p} \quad \cdots\cdots (9.6)$$

$$L_{ta} = \eta_t \gamma Q H_t \quad \cdots\cdots (9.7)$$

펌프는 외부로부터 에너지($L_{pa}$)를 투입하여 유체의 에너지로 변환하고, 반면 터빈은 유체의 에너지를 터빈의 기계적 에너지($L_{ta}$)로 변환한다는 것을 알면 서로 다른 효율의 정의를 이해할 수 있다. 일반적으로 효율은 (출력)/(입력)으로 정의한다.

동력의 SI단위로는 보통 kW = kJ/s을 사용한다. 그런데 펌프와 터빈에서 실질적으로 많이 사용하는 단위로는 마력[PS, HP]이 있다. 체적유량 $Q\,[\mathrm{m^3/s}]$, 수두(펌프수두, 터빈수두) $H\,[\mathrm{m}]$일 때 동력 $L$은 다음 식으로 계산된다.[2)]

(1) $\gamma$의 단위가 $\mathrm{N/m^3}$일 때

$$L_{kW} = \frac{\gamma Q H}{1000}\,[\mathrm{kW}] \qquad L_{PS} = \frac{\gamma Q H}{736}\,[\mathrm{PS}] \qquad L_{HP} = \frac{\gamma Q H}{746}\,[\mathrm{HP}]$$

2) 여러 유체역학 책에 이렇게 표현된 식이 나타나지만 이 식들은 모두 $L = \gamma QH$의 식을 단위 환산한 것에 지나지 않는다. 이 식들을 기억할 필요가 없다. 동력 $L = \gamma QH$를 알고 단위 연산을 맞게 하면 된다.

(2) $\gamma$의 단위가 $kgf/m^3$일 때

| $L_{kW} = \dfrac{\gamma QH}{102}$ [kW] | $L_{PS} = \dfrac{\gamma QH}{75}$ [PS] | $L_{HP} = \dfrac{\gamma QH}{76}$ [HP] |
|---|---|---|

**설명** (1) 체적유량 $Q[m^3/s]$, 수두 $H[m]$, $\gamma[N/m^3]$일 때 : 동력은

$$L_W = \gamma QH \text{ [W]}$$

이다. 따라서 $1kW = 1000W$, $1PS = 735.5W$, $1HP = 746W$이므로

$$L_{kW} = \frac{L_W}{1000} = \frac{\gamma QH}{1000} \text{ [kW]}$$

$$L_{PS} = \frac{L_W}{736} = \frac{\gamma QH}{736} \text{ [PS]}$$

$$L_{HP} = \frac{L_W}{746} = \frac{\gamma QH}{746} \text{ [HP]}$$

이다.

(2) 체적유량 $Q[m^3/s]$, 수두 $H[m]$, $\gamma[kgf/m^3]$일 때 동력은

$$L = \gamma QH \left[\frac{kgf \cdot m}{s}\right]$$

이고, $1kgf/m^3 = 9.8N/m^3$이므로 동력은

$$L_W = 9.8 \times L \text{ [W]} = 9.8\gamma QH \text{ [W]}$$

이다. 따라서 $1kW = 1000W$, $1PS = 735.5W$, $1HP = 746W$이므로 다음과 같이 동력이 표현된다.

$$L_{kW} = \frac{L_W}{1000} = \frac{9.8\gamma QH}{1000} \text{ [kW]} = \frac{\gamma QH}{102} \text{ [kW]}$$

$$L_{PS} = \frac{L_W}{736} = \frac{9.8\gamma QH}{736} \text{ [PS]} = \frac{\gamma QH}{75} \text{ [PS]}$$

$$L_{HP} = \frac{L_W}{746} = \frac{9.8\gamma QH}{746} \text{ [HP]} = \frac{\gamma QH}{76} \text{ [HP]}$$

† 근래에는 마력의 단위로 [PS]를 주로 사용하고 있다. 다음 [PS]의 정의는 꼭 알아두도록 한다. 기계설계에서도 아주 많이 사용하는 단위이다.

$$1\,\mathrm{PS} = \frac{75\,\mathrm{kgf \cdot m}}{\mathrm{s}}$$

물의 비중량은 $\gamma_w = 1000\mathrm{kgf/m^3} = 9.8\,\mathrm{kN/m^3}$이다.

**[예제 9.1]** **[동력의 단위]** 수력발전에서 터빈으로 유입되는 유량이 $0.4\mathrm{m^3/s}$이고 터빈수두가 $30\mathrm{m}$이다. 물이 터빈에 전달하는 동력을 구하여 kW, PS, HP로 환산하여 각각 나타내어라.

**풀이** 물의 비중량 $\gamma_w = 1000\,\mathrm{kgf/m^3}$이므로 동력은 다음과 같다.

$$(1)\ L_{kW} = \frac{\gamma_w Q H_t}{102} = \frac{10^3 \times 0.4 \times 30}{102} = 117.6\ [\mathrm{kW}]$$

$$(2)\ L_{PS} = \frac{\gamma_w Q H_t}{75} = \frac{10^3 \times 0.4 \times 30}{75} = 160\ [\mathrm{PS}]$$

$$(3)\ L_{HP} = \frac{\gamma_w Q H_t}{76} = \frac{10^3 \times 0.4 \times 30}{76} = 157.9\ [\mathrm{HP}]$$

† 이 예제를 $L = \gamma Q H$를 이용해 풀어보아라. 예를 들어

$$L = \gamma Q H = 9.8\frac{\mathrm{kN}}{\mathrm{m^3}} \times 0.4\frac{\mathrm{m^3}}{\mathrm{s}} \times 30\mathrm{m} = 117.6\,\mathrm{kW}$$

이다. 물의 비중량 $\gamma_w = 1000\,\mathrm{kgf/m^3} = 9.8 \times 1000\mathrm{N/m^3}$이다.

**[예제 9.2]** **[펌프]** 큰 저수지에서 펌프를 이용하여 물을 수면으로부터 20m 위로 $14\text{m}^3/\text{min}$씩 양수하려 한다. 관 지름이 10cm일 때 펌프가 물에 공급해야 할 동력[kW]을 구하여라. 단, 송출관의 끝은 대기 중으로 열려 있고 관내의 손실은 무시한다.

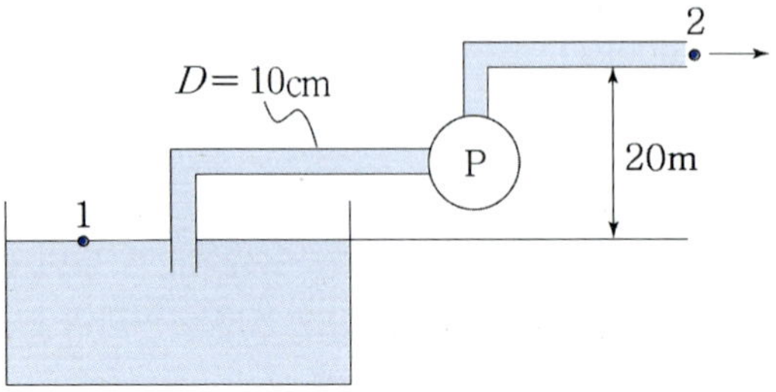


[그림 9.2] 펌프

**풀이** 저수지 수면을 1, 송출관의 끝을 2로 하여 점 1과 2 사이에서 에너지 방정식을 적용한다.

$$\frac{P_1}{\gamma}+\frac{V_1^2}{2g}+z_1+H_p=\frac{P_2}{\gamma}+\frac{V_2^2}{2g}+z_2+h_L \quad \cdots\cdots ①$$

저수지 수면의 하강 속도와 손실은 0이다.

$$V_1=0,\ h_L=0 \quad \cdots\cdots ②$$

두 지점 1, 2의 압력은 모두 대기압으로 같다.

$$P_1=P_2=P_{atm} \quad \cdots\cdots ③$$

그리고 두 지점의 고도 차이는

$$z_2-z_1=20[\text{m}] \quad \cdots\cdots ④$$

이고, 연속방정식에서 2지점의 속도는

$$Q=AV_2=\frac{\pi}{4}D^2V_2$$

$$\therefore\ V_2=\frac{4Q}{\pi D^2}=\frac{4\times(14/60)}{\pi\times 0.1^2}=29.7[\text{m/s}] \quad \cdots\cdots ⑤$$

이다. 식 ②~⑤를 식 ①에 대입하여 펌프수두($H_p$)를 구하면

$$0+0+z_1+H_p=0+\frac{V_2^2}{2g}+z_2+0$$

$$H_p=\frac{V_2^2}{2g}+(z_2-z_1)=\frac{29.7^2}{2\times 9.8}+20=65\,[\mathrm{m}]$$

이므로 펌프가 물에 공급해야 할 동력($L_p$)은 다음과 같다.

$$L_p=\gamma QH_p=9.8\times\left(\frac{14}{60}\right)\times 65\,[\mathrm{kW}]=148.6\,[\mathrm{kW}]$$

여기에서 물의 비중량 $\gamma=9.8\mathrm{kN/m^3}$, 유량 $Q=14\frac{\mathrm{m^3}}{\mathrm{min}}=\frac{14}{60}\left[\frac{\mathrm{m^3}}{\mathrm{s}}\right]$

**[예제 9.3]** **[터빈]** 그림과 같이 설치된 터빈이 $0.8\mathrm{m^3/s}$의 유량과 $14\mathrm{kW}$의 터빈동력을 낼 때 터빈으로부터 수면까지 거리 $h$를 구하여라. 노즐 지름은 $10\mathrm{cm}$이고 손실수두는 $5\mathrm{m}$이다.

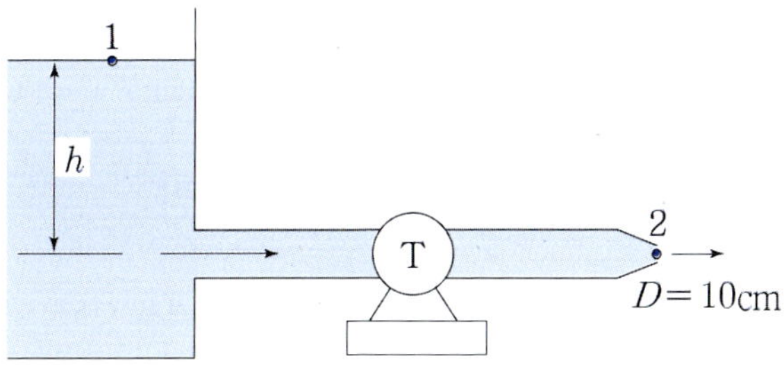


[그림 9.3] 터빈

**풀이** 댐의 수면을 1, 노즐을 2로 하여 점 1과 2 사이에서 에너지 방정식을 적용한다.

$$\frac{P_1}{\gamma}+\frac{V_1^2}{2g}+z_1=\frac{P_2}{\gamma}+\frac{V_2^2}{2g}+z_2+H_t+h_L \quad \cdots\cdots ①$$

댐 수면의 하강 속도와 손실수두는

$$V_1=0,\ h_L=5\,[\mathrm{m}] \quad \cdots\cdots ②$$

이고, 두 지점 1, 2의 압력은 모두 대기압으로 같다.

$$P_1 = P_2 = P_{atm} \cdots\cdots ③$$

그리고 연속방정식으로부터 지점 2에서 속도는

$$Q = A V_2 = \frac{\pi}{4} D^2 V_2$$

$$\therefore \ V_2 = \frac{4Q}{\pi D^2} = \frac{4 \times 0.8}{\pi \times 0.1^2} = 101.9\,[\mathrm{m/s}] \cdots\cdots ④$$

이고, 두 지점의 고도 차이는

$$z_1 - z_2 = h \cdots\cdots ⑤$$

이다. 식 ②~⑤를 식 ①에 대입하여 터빈수두를 구하면

$$0 + 0 + z_1 = 0 + \frac{V_2^2}{2g} + z_2 + H_t + h_L$$

$$H_t = (z_1 - z_2) - \frac{V_2^2}{2g} - h_L = h - \frac{101.9^2}{2 \times 9.8} - 5 = h - 524.8\,[\mathrm{m}]$$

이다. 여기에서 터빈동력 $L_t = 14\,\mathrm{kW}$ 이므로 다음과 같이 $h$가 구해진다.

$$L_t = \gamma Q H_t = 9.8 \times 0.8 \times (h - 524.8)[\mathrm{kW}] = 14\,[\mathrm{kW}]$$

$$\therefore \ h = \frac{14}{9.8 \times 0.8} + 524.8 = 526.6\,[\mathrm{m}]$$

여기에서 물의 비중량 $\gamma = 9.8\mathrm{kN/m^3}$이므로, $9.8 \times 0.8 \times (h - 524.8)$의 단위는 kW 이다.

# 9.3 펌프 종류

## 1 펌프 분류

펌프는 여러 종류의 액체를 수송하는데 사용하므로 용도에 따라 다양한 구조와 성능을 가진다. 일반적으로 펌프의 작동 원리와 구조에 의해 펌프를 분류하면 [그림 9.4]와 같다.[3)]

펌프는 배출량이 일정하지 않은 펌프와 배출량이 일정한 펌프로 구분할 수 있다. 터보형 펌프는 작용하는 부하에 따라 날개의 1회전에 대한 배출량이 일정하지 않은 펌프이고, 용적형 펌프는 펌프 작용을 하는 부분의 1회 운동에 대한 배출량이 일정한 펌프이다. 그리고 작동 원리나 구조면에서 터보형이나 용적형의 어느 쪽에도 해당하지 않는 펌프를 특수형 펌프라 한다.

현재 가장 널리 사용되고 있는 것은 터보형 펌프이다. 이 펌프는 전동기에 직접 연결하여 사용할 수 있고 고속 회전이 가능하며 소형 경량이고 구조가 간단하여 취급하기가 쉽다. 그러나 유압 펌프 등과 같이 고양정이 필요한 곳에는 용적형 펌프가 더 적합하다. 터보형 펌프에는 (1) 액체가 날개차(impeller)의 중심에서 유입되어 반지름 방향으로 배출되는 원심식 (2) 날개차의 경사 방향으로 유입되어 경사 방향으로 배출되는 사류식(경사류식) (3) 날개차의 축 방향으로 유입되어 축 방향으로 배출되는 축류식 등이 있다.

용적형(positive displacement type) 펌프는 펌프의 일정한 용적 내에 유체를 넣고 용적을 변화시켜(부피를 변화시켜) 액체 및 기체를 흡입하여 배출하는 펌프로서, 일정 속도에서 일정한 유량을 제공한다. 용적형 펌프에는 실린더 내에서 피스톤 또는 플런저를 왕복운동시키는 왕복식과 밀폐된 케이싱 내에서 회전자를 회전시켜 일정한 용적의 액체를 흡입하여 배출하는 회전식이 있다.

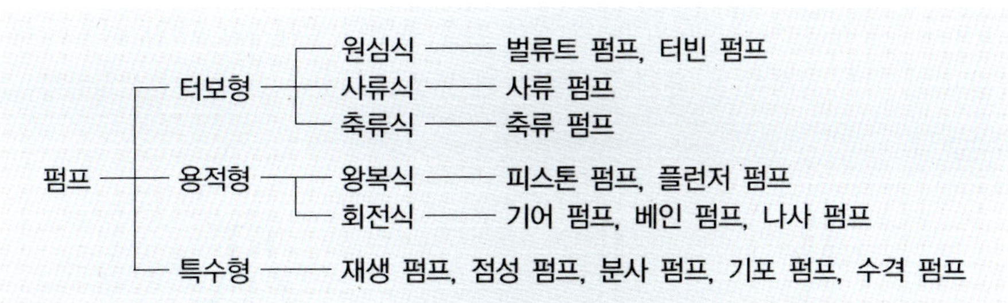


**[그림 9.4] 펌프 분류**

## 2 원심펌프

터보형 펌프에 속하는 원심펌프는 밀폐된 케이싱 내에서 고속으로 회전하는 날개차의 회전에 의해 물에 회전 운동을 일으키고, 이때 발생하는 원심력의 작용에 의해 물을 날개차의 중심부에서 바깥쪽으로 흐르게 하여 양수하는 펌프이다. 원심 펌프는 구조와 원리 및 운전성능 등에서 다른 펌프에 비해 우수한 점을 지니고 있으므로 가장 널리 사용되고 있다.

3) 유체기계에서 특히 많이 취급하는 것이 펌프이다.

## [ 1 ] 원심펌프 구조

원심펌프는 [그림 9.5]와 같이 케이싱, 날개차, 와류실, 흡입구, 송출구 및 축, 베어링, 패킹 상자 등으로 구성되어 있다.

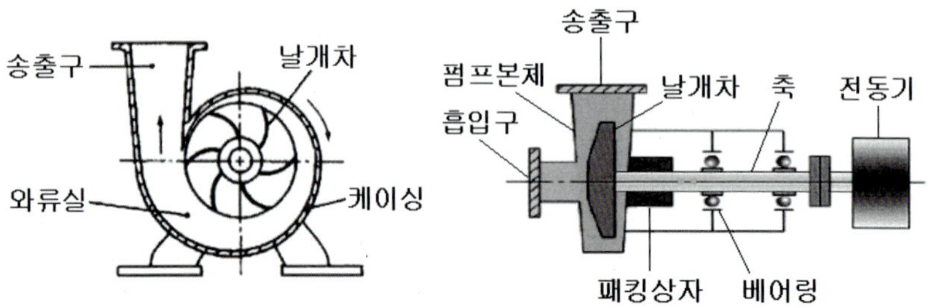


[그림 9.5] 원심펌프 구성요소

(1) 날개차

날개차는 터보형 펌프 · 송풍기 또는 압축기의 주요 부분으로, 원주상에 같은 간격으로 배치된 여러 개의 깃(날개)을 가지고 회전하는 원판 또는 원통을 말하며, 회전차 또는 임펠러(impeller)라고도 한다. 날개차는 물의 흡입과 가압의 두 가지 기능을 하는 중요한 요소이다.

날개차의 종류에는 [그림 9.6]의 (a)와 같은 한쪽 흡입형 날개차와 (b)와 같은 양쪽 흡입형 날개차가 있다. 점성이 큰 유체나 흙과 모래 등을 포함하는 유체에서는 개방형 날개차가 사용된다.

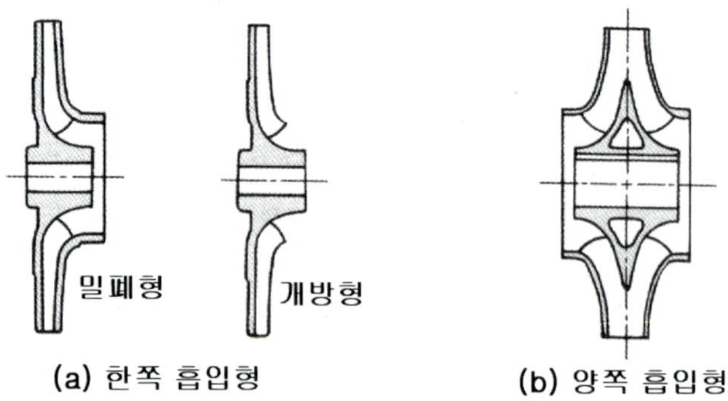


[그림 9.6] 날개차 종류

한쪽 흡입형 날개차에서는 날개차의 회전으로 인해 날개차의 흡입 쪽과 송출 쪽 사이에 압력 차이가 생기며, 이로 인해 날개차의 축을 축방향의 흡입 쪽으로 이동시키려는 추력이 발생된다[그림 9.7]. 이 힘을 축추력이라 한다. 즉, 물이 날개차의 축방향으로 유입되어 반경방향으로 송출될 때 물의 방향전환에 따른 반작용 등으로 인하여 날개차의 양쪽에 작용하는 압력이 서로 다르기 때문에 날개차를 흡입 쪽으로 미는 힘이 발생하게 된다.

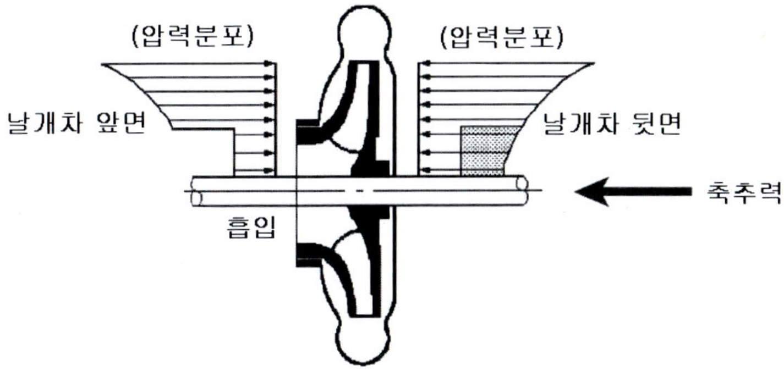


[그림 9.7] **날개차 앞뒷면의 압력분포와 축추력**

이와 같은 축추력에 의해 날개차가 흡입쪽으로 밀려 흡입쪽 마멸이 심하게 되고, 날개차가 적당한 위치를 유지하지 못하게 되며, 가이드 베인과의 연결 부분이 어긋나게 되는 등 펌프 운전에 나쁜 현상이 일어난다. 축추력을 방지하기 위한 방법에는 다음과 같은 것이 있다.

① 양쪽이 대칭인 양쪽 흡입형 날개차를 사용한다.
(2개의 날개차를 서로 마주 보게 설치한다.)

② 평형 구멍(균형 홀)을 이용한다.

③ 배면 깃을 이용한다.
(후면측벽에 방사상의 리브를 설치한다.) (평형 원판을 이용한다.)

④ 다단 펌프에서는 날개차의 배열을 절반씩 반대 방향으로 배치한다.

축추력이 압력 차이로 인해 발생하므로 양쪽이 대칭으로 되어 있는 양쪽 흡입형 날개차를 사용하거나, 평형 구멍이나 배면 깃을 이용하여 흡입쪽과 송출쪽의 압력 차이를 없애면 축추력을 방지할 수 있다. 다단 펌프에서는 날개차의 배열을 절반씩 반대 방향으로 설치하여 압력차가 생기지 않도록 한다[그림 9.8].

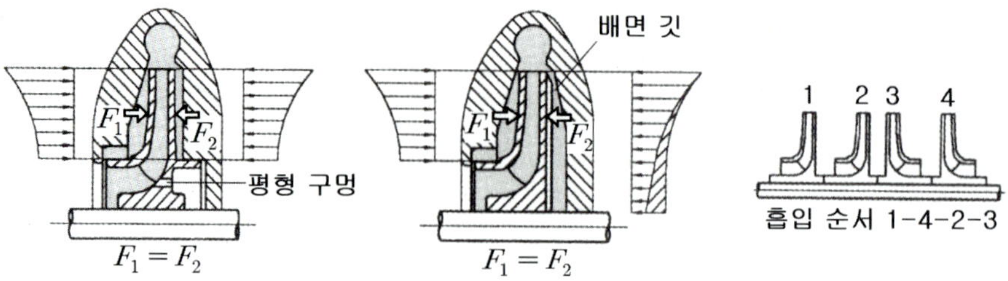


**[그림 9.8] 축추력 방지법**

### (2) 와류실

와류실은 날개차에서 흘러나오는 물을 모아 송출구 쪽으로 보내는 부분이다. 와류실에서 유로의 단면적은 송출구 쪽으로 갈수록 점점 확대되므로 유속은 감소하고 압력은 증가한다. 따라서 와류실은 물의 운동에너지를 압력에너지로 변환시키는 역할을 한다.

### (3) 안내 날개

안내 날개는 날개차 주위에 설치되며, 날개차로부터 흘러나오는 물을 와류실로 유도하는 동시에 물의 속도에너지를 송출에 적합한 압력 에너지로 변환하는 역할을 한다. 일반적으로 안내 날개는 고정되어 있지만 유량 증감에 따라 날개 각도를 바꿀 수 있는 가동식이 있다.

### (4) 흡입관

흡입관은 날개차 중심부에 연결되어 있으며, 다른 한쪽 끝은 흡입 수면 속에 잠겨 있다. 흡입관 하단에는 풋밸브가 부착되어 펌프 운전이 정지되었을 때 흡입관 속의 물이 역류하는 현상을 방지한다. 또한 풋밸브 하단에는 여과기(strainer)를 달아서 흡입되는 물속에 불순물이 유입되지 않게 한다.

### (5) 송출관

송출관(배출관)은 와류실의 출구에 연결되어 있으며, 흡입된 물을 필요로 하는 곳으로 송출하는 관로이다. 와류실과 송출관 사이에는 게이트 밸브를 달아서 펌프의 시동 때는 폐쇄해 두었다가 점차 밸브를 열어 필요한 유량을 송출하도록 한다.

## [ 2 ] 원심펌프 종류

### (1) 안내 날개 유무에 따른 분류

원심펌프는 안내 날개 유무(有無)에 따라 벌류트(volute) 펌프와 터빈(turbine) 펌프로 분류된다[그림 9.9]. 벌류트 펌프에는 날개차(임펠러, impeller)의 바깥 둘레에 안내 날개가 없으며, 물이 직접 와류실로 유도되는 형식이다. 이 펌프는 구조가 간단하고 양정이 낮은 곳(저양정)에 주로 사용된다.

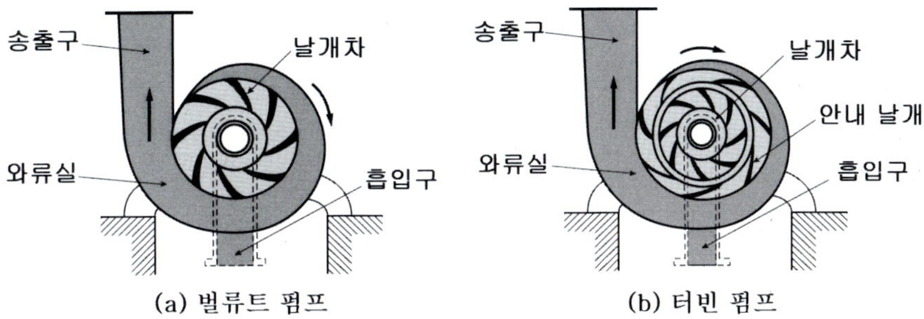


[그림 9.9] 벌류트 펌프와 터빈펌프

벌류트 펌프와 달리 터빈펌프는 날개차의 바깥 부분에 안내 날개가 있는 펌프이다. 안내 날개는 날개차 출구에서 물의 흐름을 감속시켜 속도 에너지를 압력에너지로 변환시키는 역할을 한다. 안내 날개는 고정되어 있어서 회전하지 않는다. 터빈 펌프는 벌류트 펌프에 비해 효율이 높을 뿐만 아니라 더 높은 양정(고양정)을 얻을 수 있다. 특히 높은 양정과 높은 압력이 요구될 때는 하나의 축에 여러 개의 날개차를 설치한 다단 터빈 펌프를 사용하기도 한다.

[표 9.1]에 벌류트 펌프와 터빈펌프의 특징을 비교하여 나타내었다.

[표 9.1] 벌류트 펌프와 터빈펌프의 특성 비교

| | 벌류트 펌프 | 터빈 펌프 |
|---|---|---|
| 안내 날개 | 없다. | 있다. |
| 날개차 수 | 1단인 경우가 많다. | 다단이 많다. |
| 구조와 크기 | 구조가 간단하고 소형이다. | 구조가 복잡하고 대형이다. |
| 양정 | 저양정에 적합 | 고양정에 적합 |
| 양수량 | 소용량~대용량 | 중용량~대용량 |

| | 벌류트 펌프 | 터빈 펌프 |
|---|---|---|
| 공동현상 | 발생하기 쉽다. | 잘 발생하지 않는다. |
| 효율 변동 | 변화가 있다(급상승, 급강하). | 비교적 변화가 적다. |
| 가격 | 싸다. | 비싸다. |

### (2) 흡입구에 따른 분류

[그림 9.10]과 같이 한쪽 흡입형과 양쪽 흡입형이 있다.

한쪽 흡입형은 날개차의 한쪽으로만 물을 흡입하는 형식으로 송출량이 양정에 비하여 비교적 적은 경우에 많이 사용한다.

양쪽 흡입형은 양쪽으로 대칭인 날개차로써 물을 흡입하는 펌프를 말하며, 주로 송출량이 많은 경우에 사용된다. 날개차의 양쪽에서 물을 흡입하므로 축추력이 발생하지 않는다. 날개차의 치수(크기)가 동일한 경우 한쪽 흡입형과 양정은 같지만 송출량은 2배가 된다.

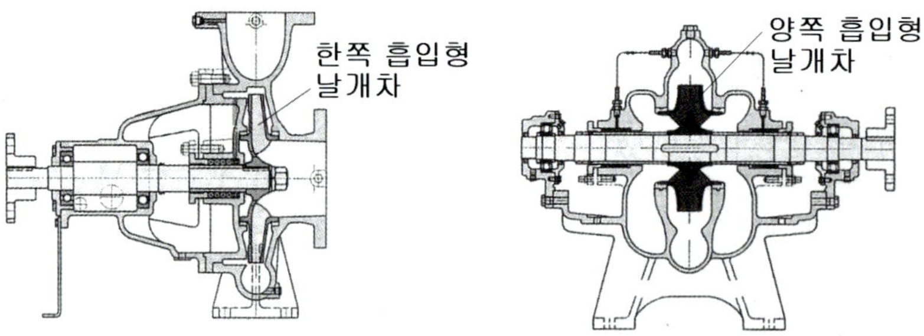


(a) 한쪽 흡입 펌프 (b) 양쪽 흡입 펌프

[그림 9.10] **흡입구에 따른 펌프 분류**

### (3) 단수에 따른 분류

[그림 9.11]과 같은 단단펌프(1단 펌프)와 다단펌프가 있다.

단단펌프는 하나의 케이싱 내에 1개의 날개차를 가지는 펌프로서, 양정이 비교적 낮은 경우에 사용된다.

다단 펌프는 하나의 케이싱 내에서 동일한 축에 2개 이상의 날개를 직렬로 배치한 펌프이며, 제1단을 지나온 물을 제2단으로 흡입하고 다시 다음 단으로 송출함으로써 차례로 물의 압력을 높여가는 형식의 펌프이다. 다단 펌프는 높은 양정을 얻을 수 있는 펌프이며, 고압의 용기 속에 유체를 넣을 때도 사용된다.

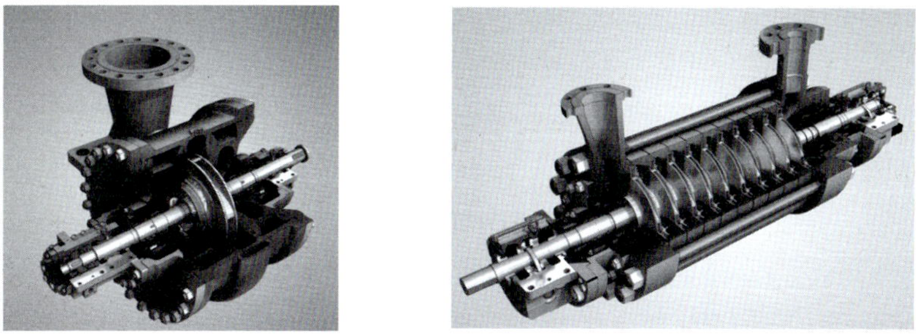

(a) 단단 펌프 (b) 다단 펌프

[그림 9.11] 단수에 따른 펌프 분류

[Note] 유체 유동방향에 의한 펌프(유체기계) 분류

유체 유동방향에 따라 반경류형과 축류형 및 혼류형(사류형)으로 나눈다.

반경류형은 유체가 날개차 내를 통과할 때 날개차의 중심으로부터 바깥쪽을 향하여 거의 반경 방향으로 흐르는 형식이다.

축류형은 유체가 축 방향으로 흐르게 한 펌프이며, 혼류형은 회전축에 대하여 방사상의 유로를 축 방향으로 눕혀서 축류와 반경류의 중간 유로를 가지게 한 형식이다.

일반적으로 높은 양정과 적은 배출량에는 반경류형을 사용하고, 낮은 양정과 많은 배출량에는 축류형을 사용한다.

## 3 축류펌프와 사류 펌프

축류펌프와 사류펌프(경사류 펌프)는 선풍기의 날개와 같은 형상의 회전하는 날개차에 의해 유체에 속도에너지와 압력에너지를 공급한다. 원심펌프와 비교해 보면 날개차 부분에서 유체의 흐름 방향이 다르다.

축류펌프는 유체가 축 방향으로 유입되어 날개차 부분에서도 축 방향으로 송출되는 펌프이고, 사류펌프는 유체가 축 방향에 대하여 경사진 방향으로 유입되고 송출되는 펌프이다. 축류펌프와 사류 펌프는 원심펌프보다 송출량은 많고 양정은 낮을 때 사용한다. 축류펌프는 증기 터빈 복수기의 순환수 펌프, 농업용의 양수 및 배수펌프, 상하수도용 펌프 등에 사용된다.

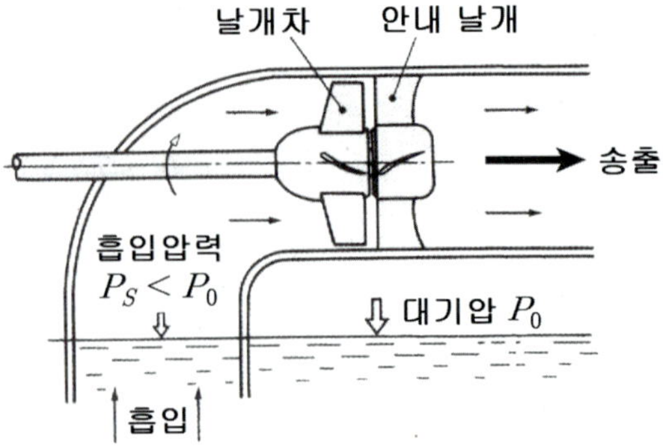


[그림 9.12] 축류펌프

## 4 왕복펌프

왕복펌프는 흡입밸브와 송출밸브(배출밸브)를 설치한 실린더 내에서 피스톤(piston), 플런저(plunger), 버킷(bucket) 등을 왕복시켜 물을 흡입하고 압력을 가하여 송출하는 펌프이며, 일반적으로 송출량(유량)은 적지만 높은 압력을 필요로 할 때 사용된다. 왕복펌프는 일반적으로 전동기를 이용하여 구동하므로 회전운동을 직선운동으로 변환하기 위해 크랭크 기구나 캠 장치가 필요하다. 그리고 유체를 흡입하고 송출할 때 일어나는 역류를 방지하기 위해 체크밸브를 사용한다.

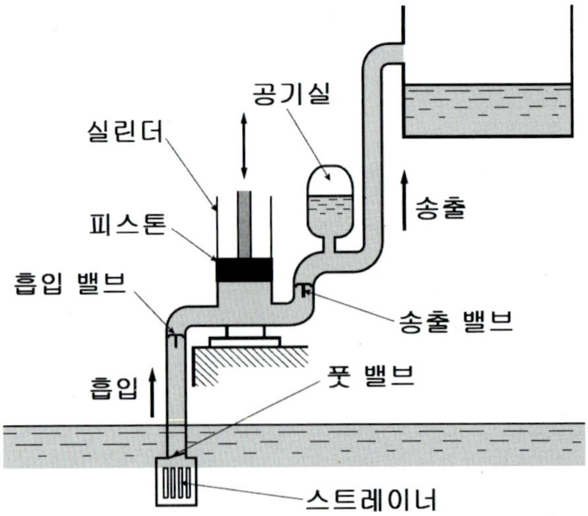


[그림 9.13] 피스톤 펌프 구조

왕복펌프는 실린더 내에서 왕복 운동하는 부분의 모양(펌프 작용을 하는 운동체의 종류)에 따라 버킷펌프, 피스톤 펌프, 플런저 펌프, 다이어프램 펌프로 나눈다. 이들 중 피스톤 펌프는 [그림 9.13]과 같이 실린더, 피스톤, 흡입밸브, 송출밸브, 공기실, 풋 밸브, 스트레이너 등으로 구성된다.

왕복펌프에는 맥동이 발생하므로 이것을 줄이기 위해 공기실(air chamber)을 설치한다. 공기실은 배출관 내 유량을 일정하게 하기 위하여 실린더 바로 뒤쪽에 설치하며, 배출량의 변동을 완화시키는 역할을 한다. 평균배출량을 넘는 과잉배출량의 체적은 공기실 내의 공기를 압축하여 저장하고, 피스톤의 순간배출량이 평균배출량보다 적어졌을 때 공기실 속의 물을 배출관으로 보내어 유량의 변동을 줄임과 동시에 수격작용을 방지한다.

풋 밸브는 정지 시에 흡입관 내 유체가 빠져나가지 않도록 하여 펌프를 가동할 때 운전 성능을 향상시키고, 스트레이너는 흡입되는 유체의 이물질을 걸러주는 장치이다. 왕복펌프에서 이물질은 실린더, 피스톤, 밸브 등을 마모시켜 펌프 수명을 단축시킨다.

왕복펌프는 일반적으로 고압이 필요한 곳에 사용한다. 왕복 펌프의 주요 특징은 다음과 같다.

① 피스톤 또는 플런저가 왕복운동을 하기 때문에 진동이 발생하고 고속운전이 어렵다.
② 송출량이 같은 원심펌프에 비해 펌프 크기가 크다.
③ 다른 펌프에 비해 맥동이 심하다.
④ 높은 송출 압력을 얻을 수 있다.
⑤ 흡입밸브와 송출밸브가 있다.

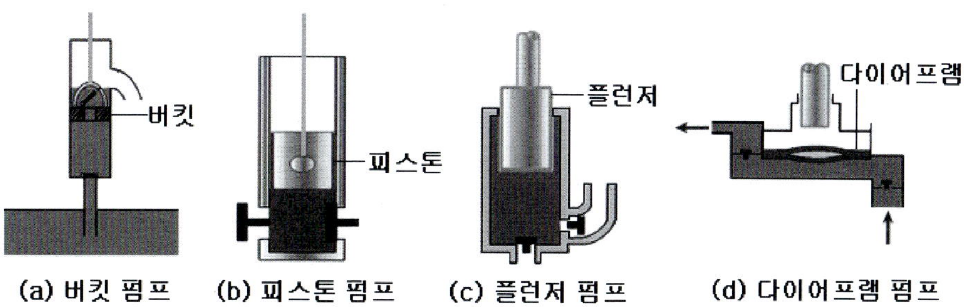


[그림 9.14] 왕복펌프 종류

## [ 1 ] 버킷펌프

버킷펌프(bucket pump)는 가정용 수동 펌프로 가장 많이 사용되는 펌프로서, [그림 9.14]의 (a)와 같이 버킷의 중앙부에 구멍을 뚫고 여기에 밸브를 설치한 구조로 되어 있다. 지금은 거의 모든 지역에 수돗물이 공급되지만 예전에는 시골에서 이와 같은 버킷 펌프를 사용하여 지하수 물을 퍼 올려 식수로 사용하였다.

### [ 2 ] 피스톤 펌프

피스톤 펌프(piston pump)는 [그림 9.14]의 (b)와 같이 실린더 내에서 피스톤을 왕복시켜 물을 흡입하고 배출하는 펌프이며, 일반적으로 플런저 펌프에 비해 양수량이 많으며 압력이 낮은 곳에 사용된다.

### [ 3 ] 플런저 펌프

플런저 펌프(plunger pump)는 [그림 9.14]의 (c)와 같이 피스톤 펌프의 피스톤 대신 플런저를 사용하는 펌프이다. 플런저 펌프는 양수량이 적지만 피스톤 펌프보다 더 큰 송출 압력이 필요한 곳에 사용된다.

### [ 4 ] 다이어프램 펌프

다이어프램 펌프(diaphragm pump)는 [그림 9.14]의 (d)와 같이 고무 또는 테플론(teflon) 등으로 만든 다이어프램을 상하로 운동시켜 펌프 작용을 하는 펌프이다. 다이어프램에 의해 유체가 운동 부분과 차단되어 있으므로 유체 누설이 없다. 따라서 누설되면 안되는 유해성 물질이 있는 식품 제조 공정 등에서 많이 사용되며, 자동차에서 가솔린 기관의 연료 펌프에도 사용된다. 또한 다이어프램 펌프는 진흙물이나 모래가 섞인 물 등에서도 마멸과 막힘이 없으므로 이물질이 혼합된 유체의 송출에도 사용된다.

## 5 회전펌프

회전펌프는 밀폐된 케이싱 내에서 회전자의 회전에 의해 저압의 흡입 쪽에서 고압의 배출 쪽으로 유체를 밀어내는 펌프이다. 왕복펌프와 달리 흡입밸브와 송출밸브가 없고 맥동이 거의 일어나지 않는다. 회전펌프는 구조가 간단하고 취급이 용이하며, 기름과 같이 점도가 높은 액체를 송출하는 데 많이 사용된다. 회전펌프에는 회전자의 모양에 따라 기어펌프, 베인 펌프, 나사펌프 등이 있다.

### [ 1 ] 기어펌프

기어펌프는 펌프 본체 안에서 두 개의 기어가 서로 맞물려 회전하면서 유체를 송출하는 펌프이다. 기어펌프에는 두 기어의 접촉 형태에 따라 내접 기어 펌프와 외접 기어 펌프[그림 9.15]가 있다. 기어펌프는 흡입양정이 크고 점도가 높은 유체를 송출할 수 있지만 유체 중에 단단한 불순물이 있으면 기어 마모에 특히 주의해야 한다. 기어펌프는 자동차의 오일 펌프 등에 사용된다.

[그림 9.15] 외접 기어펌프

## [ 2 ] 베인 펌프

베인 펌프(vane pump)는 구조가 간단하고 성능이 좋아 많은 양의 기름을 수송하는 데 적합하므로 산업용 기름펌프로 널리 사용되고 있다. 베인 펌프에는 원통형 케이싱 내에 캠 링이 끼워져 있고 내부에 편심된 로터(rotor, 회전자)가 들어 있으며, 로터에 패인 홈(rotor slot) 속에 판 모양의 베인(vane)이 삽입되어 있다. 편심된 로터가 회전함에 따라 로터와 케이싱 사이 공간의 체적이 변화하면서 유체를 흡입하고 송출한다. 로터의 회전에 의한 원심력이나 스프링의 작용으로 베인은 케이싱 내벽(캠 링 표면)에 밀착되므로 기밀을 유지할 수 있다.

[그림 9.16]은 베인 펌프의 구조를 나타낸 것이다. 그림과 같이 반경 방향으로 홈이 있는 로터가 캠 링 내에서 회전하면 홈 내의 베인이 캠 링에 접촉하여 회전하게 된다. 이때 회전하는 베인은 원심력에 의해 캠 링에 밀착되어 펌프 작용을 하게 된다. 즉, 처음 반 회전을 하는 동안은 로터와 캠 링 사이 체적이 증가하므로 압력이 낮아지게 되어 유체가 흡입된다. 그리고 이후 반 회전 동안은 캠 링의 표면이 베인을 홈 안으로 밀어 넣어 로터와 캠 링 사이 체적이 감소하므로 유체가 밀려나가게 된다.

### [ 4 ] 기포 펌프

기포 펌프는 [그림 9.20]의 (a)와 같이 압축공기를 흡입관 속에 분사하면 기포(공기)와 함께 유체가 송출되는 형식의 펌프이다. 기포 펌프는 분사펌프와 같이 기계적인 운동 부분이 없으며, 구조가 간단하고 이물질이 혼입되어 있는 유체를 송출할 수 있다.

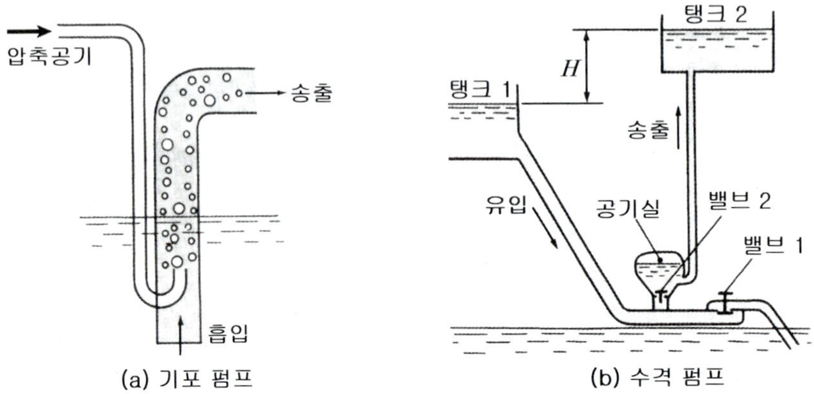


**[그림 9.20] 기포 펌프와 수격 펌프의 구조**

### [ 5 ] 수격 펌프

수격 펌프는 유체 유동을 갑자기 정지시킬 때 발생하는 수격 현상을 이용하여 유체를 높은 곳으로 송출하는 펌프이다. [그림 9.20]의 (b)와 같이 낮은 위치에 있는 유체를 낙하시켜 흐를 때 밸브 1을 갑자기 닫으면 흐르던 유체의 관성에 의해 관로 내에 수격 현상이 일어나고, 이로 인해 압력이 급상승하여 공기실의 밸브 2가 열리고 유체가 탱크 2로 송출된다.

# 9.4 펌프 성능

## 1 펌프 양정

펌프에서 물이 올라가는 높이(펌프에 의해 얻을 수 있는 위치 수두)를 양정(lift head)이라고 한다. '**양정은 물이 가지고 있는 단위 중량당 에너지로서 물을 올릴 수 있는 높이**(m)**를 나타낸다.**' 펌프에서 유량을 양수량(송출량) 또는 배출량이라 한다. 펌프 능력은 양정

[m]과 양수량[$m^3/s$, $m^3/min$]으로 나타낸다.

양정은 흡입수면으로부터 배출 수면까지 수직거리로 나타내는 실양정($H_a$)과 여기에 관로의 손실을 고려한 전양정($H$)이 있다. 양수량은 체적유량을 말하며 단위 시간당 송출되는 유체 부피이다.

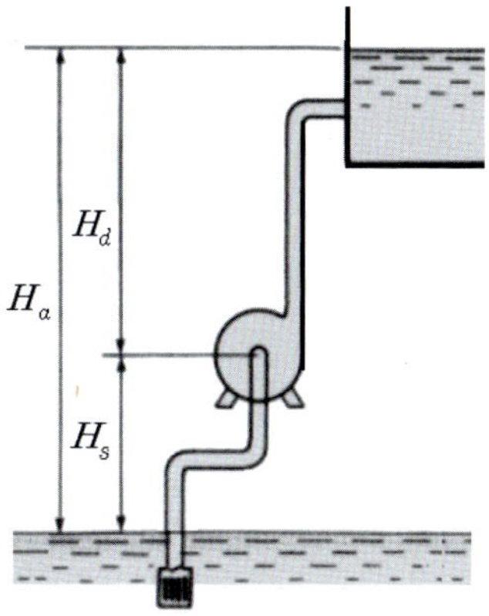


**[그림 9.21] 펌프 양정**

[그림 9.21]에서 흡입수조의 수면에서 배출수조의 수면까지 수직 거리가 실제로 물을 이송시켜야 할 높이이다. 이것을 실양정(actual head)이라 부르며 $H_a$로 표시한다. 그리고 펌프 중심에서 흡입 수면까지 수직거리를 흡입 실양정(actual suction head, $H_s$), 펌프 중심에서 배출 수면까지 수직거리를 송출 실양정(actual delivery head, $H_d$)이라고 한다. 즉,

$$\text{실양정}(H_a) = \text{흡입 실양정}(H_s) + \text{배출 실양정}(H_d) \quad \cdots\cdots (9.8)$$

이다.

배출 양정은 펌프 출력을 변화시킴으로써 임의로 조절할 수 있다. 그러나 흡입 양정은 흡입 수면에 작용하는 대기 압력($P_{atm}$)과 펌프 입구 압력과의 차이에 의해 정해지므로 어느 한도 이상의 높이가 될 수 없다. 즉, 상온의 물은 1기압(101.3kPa)에서는 이론적으로

$$h_{\max} = \frac{P_{atm}}{\gamma_w} = \frac{101.3\text{kPa}}{9.81\text{kN/m}^3} = 10.33\text{m}$$

까지 끌어 올릴 수 있으나, 펌프 입구 압력이 0(완전진공)이 될 수 없고, 흡입관 내의 마찰이나 밸브 등과 같은 관로 손실로 인하여 실제로 끌어 올릴 수 있는 한도는 7m 정도이다. 흡입 양정은 가능한 낮은 것이 바람직하다(펌프를 가능한 낮은 곳에 설치하는 것이 좋다).

펌프의 전양정 $H$는 실양정 $H_a$보다 커야 한다. 왜냐하면 물이 관로에서 이동하는 동안 충돌과 마찰로 인하여 손실이 발생하기 때문이다. 이때의 총 손실수두를 $H_L$로 하면

$$\text{전양정}(H) = \text{실양정}(H_a) + \text{총손실수두}(H_L) \quad \cdots\cdots (9.9)$$

이다. 즉, 전양정은 실양정에서 양수장치 전체의 계에 대한 손실을 고려한 양정을 말한다.

## 2 수동력과 축동력

펌프 내의 날개차(회전차, impeller) 회전에 의해 펌프를 통과하는 유체에 주어지는 동력을 수동력(water power)이라 한다. 펌프의 전양정을 $H$, 송출량(양수량)을 $Q$, 유체의 비중량을 $\gamma$라 하면 유체가 펌프로부터 받는 수동력(이론동력) $L_w$는 다음과 같다.

$$L_w = \gamma QH = \dot{m}gH \quad \cdots\cdots (9.10)$$

식 (9.10)에서 비중량 $\gamma = \rho g$이고, 질량유량 $\dot{m} = \rho Q$이다. 그런데 실제로 펌프를 운전하기 위해서는 베어링에서 기계손실과 펌프 내에서 유체 마찰 손실 등이 있기 때문에 이론 동력보다 큰 동력을 펌프 축에 공급해야 한다. 여기에서 펌프 동력 공급원으로부터 펌프에 공급되는 외부 동력(펌프 날개차를 구동하는데 필요한 동력)을 축동력(shaft power)이라 하며, 다음과 같이 수동력($L_w$)의 축동력($L_s$)에 대한 비를 펌프효율($\eta_p$)이라 한다. 축동력은 제동마력(brake horse power)이라고도 한다.

$$\eta_p = \frac{(\text{수동력})}{(\text{축동력})} = \frac{L_w}{L_s} \quad \cdots\cdots (9.11)$$

펌프효율($\eta_p$)은 일반적으로 다음과 같이 수력효율(hydraulic efficiency) $\eta_h$, 체적효율(volumetric efficiency) $\eta_v$, 기계효율(mechanical efficiency) $\eta_m$의 곱으로 표시된다. 펌프효율 $\eta_p$를 펌프의 전효율(total efficiency)이라고도 한다.

$$\eta_p = \eta_h \cdot \eta_v \cdot \eta_m \quad \cdots\cdots (9.12)$$

펌프로부터 유체에 에너지가 전달되는 과정에서 여러 가지 손실이 발생한다. 펌프에서 발생하는 손실에는 수력 손실, 누설 손실, 원판 마찰 손실, 기계 손실 등이 있다. 수력효율

은 펌프 내에서 발생하는 수력 손실수두의 정도를 나타내고, 체적효율은 누설 유량의 정도를 나타내며, 기계효율은 원판 마찰 손실과 베어링과 패킹 상자(축봉장치)에서 동력 손실 정도를 나타낸다. 펌프효율은 펌프 종류, 송출량, 전양정 및 사용 상태에 따라 달라진다.

수력 손실은 물이 펌프를 통과할 때 받는 저항에 의한 손실이며, 펌프 성능에 가장 큰 영향을 끼치는 손실이다. 수력 손실에는 펌프 흡입구에서 배출구까지 전체 유로에서 발생하는 마찰 손실, 날개에 물이 충돌할 때 발생하는 충돌 손실, 유로 단면적 변화로 일어나는 확대 및 축소 손실 등이 있다.

누설 손실은 펌프의 회전 부분과 고정 부분 사이 틈을 통하여 누설되는 유량을 말한다. 누설이 일어나는 곳은 펌프 형식에 따라 다르지만 일반적으로 날개차와 케이싱 부분과의 틈새, 패킹 상자의 틈새, 개방형 안내 날개의 케이싱과의 틈새 등에서 누설이 발생한다.

한편 케이싱 내에 가득 찬 물속에서 날개차가 고속으로 회전할 때 날개차 바깥쪽에는 일종의 원판 마찰이 작용하며, 이때 펌프에서 축동력의 일부가 손실되는 것을 원판 마찰 손실이라 한다.

기계 손실은 원판 마찰 손실을 제외한 베어링과 패킹 상자 등에서 발생하는 손실을 말한다. 이 손실은 패킹 상자의 크기와 깊이, 패킹의 종류와 윤활 방법, 베어링의 하중이나 축의 회전수 등의 영향을 받는다.

9.4절에서 전양정과 수동력 및 축동력의 정의를 살펴보았다. 수동력은 유체를 송출할 때 필요한 이론 동력이며 **유체가 펌프로부터 받는 에너지**를 나타낸다. 축동력은 펌프를 구동할 때 실제로 필요한 동력(외부로부터 **펌프에 공급해야 할 동력**)이다.

즉, 9.2절에서 취급한 이론적인 펌프동력 $L_p = \gamma Q H_p$가 수동력($L_w = L_p$)이고, 실제로 펌프에 공급해야 할 동력 $L_{pa}$가 축동력($L_s = L_{pa}$)이다. 그리고 펌프에서 운동에너지($V^2/2g$) 변화를 무시하면 9.1절의 펌프에 대한 에너지 방정식에서 펌프 수두가 전양정($H_p = H$)이 된다[예제 9.6].

이 책에서는 9.1절의 에너지 보존법칙에 대한 개념이 펌프에서 에너지 흐름을 물리적으로 이해하기 쉬우므로 전양정($H$) 대신 펌프수두($H_p$)를 에너지 방정식에 사용한다.

특별히 운동 에너지변화를 무시할 수 없는 경우에는 에너지 방정식으로부터 펌프수두를 구하고 이 값으로써 수동력을 구해야 한다.

**[예제 9.4]** 펌프 중심에서 $2\mathrm{m}$ 아래에 있는 저수조의 수면으로부터 물을 흡입하여 펌프 중심에서 $15\mathrm{m}$ 높이에 있는 배출 수면까지 물을 양수하려 한다. 펌프 송출유량이 $1.2\mathrm{m^3/min}$이고 관로의 전손실수두가 $3\mathrm{m}$일 때 펌프의 수동력을 구하여라.

**풀이** 여기에서 흡입 실양정 $H_s = 2\mathrm{m}$, 배출 실양정 $H_d = 15\mathrm{m}$이다. 따라서 펌프의 전양정$(H)$은

$$
\begin{aligned}
H = H_a + H_L &= (H_s + H_d) + H_L \\
&= (2 + 15) + 3 \ [\mathrm{m}] \\
&= 20\,[\mathrm{m}]
\end{aligned}
$$

이고, 송출유량 $Q = 1.2\mathrm{m^3/min}$이므로 펌프의 수동력$(L_w)$은 다음과 같다.

$$
\begin{aligned}
L_w &= \gamma Q H \\
&= \left(9.8\frac{\mathrm{kN}}{\mathrm{m^3}}\right)\cdot\left(1.2\frac{\mathrm{m^3}}{60\mathrm{s}}\right)\cdot(20\mathrm{m}) \\
&= 3.92\,[\mathrm{kW}]
\end{aligned}
$$

**[예제 9.5]** 펌프의 전양정이 $20\mathrm{m}$이고 양수량이 $0.1\mathrm{m^3/s}$이다. 펌프효율이 $80\%$일 때 축동력을 구하여라.

**풀이** 전양정 $H = 20\mathrm{m}$, 양수량 $Q = 0.1\mathrm{m^3/s}$이므로 수동력$(L_w)$은

$$
\begin{aligned}
L_w &= \gamma Q H \\
&= \left(9.8\frac{\mathrm{kN}}{\mathrm{m^3}}\right)\cdot\left(0.1\frac{\mathrm{m^3}}{\mathrm{s}}\right)\cdot(20\mathrm{m}) \\
&= 19.6\,[\mathrm{kW}]
\end{aligned}
$$

이고, 축동력$(L_s)$은 다음과 같다.

$$
L_s = \frac{L_w}{\eta_p} = \frac{19.6\mathrm{kW}}{0.8} = 24.5\,[\mathrm{kW}]
$$

**[예제 9.6]** 다음은 펌프 선정을 위한 양수 조건을 나타낸 것이다. 〈조건〉을 고려하여 펌프 유량, 수동력 및 축동력을 풀이과정과 함께 구하시오. (단, 필요 시 소수 첫째 자리에서 반올림하시오) **[중등교사임용시험-농공]**

흡수면과 송수면의 높이 차이가 87m이고, 흡수관과 송수관의 단면적이 $0.1\text{m}^2$이며, 단위체적당 무게가 $1{,}000\text{kgf/m}^3$인 액체를 유속 0.85m/s로 양수하고자 한다.

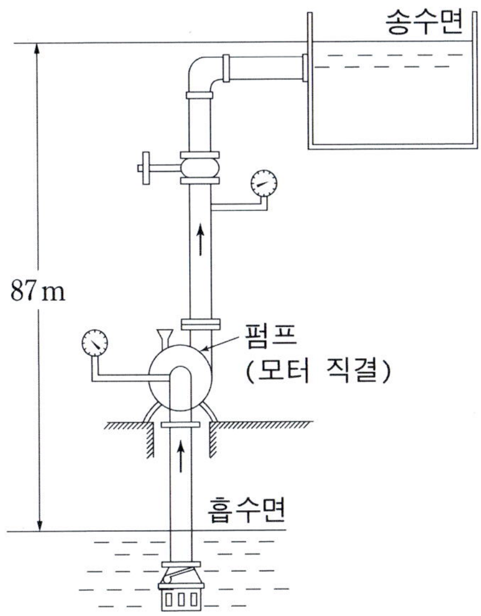


**[그림 9.22] 펌프**

〈조 건〉
- 흡수면과 송수면 사이의 총 손실수두는 15m이다.
- 펌프는 원심펌프이며, 전효율($\eta_t$)을 85%로 가정한다.
- 펌프 유량의 단위는 $[\text{m}^3/\text{s}]$, 수동력($L_w$)과 축동력($L_s$)의 단위는 [kW]로 계산한다.

**풀이** (1) 펌프 유량 $Q$ $[\text{m}^3/\text{s}]$ : 흡수관과 송수관의 단면적 $A = 0.1\text{m}^2$, 균일 유속 $V = 0.85\text{m/s}$이므로 유량은 다음과 같다.

$$Q = AV = (0.1)(0.85) = 0.085[\text{m}^3/\text{s}]$$

(2) 수동력 $L_w$[kW] : 흡수면과 송수면을 각각 1, 2로 하여 두 지점 사이에 에너지 방정식을 적용한다.

$$\frac{P_1}{\gamma} + \frac{V_1^2}{2g} + z_1 + H_p = \frac{P_2}{\gamma} + \frac{V_2^2}{2g} + z_2 + h_L \quad \cdots\cdots ①$$

여기에서 손실수두와 두 지점의 고도차이

$$h_L = 15\,[\mathrm{m}],\quad z_2 - z_1 = 87\,[\mathrm{m}] \quad \cdots\cdots ②$$

이다. 흡수면과 송수면의 유속과 압력을 다음과 같이 가정한다.

$$V_1 = V_2 = 0,\quad P_1 = P_2 = P_0(\text{대기압}) \quad \cdots\cdots ③$$

식 ②, ③을 식 ①에 대입하면 다음과 같이 펌프수두 $H_p$가 구해진다.

$$\frac{P_0}{\gamma} + 0 + z_1 + H_p = \frac{P_0}{\gamma} + 0 + z_2 + h_L$$

$$\therefore\ H_p = (z_2 - z_1) + h_L = 87 + 15 = 102\,[\mathrm{m}]$$

따라서 수동력($L_w$)은 다음과 같다.

$$L_w = \frac{\gamma_w Q H_p}{102}\,[\mathrm{kW}] = (1000 \times 0.085 \times 102) \times \frac{1}{102}\,[\mathrm{kW}]$$

$$= 85\,[\mathrm{kW}]$$

(3) 축동력 $L_s$[kW] : 펌프효율 $\eta_p = \dfrac{L_w}{L_s}$이다. 여기에서 $\eta_p = \eta_t = 0.85$이므로 축동력은 다음과 같다.

$$L_s = \frac{L_w}{\eta_p} = \frac{85}{0.85} = 100\,[\mathrm{kW}]$$

[예제 9.6]의 그림에서 실양정 $H_a = 87$[m]이고 조건에서 총 손실수두 $H_L = 15$[m]이다. 따라서 전양정 $H = H_a + H_L = 87 + 15 = 102$[m]이고, 수동력은 다음과 같다.

$$L_w = \gamma_w Q H = 85\,[\mathrm{kW}]$$

즉, 흡수면과 송수면이 정지해 있고 운동에너지 변화가 없으면 전양정 $H$는 위에서 에너지 방정식으로부터 구한 펌프수두 $H_p$와 같고, 이와 함께 동일한 수동력 $L_w$가 구해진다.

이 문제에서는 곧바로 공식(전양정 $H = H_a + H_L$, 수동력 $L_w = \gamma_w Q H$)을 사용하여 풀어도 하나의 정답이 된다. 위의 풀이에서는 기본 원리인 에너지 방정식과 물리적인 조건을 고려하여 문제를 풀었다. 이 풀이 과정도 어렵지 않으므로 쉽게 이해하리라 생각된다.

## 3 펌프 성능곡선

원심 펌프를 일정한 회전수로 운전할 때 조정 밸브를 점차적으로 열면 송출량(배출량, 양수량)이 점점 증가하고 이에 따라 전양정도 변화한다. 즉, 펌프에서 송출량과 전양정이 서로 연관되어 변화한다. 이와 같이 회전수와 양정, 송출량 및 효율 사이의 관계를 펌프의 운전 특성이라 한다. 펌프의 운전 특성은 회전수, 양수량, 양정 중 어느 하나를 일정하게 유지하고 다른 양을 변화시켜 효율과 동력을 측정함으로써 알 수 있으며, 이와 같은 결과를 곡선으로 나타낸 것을 펌프 성능곡선 또는 특성곡선이라 한다.

보통 펌프는 일반적으로 유도 전동기에 의해 구동되므로 회전수를 일정하게 유지하고 운전하면 송출량과 전양정, 축동력 및 효율의 관계는 [그림 9.23]과 같은 곡선으로 나타난다.

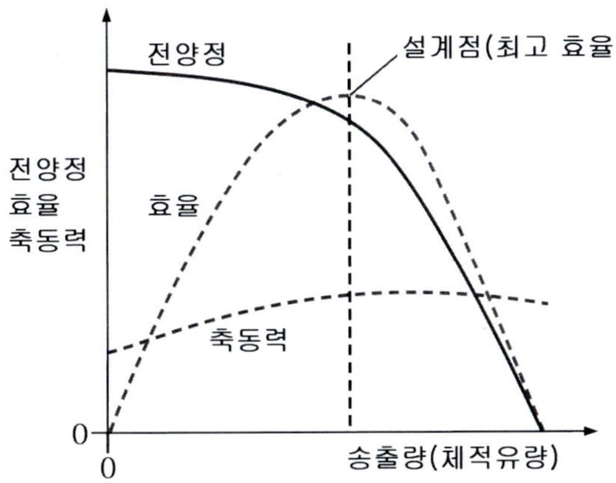


[그림 9.23] 원심 펌프의 전형적인 성능곡선

일반적으로 효율이 최고가 되는 점(최고 효율점)을 설계 점으로 하고 있으므로 설계 점을 벗어난 범위의 회전수나 송출량 및 양정으로 펌프를 운전하면 효율이 떨어진다. 최고 효율점에서 유량을 정규유량 또는 설계유량이라 한다.

[그림 9.23]은 원심펌프의 전형적인 성능곡선이다. 그런데 펌프는 터빈, 벌류트, 경사류 및 축류 등 각 형식에 따라 경향이 다른 특성곡선을 나타낸다. 따라서 펌프를 선정하고 운전할 때는 그 특성을 잘 알아야 한다.

## 4 펌프의 상사법칙

한 펌프를 다른 조건에서 운전하거나 또는 상사이면서 치수가 다른 두 펌프 1, 2가 있을 때 각각의 회전수를 $N_1$과 $N_2$, 날개차의 지름을 $D_1$과 $D_2$, 양수량을 $Q_1$과 $Q_2$, 축동력을 $L_1$과 $L_2$라 하면 펌프의 상사법칙은 다음과 같다.

### [ 1 ] 양수량($Q$)의 상사법칙

$$Q_2 = Q_1\left(\frac{D_2}{D_1}\right)^3\left(\frac{N_2}{N_1}\right) \quad \cdots\cdots (9.13)$$

### [ 2 ] 전양정($H$)의 상사법칙

$$H_2 = H_1\left(\frac{D_2}{D_1}\right)^2\left(\frac{N_2}{N_1}\right)^2 \quad \cdots\cdots (9.14)$$

### [ 3 ] 축동력($L$)의 상사법칙

$$L_2 = L_1\left(\frac{D_2}{D_1}\right)^5\left(\frac{N_2}{N_1}\right)^3 \quad \cdots\cdots (9.15)$$

위 관계식들은 다음과 같이 간단하게 유도된다. 지름 $D$, 회전 속도 $N$, 선속도 $V$, 면적 $A$, 유량 $Q$, 양정 $H$, 동력 $L$이라 하고 각 물리량들의 차원을 비교한다. 속도 $V \propto DN$이므로 편의상 $V = DN$으로 하면

$$Q = AV = D^2(DN) = D^3N$$

$$H \propto V^2 = (DN)^2$$

$$L = \gamma QH \propto (D^3N)(DN)^2 = D^5N^3$$

이다. 펌프에서 물의 비중량 $\gamma$는 일정한 값을 가진다. 참고로 압축성 공기를 흐르게 하는 송풍기에서는 $L = \gamma QH = \gamma(D^3N)(DN)^2 = \gamma D^5N^3$이므로 축동력의 상사법칙은 다음과 같다.

$$L_2 = L_1\left(\frac{\gamma_2}{\gamma_1}\right)\left(\frac{D_2}{D_1}\right)^5\left(\frac{N_2}{N_1}\right)^3$$

상사법칙 관계식은 복잡해 보이지만 다음과 같은 사실을 알면 쉽게 기억할 수 있다. 양수량(송출 체적유량) $Q$의 SI 단위는 $m^3/s$이므로 $Q = D^3N$이고, 베르누이 정리에서 $V^2/2g$의 단위는 m이므로 중력가속도($g$)가 일정하면 $H = V^2 = (DN)^2$이다. 따라서 비중량이 일정할 때 동력은 $QH$에 비례하므로 $L = QH = D^5N^3$이 된다.

이상에서 이해하기 쉽게 편의상 등호(=)를 사용하였다. $Q = D^3N$, $H = V^2$, $L = QH$는 각각 $Q \propto D^3N$, $H \propto V^2$, $L \propto QH$를 나타낸다.

† 각속도 $\omega = \dfrac{2\pi N}{60}$의 SI 단위는 [1/s]이고, 선속도 $v = r\omega$이므로 $V \propto DN$이다.

**[예제 9.7]** 유량 $0.16m^3/s$, 전양정 20m, 축동력 60kW인 원심펌프가 있다. 회전차의 지름을 1/2로 하고 회전수를 2배로 할 때 유량 $Q_2$와 전양정 $H_2$ 및 축동력 $L_2$를 구하여라.

**풀이** 유량 $Q_1 = 0.16m^3/s$, 전양정 $H_1 = 20m$, 축동력 $L_1 = 60kW$으로 하면 지름의 비 $D_2/D_1 = 1/2$, 회전수의 비 $N_2/N_1 = 2$이다.

(1) 유량의 상사법칙

$$Q_2 = Q_1\left(\frac{D_2}{D_1}\right)^3\left(\frac{N_2}{N_1}\right) = (0.16)\left(\frac{1}{2}\right)^3(2) = 0.04\ [m^3/s]$$

(2) 전양정의 상사법칙

$$H_2 = H_1\left(\frac{D_2}{D_1}\right)^2\left(\frac{N_2}{N_1}\right)^2 = (20)\left(\frac{1}{2}\right)^2(2)^2 = 20\ [m]$$

(3) 축동력의 상사법칙

$$L_2 = L_1\left(\frac{D_2}{D_1}\right)^5\left(\frac{N_2}{N_1}\right)^3 = (60)\left(\frac{1}{2}\right)^5(2)^3 = 15\ [kW]$$

**[예제 9.8]** 어떤 펌프가 회전수 1500rpm, 전양정 45m로 운전할 때 $0.2m^3/s$의 유량을 송출한다. 이 펌프와 상사이고 치수가 2배인 펌프가 1000rpm으로 운전할 때 전양정을 구하여라.

풀이 회전수 $N_1 = 1500\,\text{rpm}$, 전양정 $H_1 = 45\text{m}$, $Q_1 = 0.2\text{m}^3/\text{s}$ 이고, 지름의 비 $D_2/D_1 = 2$, 회전수 $N_2 = 1000\text{rpm}$ 이다.

전양정의 상사법칙에서

$$H_2 = H_1\left(\frac{D_2}{D_1}\right)^2\left(\frac{N_2}{N_1}\right)^2 = (45)\left(\frac{2}{1}\right)^2\left(\frac{1000}{1500}\right)^2 = 80\,[\text{m}]$$

## 5 펌프의 비속도

펌프를 설계할 때는 가존 펌프에 대한 자료들을 참고한다. 특히 펌프의 형상과 구조 및 유동 상태가 서로 같을 때 두 펌프는 상사하다고 하며, 이때는 크기만 다른 펌프의 유량과 양정 및 회전수 등을 알 수 있다. 펌프의 비속도(specific speed)는 펌프 날개차의 형상을 나타내는 척도로서 양정($H$)과 양수량($Q$) 및 회전수($N$)에 따라 펌프 종류와 날개차 형식을 선정할 때 사용된다.

펌프의 비속도는 기준이 되는 한 펌프와 기하학적으로 상사인 다른 하나의 펌프가 단위 양수량에서 단위 양정을 내게 할 때, 그 날개차에 주어져야 할 회전수이다. 즉, 기준이 되는 펌프와 형상과 구조가 같은 펌프가 양정 1m에서 유량 $1\text{m}^3/\text{s}$를 양수할 때 필요한 날개차의 분당 회전수를 비속도라 한다.

비속도는 펌프 구조와 유동 상태가 같을 때는 일정하고 펌프의 크기나 회전수에 따라 변화하지 않는 값이다. 따라서 비속도는 날개차의 형상을 나타내는 척도가 되며, 펌프 성능을 표시하거나 주어진 양정과 유량에서 날개차의 형상 또는 적합한 회전수를 결정할 때 사용된다.

비속도는 다음 식으로 정의된다.

$$N_s = \frac{N\sqrt{Q}}{H^{3/4}} = \frac{N}{\sqrt{H}}\sqrt{\frac{Q}{\sqrt{H}}}\ [\text{rpm},\ \text{m}^3/\text{min},\ \text{m}] \quad \cdots\cdots (9.16)$$

여기에서 $N_s$ : 비속도[rpm, $\text{m}^3$/min, m]

$N$ : 회전수[rpm]

$Q$ : 양수량[$\text{m}^3$/min]

$H$ : 전양정[m]

비속도는 날개차 한 개에 유입되는 유량과 그 날개차에서 얻어지는 전양정과 관련이 있으므로 양쪽 흡입 펌프와 2단 이상의 다단펌프에서는 다음과 같이 비속도를 구한다.

양쪽 흡입 펌프에서 양수량이 $Q[\mathrm{m^3/min}]$이고 전양정이 $H[\mathrm{m}]$, 회전수가 $N[\mathrm{rpm}]$일 때 비속도는

$$N_s = \frac{N\sqrt{Q/2}}{H^{3/4}}[\mathrm{rpm,\ m^3/min,\ m}] \qquad \cdots\cdots (9.17)$$

이다. 양쪽 흡입 펌프일 때 양수량은 한쪽에서 흡입한 유량$(Q/2)$을 적용한다.

2단 이상의 다단펌프에서 양수량이 $Q[\mathrm{m^3/min}]$이고 전양정이 $H[\mathrm{m}]$, 회전수가 $N[\mathrm{rpm}]$, 날개차 수가 $z$[개]일 때 비속도는

$$N_s = \frac{N\sqrt{Q}}{(H/z)^{3/4}}[\mathrm{rpm,\ m^3/min,\ m}] \qquad \cdots\cdots (9.18)$$

이다. 다단펌프일 때 전양정은 1단에 대한 양정$(H/z)$을 적용한다.

비속도는 펌프의 크기와 무관하고, 날개차의 모양에 따라 변하는 값이며, 상사관계에 있는 펌프에서는 일정한 값이 된다. 즉, 두 펌프가 상사이면 비속도의 값이 같다.

† 비속도 식 $N_s = \frac{N\sqrt{Q}}{H^{3/4}} = \frac{NQ^{1/2}}{H^{3/4}}$는 정의이므로 기억해야 한다. 이 식을 기억하기 위한 하나의 방법에는 $Q$의 지수가 1/2, $H$의 지수가 3/4이므로 위로부터 1, 2, 3, 4로 기억하는 방법이 있다.

**[예제 9.9]** **회전수 1400rpm, 전양정 10m, 양수량 $5\mathrm{m^3/min}$인 원심펌프가 있다, 다음을 구하여라.**

(1) 펌프의 비속도$[\mathrm{rpm,\ m^3/min,\ m}]$

(2) 전양정 8m, 양수량 $20\mathrm{m^3/min}$이 되게 할 때 펌프의 회전수[rpm]

**풀이** (1) 펌프의 비속도 $N_s$: 비속도의 정의로부터

$$N_s = \frac{N\sqrt{Q}}{H^{3/4}} = \frac{1400\sqrt{5}}{10^{3/4}} = 557[\mathrm{rpm,\ m^3/min,\ m}]$$

(2) 전양정 $H_1 = 8\text{m}$, 양수량 $Q_1 = 20\text{m}^3/\text{min}$이 되게 할 때 펌프의 회전수 $N_1$ [rpm] : 동일 펌프에서 비속도가 같으므로

$$N_s = \frac{N_1 \sqrt{Q_1}}{H_1^{3/4}}$$

$$\therefore \ N_1 = N_s \frac{H_1^{3/4}}{\sqrt{Q_1}} = 557 \times \frac{8^{3/4}}{\sqrt{20}} = 592[\text{rpm}]$$

## 9.5 펌프에서 여러 가지 현상

### 1 공동현상

유체가 관에서 흘러가고 있을 때 유체 속에서 어느 부분의 압력이 국부적으로 낮아져서 그때의 유체 온도에 해당하는 포화증기압 이하로 떨어지면 유체 중에 용해되어 있던 기체가 기화되어 기포가 발생한다. 이와 같은 현상을 공동현상(cavitation)이라 한다. 일반적으로 유체는 액체와 기체를 모두 포함한다. 그러나 공동현상에서 설명하고 있는 유체는 액체를 의미한다.

펌프에서 날개차 속을 유체가 흐를 때 날개차 입구에서 흡입으로 인한 압력저하가 그때의 유체 온도에 해당하는 포화증기압 이하로 떨어지면 자연적으로 유체 중에 용해되어 있는 기체가 기화하여 기포가 발생한다. 압력이 떨어지면 기포가 급격히 성장하게 되고, 하류부분에서 압력이 상승된 고압 영역에 이르면 기포는 파괴된다. 이와 같은 압력의 급격한 변화에 의해 소음과 진동이 발생한다.

공동현상이 일어나면 금속 표면에 기계적인 손상이 발생하게 되는데 이것을 침식이라 한다. 또한 기포 내에 포함된 산성 물질에 의해 화학적인 손상, 즉 부식이 발생한다. 대부분의 공동현상으로 인한 침식은 예리한 깔 끝으로 쪼은 것과 같은 작은 구멍이 모인 형태로 되는데 이것을 점침식(pitting)이라 한다.

펌프의 날개차 내에서 발생하는 공동현상이 일으키는 이상 현상을 정리하면 다음과 같다.

① 소음과 진동(충격) : 기포의 생성과 파괴가 급격하게 일어나며 이로 인한 충격파로 인해 소음과 진동이 발생한다. 이것이 심하게 일어나면 운전 불능 상태에 도달한다.

② 성능 저하 : 공동현상은 펌프의 날개차 입구 부근의 뒷면에서 발생하므로 날개차 내

유동이 크게 헝클어지고, 이와 함께 양정, 효율, 축동력이 급격하게 저하된다.

③ 깃의 손상(가동날개 부식) : 깃의 침식은 펌프 성능을 저하시킬 뿐만 아니라 특히 깃의 벽면 부분의 결손으로 인해 큰 사고가 일어날 수 있다. 따라서 공동현상이 일어난 상태로 장시간 운전을 하는 것은 큰 위험을 초래할 수 있다.

펌프에서 공동현상이 일어나기 쉬운 조건들은 다음과 같다.

① 액체의 온도가 너무 높을 때 : 액체의 온도가 높아지면 그 온도에 해당하는 액체의 포화증기압이 증가하므로 펌프 내 국부적인 압력이 그 포화증기압 이하가 되기 쉬워진다.

② 펌프의 흡입 양정이 너무 클 때 : 흡입양정이 크면 흡입부의 압력을 크게 낮추어야 한다.

③ 날개차가 과속으로 회전하여 유량이 증가할 때.

④ 펌프 날개차의 모양이 적당하지 않을 때.

공동현상 방지법은 다음과 같다.

① 펌프의 설치 위치를 낮추어 흡입양정을 작게 한다.

② 배관을 완만하고 짧게 한다.

③ 마찰 저항이 작은 흡입관을 사용하여 흡입관 손실을 줄인다.
(손실수두는 지름에 반비례하므로 흡입관 지름을 크게 한다.)

④ 양흡입 펌프를 사용한다.

⑤ 두 대 이상의 펌프를 사용한다.

⑥ 펌프의 회전수를 낮춘다.
(규정된 회전 속도 이상에서 운전하지 않는다.)

## 2 맥동

펌프에서 흡입구와 배출구 쪽의 진공계와 압력계의 지침이 흔들리고 송출유량이 시간에 따라 주기적으로 변화하는 현상을 맥동 또는 서징(surging)이라 한다. 즉, 맥동은 압력이나 유량이 시간에 따라 주기적으로 변화하는 현상이다.

왕복펌프는 구조적으로 맥동이 발생하기 쉬우며 이를 방지하기 위해 공기실을 설치한다. 공기실은 배출관 내의 유량을 일정하게 유지하기 위한 것으로 실린더 뒤쪽에 설치한다. 유체의 배출량이 많을 때는 공기실 속의 유체가 배출되어 유량 변동을 줄임과 동시에 수격현상을 방지한다.

펌프에서 맥동이 일어나는 조건에는 다음 3가지가 있다.

① 펌프의 양정곡선이 산 모양이고 이 곡선의 정상 부근에서 운전할 때. 펌프의 양정곡선은 유량($Q$)과 양정($H$)의 관계를 나타낸 곡선을 말한다[그림 9.23].

② 송출관로 중에 외부와 접촉할 수 있는 수조 등이 있을 때.
(배관 중에 물 탱크나 공기 탱크가 있을 때)

③ 송출유량 조절이 수조의 후방에서 행해질 때. 즉, 유량 조절 밸브가 수조 뒤쪽에 설치되어 있을 때.

† 날개차를 회전시킬 때는 일정속도를 유지할 수 있다. 그런데 피스톤을 왕복시킬 때는 피스톤의 운동 방향이 바뀌는 순간에는 피스톤 속도가 영(zero)이 된다. 따라서 왕복펌프에서는 필연적으로 시간에 따라 피스톤의 속도가 변화하며 이에 따라 유량도 변화한다.

## 3 수격현상

관속을 흐르는 물의 운동을 갑자기 정지시키거나, 정지해 있는 물을 갑자기 흐르게 하면 관속에서 압력의 급격한 상승 혹은 강하가 일어난다. 이와 같은 현상을 수격현상(워터해머, water hammer)이라 한다. 이때 관속에는 운동에너지가 압력으로 변하여 수압이 크게 상승하거나, 그와 반대로 압력이 크게 떨어지는 현상이 발생한다. 이로 인해 관로에서 소음과 진동이 발생하고, 심하면 관 벽이 파열된다.

수격현상은 밸브를 순간적으로 닫거나 펌프가 갑자기 정지하는 경우에 발생한다. 따라서 이 현상은 관로 속 유속이 빠를수록, 밸브를 닫는 시간이 짧을수록 심하게 일어난다.

수격현상 방지법에는 다음과 같은 것이 있다.

① 유속을 작게 한다.
(관 지름을 크게 한다.)

② 밸브를 천천히 닫는다.

③ 플라이휠(fly wheel)을 설치한다.
(플라이휠의 관성을 이용하여 압력변화를 감소시킨다.)

④ 조압수조(공기실)를 관로 중에 설치하여 적정 압력 상태를 유지하게 한다.

⑤ 역류가 적게 일어나는 밸브를 사용한다.

# 연습문제 9

**01** 지름 100mm의 물 제트가 수평으로 설치된 노즐을 통하여 대기로 분사되고 있다. 물 제트의 유량이 $0.2\text{m}^3/\text{s}$일 때 제트가 가지고 있는 동력은 몇 kW인가? 단, 제트는 수평 기준면 상에 있다.

**02** 유량 $2\text{m}^3/\text{s}$으로 흐르는 물의 전 수두가 12m일 때 이 흐름으로부터 유효한 이론 동력은 몇 마력[PS]인가?

**03** 그림과 같이 펌프가 저수조로부터 물을 흡입하여 대기로 방출하고 있다. 체적유량이 $4\text{m}^3/\text{min}$이고 총 손실 수두가 3m이며, 배출구 지름이 10cm일 때 펌프에 의해 물에 전달되는 동력은 몇 kW인가? 저수조 수위는 일정하게 유지된다.

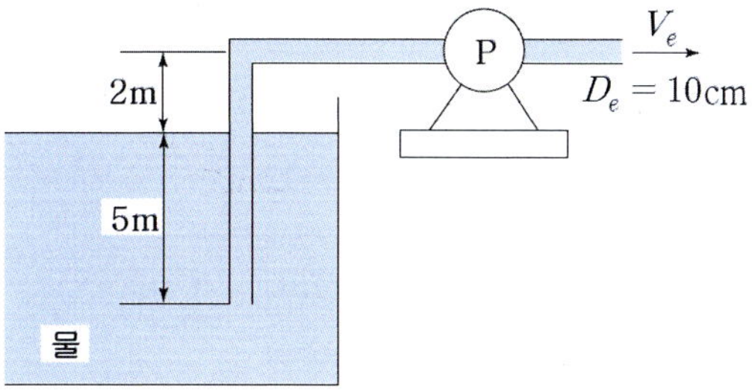


[문제 9.3]

**04** 그림과 같이 소방펌프가 바닷물을 퍼 올려서 노즐을 통하여 분사하고 있다. 바닷물의 비중 $S = 1.025$, 총 손실수두는 2m, 펌프효율이 70%이면 펌프를 구동하기 위한 동력은 몇 마력[PS]인가? 노즐 지름은 5cm, 분사속도는 40m/s이다.

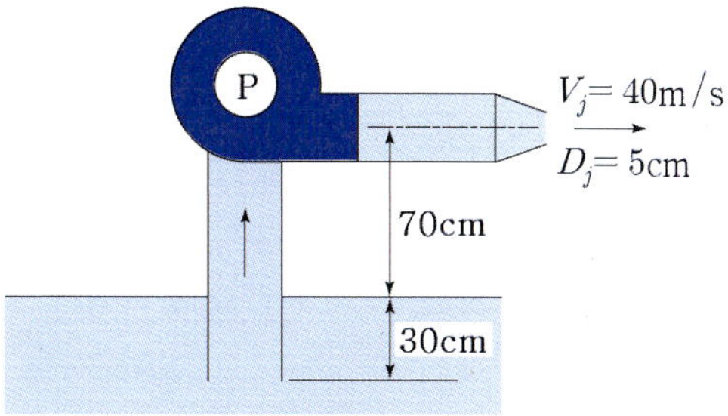


[문제 9.4]

**05** 수평으로 설치된 송풍기를 사용하여 공기 압력을 100kPa에서 800kPa로 높이려 한다. 송풍기를 통과하는 유량이 $0.2\text{m}^3/\text{s}$이면 송풍기가 공기에 공급해야 할 동력은 몇 kW인가?

**06** 터빈이 댐에서 흐르는 물로부터 동력을 얻고 있다. 터빈을 통과하는 유량이 $20\text{m}^3/\text{s}$이고 관 지름이 2m일 때 물에 의해 터빈에 전달되는 동력[MW]을 구하여라. 단, 손실은 무시한다.

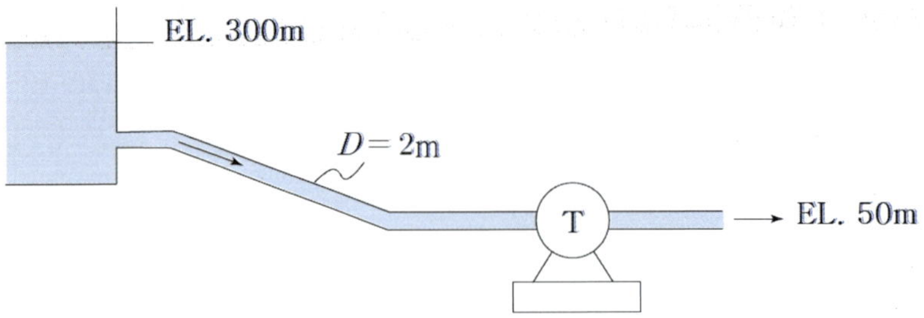


[문제 9.6]

**07** 유량 $0.7\text{m}^3/\text{s}$의 물이 터빈을 통과할 때 400kW의 에너지를 발생하는 터빈이 있다. 터빈 효율이 85%이면 물에 의해 터빈에 가해지는 수두는 몇 m인가?

**08** 터빈을 통하여 $0.2\text{m}^3/\text{s}$의 물이 흐르고 있다. 지름이 0.3m인 터빈 입구의 점 1에서 압력은 140kPa이고, 지름이 0.7m인 출구의 점 2에서 압력은 30kPa 진공이다. 물에 의하여 터빈에 전달되는 동력[kW]을 구하여라. 단, 손실은 무시한다.

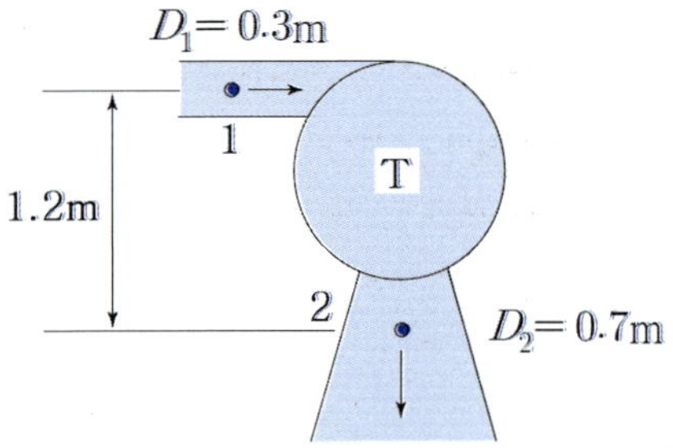


[문제 9.8]

**09** 그림과 같이 댐의 물을 이용하여 전기를 발생시키기 위하여 수력터빈을 설치하였다. 터빈을 지나는 유량이 $15\text{m}^3/\text{s}$, 손실수두가 7m, 배출관에서 유속이 5m/s일 때 터빈이 물로부터 받는 동력[MW]을 구하여라.

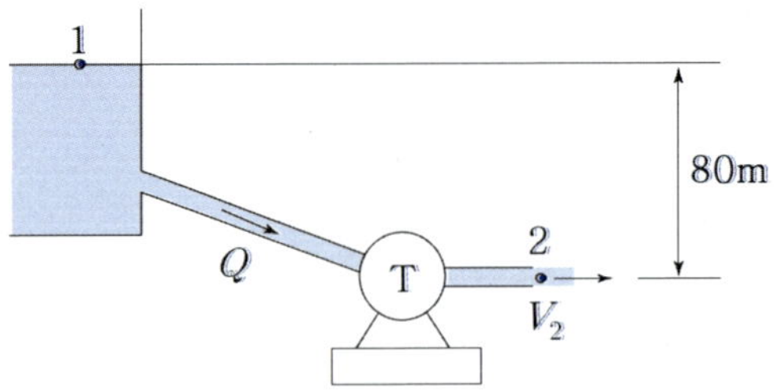


[문제 9.9]

**10** 흡입 실양정 3m, 배출 실양정 22m, 송출유량 $0.6\text{m}^3/\text{min}$인 펌프의 수동력을 구하여라. 단, 관로의 전 손실수두는 5m이다.

**11** 전양정 15m, 송출유량 $1.2\text{m}^3/\text{min}$, 효율 80%인 펌프의 수동력과 축동력을 구하여라.

**12** 다음 조건으로 양수 작업을 할 때 필요한 펌프의 축동력은? 단, 물의 비중량은 $10\text{kN}/\text{m}^3$으로 한다. [중등교사 임용시험-농공]

| | |
|---|---|
| • 필요 양수량 : $24\text{m}^3/\text{min}$ | • 실양정 : 7m |
| • 손실수두 : 0.5m | • 펌프효율 : 75% |

① 22.5kW ② 30kW ③ 40kW ④ 1350kW ⑤ 2400kW

**13** 펌프의 종류에서 안내 날개를 설치한 것은? [중등교사 임용시험-기계]

① 베인 펌프 ② 벌류트 펌프

③ 재생 펌프 ④ 터빈 펌프

**14** 그림은 저수지의 물을 이용하여 전기를 생산하는 수력 발전 시스템을 나타낸 것이다. 터빈-발전기의 전효율을 100%로 가정할 때, 〈조건〉을 이용하여 이 발전 시스템의 유효 낙차(수두)와 생산되는 전력[kW]을 각각 구하시오.

[중등교사 임용시험-농공]

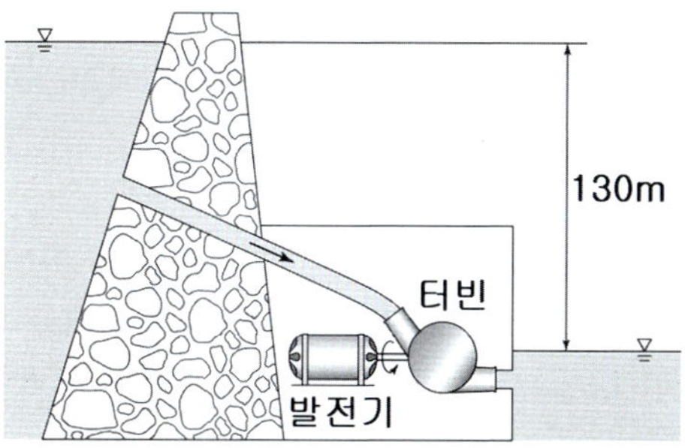


[문제 9.14]

• 저수면과 방수면의 수위는 일정하게 유지된다.
• 유량은 $20\text{m}^3/\text{s}$이고, 저수면과 방수면 간의 높이 차는 130m이다.
• 관로 시스템의 총 손실 수두(터빈 자체의 손실은 제외)는 30m이다.
• 물의 밀도는 $1{,}000\text{kg}/\text{m}^3$이며, 중력가속도는 $9.8\text{m}/\text{s}^2$이다.

**15** 펌프에서 공동 현상(cavitation)을 일으키기 쉬운 조건을 3가지 제시하고, 이로 인하여 발생하는 피해 상황을 3가지 기술하시오. [중등교사 임용시험-기계]

**16** 펌프에서 일어나는 다음 현상을 간략하게 설명하시오. [중등교사 임용시험-기계·금속]

(1) 공동현상(cavitation) (2) 맥동(surging)

**17** 그림은 냉동공조장치에서 사용되는 원심펌프의 특성곡선이다. 일정한 회전수에서 유량을 (가)에서 (나)로 변화시킬 때에 대한 설명 중 옳게 짝 지은 것은? [중등교사 임용시험-냉동]

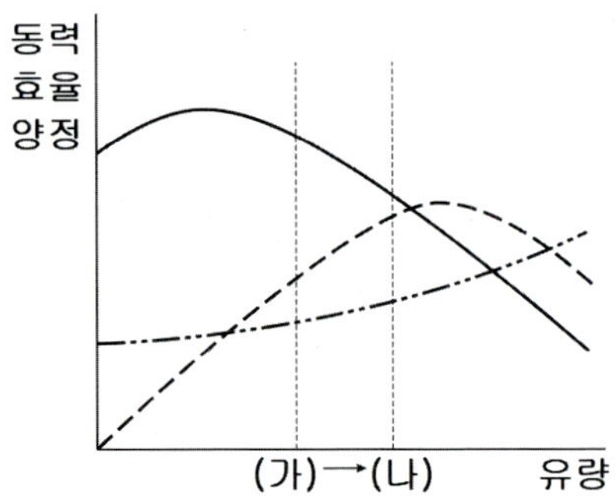


[문제 9.17]

① 양정 증가, 동력 감소, 효율 증가
② 양정 증가, 동력 증가, 효율 감소
③ 양정 감소, 동력 감소, 효율 증가
④ 양정 감소, 동력 증가, 효율 감소
⑤ 양정 감소, 동력 증가, 효율 증가

**18** 펌프효율이 80%인 펌프를 사용하여 펌프 중심에서 3m 아래에 있는 저수조의 수면으로부터 물을 흡입하여 펌프 중심에서 25m 높이에 있는 배출 수면까지 물을 양수하려 한다. 펌프 송출유량이 $1.8\mathrm{m}^3/\mathrm{min}$이고 관로의 전손실수두가 2m일 때 필요한 펌프의 축동력[PS]을 구하여라.

**19** 전양정 20m, 회전수 1000rpm으로 운전할 때 양수량이 $4\mathrm{m}^3/\mathrm{min}$인 펌프가 있다. 이 펌프를 회전수 1500rpm으로 운전할 때 양수량[$\mathrm{m}^3/\mathrm{min}$]을 구하여라.

**20** 회전수 800rpm, 양수량 $0.2\mathrm{m}^3/\mathrm{min}$으로 운전할 때 전양정이 8m인 펌프가 있다. 이 펌프와 형상이 같고 날개차 지름이 2배인 펌프를 회전수 1200rpm으로 운전할 때 전양정[m]을 구하여라.

**21** 전양정 20m, 회전수 500rpm으로 운전할 때 축동력이 32PS인 펌프가 있다. 이 펌프와 형상이 같고 날개차 지름이 $1/2$배인 펌프를 회전수 1500rpm으로 운전할 때 축동력[PS]을 구하여라.

**22** 전양정 30m, 양수량 $0.5\mathrm{m^3/s}$으로 펌프가 물을 양수하고 있다. 펌프의 효율이 80%일 때 축동력[PS]을 구하여라.

**23** 수력 효율 80%, 체적효율 95%, 기계효율 97%인 펌프의 축동력이 52.1kW일 때 수동력[kW]을 구하여라.

**24** 전양정 30m, 회전수 2500rpm, 양수량 $2\mathrm{m^3/min}$으로 펌프를 운전할 때 펌프의 비속도[rpm, $\mathrm{m^3/min}$, m]를 구하여라.

**25** 전양정 30m, 회전수 1500rpm으로 펌프를 운전할 때 양수량[$\mathrm{m^3/min}$]을 구하여라. 단, 펌프의 비속도는 200[rpm, $\mathrm{m^3/min}$, m]이다.

**26** 전양정 16m, 회전수 2000rpm, 양수량 $11.52\mathrm{m^3/min}$으로 운전하고 있는 양쪽 흡입 펌프의 비속도[rpm, $\mathrm{m^3/min}$, m]를 구하여라.

**27** 전양정 16m, 양수량 $8\mathrm{m^3/min}$으로 운전하고 있는 양쪽 흡입 펌프의 비속도가 550[rpm, $\mathrm{m^3/min}$, m]일 때 펌프의 회전수[rpm]를 구하여라.

**28** 전양정 48m, 양수량 $4\mathrm{m^3/min}$, 회전수 1600rpm으로 운전하고 있는 3단 원심펌프의 비속도[rpm, $\mathrm{m^3/min}$, m]를 구하여라.

**29** 펌프를 사용하여 높은 곳에 위치한 저장탱크로 호수의 물을 양수하고 있다. 호수 수면과 저장탱크 수면의 고도 차이는 24m이고, 50L/s로 양수하기 위해서는 18.1kW의 전력이 소비된다. 다음을 구하여라. 단, 관내의 마찰손실과 운동에너지 변화는 무시하고, 물의 비중량은 $9.81\mathrm{kN/m^3}$으로 한다.

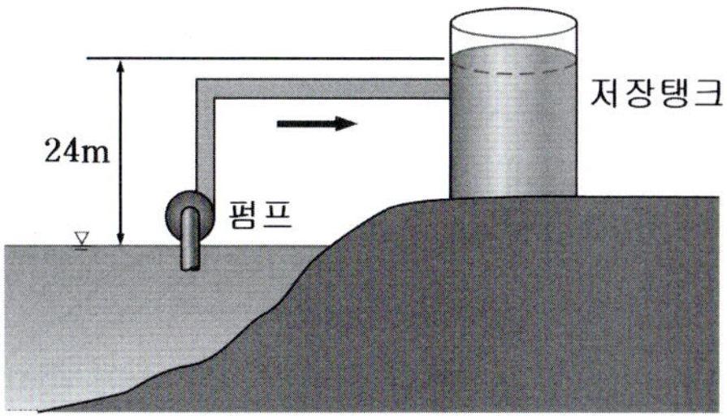


[문제 9.29]

(1) 펌프효율

(2) 펌프의 입구와 출구에서의 압력 차이[kPa]

**41** 펌프를 사용하여 지하 5m에 있는 물을 지상 65m의 언덕 위에 위치한 저장탱크로 올려 보내려 한다. 송출유량은 4L/s이고, 관의 지름은 6cm, 길이는 300m이며, 마찰계수는 0.02이고, 배관 중에 설치된 부품의 총 부차적 손실계수가 12이다. 펌프효율이 75%일 때 다음을 구하여라.

(1) 관로에서 발생하는 총 손실수두[m]

(2) 물을 양수하기 위해 필요한 펌프동력(축동력[kW])

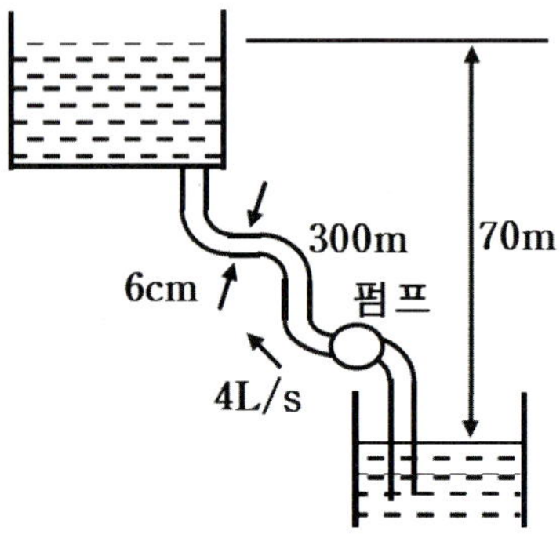


[문제 9.41]

**42** 펌프(pump)에 대한 설명으로 옳지 않은 것은? [공무원 임용시험]

① 송출량 및 송출압력이 주기적으로 변화하는 현상을 수격현상(water hammering)이라 한다.

② 왕복펌프는 회전수에 제한을 받지 않아 고양정에 적합하다.

③ 원심펌프는 회전차가 케이싱 내에서 회전할 때 발생하는 원심력을 이용한다.

④ 축류 펌프는 유량이 크고 저양정인 경우에 적합하다.

**43** 캐비테이션(cavitation) 현상이 일어날 때 관계가 없는 것은? [공무원 임용시험]

① 소음과 진동 발생　② 펌프의 효율 증가

③ 가동날개에 부식 발생　④ 심한 충격 발생

**44** 펌프의 송출유량이 $Q[\mathrm{m^3/s}]$, 양정이 $H[\mathrm{m}]$, 액체의 밀도가 1,000$[\mathrm{kg/m^3}]$일 때 펌프의 이론동력 $L$을 구하는 식으로 옳은 것은? (단, 중력가속도는 $9.8\mathrm{m/s^2}$이다) [공무원 임용시험]

① $L = 9{,}800QH$[kW]　② $L = 980QH$[kW]

③ $L = 98QH$[kW]　④ $L = 9.8QH$[kW]

**45** 다음 중 원심식 펌프에 해당하는 것만으로 묶은 것은? [공무원 임용시험]

① 피스톤 펌프, 플런저 펌프 ② 벌류트 펌프, 터빈 펌프
③ 기어 펌프, 베인 펌프 ④ 마찰 펌프, 제트 펌프

**46** 펌프에서 수격현상의 방지 대책으로 옳지 않은 것은? [공무원 임용시험]

① 송출관 내의 유속이 빠르도록 관의 지름을 선정한다.
② 펌프에 플라이휠을 설치한다.
③ 송출 관로에 공기실을 설치한다.
④ 펌프의 급정지를 피한다.

**47** 원심펌프에 대한 설명으로 옳지 않은 것은? [공무원 임용시험]

① 비속도를 성능이나 적합한 회전수를 결정하는 지표로 사용할 수 있다.
② 펌프의 회전수를 높임으로서 캐비테이션을 방지할 수 있다.
③ 송출량 및 압력이 주기적으로 변화하는 현상을 서징현상이라 한다.
④ 평형공(balance hole)을 이용하여 축추력을 방지할 수 있다.

**48** 펌프 내 발생하는 공동현상을 방지하기 위한 설명으로 가장 옳지 않은 것은? [공무원 임용시험]

① 펌프의 설치 위치를 낮춘다.
② 펌프의 회전수를 증가시킨다.
③ 단흡입 펌프를 양흡입 펌프로 만든다.
④ 흡입관의 직경을 크게 한다.

**49** 유량이 $0.5\mathrm{m^3/s}$이고 유효낙차가 5m일 때 터빈에서 발생할 수 있는 최대동력에 가장 가까운 값[PS]은? (단, 유체의 비중량은 $1{,}000\mathrm{kgf/m^3}$이다) [공무원 임용시험]

① 15PS ② 24.7PS
③ 33.3PS ④ 40PS

**50** 다음 중 펌프 내 캐비테이션에 대한 설명 중 옳은 것은? [공무원 임용시험]

① 펌프와 흡수면 사이의 거리가 너무 멀 때 발생한다.
② 물속의 어느 부분의 정압이 그 때의 물의 온도에 해당하는 증기압력 이상일 때 부분적으로 증기가 발생하는 현상이다.
③ 펌프에 물이 저속으로 유량이 감소할 때 펌프 입구에서 발생한다.
④ 양정곡선은 저하되나 효율곡선은 상승된다.

**51** 유체기계를 운전할 때 송출량 및 압력이 주기적으로 변화하는 현상(진동을 일으키고 숨을 쉬는 것과 같은 현상)으로 옳은 것은? [공무원 임용시험]

① 공동현상(cavitation) ② 노킹현상(knocking)
③ 서징현상(surging) ④ 난류현상

**52** 베인 펌프에 대한 설명으로 옳은 것은? [공무원 임용시험]

① 회전자(rotor)의 회전에 의하여 유체를 송출하는 용적형 회전펌프이다.
② 실린더 내에서 유체를 가압하여 송출하는 용적형 왕복펌프이다.
③ 회전차(impeller)를 회전하여 발생하는 원심력으로 송출하는 터보형 원심펌프이다.
④ 송출량이 매우 커서 유체가 회전차의 축 방향으로 유입되고 유출되는 터보형 축류펌프이다.

**53** 다음 설명에 해당하는 펌프는? [공무원 임용시험]

- 프로펠러 모양인 임펠러의 회전에 의해 유체가 원주 방향에서 축 방향으로 유입된다.
- 구조는 케이싱, 임펠러, 안내 날개, 베어링 등으로 구성된다.
- 임펠러의 날개 수는 2~8개로서 유량이 많아질 때는 날개 수를 많게 한다.
- 농업용의 양수 및 배수용, 상하수도용으로 널리 사용한다.

① 원심 펌프 ② 축류 펌프
③ 사류 펌프 ④ 회전 펌프

**54** 다음 설명에 해당하는 펌프는? [공무원 임용시험]

- 케이싱 안에 반경방향의 홈이 있는 편심 회전자가 있고, 그 홈 속에 판 모양의 깃이 들어 있다.
- 깃이 원심력이나 스프링의 장력에 의하여 벽에 밀착되면서 회전하여 유체를 운반한다.

① 기어펌프 ② 베인펌프
③ 원심펌프 ④ 왕복펌프

**55** 유체를 한 방향으로만 흐르게 하기 위한 역류 방지 밸브로 옳은 것은?
[중등교사임용시험-기계]

① 체크밸브 ② 스톱밸브
③ 슬루스밸브 ④ 이스케이프 밸브

**56** 왕복펌프에서 공기실(air chamber) 설치 목적으로 알맞은 것은?

[중등교사임용시험-기계]

① 양정을 높이기 위하여
② 유량을 연속적으로 평균화하기 위하여
③ 수격현상을 방지하기 위하여
④ 펌프를 보호하기 위하여

**57** 어떤 펌프가 270kPa의 압력상승에서 1500L/min의 물을 양수하고 있다. 펌프를 구동하고 있는 모터의 동력이 9kW일 때 펌프효율을 구하여라. 단, 운동에너지와 위치에너지는 무시한다.

**58** 그림과 같이 펌프를 사용하여 길이 $L = 600\text{m}$인 관을 통하여 저수조 ①로부터 저수조 ②로 $0.085\text{m}^3/\text{s}$의 물을 양수하고 있다. 관의 지름이 15cm이고 펌프효율이 75%일 때 요구되는 펌프동력[kW]을 구하여라. 단, 관의 마찰계수는 0.023이며, 부차적손실은 고려하지 않고 관길이에서 주손실만 고려한다.

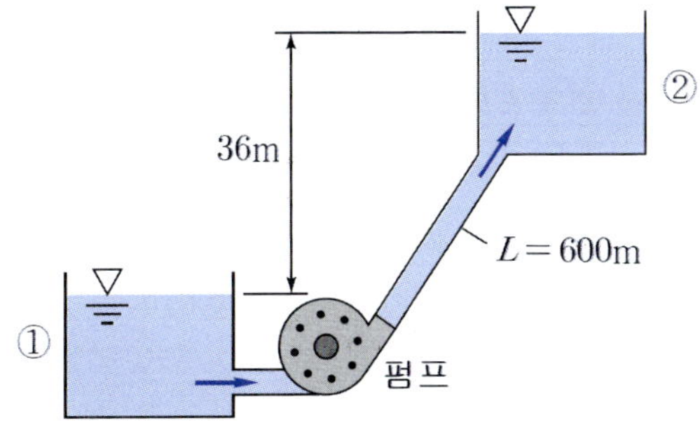


[문제 9.58]

**59** 다음 그림은 수력발전의 개념도를 나타낸 것이다. 〈작성 방법〉에 따라 수력 터빈으로부터 이론상 얻을 수 있는 최대 동력[kW]을 구하고, 풀이 과정과 함께 쓰시오.

[중등교사 임용시험-기술(2019)]

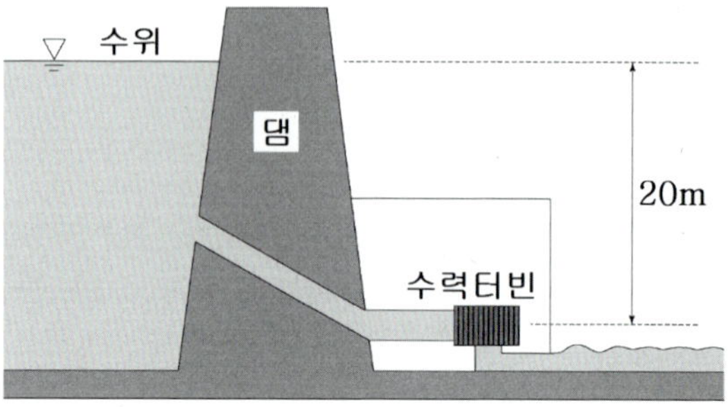


[문제 9.59]

〈작성 방법〉
- 물의 질량유량은 1,000kg/s로 계산할 것.
- 중력가속도는 $10\mathrm{m/s^2}$로 계산할 것.
- 댐의 수위는 수력 터빈으로부터 20m를 항상 유지한다고 가정할 것.
- 물의 이동 및 발전 과정에서 동력의 손실은 없다고 가정할 것.

**60** 아래와 같은 압력 특성을 갖는 원심펌프를 사용하여 수평으로 놓인 직선 파이프(길이 $L=100\mathrm{m}$, 안지름 $D=0.1\mathrm{m}$, 마찰계수 $f=0.016$)를 통해 비중이 0.9인 윤활유를 이송하려고 한다. 다음 물음에 답하시오. (단, $\Delta P[\mathrm{kPa}]$는 펌프 입출구의 압력차이고 $Q[\mathrm{m^3/s}]$는 부피유량이며, 파이프의 입구와 출구 손실은 무시하고 파이프의 입출구에는 대기압이 작용하며, 물의 밀도는 $1000\mathrm{kg/m^3}$이다) [국가공무원 5급(기술) 제2차시험]

$$\Delta P = 600 - 1{,}780Q^2$$

(1) 파이프를 통해 흐르는 윤활유의 질량유량[kg/min]을 구하시오.

(2) 펌프의 효율이 70%라면 펌프에 공급해야 할 동력[kW]을 구하시오.

# 연습문제 풀이 및 정답

## 연습문제 1

01. $[P] = \frac{[W]}{[t]} = \frac{[Fs]}{[t]} = \frac{(ML/T^2)L}{T} = ML^2T^{-3}$

02. $\frac{[E]}{[W]} = \frac{[Fs]}{[F]} = [s] = L$ : 단위 중량당 에너지[J/N]는 길이[m]의 차원을 갖는다.

03. $[\rho] = \frac{[m]}{[V]} = \frac{M}{L^3} = \frac{FT^2/L}{L^3} = FT^2L^{-4}$

04. $\left[\frac{P}{\rho g}\right] = \frac{[P]}{[\rho g]} = \frac{M/LT^2}{(M/L^3)(L/T^2)} = L$, $\left[\frac{V^2}{2g}\right] = \frac{[V^2]}{[g]} = \frac{(L/T)^2}{L/T^2} = L$,

$[h] = L$이므로 각 항의 차원이 모두 길이의 차원을 갖는다. 따라서 차원의 관점에서 옳은 식이다. 식 $\frac{P}{\rho g} + \frac{V^2}{2g} + h = C$를 베르누이 방정식이라 한다.

05. 좌변의 속도 차원은 $[v] = L/T$이다. 우변의 차원은
$\left[\frac{1}{gh^2}\right] = \frac{1}{[gh^2]} = \frac{1}{(L/T^2)L^2} = T^2/L^3$이므로 좌변의 차원과 일치하지 않는다. 따라서 주어진 식은 성립할 수 없는 식이다.

06. $[Fr] = \frac{[V]}{[\sqrt{gL}]} = \frac{L/T}{\sqrt{(L/T^2)L}} = \frac{L/T}{L/T} = 1$ : $Fr$은 차원이 없는 무차원수이다.

07. $1\text{J} = 1\text{N} \cdot \text{m} = 10^5\,\text{dyne} \cdot 100\text{cm} = 10^7\,\text{erg}$

08. $1\frac{\text{g}}{\text{cm}^3} = 1 \times \frac{10^{-3}\text{kg}}{(10^{-2}\text{m})^3} = 10^3\frac{\text{kg}}{\text{m}^3}$ : 물의 밀도는 $1\text{g/cm}^3 = 1000\,\text{kg/m}^3$이다.

09. $1\,\text{m}^3 = (10^2\,\text{cm})^3 = 10^6\text{cm}^3$

10. $10\,\text{kgf/cm}^2 = (10 \times 9.8\,\text{N})/(10^{-2}\text{m})^2 = 98 \times 10^4\,\text{N/m}^2 = 980\,[\text{kPa}]$

11. $100\,[\text{km/h}] = 100 \times 10^3\text{m}/3600\text{s} = 27.78\,[\text{m/s}]$

12. $V = \frac{Q}{A} = \frac{40\,\text{L/s}}{0.02\text{m}^2} = \frac{(40 \times 1000)\text{cm}^3/\text{s}}{0.02\text{m}^2} = \frac{(40 \times 1000) \times (10^{-2}\text{m})^3/\text{s}}{0.02\text{m}^2}$

$$= 2\frac{\text{m}^3/\text{s}}{\text{m}^2} = 2\,[\text{m/s}]$$

13. $a = \sqrt{kRT} = \sqrt{1.4 \times 287 \times 250} = 316.94\,[\text{m/s}]$

14. $T = \dfrac{PV}{mR} = \dfrac{500 \times (4 \times 10^4 \times 10^{-6})}{0.2 \times 0.287} = 348.43\,[\text{K}] = 75.23\,[℃]$

15. $\rho = \dfrac{P}{RT} = \dfrac{300}{0.287 \times 290} = 3.604\,[\text{kg/m}^3]$

16. $Re = \dfrac{VD}{\nu} = \dfrac{30 \times 0.2}{1.01 \times 10^{-6}} = 5.94 \times 10^6$ : 레이놀즈수는 무차원수이다.

17. 동압 $P_v = \dfrac{\rho V^2}{2} = \dfrac{1.23 \times \left(\dfrac{1.2 \times 1000}{60}\right)^2}{2} = 246\,[\text{Pa}]$

18. $n = \dfrac{l}{d} = \dfrac{10\text{cm}}{0.1\text{nm}} = \dfrac{10 \times 10^{-2}\text{m}}{0.1 \times 10^{-9}\text{m}} = 10^{1-2-(-10)} = 10^9$[개]

19. $5\text{kN} \times 0.4\text{mm} = (5 \times 10^3\text{N}) \times (0.4 \times 10^{-3}\text{m}) = 2\text{N} \cdot \text{m} = 2\,[\text{J}]$

20. $V = \pi R^2 t = \pi \cdot (2000 \times 10^5\text{cm})^2 \cdot (3000 \times 10^2\text{cm}) = 3.8 \times 10^{22}\text{cm}^3$

21. [정답 : ③]
: $1\text{N} = 1\text{kg} \cdot \text{m/s}^2$, $1\text{J} = 1\text{N} \cdot \text{m}$, $1\text{W} = 1\text{J/s}$, $1\text{bar} = 10^5\text{N/m}^2$

22. [정답 : ④]
$1\text{Pa} = 1\text{N/m}^2$, $1\text{J} = 1\text{N} \cdot \text{m}$, $1\text{kW} = 1000\text{N} \cdot \text{m/s}$, $1\text{N} = 10^5\text{dyne}$

23. [정답 : ③] : $[E] = [F][s] = FL = \left(M \cdot \dfrac{L}{T^2}\right) \cdot L = ML^2T^{-2}$

24. [정답 : ③] : 압력 $\text{Pa} = \text{N/m}^2 = (\text{kg} \cdot \text{m/s}^2)/\text{m}^2 = \text{kg}/(\text{m} \cdot \text{s}^2)$
† Å : 옹스트롱(Angstrom), $1\text{Å} = 10^{-10}\text{m} = 10^{-8}\text{cm} = 10^{-1}\text{nm}$

25. [정답 : ③] : 운동량에는 선운동량($\vec{p} = m\vec{v}$)과 각운동량($\vec{l} = \vec{r} \times \vec{p}$)이 있다. 선운동량의 차원은 $MLT^{-1}$이고, 각운동량의 차원은 $ML^2T^{-1}$이다.

26. [정답 : ④] : $1\text{J} = 1\text{N} \cdot \text{m} = 10^5\text{dyne} \cdot 10^2\text{cm} = 10^7\text{erg}$

27. 물체의 무게 $W = mg = 100\text{kg} \times 9.5\text{m/s}^2 = 950\,\text{kg} \cdot \text{m/s}^2 = 950\,\text{N}$

28. $1\text{W} = 1\text{J/s}$이므로 $1\text{kW} = 1\text{kJ/s}$이다.
사용된 전기에너지 $E = 3\text{kW} \times (2\text{시간}) = 3\dfrac{\text{kJ}}{\text{s}} \times (2 \times 3600\text{s}) = 21{,}600\,[\text{kJ}]$

29. $P=\dfrac{F}{A}=\dfrac{150\times10^3\text{N}}{40\text{mm}\times50\text{mm}}=75\dfrac{\text{N}}{\text{mm}^2}=75\text{MPa}$

† $1\text{N/mm}^2=1\text{N}/(10^{-3}\text{m})^2=10^6\text{N/m}^2=10^6\text{Pa}=1\text{MPa}$

30. $\Delta P=\gamma\Delta h=S\gamma_w\Delta h=13.6(9.8\times10^3)(0.85)[\text{Pa}]=113\times10^3[\text{Pa}]$

$$=0.113\times10^6[\text{Pa}]=0.113[\text{MPa}]$$

31. $1\text{L}=1000\text{cm}^3=1000\times(10^{-2}\text{m})^3=10^{-3}\text{m}^3$이다.

$$P=\frac{mRT}{V}=\frac{1(0.3\times10^3)(273+20)}{100\times10^{-3}}[\text{Pa}]=879[\text{kPa}]$$

32. SI 단위 J, kg으로 통일한다. $a=\sqrt{kRT}=\sqrt{1.4(287)(288)}=340[\text{m/s}]$

33. $1\text{bar}=10^5\text{Pa}$이다. $h_p=\dfrac{P}{\gamma}+z=\dfrac{0.49\times10^5}{9.8\times10^3}+0.8[\text{m}]=5.8[\text{m}]$

34. $\dot{m}=\rho Q=\rho AV=\rho\left(\dfrac{\pi D^2}{4}\right)V=1000\left(\dfrac{\pi\cdot0.4^2}{4}\right)(20)[\text{kg/s}]$

$$=800\pi[\text{kg/s}]=2513[\text{kg/s}]$$

이상에서 $\rho=1\text{g/cm}^3=10^{-3}\text{kg}/(10^{-2}\text{m})^3=10^3\text{kg/m}^3$이다.

† 물의 밀도 $\rho_w=1\text{g/cm}^3=1000\text{kg/m}^3$은 기억하도록 한다.

35. $F=\rho QV\sin\theta=1000\left(\dfrac{240\times10^{-3}}{60}\right)(4)\sin30°[\text{N}]=8[\text{N}]$

$1\text{L}=1000\text{cm}^3=1000(10^{-2}\text{m})^3=10^{-3}\text{m}^3$

36. SI 단위로 통일하여 계산한다. $1\text{L}=10^{-3}\text{m}^3$이다. 주어진 관계식으로부터

$$\Delta P=\frac{128\mu LQ}{\pi D^4}=\frac{128(1.52\times10^{-3})(50)(0.04\times10^{-3})}{\pi(0.02)^4}[\text{Pa}]$$
$$=774[\text{Pa}]$$

37. SI 단위 kg, m, s로 통일하여 계산한다.

$$Re=\frac{VD}{\nu}=\frac{\rho VD}{\mu}=\frac{1.2(9\times10^{-2})(4\times10^{-3})}{1.8\times10^{-5}}=24$$

이상에서 $Re=\rho VD/\mu$의 단위를 환산하면 다음과 같다. 레이놀즈수(Reynolds number)는 차원이 없는 무차원수(dimensionless number)이다.

$$\left[\frac{\rho VD}{\mu}\right] = \frac{(\text{kg/m}^3)(\text{m/s})\text{m}}{\text{kg/(m}\cdot\text{s)}} = 1$$

38. SI 단위 m, Pa, s로 통일하여 계산한다.

$$\text{축동력 } H = T\omega = \frac{2\pi\mu R^3\omega L}{h}\times\omega = \frac{2\pi\mu R^3 L}{h}\times\omega^2 = \frac{2\pi\mu R^3 L}{h}\left(\frac{2\pi N}{60}\right)^2$$

$$= \frac{2\pi(0.3)(0.05)^3(0.4)}{0.0015}\left(\frac{2\pi\times 600}{60}\right)^2 = 248[\text{W}]$$

39. SI 단위 kg, m, s로 통일하여 계산한다.

$$\text{항력 } F_D = C_D\times\frac{1}{2}\rho U^2 A = C_D\times\frac{1}{2}\rho U^2(DH)$$

$$= 0.3\times\frac{1}{2}(1.19)\left(\frac{120}{3.6}\right)^2(0.8\times 15) = 2380[\text{N}]$$

40. SI 단위 kg, m, s, Pa로 통일하여 계산한다. $1\text{mm} = 10^{-3}\text{m}$이다.

$$U_t = \frac{(\rho_p-\rho)gD_p^2}{18\mu} = \frac{(2500-875)(9.81)(3\times 10^{-3})^2}{18(0.07)} = 0.114[\text{m/s}]$$

SI 단위로 통일하면 결과로 나오는 속도의 단위는 [m/s]이다.
실제로 단위 연산을 하면

$$[U_t] = \left[\frac{(\rho_p-\rho)gD_p^2}{18\mu}\right] = \frac{\frac{\text{kg}}{\text{m}^3}\times\frac{\text{m}}{\text{s}^2}\times\text{m}^2}{\text{Pa}\cdot\text{s}} = \frac{\text{kg/s}^2}{(\text{N/m}^2)\cdot\text{s}}$$

$$= \frac{(\text{kg}\times\text{m/s}^2)\cdot\text{m}}{\text{N}\cdot\text{s}} = \frac{\text{N}\cdot\text{m}}{\text{N}\cdot\text{s}} = \frac{\text{m}}{\text{s}}$$

이다. 이와 같이 복잡하게 단위 연산을 할 필요가 없다. 단위를 통일하여 계산하는 방법을 잘 알아두도록 한다. SI단위는 kg, m, s, N, J, Pa, W이다.

41. (1) 수동력 : $L_w = \gamma QH = (1000)\cdot\left(\frac{90}{60}\right)\cdot(10)\times\frac{1}{75}[\text{PS}] = 200[\text{PS}]$

(2) 축동력 : $L_s = \frac{L_w}{\eta_p} = \frac{200}{0.8} = 250[\text{PS}]$

이상에서 $\gamma QH$의 단위는 $[\gamma QH] = \frac{\text{kgf}}{\text{m}^3}\times\frac{\text{m}^3}{\text{s}}\times\text{m} = \frac{\text{kgf}\cdot\text{m}}{\text{s}}$

이고, $1PS = \frac{75kgf \cdot m}{s}$ 이다.

42. SI 단위 m, kg, Pa로 통일하여 계산한다.

$$Q = \frac{A_2\sqrt{2(P_1 - P_2)/\rho}}{\sqrt{1-(D_2/D_1)^4}} = \frac{\pi D_2^2}{4}\frac{1}{\sqrt{1-(D_2/D_1)^4}}\sqrt{\frac{2(P_1-P_2)}{\rho}}$$

$$= \frac{\pi(0.04)^2}{4} \times \frac{1}{\sqrt{1-(4/6)^4}}\sqrt{\frac{2(85-81)\times 1000}{1.23}}\,[m^3/s] = 0.113[m^3/s]$$

## 연습문제 2

01. (1) 밀도 $\rho = \frac{m}{V} = \frac{90}{0.1} = 900\,[kg/m^3]$

(2) 비중량 $\gamma = \rho g = 900 \times 9.8 = 8820\,[N/m^3]$

02. (1) 질량 $m = \rho V = 750 \times (50 \times 10^{-3}) = 37.5[kg]$

$$1L = 10^3 cm^3,\ 1cm^3 = (10^{-2}m)^3 = 10^{-6}m^3 \ \therefore\ 1L = 10^{-3}m^3$$

(2) 무게 $W = mg = 37.5 \times 9.8 = 367.5\,[N]$

03. 질량 $m = \rho V = 700 \times \frac{\pi(0.5)^2}{4} \times 0.9 = 123.7\,[kg]$

04. $F = \frac{\mu VA}{H}$ 에서 $\mu = \frac{FH}{VA} = \frac{800 \times 0.003}{4 \times 2} = 0.3\,[Pa \cdot s]$

05. $\nu = \frac{\mu}{\rho} = \frac{0.05}{0.86 \times 1000} = 5.81 \times 10^{-5}[m^2/s]$

06. $\mu = \rho\nu = (2 \times 10^3) \times (5 \times 10^{-4}) = 1\,[N \cdot s/m^2]$

07. $\mu = \rho\nu = (0.9 \times 10^3) \times (1.8 \times 10^{-4}) = 0.162\,[Pa \cdot s]$

08. $\tau = \mu\frac{V}{H}$ 에서 $V = \frac{\tau H}{\mu} = \frac{30 \times 0.004}{0.02} = 6\,[m/s]$

09. $F = \frac{\mu VA}{t} = \frac{1.5 \times 0.3 \times (0.4 \times 0.4)}{0.002} = 36\,[N]$

10. $\tau = \mu \dfrac{du}{dy} = \mu U \left[ 2\dfrac{1}{\delta} - 2\dfrac{y}{\delta^2} \right]$ $\therefore$ $y = 0$에서 $\tau_w = \dfrac{2\mu U}{\delta}$

11. 판의 운동에 의한 마찰력은 평판의 위와 아래의 두 면에 작용하므로

$$F = 2\left(\frac{\mu VA}{t}\right)$$

$$\therefore \ \mu = \frac{Ft}{2VA} = \frac{t}{2V} \times \left(\frac{F}{A}\right) = \frac{0.04}{2(0.5)} \times 30 = 1.2\,[\mathrm{Pa \cdot s}]$$

12. 등속운동이므로 피스톤의 무게($W$)와 마찰력($\tau A$)이 평형을 이룬다.

$$W = \tau A = \mu \frac{V}{h} \times (\pi DL)$$

$$\therefore \ \mu = \frac{Wh}{\pi DVL} = \frac{20(0.1 \times 10^{-3})}{\pi(0.1)(0.15)(0.08)} = 0.531\,[\mathrm{Pa \cdot s}]$$

13. 경사각을 $\theta$라 하면 $\sin\theta = \dfrac{5}{13}$이다. 경사면 방향의 힘 평형에 의해

$$W\sin\theta - \left(\mu \frac{V}{h}\right) A = 0$$

$$\therefore \ \mu = \frac{hW\sin\theta}{VA} = \frac{(0.1 \times 10^{-2})(100)(5/13)}{0.2(0.4)} = 0.48\,[\mathrm{Pa \cdot s}]$$

14. 윤활유의 두께 $h = \dfrac{D_1 - D_2}{2} = \dfrac{100.2 - 100}{2} = 0.1\,[\mathrm{mm}]$이다. 마찰력

$$F = \tau A = \mu \frac{V}{h}(\pi D_2 L) = (0.02)\frac{4}{0.1 \times 10^{-3}}(\pi \times 0.1 \times 0.2) = 50.3\,[\mathrm{N}]$$

이므로, 동력 $P = FV = 50.3 \times 4 = 201.2\,[\mathrm{W}]$

15. 실린더 사이의 간격 $h = R_2 - R_1 = 15.4 - 15 = 0.4[\mathrm{cm}]$

$$\therefore \ \mu = \frac{Th}{2\pi R^3 \omega L} = \frac{4(0.4 \times 10^{-2})}{2\pi(0.15^3)(2\pi \times 30/60)(0.5)} = 0.48\,[\mathrm{Pa \cdot s}]$$

16. (1) 실린더의 위와 아래 두 표면에 마찰력이 작용하고 틈 사이의 간격이 $h = 0.002\mathrm{m}$로 같으므로

$$T = 2 \times \frac{2\pi\mu R^3 \omega L}{h} = \frac{4\pi\mu R^3 (2\pi N/60)L}{h}$$

$$= \frac{4\pi(0.2)(0.15^3)\times 2\pi(30/60)(0.5)}{0.002} = 6.662\,[\text{N}\cdot\text{m}]$$

(2) $T = \dfrac{4\pi\mu R^3 \omega L}{h}$ 로부터

$$\mu = \frac{Th}{4\pi R^3 \omega L} = \frac{Th}{4\pi R^3 (2\pi N/60)L} = \frac{3(0.002)}{4\pi(0.15^3)\times 2\pi(20/60)(0.5)}$$
$$= 0.135\,[\text{Pa}\cdot\text{s}]$$

17. 절대압력 $P_{abs} = P_{atm} + P_{gage}$

$$= 1.01\times 100\,\text{kPa} + 1300\,\text{kPa} = 1401\,[\text{kPa}]$$

18. 절대압력 $P_{abs} = P_{atm} - P_{vacuum} = 102\,\text{kPa} - 30\,\text{kPa} = 72\,[\text{kPa}]$

19. 진공압력 $P_{vacuum} = 100\times 0.4 = 40\,[\text{kPa}]$

∴ 절대압력 $P_{abs} = P_{atm} - P_{vacuum} = 100\,\text{kPa} - 40\,\text{kPa} = 60\,[\text{kPa}]$

20. (1) $T[°\text{F}] = \dfrac{9}{5}\,T[℃] + 32 = \dfrac{9}{5}\times 70 + 32 = 158\,[°\text{F}]$

(2) $T[°\text{F}] = \dfrac{9}{5}\times(-80) + 32 = -112\,[°\text{F}]$

21. $T\,[\text{K}] = T\,[℃] + 273.15 = 25 + 273.15 = 298.15\,[\text{K}]$

$T\,[\text{R}] = 1.8\,T[\text{K}] = 1.8\times 298.15 = 536.67\,[\text{R}]$

22. $\Delta T\,[\text{R}] = \Delta T\,[°\text{F}] = 72\,[\text{R}]$

$\Delta T\,[\text{K}] = \Delta T\,[\text{R}]/1.8 = 72/1.8 = 40[\text{K}]$

$\Delta T[℃] = \Delta T[\text{K}] = 40[℃]$

23. 체적 $V = 2\times 3\times 5 = 30\,[\text{m}^3]$, 절대온도 $T = 273.2 + 20 = 293.2\,[\text{K}]$이므로 공기

질량 $m = \dfrac{PV}{RT} = \dfrac{(100\text{kPa})\times(30\text{m}^3)}{(0.287\text{kJ/kg}\cdot\text{K})\times(293.2\,\text{K})} = 35.7\,[\text{kg}]$

24. 기체상수 $R = \dfrac{\overline{R}}{M} = \dfrac{8.314\,\text{kJ/kmol}\cdot\text{K}}{32\text{kg/kmol}} = 0.2598\,[\text{kJ/kg}\cdot\text{K}]$

절대온도 $T = 273.2 + 25 = 298.2[\text{K}]$

압력 $P = \dfrac{mRT}{V} = \dfrac{(10\text{kg})\times(0.2598\text{kJ/kg}\cdot\text{K})(298.2\text{K})}{5\,\text{m}^3} = 154.9[\text{kPa}]$

25. 체적이 일정하므로 $V = \frac{m_1 R T_1}{P_1} = \frac{m_2 R T_2}{P_2}$

$$\therefore\ m_2 = \frac{P_2 T_1}{P_1 T_2} \times m_1 = \frac{200 \times 293.2}{150 \times 303.2} \times 10 = 12.89\,[\mathrm{kg}]$$

따라서 추가로 공급한 공기량은 $m_2 - m_1 = 12.89 - 10 = 2.89\,[\mathrm{kg}]$

26. $E = -\frac{\Delta P}{\Delta V / V} = -\frac{52}{(0.0095 - 0.01)/0.01} = 1040\,[\mathrm{MPa}]$

27. $\Delta P = -E \times \frac{\Delta V}{V} = -1.2 \times (-0.05) = 0.06\,[\mathrm{GPa}] = 60\,[\mathrm{MPa}]$

28. $a = \sqrt{\frac{E}{\rho}} = \sqrt{\frac{210 \times 10^9}{7800}} = 5189\,[\mathrm{m/s}]$

29. $a = \sqrt{kRT} = \sqrt{1.667 \times 2080 \times (273.2 + 20)} = 1008\,[\mathrm{m/s}]$

30. $a = \sqrt{kRT}$ 이므로 비열비와 온도가 같으면 음속은 $\sqrt{R}$ 에 비례한다.

$$\therefore\ a = \sqrt{\frac{0.297}{0.287}} \times 340 = 345.87\,[\mathrm{m/s}]$$

31. $F = \sigma \times 2L$ 이므로 표면장력 $\sigma = \frac{F}{2L} = \frac{0.007}{2 \times 0.1} = 0.035\,[\mathrm{N/m}]$

32. $\Delta P = \frac{2\sigma}{R} = \frac{2 \times 0.07}{0.01 \times 10^{-3}} = 14 \times 10^3\,[\mathrm{Pa}] = 14\,[\mathrm{kPa}]$

33. $\Delta P = P_i - P_a$이므로 물방울과 기포의 내부 압력을 각각 $P_D$, $P_B$라 하면

$$P_D = \frac{2\sigma}{R} + P_a = \frac{4\sigma}{D} + P_a = \frac{4 \times 0.07}{200 \times 10^{-6}} \times \frac{1}{1000} + 100\,[\mathrm{kPa}] = 101.4\,[\mathrm{kPa}]$$

$$P_B = \frac{4\sigma}{R} + P_a = \frac{8\sigma}{D} + P_a = \frac{8 \times 0.07}{200 \times 10^{-6}} \times \frac{1}{1000} + 100\,[\mathrm{kPa}] = 102.8\,[\mathrm{kPa}]$$

34. $D = \frac{4\sigma}{\Delta P} = \frac{4 \times 0.07}{140} = 2 \times 10^{-3}\,[\mathrm{m}] = 2\,[\mathrm{mm}]$

35. 표면장력 $\sigma = \frac{\rho g D H}{4\cos\beta} = \frac{996 \times 9.81 \times (0.2 \times 10^{-3}) \times 0.15}{4 \times \cos 0°}\ [\mathrm{N/m}]$

$$= 73.28 \times 10^{-3}\,[\mathrm{N/m}] = 0.073\,[\mathrm{N/m}]$$

36. 수은의 비중량 $\gamma = \gamma_w S = (9.8 \times 10^3) \times 13.6\,[\mathrm{N/m^3}]$

$$\therefore\ H = \frac{4\sigma\cos\beta}{\gamma D} = \frac{4(0.47)(\cos 140°)}{(9.8 \times 13.6 \times 10^3)(100 \times 10^{-6})}$$
$$= -0.108\,[\mathrm{m}] = -10.8\,[\mathrm{cm}]$$

$H$의 부호가 음이므로 10.8cm 아래로 밀려 내려간다.

37. 평판을 적시고 있는 액체의 길이를 $L$이라 하면 상승한 액체의 무게는

$$W = \gamma V = \gamma(whL)$$

이고, 표면장력에 의한 수직 방향의 힘은

$$F = (2L\sigma)\cos\beta$$

이다. 따라서 $h$는 다음과 같이 구해진다.

$$\gamma whL = 2L\sigma\cos\beta \quad \therefore\ h = \frac{2\sigma\cos\beta}{\gamma w}$$

38. $F = L\sigma = (2 \times \pi D)\sigma = 2\pi \times 0.02 \times 0.07 = 8.796 \times 10^{-3}\,[\mathrm{N}] = 879.6\,[\mathrm{dyne}]$

39. $h = \dfrac{4\sigma\cos\beta}{\gamma D} = \dfrac{4 \times (30 \times 10^{-3}) \times \cos 10°}{(0.8 \times 9800) \times 0.002} = 7.54 \times 10^{-3}\,[\mathrm{m}] = 7.54\,[\mathrm{mm}]$

($\leftarrow$ $\mathrm{dyne/cm} = 10^{-5}\mathrm{N}/10^{-2}\mathrm{m} = 10^{-3}\mathrm{N/m}$)

cgs 단위로 계산하면

$$h = \frac{4\sigma\cos\beta}{\gamma D} = \frac{4 \times (30) \times \cos 10°}{(0.8 \times 980) \times 0.2} = 0.75\,[\mathrm{cm}] = 7.54\,[\mathrm{mm}]$$

여기에서 $\gamma_w = 9800\mathrm{N/m^3} = 9800(10^5)\mathrm{dyne}/(10^2\mathrm{cm})^3 = 980\mathrm{dyne/cm^3}$

40. (1) $\nu = \dfrac{\mu}{\rho} = \dfrac{0.6 \times 10^{-3}}{800} = 7.5 \times 10^{-7}\,[\mathrm{m^2/s}]$

(2) $\tau = \mu\dfrac{V}{H} = (0.6 \times 10^{-3}) \times \dfrac{0.4}{0.25 \times 10^{-3}} = 0.96\,[\mathrm{N/m^2}] = 0.96\,[\mathrm{Pa}]$

41. [정답 : ②] : 점성계수의 차원 $[ML^{-1}T^{-1}]$, 동점성계수의 차원 $[L^2T^{-1}]$

42. [정답 : ③] : $\Delta P = \dfrac{2\sigma}{R}$ $\therefore\ \sigma = \dfrac{R\Delta P}{2} = \dfrac{D\Delta P}{4} = \dfrac{(0.01)(16)}{4} = 0.04\,[\mathrm{N/m}]$

43. [정답 : ①] : 1poise = 1g/cm · s = 0.1kg/m · s = 1dyne · s/cm$^2$

44. 아래 평판 $y=0$에서 전단응력

$$\tau_w = \mu\left[\frac{du}{dy}\right]_{y=0} = 4\mu u_{\max}\left[\frac{1}{h} - \frac{2y}{h^2}\right]_{y=0} = \frac{4\mu u_{\max}}{h}$$

45. (1) 각 유체 층에서 속도분포는 그림과 같다. 기름의 속도가 0인 위치를 A로 표시하였고, 아래 벽으로부터 거리($y_A$)는 아래 기름 층의 속도분포에서 두 삼각형의 닮음조건으로부터 구한다.

$$y_A : 0.3 = (2.6 - y_A) : 3 \;\rightarrow\; 3y_A = 0.3(2.6 - y_A)$$

$$\therefore\; y_A = \frac{2.6}{11} = 0.236\,[\text{mm}]$$

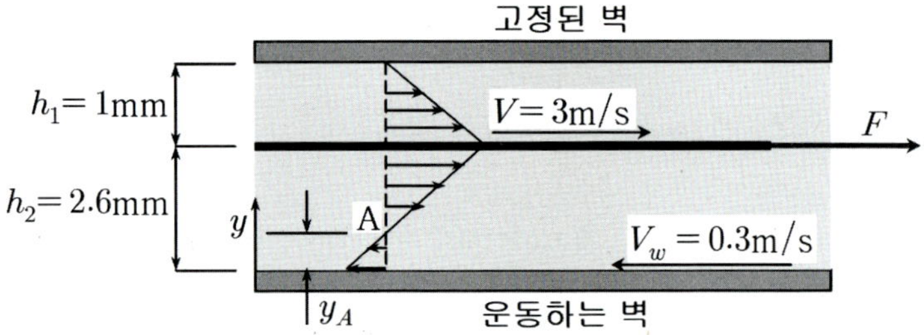


[연습문제 2.45] **속도분포**

(2) 3m/s의 속도로 당겨지는 판의 윗면과 아랫면에 전단력이 작용한다.

- 윗면에 작용하는 전단력

$$F_1 = \mu\left(\frac{du}{dy}\right)A = \mu\left(\frac{V}{h_1}\right)A = 0.2\left(\frac{3}{1\times10^{-3}}\right)(0.2\times0.26) = 31.2\,[\text{N}]$$

- 아랫면에 작용하는 전단력

$$F_2 = \mu\left(\frac{du}{dy}\right)A = \mu\left(\frac{V - V_w}{h_2}\right)A = 0.2\left[\frac{3-(-0.3)}{2.6\times10^{-3}}\right](0.2\times0.26) = 13.2\,[\text{N}]$$

- 판에 작용하는 총 전단력 $F = F_1 + F_2 = 31.2 + 13.2 = 44.4$[N]

46. SI 단위로 환산하여 계산한다.

$$L = 50\text{cm} = 0.5\text{m},\ R = \frac{D_i}{2} = \frac{14\text{cm}}{2} = 0.07\text{m},\quad h = 0.12\text{cm} = 0.0012\text{m}$$

$$\omega = \frac{2\pi N}{60} = \frac{2\pi \times 300}{60} = 31.4\,[\text{rad/s}],\qquad T = 4.6\text{N}\cdot\text{m}$$

$$\therefore\ \mu = \frac{Th}{2\pi R^3 \omega L} = \frac{(4.6)(0.0012)}{2\pi(0.07^3)(31.4)(0.5)} = 0.163\ [\text{Pa}\cdot\text{s}]$$

47. $\Delta P = \frac{4\sigma}{R} = \frac{8\sigma}{D} = \frac{8(0.025)}{0.02} = 10[\text{Pa}]$

48. $P = \rho RT = \rho\left(\frac{\overline{R}}{M}\right)T = 1.9\left(\frac{8.314}{44}\right)(273+20)[\text{kPa}] = 105.2[\text{kPa}]$

49. $a = \sqrt{kRT} = \sqrt{1.4(287)(400)} = 401[\text{m/s}]$

50. $E = -\frac{\Delta P}{\Delta V/V} = -\frac{(210-1)}{(-0.01)} = 20{,}900[\text{atm}]$

51. $h = \frac{4\sigma\cos\beta}{\rho g D} = \frac{4\,(0.028)\cos 25^\circ}{750(9.8)(0.8\times 10^{-3})}[\text{m}] = 0.017[\text{m}] = 17[\text{mm}]$

52. 축의 반지름($R$)과 축과 저널 사이 틈새($h$)는

$$R = \frac{10}{2} = 5\text{cm} = 0.05\text{m},\quad h = \frac{10.3-10}{2} = 0.15\text{cm} = 0.0015\text{m}$$

이고, 마찰력에 의한 축의 동력($H$)은 다음과 같다.

$$H = T\omega = \frac{2\pi\mu R^3 \omega L}{h}\times\omega = \frac{2\pi\mu R^3 L}{h}\times\omega^2 = \frac{2\pi\mu R^3 L}{h}\left(\frac{2\pi N}{60}\right)^2$$

$$= \frac{2\pi(0.3)(0.05)^3(0.5)}{0.0015}\left(\frac{2\pi\times 800}{60}\right)^2[\text{W}] = 551\,[\text{W}]$$

53. [정답 : ①]　54. [정답 : ②]　55. [정답 : ④]

56. 단위중량은 비중량($\gamma$)을 나타낸다.

$$\gamma = \frac{W}{V} = \frac{1600}{8} = 200\,[\text{kgf/m}^3],\quad S = \frac{\gamma}{\gamma_w} = \frac{200}{1000} = 0.2$$

57. [정답 : ①] $P = P_{gage} + P_{atm}$

58. [정답 : ③] 뉴턴의 점성법칙은 유체에 작용하는 전단응력과 속도구배(속도기울기)가 비례한다는 것으로, 이때 비례상수가 점성계수이다.

59. [정답 : ④]　　60. [정답 : ③]

61. $F = \tau_1 A + \tau_2 A = \mu_1\left(\frac{V}{h_1}\right)A + \mu_2\left(\frac{V}{h_2}\right)A = \left(\frac{\mu_1}{h_1} + \frac{\mu_2}{h_2}\right)VA$

62. 일정한 속도로 움직이므로 물체의 가속도 $a = 0$이다. 따라서 기름 막에서 마찰력 $f = Mg$이므로

$$Mg = f = \mu\left(\frac{V}{h}\right)A \qquad \therefore \; V = \frac{Mgh}{\mu A}$$

63. [풀이 과정은 본문을 참고하여 서술] $T = \frac{2\pi\mu R^3 \omega L}{h} \rightarrow \mu = \frac{Th}{2\pi R^3 \omega L}$

## 연습문제 3

01. (1) $P = \frac{mg}{A_1} = \frac{Mg}{A_2} \quad \therefore \; M = \frac{A_2}{A_1}m = \left(\frac{D_2}{D_1}\right)^2 m = 2^2 \times 100 = 400\,[\mathrm{kg}]$

(2) • 계기압력 $P_{gage} = \frac{mg}{A_1} = \frac{4mg}{\pi D_1^2} = \frac{4 \times 100 \times 9.8}{\pi \times 0.1^2} = 124.8\,[\mathrm{kPa}]$

• 절대압력 $P_{abs} = P_{gage} + P_{atm} = 124.8 + 100 = 224.8\,[\mathrm{kPa}]$

02. $F = (P - P_0)A = (200 - 100) \times \frac{\pi}{4} \times (0.2)^2 = 3.14\,[\mathrm{kN}]$

03. $F = PA = (P_0 + \gamma h)A = (100 + 9.8 \times 10) \times \frac{\pi \times (0.5)^2}{4} = 38.88\,[\mathrm{kN}]$

04. $P_{abs} = P_{atm} - P_{vac} = (13.6 \times 9.8 \times 0.75) - 20 = 79.96\,[\mathrm{kPa}]$

05. (1) $F_p = PA = (\gamma h)A = (9.8 \times 3) \times \frac{\pi}{4} \times (2)^2 = 92.36\,[\mathrm{kN}]$

(2) 힌지 점에 대한 모멘트 합은 0 ($\sum M_H = 0$)에서

$$F \times D = F_p \times \frac{D}{2} \quad \therefore \; F = \frac{F_p}{2} = 46.18\,[\mathrm{kN}]$$

† 수문에 작용하는 전압력은 수문의 중심(원의 중심)에 작용하는 하나의 힘으로 대

체할 수 있다.

06. $P_B = P_A + \gamma_a \times 4 = 100{,}000 + (1.2 \times 9.8) \times 4 = 100{,}047\,[\mathrm{Pa}]$

$$P_C + (\gamma_a \times 3\mathrm{m}) + (\gamma_w \times 1\mathrm{m}) = P_B$$

$\therefore\ P_C = P_B - 3\gamma_a - \gamma_w = 100{,}047 - 3 \times (1.2 \times 9.8) - 9800 = 90{,}212\,[\mathrm{Pa}]$

07. $P = \gamma h = 9.8 \times 40 = 392\,[\mathrm{kPa}]$ 또는 $P = \dfrac{40}{10.33} \times 101.3 = 392\,[\mathrm{kPa}]$

08. $P = \gamma h = (13.6 \times 9.8) \times 0.4 = 53.3\,[\mathrm{kPa}]$ 또는

$P = \dfrac{400}{760} \times 101.3 = 53.3\,[\mathrm{kPa}]$

09. $P = \gamma h = (13.6 \times 9.8) \times 0.74 = 98.6\,[\mathrm{kPa}]$ 또는

$P = \dfrac{740}{760} \times 101.3 = 98.6\,[\mathrm{kPa}]$

10. $P = P_{air} + \gamma h = 70 + (0.9 \times 9.8) \times 3 = 96.46\,[\mathrm{kPa}]$

11. 온도분포를 $T = 290 - Cy$ $(C = 0.0065)$로 놓는다.
$P/\rho = RT$에서 $P/\rho g = RT/g$이므로 $\gamma = gP/RT$이다. 따라서

$$\frac{dP}{dy} = -\gamma = -\frac{gP}{RT} = -\frac{gP}{R(290 - Cy)}$$

이므로 변수를 분리하고 적분하여 압력을 구한다.

$$\int_0^y \frac{dP}{P} = -\frac{g}{R}\int_0^y \frac{dy}{290 - Cy} \ \rightarrow\ \ln\left[\frac{P(y)}{P_0}\right] = \frac{g}{CR}\ln\left[\frac{290 - Cy}{290}\right]$$

$$\therefore\ P(y) = P_0\left(\frac{290 - Cy}{290}\right)^{g/RC}$$

$y = 10\,\mathrm{km} = 10000\mathrm{m}$일 때 압력

$$P = 100 \times \left(\frac{290 - 0.0065 \times 10000}{290}\right)^{9.8/(287 \times 0.0065)} = 26.36\,[\mathrm{kPa}]$$

12. (1) 계기압력 $P_{gage} = \rho g h = 1260 \times 9.8 \times 0.2 = 2469.6\,[\mathrm{Pa}] = 2.47\,[\mathrm{kPa}]$
(2) 절대압력 $P_{abs} = P_0 + P_{gage} = 100 + 2.47 = 102.47\,[\mathrm{kPa}]$

13. 대기압을 $P_0$라 하면 $P_x - 1.4 \times (0.9\gamma_w) = P_0 + 0.7 \times (13.6\gamma_w)$

터 $\frac{2h}{3}$에 위치한다.

$$\therefore \ y_p = \frac{2}{3} \times 3 = 2[\text{m}]$$

$$F_2 = \gamma h A = 9.8 \times 3 \times (2 \times 5) = 294[\text{kN}]$$

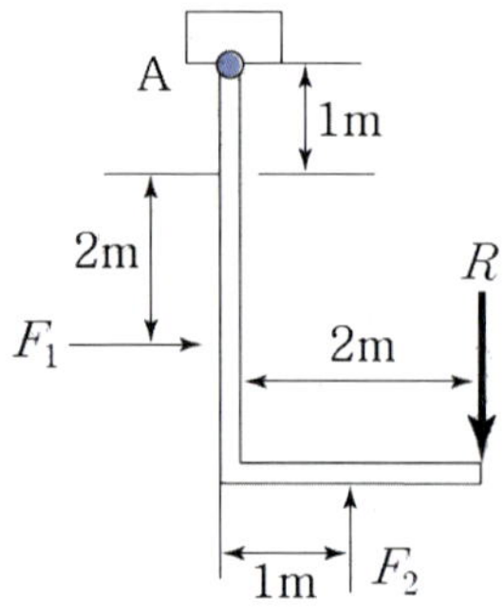


[연습문제 3.26]

점 A에 대한 모멘트 합은 0이라는 조건에서

$$R \times 2 = F_1 \times (1+2) + F_2 \times 1$$

$$\therefore \ R = \frac{1}{2} \times (220.5 \times 3 + 294 \times 1)$$

$$= 477.75[\text{kN}]$$

27. $F_H = F_{BC} = \gamma h_c A = 9.8 \times \frac{0.7}{2} \times (0.7 \times 1) = 2.401 \, [\text{kN}]$

$$F_V = W = \gamma V = 9.8 \times \frac{\pi (0.7)^2}{4} \times 1 = 3.771 \, [\text{kN}]$$

$$F_R = \sqrt{(F_H)^2 + (F_V)^2} = \sqrt{2.401^2 + 3.771^2} = 4.47 \, [\text{kN}]$$

$$\theta = \tan^{-1}\left(\frac{F_V}{F_H}\right) = \tan^{-1}\left(\frac{3.771}{2.401}\right) = 57.5°$$

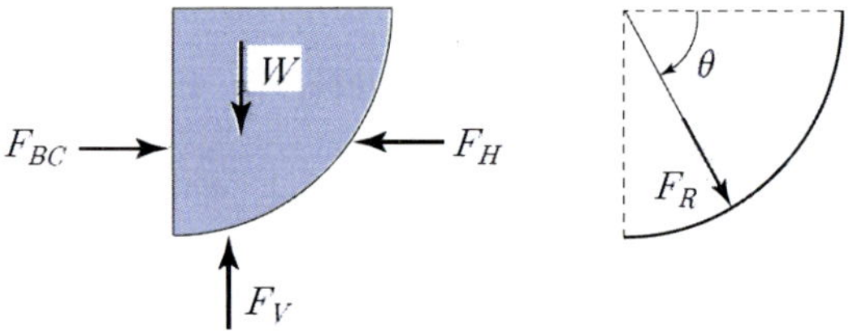


[연습문제 3.27]

† 곡면이 원호인 경우에는 합력이 원호의 중심을 지난다.

28. $F_H = F_{AC} = \gamma h_c A = 9.8 \times \frac{2}{2} \times (2 \times 10) = 196 \, [\text{kN}]$

$$F_V = F_{BC} - W = \gamma \times \frac{\pi R^2}{4} \times L$$

$$= 9.8 \times \frac{\pi (2)^2}{4} \times 10$$

$$= 307.9 \, [\text{kN}]$$

$$F_R = \sqrt{(F_H)^2 + (F_V)^2} = \sqrt{196^2 + 307.9^2}$$

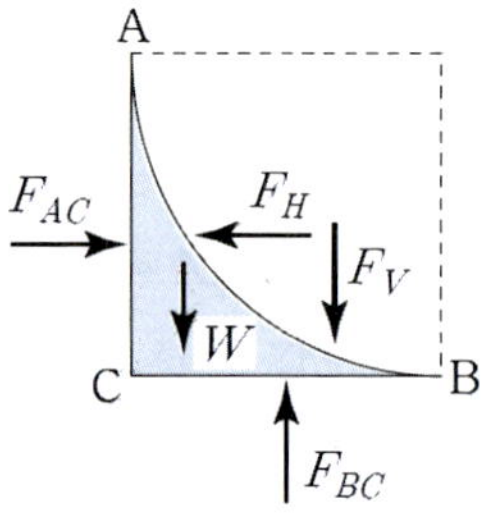


[연습문제 3.28]

$$= 365\,[\text{kN}]$$

29. $F_H = F_{AC} = \gamma h_c A = 9.8\left(1.5 + \dfrac{2}{2}\right)(2\times 3) = 147\,[\text{kN}]$

$$F_V = F_{BC} - W$$

$$= 9.8(1.5+2)(2\times 3) - 9.8\left(\frac{\pi(2)^2}{4}\right)3$$

$$= 113.4\,[\text{kN}]$$

$$F_R = \sqrt{(F_H)^2 + (F_V)^2} = \sqrt{147^2 + 113.4^2}$$

$$= 185.7\,[\text{kN}]$$

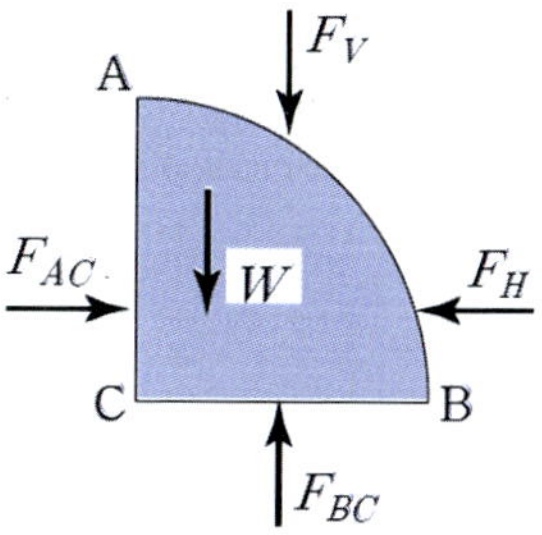

[연습문제 3.29]

30. 왼쪽, 위, 아래 면에 작용하는 압력 힘과 유체의 무게는 다음과 같다.

$$F_L = \gamma h_c A = 9.8\times(3+\frac{4}{2})\times(4\times 10) = 1960\,[\text{kN}]$$

$$F_T = \gamma h A = 9.8\times 3\times(2\times 10) = 588\,[\text{kN}]$$

$$F_B = \gamma h A = 9.8\times(3+4)\times(2\times 10) = 1372\,[\text{kN}]$$

$$W = \gamma V = \gamma(2R\times R - \frac{\pi R^2}{2})L$$

$$= 9.8\times[4\times 2 - \frac{\pi(2)^2}{2}]\times 10 = 168\,[\text{kN}]$$

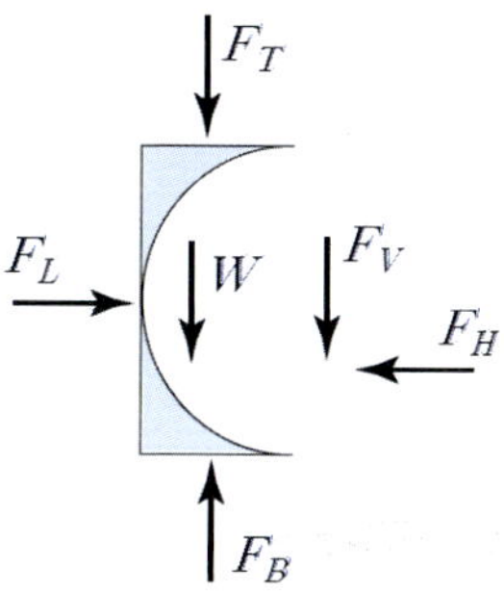

[연습문제 3.30]

힘의 평형으로부터

$$F_H = F_L = 1960\,[\text{kN}]$$

$$F_V = F_B - W - F_T = 1372 - 168 - 588 = 616\,[\text{kN}]$$

이고 전압력의 크기는 다음과 같다.

$$F_R = \sqrt{(F_H)^2 + (F_V)^2} = \sqrt{1960^2 + 616^2} = 2054\,[\text{kN}]$$

31. $T = F_B - W = \gamma_w \times \dfrac{4\pi}{3}R^3 - W = 9.8\times\dfrac{4\pi}{3}\times 1^3 - 10 = 31.05\,[\text{kN}]$

32. 비중계의 무게를 $W$라 하면 물과 액체 속에 잠긴 비중계의 부피는 각각 $V$, $V+Ah$이다. 물과 액체에서 비중계의 무게와 부력이 평형을 이루고 있으므로

$$W = \gamma_w V,\quad W = \gamma(V+Ah) \qquad \therefore\ S = \frac{\gamma}{\gamma_w} = \frac{V}{V+Ah}$$

33. $S = \dfrac{1}{1 - hA_0/V_0} = \left(1 - 8 \times \dfrac{\pi \times 1^2}{4} \times \dfrac{1}{50}\right)^{-1} = 1.144$

34. $\theta = \tan^{-1}\left(\dfrac{a_x}{g}\right) = \tan^{-1}\left(\dfrac{4}{9.8}\right) = 22.2°$

35. 물의 양은 일정하므로 탱크 내의 빈 공간의 부피도 일정하다. 따라서 (a)의 공간 면적과 (b)의 공간 면적이 같다. 가속도는 다음과 같이 구해진다.

$$1 \times 4 = \frac{1}{2} \times (3 \times L) \quad \therefore \; L = \frac{8}{3}$$

$$\tan\theta = \frac{3}{L} = \frac{9}{8} = \frac{a_x}{g}$$

$$\therefore \; a_x = \frac{9}{8}g = \frac{9}{8} \times 9.8 = 11.025\,[\mathrm{m/s^2}]$$

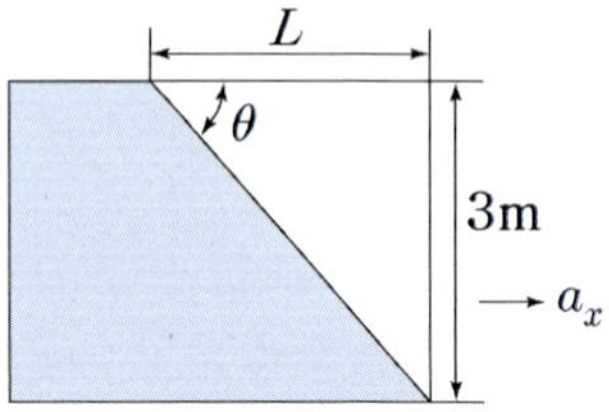


[연습문제 3.35]

36. $a_z = 4\mathrm{m/s^2}$이므로 압력은 다음과 같다.

$$P = \rho(g + a_z)h = 10^3 \times (9.8 + 4) \times 2\,[\mathrm{Pa}] = 27.6\,[\mathrm{kPa}]$$

컨테이너의 바닥 면적 $A = \dfrac{3\mathrm{m}^3}{2\mathrm{m}} = \dfrac{3}{2}\,\mathrm{m}^2$이므로 전압력은

$$F = PA = 27.6 \times \frac{3}{2} = 41.4\,[\mathrm{kN}]$$

37. $a_z = -4\mathrm{m/s^2}$이다. $P = \rho(g + a_z)h = 10^3 \times (9.8 - 4) \times 2\,[\mathrm{Pa}] = 11.6\,[\mathrm{kPa}]$

38. $H = \dfrac{\omega^2 R^2}{2g} = \dfrac{(2\pi N/60)^2 R^2}{2g}$

$$\therefore \; N = \frac{60}{2\pi R}\sqrt{2gH} = \frac{60}{2\pi \times 0.1} \times \sqrt{2 \times 9.8 \times 0.2} = 189\,[\mathrm{rpm}]$$

39. $R = \dfrac{60}{2\pi N}\sqrt{2gH} = \dfrac{60}{2\pi \times 120} \times \sqrt{2 \times 9.8 \times 0.1} = 0.1114\,[\mathrm{m}] = 11.14\,[\mathrm{cm}]$

40. [정답 : ②]

수면으로부터 관찰창의 도심까지의 거리 $y_c = 1.2 + \dfrac{1.6}{2} = 2\,[\mathrm{m}]$이므로 압력의 중심까지의 수직거리는 다음과 같이 구해진다. 관찰창의 반지름 $R = \dfrac{1.6}{2} = 0.8\,[\mathrm{m}]$이다.

$$y_p = y_c + \frac{I_c}{y_c A} = y_c + \frac{\pi R^4/4}{y_c \times \pi R^2} = y_c + \frac{R^2}{4y_c}$$

$$= 2 + \frac{0.8^2}{4 \times 2} = 2 + 0.08 = 2.08\,[\mathrm{m}]$$

41. [정답 : ③] : U자형 관의 단면적이 $0.1\mathrm{m}^2$이므로 관에서 기름의 높이는

$$H = \frac{V}{A} = \frac{0.05}{0.1} = 0.5\,[\mathrm{m}]$$

이다. 그림에서 두 지점 1, 2에서의 압력이 같으므로 $h$는 다음과 같다.

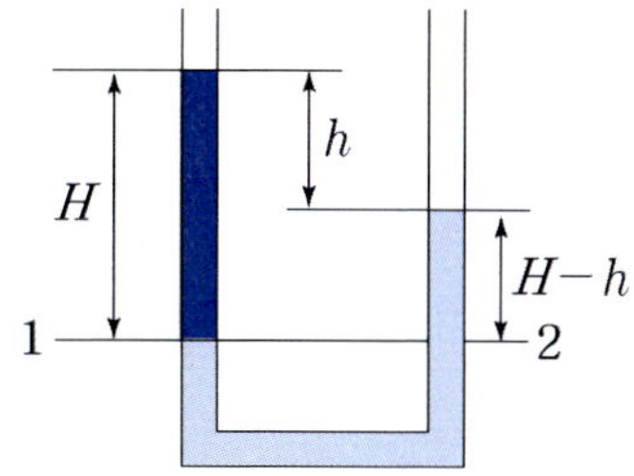

[연습문제 3.41]

$$P_0 + \gamma H = P_0 + \gamma_w (H - h) \;\rightarrow\; H - h = \frac{\gamma}{\gamma_w} H$$

$$\therefore\;\; h = \left(1 - \frac{\gamma}{\gamma_w}\right) H = (1 - 0.8) \times 0.5 = 0.1\,[\mathrm{m}]$$

42. [정답 : ③]

물속에서 물체의 무게는 그 물체가 받는 부력만큼 가벼워진다.

$$W - F_B = 50\,[\mathrm{N}]$$

$$\therefore\;\; W = 50 + F_B = 50 + \gamma_w V = 50 + 9800 \times (0.1)^3 = 59.8\,[\mathrm{N}]$$

43. [정답 : ②] : 방형물체의 무게와 중량물의 무게의 합은 부력과 같다. $a = 3\mathrm{m}$, $b = 5\mathrm{m}$이고 담수에 잠기는 총 깊이를 $h$[m]라 하면

$$\gamma V + W = \gamma_w (abh) \;\rightarrow\; 0.3\gamma_w (3 \times 3 \times 5) + 88.2 = \gamma_w (3 \times 5 \times h)$$

$$0.3(9.8)(3 \times 3 \times 5) + 88.2 = 9.8(3 \times 5 \times h)$$

$$\therefore\;\; h = \frac{0.3(9.8)(3 \times 3 \times 5) + 88.2}{9.8(3 \times 5)} = 1.5\,[\mathrm{m}]$$

이상에서 물의 비중량 $\gamma_w = 9.8\,[\mathrm{kN/m^3}]$이다.

44. (1) A − B 면은 깊이 $h$에 수평으로 놓여있는 $b \times h$의 평면이다.

$$\therefore\;\; F_{\mathrm{AB}} = pA = (\gamma h) \cdot (b \times h) = \gamma b h^2$$

(← A − B 면에서의 압력은 $p = \gamma h$로 일정하다.)

(2) B－C 면은 깊이 $h$에 연직으로 서 있는 $b \times h$의 평면이다.

$$\therefore \ F_{\mathrm{BC}} = \gamma h_c A = \gamma \cdot \left(h + \frac{h}{2}\right) \cdot (b \times h) = \frac{3}{2}\gamma b h^2$$

45. $P_A + \rho_{물} g h_{물} - \rho_{수은} g h_{수은} - \rho_{공기} g h_{공기} + \rho_{바닷물} g h_{바닷물} = P_B$

$\rho_{공기} = 0$로 하고 정리하면

$$\begin{aligned} P_A - P_B &= g(-\rho_{물} h_{물} + \rho_{수은} h_{수은} - \rho_{바닷물} h_{바닷물}) \\ &= 9.8[-1000(0.5) + 13.6(1000)(0.1) - 1035(0.3)]\,[\mathrm{Pa}] \\ &= 5.385 \times 10^3 [\mathrm{Pa}] = 5.385 [\mathrm{kPa}] \end{aligned}$$

46. 비중 $S = 13.5$와 $S = 1.26$인 유체를 각각 1, 2로 표시한다.

$$P_A + \rho_A g h_A + \rho_1 g h_1 - \rho_2 g h_2 + \rho_B g h_B = P_B$$

$$\begin{aligned} P_B - P_A &= \rho_A g h_A + \rho_1 g h_1 - \rho_2 g h_2 + \rho_B g h_B \\ &= g(\rho_A h_A + \rho_1 h_1 - \rho_2 h_2 + \rho_B h_B) \\ &= \rho_w g (S_A h_A + S_1 h_1 - S_2 h_2 + S_B h_B) \\ &= 1000 \times 9.8[1(0.55) + 13.5(0.2) - 1.26(0.42) + 0.88(0.1)]\,[\mathrm{Pa}] \\ &= 27.5 \times 10^3 [\mathrm{Pa}] = 27.5 [\mathrm{kPa}] \end{aligned}$$

47. (1) 전압력($F$) : 물의 비중량 $\gamma = 9.8\,\mathrm{kN/m^3}$

$$F = \gamma h_c A = 9.8\left(2 + \frac{3}{2}\right)(3 \times 6)\,[\mathrm{kN}] = 617.4\,[\mathrm{kN}]$$

(2) 압력 중심의 위치($y_p$) : $y_c = h_c = 2 + 3/2 = 3.5[\mathrm{m}]$이다. 수면으로부터 연직 아래로

$$y_p = y_c + \frac{I_c}{y_c A} = 3.5 + \frac{6(3^3)/12}{3.5(3 \times 6)} = 3.5 + \frac{3}{14} = 3.71\,[\mathrm{m}]$$

압력 중심은 수면으로부터 3.71[m] 아래에 있다.

48. 평판의 경사각을 $\theta$라 하면 판의 길이는 $\dfrac{H}{\sin\theta}$이다. 판의 폭을 $b$라 하면

$$F_1 = \gamma_1 h_{c1} A_1 = \gamma_1 \left(\frac{H_1}{2}\right)\left(\frac{H_1}{\sin\theta} \times b\right)$$

$$F_2 = \gamma_2 h_{c2} A_2 = \gamma_2 \left(\frac{H_2}{2}\right)\left(\frac{H_2}{\sin\theta} \times b\right)$$

$$\therefore \ \frac{F_1}{F_2} = \left(\frac{\gamma_1}{\gamma_2}\right)\left(\frac{H_1}{H_2}\right)^2 = \left(\frac{S_1}{S_2}\right)\left(\frac{H_1}{H_2}\right)^2$$

이므로 수면 높이의 비는 다음과 같다.

$$\frac{H_1}{H_2} = \sqrt{\left(\frac{S_2}{S_1}\right)\left(\frac{F_1}{F_2}\right)} = \sqrt{\left(\frac{1.3}{0.9}\right)(1.7)} = 1.57$$

49. 물의 비중량 $\gamma = 9.8 \mathrm{kN/m^3}$이다.

$$F = \gamma V = \gamma \times \frac{\pi}{4} D^2 h = 9.8 \times \frac{\pi}{4}(0.4)^2(2) = 2.46[\mathrm{kN}]$$

50. 그림과 같이 아래로 작용하는 스프링 힘과 피스톤의 무게 및 대기압에 의한 힘이 기체의 압력에 의한 힘과 평형을 이루고 있다.

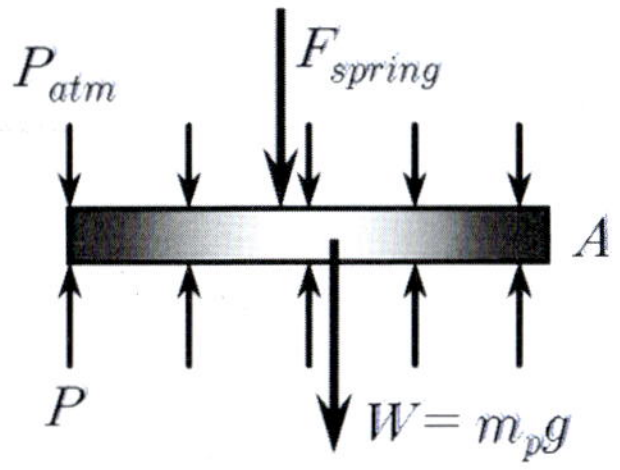


[연습문제 3.50]

$$PA = P_{atm} A + m_p g + F_{spring}$$

$$\therefore \ P = P_{atm} + \frac{m_p g + F_{spring}}{A}$$

$$= 100 + \frac{8(9.8) + 120}{40 \times 10^{-4}} \times \frac{1}{1000}[\mathrm{kPa}]$$

$$= 149.6[\mathrm{kPa}]$$

51. 물에 의해 판이 받는 전압력은

$$F_p = \gamma h_c A = 9.8 \times \frac{9}{2} \times (9 \times 8) = 3175.2[\mathrm{kN}](\rightarrow)$$

이고, 작용점의 위치는 수면으로부터 $\frac{2}{3}h = \frac{2}{3} \times 9 = 6[\mathrm{m}]$ 아래이다. 판에 대해 A점에 대한 모멘트 평형을 적용하면

$$F_B \times 11 = F_p \times (2 + 6)$$

$$\therefore \ F_B = \frac{8}{11} F_p = \frac{8}{11} \times 3175.2 = 2309.2[\mathrm{kN}](\leftarrow)$$

52. 물에 의해 수문이 받는 전압력은

$$F_p = \rho g h_c A = \rho g \times \frac{6}{2} \times (6 \times 2) = 36\rho g\,[\mathrm{N}](\rightarrow)$$

이고, 작용점의 위치는 수면으로부터 $\frac{2}{3}h = \frac{2}{3} \times 6 = 4[\mathrm{m}]$ 아래이다. 수문에 대해 A 점에 대한 모멘트 평형을 적용하면

$$mg \times 4 = F_p \times (2+4) = 36\rho g \times 6$$

$$\therefore\ m = \frac{36 \times 6\rho}{4} = 54\rho = 54 \times 10^3\,[\mathrm{kg}]$$

53. $P_{gage} = \gamma_{수은} h = 13.6(9.8)(0.2\sin 30°) = 13.3[\mathrm{kPa}]$

54. $P_{gage} - \gamma_1 h_1 + \gamma_2 h_2 - \gamma_3 h_3 - \gamma_4 h_4 = P_{관}$

$$\begin{aligned} P_{관} &= P_{gage} + \gamma_w(-S_1 h_1 + S_2 h_2 - S_3 h_3 - S_4 h_4) \\ &= 250 + 9.8(-0.35 + 0.8 \times 0.4 - 13.6 \times 0.1 - 0.7 \times 0.15)[\mathrm{kPa}] \\ &= 235[\mathrm{kPa}] \end{aligned}$$

55. 판의 폭 $b = 6[\mathrm{m}]$, 판의 높이 $a = \frac{6}{\sin 45°} = 8.485[\mathrm{m}]$

판의 경사를 따라 B점으로부터 수면까지 거리 $s = \frac{2}{\sin 45°} = 2.828[\mathrm{m}]$

- 판의 경사를 따라 수면으로부터 판의 도심까지 거리

$$y_c = s + \frac{a}{2} = 2.828 + \frac{8.485}{2} = 7.071\,[\mathrm{m}]$$

- 수면으로부터 판의 도심까지 수직거리 $h_c = 2 + \frac{6}{2} = 5[\mathrm{m}]$
- 판이 받는 전압력 $F_p = \gamma h_c A = 9.8(5)(8.485 \times 6) = 2495[\mathrm{kN}]$
- 판의 경사를 따라 수면으로부터 압력중심까지 거리

$$\begin{aligned} y_p &= y_c + \frac{I_c}{y_c A} = y_c + \frac{ba^3/12}{y_c(ab)} = y_c + \frac{a^2}{12 y_c} \\ &= 7.071 + \frac{8.485^2}{12(7.071)} = 7.919\,[\mathrm{m}] \end{aligned}$$

• 판의 경사를 따라 B점으로터 압력중심까지 거리

$$l_p = y_p - s = 7.919 - 2.828 = 5.091\,[\mathrm{m}]$$

AB에 대한 자유물체도는 그림과 같다. 여기에서 B점(힌지)에 대한 모멘트 평형($\sum M_B = 0$)을 적용하면

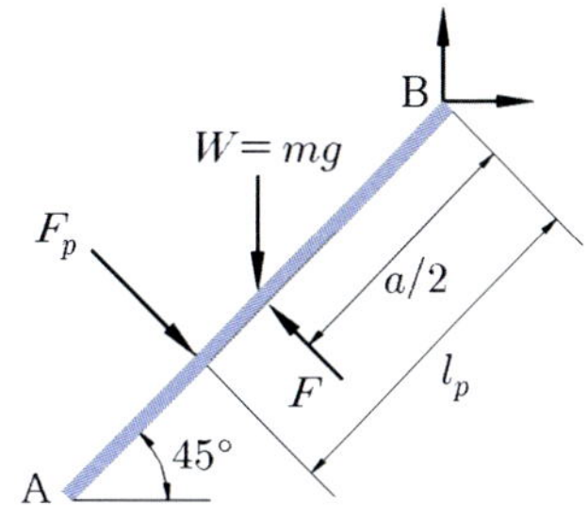


[연습문제 3.55]

$$F_p l_p + mg \times \frac{a}{2}\cos 45° - F \times \frac{a}{2} = 0$$

$$\therefore\ \ F = 2\left(\frac{l_p}{a}\right)F_p + mg\cos 45°$$

$$= 2\left(\frac{5.091}{8.485}\right)(2495) + 4000(9.8)\cos 45° \times \frac{1}{1000}$$

$$= 3022[\mathrm{kN}]$$

56. [정답 : ①] 57. [정답 : ③]

58. [정답 : ①] $\gamma_w \times \left(3 + \frac{6}{2}\right) \times (6 \times b) = 1800,\ \gamma_w = 10\,\mathrm{kN/m^3}\quad \therefore\ b = 5\mathrm{m}$.

59. [정답 : ④] 60. [정답 : ②] 61. [정답 : ③]

62. [정답 : ①] 금속구의 부피를 $V$라 하면 A와 B는 같은 크기의 부력 $\rho_w g V$를 받는다. 따라서 A가 받는 알짜힘은 $2\rho g V - \rho_w g V$이고, B가 받는 알짜힘은 $\rho g V - \rho_w g V$이므로

$$2\rho g V - \rho_w g V = 2.5(\rho g V - \rho_w g V)$$

$$2\rho - \rho_w = 2.5\rho - 2.5\rho_w \quad \therefore\ \ \rho_w = \frac{1}{3}\rho$$

63. [정답 : ②] : 잠긴 부분의 부피가 같으면 부력이 같다. 부력은 물체가 밀어낸 유체무게와 같다.

64. [정답 : ③] 물체의 부피를 $V$라 하면

$$(\text{물체 무게}) + (\text{장력}) = (\text{부력})$$

$$\rho g V + T = \frac{2}{3}V \times (5\rho g) \quad \therefore\ \ T = \frac{7}{3}(\rho g V) = \frac{7}{3}F$$

(물체 무게)는 물체에 작용하는 중력($F$)이다.

65. [정답 : ②] : $m = \frac{1}{2} \times \left( \frac{4\pi}{3} R^3 \times \rho \right)$

66. [정답 : ①] : $(1 + V)\gamma_{빙산} = V\gamma_{해수}$

$$\therefore \ V = \frac{\gamma_{빙산}}{\gamma_{해수} - \gamma_{빙산}} = \frac{0.9}{1.1 - 0.9} = 4.5$$

67. [정답 : ④] : 단면적 $A_1$의 피스톤에 작용하는 힘을 $P$라고 하면 레버의 힌지 C에 대한 모멘트 평형으로부터

$$P \times 3 = F \times (27 + 3) \quad \therefore \ P = 10F = 300\,\text{kgf}$$

이고, 유압기 내에서 파스칼의 원리를 적용하면

$$p = \frac{P}{A_1} = \frac{W}{A_2} \quad \therefore \ W = \frac{A_2}{A_1} P = \left( \frac{5}{2.5} \right)^2 \times 300 = 1,200\,[\text{kgf}]$$

68. [정답 : ③] : 나무토막의 단면적을 $A$라 하면
물체의 무게 $W = \rho g(HA)$, 부력 $F_B = \rho_1 g(hA)$

$$W = F_B \quad \therefore \ h = \frac{\rho}{\rho_1} \times H = \frac{900}{1100} \times 6 \approx 4.9\,[\text{cm}]$$

69. (1) 보의 너비 $b = 1\text{m}$이고, $P_1$은 수직으로 서 있는 넓이 $H_1 \times b$의 평면에 작용하는 전압력이다.

$$\therefore \ P_1 = \gamma h_c A = \gamma \cdot \frac{H_1}{2} \cdot (H_1 \times b)$$
$$= 9.8 \frac{\text{kN}}{\text{m}^3} \cdot \frac{9}{2}\text{m} \cdot (9\text{m} \times 1\text{m}) = 396.9\,\text{kN}$$

수직으로 서 있는 높이 $h$의 직사각형 평판에 작용하는 압력의 작용점은 지면으로부터 $\frac{h}{3}$에 있다. $\therefore \ y_1 = \frac{H_1}{3} = \frac{9\text{m}}{3} = 3\text{m}$

(2) (1)과 같은 방법으로 구한다.

$$P_2 = \gamma h_c A = \gamma \cdot \frac{H_2}{2} \cdot (H_2 \times b)$$
$$= 9.8 \frac{\text{kN}}{\text{m}^3} \cdot \frac{3}{2}\text{m} \cdot (3\text{m} \times 1\text{m}) = 44.1\,\text{kN}$$

$$y_2 = \frac{H_2}{3} = \frac{3\text{m}}{3} = 1\text{m}$$

(3) $P_1$은 오른쪽(→)으로 작용하고 $P_2$는 왼쪽(←)으로 작용하고 있으므로 보에는

$$P = P_1 - P_2 = 396.9 - 44.1\,[\text{kN}] = 352.8\,[\text{kN}]$$

의 힘이 오른쪽(→)으로 작용한다.

보의 바닥 지점에 대한 모멘트 평형 원리($\sum M = 0$)를 적용하여 작용점의 위치($y$)를 구한다. 시계방향(↷)을 양(+)으로 잡으면

$$Py = P_1 y_1 - P_2 y_2$$

$$\therefore\ y = \frac{P_1 y_1 - P_2 y_2}{P} = \frac{396.9 \cdot 3 - 44.1 \cdot 1}{352.8}\,[\text{m}] = 3.25\,[\text{m}]$$

70. • 댐의 무게 : $W = \gamma_c V_{댐} = 30(L)(9)(1) = 270L[\text{kN}]$

• 물에 의한 전압력 : $F_p = \gamma h_c A = 10(9/2)(9\times 1) = 405[\text{kN}]$

• 전압력의 작용점 : 지면(댐 바닥면)으로부터 $\dfrac{H}{3} = \dfrac{9}{3} = 3[\text{m}]$

댐의 왼쪽 아래 모서리(C)를 중심으로 댐의 전도가 발생할 수 있다고 가정한다.

$$\sum M_C = 0\ :\ W\times\frac{L}{2} - F_p\times 3 = 0\ \rightarrow\ 270L\times\frac{L}{2} - 405\times 3 = 0$$

$$\therefore\ L = \sqrt{\frac{2}{270}\times 405\times 3} = 3\,[\text{m}]$$

71. ㉠ : 5[cm] ㉡ : 500[Pa]

A 피스톤의 이동거리 $L_A = 10[\text{cm}]$, 단면적 $A_A = 20[\text{cm}^2]$이고, B 피스톤의 단면적 $A_B = 40[\text{cm}^2]$이다. B 피스톤의 상승 높이를 $L_B$라고 하면, A 피스톤이 밀어낸 유체의 부피가 B 피스톤을 밀어 올리는 유체의 부피와 같으므로

$$L_A A_A = L_B A_B \quad \therefore\ L_B = \left(\frac{A_A}{A_B}\right)L_A = \left(\frac{20}{40}\right)\times 10 = 5\,[\text{cm}]$$

이다. A 피스톤의 내면에 작용하는 압력($P$)은

$$P = \frac{F}{A} = \frac{1\text{N}}{20\text{cm}^2} = \frac{1\text{N}}{20\times(10^{-2}\text{m})^2} = 500\frac{\text{N}}{\text{m}^2} = 500\,[\text{Pa}]$$

이고, 파스칼의 원리에 의해 이것은 B 피스톤의 내면에 작용하는 압력과 같다.

72. 얼음 전체의 부피 $V=10\,\mathrm{cm}^3$이고 얼음의 밀도 $\rho_{ice}=0.9\rho_w$이다. 물에 얼음이 떠 있을 때 얼음이 받는 부력($F_B$)은 얼음의 무게($W$)와 같다. 따라서 처음 상태에서 물속에 잠긴 얼음의 부피를 $V_1$이라 하면 얼음이 받는 부력은 $F_B=\rho_w g V_1$이고 얼음의 무게 $W=\rho_{ice} g V$이므로

$$\rho_w g V_1 = \rho_{ice} g V$$

$$\therefore \quad V_1 = \frac{\rho_{ice}}{\rho_w} V = \frac{0.9\rho_w}{\rho_w} V = 0.9(10\mathrm{cm}^3) = 9[\mathrm{cm}^3] \quad \cdots\cdots ①$$

이고 얼음 전체의 질량($m$)은

$$m = \rho_{ice} V = 0.9\rho_w V = 0.9(1)(10) = 9[\mathrm{gram}] \quad \cdots\cdots ②$$

이다. 이때 질량 $m$인 물의 부피($V_2$)는 다음과 같다.

$$V_2 = \frac{m}{\rho_w} = \frac{9}{1} = 9[\mathrm{cm}^3] \quad \cdots\cdots ③$$

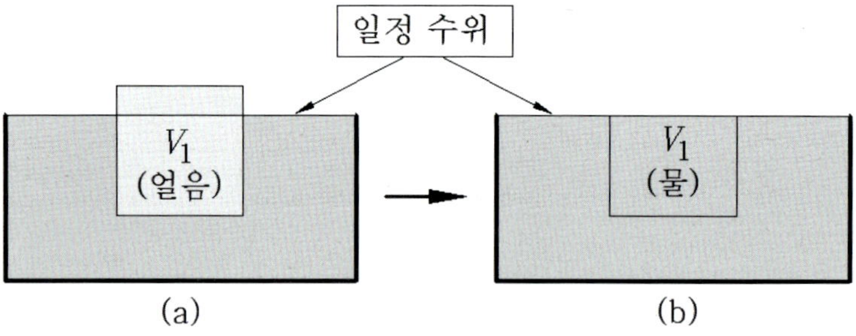


[연습문제 3.72] **얼음이 떠 있을 때(a)와 얼음이 녹았을 때(b)**

이상의 결과(①, ②, ③)로부터 물에 얼음이 떠있을 때 물에 잠긴 얼음의 부피($V_1$)와 얼음이 전부 녹았을 때 녹은 얼음 전체의 부피($V_2$)가 같다는 것을 알 수 있다. 따라서 [그림]과 같이 얼음이 전부 녹아도 물의 수위는 처음 상태와 같고 물은 컵 밖으로 넘쳐나지 않는다. 이와 같은 원리로 남·북극의 얼음이 녹아도 해수면은 상승하지 않고 일정한 높이를 유지한다.

# 연습문제 4

01. (1) $\vec{V}=A(\vec{i}-2\vec{j})\quad \therefore\ |\vec{V}|=A\sqrt{1^2+(-2)^2}=\sqrt{5}A$

(2) $u=Ax=A\times(3)=3A,\quad v=-Ay=-A\times(-3)=3A$

$$\therefore\ \theta=\tan^{-1}\left(\frac{v}{u}\right)=\tan^{-1}\left(\frac{3A}{3A}\right)=\tan^{-1}1=45°$$

02. $\dfrac{dx}{u}=\dfrac{dy}{v}$이므로 $\dfrac{dx}{-2y}=\dfrac{dy}{-2x}$에서 $xdx=ydy$이다. 이 식을 적분하면

$$\int xdx=\int ydy \rightarrow \frac{1}{2}x^2=\frac{1}{2}y^2+C'$$

∴ 유선의 방정식은 $x^2-y^2=C$ ($C$는 상수)이다.

03. $Re=\dfrac{VD}{\nu}$에서 $V=\dfrac{\nu Re}{D}=\dfrac{(3\times10^{-4})\times2000}{0.2}=3\,[\mathrm{m/s}]$

04. $Re=\dfrac{VD}{\nu}=\dfrac{VD}{\mu/\rho}=\dfrac{\rho VD}{\mu}=\dfrac{1.2\times10\times0.6}{1.8\times10^{-5}}=4\times10^5$

05. $t=\dfrac{s}{V}=\dfrac{s}{Ma}=\dfrac{450\times1000}{0.2\times340}\times\dfrac{1}{3600}=1.838\,[\mathrm{h}]$

06. $V=Ma=M\sqrt{kRT}=1.5\times\sqrt{1.4\times287\times(273.2-30)}=468.9\,[\mathrm{m/s}]$

07. (1) $Q=AV=\dfrac{\pi D^2}{4}\times V=\dfrac{\pi\times(0.2)^2}{4}\times5=0.157\,[\mathrm{m^3/s}]$

(2) $\dot{m}=\rho AV=\rho Q=(0.8\times1000)\times0.157=125.6\,[\mathrm{kg/s}]$

(3) $G=\gamma AV=\gamma Q=(0.8\times9800)\times0.157=1230.9\,[\mathrm{N/s}]$

08. $\dot{m}=\rho AV=\dfrac{P}{RT}\times AV=\dfrac{P}{RT}\times\dfrac{\pi D^2}{4}\times V$

$$=\frac{150}{0.287\times(273.2+20)}\times\frac{\pi\times(0.5)^2}{4}\times10=3.5\,[\mathrm{kg/s}]$$

09. $V=\dfrac{G}{\gamma A}=\dfrac{G}{\rho g(\pi D^2/4)}=\dfrac{4G}{\pi D^2\rho g},\quad \nu=\dfrac{\mu}{\rho}$

$$\therefore\ Re=\frac{VD}{\nu}=\frac{\rho VD}{\mu}=\frac{\rho D}{\mu}\times\frac{4G}{\pi D^2\rho g}=\frac{4G}{\pi\mu gD}$$

10. 연속 방정식에서 $Q = A_1 V_1 = A_2 V_2$

$$V_2 = \frac{A_1}{A_2} V_1 = \left(\frac{D_1}{D_2}\right)^2 V_1 = \left(\frac{2}{3}\right)^2 V_1 = \frac{4V_1}{9} \qquad \therefore \ V_1 : V_2 = 9 : 4$$

11. $Q = A_1 V_1 = A_2 V_2$

$$V_2 = \frac{A_1}{A_2} V_1 = \left(\frac{D_1}{D_2}\right)^2 V_1 = \left(\frac{5}{8}\right)^2 \times 8 = 3.125\,[\mathrm{m/s}]$$

$$Q = A_1 V_1 = \frac{\pi \times (0.05)^2}{4} \times 8 = 0.0157[\mathrm{m^3/s}]$$

12. (1) 반지름 5cm 관 : $V_1 = \dfrac{Q}{A_1} = \dfrac{Q}{\pi D_1^2/4} = \dfrac{0.01}{\pi \times 0.05^2/4} = 5.09\,[\mathrm{m/s}]$

(2) 반지름 15cm 관 : $V_2 = \dfrac{Q/2}{A_2} = \dfrac{Q/2}{\pi D_2^2/4} = \dfrac{0.01/2}{\pi \times 0.15^2/4} = 0.283\,[\mathrm{m/s}]$

13. $$\dot{m} = \rho A V = \frac{P_{abs}}{RT} \times AV = \frac{P_{atm} + P_{gage}}{RT} \times \frac{\pi D^2}{4} \times V$$

$$= \frac{40 + 100}{0.287 \times (273.2 + 20)} \times \frac{\pi \times (0.2)^2}{4} \times 50 = 2.613\,[\mathrm{kg/s}]$$

† 이상기체 상태방정식 $Pv = RT$에서 압력은 절대압력이다.

14. (1) $\dfrac{\partial u}{\partial x} + \dfrac{\partial v}{\partial y} = 2 + 2 = 4$ (2) $\dfrac{\partial u}{\partial x} + \dfrac{\partial v}{\partial y} = 3 - 3 = 0$

(3) $\dfrac{\partial u}{\partial x} + \dfrac{\partial v}{\partial y} = 2 + 4 = 6$ (4) $\dfrac{\partial u}{\partial x} + \dfrac{\partial v}{\partial y} = 1 - 1 = 0$

따라서 연속 방정식 $\dfrac{\partial u}{\partial x} + \dfrac{\partial v}{\partial y} = 0$을 만족하는 것은 (2), (4)

15. $x = 1$, $y = 2$일 때 $u = \dfrac{\partial \Psi}{\partial y} = 2y = 4$, $v = -\dfrac{\partial \Psi}{\partial x} = -(-2x) = 2$

$$\therefore \ |\vec{V}| = \sqrt{u^2 + v^2} = \sqrt{4^2 + 2^2} = 2\sqrt{5},$$

$$\theta = \tan^{-1}\left(\frac{v}{u}\right) = \tan^{-1}\left(\frac{2}{4}\right) = 26.6°$$

16. $$u = \frac{\partial \phi}{\partial x} = \frac{\partial}{\partial x}(y - 2x^2 + 2y^2) = 0 - 4x + 0 = -4x$$

$$v = \frac{\partial \phi}{\partial y} = \frac{\partial}{\partial y}(y - 2x^2 + 2y^2) = 1 - 0 + 4y = 1 + 4y$$

17. (1) 위치수두 $z=2[\mathrm{m}]$ (2) 압력수두 $\frac{P}{\gamma}=\frac{58.8}{9.8}=6[\mathrm{m}]$

(3) 속도수두 $\frac{V^2}{2g}=\frac{49^2}{2\times 9.8}=122.5[\mathrm{m}]$

(4) 전 수두 $2+6+122.5=130.5[\mathrm{m}]$

18. 베르누이 방정식 $\frac{P_1}{\gamma}+\frac{V_1^2}{2g}+z_1=\frac{P_2}{\gamma}+\frac{V_2^2}{2g}+z_2$

$$V_2^2=V_1^2+\frac{2(P_1-P_2)}{\rho}+2g(z_1-z_2)$$

$$=6^2+\frac{2\times(120-110)\times 10^3}{1000}+2\times 9.8\times(-2)=16.8[\mathrm{m^2/s^2}]$$

$$\therefore\ V_2=\sqrt{16.8}=4.1[\mathrm{m/s}]$$

19. $V_2=\frac{A_1}{A_2}V_1=\frac{50}{150}\times 9=3(\mathrm{m/s})$. 수평관이므로 $z_1=z_2$.

$$\frac{P_1}{\gamma}+\frac{V_1^2}{2g}+0=\frac{P_2}{\gamma}+\frac{V_2^2}{2g}+0$$

$$P_2=P_1+\frac{\rho(V_1^2-V_2^2)}{2}=110+\frac{1000\times(9^2-3^2)}{2}\times\frac{1}{1000}$$

$$=146[\mathrm{kPa}]$$

20. $D_2=2D_1$이므로 $V_2=V_1/4=2(\mathrm{m/s})$. 수평관에서 $z_1=z_2$

$$\frac{P_1}{\gamma}+\frac{V_1^2}{2g}+0=\frac{P_2}{\gamma}+\frac{V_2^2}{2g}+0$$

$$P_2-P_1=\frac{\gamma(V_1^2-V_2^2)}{2g}=\frac{\rho(V_1^2-V_2^2)}{2}=\frac{1000\times(8^2-2^2)}{2}[\mathrm{Pa}]$$

$$=30[\mathrm{kPa}]$$

21. 지름이 일정하므로 점 2에서의 유속 $V_2=V_1=2\mathrm{m/s}$.

베르누이 방정식 $\frac{P_1}{\gamma}+0+z_1=\frac{P_2}{\gamma}+0+z_2$로부터 점 2에서의 압력

$$P_2=P_1+\gamma(z_1-z_2)=150+9\times 2[\mathrm{kPa}]=168[\mathrm{kPa}]$$

$$kdt = -\frac{dh}{\sqrt{h}} \quad \left(k = \frac{A_1\sqrt{2g}}{A}\right)$$

이므로 적분하면

$$\int_{t_1}^{t_2}(k)dt = \int_{h_1}^{h_2}\left(-\frac{1}{\sqrt{h}}\right)dh \;\rightarrow\; k[t]_{t_1}^{t_2} = -2[\sqrt{h}]_{h_1}^{h_2}$$

$$k(t_2 - t_1) = -2(\sqrt{h_2} - \sqrt{h_1})$$

이다. 따라서 수위가 $h_1$에서 $h_2$로 낮아지는데 걸리는 시간은 다음과 같다.

$$\Delta t = t_2 - t_1 = \frac{2}{k}(\sqrt{h_1} - \sqrt{h_2}) = \frac{A}{A_1}\sqrt{\frac{2}{g}}(\sqrt{h_1} - \sqrt{h_2})$$

32. 문제에서 그림은 생략하였다. '$\frac{P}{\gamma} + \frac{V^2}{2g} + z =$ 일정'인 베르누이 정리를 물어보는 문제이다.

33. $Re = \frac{VD}{\nu} = \frac{10 \times 1}{10^{-6}} = 10^7 > 4000$ ∴ 난류

34. (1) $P_1 - P_2 = (\gamma - \gamma_w)H = (13.5 - 1) \times 1000 \times 0.5 = 6250\text{kgf/m}^2 = 0.625\text{kgf/cm}^2$

(2) 베르누이 정리와 연속방정식을 적용하면 유량 $Q$가 $\sqrt{h}$에 비례한다는 것을 알 수 있다[예제 4.21]. $Q \propto \sqrt{h}$ ∴ $h \propto Q^2$
따라서 $Q$를 3배로 증가시키면 $h$는 9배가 되므로 액주계의 높이는 $0.5 \times 9 = 4.5\,[\text{m}]$가 된다.

35. 나가는 물만큼 공급해야 수위가 일정하게 유지된다.

$$Q = Av = \frac{\pi}{4}d^2\sqrt{2gh} = \frac{3}{4} \times 0.1^2 \times \sqrt{2 \times 10 \times 3} = 0.058\,[\text{m}^3/\text{s}]$$

36. (1) 물의 표면 B와 C 사이에 베르누이 정리를 적용한다. B점의 속도는 0으로 가정한다.

$$\frac{P_1}{\gamma} + 0 + z_1 = \frac{P_2}{\gamma} + \frac{v_2^2}{2g} + z_2$$

$$\frac{v_2^2}{2g} = \frac{P_1 - P_2}{\gamma} - (z_2 - z_1) = \frac{(1 - 0.2) \times 10^4}{1000} - 3 = 5\,[\text{m}]$$

$$\therefore\; v_2 = \sqrt{2 \times 10 \times 5} = 10\,[\text{m/s}]$$

(2) 유량 $Q = \frac{\pi}{4}d^2 v = \frac{3}{4} \times 0.1^2 \times 10 \times 60 = 4.5[\mathrm{m^3/min}]$

37. [정답 : ②] : 배수관의 단면적 $A = 0.25\mathrm{m}^2$, 유량 $Q = 0.5\mathrm{m^3/s}$이므로 점 A에서의 유속은

$$V_2 = \frac{Q}{A} = \frac{0.5}{0.25} = 2\,[\mathrm{m/s}]$$

이다. 물탱크의 수면을 1, 점 A를 2로 하여 점 1과 2 사이에 베르누이 정리를 적용한다.

$$\frac{P_1}{\gamma} + \frac{V_1^2}{2g} + z_1 = \frac{P_2}{\gamma} + \frac{V_2^2}{2g} + z_2$$

탱크의 단면적이 관 단면적보다 아주 클 때 수면의 하강 속도 $V_1 \approx 0$이다. 그리고 $P_1 \approx 0$, $z_1 - z_2 = 30\,[\mathrm{m}]$이므로 점 A에서의 압력은 다음과 같이 구해진다.

$$0 + 0 + z_1 = \frac{P_2}{\gamma} + \frac{V_2^2}{2g} + z_2$$

$$P_2 = \gamma(z_1 - z_2) - \frac{\rho V_2^2}{2} = 9.8 \times 1000 \times 30 - \frac{1000 \times 2^2}{2}$$

$$= 292 \times 10^3\,[\mathrm{Pa}] = 292\,[\mathrm{kPa}]$$

38. 수면으로부터 $H$ 아래 지점과 $(H+h)$ 아래 지점 ㉠ 위치를 각각 1, 2로 한다. 수면과 1, 2 점 사이에 베르누이 정리를 각각 적용하면 두 지점에서 유속은

$$V_1 = \sqrt{2gH}, \quad V_2 = \sqrt{2g(H+h)}$$

이다. 따라서 연속법칙으로부터 다음과 같이 ㉠ 위치에서의 물줄기 직경($D_2$)이 구해진다.

$$Q = A_1 V_1 = A_2 V_2 \rightarrow \frac{\pi}{4}d^2\sqrt{2gH} = \frac{\pi}{4}D_2^2\sqrt{2g(H+h)}$$

$$\therefore\ D_2 = \left(\sqrt{\frac{2gH}{2g(H+h)}}\right)^{1/2} d = \left(\frac{H}{H+h}\right)^{1/4} d$$

39. [정답 : ①]

$$Re = \frac{VD}{\nu} \quad \therefore\ V_c = \frac{\nu Re_c}{D} = \frac{(1.3 \times 10^{-6}) \times 2000}{0.1} = 2.6 \times 10^{-2}\,[\mathrm{m/s}]$$

40. [정답 : ③]　　　41. [정답 : ①]

42. [정답 : ⑤] : 그림과 같이 수평 관에 설치된 피토관에서 정압관과 피토관의 수두차($h = 2.5\,\text{cm}$)는 유체의 속도수두($v^2/2g$)와 같다.

$$h = \frac{v^2}{2g} \quad \therefore\ v = \sqrt{2gh} = \sqrt{2\times 9.8\times 0.025} = 0.7\,[\text{m/s}]$$

43. [정답 : ①] : 마찰 손실을 무시하고 두 점 1, 2 사이에 베르누이 방정식을 적용한다. 관은 수평으로 놓여 있으므로 $z_1 = z_2$이다.

$$\frac{P_1}{\gamma} + \frac{V_1^2}{2g} = \frac{P_2}{\gamma} + \frac{V_2^2}{2g} \quad \cdots\cdots ①$$

연속방정식에서 유량 $Q = A_1 V_1 = A_2 V_2$이고, $D_1 = 2D_2$이므로

$$\frac{\pi}{4} D_1^2 V_1 = \frac{\pi}{4} D_2^2 V_2$$

$$\therefore\ V_1 = \left(\frac{D_2}{D_1}\right)^2 V_2 = \left(\frac{D_2}{2D_2}\right)^2 V_2 = \frac{1}{4} V_2 \quad \cdots\cdots ②$$

이다. 식 ②를 식 ①에 대입하여 정리하면

$$\frac{P_1 - P_2}{\gamma} = \frac{V_2^2}{2g}\left[1 - \left(\frac{1}{4}\right)^2\right] = \frac{15\,V_2^2}{32g}$$

이므로 단면 2에서의 속도는

$$V_2 = \sqrt{\frac{32g}{15} \times \frac{(P_1 - P_2)}{\gamma}} = \sqrt{\frac{32}{15} \times \frac{(P_1 - P_2)}{\rho}}$$
$$= \sqrt{\frac{32}{15} \times \frac{30\times 1000}{1000}} = 8\,[\text{m/s}]$$

이다. 따라서 단면 1에서의 유속은 다음과 같다.

$$V_1 = \frac{1}{4} V_2 = \frac{1}{4} \times 8 = 2\,[\text{m/s}]$$

44. [정답 : ③] : 물탱크의 수면과 배수관의 출구 사이에 베르누이 정리를 적용하면 출구에서의 유속은

$$V_2 = \sqrt{2gH} = \sqrt{2g \times 8} = 4\sqrt{g}\ [\mathrm{m/s}]$$

이다. 지름 $D_x$ 인 지점을 1, 지름 $D_0$ 인 지점을 2로 하면 $D_x = 2D_0$ 이므로 연속법칙에 의해

$$\frac{\pi}{4}D_x^2 V_1 = \frac{\pi}{4}D_0^2 V_2$$

$$\therefore V_1 = \left(\frac{D_0}{D_x}\right)^2 V_2 = \left(\frac{D_0}{2D_0}\right)^2 V_2 = \frac{1}{4}V_2 = \frac{1}{4} \times 4\sqrt{g} = \sqrt{g}\ [\mathrm{m/s}]$$

이다. 따라서 점 1과 2 사이에 베르누이 정리를 적용하면 $P_2 \approx 0$, $z_1 = z_2$ 이므로 다음과 같이 압력 $P_1$ 이 구해진다.

$$\frac{P_1}{\gamma} + \frac{V_1^2}{2g} + z_1 = \frac{P_2}{\gamma} + \frac{V_2^2}{2g} + z_2$$

$$\frac{P_1}{\gamma} + \frac{V_1^2}{2g} + 0 = 0 + \frac{V_2^2}{2g} + 0$$

$$\therefore\ P_1 = \frac{1}{2}\rho(V_2^2 - V_1^2) = \frac{1}{2}\rho\left[(4\sqrt{g})^2 - (\sqrt{g})^2\right] = \frac{15}{2}\rho g\,[\mathrm{Pa}]$$

45. (1) 밀도에 대한 언급이 없다. 비압축성 유체라고 가정한다. 단면 A와 B를 각각 1, 2라 하면 연속방정식에서 유량은

$$Q = A_1 V_1 = A_2 V_2$$

이므로

$$\frac{\pi}{4}D_1^2 V_1 = \frac{\pi}{4}D_2^2 V_2 \quad \therefore\ V_2 = \left(\frac{D_1}{D_2}\right)^2 V_1 = \left(\frac{2}{1}\right)^2 \times 1 = 4\ [\mathrm{m/s}]$$

(2) 두 점 1, 2 사이에 베르누이 정리를 적용하여 단면 B의 압력 $P_2$ 를 구한다.

$$\frac{P_1}{\gamma} + \frac{V_1^2}{2g} + z_1 = \frac{P_2}{\gamma} + \frac{V_2^2}{2g} + z_2$$

$$\therefore\ P_2 = P_1 + \frac{\gamma(V_1^2 - V_2^2)}{2g} + \gamma(z_1 - z_2)$$

$$= 1000 + \frac{1000(1^2 - 4^2)}{2 \times 9.8} + 1000 \times (6-4)\ [\mathrm{kgf/m^2}]$$

$$= 2234.7\,[\mathrm{kgf/m^2}]$$

46. 기름 깊이 $H = 10\mathrm{m}$, 물깊이 $h = 5\mathrm{m}$이다. 기름의 비중 $S = 0.5$이고, 물의 비중량을 $\gamma_w$라 하면 기름의 비중량 $\gamma = \gamma_w S$이다. 이때 기름 층의 바닥(기름과 물의 경계면)에서의 압력($P_1$)은

$$P_1 = \gamma H = \gamma_w S H \quad \cdots\cdots \text{①}$$

이다. 기름과 물의 경계면(1)과 아래 관 출구(2) 사이에 베르누이 정리를 적용한다. 대기압을 고려하지 않으므로 $P_2 = 0$이다.

$$\frac{P_1}{\gamma_w} + \frac{V_1^2}{2g} + z_1 = 0 + \frac{V_2^2}{2g} + z_2 \quad \cdots\cdots \text{②}$$

여기에서 관 직경이 탱크 직경보다 아주 작을 때 수면의 하강 속도 $V_1 \approx 0$이므로 식 ②는

$$\frac{\gamma_w S H}{\gamma_w} + 0 + z_1 = \frac{V_2^2}{2g} + z_2 \ \rightarrow\ \frac{V_2^2}{2g} = (z_1 - z_2) + SH$$

가 된다. 여기에서 $z_1 - z_2 = h$이므로

$$\frac{V_2^2}{2g} = h + SH$$

$$\therefore\ V_2 = \sqrt{2g(h + SH)} = \sqrt{2 \cdot 9.8(5 + 0.5 \cdot 10)} = 14\,[\mathrm{m/s}]$$

47. 먼저 연속방정식으로부터 단면 1, 2에서의 유속을 구한다.

$$Q = A_1 V_1 = A_2 V_2$$

$$\therefore\ V_1 = \frac{Q}{A_1} = \frac{Q}{2A_2} = \frac{0.01}{2(100 \times 10^{-4})} = 0.5\,[\mathrm{m/s}]$$

$$V_2 = \frac{Q}{A_2} = \frac{0.01}{(100 \times 10^{-4})} = 1\,[\mathrm{m/s}]$$

(← SI 단위로 계산한다. $1\,\mathrm{cm^2} = 10^{-4}\,\mathrm{m^2}$)

다음에 1, 2 사이에 베르누이 방정식을 적용하여 단면 1에서의 압력 $P_1$을 구한다.

$$\frac{P_1}{\gamma} + \frac{V_1^2}{2g} + z_1 = \frac{P_2}{\gamma} + \frac{V_2^2}{2g} + z_2 \quad (\leftarrow \text{수평관이므로 } z_1 = z_2)$$

$$\frac{P_1}{\gamma}=\frac{P_2}{\gamma}+\frac{V_2^2-V_1^2}{2g}$$

$$\therefore\ P_1=P_2+\frac{\gamma(V_2^2-V_1^2)}{2g}=P_2+\frac{\rho(V_2^2-V_1^2)}{2}$$

$$=1+\frac{1000\times(1^2-0.5^2)}{2}\times\frac{1}{1000}\ [\text{kPa}]=1.375\,[\text{kPa}]$$

48. (1) $\dot{m}=\rho_1A_1V_1=2.2(80\times10^{-4})(45)=0.792[\text{kg/s}]$

(2) $\dot{m}=\rho_1A_1V_1=\rho_2A_2V_2$

$$\therefore\ A_2=\left(\frac{\rho_1}{\rho_2}\right)\left(\frac{V_1}{V_2}\right)A_1=\left(\frac{2.2}{0.76}\right)\left(\frac{45}{150}\right)(80)=69.5[\text{cm}^2]$$

49. • 베르누이 정리 : $\frac{P_1}{\gamma}+\frac{V_1^2}{2g}+z_1=\frac{P_2}{\gamma}+\frac{V_2^2}{2g}+z_2\quad(z_1=z_2)$

$$\therefore\ P_1-P_2=\frac{\rho_a}{2}(V_2^2-V_1^2)\ \cdots\cdots ①$$

• 마노미터 : $P_1-P_2=(\rho_w-\rho_a)gh$ $\cdots\cdots$ ②

①, ②로부터 $h=\frac{(V_2^2-V_1^2)}{2g(\rho_w/\rho_a-1)}$ $\cdots\cdots$ ③

• 연속법칙으로부터

$$V_1=\frac{Q}{A_1}=\frac{4Q}{\pi D_1^2}=\frac{4(170\times10^{-3})}{\pi(0.18)^2}=6.68[\text{m/s}]$$

$$V_2=\frac{Q}{A_2}=\frac{4Q}{\pi D_2^2}=\frac{4(170\times10^{-3})}{\pi(0.1)^2}=21.65[\text{m/s}]$$

이고, 높이 차이 $h$[cm]는 다음과 같다.

$$h=\frac{(V_2^2-V_1^2)}{2g(\rho_w/\rho_a-1)}=\frac{(21.65^2-6.68^2)}{2(9.81)(1000/1.2-1)}$$

$$=0.02597[\text{m}]=0.026[\text{m}]=2.6[\text{cm}]$$

50. 공기 밀도 $\rho=\frac{P}{RT}=\frac{100}{0.287(273+20)}=1.189[\text{kg/m}^3]$

풍동 입구에서 멀리 떨어진 지점을 1로 하고 풍동 내 지점을 2로 하여 두 지점 사이에 베르누이 방정식을 적용한다.

$$\frac{P_1}{\gamma}+\frac{V_1^2}{2g}+z_1=\frac{P_2}{\gamma}+\frac{V_2^2}{2g}+z_2$$

여기에서 $V_1=0$, $P_1=P_{atm}$이며 $z_1=z_2$이다. 따라서

$$P_2=P_1-\frac{\rho V_2^2}{2}=100-\frac{1.189(140)^2}{2}\times\frac{1}{1000}[\mathrm{kPa}]$$
$$=88.35[\mathrm{kPa}]$$

51. 탱크 내 수면과 최대 높이 점을 각각 1, 2로 하고 두 지점 사이에 베르누이 방정식을 적용한다.

$$\frac{P_1}{\gamma}+\frac{V_1^2}{2g}+z_1=\frac{P_2}{\gamma}+\frac{V_2^2}{2g}+z_2$$

여기에서 $V_1=0$이고, $P_2=P_{atm}$이며 최대 상승 높이에서 $V_2=0$이다.

$$\frac{P_1}{\gamma}+0+z_1=\frac{P_{atm}}{\gamma}+0+z_2$$

$$\therefore\ z_2=\frac{P_1-P_{atm}}{\gamma}+z_1=\frac{P_{1,gage}}{\gamma}+z_1=\frac{200}{9.8}+7=27.4[\mathrm{m}]$$

즉, 물의 최대 상승높이 $h_{\max}=27.4[\mathrm{m}]$이다.

52. 피토관의 측면 점 1과 입구 정체점 2 사이에 베르누이 정리를 적용한다.

$$\frac{P_1}{\gamma}+\frac{V_1^2}{2g}+z_1=\frac{P_2}{\gamma}+\frac{V_2^2}{2g}+z_2$$

여기에서 $V_2=0$, $z_1=z_2$로 하면

$$V_1=\sqrt{\frac{2(P_2-P_1)}{\rho}}$$

이고, 액주계에서 $P_2=P_1+\gamma_w h$이므로 유속은 다음과 같다.

$$V=V_1=\sqrt{\frac{2\gamma_w h}{\rho}}=\sqrt{\frac{2(9800)(0.04)}{1.26}}=24.9[\mathrm{m/s}]$$

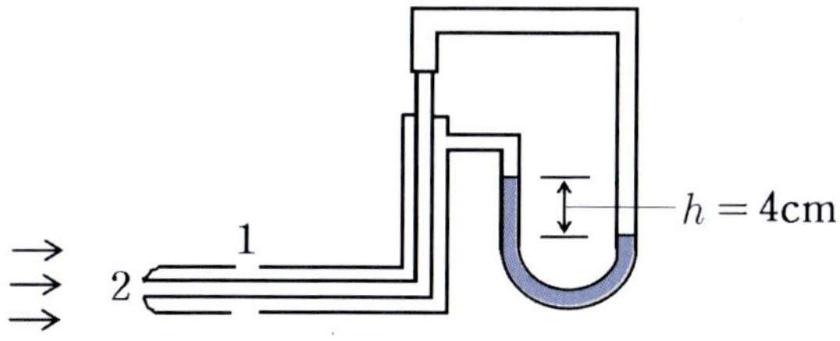


[연습문제 4.52]

53. 연속방정식과 베르누이 방정식을 적용하여 구한 결과 식을 사용한다.

$$Q = A_2 V_2 = \frac{\pi D_2^2}{4} \frac{1}{\sqrt{1-(D_2/D_1)^4}} \sqrt{\frac{2(P_1 - P_2)}{\rho}}$$

$$= \frac{\pi(0.05)^2}{4} \times \frac{1}{\sqrt{1-(5/7)^4}} \sqrt{\frac{2(88-84)\times 1000}{1.2}} [\text{m}^3/\text{s}]$$

$$= 0.186 [\text{m}^3/\text{s}]$$

54. 공기 밀도 $\rho = \frac{P}{RT} = \frac{100}{0.287(273+27)} = 1.161 [\text{kg/m}^3]$

마노미터 두 팔이 부착된 지점을 각각 1, 2로 하면 유속은 다음과 같다.

$$V_1 = \frac{4Q}{\pi D_1^2} = \frac{4(55\times 10^{-3})}{\pi(0.06)^2} = 19.45 [\text{m/s}]$$

$$V_2 = \frac{4Q}{\pi D_2^2} = \frac{4(55\times 10^{-3})}{\pi(0.04)^2} = 43.77 [\text{m/s}]$$

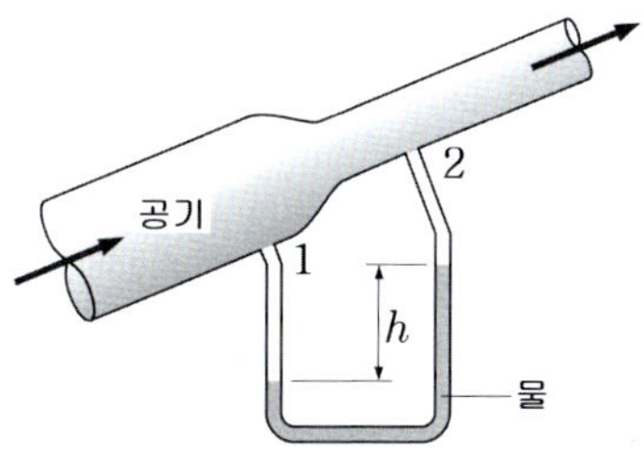


[연습문제 4.54]

두 지점 1, 2사이에 베르누이 방정식을 적용하여 압력 차이를 구한다.

$$\frac{P_1}{\gamma} + \frac{V_1^2}{2g} + z_1 = \frac{P_2}{\gamma} + \frac{V_2^2}{2g} + z_2$$

$$\therefore\ P_1 - P_2 = \frac{\rho}{2}(V_2^2 - V_1^2) + \rho g(z_2 - z_1)$$
$$= \frac{1.161}{2}(43.77^2 - 19.45^2) + 1.161(9.8)(0.2)[\text{Pa}]$$
$$= 894.8[\text{Pa}]$$

따라서 마노미터에서 물의 높이 차이 $h$[cm]는 다음과 같다.

$$P_1 = P_2 + \gamma_w h$$
$$\therefore\ h = \frac{P_1 - P_2}{\gamma_w} = \frac{894.8}{9800}[\text{m}] = 0.0913[\text{m}] = 9.13[\text{cm}]$$

55. 분사되는 물줄기의 속도는 $v = \sqrt{2gh}$ 이다. 물줄기는 수평 방향으로는 속도 $v$의 등속 운동, 수직 방향으로는 자유낙하운동을 한다. 따라서 물줄기가 지면에 떨어지는 시간($t$)은

$$\frac{1}{2}gt^2 = H - h\ \ \therefore\ t = \sqrt{\frac{2(H-h)}{g}} \quad \cdots\cdots\ ①$$

이고, 수평 도달 거리 $x$는 다음과 같다.

$$x = vt = \sqrt{2gh}\cdot\sqrt{\frac{2(H-h)}{g}} = 2\sqrt{h(H-h)} \quad \cdots\cdots\ ②$$

식 ②에서 $x$가 최대가 되는 $h$를 구한다.

$$y = h(H-h) = -\left(h - \frac{H}{2}\right)^2 + \frac{H^2}{4}$$

이므로 $h = \dfrac{H}{2}$일 때 $x_{\max} = 2\sqrt{y_{\max}} = 2\sqrt{\dfrac{H^2}{4}} = H$ 이다.

56. cgs 단위로 통일하여 레이놀즈수를 계산한다. $1\text{cP} = 0.01\text{g/cm}\cdot\text{s}$이다.

$$Re = \frac{\rho VD}{\mu} = \frac{\rho(Q/A)D}{\mu} = \frac{\rho D}{\mu}\times\frac{Q}{\pi D^2/4} = \frac{4\rho Q}{\pi\mu D}$$
$$= \frac{4(1)(188.4\times1000/60)}{3.14(0.01)(8)} = 50{,}000$$

$Re > 4{,}000$이므로 흐름 상태는 난류이다.

57. 유속 $V=\dfrac{Q}{A}=\dfrac{4Q}{\pi D^2}=\dfrac{4\times(0.7/60)}{\pi\times 0.08^2}=2.321\,[\text{m/s}]$ $(1\text{L}=1000\text{cm}^3)$

(1) 속도수두 $\dfrac{V^2}{2g}=\dfrac{2.321^2}{2\times 9.8}=0.275\,[\text{m}]$

(2) 압력수두 $\dfrac{P}{\gamma}=\dfrac{104}{9.8}=10.612\,[\text{m}]$

(3) 전 수두 $H=\dfrac{P}{\gamma}+\dfrac{V^2}{2g}+z=10.612+0.275+2=12.887\,[\text{m}]$

58. 단위 중량당 에너지=전 수두

$$H=\frac{P}{\gamma}+\frac{V^2}{2g}+z \rightarrow 20=\frac{104}{0.8\times 9.8}+\frac{V^2}{2\times 9.8}+1$$

$$\therefore\ V=10.6\,[\text{m/s}]$$

$$Q=AV=\frac{\pi}{4}D^2V=\frac{\pi}{4}\times 0.14^2\times 10.6=0.163\,[\text{m}^3/\text{s}]$$

59. 손실 $(h_L)$이 있을 때 에너지 방정식

$$\frac{P_1}{\gamma}+\frac{V_1^2}{2g}+z_1=\frac{P_2}{\gamma}+\frac{V_2^2}{2g}+z_2+h_L$$

$$0+0+z_1=0+\frac{V_2^2}{2g}+z_2+h_L$$

$$\frac{V_2^2}{2g}=(z_1-z_2)-h_L=h-h_L$$

$$V_2=\sqrt{2g(h-h_L)}=\sqrt{2\times 9.8\times(4-0.5)}\,[\text{m/s}]=8.28\,[\text{m/s}]$$

$$\therefore\ Q=AV_2=\frac{\pi D^2}{4}\times V_2=\frac{\pi\times 0.1^2}{4}\times 8.28[\text{m}^3/\text{s}]=0.065\,[\text{m}^3/\text{s}]$$

60. 상류와 하류의 두 지점 1, 2 사이에서 에너지 방정식을 적용한다. 관 지름이 일정하므로 유속이 일정하다.

$$\frac{P_1}{\gamma}+\frac{V_1^2}{2g}+z_1=\frac{P_2}{\gamma}+\frac{V_2^2}{2g}+z_2+h_L$$

$$\frac{P_1}{\gamma}+0+0=\frac{P_2}{\gamma}+0+0+h_L$$

$$\therefore\ h_L=\frac{P_1-P_2}{\gamma}=\frac{140-120}{9.8}=2.04\,[\text{m}]$$

61. 지면과 2층을 각각 1, 2로 하여 에너지 방정식을 적용한다.

$$\frac{P_1}{\gamma}+\frac{V_1^2}{2g}+z_1=\frac{P_2}{\gamma}+\frac{V_2^2}{2g}+z_2+h_L$$

$$V_2=\left(\frac{D_1}{D_2}\right)^2 V_1=\left(\frac{10}{8}\right)^2\times 12=18.75\,[\mathrm{m/s}]$$

$$P_2=P_1+\frac{\rho(V_1^2-V_2^2)}{2}+\gamma(z_1-z_2)-\gamma h_L$$

$$=200+\frac{10^3\times(12^2-18.75^2)}{2}\times\frac{1}{1000}-9.8\times 5-9.8\times 0.4$$

$$=43.3\,[\mathrm{kPa}]$$

62. 수면과 노즐 출구를 각각 1, 2로 표시하고 에너지 방정식을 적용한다.

$$\frac{P_1}{\gamma}+\frac{V_1^2}{2g}+z_1=\frac{P_2}{\gamma}+\frac{V_2^2}{2g}+z_2+h_L$$

출구 유속 $V_2=\frac{Q}{A}=\frac{4Q}{\pi D^2}=\frac{4\times 0.01}{\pi\times 0.04^2}=7.958\,[\mathrm{m/s}]$

$$0+0+h=0+\frac{7.958^2}{2\times 9.8}+0+14 \quad \therefore \quad h=17.23\,[\mathrm{m}]$$

63. A 지점을 ①, 출구를 ②로 하고 두 점 사이에 베르누이 방정식을 적용한다.

$$\frac{P_1}{\gamma}+\frac{V_1^2}{2g}+z_1=\frac{P_2}{\gamma}+\frac{V_2^2}{2g}+z_2 \quad \cdots\cdots ①$$

연속방정식으로부터 비압축성 유체에서 관 지름이 일정하면 관내의 유속은 일정하게 된다. 따라서 $V_1=V_2$이고, 출구 압력 $P_2=P_0$(대기압), 고도 차이 $z_1-z_2=h=3\mathrm{m}$이므로 식 ①은 다음과 같이 된다.

$$\frac{P_1}{\gamma}+z_1=\frac{P_2}{\gamma}+z_2 \quad \cdots\cdots ②$$

$\therefore \quad P_1=P_2-\gamma(z_1-z_2)=1\times 10^5-10^4(3)=7\times 10^4\ [\mathrm{kg/(m\cdot s^2)}]$

비중량 : $\gamma=\rho g=(1{,}000\mathrm{kg/m^3})\cdot(10\mathrm{m/s^2})=10^4\,\mathrm{kg/(m^2\cdot s^2)}$

압력 $P_1$의 단위 : $\frac{\mathrm{kg}}{\mathrm{m\cdot s^2}}=\left(\mathrm{kg}\frac{\mathrm{m}}{\mathrm{s^2}}\right)\left(\frac{1}{\mathrm{m^2}}\right)=(\mathrm{N})\left(\frac{1}{\mathrm{m^2}}\right)=\frac{\mathrm{N}}{\mathrm{m^2}}=\mathrm{Pa}$

64. [정답 : ④] 65. [정답 : ③] 66. [정답 : ②]

67. [정답 : ④] : 수평방향-등속($v$)운동, 수직방향-등가속도($g$)운동.

- 수평방향 유속 : $v=\sqrt{2g(h-x)}$
- 지면에 도달하는 시간 : $\frac{1}{2}gt^2=x \quad \therefore \quad t=\sqrt{\frac{2x}{g}}$
- 지면에서 수평 도달 거리 : $R=vt=\sqrt{2g(h-x)}\times\sqrt{\frac{2x}{g}}=2\sqrt{(h-x)x}$

$x=\frac{h}{4}$ 일 때 : $1=2\sqrt{\left(h-\frac{h}{4}\right)\frac{h}{4}}=\frac{\sqrt{3}}{2}h \quad \therefore \quad h=\frac{2}{\sqrt{3}}$[m]

$x=\frac{h}{2}$ 일 때 : $R=2\sqrt{\left(h-\frac{h}{2}\right)\frac{h}{2}}=h=\frac{2}{\sqrt{3}}=\frac{2\sqrt{3}}{3}$[m]

68. [정답 : ②] : 연속방정식 $Q=A_1v_1=A_2v_2$ 69. [정답 : ③]

70. $\frac{P_1-P_2}{\gamma}=\frac{V_2^2}{2g}\left[1-\left(\frac{A_2}{A_1}\right)^2\right] \quad \therefore \quad V_2=A_1\sqrt{\frac{2(P_1-P_2)}{\rho(A_1^2-A_2^2)}}$

71. (1) 연속법칙에 의해 $Q=V_AA_A=V_BA_B \rightarrow V_A\left(\frac{\pi D_A^2}{4}\right)=V_B\left(\frac{\pi D_B^2}{4}\right)$

$$\therefore \quad V_B=V_A\left(\frac{D_A}{D_B}\right)^2=10\times\left(\frac{100}{50}\right)^2[\text{m/s}]=40[\text{m/s}]$$

(2) 공기 밀도가 제시되지 않았으므로 공기 무게를 무시한다. 이때 경사 마노미터에서

$$P_A-P_B=\rho_f g L\sin\theta=9{,}000(10)(0.02)\sin30^\circ[\text{Pa}]=900[\text{Pa}]$$

† 공기 밀도($\rho_a$)가 주어지면 $P_A+\rho_a g L\sin\theta=P_B+\rho_f g L\sin\theta$

72. (1) 정체압($P_0$)과 정압($P$)으로부터 속도[$V$]를 구하는 식 : 유속이 $V$인 유체의 동압은 $\frac{1}{2}\rho V^2$이고 정체압은 정압과 동압의 합이다.

$$P_0=P+\frac{1}{2}\rho V^2 \quad \cdots\cdots ①$$

식 ①로부터 속도[$V$]는 다음과 같이 표현된다.

$$\frac{1}{2}\rho V^2=P_0-P \quad \therefore \quad V=\sqrt{\frac{2(P_0-P)}{\rho}} \quad \cdots\cdots ②$$

(2) 공기의 유동속도[$V$] : 수은주의 수직 높이 $h = 30\,\text{mm} = 0.03\text{m}$이고 수은의 밀도 $\rho_{HG} = 13{,}600\,\text{kg/m}^3$일 때 압력 차이는 다음과 같다.

$$P_0 - P = \rho_{HG} g h \quad \cdots\cdots ③$$

식 ③을 식 ②에 대입하면 다음과 같이 공기의 유동속도[$V$]가 구해진다. 공기의 밀도 $\rho = 1.23\,\text{kg/m}^3$이다.

$$V = \sqrt{\frac{2(P_0 - P)}{\rho}} = \sqrt{\frac{2(\rho_{HG} g h)}{\rho}}$$

$$= \sqrt{\frac{2 \times (13{,}600) \times (9.8) \times (0.03)}{1.23}}$$

$$= 80.6\,[\text{m/s}]$$

## 연습문제 5

01. $[\rho Q V] = \dfrac{M}{L^3} \times \dfrac{L^3}{T} \times \dfrac{L}{T} = M \times \dfrac{L}{T^2} = MLT^{-2} = F$

† $\rho QV$는 힘을 나타낸다는 것을 확인한다.

02. $A_1 = A_2 = \dfrac{\pi}{4} D^2 = \dfrac{\pi}{4} \times 0.4^2 = 0.126\,[\text{m}^2]$

$$Q = \frac{\pi}{4} D^2 V = \frac{\pi}{4} \times 0.4^2 \times 20 = 2.513\,[\text{m}^3/\text{s}]$$

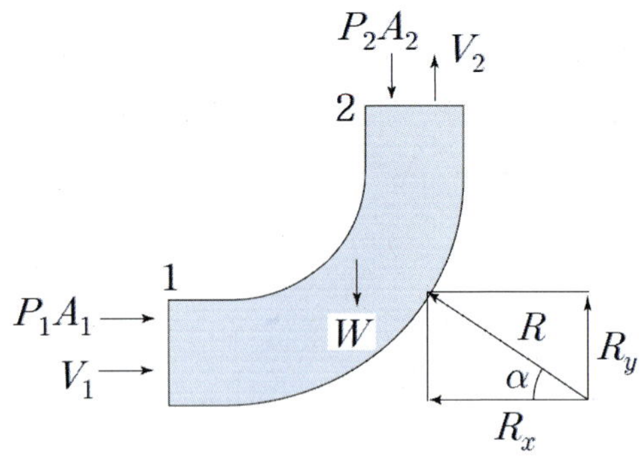


[연습문제 5.2]

$$\sum F_x = \rho Q (V_{2x} - V_{1x}) \quad \rightarrow \quad P_1 A_1 - R_x = \rho Q (0 - V_1)$$

$$R_x = P_1A_1 + \rho QV_1 = 120(0.126) + 10^3(2.513)(20)\frac{1}{1000} = 65.38[\text{kN}]$$

$$\sum F_y = \rho Q(V_{2y} - V_{1y}) \quad \rightarrow \quad -P_2A_2 - W + R_y = \rho Q(V_2 - 0)$$

$$R_y = P_2A_2 + W + \rho QV_2 = 80(0.126) + 3 + 10^3(2.513)(20)\frac{1}{1000} = 63.34[\text{kN}]$$

$$R = \sqrt{R_x^2 + R_y^2} = \sqrt{65.38^2 + 63.34^2} = 91.03[\text{kN}]$$

$$\alpha = \tan^{-1}\left(\frac{R_y}{R_x}\right) = \tan^{-1}\left(\frac{63.34}{65.38}\right) = 44.09°$$

03. 유량 $Q = 0.2\text{m}^3/\text{s}$이고 지름이 일정하므로 단면 1과 2에서의 유속의 크기는 다음과 같다.

$$V_1 = V_2 = \frac{Q}{A} = \frac{4Q}{\pi D^2} = \frac{4 \times 0.2}{\pi \times 0.07^2} = 51.97\,[\text{m/s}]$$

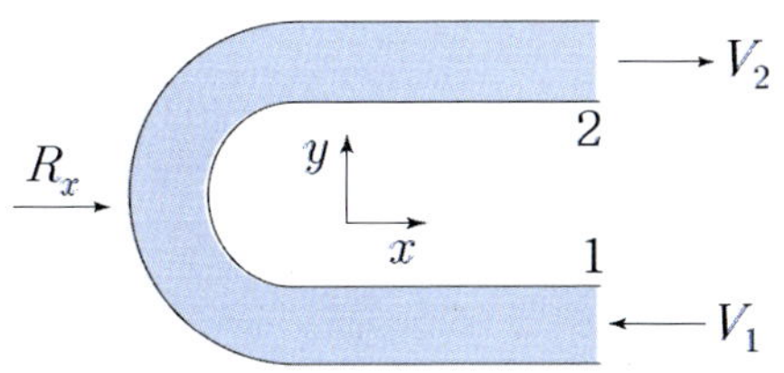


[연습문제 5.3]

오른쪽 방향을 $+x$로 잡으면

$$\overrightarrow{V_1} = -V_1\vec{i}, \quad \overrightarrow{V_2} = V_2\vec{i}, \quad \overrightarrow{R_x} = R_x\vec{i}$$

이므로 압력과 무게를 무시하고 $x$ 방향에 대한 운동량 방정식을 적용하면 다음과 같이 $R_x$가 구해진다.

$$\sum F_x = \rho Q(V_{2x} - V_{1x}) \rightarrow R_x = \rho Q[V_2 - (-V_1)]$$

$$R_x = \rho Q(V_2 + V_1) = 10^3 \times 0.2 \times (51.97 + 51.97)$$

$$= 20790[\text{N}] = 20.79[\text{kN}]$$

따라서 관은 왼쪽(←)으로 20.79[kN]의 힘을 받는다.

04. $F = \rho QV\sin\theta = 10^3 \times \frac{\pi}{4} \times 0.05^2 \times 40^2 \times \sin 60° = 2721[\text{N}] = 2.72[\text{kN}]$

05. $F=\rho QV\sin\theta=\rho\left(\frac{\pi}{4}D^2V\right)V\sin\theta=10^3\times\frac{\pi}{4}(0.03)^2\times 50^2\times\sin 30°=883.6[\mathrm{N}]$

분류에 의한 충격력을 구할 때는 일반적으로 압력과 중력에 의한 체적력(무게)의 영향을 무시한다.

06. $F=2\rho QV\sin\frac{\theta}{2}=2\times 10^3\times 0.06\times 50\times\sin\frac{60°}{2}=3000[\mathrm{N}]$

07. $F=\rho QV\sin\theta=\frac{\gamma}{g}QV\sin\theta=\frac{G}{g}V\sin\theta=\frac{300}{9.8}\times 40\times\sin 60°=1060.4[\mathrm{N}]$

08. 입구와 출구의 유속을 성분으로 나타내면 다음과 같다.

$$\overrightarrow{V_1}=V(\cos\alpha\vec{i}+\sin\alpha\vec{j}),\quad \overrightarrow{V_2}=V(-\cos\beta\vec{i}+\sin\beta\vec{j})$$

$x$ 방향에 대한 운동량 방정식을 적용하여 수평 성분 $R_x$를 구한다.

$$\sum F_x=\rho Q(V_{2x}-V_{1x})\ \rightarrow\ -R_x=\rho Q(-V\cos\beta-V\cos\alpha)$$

$$R_x=\rho QV(\cos\alpha+\cos\beta)=10^3\times 0.02\times 30\times(\cos 30°+\cos 45°)$$
$$=943.9[\mathrm{N}]$$

$y$ 방향에 대한 운동량 방정식을 적용하면 수직 성분 $R_y$가 구해진다.

$$\sum F_y=\rho Q(V_{2y}-V_{1y})\ \rightarrow\ R_y=\rho Q(V\sin\beta-V\sin\alpha)$$

$$R_y=\rho QV(\sin\beta-\sin\alpha)=10^3\times 0.02\times 30\times(\sin 45°-\sin 30°)$$
$$=124.3[\mathrm{N}]$$

09. 물체의 무게와 분류에 의한 충격력이 같을 때 정적 평형을 이룬다.

$$W=\rho QV\ \rightarrow\ mg=\rho\left(\frac{\pi}{4}D^2V\right)V$$

$$\therefore\ D=\sqrt{\frac{4mg}{\pi\rho V^2}}=\sqrt{\frac{4\times 20\times 9.8}{\pi\times 1000\times 10^2}}=0.05[\mathrm{m}]=5[\mathrm{cm}]$$

10. (1) 날개가 분류와 같은 방향으로 이동하면 상대속도 $V_r=V-u$이다.

$$R_x=\rho A(V-u)^2(1-\cos\theta)=\rho\times\frac{\pi}{4}D^2(V-u)^2(1-\cos\theta)$$

$$=10^3\times\frac{\pi}{4}\times 0.04^2\times(70-30)^2(1-\cos 45°)=588.9[\mathrm{N}]$$

$$R_y = \rho A(V-u)^2 \sin\theta = \rho \times \frac{\pi}{4} D^2 (V-u)^2 \sin\theta$$

$$= 10^3 \times \frac{\pi}{4} \times 0.04^2 \times (70-30)^2 \sin 45° = 1421.7[\mathrm{N}]$$

날개에 작용하는 힘 : $R = \sqrt{R_x^2 + R_y^2} = \sqrt{588.9^2 + 1421.7^2} = 1538.8[\mathrm{N}]$

(2) 날개가 반대 방향으로 이동하면 상대속도 $V_r = V + u$이다.

$$R_x = \rho \times \frac{\pi}{4} D^2 (V+u)^2 (1-\cos\theta)$$

$$= 10^3 \times \frac{\pi}{4} \times 0.04^2 \times (70+30)^2 (1-\cos 45°) = 3680.6[\mathrm{N}]$$

$$R_y = \rho \times \frac{\pi}{4} D^2 (V+u)^2 \sin\theta$$

$$= 10^3 \times \frac{\pi}{4} \times 0.04^2 \times (70+30)^2 \sin 45° = 8885.8[\mathrm{N}]$$

날개에 작용하는 힘 :

$$R = \sqrt{R_x^2 + R_y^2} = \sqrt{3680.6^2 + 8885.8^2} = 9617.9[\mathrm{N}]$$

날개를 이동시키기 위해 필요한 동력 :

$$L = R_x u = 3.68[\mathrm{kN}] \times 30[\mathrm{m/s}] = 110.4[\mathrm{kW}]$$

11. 분류의 단면적 $A = \frac{Q}{V} = \frac{0.08}{40} = 0.002[\mathrm{m}^2]$

판이 받는 충격력 $R = \rho A(V-u)^2 = 1000 \times 0.002 \times (40-20)^2 = 800[\mathrm{N}]$

12. 동력 $L = Fv = (1000\mathrm{N}) \times (20\mathrm{m/s}) = 20000[\mathrm{W}] = \frac{20000}{736}[\mathrm{PS}] = 27.2[\mathrm{PS}]$

13. $Q$, $V$, $\theta$가 일정할 때 동력 $L = \rho Q u(V-u)(1-\cos\theta)$는 $u$의 2차 함수이다. 여기에서

$$y = u(V-u) = -u^2 + Vu = -\left(u - \frac{V}{2}\right)^2 + \frac{V^2}{4}$$

이므로 $u = \frac{V}{2}$일 때 최댓값 $y_{\max} = \frac{V^2}{4}$이다. 따라서 최대 동력은 다음과 같다.

$$L_{\max} = \rho Q y_{\max}(1-\cos\theta) = \frac{1}{4}\rho Q V^2(1-\cos\theta)$$

14. 입구와 출구에서의 분류의 상대속도는 모두 $V-u$이고, 출구에서 나오는 유량의 합은 유입되는 유량과 같다. 따라서

$$\sum \vec{F} = \sum(\rho Q\vec{V})_{out} - \sum(\rho Q\vec{V})_{in}$$

을 적용하면 곡면판에 작용하는 충격력은 다음과 같이 계산된다.

$$R = \rho A(V-u)^2(1-\cos 180°) = \rho\frac{\pi}{4}D^2(V-u)^2\times 2$$

$$= 10^3\times\frac{\pi}{4}\times 0.05^2\times(40-10)^2\times 2 = 3534.3\,[\mathrm{N}]$$

15. 해석 방법과 결과 식은 5.4절과 같다. 단면 1, 2에서 유속과 유량은 다음과 같다.

$$V_1 = \sqrt{\frac{2gh_2^2}{h_1+h_2}} = \sqrt{\frac{2\times 9.8\times 2^2}{3+2}} = 3.96\,[\mathrm{m/s}]$$

$$V_2 = \sqrt{\frac{2gh_1^2}{h_1+h_2}} = \sqrt{\frac{2\times 9.8\times 3^2}{3+2}} = 5.94\,[\mathrm{m/s}]$$

$$Q = bh_1V_1 = 4\times 3\times 3.96 = 47.52\,[\mathrm{m^3/s}]$$

따라서 유체가 받는 힘은

$$R_x = \frac{1}{2}\gamma b(h_1^2-h_2^2) - \rho Q(V_2-V_1)$$

$$= \frac{1}{2}\times 9.8\times 4\times(3^2-2^2) - 10^3\times 47.52\times(5.94-3.96)\times\frac{1}{1000}$$

$$= 3.91\,[\mathrm{kN}]\quad(\leftarrow)$$

이다. 작용-반작용 원칙에 따라 수문은 오른쪽(→)으로 3.91kN의 힘을 받는다.

16. 단면 1, 2 사이에 연속 법칙과 에너지 방정식을 적용하면 5.4절과 같은 결과 식을 얻는다.

$$V_1 = \sqrt{\frac{2gh_2^2}{h_1+h_2}} = \sqrt{\frac{2\times 9.8\times 3^2}{7+3}} = 4.2\,[\mathrm{m/s}]$$

$$V_2 = \sqrt{\frac{2gh_1^2}{h_1+h_2}} = \sqrt{\frac{2\times 9.8\times 7^2}{7+3}} = 9.8\,[\mathrm{m/s}]$$

$$Q = bh_1 V_1 = 3 \times 7 \times 4.2 = 88.2\,[\mathrm{m^3/s}]$$

따라서 유체가 받는 힘은

$$\begin{aligned} F_x &= \frac{1}{2}\gamma b(h_1^2 - h_2^2) - \rho Q(V_2 - V_1) \\ &= \frac{1}{2} \times 9.8 \times 3 \times (7^2 - 3^2) - 10^3 \times 88.2 \times (9.8 - 4.2) \times \frac{1}{1000} \\ &= 94.08\,[\mathrm{kN}] \quad (\leftarrow) \end{aligned}$$

이다. 유체가 받는 힘이 왼쪽방향이므로 둑은 오른쪽(→)으로 94.08kN의 힘을 받는다.

17. 수문에 작용하는 힘의 $x$ 성분을 $F_x$라 하면 $x$방향 운동량 방정식으로부터

$$F_x = \frac{1}{2}\gamma b(h_1^2 - h_2^2) - \rho Q(V_2 - V_1)$$

단위 폭 당 유량을 $q$라 하면 $Q = bq,\ V_1 = \dfrac{q}{h_1},\ V_2 = \dfrac{q}{h_2}$이므로

$$\begin{aligned} F_x &= \frac{1}{2}\gamma b(h_1^2 - h_2^2) - \rho b q^2\left(\frac{1}{h_2} - \frac{1}{h_1}\right) \\ &= \frac{1}{2} \times 9.8 \times 4 \times (6^2 - 3^2) - 1000 \times 4 \times 24^2 \times \left(\frac{1}{3} - \frac{1}{6}\right) \times \frac{1}{1000} \\ &= 145.2\,[\mathrm{kN}] \end{aligned}$$

수문에 작용하는 접선 방향 힘은 0이므로 수문이 받는 합력의 크기는

$$F = \frac{F_x}{\cos 30°} = 167.6\,[\mathrm{kN}]$$

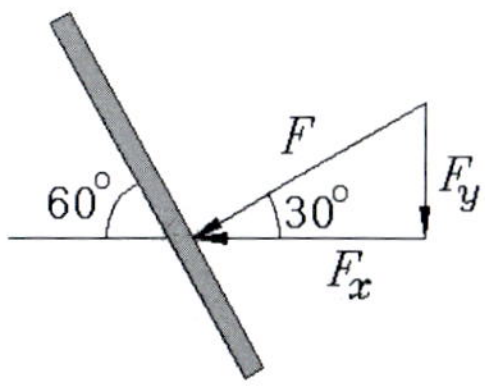

[연습문제 5.17]

이고, 힘의 수직 성분은 다음과 같다.

$$F_y = F_x \tan 30° = 83.8\,[\mathrm{kN}]$$

† 수문의 하류에서 소용돌이가 일어나므로 손실이 발생한다. 따라서 상류와 하류 지점 사이에 베르누이 방정식이 성립하지 않는다.

18. $F = \dot{m} V \quad \therefore\ \dot{m} = \dfrac{F}{V} = \dfrac{40 \times 1000}{500} = 80\,[\mathrm{kg/s}]$

19. (1) $V_2 = \dfrac{Q}{A} = \dfrac{4Q}{\pi D^2} = \dfrac{4 \times (10 \times 10^{-3})}{\pi \times 0.04^2} = 7.96[\text{m/s}]$

$$T = 4\rho Q(r_2 V_2 - r_1 V_1) = 4\rho Q(r_2 V_2 - 0) \quad (\leftarrow r_1 = 0)$$
$$= 4 \times 1000 \times (10 \times 10^{-3}) \times (0.3 \times 7.96) = 95.5[\text{N} \cdot \text{m}]$$

(2) $T = 4\rho Q(r_2 V_2) = 4\rho Q r_2 (W_2 - r_2 \omega)$

$$= 4 \times 1000 \times (10 \times 10^{-3}) \times 0.3 \times (7.96 - 0.3 \times \frac{2\pi \times 100}{60})$$
$$= 57.8[\text{N} \cdot \text{m}]$$

(3) $T = 4\rho Q r_2 (W_2 - r_2 \omega)$

$$\therefore \ \omega = \frac{1}{r_2}\left(W_2 - \frac{T}{4\rho Q r_2}\right)$$
$$= \frac{1}{0.3} \times \left[7.96 - \frac{40}{4 \times 1000 \times (10 \times 10^{-3}) \times 0.3}\right] = 15.4[\text{rad/s}]$$

(4) $\omega = \dfrac{W_2}{r_2} = \dfrac{7.96}{0.3} = 26.5[\text{rad/s}]$

20. 연속방정식에 의하여 출구 유속은

$$V_2 = \frac{Q/2}{A} = \frac{1000 \times 10^{-6}/2}{40 \times 10^{-6}} = 12.5[\text{m/s}]$$

이므로 접선방향 속도성분은

$$V_{t2} = V_2 \sin\theta = 12.5 \times \sin 30° = 6.25[\text{m/s}]$$

이다. 따라서 토크는 다음과 같다.

$$T = \rho Q(r_2 V_{t2} - r_1 V_{t1})$$
$$= 1000(1000 \times 10^{-6})(0.2 \times 6.25 - 0) = 1.25[\text{N} \cdot \text{m}]$$

† 각 노즐을 통하여 $Q/2$씩 분사되므로

$T = \rho \dfrac{Q}{2}(r_2 V_{t2} - r_1 V_{t1}) + \rho \dfrac{Q}{2}(r_2 V_{t2} - r_1 V_{t1}) = \rho Q(r_2 V_{t2} - r_1 V_{t1})$이다.

21. 날개의 선속도 $u = r\omega$, 날개각 $\theta = 90°$이므로 날개가 분류로부터 얻는 동력은 다음과 같다.

$$L = \rho Qu(V-u)(1-\cos\theta) = \rho(\frac{\pi}{4}D^2V)(r\omega)(V-r\omega)(1-\cos 90°)$$

$$= 10^3(\frac{\pi}{4}\times 0.06^2\times 40)(0.5\times 10)(40-0.5\times 10)$$

$$= 19{,}792[\mathrm{W}] = 19.8[\mathrm{kW}]$$

22. 유속 $V = \frac{Q}{A} = \frac{4Q}{\pi D^2} = \frac{4\times 0.4}{\pi(0.1)^2} = 50.93[\mathrm{m/s}]$

날개의 선속도 $u = r\omega = r\times\frac{2\pi N}{60} = 0.6\times\frac{2\pi\times 240}{60} = 15.08[\mathrm{m/s}]$

날개가 분류로부터 얻는 동력은 다음과 같다.

$$L = \rho Qu(V-u) = 10^3(0.4)(15.08)(50.93-15.08)$$
$$= 216{,}247[\mathrm{W}] = 216.2[\mathrm{kW}]$$

23. • 토크: $T = \rho Q(r_2V_{t2} - r_1V_{t1})$

$$= 1000(0.12)(0.2\times 10 - 0.1\times 2) = 216[\mathrm{N\cdot m}]$$

• 동력 : $L = T\omega = T\times\frac{2\pi N}{60} = 216\times\frac{2\pi\times 800}{60} = 18{,}096[\mathrm{W}] = 18.1[\mathrm{kW}]$

24. 출구(2)에서 물의 반경 방향 속도는

$$V_{r2} = \frac{Q}{(2\pi r_2)b_2} = \frac{0.14}{2\pi(0.3)(0.04)} = 1.857[\mathrm{m/s}]$$

이므로 접선방향 속도는

$$V_{t2} = V_{r2}\tan 60° = 1.857\tan 60° = 3.216[\mathrm{m/s}]$$

이다. 따라서 회전축에 걸리는 토크는

$$T = \rho Q(r_2V_{t2} - r_1V_{t1}) = \rho Q(r_2V_{t2} - 0) = \rho Qr_2V_{t2} \quad (\leftarrow V_{t1} = 0)$$

이고, 원심펌프의 최소 소비 동력[W]은 다음과 같다.

$$L = T\omega = \rho Qr_2V_{t2}\times\frac{2\pi N}{60}$$

$$= 10^3(0.14)(0.3)(3.216)\times\frac{2\pi(1300)}{60}[\mathrm{W}] = 18.4[\mathrm{kW}]$$

입구에서는 반경방향으로 물이 유입되므로 접선방향 속도 $V_{t1} = 0$이다.

25. [풀이 과정은 본문 참조]. 이 문제는 그림이 잘못되었다. 주어진 그림과 같이 원형 제트가 벽에 부딪히면 유체가 사방으로(방사선 모양으로) 퍼져 나간다. 호스에서 뿜어져 나오는 물을 벽을 향해 쏘아보면 벽에 부딪힌 물이 어떤 모양으로 퍼지는지 쉽게 알 수 있을 것이다. 2차원 평면 제트일 때 아래와 위로 나가는 유량을 구할 수 있다.

$$F = \rho Q V \sin\theta, \quad Q_1 = \frac{Q}{2}(1+\cos\theta), \quad Q_2 = \frac{Q}{2}(1-\cos\theta)$$

26. [정답 : ①] : $\phi 40$의 피스톤이 노즐에서 분사된 물에 의해 받는 충격력은

$$F_1 = 2\rho Q V = 2\rho(A_0 V)V = 2\rho A_0 V^2$$

이다. 실린더 내에서 유체의 무게에 의한 압력을 무시하고 실린더 내의 압력이 모두 같다고 가정하면 $\phi 20$의 실린더가 받는 힘은 다음과 같이 구해진다.

$$p = \frac{F_2}{A_2} = \frac{F_1}{A_1}$$

$$\therefore \; F_2 = \frac{A_2}{A_1}F_1 = \left(\frac{D_2}{D_1}\right)^2 F_1 = \left(\frac{20}{40}\right)^2 \times 2\rho A_0 V^2 = \frac{1}{2}\rho A_0 V^2$$

이때 레버에서 힌지에 대해 모멘트 평형을 적용하면 $F_A$는 다음과 같다.

$$100 \times F_A = 50 \times F_2 \quad \therefore \; F_A = \frac{1}{2}F_2 = \frac{1}{4}\rho A_0 V^2$$

27. [정답 : ②] 평판에 수직인 방향을 $x$축으로 하여 이 방향에 대해 운동량 방정식을 적용한다.

$$\sum F_x = \sum(\rho Q V_x)_{out} - \sum(\rho Q V_x)_{in} \quad \rightarrow \quad -F = (0+0) - \rho Q V \sin\theta$$

$$\therefore \; F = \rho Q V \sin\theta$$

28. [정답 : ②] : 평판이 노즐에서 분사된 물에 의해 받는 충격력은

$$F_1 = \rho Q V = \rho(AV)V = \rho A V^2$$

이고, 이 힘은 수조에서 $D_2 = \phi 200 = 200\text{mm}$의 측면이 받는 압력 힘

$$F_2 = \gamma h_c A_2 = \gamma H A_2$$

와 평형을 이루고 있으므로 $H$는 다음과 같이 계산된다.

$$F_2 = F_1 \quad \rightarrow \quad \gamma H A_2 = \rho A V^2$$

$$\therefore \; H = \frac{\rho A V^2}{\gamma A_2} = \frac{A V^2}{g(\pi D^2/4)} = \frac{4 A V^2}{\pi g D^2} = \frac{4 \times 0.01 \times 10^2}{\pi \times 9.8 \times 0.2^2} = 3.248\,[\mathrm{m}]$$

29. 입구(1)와 출구(2)의 유속은 각각

$$V_1 = \frac{Q}{A_1} = \frac{\dot{m}/\rho}{A_1} = \frac{50}{10^3(200 \times 10^{-4})} = 2.5\,[\mathrm{m/s}]$$

$$V_2 = \frac{Q}{A_2} = \frac{\dot{m}/\rho}{A_2} = \frac{50}{10^3(40 \times 10^{-4})} = 12.5\,[\mathrm{m/s}]$$

이므로 관이 받는 힘은 다음과 같다.

$$R_x = \rho Q(V_2 + V_1) = \dot{m}(V_2 + V_1) = 50(12.5 + 2.5)[\mathrm{N}] = 750\,[\mathrm{N}]$$

30. $v_2 = v_1 = v = 5.3[\mathrm{m/s}]$

입구와 출구가 여러 개 있을 때 : $\sum \overrightarrow{F} = \sum(\rho Q \overrightarrow{V})_{out} - \sum(\rho Q \overrightarrow{V})_{in}$

(1) $x$방향 : $-R_x = 2 \times \rho(Q/2) v_2 \cos 45° - \rho Q v_1$

$$R_x = \rho Q(v_1 - v_2 \cos 45°) = \rho Q v(1 - \cos 45°)$$
$$= 10^3(2.4)(5.3)(1 - \cos 45°) = 3726\,[\mathrm{N}]$$

(2) $y$방향 : $R_y = [\rho(Q/2) v_2 \sin 45° - \rho(Q/2) v_2 \sin 45°] - \rho Q v_{1y} = 0$

입구 유속의 $y$성분 $v_{1y} = 0$이다.

31. $-R_x = \rho Q(-V_2 - V_1) = -2\rho Q V$

$$\therefore \; R_x = 2\rho Q V = 2\rho\left(\frac{\pi}{4} D^2 V\right) V = 2(10^3)\left(\frac{\pi}{4} \times 0.08^2 \times 24\right)(24) = 5791\,[\mathrm{N}]$$

32. (1) 브레이크에 가해야 할 힘 $F$ : 물 제트의 단면적 $A = \dfrac{\dot{m}}{\rho V}$이다. 충돌하는 물 제트의 평판에 대한 상대 속도는

$$V_r = V - u = 45 - 15 = 30\,[\mathrm{m/s}]$$

이고, 판이 받는 충격력은 다음과 같다.

$$F = \rho Q_r V_r = \rho(A V_r) V_r = \rho\left(\frac{\dot{m}}{\rho V} \times V_r\right) V_r = \left(\frac{\dot{m}}{V}\right) V_r^2$$
$$= \left(\frac{30}{45}\right)(30)^2 = 600[\text{N}]$$

(2) 브레이크의 제동 동력 $L$ :

$$L = Fv = 600 \times 15[\text{W}] = 9{,}000[\text{W}] = 9[\text{kW}]$$

33. 물 제트의 유속은

$$V = \frac{Q}{A} = \frac{4Q}{\pi D^2} = \frac{4(6/60)}{\pi(0.07)^2} = 25.98[\text{m/s}]$$

이고, 소방관이 물 제트 방향으로 노즐에 가해야 할 힘은 다음과 같다.

$$F = \rho Q V = 10^3 \times \frac{6}{60} \times 25.98 = 2598[\text{N}]$$

34. 물 제트의 단면적을 $A$라 하면 차량이 정지해 있을 때 힘은

$$F = \rho Q V = \rho(A V) V = \rho A V^2$$

이다. 차량이 물 제트를 향해 $2V/3$의 속도로 이동할 때 상대속도는

$$V_r = V - \left(-\frac{2}{3}V\right) = \frac{5V}{3}$$

이고, 이때 물 제트에 의해 차량에 작용하는 힘은

$$F_r = \rho Q_r V_r = \rho(A V_r) V_r = \rho A V_r^2 = \rho A\left(\frac{5V}{3}\right)^2$$
$$= \frac{25}{9}\rho A V^2 = \frac{25}{9}F = 2.78F$$

이다. 즉, 차량을 $2V/3$의 속도로 물 제트를 향해 이동시키기 위해서는 $2.78F$의 힘이 필요하다.

35. 그림과 같이 검사체적을 잡고 $x$방향으로 운동량 방정식을 적용하면

$$-R_x = \rho Q(V_{out,x} - V_{in,x}) = \rho Q(0 - V) = -\rho Q V$$
$$\therefore \ R_x = \rho Q V = 10^3(0.14)(10) = 1400[\text{N}]$$

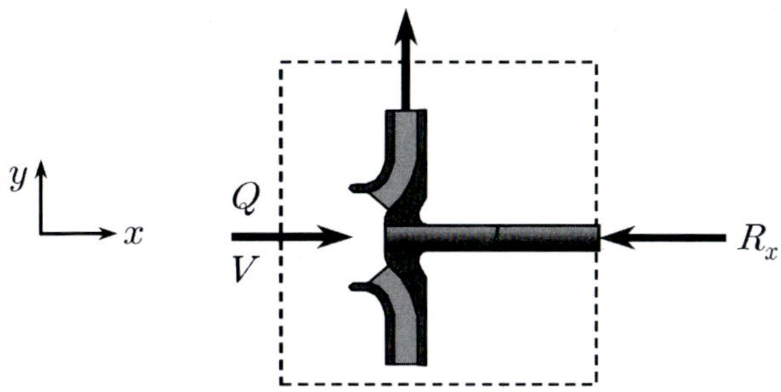


[연습문제 5.35]

36. 평판에 충돌하는 물 제트의 속도는

$$V_2^2 - V_1^2 = -2gh$$

$$\therefore \quad V_2 = \sqrt{V_1^2 - 2gh} = \sqrt{20^2 - 2(9.8)(3)} = 18.47[\text{m/s}]$$

이고, 물 제트의 질량유량은

$$\dot{m} = \rho A V_1 = \rho\left(\frac{\pi}{4}D^2\right)V_1 = 10^3 \times \left(\frac{\pi}{4} \times 0.05^2\right)(20) = 39.27[\text{kg/s}]$$

이므로 물 제트가 판에 가하는 충격력은

$$F = \dot{m}V_2 = 39.27 \times 18.47 = 725[\text{N}]$$

이다. 따라서 물 제트가 지탱할 수 있는 평판의 최대 무게는 725[N]이다.

37. 입구(A)에서 $r_1 = 0$이고, 물의 분출에 의해 A점에는 반시계방향(↶)으로 다음과 같은 모멘트가 작용한다.

$$M_1 = \rho Q r_2 V_{t2} = \rho\left(\frac{\pi}{4}D^2 V\right) r_2 V_{t2}$$

$$= 10^3 \left(\frac{\pi}{4} \times 0.2^2 \times 2\right) \times 0.8 \times 2 = 100.5[\text{N} \cdot \text{m}]$$

그리고 수평 관(0.4m) 구간의 무게($W$)에 의해 A점에는 시계방향(↷)으로 다음과 같은 모멘트가 작용한다.

$$M_2 = WL_C = mgL_C = (50 \times 0.4 \times 9.8) \times \frac{0.4}{2} = 39.2[\text{N} \cdot \text{m}]$$

따라서 A점에는 다음 모멘트가 반시계방향(↶)으로 작용한다.

$$M = M_1 - M_2 = 100.5 - 39.2 = 61.3[\text{N} \cdot \text{m}]$$

38. 출구에서 물 제트 속도 :

$$V_2 = \frac{Q/2}{A} = \frac{Q/2}{\pi d^2/4} = \frac{2Q}{\pi d^2} = \frac{2(15\times 10^{-3})}{\pi(0.012)^2}[\text{m/s}] = 66.31[\text{m/s}]$$

중앙으로부터 왼쪽과 오른쪽 제트 출구까지 거리를 각각 $r_{2,L}$, $r_{2,R}$로 하면 스프링클러를 고정하는데 필요한 토크는 다음과 같다.

$$T = \rho(Q/2)(r_{2,L}V_{t2}) + \rho(Q/2)(r_{2,R}V_{t2}) = \rho(Q/2)(r_{2,L} + r_{2,R})V_{t2}$$
$$= 10^3\left(\frac{15}{2}\times 10^{-3}\right)(0.75+0.35)(66.31\cos 45°)[\text{N} \cdot \text{m}]$$
$$= 386.8[\text{N} \cdot \text{m}]$$

39. 왼쪽 큰 제트에서 물의 유출속도는

$$V_L = \frac{Q/2}{A_L} = \frac{(40\times 10^{-3})/2}{5\times 10^{-4}} = 40[\text{m/s}]$$

이고, 이 제트에 의해 스프링클러 중앙부에는

$$T_L = \rho Q_L(r_L V_L) = 10^3(40\times 10^{-3}/2)(0.3\times 40) = 240[\text{N} \cdot \text{m}]$$

의 토크가 반시계방향(↶)으로 작용한다. 오른쪽 작은 제트에서 물의 유출속도는

$$V_R = \frac{Q/2}{A_R} = \frac{(40\times 10^{-3})/2}{2\times 10^{-4}} = 100[\text{m/s}]$$

이고, 이 제트에 의해 스프링클러 중앙부에는

$$T_R = \rho Q_R(r_R V_R) = 10^3(40\times 10^{-3}/2)(0.55\times 100)$$
$$= 1100[\text{N} \cdot \text{m}]$$

의 토크가 시계방향(↷)으로 작용한다. 따라서 스프링클러의 중앙부에는

$$T = T_R - T_L = 1100 - 240 = 860[\text{N} \cdot \text{m}]$$

의 순 토크가 시계방향(↷)으로 작용한다.

40. 입구 유속 $V_1 = 4\text{m/s}$이고 연속 법칙으로부터 출구 유속($V_2$)은

$$Q = A_1 V_1 = A_2 V_2$$

$$\therefore \quad V_2 = \left(\frac{A_1}{A_2}\right) V_1 = \left(\frac{A_1}{A_1/2}\right) V_1 = 2(4) = 8\,[\text{m/s}]$$

이므로 축 방향으로 작용하는 힘은 다음과 같다.

$$-R_x = \rho Q(V_2 \cos 70° - V_1)$$

$$\therefore \quad R_x = \rho Q(V_1 - V_2 \cos 70°) = 10^3(0.5)(4 - 8\cos 70°) = 632\,[\text{N}]$$

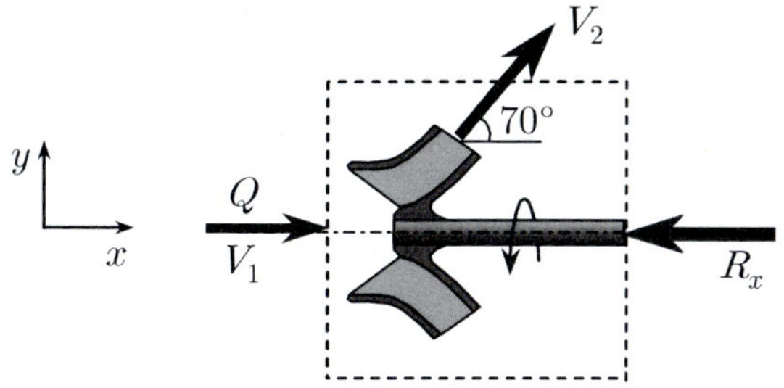


[연습문제 5.40]

41. 출구에서 공기의 반경 방향(수직 방향) 속도는

$$V_{r2} = \frac{Q}{(2\pi r_2)b_2} = \frac{0.7}{2\pi(0.45)(0.054)} = 4.585\,[\text{m/s}]$$

이므로 접선방향 속도는

$$V_{t2} = V_{r2}\tan 40° = 4.585\tan 40° = 3.847\,[\text{m/s}]$$

이다. 따라서 회전축에 걸리는 토크는

$$T = \rho Q(r_2 V_{t2} - r_1 V_{t1}) = \rho Q(r_2 V_{t2} - 0) = \rho Q r_2 V_{t2}$$

이므로 송풍기의 최소 소비 동력[W]은 다음과 같다.

$$L_{\min} = T\omega = \rho Q r_2 V_{t2} \times \frac{2\pi N}{60}$$

$$= 1.2(0.7)(0.45)(3.847) \times \frac{2\pi(800)}{60}\,[\text{W}] = 121.8\,[\text{W}]$$

입구에서는 반경방향으로 물이 유입되므로 접선방향 속도는 0이다.

42. 터빈 출구에서 접선방향 속도성분은 $V_{t2} = 0$이고, 입구에서 접선방향 속도성분은 $V_{t1} = V\sin\theta$이므로 터빈축에 작용하는 토크는

$$T = \dot{m}(r_1 V_{t1} - r_2 V_{t2}) = \dot{m}\left(\frac{D}{2} \times V\sin\theta - 0\right) = \frac{1}{2}\dot{m}DV\sin\theta$$

이다. 따라서 터빈이 생산할 수 있는 최대 동력은 다음과 같다.

(1) $L_{max} = T\omega = \frac{1}{2}\omega\dot{m}DV\sin\theta$

(2) $L_{max} = T\omega = T \times \frac{2\pi N}{60} = \frac{\pi}{60}N\dot{m}DV\sin\theta$

43. 수평으로 분사된 물이 충돌하고 있는 날개의 수평 방향 속도(선속도)는

$$u = R\omega = R \times \frac{2\pi N}{60} = 2 \times \frac{2\pi(140)}{60} = 29.32[\text{m/s}]$$

이므로 수차가 생산할 수 있는 최대 동력은 다음과 같다.

$$\begin{aligned} L_{max} &= \rho Q u(V - u)(1 - \cos\theta) \\ &= 10^3 \times 4 \times (29.32) \times (60 - 29.32) \times (1 - \cos 150°)[\text{W}] \\ &= 6714[\text{kW}] = 6.714[\text{MW}] \end{aligned}$$

44. 축동력 $L = T\omega = T \times \frac{2\pi N}{60} = 400 \times \frac{2\pi(700)}{60}[\text{W}] = 29.3[\text{kW}]$

45. 날개차 입구와 출구에서 접선방향 유속이 날개의 접선방향 속도와 같으므로

$$V_{t1} = r_1\omega = r_1 \times \frac{2\pi N}{60}, \quad V_{t2} = r_2\omega = r_2 \times \frac{2\pi N}{60}$$

이고, 토크는

$$T = \dot{m}(r_2 V_{t2} - r_1 V_{t1}) = \dot{m}(r_2^2 - r_1^2) \times \frac{2\pi N}{60}$$

이다. 따라서 동력은 다음과 같다.

$$\begin{aligned} L = T\omega &= T \times \frac{2\pi N}{60} = \dot{m}(r_2^2 - r_1^2) \times \left(\frac{2\pi N}{60}\right)^2 \\ &= \left(\frac{90}{60}\right)(0.17^2 - 0.08^2)\left(\frac{2\pi \times 800}{60}\right)^2[\text{W}] = 237[\text{W}] \end{aligned}$$

46. $F=\rho QV=\dot{m}V=9\times\left(\dfrac{20\times1000}{3600}\right)[\mathrm{N}]=50[\mathrm{N}]$

47. $M_O=\rho Q(r_2V_{t2}-r_1V_{t1})=\rho AV(r_2V-0)=\rho AV^2r_2=\rho\left(\dfrac{\pi D^2}{4}\right)V^2r_2$

$$=10^3\left(\frac{\pi\times0.04^2}{4}\right)(8)^2(3)=241[\mathrm{N\cdot m}]$$

48. $F=\dot{m}V-mg=15(20)-10(9.8)=202[\mathrm{N}]$

49. $F=\rho Q_rV_r=\rho AV_r^2=\rho\left(\dfrac{\pi D^2}{4}\right)(V-u)^2=10^3\left(\dfrac{\pi\times0.04^2}{4}\right)(30-10)^2$

$$=503[\mathrm{N}]$$

50. 입구 조건으로부터 단위 깊이 당 총 유량 $q=tV$이다.

$$\sum F_x=-F=\rho qV\left(\cos\frac{\theta}{2}-1\right)=\rho tV^2\left(\cos\frac{\theta}{2}-1\right)\ \rightarrow\ \cos\frac{\theta}{2}=1-\frac{F}{\rho tV^2}$$

$$\therefore\ \theta=2\cos^{-1}\left(1-\frac{F}{\rho tV^2}\right)=2\cos^{-1}\left[1-\frac{160}{1000(0.04)(7)^2}\right]=46.6°$$

51. 그림과 같이 검사체적을 잡으면

$$\sum F_x=T_{케이블}=\rho Q(V_{2,x}-V_{1,x})=\rho Q(V\cos\theta-0)=\rho(AV)V\cos\theta$$

$$T_{케이블}=10^3\left(\frac{\pi\times0.05^2}{4}\right)(7)^2\cos60°[\mathrm{N}]=48.1[\mathrm{N}]$$

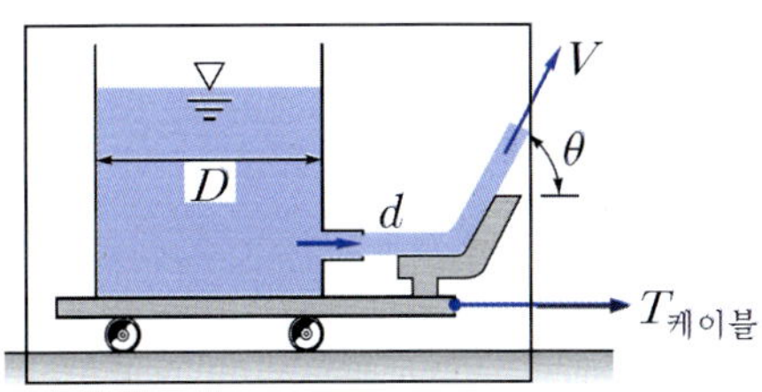

[연습문제 5.51]

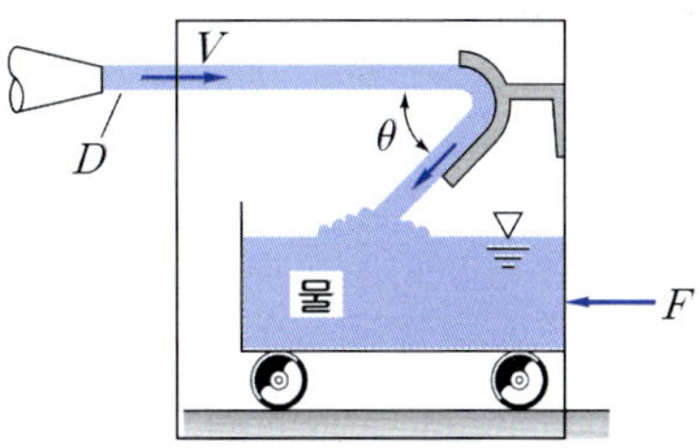

[연습문제 5.52]

52. 깃이 탱크에 설치되어 있다. 그림과 같이 검사체적을 잡으면

$$\sum F_x=-F=\rho Q(V_{2,x}-V_{1,x})=\rho Q(0-V)=-\rho QV$$

$$F=\rho QV=\rho(AV)V=10^3\left(\frac{\pi\times0.05^2}{4}\right)(20)^2[\mathrm{N}]=785.4[\mathrm{N}]$$

53. 그림과 같이 검사체적을 잡으면

$$\sum F_x = -T_{밧줄} = \rho Q(0 - V_{1,x}) = \rho Q(0 - V\cos\theta) = -\rho QV\cos\theta$$

$$T_{밧줄} = \rho QV\cos\theta = \left(\frac{G}{g}\right)V\cos\theta = \left(\frac{5000}{9.8}\right)(0.8)\cos 40°[\mathrm{N}]$$

$$= 312.7[\mathrm{N}]$$

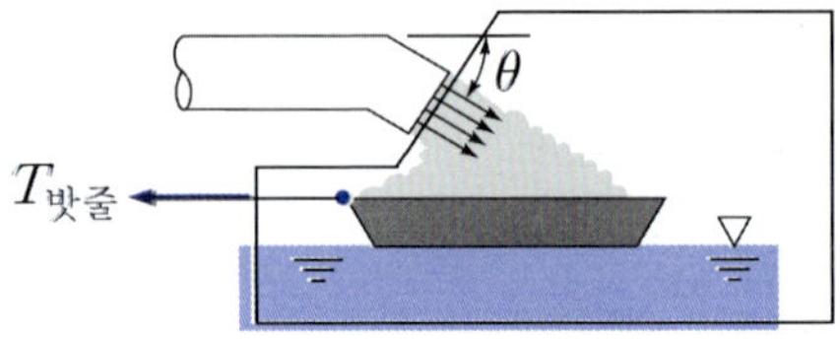


[연습문제 5.53]

54. 노즐 출구에서 접선방향 유체의 절대속도 $V_t = W - u = W - R\omega$ 이므로 축에 작용하는 토크는

$$T = \rho Q(V_t R - 0) = \rho Q(W - R\omega)R$$

이고 동력은

$$L = T\omega = \rho QR(W - R\omega)\omega$$

이다. 위 식을 $\omega$에 대해 미분하면

$$\frac{dL}{d\omega} = \rho QR(W - 2R\omega) = 0 \quad \therefore \ \omega_1 = \frac{W}{2R}$$

에서 동력이 최대가 되고, 이때 최대 전달동력은 다음과 같다.

$$L_{\max} = \rho QR\left(W - R \times \frac{W}{2R}\right) \times \frac{W}{2R} = \frac{1}{4}\rho QW^2$$

55. 로켓에 작용하는 힘은 로켓의 무게($W$)와 배기가스에 의한 추진력($T$)이다. 배기가스의 상대속도 $w = 1{,}500\mathrm{m/s}$, 질량유량 $G = 5\mathrm{kg/s}$일 때 추진력($T$)은 다음과 같다.

$$T = Gw \quad \cdots\cdots ①$$

그리고 로켓이 연료를 $G$의 속도로 소모하므로 임의 시간($t$)에서 로켓의 질량[$M(t)$]은

$$M(t) = M_0 - Gt \quad \cdots\cdots ②$$

이다. [그림]의 자유물체도에서 로켓의 가속도를 $a(t)$라 하면 뉴턴의 운동 법칙에 의해

$$\sum F = ma \quad \rightarrow \quad Gw - M(t)g = M(t)a(t)$$

$$\therefore \; a(t) = \frac{Gw}{M(t)} - g = \frac{Gw}{M_0 - Gt} - g \quad \cdots\cdots ③$$

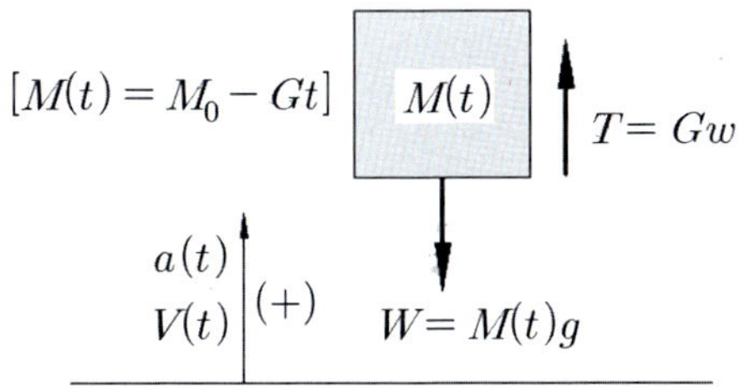


[연습문제 5.55] **로켓의 자유물체도**

(1) 초기 가속도 : 식 ③에서 $t=0$를 대입하면 초기 가속도는 다음과 같다.

$$a(0) = \frac{Gw}{M_0} - g = \frac{(5)(1500)}{400} - 9.8 = 8.95[\mathrm{m/s^2}]$$

(2) 발사 10초 후의 상승속도 : 가속도 $a = \dfrac{dV}{dt}$이므로 식 ③에서

$$\frac{dV}{dt} = \frac{Gw}{M_0 - Gt} - g \quad \cdots\cdots ④$$

이다. 식 ④를 적분하여 속도 $V(t)$를 구한다.

$$dV = \left(\frac{Gw}{M_0 - Gt} - g\right)dt$$

$$\therefore \; V(t) = \int_0^t \left(\frac{Gw}{M_0 - Gt} - g\right)dt = \int_0^t \left(\frac{Gw}{M_0 - Gt}\right)dt - \int_0^t (g)dt$$

$$= -\left[w \ln(M_0 - Gt)\right]_0^t - gt$$

$$= -w \ln\left(\frac{M_0 - Gt}{M_0}\right) - gt \quad \cdots\cdots ⑤$$

식 ⑤에 $t = t_1 = 10$을 대입하면 발사 10초 후의 상승속도 $V(10)$이 구해진다.

$$V(10) = -w \ln\left(\frac{M_0 - Gt_1}{M_0}\right) - gt_1$$

$$=-1500\ln\left(\frac{400-5\times10}{400}\right)-9.8\times10=102.3\,[\mathrm{m/s}]$$

## 연습문제 6

01. $Re=\dfrac{\rho VL}{\mu}=\dfrac{(ML^{-3})(LT^{-1})(L)}{ML^{-1}T^{-1}}=M^0L^0T^0$

02. $[\rho]=ML^{-3}$, $[\gamma]=ML^{-2}T^{-2}$, $[\mu]=ML^{-1}T^{-1}$
$[\nu]=L^2T^{-1}$, $[V]=LT^{-1}$, $[g]=LT^{-2}$

03. kg, m, s, N으로 통일하여 계산한다.

$$Fr=\frac{V}{\sqrt{gh}}=\frac{0.5}{\sqrt{9.8(2\times10^{-3})}}=3.57$$

$$We=\frac{\rho V^2h}{\sigma}=\frac{(1260)(0.5)^2(2\times10^{-3})}{6.3\times10^{-2}}=10$$

04. $n-r=5-2=3$[개]

05. 표에서 기본차원은 $M$, $L$, $T$이고 개수 $r=3$이다. 변수 개수 $n=6$이므로 파이항의 개수는 $n-r=6-3=3$개다.

**[표] 물리량의 차원**

| 물리량 | $L_p$ | $Q$ | $\rho$ | $D$ | $\omega$ | $\mu$ |
|---|---|---|---|---|---|---|
| 차원 | $ML^2T^{-3}$ | $L^3T^{-1}$ | $ML^{-3}$ | $L$ | $T^{-1}$ | $ML^{-1}T^{-1}$ |

06. 표에서 기본차원은 $M$, $L$, $T$이고 개수 $r=3$이다. 변수 개수 $n=5$이므로 파이항의 개수는 $n-r=5-3=2$개다.

**[표] 물리량의 차원**

| 물리량 | $\delta$ | $V_\infty$ | $\rho$ | $x$ | $\mu$ |
|---|---|---|---|---|---|
| 차원 | $L$ | $LT^{-1}$ | $ML^{-3}$ | $L$ | $ML^{-1}T^{-1}$ |

07. $F_D=f(D,V,\mu)$이다. $FLT$계를 사용하면 각 변수들의 차원은

$$[F_D]=F,\ [D]=L,\ [V]=LT^{-1},\ [\mu]=FL^{-2}T$$

이고, 무차원 관계식으로부터

$$\Pi_1 = F_D D^a V^b \mu^c = F[L]^a [LT^{-1}]^b [FL^{-2}T]^c = F^0 L^0 T^0$$

$$F: 1 + c = 0$$
$$L: a + b - 2c = 0$$
$$T: -b + c = 0$$

지수 $a = -1$, $b = -1$, $c = -1$이므로 $\Pi_1 = \dfrac{F_D}{\mu VD}$가 구해진다.

따라서 $F_D = C(\mu VD)$로 표현된다($C$는 상수).

† Stokes의 이론적 해석으로부터 $F_D = 3\pi\mu VD$이다.

08. $Q = f(\Delta P/L, D, \mu)$이다. $MLT$계를 사용하면 각 변수들의 차원은

$$[Q] = L^3 T^{-1},\ [\Delta P/L] = ML^{-2}T^{-2},\ [D] = L,\ [\mu] = ML^{-1}T^{-1}$$

이고, 무차원 관계식으로부터

$$\Pi_1 = Q(\Delta P/L)^a D^b \mu^c = L^3 T^{-1} [ML^{-2}T^{-2}]^a [L]^b [ML^{-1}T^{-1}]^c$$
$$= M^0 L^0 T^0$$

$$M: a + c = 0$$
$$L: 3 - 2a + b - c = 0$$
$$T: -1 - 2a - c = 0$$

지수 $a = -1$, $b = -4$, $c = 1$이므로

$$\Pi_1 = Q\left(\frac{\Delta P}{L}\right)^{-1} D^{-4}\mu = Q\left(\frac{\mu L}{D^4 \Delta P}\right)$$

이다. 따라서 $Q = C\left(\dfrac{D^4 \Delta P}{\mu L}\right)$로 표현된다($C$는 상수).[1)]

† 이론적 해석으로부터 $Q = \dfrac{\pi}{128}\left(\dfrac{D^4 \Delta P}{\mu L}\right)$이다(7장).

09. $F_D = f(V, A, \rho)$이다. $MLT$계를 사용하면 각 변수들의 차원은

1) 이후 문제풀이에서는 파이항을 기술하고 지수를 구하는 과정은 대부분 생략하였다. 방법은 모두 같다. $M$, $L$, $T$ 또는 $F$, $L$, $T$의 각 지수를 모두 0으로 하고 $a$, $b$, $c$를 구하면 된다.

$$[F_D] = MLT^{-2},\quad [V] = LT^{-1},\quad [A] = L^2,\quad [\rho] = ML^{-3}$$

이고, $\Pi_1 = F_D V^a A^b \rho^c \rightarrow \Pi_1 = \dfrac{F_D}{\rho V^2 A}$가 구해진다.

따라서 $F_D = C(\rho V^2 A)$로 표현된다($C$는 상수).

† 항력계수 $C_D$를 사용하여 $F_D = C_D \times \dfrac{1}{2}\rho V^2 A$로 나타낸다. 항력계수는 물체의 형상에 의해 결정되는 값이다.

10. $\Delta P = f(R, \sigma)$이다. $FLT$계를 사용하면 각 변수들의 차원은

$$[\Delta P] = FL^{-2},\ [R] = L,\ [\sigma] = FL^{-1}$$

이고, $\Pi_1 = \Delta P R^a \sigma^b \rightarrow \Pi_1 = \dfrac{\Delta P R}{\sigma}$가 구해진다.

따라서 $\Delta P = C\left(\dfrac{\sigma}{R}\right)$로 표현된다($C$는 상수).

† 2장에서 정역학적 힘의 평형으로부터 $\Delta P = \dfrac{4\sigma}{R}$이다.

11. $\Delta P = f(\gamma, \Delta z)$이다. $FLT$계를 사용하면 각 변수들의 차원은

$$[\Delta P] = FL^{-2},\ [\gamma] = FL^{-3},\ [\Delta z] = L$$

이고, $\Pi_1 = \Delta P \gamma^a (\Delta z)^b \rightarrow \Pi_1 = \dfrac{\Delta P}{\gamma \Delta z}$

가 구해진다. 따라서 $\Delta P = C(\gamma \Delta z)$로 표현된다($C$는 상수).

12. $\Delta P = f(V, \rho, \mu, D_1, D_2)$이다. 기본차원은 $M$, $L$, $T$이고 개수 $r = 3$이다. 변수 개수 $n = 6$이므로 파이항의 개수는 $n - r = 6 - 3 = 3$개다. $V$, $D_1$, $\mu$를 반복변수로 선택한다.

**[표] 물리량의 차원**

| 물리량 | $\Delta P$ | $V$ | $\rho$ | $D_1$ | $D_2$ | $\mu$ |
|---|---|---|---|---|---|---|
| 차원 | $ML^{-1}T^{-2}$ | $LT^{-1}$ | $ML^{-3}$ | $L$ | $L$ | $ML^{-1}T^{-1}$ |

$$\Pi_1 = \Delta P D_1^a V^b \mu^c \rightarrow \Pi_1 = \frac{\Delta P D_1}{V\mu}$$

$$\Pi_2 = D_2 D_1^a V^b \mu^c \rightarrow \Pi_2 = \frac{D_2}{D_1}$$

$$\Pi_3 = \rho D_1^a V^b \mu^c \rightarrow \Pi_3 = \frac{\rho D_1 V}{\mu}$$

$$\Pi_1 = \phi(\Pi_2, \Pi_3) \rightarrow \frac{\Delta P D_1}{V\mu} = \phi\left(\frac{D_2}{D_1}, \frac{\rho D_1 V}{\mu}\right)$$

13. $L_f = f(Q, \rho, D, \omega)$이다. 기본차원은 $M$, $L$, $T$이고 개수 $r=3$이다. 변수 개수 $n=5$이므로 파이항의 개수는 $n-r=5-3=2$개다. 반복변수는 $D$, $\rho$, $\omega$이다.

**[표] 물리량의 차원**

| 물리량 | $L_f$ | $Q$ | $\rho$ | $D$ | $\omega$ |
|---|---|---|---|---|---|
| 차원 | $ML^2T^{-3}$ | $L^3T^{-1}$ | $ML^{-3}$ | $L$ | $T^{-1}$ |

$$\Pi_1 = L_f D^a \rho^b \omega^c \rightarrow \Pi_1 = \frac{L_f}{\rho D^5 \omega^3}$$

$$\Pi_2 = Q D^a \rho^b \omega^c \rightarrow \Pi_2 = \frac{Q}{D^3 \omega}$$

$$\Pi_1 = \phi(\Pi_2) \rightarrow \frac{L_f}{\rho D^5 \omega^3} = \phi\left(\frac{Q}{D^3 \omega}\right)$$

† $N_P = \dfrac{L_f}{\rho D^5 \omega^3} = \dfrac{(\text{동력})}{(\text{회전 관성력})}$을 동력수(power number)한다.

14. $\Delta P = f(Q, \rho, D, \omega)$기본차원은 $M$, $L$, $T$이고 개수 $r=3$이다. 변수 개수 $n=5$이므로 파이항의 개수는 $n-r=5-3=2$개다. $\rho$, $D$, $\omega$를 반복변수로 하여 파이항을 구한다.

**[표] 물리량의 차원**

| 물리량 | $\Delta P$ | $Q$ | $\rho$ | $D$ | $\omega$ |
|---|---|---|---|---|---|
| 차원 | $ML^{-1}T^{-2}$ | $L^3T^{-1}$ | $ML^{-3}$ | $L$ | $T^{-1}$ |

$$\Pi_1 = \Delta P D^a \rho^b \omega^c \rightarrow \Pi_1 = \frac{\Delta P}{\rho D^2 \omega^2}$$

$$\Pi_2 = Q D^a \rho^b \omega^c \rightarrow \Pi_2 = \frac{Q}{D^3 \omega}$$

$$\Pi_1 = \phi(\Pi_2) \rightarrow \frac{\Delta P}{\rho D^2 \omega^2} = \phi\left(\frac{Q}{D^3 \omega}\right)$$

15. $h = f(g, \rho, l, \sigma)$이다. 기본차원은 $M$, $L$, $T$이고 개수 $r=3$이다. 변수 개수 $n=5$

이므로 파이항의 개수는 $n-r=5-3=2$개다. $\rho$, $g$, $l$을 반복변수로 하여 파이항을 구한다.

**[표] 물리량의 차원**

| 물리량 | $h$ | $g$ | $\rho$ | $l$ | $\sigma$ |
|---|---|---|---|---|---|
| 차원 | $L$ | $LT^{-2}$ | $ML^{-3}$ | $L$ | $MT^{-2}$ |

$$\Pi_1 = hl^a g^b \rho^c \rightarrow \Pi_1 = \frac{h}{l}$$

$$\Pi_2 = \sigma l^a g^b \rho^c \rightarrow \Pi_2 = \frac{\sigma}{\rho g l^2}$$

$$\Pi_1 = \phi(\Pi_2) \rightarrow \frac{h}{l} = \phi\left(\frac{\sigma}{\rho g l^2}\right)$$

16. $c=f(\mu, \rho, h, g)$이다. 기본차원은 $M$, $L$, $T$이고 개수 $r=3$이다. 변수 개수 $n=5$이므로 파이항의 개수는 $n-r=5-3=2$개다. $\rho$, $h$, $g$를 반복변수로 하여 파이항을 구한다.

**[표] 물리량의 차원**

| 물리량 | $c$ | $\mu$ | $\rho$ | $h$ | $g$ |
|---|---|---|---|---|---|
| 차원 | $LT^{-1}$ | $ML^{-1}T^{-1}$ | $ML^{-3}$ | $L$ | $LT^{-2}$ |

$$\Pi_1 = c\rho^a h^b g^c \rightarrow \Pi_1 = \frac{c}{\sqrt{gh}} = Fr$$

$$\Pi_2 = \mu\rho^a h^b g^c \rightarrow \Pi_2 = \frac{\mu}{\rho h^{3/2}\sqrt{g}}$$

여기에서 $\dfrac{1}{\Pi_2} = \dfrac{\rho h\sqrt{gh}}{\mu} = \dfrac{\rho hc}{\mu} = Re$ 이므로 $\Pi_1 = \phi(\Pi_2)$로부터 $Fr = \phi(Re)$의 관계식이 구해진다.

17. $h=f(\gamma, D, \sigma)$이다. 기본차원은 $F$, $L$이고 개수 $r=2$이다. 변수 개수 $n=4$이므로 파이항의 개수는 $n-r=4-2=2$개다. $\gamma$, $D$를 반복변수로 선택한다.

**[표] 물리량의 차원**

| 물리량 | $h$ | $\gamma$ | $D$ | $\sigma$ |
|---|---|---|---|---|
| 차원 | $L$ | $FL^{-3}$ | $L$ | $FL^{-1}$ |

$$\Pi_1 = h\gamma^a D^b \ \rightarrow \ \Pi_1 = \frac{h}{D}$$

$$\Pi_2 = \sigma\gamma^a D^b \ \rightarrow \ \Pi_2 = \frac{\sigma}{\gamma D^2}$$

$$\Pi_1 = \phi(\Pi_2) \ \rightarrow \ \frac{h}{D} = \phi\left(\frac{\sigma}{\gamma D^2}\right)$$

† 2장에서 $h = \dfrac{4\sigma\cos\beta}{\gamma D}$이다.

18. $h = f(g, \rho, R, \omega)$이다. 기본차원은 $M$, $L$, $T$이고 개수 $r = 3$이다. 변수 개수 $n = 5$이므로 파이항의 개수는 $n - r = 5 - 3 = 2$개다. $\rho$, $R$, $\omega$을 반복변수로 하여 파이항을 구한다.

**[표] 물리량의 차원**

| 물리량 | $h$ | $g$ | $\rho$ | $R$ | $\omega$ |
|---|---|---|---|---|---|
| 차원 | $L$ | $LT^{-2}$ | $ML^{-3}$ | $L$ | $T^{-1}$ |

$$\Pi_1 = h\rho^a R^b \omega^c \ \rightarrow \ \Pi_1 = \frac{h}{R}$$

$$\Pi_2 = g\rho^a R^b \omega^c \ \rightarrow \ \Pi_2 = \frac{g}{R\omega^2}$$

여기에서 $\Pi_2 = \dfrac{g}{R\omega^2} = \dfrac{gR}{R^2\omega^2}$이므로 $\sqrt{\Pi_2} = \dfrac{\sqrt{gR}}{R\omega} = \dfrac{\sqrt{gR}}{V} = \dfrac{1}{Fr}$이다. 따라서 $\Pi_1 = \phi(\Pi_2)$ 으로부터 $\dfrac{h}{R} = \phi(Fr)$로 쓸 수 있다.

† 3장에서 $h = \dfrac{\omega^2 R^2}{2g}$이다. $h$는 유체의 밀도와 무관하다. 위의 결과에서 $\Pi_1 = \phi(\Pi_2) = \dfrac{C}{\Pi_2}$로 하면 $h = C\left(\dfrac{\omega^2 R^2}{g}\right)$의 관계식이 얻어진다($C$는 상수).

19. $\Delta P = f(V, l, D, \mu)$이다. 기본차원은 $M$, $L$, $T$이고 개수 $r = 3$이다. 변수 개수 $n = 5$이므로 파이항의 개수는 $n - r = 5 - 3 = 2$개다. $\mu$, $V$, $D$를 반복변수로 선택한다.

**[표] 물리량의 차원**

| 물리량 | $\Delta P$ | $V$ | $l$ | $D$ | $\mu$ |
|---|---|---|---|---|---|
| 차원 | $ML^{-1}T^{-2}$ | $LT^{-1}$ | $L$ | $L$ | $ML^{-1}T^{-1}$ |

$$\Pi_1 = \Delta P D^a V^b \mu^c \rightarrow \Pi_1 = \frac{\Delta P D}{\mu V}$$

$$\Pi_2 = l D^a V^b \mu^c \rightarrow \Pi_2 = \frac{l}{D}$$

$$\Pi_1 = \phi(\Pi_2) \rightarrow \frac{\Delta P D}{\mu V} = \phi\left(\frac{l}{D}\right)$$

여기에서 $\Delta P$가 $l$에 비례한다고 하였으므로 위 식으로부터 $\frac{\Delta P D}{\mu V} = C\left(\frac{l}{D}\right)$로 쓸 수 있다($C$는 상수). 따라서 주어진 유속에서 $\Delta P \propto \frac{1}{D^2}$이다.

20. $\omega = f(\gamma, D, m)$이다. 기본차원은 $M$, $L$, $T$이고 개수 $r=3$이다. 변수 개수 $n=4$이므로 파이항의 개수는 $n-r=4-3=1$개다. $\gamma$, $D$, $m$을 반복변수로 선택한다.

**[표] 물리량의 차원**

| 물리량 | $\omega$ | $\gamma$ | $D$ | $m$ |
|---|---|---|---|---|
| 차원 | $T^{-1}$ | $ML^{-2}T^{-2}$ | $L$ | $M$ |

$$\Pi_1 = \omega\gamma^a D^b m^c = T^{-1}(ML^{-2}T^{-2})^a L^b M^c$$

$$M : a + c = 0$$

$$L : -2a + b = 0$$

$$T : -1 - 2a = 0$$

이므로 $a=-1/2$, $b=-1$, $c=1/2$이다.

$$\Pi_1 = \omega\gamma^a D^b m^c = \omega\gamma^{-1/2} D^{-1} m^{1/2} = \frac{\omega}{D}\sqrt{\frac{m}{\gamma}}$$

파이항이 하나뿐이므로

$$\Pi_1 = \frac{\omega}{D}\sqrt{\frac{m}{\gamma}} = k \ (k\text{는 상수})$$

이다. 따라서 $\omega = kD\sqrt{\frac{\gamma}{m}}$ 로 쓸 수 있다.

21. $\dot{W} = f(\mu, \rho, D, \omega)$이다. 기본차원은 $M$, $L$, $T$이고 개수 $r=3$이다. 변수 개수 $n=5$이므로 파이항의 개수는 $n-r=5-3=2$개다. $\rho$, $D$, $\omega$을 반복변수로 하여 파이항을 구한다.

**[표] 물리량의 차원**

| 물리량 | $\dot{W}$ | $\mu$ | $\rho$ | $D$ | $\omega$ |
|---|---|---|---|---|---|
| 차원 | $ML^2T^{-3}$ | $ML^{-1}T^{-1}$ | $ML^{-3}$ | $L$ | $T^{-1}$ |

$$\Pi_1 = \dot{W}\rho^a D^b \omega^c \rightarrow \Pi_1 = \frac{\dot{W}}{\rho D^5 \omega^3}$$

$$\Pi_2 = \mu\rho^a D^b \omega^c \rightarrow \Pi_2 = \frac{\mu}{\rho D^2 \omega}$$

여기에서 $\Pi_2 = \frac{\mu}{\rho D^2 \omega} = \frac{\mu}{\rho D(D\omega)} = \frac{\mu}{\rho D V} = \frac{1}{Re}$이다. 따라서

$\Pi_1 = \phi(\Pi_2)$ 으로부터 $\frac{\dot{W}}{\rho D^5 \omega^3} = \phi(Re)$로 쓸 수 있다.

22. $V = f[\mu, (\rho_p - \rho), D, g]$이다. 기본차원은 $M$, $L$, $T$이고 개수 $r=3$이다. 변수 개수 $n=5$이므로 파이항의 개수는 $n-r=5-3=2$개다. $(\rho_p-\rho)$, $D$, $g$을 반복변수로 하여 파이항을 구한다.

**[표] 물리량의 차원**

| 물리량 | $V$ | $\mu$ | $(\rho_p - \rho)$ | $D$ | $g$ |
|---|---|---|---|---|---|
| 차원 | $LT^{-1}$ | $ML^{-1}T^{-1}$ | $ML^{-3}$ | $L$ | $LT^{-2}$ |

$$\Pi_1 = V(\rho_p - \rho)^a D^b g^c \rightarrow \Pi_1 = \frac{V}{\sqrt{gD}}$$

$$\Pi_2 = \mu(\rho_p - \rho)^a D^b g^c \rightarrow \Pi_2 = \frac{\mu}{(\rho_p - \rho)D^{3/2}\sqrt{g}}$$

$$\Pi_1 = \phi(\Pi_2) \rightarrow \frac{V}{\sqrt{gD}} = \phi\left[\frac{\mu}{(\rho_p - \rho)D^{3/2}\sqrt{g}}\right]$$

여기에서 $\dfrac{1}{\Pi_2} = \dfrac{(\rho_p - \rho) D^{3/2} \sqrt{g}}{\mu} = \dfrac{(\rho_p - \rho) D \sqrt{gD}}{\mu} = \dfrac{(\rho_p - \rho) DV}{\mu}$ 는 수정된 레이놀즈수로 볼 수 있다.

23. $Re = \dfrac{V_w D_w}{\nu_w} = \dfrac{V_a D_a}{\nu_a}$

$$D_w = \left(\frac{\nu_w}{\nu_a}\right)\left(\frac{V_a}{V_w}\right) D_a = \left(\frac{1.08 \times 10^{-6}}{1.52 \times 10^{-5}}\right)\left(\frac{1.8}{0.9}\right)(0.6) = 0.0853[\mathrm{m}]$$

24. $Re = \dfrac{V_p L_p}{\nu_p} = \dfrac{V_m L_m}{\nu_m}$

$$V_p = \left(\frac{\nu_p}{\nu_m}\right)\left(\frac{L_m}{L_p}\right) V_m = \left(\frac{1.13 \times 10^{-6}}{1.41 \times 10^{-5}}\right)\left(\frac{1}{16}\right)(50) = 0.25[\mathrm{m/s}]$$

25. $Fr = \dfrac{V_p}{\sqrt{gL_p}} = \dfrac{V_m}{\sqrt{gL_m}}, \quad V_p = V_m \sqrt{\dfrac{L_p}{L_m}} = 2\sqrt{\dfrac{9}{1}} = 6[\mathrm{m/s}]$

26. $Fr = \dfrac{V_p}{\sqrt{gL_p}} = \dfrac{V_m}{\sqrt{gL_m}} \rightarrow \dfrac{V_m}{V_p} = \sqrt{\dfrac{L_m}{L_p}}$

$$We = \frac{\rho V_p^2 L_p}{\sigma_p} = \frac{\rho V_m^2 L_m}{\sigma_m}$$

$$\therefore \frac{\sigma_m}{\sigma_p} = \left(\frac{V_m}{V_p}\right)^2 \left(\frac{L_m}{L_p}\right) = \left(\frac{L_m}{L_p}\right)\left(\frac{L_m}{L_p}\right) = \left(\frac{L_m}{L_p}\right)^2 = \left(\frac{1}{16}\right)^2$$

$$= 3.91 \times 10^{-3}$$

27. $F_D = f(V, \rho, D)$이다. 기본차원은 $M$, $L$, $T$이고 개수 $r = 3$이다. 변수 개수 $n = 4$이므로 파이항의 개수는 $n - r = 4 - 3 = 1$개다.

**[표] 물리량의 차원**

| 물리량 | $F_D$ | $V$ | $\rho$ | $D$ |
|---|---|---|---|---|
| 차원 | $MLT^{-2}$ | $LT^{-1}$ | $ML^{-3}$ | $L$ |

$$\Pi_1 = F_D V^a \rho^b D^c = (MLT^{-2})(LT^{-1})^a (ML^{-3})^b (L)^c$$

$$M : 1 + b = 0$$

$$L : 1 + a - 3b + c = 0$$

$$T \ : \ -2-a=0$$

에서 $a=-2$, $b=-1$, $c=-2$이므로 $\Pi_1 = \dfrac{F_D}{\rho V^2 D^2}$이다. 상사조건에 의해

$$\Pi_1 = \frac{F_{D,p}}{\rho_p V_p^2 D_p^2} = \frac{F_{D,m}}{\rho_m V_m^2 D_m^2}$$

$$\therefore \ F_{D,P} = F_{D,m}\left(\frac{\rho_p}{\rho_m}\right)\left(\frac{V_p}{V_m}\right)^2\left(\frac{D_p}{D_m}\right)^2 = 75\left(\frac{1.23}{1000}\right)\left(\frac{3}{1.2}\right)^2\left(\frac{9}{0.3}\right)^2$$

$$= 519[\text{N}]$$

† 이상과 같이 차원해석을 통해 항력계수를 $C_D = \dfrac{F_D}{(\rho V^2 l^2/2)}$로 정의할 수 있다는 것을 알 수 있다.

28. 공기 조건이 같으므로 $\nu_p = \nu_m$, $\rho_p = \rho_m$이다.

(1) 모델의 공기 속도 $V_m$ : $Re_p = Re_m$으로부터

$$\frac{V_P D_p}{\nu_p} = \frac{V_m D_m}{\nu_m}$$

$$\therefore \ V_m = V_p\left(\frac{\nu_m}{\nu_p}\right)\left(\frac{D_p}{D_m}\right) = 70 \times (1)\left(\frac{2}{0.4}\right) = 350[\text{km/h}]$$

(2) 모델에 작용하는 항력 $F_{D,m}$ : $C_{D,p} = C_{D,m}$으로부터

$$\frac{F_{D,p}}{(\rho_p V_p^2 D_p^2/2)} = \frac{F_{D,m}}{(\rho_m V_m^2 D_m^2/2)}$$

$$F_{D,m} = F_{D,p}\left(\frac{\rho_m}{\rho_p}\right)\left(\frac{V_m}{V_p}\right)^2\left(\frac{D_m}{D_p}\right)^2 = 150 \times (1)\left(\frac{350}{70}\right)^2\left(\frac{0.4}{2}\right)^2[\text{N}]$$

$$= 150[\text{N}]$$

29. (1) $F_D = f(V, \rho, D, d)$이다. 기본차원은 $M$, $L$, $T$이고 개수 $r=3$이다. 변수 개수 $n=5$이므로 파이항의 개수는 $n-r=5-3=2$개다. $\rho$, $V$, $D$를 반복변수로 하여 파이항을 구한다.

**[표] 물리량의 차원**

| 물리량 | $F_D$ | $V$ | $\rho$ | $D$ | $d$ |
|---|---|---|---|---|---|
| 차원 | $MLT^{-2}$ | $LT^{-1}$ | $ML^{-3}$ | $L$ | $L$ |

$$\Pi_1 = \frac{F_D}{\rho V^2 D^2} \;,\; \Pi_2 = \frac{d}{D} \;\rightarrow\; \frac{F_D}{\rho V^2 D^2} = \phi\left(\frac{d}{D}\right)$$

(2) 기하학적 상사 조건으로부터 요구되는 구의 지름은

$$\frac{d_p}{D_p} = \frac{d_m}{D_m} \qquad \therefore\; d_p = d_m\left(\frac{D_p}{D_m}\right) = 0.5 \times \left(\frac{60}{1.25}\right) = 24\,[\mathrm{cm}]$$

이고, 예측방정식 $\Pi_{1,p} = \Pi_{1,m}$ 으로부터

$$\frac{F_{D,p}}{\rho_p V_p^2 D_p^2} = \frac{F_{D,m}}{\rho_m V_m^2 D_m^2}$$

$$\therefore\; F_{D,p} = F_{D,m}\left(\frac{\rho_p}{\rho_m}\right)\left(\frac{V_p}{V_m}\right)^2\left(\frac{D_p}{D_m}\right)^2$$

$$= (1.2 \times 10^{-2}) \times (1)\left(\frac{2.4}{0.8}\right)^2\left(\frac{60}{1.25}\right)^2 [\mathrm{N}] = 249\,[\mathrm{N}]$$

30. (1) 모델 자동차의 속도 $V_m$ : $Re_p = Re_m$

$$\frac{V_P L_p}{\nu_p} = \frac{V_m L_m}{\nu_m}$$

$$\therefore\; V_m = V_p\left(\frac{\nu_m}{\nu_p}\right)\left(\frac{L_p}{L_m}\right) = 60 \times (1)\left(\frac{1}{1/5}\right) = 300\,[\mathrm{km/h}]$$

(2) 원형 자동차에 작용하는 항력 $F_{D,p}$ : $C_{D,p} = C_{D,m}$ 으로부터

$$\frac{F_{D,p}}{(\rho_p V_p^2 D_p^2/2)} = \frac{F_{D,m}}{(\rho_m V_m^2 D_m^2/2)}$$

$$F_{D,p} = F_{D,m}\left(\frac{\rho_p}{\rho_m}\right)\left(\frac{V_p}{V_m}\right)^2\left(\frac{L_p}{L_m}\right)^2 = 360 \times (1)\left(\frac{60}{300}\right)^2\left(\frac{1}{1/5}\right)^2 [\mathrm{N}] = 360\,[\mathrm{N}]$$

(3) 원형 자동차의 동력 $H_p$ : 동력 $H = Fv$ 이다.

$$H_p = F_{D,p} V_p = 360 \times \left(\frac{60 \times 1000}{3600}\right)[\mathrm{W}] = 6000\,[\mathrm{W}] = 6\,[\mathrm{kW}]$$

31. 프루드수 상사로부터

$$\frac{V_p}{\sqrt{gL_p}} = \frac{V_m}{\sqrt{gL_m}} \;\rightarrow\; \frac{V_m}{V_p} = \sqrt{\frac{L_m}{L_p}}$$

유량 $Q = AV = L^2 V$이므로

$$\frac{Q_m}{Q_p} = \frac{L_m^2 V_m}{L_p^2 V_p} = \left(\frac{L_m}{L_p}\right)^2 \left(\frac{V_m}{V_p}\right) = \left(\frac{L_m}{L_p}\right)^{5/2}$$

$$\therefore \; L_m = L_p\left(\frac{Q_m}{Q_p}\right)^{2/5} = 18 \times \left(\frac{1}{250}\right)^{2/5} = 1.98[\mathrm{m}]$$

유량척도 $Q_m/Q_p = 1/250$로부터

$$Q_m = Q_p \times \frac{1}{250} = 30 \times \frac{1}{250} = 0.12[\mathrm{m^3/s}]$$

32. $Re = \dfrac{V_p L_p}{\nu_p} = \dfrac{V_m L_m}{\nu_m}$

$$V_m = \left(\frac{\nu_m}{\nu_p}\right)\left(\frac{L_p}{L_m}\right)V_p = \left(\frac{1.56 \times 10^{-5}}{1.14 \times 10^{-6}}\right)\left(\frac{1}{1/8}\right)(0.52) = 56.9[\mathrm{m/s}]$$

33. $C_{D,p} = C_{D,m}$으로부터

$$\frac{F_{D,p}}{(\rho_p V_p^2 D_p^2/2)} = \frac{F_{D,m}}{(\rho_m V_m^2 D_m^2/2)}$$

$$F_{D,p} = F_{D,m}\left(\frac{\rho_p}{\rho_m}\right)\left(\frac{V_p}{V_m}\right)^2\left(\frac{L_p}{L_m}\right)^2 = 2.5 \times \left(\frac{1000}{1.18}\right)\left(\frac{0.52}{56.9}\right)^2\left(\frac{1}{1/8}\right)^2[\mathrm{N}]$$

$$= 11.3[\mathrm{N}]$$

34. 특성시간 $t = L/V$이므로 다음과 같이 주어진 매개변수들로써 특성 체적유량과 Richardson수가 표현된다.

$$Q = \frac{L^3}{t} = \frac{L^3}{L/V} = L^2 V$$

$$Ri = \frac{L^5 g \Delta\rho}{\rho Q^2} = \frac{L^5 g \Delta\rho}{\rho (L^2 V)^2} = \frac{L g \Delta\rho}{\rho V^2}$$

† $Ri = \dfrac{(\text{부력})}{(\text{관성력})}$을 나타낸다.

35. 관성력과 점성력이 지배적이므로 레이놀즈수 상사를 따른다.

$$\frac{V_p L_p}{\nu} = \frac{V_m L_m}{\nu} \quad \rightarrow \quad V_p L_p = V_m L_m$$

유량 $Q = AV = L^2 V$이므로

$$\frac{Q_m}{Q_p} = \frac{L_m^2 V_m}{L_p^2 V_p} = \frac{L_m (L_m V_m)}{L_p (L_p V_p)} = \frac{L_m}{L_p}$$

36. $\delta = f(V, \mu, \rho, x)$이다. 기본차원은 $M$, $L$, $T$이고 개수 $r = 3$이다. 변수 개수 $n = 5$이므로 파이항의 개수는 $n - r = 5 - 3 = 2$개다. $\rho$, $V$, $x$를 반복변수로 하여 파이항을 구한다.

**[표] 물리량의 차원**

| 물리량 | $\delta$ | $V$ | $\mu$ | $\rho$ | $x$ |
|---|---|---|---|---|---|
| 차원 | $L$ | $LT^{-1}$ | $ML^{-1}T^{-1}$ | $ML^{-3}$ | $L$ |

$$\Pi_1 = \delta \rho^a V^b x^c \quad \rightarrow \quad \Pi_1 = \frac{\delta}{x}$$

$$\Pi_2 = \mu \rho^a V^b x^c \quad \rightarrow \quad \Pi_2 = \frac{\mu}{\rho V x}$$

여기에서 $\dfrac{1}{\Pi_2} = \dfrac{\rho V x}{\mu} = Re_x$이므로 $\Pi_1 = \phi(\Pi_2)$로부터 $\dfrac{\delta}{x} = \phi(Re_x)$로 쓸 수 있다.

37. $u = f(h, dP/dx, \mu, y)$이다. 기본차원은 $M$, $L$, $T$이고 기본차원의 개수 $r = 3$이므로 파이항의 개수 $n - r = 5 - 3 = 2$개이고, 반복변수의 개수 $m = r = 3$개다. $dP/dx$, $h$, $\mu$를 반복변수로 하여 파이항을 구한다.

**[표] 물리량의 차원**

| 물리량 | $u$ | $dP/dx$ | $h$ | $y$ | $\mu$ |
|---|---|---|---|---|---|
| 차원 | $LT^{-1}$ | $ML^{-2}T^{-2}$ | $L$ | $L$ | $ML^{-1}T^{-1}$ |

$$\Pi_1 = u h^a (dP/dx)^b \mu^c \quad \rightarrow \quad \Pi_1 = \frac{\mu u}{h^2 (dP/dx)}$$

$$\Pi_2 = y h^a (dP/dx)^b \mu^c \quad \rightarrow \quad \Pi_2 = \frac{y}{h}$$

$$\Pi_1 = \phi(\Pi_2) \quad \rightarrow \quad \frac{\mu u}{h^2 (dP/dx)} = \phi\left(\frac{y}{h}\right)$$

38. 길이척도 $\alpha = L_p/L_m = 36$이다.

(1) $F_r = \dfrac{V_p}{\sqrt{gL_p}} = \dfrac{V_m}{\sqrt{gL_m}} \rightarrow V_m = V_p\sqrt{\dfrac{L_m}{L_p}} = 12\sqrt{\dfrac{1}{36}} = 2[\text{m/s}]$

(2) 항력 $F = \rho V^2 L^2 \rightarrow \dfrac{F_p}{\rho L_p^2 V_p^2} = \dfrac{F_m}{\rho L_m^2 V_m^2}$

$$\frac{F_p}{F_m} = \left(\frac{L_p}{L_m}\right)^2\left(\frac{V_p}{V_m}\right)^2 = \alpha^2 \times (\sqrt{\alpha})^2 = \alpha^3 = 36^3 = 46{,}656$$

(3) 동력 $H = FV \rightarrow \dfrac{H_p}{F_p V_p} = \dfrac{H_m}{F_m V_m}$

$$\frac{H_p}{H_m} = \left(\frac{F_p}{F_m}\right)\left(\frac{V_p}{V_m}\right) = \alpha^3 \times \sqrt{\alpha} = \alpha^{7/2} = 36^{7/2} = 279{,}936$$

39. 선속도 $v = r\omega$이므로 $V \propto LN$, $Fr = \dfrac{V}{\sqrt{gL}} = \dfrac{LN}{\sqrt{gL}} = \dfrac{\sqrt{L}\,N}{\sqrt{g}}$

$$\frac{\sqrt{L_p}\,N_p}{\sqrt{g}} = \frac{\sqrt{L_m}\,N_m}{\sqrt{g}} \rightarrow N_p = N_m\sqrt{\frac{L_m}{L_p}} = 1200\sqrt{\frac{1}{36}} = 200[\text{rpm}]$$

동력 $H = FV = (\rho V^2 L^2)V = \rho L^2 V^3 = \rho L^2 (LN)^3 = \rho N^3 L^5$

$$\frac{H_p}{\rho N_p^3 L_p^5} = \frac{H_m}{\rho N_m^3 L_m^5}$$

$$\therefore\ H_p = H_m\left(\frac{N_p}{N_m}\right)^3\left(\frac{L_p}{L_m}\right)^5 = 3\left(\frac{200}{1200}\right)^3\left(\frac{36}{1}\right)^5[\text{W}] = 839.8[\text{kW}]$$

40. 길이축척 $\alpha = L_p/L_m = 16$이다.

(1) 조류의 속도 : 프루드수로부터 $F_r = \dfrac{V_p}{\sqrt{gL_p}} = \dfrac{V_m}{\sqrt{gL_m}}$

$$V_m = V_p\sqrt{\frac{L_m}{L_p}} = 16\sqrt{\frac{1}{16}} = 4[\text{m/s}]$$

(2) 조류의 주기 : 시간 $t = L/V$이므로

$$\frac{t_m}{t_p} = \frac{L_m/V_m}{L_p/V_p} = \left(\frac{L_m}{L_p}\right)\left(\frac{V_p}{V_m}\right) = \left(\frac{L_m}{L_p}\right)\sqrt{\frac{L_p}{L_m}} = \sqrt{\frac{L_m}{L_p}}$$

$$\therefore\ t_m = t_p\sqrt{\frac{L_m}{L_p}} = 12\sqrt{\frac{1}{16}} = 3[\mathrm{s}]$$

(3) 조류의 높이 : 길이척도로부터

$$\frac{h_m}{h_p} = \frac{L_m}{L_p} = \frac{1}{16} \quad \therefore\ h_m = \frac{1}{16}\times h_p = \frac{1}{16}\times 4 = 0.25[\mathrm{m}]$$

41. 길이척도 $\alpha = L_p/L_m = 200/4 = 50$, 프루드수 상사로부터

$$F_r = \frac{V_p}{\sqrt{gL_p}} = \frac{V_m}{\sqrt{gL_m}} \rightarrow \frac{V_p}{V_m} = \sqrt{\frac{L_p}{L_m}} = \sqrt{\alpha}$$

항력 $F = \rho V^2 L^2 \rightarrow \dfrac{F_p}{\rho L_p^2 V_p^2} = \dfrac{F_m}{\rho L_m^2 V_m^2}$

$$F_p = F_m\left(\frac{L_p}{L_m}\right)^2\left(\frac{V_p}{V_m}\right)^2 = F_m\alpha^2\times(\sqrt{\alpha})^2 = F_m\alpha^3 = 2(50)^3[\mathrm{N}]$$

$$= 250[\mathrm{kN}]$$

42. $\Delta P = f(\rho, V, D, L, \epsilon, \mu)$이다. 기본차원은 $M$, $L$, $T$이고 기본차원의 개수 $r=3$이므로 파이항의 개수 $n-r=7-3=4$개이고, 반복변수의 개수 $m=r=3$개다. $\rho$, $V$, $D$를 반복변수로 하여 파이항을 구한다.

**[표] 물리량의 차원**

| 물리량 | $\Delta P$ | $\rho$ | $V$ | $D$ | $L$ | $\epsilon$ | $\mu$ |
|---|---|---|---|---|---|---|---|
| 차원 | $ML^{-1}T^{-2}$ | $ML^{-3}$ | $LT^{-1}$ | $L$ | $L$ | $L$ | $ML^{-1}T^{-1}$ |

$$\Pi_1 = \Delta P\rho^a V^b D^c \rightarrow \Pi_1 = \frac{\Delta P}{\rho V^2} = Eu$$

$$\Pi_2 = \mu\rho^a V^b D^c \rightarrow \Pi_2 = \frac{\mu}{\rho VD} = \frac{1}{Re}$$

$$\Pi_3 = \epsilon\rho^a V^b D^c \rightarrow \Pi_3 = \frac{\epsilon}{D}\ :\ \text{상대조도}$$

$$\Pi_4 = L\rho^a V^b D^c \rightarrow \Pi_4 = \frac{L}{D}\ :\ \text{상대길이}$$

따라서 $\Pi_1 = \phi(\Pi_2, \Pi_3, \Pi_4)$로부터 다음과 같이 변수들 간의 무차원 관계식을 쓸

수 있다.

$$Eu = \frac{\Delta P}{\rho V^2} = \phi\left(Re, \frac{\epsilon}{D}, \frac{L}{D}\right)$$

43. $Q = f(g, b, H)$, 기본차원은 $L$, $T$이고 개수 $r = 2$이다. 변수 개수 $n = 4$이므로 파이항의 개수는 $n - r = 4 - 2 = 2$개다. $g$, $H$를 반복변수로 하여 파이항을 구한다.

**[표] 물리량의 차원**

| 물리량 | $Q$ | $g$ | $b$ | $H$ |
|---|---|---|---|---|
| 차원 | $L^3T^{-1}$ | $LT^{-2}$ | $L$ | $L$ |

$$\Pi_1 = Qg^aH^b \rightarrow \Pi_1 = \frac{Q}{g^{1/2}H^{5/2}}$$

$$\Pi_2 = bg^aH^b \rightarrow \Pi_2 = \frac{b}{H}$$

따라서 $\Pi_1 = \phi(\Pi_2)$로부터 $\frac{Q}{g^{1/2}H^{5/2}} = \phi\left(\frac{b}{H}\right)$)로 쓸 수 있다. 여기에서 $Q$가 $b$에 비례하면 $\frac{Q}{g^{1/2}H^{5/2}} = C\left(\frac{b}{H}\right)$ ($C$는 상수)로 쓸 수 있으므로

$Q = Cbg^{1/2}H^{3/2} = CbH\sqrt{gH}$ 로 표현된다.

44. 차원해석을 통하여 4개의 변수($\omega$, $\rho$, $g$, $k$)들의 관계를 알아본다. 먼저 변수들을 기본차원 $M$, $L$, $T$로 나타내면 [표]와 같다. $M$, $L$, $T$는 각각 질량, 길이, 시간을 나타낸다.

**[표] 물리량의 차원**

| 물리량 | $\omega$ | $\rho$ | $g$ | $k$ |
|---|---|---|---|---|
| 차원 | $T^{-1}$ | $ML^{-3}$ | $LT^{-2}$ | $L^{-1}$ |

변수의 수 $n = 4$이고, 기본차원의 수 $r = 3$이므로 하나의 무차원수가 나타낸다. 따라서 변수 $\rho$, $g$, $k$가 서로 독립적인 변수들이므로 $\omega = f(\rho, g, k)$로 나타낼 수 있다. 여기에서

$$[\omega] = [\rho]^a[g]^b[k]^c \quad \cdots\cdots \text{①}$$

로 놓고 지수 $a$, $b$, $c$를 결정한다. $[x]$는 $x$의 차원을 나타낸다.

$$T^{-1} = (ML^{-3})^a (LT^{-2})^b (L^{-1})^c = (M)^a (L)^{-3a+b-c} (T)^{-2b} \cdots\cdots \text{②}$$

식 ②에서 양변의 $M$, $L$, $T$의 지수를 같게 하면

$$M : a = 0 \cdots\cdots \text{③}$$

$$L : -3a + b - c = 0 \cdots\cdots \text{④}$$

$$T : -2b = -1 \cdots\cdots \text{⑤}$$

이다. 식 ③, ④, ⑤를 연립해 풀면 $a = 0$, $b = c = \dfrac{1}{2}$이다. 따라서 식 ①로부터 다음 관계식이 구해진다.

$$\omega = C\sqrt{gk} \cdots\cdots \text{⑥}$$

식 ⑥에서 $C$는 상수이다. 식 ⑥은 주파수($\omega$)가 파수($k$)의 제곱근에 정비례하고, 중력가속도($g$)의 제곱근에 정비례한다는 것을 보여준다. 그러나 유체의 밀도($\rho$)는 주파수($\omega$)에 영향을 미치지 않는다.

45. (1) 유체의 동점성 계수를 $\nu$로 하면 Reynolds 수 $Re = \dfrac{VL}{\nu}$이다. Reynolds 상사법칙을 적용하면 원형과 모형의 $Re$가 같다.

$$\frac{V_p L_p}{\nu_p} = \frac{V_m L_m}{\nu_m} \cdots\cdots \text{①}$$

여기에서 모형과 원형에서 같은 유체를 사용하면 $\nu_p = \nu_m$이다. 따라서 식 ①로부터 속도비 $V_r$은

$$V_r = \frac{V_p}{V_m} = \frac{L_m}{L_p} = \frac{1}{\lambda} \cdots\cdots \text{②}$$

이다. 이때 유량 $Q = AV = L^2 V$이므로 유량비 $Q_r$은

$$Q_r = \frac{Q_p}{Q_m} = \frac{L_p^2 V_p}{L_m^2 V_m} = \left(\frac{L_p}{L_m}\right)^2 \left(\frac{V_p}{V_m}\right) = (\lambda^2)\left(\frac{1}{\lambda}\right) = \lambda \cdots\cdots \text{③}$$

이고, 시간 $t = \dfrac{L}{V}$이므로 시간비 $t_r$은

$$t_r = \frac{t_p}{t_m} = \left(\frac{L_p}{V_p}\right)\left(\frac{V_m}{L_m}\right) = \left(\frac{L_p}{L_m}\right)\left(\frac{V_m}{V_p}\right) = (\lambda)\left(\frac{1}{\lambda}\right)^{-1} = \lambda^2 \cdots\cdots ④$$

이 된다.

(2) Froude 상사법칙을 적용하면 원형과 모형의 Froude수($Fr$)가 같다. 중력가속도를 $g$로 하면 $Fr = \dfrac{V}{\sqrt{gL}}$ 이므로

$$\frac{V_p}{\sqrt{gL_p}} = \frac{V_m}{\sqrt{gL_m}} \qquad \therefore\ V_r = \frac{V_p}{V_m} = \sqrt{\frac{L_p}{L_m}} = \sqrt{\lambda} \cdots\cdots ⑤$$

이다. 따라서 유량비 $Q_r$과 시간비 $t_r$은 다음과 같다.

$$Q_r = \frac{Q_p}{Q_m} = \frac{L_p^2 V_p}{L_m^2 V_m} = \left(\frac{L_p}{L_m}\right)^2\left(\frac{V_p}{V_m}\right) = (\lambda^2)(\sqrt{\lambda}) = \lambda^{5/2} \cdots\cdots ⑥$$

$$t_r = \frac{t_p}{t_m} = \left(\frac{L_p}{V_p}\right)\left(\frac{V_m}{L_m}\right) = \left(\frac{L_p}{L_m}\right)\left(\frac{V_m}{V_p}\right) = (\lambda)\left(\frac{1}{\sqrt{\lambda}}\right) = \sqrt{\lambda} \cdots\cdots ⑦$$

46. (1) 먼저 주어진 5개의 변수 $F$, $\rho$, $V$, $\mu$, $D$를 기본차원 $M$, $L$, $T$로 나타내면 [표]와 같다. $M$, $L$, $T$는 각각 질량, 길이, 시간을 나타낸다.

**[표] 물리량의 차원**

| 물리량 | $F$ | $\rho$ | $V$ | $\mu$ | $D$ |
|---|---|---|---|---|---|
| 차원 | $MLT^{-2}$ | $ML^{-3}$ | $LT^{-1}$ | $ML^{-1}T^{-1}$ | $L$ |

본 문제에서 변수의 수 $n=5$이고, 기본차원의 수 $r=3$이므로 반복변수의 수 $r=3$이다. 여기에서 반복변수를 $\rho$, $V$, $D$로 선택하여 무차원수를 찾는다. 이때 $n-r=2$개의 무차원군이 구해지며 다음과 같이 무차원 방정식을 세워서 무차원군을 찾는다.

(i) $\Pi_1 = \rho^a V^b D^c F$ : $\Pi_1$을 $M$, $L$, $T$로 나타내면 다음과 같다.

$$\begin{aligned}\Pi_1 &= (ML^{-3})^a (LT^{-1})^b (L)^c (MLT^{-2}) \\ &= (M)^{a+1}(L)^{-3a+b+c+1}(T)^{-b-2} \cdots\cdots ①\end{aligned}$$

식 ①에서 $M$, $L$, $T$의 지수를 모두 0으로 하면

$$a+1=0 \quad \cdots\cdots ②$$
$$-3a+b+c+1=0 \quad \cdots\cdots ③$$
$$-b-2=0 \quad \cdots\cdots ④$$

이다. 식 ②, ③, ④를 연립해 풀면 $a=-1$, $b=-2$, $c=-2$가 구해진다. 따라서 $\Pi_1$은 다음과 같다.

$$\Pi_1 = \rho^a V^b D^c F = \rho^{-1} V^{-2} D^{-2} F = \frac{F}{\rho V^2 D^2} \quad \cdots\cdots ⑤$$

(ii) $\Pi_2 = \rho^a V^b D^c \mu$ : $\Pi_2$를 $M$, $L$, $T$로 나타내면 다음과 같다.

$$\Pi_2 = (ML^{-3})^a (LT^{-1})^b (L)^c (ML^{-1}T^{-1})$$
$$= (M)^{a+1} (L)^{-3a+b+c-1} (T)^{-b-1} \quad \cdots\cdots ⑥$$

식 ⑥에서 $M$, $L$, $T$의 지수를 모두 0으로 하면

$$a+1=0 \quad \cdots\cdots ⑦$$
$$-3a+b+c-1=0 \quad \cdots\cdots ⑧$$
$$-b-1=0 \quad \cdots\cdots ⑨$$

이다. 식 ⑦, ⑧, ⑨를 연립해 풀면 $a=-1$, $b=-1$, $c=-1$이 구해진다. 따라서 $\Pi_2$는 다음과 같다.

$$\Pi_2 = \rho^a V^b D^c \mu = \rho^{-1} V^{-1} D^{-1} \mu = \frac{\mu}{\rho V D} \quad \cdots\cdots ⑩$$

이상의 결과로부터 주어진 문제의 무차원군은 다음과 같다.

$$\Pi_1 = \frac{F}{\rho V^2 D^2}, \quad \Pi_2 = \frac{\mu}{\rho V D} \quad \cdots\cdots ⑪$$

그리고 항력 $F$는 다음과 같이 표현할 수 있다.

$$\Pi_1 = f(\Pi_2)$$
$$\therefore \frac{F}{\rho V^2 D^2} = f\left(\frac{\mu}{\rho V D}\right) \quad \cdots\cdots ⑫$$

(2) 공기와 물속에서의 유동에서는 점성력과 관성력이 중요한 물리량이므로 동역학적 상사를 만족하기 위해 레이놀즈수 $Re = \dfrac{VL}{\nu}$ 를 기준 무차원수로 선정한다. 편의상 공기와 물을 각각 1, 2로 표시한다. 주어진 조건에서

$$V_1 = 20\text{m/s},\ L_1 = 1\text{m},\ \nu_1 = 1.5\times10^{-5}\text{m}^2/\text{s}$$

$$\nu_2 = 1\times10^{-6}\text{m}^2/\text{s},\quad \frac{L_2}{L_1} = \frac{1}{5}$$

이다. 이상의 데이터들과 레이놀즈수를 이용하여 물의 속도($V_2$)를 구하면 다음과 같다.

$$Re = \frac{V_1L_1}{\nu_1} = \frac{V_2L_2}{\nu_2}$$

$$\therefore\ V_2 = \left(\frac{\nu_2}{\nu_1}\right)\left(\frac{L_1}{L_2}\right)V_1 = \left(\frac{1\times10^{-6}}{1.5\times10^{-5}}\right)(5)(20) = 6.67[\text{m/s}]$$

## 연습문제 7

01. $\left[\dfrac{\pi D^4 \Delta P}{128\mu L}\right] = \dfrac{L^4(FL^{-2})}{(FL^{-2}T)L} = \dfrac{L^3}{T}$ 이고 체적유량($Q$)의 차원과 같다.

02. $Re_c = \dfrac{V_cD}{\nu}$ 로부터

$$V_c = \frac{\nu Re_c}{D} = \frac{(1.01\times10^{-6})\times2300}{0.02} = 0.116[\text{m/s}] = 11.6[\text{cm/s}]$$

03. 흐름 방향으로 $\sum F = 0$ 을 적용한다.

$$P\left(\frac{\pi}{4}D^2\right) - (P-\Delta P)\left(\frac{\pi}{4}D^2\right) - \tau(\pi DL) = 0$$

$$\therefore\ \tau = \frac{D}{4}\times\frac{\Delta P}{L} = \frac{0.4}{4}\times2000 = 200[\text{Pa}]$$

04. (1) $u_{\max} = -\dfrac{R^2}{4\mu}\dfrac{dP}{dx} = \dfrac{R^2}{4\mu}\dfrac{\Delta P}{L} = \dfrac{(0.1)^2}{4\times(0.5)}\times\dfrac{400}{20} = 0.1\ [\text{m/s}]$

(2) $\overline{V}=\frac{1}{2}u_{\max}=\frac{1}{2}\times 0.1=0.05\,[\mathrm{m/s}]$

(3) $Q=A\,\overline{V}=\pi R^2\,\overline{V}=\pi(0.1)^2\times 0.05=1.57\times 10^{-3}\,[\mathrm{m^3/s}]=1.57\,[\mathrm{L/s}]$

05. 평균속도 $u_m=\frac{1}{2}V_c$이므로

$$V_c\left(1-\frac{r^2}{R^2}\right)=\frac{1}{2}V_c \quad\rightarrow\quad \frac{r^2}{R^2}=\frac{1}{2} \qquad \therefore\ r=\frac{R}{\sqrt{2}}$$

06. 층류유동에서 최대 유속은 관 중심 유속과 같다. 따라서 평균속도는

$$\overline{V}=\frac{1}{2}u_{\max}=\frac{1}{2}U_c=\frac{1}{2}\times 4=2\,[\mathrm{cm/s}]$$

이므로 유량은 다음과 같다.

$$Q=A\,\overline{V}=\frac{\pi}{4}D^2\,\overline{V}=\frac{\pi}{4}\times 3^2\times 2=14.1\,[\mathrm{cm^3/s}]$$

07. $Q=\frac{\pi D^4 \Delta P}{128\mu L}=\frac{\pi\times 0.2^4\times 100}{128\times 0.3\times 10}=1.31\times 10^{-3}\,[\mathrm{m^3/s}]=1.31\,[\mathrm{L/s}]$

[검사] $V=\frac{4Q}{\pi D^2}=\frac{4\times(1.31\times 10^{-3})}{\pi\times 0.2^2}=0.042\,[\mathrm{m/s}]$

$$Re=\frac{\rho VD}{\mu}=\frac{850\times 0.042\times 0.2}{0.3}=23.8<2300\ \text{(층류)}$$

08. (1) $V=\frac{4Q}{\pi D^2}=\frac{4\times(4\times 10^{-3})}{\pi\times 0.1^2}=0.509\,[\mathrm{m/s}]$

(2) $Re=\frac{\rho VD}{\mu}=\frac{(0.9\times 1000)\times 0.509\times 0.1}{0.1}=458.1<2300$ (층류)

(3) $\Delta P=\frac{128\mu LQ}{\pi D^4}=\frac{128\times 0.1\times 400\times(4\times 10^{-3})}{\pi\times(0.1)^4}=65{,}190\,[\mathrm{Pa}]$

$=65.19\,[\mathrm{kPa}]$

09. 평균속도 $V=\frac{Q}{A}=\frac{4Q}{\pi D^2}=\frac{4\times 0.01}{\pi\times 0.1^2}=1.273\,[\mathrm{m/s}]$

$$Re=\frac{VD}{\nu}=\frac{1.273\times 0.1}{3\times 10^{-4}}=424<2300\ \text{(층류)}$$

층류유동에서 관 중심에서의 유속이 최대 속도이고 이것은 평균속도의 2배이므로

$V_c = 2V = 2 \times 1.273 = 2.546[\text{m/s}]$이다.

10. (1) $Q = \int u\,dA = \int_0^{2R/3} U_c\left(1 - \frac{r^2}{R^2}\right)(2\pi r dr) = 2\pi U_c \int_0^{2R/3}\left(r - \frac{r^3}{R^2}\right)dr$

$$= 2\pi U_c\left[\frac{r^2}{2} - \frac{r^4}{4R^2}\right]_0^{2R/3} = 2\pi R^2 U_c\left[\frac{1}{2}\left(\frac{2}{3}\right)^2 - \frac{1}{4}\left(\frac{2}{3}\right)^4\right] = \frac{28}{81}\pi R^2 U_c$$

(2) 전단응력 $\tau = -\mu\frac{du}{dr} = 2\mu U_c\left(\frac{r}{R^2}\right)$이므로

$r = \frac{2R}{3}$일 때 $\tau = \frac{4\mu U_c}{3R}$

11. $Q = \frac{\pi D^4 \Delta P}{128\mu L} = \frac{\pi(0.1)^4 \times 300}{128 \times 0.04 \times 20} = 9.2 \times 10^{-4}[\text{m}^3/\text{s}] = 0.92[\text{L/s}]$

12. 질량유량 $\dot{m} = \rho Q = \rho(AV) = \rho\left(\frac{\pi D^2}{4}V\right)$이므로 $V = \frac{4\dot{m}}{\rho\pi D^2}$이다.

$$\therefore\ Re = \frac{\rho VD}{\mu} = \frac{\rho D}{\mu} \times \frac{4\dot{m}}{\rho\pi D^2} = \frac{4\dot{m}}{\pi\mu D}$$

13. 체적유량 $Q = AV$로부터 $V = \frac{Q}{A} = \frac{4Q}{\pi D^2}$이다.

$$\therefore\ Re = \frac{VD}{\nu} = \frac{D}{\nu} \times \frac{4Q}{\pi D^2} = \frac{4Q}{\pi\nu D}$$

14. 대기와 접한 두 점 1, 2 사이에 에너지 방정식을 적용한다.

$$\frac{P_1}{\gamma} + \frac{v_1^2}{2g} + z_1 = \frac{P_2}{\gamma} + \frac{v_2^2}{2g} + z_2 + h_L$$

$$\frac{P_a}{\gamma} + 0 + 3 = \frac{P_a}{\gamma} + 0 + 0 + h_L \quad \therefore\ h_L = 3[\text{m}]$$

층류로 가정하고 Poiseuille 방정식을 사용하여 유량을 구해본다.

$$Q = \frac{\pi D^4 \gamma h_L}{128\mu L} = \frac{\pi \times 0.04^4 \times (9.8 \times 850) \times 3}{128 \times 0.2 \times 2} = 3.93 \times 10^{-3}[\text{m}^3/\text{s}]$$

$$= 3.93[\text{L/s}]$$

층류로 가정하였으므로 레이놀즈수를 구하여 가정의 타당성을 점검한다.

$$Re = \frac{\rho VD}{\mu} = \frac{\rho D}{\mu} \times \frac{4Q}{\pi D^2} = \frac{4\rho Q}{\pi \mu D}$$

$$= \frac{4 \times 850 \times (3.93 \times 10^{-3})}{\pi \times 0.2 \times 0.04} = 532 < 2300$$

층류조건을 만족한다. 해석이 옳으므로 유량은 $Q = 3.93\,[\mathrm{L/s}]$이다.

15. $\tau_{D/4} = 2\mu U_c \left( \frac{r}{R^2} \right)_{r = D/4} = 2\mu U_c \left[ \frac{D/4}{(D/2)^2} \right] = \frac{2\mu U_c}{D}$

16. 층류로 가정하고 Poiseuille 방정식을 사용하여 동점성계수를 구해본다. 체적유량은 다음과 같다.

$$Q = \frac{\text{부피}}{\text{시간}} = \frac{3600\,\mathrm{cm}^3}{10\mathrm{min}} = \frac{3600 \times 10^{-6}\,\mathrm{m}^3}{10 \times 60\,\mathrm{s}} = 6 \times 10^{-6}\,\mathrm{m}^3/\mathrm{s}$$

Poiseuille 방정식으로부터

$$Q = \frac{\pi D^4 \gamma h_L}{128\mu L} = \frac{\pi D^4 (\rho g) h_L}{128\mu L} = \frac{\pi D^4 g h_L}{128(\mu/\rho)L} = \frac{\pi D^4 g h_L}{128(\nu)L}$$

이다. 주어진 데이터로써 이 방정식을 $\nu$에 대하여 풀면 다음과 같다.

$$\nu = \frac{\pi D^4 g h_L}{128 QL} = \frac{\pi \times 0.005^4 \times 9.8 \times 1}{128 \times (6 \times 10^{-6}) \times 0.1} = 2.5 \times 10^{-4}\,[\mathrm{m}^2/\mathrm{s}]$$

층류로 가정하였으므로 레이놀즈수를 구하여 가정의 타당성을 점검한다.

$$Re = \frac{VD}{\nu} = \frac{D}{\nu} \times \frac{4Q}{\pi D^2} = \frac{4Q}{\pi \nu D}$$

$$= \frac{4 \times (6 \times 10^{-6})}{\pi \times (2.5 \times 10^{-4}) \times 0.005} = 6.1 < 2300$$

$Re = 6.1$은 2300보다 아주 작으므로 입구와 출구 영향을 무시하면 완전한 층류유동이라고 볼 수 있다. 따라서 해석이 옳으며 측정한 동점성계수는 $\nu = 2.5 \times 10^{-4}\,[\mathrm{m}^2/\mathrm{s}]$이다.

17. (1) 펌프동력 $L_p = \Delta P Q = \frac{128\mu LQ}{\pi D^4} \times Q = \frac{128\mu L}{\pi D^4} \times \left( \frac{\pi D^2 V}{4} \right) = 8\pi \mu L V^2$

(2) $Re = \frac{\rho VD}{\mu} = \frac{840 \times 1 \times 0.1}{0.4} = 210 < 2300$ (층류)이므로 (1)의 식을 이용하여

펌프동력을 구하면 다음과 같다.

$$L_p = 8\pi\mu L V^2 = 8\pi \times 0.4 \times 10 \times 1^2 [\mathrm{W}] = 100.5 [\mathrm{W}]$$

18. 두 지점 1, 2의 총 에너지를 수두로 나타내면 다음과 같다.

$$h_{t1} = \frac{P_1}{\gamma} + \frac{v_1^2}{2g} + z_1 = \frac{200}{9.8 \times 1.26} + \frac{v^2}{2g} + 0 = 16.2 + \frac{v^2}{2g}\,[\mathrm{m}]$$

$$h_{t2} = \frac{P_2}{\gamma} + \frac{v_2^2}{2g} + z_2 = \frac{150}{9.8 \times 1.26} + \frac{v^2}{2g} + 10 = 22.1 + \frac{v^2}{2g}\,[\mathrm{m}]$$

$h_{t1} < h_{t2}$이므로 유체는 2에서 1로 흐른다. 수두손실

$$h_L = h_{t2} - h_{t1} = 22.1 - 16.2 = 5.9[\mathrm{m}]$$

이다. 층류유동이라 가정하고 흐르는 유량을 구한다. 두 단면 사이의 거리 $L = \dfrac{10}{\sin 30°} = 20(\mathrm{m})$이고 압력손실 $\Delta P = \gamma h_L$이다.

$$Q = \frac{\pi D^4 \Delta P}{128\mu L} = \frac{\pi \times 0.1^4 \times (9.8 \times 1260 \times 5.9)}{128 \times 1.49 \times 20} = 6 \times 10^{-3}[\mathrm{m^3/s}]$$

층류로 가정하였으므로 레이놀즈수를 구하여 가정의 타당성을 점검한다.

$$Re = \frac{\rho VD}{\mu} = \frac{\rho D}{\mu} \times \frac{4Q}{\pi D^2} = \frac{4\rho Q}{\pi \mu D}$$

$$= \frac{4 \times 1260 \times (6 \times 10^{-3})}{\pi \times 1.49 \times 0.1} = 64.6 < 2100$$

따라서 층류 조건을 만족하므로 흐르는 유량은 $6 \times 10^{-3}[\mathrm{m^3/s}]$이다.

19. $Re = \dfrac{\rho VD}{\mu} = \dfrac{1000(1.2)(2 \times 10^{-3})}{1.31 \times 10^{-3}} = 1832 < 2300$ (층류)

(1) 유량 $Q = \dfrac{\pi D^2}{4} V = \dfrac{\pi (0.002)^2}{4} \times 1.2 = 3.77 \times 10^{-6}[\mathrm{m^3/s}]$

Hagen-Poiseuille 방정식 $Q = \dfrac{\pi D^4 \Delta P}{128\mu L}$ 로부터

$$\Delta P = \frac{128\mu L Q}{\pi D^4} = \frac{128(1.31 \times 10^{-3})(40)(3.77 \times 10^{-6})}{\pi (2 \times 10^{-3})^4}$$

$$= 503 \times 10^3 [\mathrm{Pa}] = 503 [\mathrm{kPa}]$$

$$h_L = \frac{\Delta P}{\gamma} = \frac{\Delta P}{\rho g} = \frac{503 \times 10^3}{1000(9.8)} = 51.3 [\mathrm{m}]$$

(2) $L_p = \Delta P Q = 503 \times 10^3 (3.77 \times 10^{-6}) = 1.896 [\mathrm{W}]$

20. 층류유동으로 가정하고 유량을 구한다.

$$Q = \frac{\pi D^4 \Delta P}{128 \mu L} = \frac{\pi (0.014)^4 (170 - 100) \times 10^3}{128(0.24)(20)}$$
$$= 1.375 \times 10^{-5} [\mathrm{m^3/s}] = 13.75 [\mathrm{cm^3/s}]$$

이때 평균속도 $V = \frac{4Q}{\pi D^2} = \frac{4(1.375 \times 10^{-5})}{\pi (0.014)^2} = 0.0893[\mathrm{m/s}]$

$$Re = \frac{\rho V D}{\mu} = \frac{870(0.0893)(0.014)}{0.24} = 4.53 < 2300 \ (\text{층류})$$

따라서 층류조건을 만족하므로 체적유량 $Q = 13.75 [\mathrm{cm^3/s}]$이다.

21. $V = \frac{4Q}{\pi D^2} = \frac{4(45 \times 10^{-6})}{\pi (0.02)^2} = 0.143[\mathrm{m/s}]$

$$Re = \frac{\rho V D}{\mu} = \frac{1250(0.143)(0.02)}{0.25} = 14.3 < 2300$$

이므로 층류유동이다.

$$\Delta P = \frac{128 \mu L Q}{\pi D^4} = \frac{128(0.25)(30)(45 \times 10^{-6})}{\pi (0.02)^4} [\mathrm{Pa}]$$
$$= 85.9 \times 10^3 [\mathrm{Pa}] = 85.9 [\mathrm{kPa}] [\mathrm{Pa}]$$

$$\Delta P = P_1 - P_2 \quad \therefore \ P_1 = P_2 + \Delta P = 85.9 + 100 = 185.9 [\mathrm{kPa}]$$

22. 주어진 속도분포로부터 최대속도 $u_{max} = 14[\mathrm{m/s}]$이므로 평균속도는

$$V = \frac{u_{max}}{2} = \frac{14}{2} = 7 [\mathrm{m/s}]$$

이고 유량은 다음과 같다.

$$Q = AV = \pi R^2 V = \pi (0.02)^2 (7) = 8.796 \times 10^{-3} [\mathrm{m^3/s}] = 8.796 [\mathrm{L/s}]$$

23. 원관 내 완전발달 층류유동의 속도분포는 $u(r) = U\left(1 - \frac{r^2}{R^2}\right)$이다.

$r = R/2$일 때 $u(R/2) = U\left[1 - \frac{(R/2)^2}{R^2}\right] = U\left(1 - \frac{1}{4}\right) = \frac{3}{4}U$

$$\therefore\ U = \frac{4}{3}u(R/2) = \frac{4}{3} \times 12 = 16\,[\text{m/s}]$$

따라서 관 중심 $r = 0$에서 유속은 $U = 16$[m/s]이다.

24. $Q = \frac{\pi D^4 \Delta P}{128\mu L} = \frac{\pi(0.05)^4(900-100)\times 10^3}{128(0.8)(40)} = 3.83 \times 10^{-3}[\text{m}^3/\text{s}] = 3.83[\text{L/s}]$

25. 원관 내 완전발달 층류유동의 속도분포는 $u(r) = u_{\max}\left(1 - \frac{r^2}{R^2}\right)$이다.

(1) 관의 반지름 : 벽면 $r = R$에서 $u = 0$이므로 $1 - 400R^2 = 0$

$$\therefore\ R = \sqrt{\frac{1}{400}} = 0.05\,[\text{m}]$$

(2) 최대유속 : $r = 0$에서 $u_{\max} = 8$[m/s]

(3) 평균유속 : $V_{avg} = \frac{u_{\max}}{2} = \frac{8}{2} = 4$[m/s]

(5) 체적유량 : $1\text{m}^3 = 1000\text{L}$ 이다.

$$Q = AV_{avg} = \pi R^2 V_{avg} = \pi(0.05)^2(4)\times 1000[\text{L/s}] = 10\pi[\text{L/s}]$$
$$= 31.4[\text{L/s}]$$

26. 관의 반지름 : $1 - 6944R^2 = 0$ $\therefore$ $R = \sqrt{1/6944} = 0.012$[m]
평균유속 : $V = 0.24/2 = 0.12$[m/s]

(1) 체적유량 : $Q = \pi R^2 V = \pi(0.012)^2(0.12) = 5.429 \times 10^{-5}[\text{m}^3/\text{s}]$

(2) 압력강하 $\Delta P$ : $Q = \frac{\pi D^4 \Delta P}{128\mu L}$ 로부터

$$\Delta P = \frac{128\mu LQ}{\pi D^4} = \frac{128(1.52\times 10^{-3})(100)(5.429\times 10^{-5})}{\pi(0.024)^4} = 1013\,[\text{Pa}]$$

(3) 압력강하를 극복하기 위해 요구되는 펌프동력 $L_p$ :

$$L_p = \Delta PQ = 1013(5.429\times 10^{-5}) = 0.055\,[\text{W}]$$

(4) 마찰계수 $\lambda$ : $Re=\dfrac{\rho VD}{\mu}=\dfrac{1000(0.12)(0.024)}{1.52\times10^{-3}}=1895<2300$ (층류)

$$\lambda=\frac{64}{Re}=\frac{64}{1895}=0.0338$$

27. $v_r=0,\ v_\theta=0,\ v_z(r)=u(r),\ \vec{f}=0$이다. 이러한 조건들을 $z$ 방향(축방향) Navier-Stokes 방정식에 대입하면 다음과 같은 미분방정식이 얻어진다.

$$\rho(0+0+0+0)=-\frac{\partial P}{\partial z}+\mu\left[\frac{1}{r}\frac{\partial}{\partial r}\left(r\frac{\partial u}{\partial r}\right)+0+0\right]+0$$

$$\frac{d}{dr}\left(r\frac{du}{dr}\right)=\frac{1}{\mu}\frac{dP}{dz}r \quad \cdots\cdots ①$$

식 ①을 $r$에 대해 적분하면

$$r\frac{du}{dr}=\frac{1}{2\mu}\frac{dP}{dz}r^2+A \quad \cdots\cdots ②$$

이다. 여기에서 $r=0$을 대입하면 상수 $A=0$이므로 식 ②는 다음과 같다.

$$\frac{du}{dr}=\frac{1}{2\mu}\frac{dP}{dz}r \quad \cdots\cdots ③$$

식 ③을 다시 $r$에 대해 적분하면

$$u(r)=\frac{1}{4\mu}\frac{dP}{dz}r^2+C \ \ (C\text{는 상수}) \quad \cdots\cdots ④$$

이다. 식 ④에 경계조건 $u(R)=0$를 적용하여 $C$를 구하면

$$C=-\frac{1}{4\mu}\frac{dP}{dz}R^2$$

이고, 속도분포는 다음과 같다.

$$u(r)=\frac{1}{4\mu}\frac{dP}{dz}(r^2-R^2) \quad \cdots\cdots ⑤$$

28. $\left[\dfrac{h^3\Delta P}{12\mu L}\right]=\dfrac{L^3(FL^{-2})}{(FL^{-2}T)L}=\dfrac{L^2}{T}$ 이다. 이것은 단위 길이 당 체적유량의 차원 $\dfrac{L^3}{T}\times\dfrac{1}{L}$과 같다.

29. $\overline{V}=\frac{2}{3}u_{max}$ 이므로 $u_{max}=\frac{3}{2}\overline{V}=\frac{3}{2}\times 10=15[\mathrm{cm/s}]$

30. 지면에 수직한 방향의 폭을 $b$로 놓고 수평방향으로 힘의 평형조건을 적용한다.

$$P(bh)-(P-\Delta P)(bh)-2\tau_w(bL)=0 \rightarrow h\Delta P-2\tau_w L=0$$

$$\therefore \ \tau_w=\frac{h\Delta P}{2L}$$

31. $Re=\frac{\rho\overline{V}h}{\mu}$ 에서 $\overline{V}=\frac{\mu Re}{\rho h}$ 이므로

$$\Delta P=\frac{12\mu\overline{V}L}{h^2}=\frac{12\mu L}{h^2}\times\frac{\mu Re}{\rho h}=\frac{12\mu^2 L Re}{\rho h^3}$$

32. 위 문제의 결과 식을 이용한다. $\mu=\rho\nu$ 이므로

$$\Delta P=\frac{12\mu^2 L Re}{\rho h^3}=\frac{12\rho\nu^2 L Re}{h^3}$$

$$=\frac{12\times 1000\times(1.0\times 10^{-6})^2\times 10\times 1000}{0.01^3}=120[\mathrm{Pa}]$$

33. $\mathrm{L/s\cdot cm}=10^3\mathrm{cm^3/s\cdot cm}=10^3\times 10^{-4}\mathrm{m^2/s}=0.1\mathrm{m^2/s}$ 이므로
$q=2\mathrm{L/s\cdot cm}=0.2\mathrm{m^2/s}$ 이고 $4\mathrm{poise}=0.4\mathrm{Pa\cdot s}$ 이다.

$$Re=\frac{\rho Vh}{\mu}=\frac{\rho q}{\mu}=\frac{800\times 0.2}{0.4}=400<1500\ (\text{층류})$$

층류이므로 $q=\frac{h^3\Delta P}{12\mu L}$ 로부터 압력강하 $\Delta P$를 구한다.

$$\Delta P=\frac{12\mu Lq}{h^3}=\frac{12\times 0.4\times 10\times(0.2)}{0.1^3}=9600[\mathrm{Pa}]=9.6[\mathrm{kPa}]$$

34. $u=u(y),\ v=0,\ w=0,\ \vec{f}=0$ 이다. 이러한 조건들을 $x$ 방향 Navier-Stokes 방정식에 대입하면 다음과 같은 미분방정식이 얻어진다.

$$\rho(0+0+0+0)=-\frac{\partial P}{\partial x}+\mu\left(0+\frac{\partial^2 u}{\partial y^2}+0\right)+0 \rightarrow \frac{1}{\mu}\frac{dP}{dx}=\frac{d^2u}{dy^2} \ \cdots\cdots\cdots ①$$

식 ①을 $y$에 대하여 두 번 적분하면 다음 식이 얻어진다,

$$u = \frac{1}{2\mu}\frac{dP}{dx}y^2 + Ay + B \quad \cdots\cdots ②$$

식 ②에 경계조건 ($y = \pm H$에서 $u = 0$)을 적용하면 다음 속도분포가 구해진다.

$$u(y) = \frac{1}{2\mu}\frac{dP}{dx}(y^2 - H^2) \quad \cdots\cdots ③$$

35. 반지름 $r$의 위치에서 두께가 $dr$인 고리 모양의 면적요소를 잡으면

$$dA = (2\pi r)dr$$

이다. 관의 단면적 $A = \pi R^2$이고

$$\frac{u}{V_m} = 2\left(1 - \frac{r^2}{R^2}\right)$$

이므로 운동량 수정계수는 다음과 같다.

$$\beta = \frac{1}{A}\int\left(\frac{u}{V_m}\right)^2 dA = \frac{1}{\pi R^2}\int_0^R 4\left(1 - \frac{r^2}{R^2}\right)^2 (2\pi r dr)$$

$$= \frac{8}{R^2}\int_0^R\left(1 - \frac{r^2}{R^2}\right)^2 r dr = \frac{8}{R^2}\left[-\frac{R^2}{6}\left(1 - \frac{r^2}{R^2}\right)^3\right]_0^R = \frac{4}{3}$$

† $\int(1 - kx^2)^n x dx = -\frac{1}{2(n+1)k}(1 - kx^2)^{n+1} + C$ ($C$는 적분상수)

36. $V = \frac{Q}{A} = \frac{4Q}{\pi D^2} = \frac{4 \times 0.04}{\pi \times 0.2^2} = 1.273[\mathrm{m/s}]$

$$h_L = \lambda\frac{L}{D}\frac{V^2}{2g} = 0.03 \times \frac{100}{0.2} \times \frac{1.273^2}{2 \times 9.8} = 1.24[\mathrm{m}]$$

37. 레이놀즈수와 상대조도를 구한 후 Moody 선도로부터 관 마찰계수를 구한다.

$$Re = \frac{VD}{\nu} = \frac{3.33 \times 0.075}{1.0 \times 10^{-6}} = 2.5 \times 10^5 \text{(난류)}, \quad \frac{\epsilon}{D} = \frac{0.15}{75} = 0.002$$

Moody 선도에서 $Re = 2.5 \times 10^5$, $\frac{\epsilon}{D} = 0.002$에서의 $\lambda$를 찾으면

$$\lambda = 0.024$$

이다. 따라서 Darcy 방정식으로부터 마찰수두손실 $h_L$을 구하면 다음과 같다.

$$h_L = \lambda \frac{L}{D}\frac{V^2}{2g} = 0.024 \times \frac{10 \times 3.33^2}{0.075 \times 2 \times 9.8} = 1.81\,[\mathrm{m}]$$

† Haaland의 공식을 사용하면

$$\frac{1}{\sqrt{\lambda}} = -1.8\log\left[\left(\frac{\epsilon/D}{3.7}\right)^{1.11} + \frac{6.9}{Re}\right]$$

$$= -1.8\log\left[\left(\frac{0.002}{3.7}\right)^{1.11} + \frac{6.9}{2.5 \times 10^5}\right] = 6.441$$

$$\therefore\ \lambda = \frac{1}{6.441^2} = 0.0241$$

38. $V = \dfrac{4Q}{\pi D^2} = \dfrac{4 \times (5/60)}{\pi \times 0.2^2} = 2.65\,[\mathrm{m/s}]$

$$\Delta P = \lambda \frac{L}{D}\frac{\rho V^2}{2} = 0.03 \times \frac{300}{0.2} \times \frac{(0.9 \times 1000) \times 2.65^2}{2} \times \frac{1}{1000}$$

$$= 123\,[\mathrm{kPa}]$$

39. $Re = \dfrac{\rho VD}{\mu} = \dfrac{(0.9 \times 1000) \times 0.8 \times 0.5}{0.4} = 900 < 2300$ (층류)

$$\Delta P = \frac{64}{Re}\frac{L}{D}\frac{\rho V^2}{2} = \frac{64}{900} \times \frac{3000}{0.5} \times \frac{1000 \times 0.8^2}{2} \times \frac{1}{1000} = 137\,[\mathrm{kPa}]$$

40. $V = \dfrac{4Q}{\pi D^2} = \dfrac{4 \times 0.02}{\pi \times 0.2^2} = 0.637\,[\mathrm{m/s}]$

$$Re = \frac{\rho VD}{\mu} = \frac{850 \times 0.637 \times 0.2}{4 \times 10^{-3}} = 2.7 \times 10^4 \text{ (난류)}$$

Blasius 공식으로부터 $\lambda = \dfrac{0.316}{Re^{1/4}} = \dfrac{0.316}{(2.7 \times 10^4)^{1/4}} = 0.0247$

Darcy 방정식으로부터 $h_L = \lambda \dfrac{L}{D}\dfrac{V^2}{2g} = 0.0247 \times \dfrac{300}{0.2} \times \dfrac{0.637^2}{2 \times 9.8} = 0.767\,[\mathrm{m}]$

41. (a) $D_H = \dfrac{4A}{P} = \dfrac{4 \times ab}{2(a+b)} = \dfrac{2ab}{a+b}$

(b) $D_H = \dfrac{4A}{P} = \dfrac{4\times\dfrac{1}{2}h^2\sin 60°}{3h} = \dfrac{h}{\sqrt{3}}$

42. $Q = AV = (4\times b)V \quad \therefore \quad b = \dfrac{Q}{4V} = \dfrac{24}{4\times 3} = 2[\text{m}]$

$$R_H = \frac{A}{P} = \frac{4b}{4+2b} = \frac{4\times 2}{4+2\times 2} = 1[\text{m}]$$

43. 이 문제는 곧바로 해를 구할 수 없고 시행착오에 의한 반복계산을 통하여 해를 구할 수 있다. 마찰 손실 관계식에서

$$h_L = \lambda\frac{L}{D}\frac{V^2}{2g} \;\rightarrow\; 10 = \lambda\times\frac{50}{0.075}\times\frac{V^2}{2\times 9.8}$$

$$\therefore \quad V = \sqrt{0.294/\lambda}\ [\text{m/s}] \cdots\cdots ①$$

이고 마찰계수 식에서

$$\frac{\epsilon}{D} = \frac{0.045}{75} = 6\times 10^{-4}, \quad Re = \frac{VD}{\nu} = \frac{0.075V}{10^{-6}}$$

$$\lambda = 0.0055\left[1+\left(20000\frac{\epsilon}{D}+\frac{10^6}{Re}\right)^{1/3}\right]$$

$$= 0.0055\left[1+\left(12+\frac{1}{0.075V}\right)^{1/3}\right] \cdots\cdots ②$$

이다. 먼저 ①에서 $\lambda = 0.03$으로 가정하고 유속을 구하면

$$V = \sqrt{0.294/0.03} = 3.13[\text{m/s}]$$

인데 이것을 ②에 대입하면

$$\lambda = 0.0055\left[1+\left(12+\frac{1}{0.075\times 3.13}\right)^{1/3}\right] = 0.0194$$

로 가정한 값과 다르다. 따라서 다시 위의 과정을 반복한다.

$$V = \sqrt{0.294/0.0194} = 3.89[\text{m/s}]$$

$$\lambda = 0.0055\left[1+\left(12+\frac{1}{0.075\times 3.89}\right)^{1/3}\right] = 0.0192$$

$$V = \sqrt{0.294/0.0192} = 3.91[\text{m/s}]$$

$$\lambda = 0.0055\left[1+\left(12+\frac{1}{0.075\times3.91}\right)^{1/3}\right] = 0.0192$$

여기에서 $\lambda = 0.0192$로 가정한 것과 일치하므로 유속 $V = 3.91[\mathrm{m/s}]$이고, 유량 $Q = \frac{\pi}{4}D^2V = \frac{\pi}{4}\times0.075^2\times3.91 = 0.0173[\mathrm{m^3/s}]$이다.

[Note] Moody의 관계식을 이용하여 이상에서 구한 유량은 정밀한 선도를 읽어서 구한 값 $Q = 0.0174[\mathrm{m^3/s}]$와 거의 일치한다.

44. 면적 비 $\frac{A_1}{A_2} = \left(\frac{D_1}{D_2}\right)^2 = \left(\frac{1}{2}\right)^2 = \frac{1}{4}$이므로 손실계수는 다음과 같다.

$$K = \left(1-\frac{A_1}{A_2}\right)^2 = \left(1-\frac{1}{4}\right)^2 = \frac{9}{16}$$

(1) $h_L = K\frac{V_1^2}{2g} = \frac{9}{16}\times\frac{3^2}{2\times9.8} = 0.258\,[\mathrm{m}]$

(2) 연속법칙에서 $V_1 = \frac{A_2}{A_1}V_2 = \left(\frac{D_2}{D_1}\right)^2 V_2 = 4\times3 = 12\,[\mathrm{m/s}]$

$$h_L = K\frac{V_1^2}{2g} = \frac{9}{16}\times\frac{12^2}{2\times9.8} = 4.13\,[\mathrm{m}]$$

45. $V_1 = \frac{4Q}{\pi D^2} = \frac{4\times(200\times10^{-3}/60)}{\pi\times0.03^2} = 4.72[\mathrm{m/s}]$

$$h_L = \frac{V_1^2}{2g} = \frac{4.72^2}{2\times9.8} = 1.14\,[\mathrm{m}]$$

46. $V_1 = \frac{Q}{A_1} = \frac{0.2}{100\times10^{-4}} = 20\,[\mathrm{m/s}]$

$$h_L = \left(1-\frac{A_1}{A_2}\right)^2\frac{V_1^2}{2g} = \left(1-\frac{100}{500}\right)^2\times\frac{20^2}{2\times9.8} = 13.1\,[\mathrm{m}]$$

47. 본문의 [표 7.2]로부터 $\frac{A_2}{A_1} = 0.5$일 때 $K = 0.24$이다.

(1) $h_L = K\frac{V_2^2}{2g} = K\frac{1}{2g}\left(\frac{A_1}{A_2}V_1\right)^2 = 0.24\times\frac{1}{2\times9.8}\times\left(\frac{10}{0.5}\right)^2 = 4.9[\mathrm{m}]$

(2) $h_L = K\dfrac{V_2^2}{2g} = 0.24 \times \dfrac{10^2}{2 \times 9.8} = 1.2\,[\mathrm{m}]$

48. $\dfrac{A_2}{A_1} = 0$인 경우 $K = 0.5$이므로 $h_L = K\dfrac{V_2^2}{2g} = 0.5 \times \dfrac{10^2}{2 \times 9.8} = 2.55\,[\mathrm{m}]$

49. $V_2 = \dfrac{4Q}{\pi D_2^2} = \dfrac{4 \times 0.04}{\pi \times 0.06^2} = 14.1\,[\mathrm{m/s}]$, $\dfrac{A_2}{A_1} = \left(\dfrac{D_2}{D_1}\right)^2 = \left(\dfrac{6}{13.4}\right)^2 = 0.2$

이므로 본문의 [표 7.2]에서 손실계수 $K = 0.41$이다. 따라서 단면적의 축소로 인한 압력손실은 다음과 같다.

$$\Delta P_L = K\frac{\rho V_2^2}{2} = 0.41 \times \frac{1000 \times 14.1^2}{2} \times \frac{1}{1000} = 40.8\,[\mathrm{kPa}]$$

50. 원의 반지름을 $R$, 정사각형의 한 변의 길이를 $a$라 하면 면적이 같으므로

$$\pi R^2 = a^2 \quad \therefore \quad a = \sqrt{\pi}\,R$$

이다. 원과 정사각형의 수력직경을 각각 $D_1$, $D_2$라 하면

$$D_1 = \frac{4A}{P} = \frac{4 \times (\pi R^2)}{2\pi R} = 2R, \quad D_2 = \frac{4A}{P} = \frac{4 \times (a^2)}{4a} = a$$

이다. 따라서

$$D_2 - D_1 = a - 2R = \sqrt{\pi}\,R - 2R = (\sqrt{\pi} - 2)R$$
$$= (\sqrt{\pi} - \sqrt{4}\,)R < 0$$

이므로 $D_2 < D_1$이다. 즉, 원의 수력직경이 정사각형보다 크다.

51. 전체 손실은 관 길이에서의 주손실과 탱크 입구에서의 부차적 손실의 합이고, 탱크입구에서의 손실계수 $K = 1$이다.

$$V = \frac{4Q}{\pi D^2} = \frac{4 \times 0.08}{\pi \times 0.2^2} = 2.55\,[\mathrm{m/s}]$$

$$h_L = \lambda\frac{L}{D}\frac{V^2}{2g} + K\frac{V^2}{2g} = \left(\lambda\frac{L}{D} + K\right)\frac{V^2}{2g}$$
$$= \left(0.03 \times \frac{30}{0.2} + 1\right) \times \frac{2.55^2}{2 \times 9.8} = 1.82\,[\mathrm{m}]$$

52. 손실은 관 입구, 관 길이, 관 출구의 세 곳에서 일어난다. 입구에서 손실계수 $K=0.5$, 출구에서 손실계수 $K=1$이다.

$$h_L=\left(0.5+\lambda\frac{L}{D}+1\right)\frac{V^2}{2g}=\left(0.5+0.03\times\frac{30}{0.2}+1\right)\times\frac{4^2}{2\times 9.8}$$
$$=4.9[\mathrm{m}]$$

53. 관 길이, 관 입구, 굽어진 곳 두 군데, 밸브, 관 출구의 6 곳에서 일어나는 총 수두손실은 다음과 같다.

$$H_L=\left(\lambda\frac{L}{D}+0.5+1.5+1.5+0.8+1\right)\frac{V^2}{2g}$$
$$=\left(0.02\times\frac{15}{0.05}+0.5+1.5+1.5+0.8+1\right)\frac{V^2}{2g}=11.3\times\frac{V^2}{2g}$$

대기와 접하고 있는 물탱크의 수면과 출구로부터 약간 떨어진 지점 사이에 에너지 방정식을 적용하면 총 수두손실은 수면과 관 유출구와의 고도 차이와 같게 된다. 따라서 유속은

$$H_L=(z_1-z_2)\quad\rightarrow\quad 11.3\times\frac{V^2}{2g}=10$$
$$\therefore\quad V=\sqrt{\frac{2g\times 10}{11.3}}=\sqrt{\frac{2\times 9.8\times 10}{11.3}}=4.16[\mathrm{m/s}]$$

이고, 유량은 다음과 같다.

$$Q=AV=\frac{\pi}{4}D^2V=\frac{\pi}{4}\times 0.05^2\times 4.16$$
$$=8.17\times 10^{-3}[\mathrm{m^3/s}]=8.17[\mathrm{L/s}]$$

54. (1) 평균유속 : $V=\dfrac{u_{max}}{2}=\dfrac{10}{2}=5[\mathrm{m/s}]$

(2) 체적유량 : $Q=AV=\dfrac{\pi D^2}{4}V=\left(\dfrac{\pi\times 0.04^2}{4}\right)(5)=6.28\times 10^{-3}[\mathrm{m^3/s}]$

(3) 레이놀즈수 : $Re=\dfrac{\rho VD}{\mu}=\dfrac{1250(5)(0.04)}{0.3}=833.3$ (층류)

(4) 마찰계수 : $\lambda=\dfrac{64}{Re}=\dfrac{64}{833.3}=0.0768$

(5) 관의 전 길이에서 수두손실 :

$$h_L = \lambda \frac{L}{D}\frac{V^2}{2g} = 0.0768\left(\frac{80}{0.04}\right)\frac{5^2}{2(9.8)} = 195.9[\text{m}]$$

(6) 펌프동력 : $L_p = \Delta PQ = \gamma h_L Q = \rho g h_L Q$

$$= 1250(9.8)(195.9)(6.28 \times 10^{-3}) \times \frac{1}{1000} = 15.1[\text{kW}]$$

55. 1번 관 입구, 길이, 급 확대, 2번 관 길이, 출구에서 일어나는 총 수두손실은 다음과 같다.

$$H_L = \left(0.5 + \lambda_1 \frac{L_1}{D_1}\right)\frac{V_1^2}{2g} + \frac{(V_1 - V_2)^2}{2g} + \left(\lambda_2 \frac{L_2}{D_2} + 1\right)\frac{V_2^2}{2g}$$

$$= \left(0.5 + 0.03 \times \frac{15}{0.04}\right)\frac{V_1^2}{2g} + \frac{(V_1 - V_2)^2}{2g} + \left(0.02 \times \frac{10}{0.08} + 1\right)\frac{V_2^2}{2g}$$

$$= 11.75\frac{V_1^2}{2g} + \frac{(V_1 - V_2)^2}{2g} + 3.5\frac{V_2^2}{2g}$$

여기에서 연속방정식에 의해 $V_1 = \left(\frac{D_2}{D_1}\right)^2 V_2 = 4V_2$이므로

$$H_L = 11.75\frac{(4V_2)^2}{2g} + \frac{(4V_2 - V_2)^2}{2g} + 3.5\frac{V_2^2}{2g} = 200.5\frac{V_2^2}{2g}$$

이다. 두 탱크의 수면 사이에 에너지 방정식을 적용하면 총 수두손실은 두 탱크 수면의 고도 차이와 같게 된다. 따라서 유속은 다음과 같이 구해지고,

$$H_L = (z_1 - z_2) \rightarrow 200.5 \times \frac{V_2}{2g} = 3$$

$$\therefore \quad V_2 = \sqrt{\frac{2 \times 9.8 \times 3}{200.5}} = 0.542[\text{m/s}]$$

유량은 다음과 같다.

$$Q = A_2 V_2 = \frac{\pi}{4} D_2^2 V_2 = \frac{\pi}{4} \times 0.08^2 \times 0.542$$

$$= 2.72 \times 10^{-3}[\text{m}^3/\text{s}] = 2.72[\text{L/s}]$$

56. 원관 내 층류유동 속도분포 $u(r) = u_{\max}\left(1 - \frac{r^2}{R^2}\right)$이고, 전단응력은

$$\tau = -\mu\frac{du}{dr} = 2\mu u_{\max}\left(\frac{r}{R^2}\right)$$

이다. 따라서 벽면($r = R$)에서의 전단응력은

$$\tau_w = \frac{2\mu u_{\max}}{R}$$

이다. 여기에서 평균유속 $V = \frac{1}{2}u_{\max}$ $(u_{\max} = 2V)$이므로 Fanning 마찰계수는 다음과 같다.

$$\lambda_F = \frac{\tau_w}{\frac{1}{2}\rho V^2} = \frac{2\mu u_{\max}}{R}\times\frac{2}{\rho V^2} = \frac{2\mu(2V)}{R}\times\frac{2}{\rho V^2}$$

$$= \frac{8\mu}{\rho R V} = \frac{8}{\frac{\rho(D/2)V}{\mu}} = \frac{16}{\frac{\rho VD}{\mu}} = \frac{16}{Re}$$

† Fanning 마찰계수를 사용하면 Darcy-Weisbach 방정식에 의한 관에서의 수두손실 $h_L$은 다음과 같이 표현된다.

$$h_L = (4\lambda_F)\frac{L}{D}\frac{V^2}{2g}$$

57. 관내 층류유동에서 $Q = \frac{\Delta P\pi D^4}{128\mu L} = kD^4$($k$는 상수)이므로

$$k = \frac{Q_1}{D_1^4} = \frac{Q_2}{D_2^4} \quad\rightarrow\quad D_2 = D_1\left(\frac{Q_2}{Q_1}\right)^{1/4} = 30\left(\frac{1}{16}\right)^{1/4} = 15\,[\text{mm}]$$

58. (1) 체적유량 :

$$Q = AV = \frac{\pi D^2}{4}V = \left(\frac{\pi\times 0.005^2}{4}\right)(0.6) = 1.178\times 10^{-5}\,[\text{m}^3/\text{s}]$$

(2) 레이놀즈수 : $Re = \frac{\rho VD}{\mu} = \frac{1000(0.6)(0.005)}{1.5\times 10^{-3}} = 2000$ (층류)

(3) 마찰계수 : $\lambda = \frac{64}{Re} = \frac{64}{2000} = 0.032$

(4) 관의 전 길이에서 압력강하 :

$$\Delta P = \lambda \frac{L}{D}\frac{\rho V^2}{2} = 0.032\left(\frac{14}{0.005}\right)\frac{1000(0.6^2)}{2} \times \frac{1}{1000}[\text{kPa}] = 16.13[\text{kPa}]$$

(5) 펌프동력 : $L_p = \Delta PQ = (16.13 \times 10^3)(1.178 \times 10^{-5}) = 0.19[\text{W}]$

59. 먼저 평균유속과 레이놀즈수를 구한다. $Q = 6L/s = 6 \times 10^{-3}\text{m}^3/\text{s}$

$$V = \frac{Q}{A} = \frac{4Q}{\pi D^2} = \frac{4(6 \times 10^{-3})}{\pi(0.05)^2} = 3.06[\text{m/s}]$$

$$Re = \frac{\rho VD}{\mu} = \frac{1000(3.06)(0.05)}{1.14 \times 10^{-3}} = 1.342 \times 10^5 \text{ (난류)}$$

(1) 마찰계수 : 상대조도 $\frac{\epsilon}{D} = \frac{0.002}{50} = 4 \times 10^{-5}$. Haaland의 공식에서

$$\frac{1}{\sqrt{\lambda}} = -1.8\log\left[\left(\frac{\epsilon/D}{3.7}\right)^{1.11} + \frac{6.9}{Re}\right]$$

$$= -1.8\log\left[\left(\frac{4 \times 10^{-5}}{3.7}\right)^{1.11} + \frac{6.9}{1.342 \times 10^5}\right] = 7.676$$

$$\therefore \quad \lambda = \frac{1}{7.675^2} = 0.017$$

(2) 수두손실[m]

$$h_L = \lambda \frac{L}{D}\frac{V^2}{2g} = 0.017\left(\frac{70}{0.05}\right)\frac{(3.06^2)}{2(9.8)}[\text{m}] = 11.37[\text{m}]$$

(3) 관의 전 길이에서 압력강하[kPa]

$$\Delta P = \gamma h_L = \rho g h_L = 1000(9.8)(11.37) \times \frac{1}{1000}[\text{kPa}] = 111.4[\text{kPa}]$$

(4) 압력강하를 극복하기 위해 요구되는 펌프동력[W]

$$L_p = \Delta PQ = (111.4 \times 10^3)(6 \times 10^{-3}) = 668[\text{W}]$$

60. $\lambda_A = \lambda_B$, $D_A = D_B$일 때

$$\frac{Q_A}{Q_B} = \sqrt{\frac{L_B}{L_A}} = \sqrt{\frac{L_B}{3L_B}} = \frac{1}{\sqrt{3}} = 0.577$$

61. 여기에서 $\lambda_1 = \lambda_2$이므로

$$\frac{Q_1}{Q_2} = \left(\frac{D_1}{D_2}\right)^{5/2}\sqrt{\frac{\lambda_2}{\lambda_1}\frac{L_2}{L_1}} = \left(\frac{D_1}{D_2}\right)^{5/2}\sqrt{\frac{L_2}{L_1}}$$

(1) 2번관을 흐르는 유량($Q_2$) :

$$Q_2 = Q_1\sqrt{\frac{L_1}{L_2}}\left(\frac{D_2}{D_1}\right)^{5/2} = 640\sqrt{\frac{1200}{1600}}\left(\frac{30}{40}\right)^{5/2} = 270[\text{L/s}]$$

(2) 총 유량($Q$) : 질량보존법칙에 의해

$$Q = Q_1 + Q_2 = 640 + 270 = 910[\text{L/s}]$$

62. 병렬 관에서 $\dfrac{Q_1}{Q_2} = \left(\dfrac{D_1}{D_2}\right)^2\sqrt{\dfrac{\lambda_2}{\lambda_1}\dfrac{L_2}{L_1}\dfrac{D_1}{D_2}}$

(1) 2번관을 흐르는 유량($Q_2$) : 여기에서 $D_1 = D_2$, $\lambda_1 = \lambda_2$이므로

$$\frac{Q_1}{Q_2} = \sqrt{\frac{L_2}{L_1}} \quad \therefore\ Q_2 = Q_1\sqrt{\frac{L_1}{L_2}} = 0.4\sqrt{\frac{2500}{1600}} = 0.5[\text{m}^3/\text{s}]$$

(2) 총 유량($Q$) : 질량보존법칙에 의해

$$Q = Q_1 + Q_2 = 0.4 + 0.5 = 0.9[\text{m}^3/\text{s}]$$

63. 1번관에서 유속은

$$V_1 = \frac{4Q}{\pi D^2} = \frac{4(0.4)}{\pi(0.3)^2} = 5.659[\text{m/s}]$$

이고, 1번관에서 총 수두손실은

$$h_{L,1} = \left(\lambda\frac{L_1}{D} + K_{L,1}\right)\frac{V_1^2}{2g} = \left(0.02\times\frac{2500}{0.3} + 10\right)\frac{(5.659)^2}{2(9.8)}$$
$$= 288.7[\text{m}]$$

이다. 병렬 관에서 수두손실이 같다는 조건을 적용하면 다음과 같이 유량이 구해진다.

$$h_{L,2} = \left(\lambda\frac{L_2}{D} + K_{L,2}\right)\frac{V_2^2}{2g} = h_{L,1} = 288.7$$

$$\left(0.02\times\frac{1600}{0.3}+2\right)\frac{V_2^2}{2(9.8)}=288.7 \rightarrow 5.544\,V_2^2=288.7$$

$$\therefore\ V_2=7.216[\text{m/s}]$$

$$Q_2=\frac{\pi D^2}{4}V_2=\frac{\pi(0.3)^2}{4}\times 7.216=0.51[\text{m}^3/\text{s}]$$

64. $D_1=4\text{cm},\ D_2=9\text{cm},\ D_3=16\text{cm},\ L_1=45\text{m},\ L_2=180\text{m},\ L_3=405\text{m}$이다. 여기에서 $\lambda_1=\lambda_2=\lambda_3=\lambda_x$이므로

$$\frac{Q_x}{Q_1}=\left(\frac{D_x}{D_1}\right)^{5/2}\sqrt{\frac{\lambda_1}{\lambda_x}\frac{L_1}{L_x}}=\sqrt{\frac{L_1}{L_x}}\left(\frac{D_x}{D_1}\right)^{5/2}$$

(1) 2번관을 흐르는 유량($Q_2$) :

$$Q_2=Q_1\sqrt{\frac{L_1}{L_2}}\left(\frac{D_2}{D_1}\right)^{5/2}=192\sqrt{\frac{45}{180}}\left(\frac{9}{4}\right)^{5/2}=729[\text{L/s}]$$

(2) 3번관을 흐르는 유량($Q_3$) :

$$Q_3=Q_1\sqrt{\frac{L_1}{L_3}}\left(\frac{D_3}{D_1}\right)^{5/2}=192\sqrt{\frac{45}{405}}\left(\frac{16}{4}\right)^{5/2}=2048[\text{L/s}]$$

(3) 총 유량($Q$) : 질량보존법칙에 의해

$$Q=Q_1+Q_2+Q_3=192+729+2048=2969[\text{L/s}]$$

65. $Re=\dfrac{\rho VD}{\mu}=\dfrac{1.23(3)(0.2)}{1.8\times 10^{-5}}=4.1\times 10^4$ (난류)

$$\frac{\epsilon}{D}=\frac{5\times 10^{-4}}{20}=2.5\times 10^{-5}$$

$$Q=\frac{\pi D^2}{4}V=\frac{\pi(0.2)^2}{4}\times 3=0.0942[\text{m}^3/\text{s}]$$

난류에 대한 Haaland의 식으로써 마찰계수를 구한다.

$$\frac{1}{\sqrt{\lambda}}=-1.8\log\left[\left(\frac{\epsilon/D}{3.7}\right)^{1.11}+\frac{6.9}{Re}\right]$$

$$=-1.8\log\left[\left(\frac{2.5\times 10^{-5}}{3.7}\right)^{1.11}+\frac{6.9}{4.1\times 10^4}\right]=6.785$$

$$\therefore \ \lambda = \frac{1}{6.785^2} = 0.0217$$

압력강하 $\varDelta P = \lambda \frac{L}{D}\frac{\rho V^2}{2} = 0.0217\left(\frac{30}{0.2}\right)\frac{1.23(3^2)}{2} = 18.02[\text{Pa}]$

송풍기 동력 $L_p = \varDelta PQ = (18.02)(0.0942) = 1.697[\text{W}]$

66. 관 지름이 동일하므로 연속방정식에 의해 관로의 유속이 일정하다. 유속을 $V$라 하면 관로의 입구, 출구 및 각 연결부에서 수두손실은 다음과 같다. 주 손실은 관의 전 길이에서 발생하는 손실이고, 부차적 손실은 그림에서 a, b, c, d, e에서 발생한다.

(1) 관의 전 길이($L$)에서 발생하는 주 손실 :

$$h_{L,\text{major}} = \lambda \frac{L}{D}\frac{V^2}{2g} = 0.03 \times \left(\frac{80+2+40}{0.1}\right) \times \frac{V^2}{2g} = 36.6\frac{V^2}{2g}$$

(2) 관 입구 손실(a) : $h_a = K\frac{V^2}{2g} = 0.5 \times \frac{V^2}{2g}$

(아주 큰 저장조로부터 급축소 : $K = 0.5$)

(3) 엘보 손실(b, c) : $h_b = h_c = K\frac{V^2}{2g} = 1.5\frac{V^2}{2g}$

(4) 밸브 손실(d) : $h_d = K\frac{V^2}{2g} = 2 \times \frac{V^2}{2g}$

(5) 출구 손실(e) : $h_e = \frac{V^2}{2g}$ (아주 큰 저장조로의 급확대 : $K = 1$)

(1)~(5)를 모두 합하면 총 수두손실은

$$H_L = h_{L,\text{major}} + h_a + h_b + h_c + h_d + h_e$$
$$= (36.6 + 0.5 + 1.5 + 1.5 + 2 + 1) \times \frac{V^2}{2g} = 43.1 \times \frac{V^2}{2g} \quad \cdots\cdots\cdots\cdots ①$$

이다. 다음에 대기와 접하고 있는 물탱크의 수면 1과 출구로부터 약간 떨어진 지점 2 사이에 에너지 방정식을 적용하면

$$\frac{P_1}{\gamma} + \frac{V_1^2}{2g} + z_1 = \frac{P_2}{\gamma} + \frac{V_2^2}{2g} + z_2 + H_L$$
$$\frac{P_0}{\gamma} + 0 + z_1 = \frac{P_0}{\gamma} + 0 + z_2 + H_L$$

(2) $V = V_{car} - V_{air} = 90 - 30 = 60[\text{km/h}]$

02. (1) 합력의 크기 : $R = \sqrt{D^2 + L^2} = \sqrt{470^2 + 330^2} = 574[\text{N}]$

(2) 합력의 방향이 유동방향과 이루는 각 :

$$\phi = \tan^{-1}\left(\frac{L}{D}\right) = \tan^{-1}\left(\frac{330}{470}\right) = 35.1°$$

03. (1) 항력 : $F_D = F_R \cos\phi = 450\cos 34° = 373[\text{N}]$

(2) 양력 : $F_L = F_R \sin\phi = 450\sin 34° = 252[\text{N}]$

04. 공기의 밀도 $\rho = \dfrac{P}{RT} = \dfrac{101}{0.287(273+25)} = 1.18[\text{kg/m}^3]$

$$C_D = \frac{F_D}{\frac{1}{2}\rho U^2 A} = \frac{2F_D}{\rho U^2(bh)} = \frac{2(280)}{1.18\left(\frac{90\times 1000}{3600}\right)^2(1.35\times 1.65)} = 0.34$$

05. $F_D = C_D \times \frac{1}{2}\rho U^2 A$이므로 $D_1 = C_D \times \frac{1}{2}\rho U^2 A$

$$\therefore \; D_2 = C_D \times \frac{1}{2}\rho(2U)^2 A = 4 \times C_D \times \frac{1}{2}\rho U^2 A = 4D_1$$

06. $F_D = C_D \times \frac{1}{2}\rho U^2 A = 0.2 \times \frac{1}{2}(1.2)\left(\frac{90\times 1000}{3600}\right)^2(2.8) = 210[\text{N}]$

07. 부력을 무시하므로 항력 $F_D = W$이다.

$$C_D = \frac{F_D}{\frac{1}{2}\rho U^2 A} = \frac{8F_D}{\rho U^2(\pi D^2)} = \frac{8(200)}{1.2(4^2)\pi(5^2)} = 1.06$$

08. 공기의 밀도 $\rho = \dfrac{P}{RT} = \dfrac{100}{0.287(273+20)} = 1.19[\text{kg/m}^3]$

항력 $F_D = C_D \times \frac{1}{2}\rho U^2 A = C_D \times \frac{1}{2}\rho U^2 \times \frac{\pi}{4}D^2$

$$= 0.14 \times \frac{1}{2}(1.19)\left(\frac{45}{3.6}\right)^2 \times \frac{\pi}{4}(1.2^2) = 14.7[\text{N}]$$

09. 표에서 $Re \geq 10^6$일 때 항력계수 $C_D = 0.2$이다.

마찰항력 $F_{D,f} = F_D - F_{D,P} = 7.2 - 6.7 = 0.5[\text{N}]$

마찰항력계수 $C_{D,f} = \left(\frac{F_{D,f}}{F_D}\right)C_D = \left(\frac{0.5}{7.2}\right)(0.2) = 0.014$

10. [표 8.2]의 얇은 원판의 항력계수 참조

(1) $F_D = C_D \times \frac{1}{2}\rho U^2 A = C_D \times \frac{1}{2}\rho U^2\left(\frac{1}{4}\pi D^2\right)$

$$= 1.1 \times \frac{1}{2}(1.2)\left(\frac{140\times 1000}{3600}\right)^2 \times \left(\frac{\pi\times 0.5^2}{4}\right) = 196[\mathrm{N}]$$

(2) $M = F_D L = 196(2+0.5) = 490[\mathrm{N}\cdot\mathrm{m}]$

11. [표 8.2]의 실린더 참조

$$Re = \frac{UD}{\nu} = \frac{20(0.12)}{1.46\times 10^{-5}} = 1.64\times 10^5 < 2\times 10^5$$

$\therefore$ 층류 $C_D = 1.2$

$$F_D = C_D \times \frac{1}{2}\rho U^2 A = C_D \times \frac{1}{2}\rho U^2 (LD)$$

$$= 1.2 \times \frac{1}{2}(1.2)(20)^2 \times (15\times 0.12) = 518[\mathrm{N}]$$

$$M = F_D \times \frac{L}{2} = 518 \times \frac{15}{2} = 3{,}885[\mathrm{N}\cdot\mathrm{m}]$$

12. 동력 $H = F_D v = \left(C_D \times \frac{1}{2}\rho U^2 A\right)U = KU^3$

$$\therefore \frac{H_1}{H_2} = \frac{U_1^3}{U_2^3} = \left(\frac{U_1}{U_2}\right)^3 = \left(\frac{80}{120}\right)^3 = \frac{8}{27}$$

13. $\frac{H_{100}}{H_{50}} = \left(\frac{U_{100}}{U_{50}}\right)^3 = \left(\frac{100}{50}\right)^3 = 8 \quad \therefore H_{100} = 8H_{50} = 8\times 20 = 160[\mathrm{kW}]$

14. 잠수함의 정면도면적 $A = \pi D^2/4$이다.

동력 $H = F_D v = \left(C_D \times \frac{1}{2}\rho U^2 A\right)U = \left(C_D \times \frac{1}{2}\rho U^2 \times \frac{\pi D^2}{4}\right)U$

$$= \frac{\pi}{8}C_D \rho D^2 U^3 = \frac{\pi}{8}(0.1)(1025)(5^2)\left(\frac{50}{3.6}\right)^3 \times \frac{1}{1000}[\mathrm{kW}]$$

$$= 2096[\mathrm{kW}]$$

15. 동력 $H = F_D v_{자전거} = \left(C_D \times \frac{1}{2}\rho U^2 A\right)U$

$$= 0.88 \times \frac{1.2}{2}\left(\frac{24}{3.6}\right)^2 (0.36)\left(\frac{24}{3.6}\right) = 56.3\,[\mathrm{W}]$$

16. 역풍이 불어오고 있으므로 항력계산에서 유속

$$U = U_{자전거} + U_{바람} = 24 + 32 = 56\,[\mathrm{km/h}]$$

항력 $F_D = C_D \times \frac{1}{2}\rho U^2 A = 0.88 \times \frac{1.2}{2}\left(\frac{56}{3.6}\right)^2 (0.36) = 46\,[\mathrm{N}]$

동력 $H = F_D v_{자전거} = 46 \times \left(\frac{24}{3.6}\right) = 307[\mathrm{W}]$

17. 평판과 기둥을 각각 1, 2로 표시한다.

(1) $F_{D1} = C_{D1}\left(\frac{1}{2}\rho U^2\right)A_1 = 1.1 \times \frac{1.2}{2}\left(\frac{80}{3.6}\right)^2\left(\frac{\pi}{4} \times 4.9 \times 1.5\right) = 1881\,[\mathrm{N}]$

$F_{D2} = C_{D2}\left(\frac{1}{2}\rho U^2\right)A_2 = 0.5 \times \frac{1.2}{2}\left(\frac{80}{3.6}\right)^2 (0.24 \times 4.6) = 163.6[\mathrm{N}]$

$F_D = F_{D1} + F_{D2} = 1881 + 163.6 = 2045[\mathrm{N}]$

(2) $M = F_{D1}L_{C1} + F_{D2}L_{C2}$

$$= 1881 \times \left(4.6 + \frac{1.5}{2}\right) + 163.6 \times \left(\frac{4.6}{2}\right) = 10{,}440[\mathrm{N \cdot m}]$$

18. 지름 $D=0.6\mathrm{m}$, 길이 $L=0.9\mathrm{m}$, 무게 $W=50\mathrm{N}$, 항력계수 $C_D=1.0$이다. 넘어지는 순간 A점에 대한 모멘트 합이 0($\sum M_A = 0$)이므로

$$F_D \times \frac{L}{2} - W \times \frac{D}{2} = 0 \rightarrow F_D L = WD$$

$$\left(C_D \times \frac{1}{2}\rho U^2 A\right)L = WD$$

이고, 여기에서 실린더의 정면도면적 $A = DL$을 대입하면

$$\left(C_D \times \frac{1}{2}\rho U^2 \times DL\right)L = WD$$

$$\therefore\ U = \sqrt{\frac{2W}{C_D \rho L^2}} = \sqrt{\frac{2(50)}{1(1.2)(0.9^2)}} = 10.14\,[\mathrm{m/s}]$$

19. 쓰레기통의 무게

$$W = \rho g V = \rho g \times \frac{\pi D^2}{4} L = 150(9.8) \times \frac{\pi(0.9)^2}{4}(1.1)[\text{N}]$$

$$= 1029[\text{N}]$$

$$\sum M_{\text{접촉점}} = 0 \ : \ F_D \times \frac{L}{2} - W \times \frac{D}{2} = 0 \ \rightarrow \ F_D L = WD$$

$$\left(C_D \times \frac{1}{2}\rho_{air} U^2 A\right) L = WD$$

실린더의 정면도면적 $A = DL$을 대입하면

$$\left(C_D \times \frac{1}{2}\rho_{air} U^2 \times DL\right) L = WD$$

$$\therefore \ U = \sqrt{\frac{2W}{C_D \rho_{air} L^2}} = \sqrt{\frac{2(1029)}{0.7(1.23)(1.1^2)}}[\text{m/s}] = 44.4[\text{m/s}]$$

$$= 44.4 \frac{10^{-3}\text{km}}{(1/3600)\text{h}} = 44.4 \times 3.6[\text{km/h}] = 159.8[\text{km/h}]$$

20. 공의 중심(무게중심)으로부터 A점을 지나는 수평선과 공의 수직 중심축이 만나는 점까지 거리는

$$L = \sqrt{R^2 - H^2} = \sqrt{21^2 - 5.1^2} = 20.4[\text{mm}]$$

이다. 넘어지는 순간 A점에 대한 모멘트 합이 0($\sum M_A = 0$)이므로

$$F_D \times L - W \times H = 0 \ \rightarrow \ \left(C_D \times \frac{1}{2}\rho U^2 A\right) L = WH$$

이고, 여기에서 구의 정면도면적 $A = \pi R^2$을 대입하면

$$\left(C_D \times \frac{1}{2}\rho U^2 \times \pi R^2\right) L = WH$$

$$\therefore \ U = \sqrt{\frac{2W}{C_D \rho \pi R^2}\left(\frac{H}{L}\right)} = \sqrt{\frac{2(0.44)}{0.22(1.2)\pi(0.021^2)}\left(\frac{5.1}{20.4}\right)} = 24.5[\text{m/s}]$$

21. 공기의 밀도 $\rho = \frac{P}{RT} = \frac{100}{0.287(273+20)} = 1.19[\text{kg/m}^3]$

항력 $F_D = C_D \times \frac{1}{2}\rho U^2 A = C_D \times \frac{1}{2}\rho U^2 (DH)$

$$= 0.3 \times \frac{1}{2}(1.19)\left(\frac{100}{3.6}\right)^2(1.1 \times 20) = 3030[\text{N}]$$

모멘트 $M_B = F_D \times \frac{H}{2} = 3030 \times \frac{20}{2} = 30.3 \times 10^3[\text{N} \cdot \text{m}] = 30.3[\text{kN} \cdot \text{m}]$

22. 크리핑 유동으로 가정하고 항력 $F_D = 3\pi\mu UD$로 하면

$$U_t = \frac{(\rho_w - \rho_{air})gD_w^2}{18\mu_{air}} = \frac{1000(9.8)(0.06 \times 10^{-6})^2}{18(1.79 \times 10^{-5})}$$
$$= 1.09 \times 10^{-7}[\text{m/s}]$$

이때 $Re = \frac{U_t D_w}{\nu_{air}} = \frac{(1.09 \times 10^{-7})(0.06 \times 10^{-6})}{1.46 \times 10^{-5}} = 4.48 \times 10^{-10} \ll 1$이므로 가정이 타당하다.

23. 크리핑 유동이라고 가정하면 낙하속도는

$$U_t = \frac{(S_p - 1)\rho_w g D_p^2}{18\mu} = \frac{(2-1)(1000)(9.8)(0.1 \times 10^{-3})^2}{18(1.12 \times 10^{-3})}$$
$$= 4.86 \times 10^{-3}[\text{m/s}]$$

이다. 이때 레이놀즈수를 계산하면

$$Re = \frac{\rho U_t D}{\mu} = \frac{1000(4.86 \times 10^{-3})(0.1 \times 10^{-3})}{1.12 \times 10^{-3}} = 0.43 < 1$$

이므로 크리핑 유동이라는 가정이 타당하다. 따라서 모래알의 낙하속도는 $4.86 \times 10^{-3}[\text{m/s}]$이다.

24. 정상상태에서 연직방향 힘의 합 $\sum F_V = 0$이므로

$$F_D + F_B - W = 0$$

이다. 여기에서 $F_D = C_D \times \frac{1}{2}\rho_a U^2 A$이고 부력을 무시하면 $F_B = 0$이다. 그리고 낙하산의 정면도 면적 $A = \pi D^2/4$이므로 $F_D = W$에서

$$C_D \times \frac{1}{2}\rho_a U^2 \times \frac{\pi}{4}D^2 = W$$

$$\therefore \quad U=\sqrt{\frac{8W}{C_D\pi\rho_a D^2}}=\sqrt{\frac{8(940)}{1.3\pi(1.2)(8^2)}}=4.9[\mathrm{m/s}]$$

25. 본문 예제의 결과 식 $U_t=\dfrac{(\rho_p-\rho)gD_p^2}{18\mu}$ 로부터

$$\mu=\frac{(\rho_{유리공}-\rho_{액체})gD_{유리공}^2}{18U_t}=\frac{(2500-870)(9.8)(0.003)^2}{18(0.14)}$$

$$=0.057[\mathrm{N\cdot s/m^2}]$$

26. 공기의 밀도 $\rho=\dfrac{P}{RT}=\dfrac{100}{0.284(273+20)}=1.2[\mathrm{kg/m^3}]$

$$F_D=W-F_B \quad\rightarrow\quad 3\pi\mu VD=\rho_p g\left(\frac{\pi D^3}{6}\right)-\rho g\left(\frac{\pi D^3}{6}\right)$$

$$\therefore \quad V=\frac{(\rho_p-\rho)gD^2}{18\mu}=\frac{(1500-1.2)(9.8)(0.06\times10^{-3})^2}{18(1.83\times10^{-5})}$$

$$=0.1605[\mathrm{m/s}]$$

$$\Delta t=\frac{H}{V}=\frac{200}{0.1605}=1246[\mathrm{s}]$$

이때 $Re=\dfrac{\rho VD}{\mu}=\dfrac{1.2(0.1605)(0.06\times10^{-3})}{1.83\times10^{-5}}=0.631<1$이므로 Stokes 법칙을 적용할 수 있다는 가정은 타당성이 있다.

27. 사람과 자전거의 총 질량 $m_t=m_{total}=60+15=75[\mathrm{kg}]$

무게가 $W=mg$인 물체의 경사면 방향 힘의 성분은 $W\sin\theta$이므로

$$F_D=m_t g\sin\theta \quad\rightarrow\quad C_D A\frac{\rho V^2}{2}=m_t g\sin\theta$$

$$\therefore \quad V=\sqrt{\frac{2m_t g\sin\theta}{C_D A\rho}}=\sqrt{\frac{2(75)(9.8)\sin7^\circ}{0.9(0.43)(1.2)}}=19.64[\mathrm{m/s}]$$

$$=70.7[\mathrm{km/h}]$$

28. 공기에 의해 공에 작용하는 양력($F_L$)은

$$F_L=C_L A\left(\frac{1}{2}\rho U^2\right)=C_L\left(\frac{\pi}{4}D^2\right)\left(\frac{1}{2}\rho U^2\right)$$

$$=0.1\left(\frac{\pi}{4}\times0.064^2\right)\left[\frac{1}{2}\times1.2\times\left(\frac{110}{3.6}\right)^2\right][\mathrm{N}]=0.18[\mathrm{N}]$$

이고, 공의 무게($W$)는

$$W = mg = (0.057)(9.81) = 0.56[\text{N}]$$

이다. 따라서 $W > F_L$이이므로 중력에 의한 효과가 더 커서 타격 후 공은 아래로 떨어진다.

29. 비행선의 무게를 무시하면 줄에 걸리는 힘의 연직성분은 45N이다.

$$Re = \frac{UD}{\nu} = \frac{(60/3.6)(2)}{1.5 \times 10^{-5}} = 2.2 \times 10^6 > 2 \times 10^6 \text{ (난류)}$$

[표]로부터 $L/D = 8/2 = 4$일 때 항력계수 $C_D = 0.1$이므로 항력은

$$F_D = C_D A \frac{\rho U^2}{2} = 0.1 \times \frac{\pi}{4}(2)^2 \times \frac{1.2}{2}\left(\frac{60}{3.6}\right)^2 = 52[\text{N}]$$

이고, 줄에 걸리는 장력($T$)은 다음과 같다.

$$T = \sqrt{F_D^2 + F_V^2} = \sqrt{52^2 + 45^2} = 69[\text{N}]$$

30. $F_D = C_D A \dfrac{\rho U^2}{2} = 1.2(0.04 \times 45) \times \dfrac{1.16}{2}(7)^2 = 61.4[\text{N}]$

31. 전체 연료 소비 감소율$= 0.2 \times \left(\dfrac{0.4 - 0.35}{0.4}\right) \times 100[\%] = 2.5[\%]$

32. $F_D = C_D A \dfrac{\rho U^2}{2} = 0.8 \times (0.76) \times \dfrac{1.2}{2}\left(\dfrac{90}{3.6}\right)^2 = 228[\text{N}]$

33. 엔진동력 $H = F_D U = C_D A \dfrac{\rho U^2}{2} \times U = C_D A \dfrac{\rho U^3}{2}$

$$= 0.06(90) \times \frac{0.51}{2} \times \left(\frac{700}{3.6}\right)^3 \times \frac{1}{10^6}[\text{MW}] = 10.1[\text{MW}]$$

34. 양력 $F_L = W = mg$이다. 양력계수의 정의로부터

$$C_L = \frac{F_L}{\dfrac{\rho U^2}{2} A} = \frac{2mg}{\rho U^2 A} = \frac{2(38,000)(9.8)}{0.526(900/3.6)^2(70)} = 0.324$$

35. $U_{\min} = \sqrt{\dfrac{2mg}{C_{L,\max} \rho A}} = \sqrt{\dfrac{2(19,000)(9.8)}{3.45(1.2)(40)}}[\text{m/s}] = 47.42[\text{m/s}]$

$$= 47.42 \times 3.6[\mathrm{km/h}] = 170.7[\mathrm{km/h}]$$

36. 양력 $F_L = W = mg$이므로 양력계수의 정의로부터

$$C_L = \frac{F_L}{\frac{\rho U^2}{2} A} = \frac{2mg}{\rho U^2 A} = \frac{2(2100)(9.8)}{0.909(290/3.6)^2(43)} = 0.162$$

비행기 엔진 동력 $H = F_D U = C_D A \frac{\rho U^3}{2}$ 로부터

$$C_D = \frac{2H}{A\rho U^3} = \frac{2(230 \times 10^3)}{43(0.909)(290/3.6)^3} = 0.0225$$

37. (1) 비행기 이륙속도 $U_{이륙}[\mathrm{km/h}]$

$$U_{이륙} = \sqrt{\frac{2mg}{C_L \rho A}} = \sqrt{\frac{2(4100)(9.8)}{0.45(1.225)(37)}}[\mathrm{m/s}]$$
$$= 62.77[\mathrm{m/s}] = 226[\mathrm{km/h}]$$

(2) 비행기 날개하중 $F_{loading}[\mathrm{N/m^2}]$

$$F_{loading} = \frac{W}{A} = \frac{mg}{A} = \frac{4100(9.8)}{37} = 1086[\mathrm{N/m^2}]$$

(3) 비행기 엔진 동력 $H[\mathrm{kW}]$

$$H = F_D U = C_D A \frac{\rho U^3}{2}$$
$$= 0.035(37) \times \frac{1.225}{2} \times \left(\frac{300}{3.6}\right)^3 \times \frac{1}{10^3}[\mathrm{kW}] = 459[\mathrm{kW}]$$

38. 물체의 무게, 부력, 항력, 줄에 작용하는 인장력이 평형을 이룬다.

$$F_V = W - F_B = \rho g V - \rho_0 g V = (\rho - \rho_0) g \times \frac{4\pi}{3}\left(\frac{D}{2}\right)^3 = \frac{\pi(\rho - \rho_0) g D^3}{6}$$

$$F_D = C_D \times \frac{1}{2}\rho_0 U^2 A = C_D \times \frac{1}{2}\rho_0 U^2 \times \frac{\pi}{4} D^2 = \frac{\pi}{8} C_D \rho_0 U^2 D^2$$

$$\tan\theta = \frac{F_V}{F_D} \rightarrow \theta = \tan^{-1}\left(\frac{F_V}{F_D}\right) = \tan^{-1}\left[\frac{4}{3}\left(\frac{\rho}{\rho_0} - 1\right)\frac{gD}{C_D U^2}\right]$$

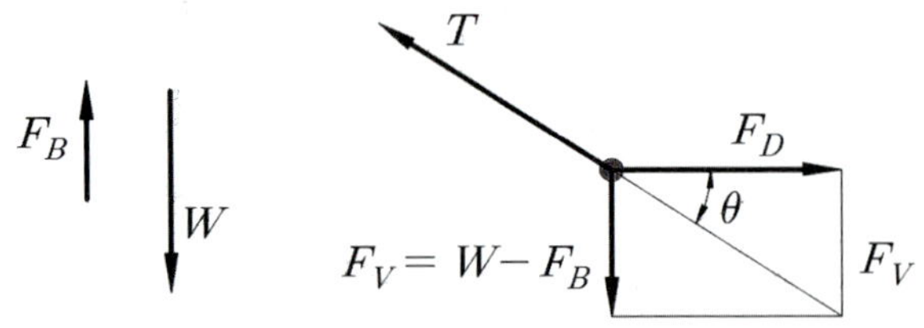


**[연습문제 8.38] 구에 작용하는 힘**

39. $\theta = \tan^{-1}\left[\frac{4}{3}\left(\frac{\rho}{\rho_0}-1\right)\frac{gD}{C_D U^2}\right] = \tan^{-1}\left[\frac{4}{3}\left(\frac{7850}{1.23}-1\right)\frac{9.8(0.03)}{0.5(40)^2}\right] = 72.3°$

40. 타원체의 정면도면적 $A = \pi D^2/4$, $D = 50/4 = 12.5[\text{m}]$, 동력 $H = F_D U$

$$H = F_D U = \left(C_D \times \frac{1}{2}\rho U^2 A\right)U = \left(C_D \times \frac{1}{2}\rho U^2 \times \frac{\pi D^2}{4}\right)U$$

$$= C_D \frac{\pi}{8}\rho D^2 U^3$$

$$U_{max} = \sqrt[3]{\frac{8H}{\pi C_D \rho D^2}} = \sqrt[3]{\frac{8(200\times 10^3)}{\pi(0.1)(0.96)(12.5)^2}} = 32.38[\text{m/s}]$$

$$= 116.6[\text{km/h}]$$

41. 양력 $F_L = C_L \frac{1}{2}\rho U^2 A = W$, 동력 $H = F_D U$

(1) $U = \sqrt{\frac{2W}{\rho C_L A}} = \sqrt{\frac{2(65\times 10^3)}{0.41(0.21)(30)}} = 224[\text{m/s}] = 806[\text{km/h}]$

(2) $H = F_D U = C_D \frac{1}{2}\rho U^3 A = 0.015\left(\frac{1}{2}\right)(0.41)(224)^3(30)[\text{W}] = 1037[\text{kW}]$

42. $M = F_D \times \frac{H}{2} = C_D\frac{1}{2}\rho U^2 A \times \frac{H}{2} = C_D \frac{1}{2}\rho U^2 (DH)\times\frac{H}{2} = C_D\frac{1}{4}\rho U^2 DH^2$

$$= 1.15\left(\frac{1}{4}\right)(1.2)\left(\frac{72}{3.6}\right)^2(0.2)(15)^2 = 6210[\text{N}\cdot\text{m}]$$

43. 고도 차이를 무시하고 공으로부터 멀리 떨어진 지점(0)과 공의 위쪽($U$)과 아래쪽($L$) 면 사이에 베르누이 정리를 적용하면 다음과 같다.

$$\frac{P_0}{\gamma} + \frac{V_0^2}{2g} = \frac{P_L}{\gamma} + \frac{V_L^2}{2g} = \frac{P_U}{\gamma} + \frac{V_U^2}{2g}$$

그림 1과 같이, 회전이 없는 공에서는 공기가 양쪽으로 대칭적으로 흐른다. 따라서

$V_L = V_U$이고 $P_L = P_U$이므로 양력이 작용하지 않는다. 그러나 그림 2와 같이 공이 회전하면, 회전하는 공의 아래쪽 면은 공의 회전 방향과 공기의 흐름 방향이 같아 공기의 속도가 증가한다. 반면 위쪽은 공의 회전 방향과 공기의 흐름이 반대 방향이므로 공기의 속도가 감소한다. 따라서 $V_L > V_U$이므로 $P_L < P_U$가 된다. 즉, 베르누이 정리에 의해 윗면의 압력이 아래쪽보다 크므로 공은 연직 하방으로 알짜 힘($F$)을 받는다.

44. (1) 항력계수($C_D$)와 입자 레이놀즈수($Re$)의 관계 :

구를 평면에 투영하면 원이 되므로 항력계수 정의 식에서 입자의 투영 면적 $A_p$는 원의 면적이 된다.

$$A_p = \frac{\pi}{4} D_p^2 \quad \cdots\cdots ①$$

그리고 항력은

$$F_D = 3\pi \mu u D_p \quad \cdots\cdots ②$$

이므로 항력계수 정의 식에 ①, ②를 대입하면 다음과 같이 항력계수($C_D$)가 입자 레이놀즈수($Re$)의 함수로 표현된다.

$$C_D = \frac{F_D / A_p}{\rho u^2 / 2} = \frac{(3\pi\mu u D_p) / \left(\frac{1}{4}\pi D_p^2\right)}{\rho u^2 / 2} = \frac{24\mu}{\rho u D_p} = \frac{24}{\left(\frac{\rho u D_p}{\mu}\right)} = \frac{24}{Re}$$

여기에서 입자 레이놀즈수 $Re = \frac{\rho u D_p}{\mu}$이다.

(2) 입자가 종말속도에 도달하였을 때, 입자에 작용하는 힘 :

입자에 작용하는 힘에는 그림과 같이 항력($F_D$) 외에 ① 입자의 무게($W$)와 ② 부력($F_B$)이 있다.

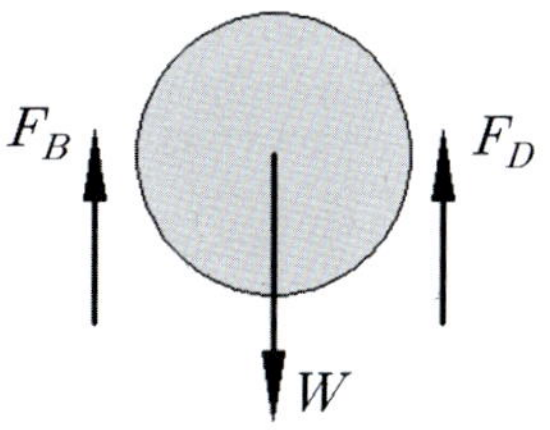


[연습문제 8.44]

(3) 액체 점도($\mu$)와 종말속도($u_t$)의 관계 :

지름 $D_p$인 입자의 부피는

$$V = \frac{4\pi}{3} r^3 = \frac{4\pi}{3} \left(\frac{D_p}{2}\right)^3 = \frac{\pi}{6} D_p^3$$

이므로 입자의 무게($W$)와 입자에 작용하는 부력($F_B$)은

$$W = mg = (\rho_p V)g = \rho_p g\left(\frac{\pi}{6}D_p^3\right) \cdots\cdots ①$$

$$F_B = (\rho g)V = \rho g\left(\frac{\pi}{6}D_p^3\right) \cdots\cdots ②$$

이고, 종말속도($u_t$)에 도달했을 때 입자에 작용하는 항력은

$$F_D = 3\pi\mu u_t D_p \cdots\cdots ③$$

이다. 뉴턴 운동법칙에 의해 최종 종말속도($u_t$)에 도달했을 때 입자에 작용하는 힘의 합력이 0($\sum F = 0$)이 된다.

$$W - F_B - F_D = 0 \cdots\cdots ④$$

식, ①, ②, ③를 식 ④에 대입하면 다음과 같이 액체 점도($\mu$)와 종말속도($u_t$)의 관계식이 구해진다.

$$\rho_p g\left(\frac{\pi}{6}D_p^3\right) - \rho g\left(\frac{\pi}{6}D_p^3\right) - 3\pi\mu u_t D_p = 0 \rightarrow (\rho_p - \rho)g\left(\frac{\pi}{6}D_p^3\right) = 3\pi\mu u_t D_p$$

$$\therefore \quad \mu = \frac{(\rho_p - \rho)gD_p^2}{18u_t} \cdots\cdots ⑤$$

45. 물의 비중량을 $\gamma$라 하면 부표에 작용하는 부력($F_B$)은

$$F_B = \left(\frac{4\pi}{3}R^3\right)\gamma = \frac{4\pi}{3}\left(\frac{D}{2}\right)^3(\rho g) = \frac{4\pi}{3}\left(\frac{0.5}{2}\right)^3(1000 \times 9.8)$$
$$= 641.4[\mathrm{N}] \cdots\cdots ①$$

이다. 따라서 부력($F_B$)은 위 방향(↑)으로 작용하고 부표의 무게($W$)는 아래 방향(↓)으로 작용하므로 부표에는

$$F_V = F_B - W = 641.4 - 50 = 591.4[\mathrm{N}] \cdots\cdots ②$$

의 힘이 위 방향으로 작용한다.

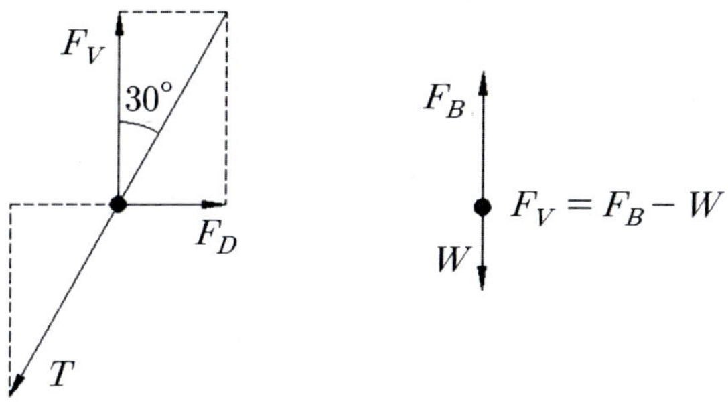


[연습문제 8.45] 구에 작용하는 힘

부표를 고정하고 있는 줄에 걸리는 장력을 $T$라 하고 유동에 의해 부표에 작용하는 항력을 $F_D$로 하여 부표에 작용하는 힘을 도시하면 [그림]과 같다. 그림에서 세 힘 $F_V$, $F_D$, $T$가 정역학적 평형을 이루고 있으므로 다음과 같이 항력($F_D$)이 구해진다.

$$F_D = F_V \tan(30°) = 591.4 \tan(30°) = 341.4\,[\mathrm{N}] \quad \cdots\cdots ③$$

항력계수를 $C_D$라 하면 물의 평균속도는 다음과 같다.

$$F_D = C_D A\left(\frac{1}{2}\rho U^2\right) = C_D\left(\frac{\pi}{4}D^2\right)\left(\frac{1}{2}\rho U^2\right)$$

$$\therefore \quad U = \sqrt{\frac{8F_D}{\pi\rho D^2 C_D}} = \sqrt{\frac{8(341.4)}{\pi(1000)(0.5)^2 C_D}} = \sqrt{\frac{3.477}{C_D}} \quad \cdots\cdots ④$$

(1) 유동이 층류라고 가정할 때 : $C_D = 0.47$을 식 ④에 대입하면

$$U = \sqrt{\frac{3.477}{C_D}} = \sqrt{\frac{3.477}{0.47}} = 2.72\,[\mathrm{m/s}]$$

이다. 이때 레이놀즈수를 계산하면

$$Re = \frac{\rho UD}{\mu} = \frac{1000(2.72)(0.5)}{1.037\times 10^{-3}} = 1.31\times 10^6$$

이고, 이 값($Re > 10^6$)은 층류 레이놀즈수의 범위를 벗어난다. 따라서 층류라는 가정이 옳지 않다.

(2) 유동이 난류라고 가정할 때 : $C_D = 0.2$를 식 ④에 대입하면

$$U = \sqrt{\frac{3.477}{C_D}} = \sqrt{\frac{3.477}{0.2}} = 4.17\,[\mathrm{m/s}]$$

이다. 이때 레이놀즈수를 계산하면

$$Re = \frac{\rho UD}{\mu} = \frac{1000(4.17)(0.5)}{1.037 \times 10^{-3}} = 2.01 \times 10^6$$

이고, 이 값은 난류 레이놀즈수의 범위($Re > 2 \times 10^6$)에 있다. 따라서 구하는 물의 평균유속 $U = 4.17[\mathrm{m/s}]$이다.

46. [정답 : ④]

## 연습문제 9

01. (1) 제트의 유속 $V = \frac{Q}{A} = \frac{4Q}{\pi D^2} = \frac{4 \times 0.2}{\pi \times 0.1^2} = 25.46\,[\mathrm{m/s}]$

(2) 제트의 수두 $H = \frac{V^2}{2g} = \frac{25.46^2}{2 \times 9.8} = 33.07[\mathrm{m}]$

(3) 제트의 동력 $L = \gamma QH = 9.8 \times 0.2 \times 33.07 = 64.82\,[\mathrm{kW}]$

또는 $\dot{E} = \frac{1}{2}\dot{m}V^2 = \frac{1}{2}(\rho Q)V^2 = \frac{1}{2}(10^3 \times 0.2) \times 25.46^2\,[\mathrm{W}] = 64.82\,[\mathrm{kW}]$

† 물의 비중량 $\gamma = 9.8\mathrm{kN/m^3} = 1000\mathrm{kgf/m^3}$이다.

02. 동력 $L_{PS} = \frac{\gamma QH}{75} = \frac{10^3 \times 2 \times 12}{75} = 320\,[\mathrm{PS}]$

03. 수면과 출구를 각각 1, 2로 표시하고 에너지 방정식을 적용한다.

$$\frac{P_1}{\gamma} + \frac{V_1^2}{2g} + z_1 + H_p = \frac{P_2}{\gamma} + \frac{V_2^2}{2g} + z_2 + h_L$$

출구 유속 $V_2 = \frac{Q}{A_2} = \frac{4Q}{\pi D_2^2} = \frac{4 \times (4/60)}{\pi \times 0.1^2} = 8.49\,[\mathrm{m/s}]$

$$0 + 0 + 0 + H_p = 0 + \frac{8.49^2}{2 \times 9.8} + 2 + 3 \quad \rightarrow \quad H_p = 8.68\,[\mathrm{m}]$$

$$\therefore\ L_p = \gamma QH_p = 9.8 \times \left(\frac{4}{60}\right) \times 8.68 = 5.67[\mathrm{kW}]$$

04. 수면과 노즐 출구를 각각 1, 2로 표시하고 에너지 방정식을 적용한다.

$$\frac{P_1}{\gamma}+\frac{V_1^2}{2g}+z_1+H_p=\frac{P_2}{\gamma}+\frac{V_2^2}{2g}+z_2+h_L$$

$$0+0+0+H_p=0+\frac{40^2}{2\times 9.8}+0.7+2 \quad\rightarrow\quad H_p=84.33\,[\mathrm{m}]$$

$$Q=\frac{\pi}{4}D_j^2\,V_j=\frac{\pi}{4}\times 0.05^2\times 40=7.854\times 10^{-2}\,[\mathrm{m^3/s}]$$

$$\gamma=S\gamma_w=1.025\times 10^3\,(\mathrm{kgf/m^3})$$

$$\therefore\ L_{pa}=\frac{\gamma QH_p}{75\eta_p}=\frac{(1.025\times 10^3)\times(7.854\times 10^{-2})\times 84.33}{75\times 0.7}$$

$$=129.3\,[\mathrm{PS}]$$

05. 송풍기가 공급해야 할 동력 $L=\Delta PQ$이다.

$$L=\Delta PQ=(800-100)\frac{\mathrm{kN}}{\mathrm{m^2}}\times 0.2\frac{\mathrm{m^3}}{\mathrm{s}}=140\frac{\mathrm{kN\cdot m}}{\mathrm{s}}=140\mathrm{kW}$$

[참고] 송풍기 동력

$$\frac{P_1}{\gamma}+\frac{V_1^2}{2g}+z_1+H_p=\frac{P_2}{\gamma}+\frac{V_2^2}{2g}+z_2\rightarrow\frac{P_1}{\gamma}+0+0+H_p=\frac{P_2}{\gamma}+0+0$$

$$H_p=\frac{P_2-P_1}{\gamma}=\frac{\Delta P}{\gamma}$$

$$\therefore\ L=\gamma QH_p=\gamma Q\times\frac{\Delta P}{\gamma}=\Delta PQ$$

송풍기 동력 $L=\Delta PQ$로 알아두도록 한다.

06. 댐의 수면을 1, 배출구를 2로 하여 점 1과 2 사이에 에너지 방정식을 적용한다.

$$V_2=\frac{Q}{A}=\frac{4Q}{\pi D^2}=\frac{4\times 20}{\pi\times 2^2}=6.366\,[\mathrm{m/s}]$$

$$\frac{P_1}{\gamma}+\frac{V_1^2}{2g}+z_1=\frac{P_2}{\gamma}+\frac{V_2^2}{2g}+z_2+H_t+h_L$$

$$0+0+300=0+\frac{6.366^2}{2\times 9.8}+50+H_t+0 \quad\therefore\ H_t=247.9\,[\mathrm{m}]$$

이다. 따라서 터빈이 받는 동력은 다음과 같다.

$$L_t = \gamma Q H_t = 9.8 \times 20 \times 247.9\,[\mathrm{kW}] = 48{,}588\,[\mathrm{kW}] = 48.6\,[\mathrm{MW}]$$

07. 터빈 출력 $L_{ta} = \eta L_t = \eta(\gamma Q H_t)$

$$\therefore\ H_t = \frac{L_{ta}}{\eta\gamma Q} = \frac{400}{0.85 \times 9.8 \times 0.7} = 68.6\,[\mathrm{m}]$$

08. 터빈 입구와 출구를 각각 1, 2로 하여 점 1과 2 사이에서 에너지 방정식을 적용한다.

$$\frac{P_1}{\gamma} + \frac{V_1^2}{2g} + z_1 = \frac{P_2}{\gamma} + \frac{V_2^2}{2g} + z_2 + H_t + h_L$$

$$V_1 = \frac{4Q}{\pi D_1^2} = \frac{4 \times 0.2}{\pi \times 0.3^2} = 2.83\,[\mathrm{m/s}]$$

$$V_2 = \frac{4Q}{\pi D_2^2} = \frac{4 \times 0.2}{\pi \times 0.7^2} = 0.52\,[\mathrm{m/s}]$$

$$h_L = 0,\ z_1 - z_2 = 1.2\,[\mathrm{m}]$$

$P_1 = 140\mathrm{kPa}$, $P_2 = -30\mathrm{kPa}$ (진공압력 30kPa은 $-30\mathrm{kPa}$을 의미한다.)

$$\therefore\ H_t = \frac{P_1 - P_2}{\gamma} + \frac{V_1^2 - V_2^2}{2g} + (z_1 - z_2) - h_L$$

$$= \frac{140 - (-30)}{9.8} + \frac{2.83^2 - 0.52^2}{2 \times 9.8} + 1.2 - 0 = 18.94\,[\mathrm{m}]$$

터빈이 받는 동력 $L_t = 9.8 \times 0.2 \times 18.94 = 37.1\,[\mathrm{kW}]$

09. 댐의 수면을 1, 배출구를 2로 하고 점 1과 2 사이에 에너지 방정식을 적용한다.

$$\frac{P_1}{\gamma} + \frac{V_1^2}{2g} + z_1 = \frac{P_2}{\gamma} + \frac{V_2^2}{2g} + z_2 + H_t + h_L \quad \cdots\cdots (*)$$

댐 수면의 하강 속도와 손실수두 및 두 지점 1, 2의 압력은 다음과 같다.

$$V_1 = 0,\ h_L = 7\mathrm{m},\ P_1 = P_2 = P_{atm}$$

배출구에서의 유속과 두 지점의 고도 차이는

$$V_2 = 5\,[\mathrm{m/s}],\quad z_1 - z_2 = 80\,[\mathrm{m}]$$

이다. 위의 값들을 식 (*)에 대입하면 터빈수두는

$$0+0+z_1=0+\frac{V_2^2}{2g}+z_2+H_t+h_L$$

$$H_t=(z_1-z_2)-h_L-\frac{V_2^2}{2g}=80-7-\frac{5^2}{2\times 9.8}=71.72[\text{m}]$$

이다. 따라서 터빈이 받는 동력은 다음과 같다.

$$L_t=\gamma QH_t=(9.8)(15)(71.72)\ [\text{kW}]=10{,}543[\text{kW}]=10.54[\text{MW}]$$

10. (1) 전양정 $H=H_a+H_L=(H_s+H_d)+H_L=(3\text{m}+22\text{m})+5\text{m}=30[\text{m}]$

(2) 수동력 $L_w=\gamma QH=\left(9.8\frac{\text{kN}}{\text{m}^3}\right)\cdot\left(0.6\frac{\text{m}^3}{60\text{s}}\right)\cdot(30\text{m})=2.94\,[\text{kW}]$

11. (1) 수동력 $L_w=\gamma QH=\left(9.8\frac{\text{kN}}{\text{m}^3}\right)\cdot\left(1.2\frac{\text{m}^3}{60\text{s}}\right)\cdot(15\text{m})=2.94\,[\text{kW}]$

(2) 축동력 $L_s=\frac{L_w}{\eta_p}=\frac{2.94\text{kW}}{0.8}=3.675[\text{kW}]$

12. [정답 : ③] 양수량 $Q=24\text{m}^3/\text{min}$, 실양정 $H_a=7\text{m}$, 손실수두 $H_L=0.5\text{m}$, 펌프 효율 $\eta_p=75\%$ 이다.

(1) 수동력 $L_w=\gamma QH=\gamma Q(H_a+H_L)$

$$=\left(10\frac{\text{kN}}{\text{m}^3}\right)\cdot\left(24\frac{\text{m}^3}{60\text{s}}\right)\cdot(7+0.5)\text{m}=30[\text{kW}]$$

(2) 축동력 $L_s=\frac{L_w}{\eta_p}=\frac{30\text{kW}}{0.75}=40[\text{kW}]$

13. [정답 : ④] : 원심펌프는 안내 날개의 유무에 따라 벌류트(volute) 펌프와 터빈(turbine) 펌프로 분류된다. 벌류트 펌프에는 날개차의 바깥 둘레에 안내 날개가 없는 반면 터빈펌프에는 날개차의 바깥 부분에 안내 날개가 있다.

14. (1) 발전 시스템의 유효 낙차(수두) $H_t$ :

저수면과 방수면을 각각 1, 2로 하여 점 1과 2 사이에 에너지 방정식을 적용한다.

$$\frac{P_1}{\gamma}+\frac{V_1^2}{2g}+z_1=\frac{P_2}{\gamma}+\frac{V_2^2}{2g}+z_2+H_t+h_L \quad \cdots\cdots ①$$

여기에서 손실수두와 두 지점의 고도 차이는

$$h_L = 30\text{m},\ z_1 - z_2 = h = 130\text{m} \cdots\cdots ②$$

이고, 저수면과 방수면의 유속과 압력을 다음과 같이 가정한다.

$$V_1 = V_2 = 0,\quad P_1 = P_2 = (\text{대기압}) \cdots\cdots ③$$

식 ②, ③을 식 ①에 대입하면 다음과 같이 발전시스템의 유효수두 $H_t$가 구해진다.

$$H_t = (z_1 - z_2) - h_L = 130 - 30 = 100\,[\text{m}]$$

(2) 생산되는 전력 $L_t$[kW] : 물의 밀도 $\rho = 1{,}000\text{kg/m}^3$, 중력가속도 $g = 9.8\text{m/s}^2$, 유량 $Q = 20\text{m}^3/\text{s}$이므로

$$L_t = \rho g Q H_t = \left(1000\frac{\text{kg}}{\text{m}^3}\right)\left(9.8\frac{\text{m}}{\text{s}^2}\right)\left(20\frac{\text{m}^3}{\text{s}}\right)(100\text{m})$$
$$= 19{,}600 \times 10^3\left(\frac{\text{kg}\cdot\text{m}}{\text{s}^2}\right)\left(\frac{\text{m}}{\text{s}}\right) = 19{,}600 \times 10^3\,[\text{W}]$$
$$= 19{,}600\,[\text{kW}]$$

유효슈두 $H_t$는 단위중량당 에너지를 나타낸다.

15. (1) 공동 현상을 일으키기 쉬운 조건
① 액체의 온도가 너무 높을 때
② 펌프의 흡입 양정이 너무 클 때
③ 펌프 날개차의 모양이 적당하지 않을 때
(2) 공동현상으로 인하여 발생하는 피해 상황
① 소음과 진동
② 펌프 성능 저하
③ 깃의 손상

16. (1) 공동현상 : 액체 속에서 압력이 국부적으로 낮아져서 그때의 액체 온도에 해당하는 포화증기압 이하로 되었을 때 액체 중에 용해되어 있던 기체가 기화되어 기포가 발생하는 현상.
(2) 맥동 : 펌프나 송풍기 등을 운전할 때 압력이나 유량이 시간에 따라 주기적으로 변화하는 현상.

17. [정답 : ⑤] 펌프성능곡선에서 각 선이 나타내는 것은 그림과 같다.

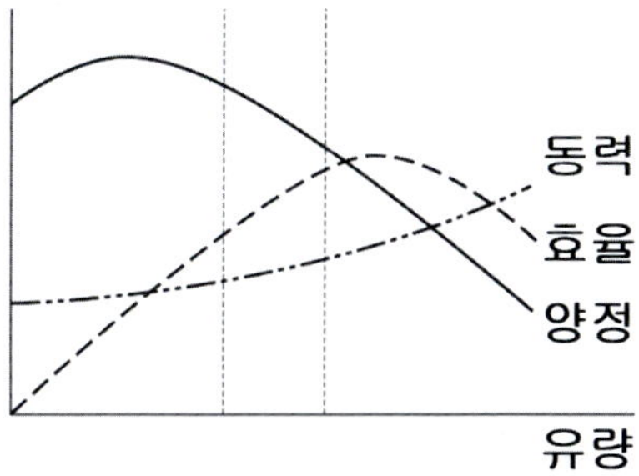


**[연습문제 9.17] 원심펌프 성능곡선**

18. (1) 전양정 $H = H_a + H_L = (H_s + H_d) + H_L = (3+25) + 2[\text{m}] = 30\,[\text{m}]$

(2) 축동력 $L_s = \dfrac{L_w}{\eta_p} = \dfrac{\gamma QH}{\eta_p} = \dfrac{1000(1.8/60)(30)}{0.8} \times \dfrac{1}{75}[\text{PS}] = 15[\text{PS}]$

19. $Q_2 = Q_1\left(\dfrac{D_2}{D_1}\right)^3\left(\dfrac{N_2}{N_1}\right) = 4\left(\dfrac{D_1}{D_1}\right)^3\left(\dfrac{1500}{1000}\right) = 6[\text{m}^3/\text{min}]$

20. $H_2 = H_1\left(\dfrac{D_2}{D_1}\right)^2\left(\dfrac{N_2}{N_1}\right)^2 = 8\left(\dfrac{2D_1}{D_1}\right)^2\left(\dfrac{1200}{800}\right)^2 = 72[\text{m}]$

21. $L_2 = L_1\left(\dfrac{D_2}{D_1}\right)^5\left(\dfrac{N_2}{N_1}\right)^3 = 32\left(\dfrac{D_1/2}{D_1}\right)^5\left(\dfrac{1500}{500}\right)^3 = 27[\text{PS}]$

22. $L_s = \dfrac{L_w}{\eta_p} = \dfrac{\gamma QH}{\eta_p} = \dfrac{1000(0.5)(30)}{0.8} \times \dfrac{1}{75}[\text{PS}] = 250[\text{PS}]$

23. $L_w = \eta_p L_s = (\eta_h \eta_v \eta_m) L_s = (0.8 \times 0.95 \times 0.97)(52.1) = 38.4[\text{kW}]$

24. $N_s = \dfrac{N\sqrt{Q}}{H^{3/4}} = \dfrac{2500\sqrt{2}}{30^{3/4}} = 275.8[\text{rpm, m}^3/\text{min, m}]$

25. 비속도의 정의 $N_s = \dfrac{N\sqrt{Q}}{H^{3/4}}$ 로부터

$$Q = \left(\frac{N_s}{N}\right)^2 H^{3/2} = \left(\frac{200}{1500}\right)^2 (30^{3/2}) = 2.92[\text{m}^3/\text{min}]$$

26. $N_s = \dfrac{N\sqrt{Q/2}}{H^{3/4}} = \dfrac{2000\sqrt{11.52/2}}{16^{3/4}} = 600[\text{rpm, m}^3/\text{min, m}]$

27. 비속도 $N_s = \dfrac{N\sqrt{Q/2}}{H^{3/4}}$ 으로부터 $N = \dfrac{N_s H^{3/4}}{\sqrt{Q/2}} = \dfrac{550(16^{3/4})}{\sqrt{8/2}} = 2200[\text{rpm}]$

28. $N_s = \dfrac{N\sqrt{Q}}{(H/z)^{3/4}} = \dfrac{1600\sqrt{4}}{(48/3)^{3/4}} = 400[\text{rpm, m}^3/\text{min, m}]$

29. (1) 펌프 효율 : 호수 수면과 저장탱크 수면을 각각 1, 2로 하고 두 지점 사이에 에너지 방정식을 적용하면

$$\frac{P_1}{\gamma} + \frac{V_1^2}{2g} + z_1 + H_p = \frac{P_2}{\gamma} + \frac{V_2^2}{2g} + z_2$$

이고, 여기에서 $P_1 = P_2 = P_{atm}$, $V_1 = V_2 = 0$이므로 펌프수두는

$$H_p = z_2 - z_1 = 24[\text{m}]$$

이다. 따라서 펌프효율은 다음과 같다.

$$\eta_p = \frac{\gamma Q H_p}{L_{pa}} = \frac{9.81(50\times 10^{-3})(24)}{18.1} = 0.65$$

(2) 펌프의 입구와 출구에서의 압력 차이 : 입구와 출구 두 지점 사이에 에너지 방정식을 적용하면

$$\frac{P_{입구}}{\gamma} + H_p = \frac{P_{출구}}{\gamma}$$

$$\therefore\ P_{출구} - P_{입구} = \gamma H_p = 9.81(24)[\text{kPa}] = 235[\text{kPa}]$$

30. 수동력 $L_w = \gamma Q H = \gamma Q(H_a + H_L) = 9.8(0.05)(25+5) = 14.7[\text{kW}]$

$$\eta_p = \frac{L_w}{L_s} = \frac{14.7}{20} = 0.735$$

31. 손실수두가 $0(H = H_a + H_L = H_a)$일 때 최대 유량이 된다.

$$L_w = \gamma Q_{\max} H_a = \eta_p L_s$$

$$\therefore\ Q_{\max} = \frac{\eta_p L_s}{\gamma H_a} = \frac{0.8(40\times 75)}{1000(15)} = 0.16[\text{m}^3/\text{s}] = 160[\text{L/s}]$$

† 물의 비중량 $\gamma_w = 1000\text{kgf/m}^3$, $1\text{PS} = 75\text{kgf}\cdot\text{m/s}$이다.

32. 전양정 $H = H_a + H_L = 23 + 5 = 28[\text{m}]$이므로 펌프효율로부터

$$\eta_p = \frac{L_w}{L_s} = \frac{\gamma Q H_p}{L_s}$$

$$\therefore \ Q = \frac{L_s}{\gamma H_p} \times \eta_p = \frac{49}{9.8(28)} \times 0.7[\text{m}^3/\text{s}] = 0.125[\text{m}^3/\text{s}] = 125[\text{L/s}]$$

† 호수 수면과 저장탱크 수면 사이에 에너지 방정식을 적용하면 어렵지 않게 펌프 수두 $H_p = H_a + H_L$이 얻어진다.

33. 펌프수두 $H_p = 23 + 5 = 28[\text{m}]$이므로

$$\frac{P_{입구}}{\gamma} + H_p = \frac{P_{출구}}{\gamma}$$

$$\therefore \ P_{출구} - P_{입구} = \gamma H_p = 9.8(28)[\text{kPa}] = 274[\text{kPa}]$$

34. $L_{ta} = \eta_t L_w = \eta_t \gamma Q H_t = 0.7(1000)(1.5)(40) \times \dfrac{1}{75} = 560[\text{PS}]$

35. 터빈 효율의 정의로부터

$$L_w = \frac{L_s}{\eta} = \gamma Q H_t = \dot{m} g H_t$$

$$\therefore \ H_t = \frac{L_s}{\eta} \times \frac{1}{\dot{m} g} = \frac{441 \times 1000}{0.9} \times \frac{1}{200(9.8)} = 250[\text{m}]$$

36. (1) 마찰에 의한 손실수두가 $0(h_L = 0)$일 때 최대 유량이 된다.

$$L_w = \gamma Q_{\max} H_a = \eta_p L_s$$

$$\therefore \ Q_{\max} = \frac{\eta_p L_s}{\gamma H_a} = \frac{0.8(5)}{9.8(30)} = 0.0136[\text{m}^3/\text{s}] = 13.6[\text{L/s}]$$

(2) 입구와 출구를 각각 1, 2로 한다.

$$V_1 = \frac{4 Q_{\max}}{\pi D_1^2} = \frac{4(0.0136)}{\pi (0.07)^2} = 3.534[\text{m/s}]$$

$$V_2 = \frac{4 Q_{\max}}{\pi D_2^2} = \frac{4(0.0136)}{\pi (0.05)^2} = 6.926[\text{m/s}]$$

두 지점 1, 2 사이에 에너지 방정식을 적용하면

$$\frac{P_1}{\gamma}+\frac{V_1^2}{2g}+z_1+H_p=\frac{P_2}{\gamma}+\frac{V_2^2}{2g}+z_2$$

이다. 여기에서 입구와 출구의 높이 차이를 무시하므로 $z_1 = z_2$이고, 손실이 없으므로 $H_p = H_a = 30[\mathrm{m}]$이다.

$$\therefore\ P_2 - P_1 = \frac{\rho}{2}(V_1^2 - V_2^2) + \gamma H_p$$
$$= \frac{1000}{2}(3.534^2 - 6.926^2)\times\frac{1}{1000} + 9.8(30) = 276[\mathrm{kPa}]$$

37. 수동력 $L_w = \eta_p L_s = \gamma Q H_p$로부터 마찰 손실수두($H_L$)는

$$H_p = \frac{\eta_p L_s}{\gamma Q} = \frac{0.8(9.8)}{9.8(0.04)} = 20[\mathrm{m}]$$
$$\therefore\ H_L = H_p - H_a = 20 - 12 = 8[\mathrm{m}]$$

이고, 이를 극복하기 위해 사용된 동력($L_{loss}$)은 다음과 같다.

$$L_{loss} = \gamma Q H_L = 9.8(0.04)(8) = 3.136[\mathrm{kW}]$$

38. 펌프 장치에 의해 최종적으로 물이 받은 동력은

$$L_1 = \gamma Q H_1 = 9.8(0.05)(55) = 26.95[\mathrm{kW}]$$

이므로 펌프 장치의 총 동력 손실($L_{loss}$)은

$$L_{loss} = L_{input} - L_1 = 40 - 26.95 = 13.05[\mathrm{kW}]$$

이고, 총 손실수두($h_{loss}$)는 다음과 같다.

$$h_{loss} = \frac{L_{loss}}{\gamma Q} = \frac{13.05}{9.8(0.05)} = 26.63[\mathrm{m}]$$

† 여기에서 손실수두는 관에서 마찰에 의한 손실수두($h_L$)와 다르다. 즉, 펌프에서 손실과 관로에서 마찰 손실 등을 모두 포함하는 총 손실수두이다.

39. 댐의 수면과 터빈으로부터 물이 방출되는 댐 하류 수면을 각각 1, 2로 하여 점 1과 2 사이에 에너지 방정식을 적용한다.

$$\frac{P_1}{\gamma}+\frac{V_1^2}{2g}+z_1=\frac{P_2}{\gamma}+\frac{V_2^2}{2g}+z_2+H_t+h_L$$

$$0+0+z_1=0+0+z_2+H_t+kQ^2$$

$$\therefore\ H_t=(z_1-z_2)-kQ^2=h-kQ^2 \quad \cdots\cdots ①$$

따라서 터빈이 받는 동력($L$)은

$$L=\gamma QH_t=\gamma Q(h-kQ^2)=\gamma(Qh-kQ^3) \quad \cdots\cdots ②$$

이다. 식 ②에서 $L$은 $Q$의 함수이고 $L$이 최대가 되는 $Q$를 구하면 다음과 같다.

$$\frac{dL}{dQ}=\gamma(h-3kQ^2)=0 \ \rightarrow\ h-3kQ^2=0 \ \rightarrow\ Q^2=\frac{h}{3k}$$

$$\therefore\ Q=\sqrt{\frac{h}{3k}} \quad \cdots\cdots ③$$

이때 다음과 같이 최대동력($L_{max}$)이 구해진다.

$$L_{max}=\gamma Q(h-kQ^2)=\gamma Q\left(h-\frac{h}{3}\right)=\frac{2}{3}\gamma Qh$$

40. 그림에서 흡입관 지름 $D_1=0.3\text{m}$, 길이 $L_1=5\text{m}$이고, 송출관 지름 $D_2=0.2\text{m}$, 길이 $L_2=20\text{m}$이다. 유량 $Q=0.3\text{m}^3/\text{s}$이므로 흡입관에서의 유속($V_1$)과 송출관에서의 유속($V_2$)은 각각 다음과 같다.

$$V_1=\frac{Q}{A_1}=\frac{4Q}{\pi D_1^2}=\frac{4(0.3)}{\pi(0.3)^2}=4.24[\text{m/s}] \quad \cdots\cdots ①$$

$$V_2=\frac{Q}{A_2}=\frac{4Q}{\pi D_2^2}=\frac{4(0.3)}{\pi(0.2)^2}=9.55[\text{m/s}] \quad \cdots\cdots ②$$

따라서 관로에서의 전 손실수두 $H_L$은 다음과 같다.

$$H_L=H_{L1}+H_{L2}=\left(f_i+n\frac{L_1}{D_1}\right)\frac{V_1^2}{2g}+\left(f_o+n\frac{L_2}{D_2}\right)\frac{V_2^2}{2g}$$

$$=\left[0.5+0.013\frac{(5)}{(0.3)}\right]\frac{(4.24)^2}{2(9.8)}+\left[1.0+0.013\frac{(20)}{(0.2)}\right]\frac{(9.55)^2}{2(9.8)}$$

$$=11.36[\text{m}] \quad \cdots\cdots ③$$

왼쪽 탱크 수면을 3, 오른쪽 탱크 수면을 4로 하고 에너지 방정식을 적용하여 펌프

수두($H_p$)를 구한다.

$$\frac{P_3}{\gamma}+\frac{V_3^2}{2g}+z_3+H_p=\frac{P_4}{\gamma}+\frac{V_4^2}{2g}+z_4+H_L \quad \cdots\cdots ④$$

여기에서 두 탱크의 수면 속도가 0이고($V_3=V_4=0$), 수면 압력은 모두 대기압으로 같다($P_3=P_4=P_{atm}$)고 가정하면 식 ④로부터 다음 결과가 얻어진다.

$$z_3+H_p=z_4+H_L$$

$$\therefore\ H_p=(z_4-z_3)+H_L=20+11.36=31.36[\text{m}]$$

따라서 양수하기 위해 필요한 Pump 동력($L_p$)은 다음과 같다.

$$L_p=\frac{\gamma QH_p}{\eta}=\frac{(9.8)(0.3)(31.36)}{0.8}=115.25[\text{kW}]$$

41. (1) 총 송실수두 $H_L$ :

$$V=\frac{4Q}{\pi D^2}=\frac{4(0.004)}{\pi(0.06)^2}=1.415[\text{m/s}]$$

$$H_L=\left(\lambda\frac{L}{D}+\sum K\right)\frac{V^2}{2g}=\left(0.02\times\frac{300}{0.06}+12\right)\frac{(1.415)^2}{2(9.8)}=11.44[\text{m}]$$

(2) 펌프동력 $L_s$ : 에너지 방정식으로부터 펌프수두는

$$H_p=(z_2-z_1)+H_L=[65-(-5)]+11.44=81.44[\text{m}]$$

이고, 물을 양수하기 위해 필요한 펌프동력은 다음과 같다.

$$L_s=\frac{L_w}{\eta}=\frac{\gamma QH_p}{\eta}=\frac{9.8(0.004)(81.44)}{0.75}=4.257[\text{kW}]$$

물의 비중량은 $9.8\text{kN/m}^3$이다.

42. [정답 : ①] : ①은 맥동 현상

43. [정답 : ②]

44. [정답 : ④] : $L=\gamma QH=\rho gQH=1000(9.8)QH[\text{W}]=9.8QH[\text{kW}]$

45. [정답 : ②]

46. [정답 : ①]

47. [정답 : ②]

48. [정답 : ②]

49. [정답 : ③] : $L=\gamma QH=1000(0.5)(5)\times\frac{1}{75}[\text{PS}]=33.3[\text{PS}]$

50. [정답 : ①] 51. [정답 : ③] 52. [정답 : ①]

53. [정답 : ②] 54. [정답 : ②] 55. [정답 : ①]

56. [정답 : ②]

57. 수동력 $L_w = \gamma Q H_p = (\gamma H_p) Q = \Delta P Q = 270 \times \left( \dfrac{1500 \times 10^{-3}}{60} \right) = 6.75[\text{kW}]$

펌프효율 $\eta = \dfrac{L_w}{L_s} = \dfrac{6.75}{9} = 0.75$

58. $V = \dfrac{Q}{A} = \dfrac{4Q}{\pi d^2} = \dfrac{4(0.085)}{\pi (0.15)^2} = 4.81[\text{m/s}]$

에너지 방정식에서 $V_1 = V_2 = 0$, $P_1 = P_2 = P_{atm}$으로 하면 펌프수두는

$$H_p = \Delta z + h_L = \Delta z + \lambda \frac{L}{d}\frac{V^2}{2g} = 36 + 0.023\left(\frac{600}{0.15}\right)\frac{(4.81)^2}{2(9.8)}[\text{m}]$$
$$= 144.6[\text{m}]$$

이고, 요구되는 펌프동력은 다음과 같다.

$$L_{pa} = \frac{\gamma Q H_p}{\eta} = \frac{9.8(0.085)(144.6)}{0.75}[\text{kW}] = 160.6[\text{kW}]$$

59. $L_{t,\max} = \dot{m} g H_{t,\max} = 1000(10)(20)[\text{W}] = 200[\text{kW}]$

60. (1) 윤활유의 질량유량[kg/min] : 대기압을 $P_0$, 펌프 입구와 출구의 압력을 각각 $P_1$, $P_2$로 하면 관로에서의 압력은 [그림]과 같다.

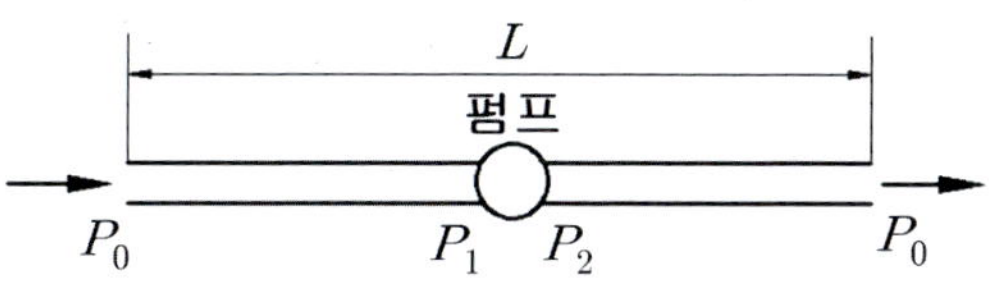


[연습문제 9.60] 관로에서 압력

여기에서 총 마찰손실($h_L$)을 구해보면

$$h_L = \frac{1}{\gamma}[(P_0 - P_1) + (P_2 - P_0)] = \frac{1}{\gamma}(P_2 - P_1) = \frac{1}{\gamma}\Delta P$$
$$\therefore\ \Delta P = \gamma h_L = \gamma\left(f\frac{L}{D}\frac{V^2}{2g}\right) = f\frac{L}{D}\frac{\rho V^2}{2} \quad \cdots\cdots\cdots\cdots ①$$

이 된다. 부피유량이 $Q$일 때 유속은

$$V=\frac{Q}{\pi D^2/4}=\frac{4Q}{\pi D^2} \quad \cdots\cdots ②$$

이고, 주어진 조건에서

$$\Delta P=600-1{,}780Q^2 \ [\mathrm{kPa}] \quad \cdots\cdots ③$$

이다. 식 ②를 ①에 대입하고 식 ③을 이용하여 부피유량($Q$)을 구한다.

$$600-1{,}780Q^2=f\frac{L}{D}\frac{\rho}{2}\left(\frac{4Q}{\pi D^2}\right)^2\times\frac{1}{1000}$$
$$=(0.016)\frac{(100)}{(0.1)}\frac{(900)}{2}\left[\frac{16Q^2}{\pi^2(0.1)^4}\right]\times\frac{1}{1000}$$
$$=116{,}722Q^2$$
$$\therefore \quad Q=\sqrt{\frac{600}{(116{,}722+1{,}780)}}=0.071[\mathrm{m^3/s}] \quad \cdots\cdots ④$$

따라서 질량유량($\dot{m}$[kg/min])은 다음과 같다.

$$\dot{m}=\rho Q=900\times0.071\,[\mathrm{kg/s}]$$
$$=(900\times0.071)\times60\,[\mathrm{kg/min}]=3{,}834\,[\mathrm{kg/min}] \quad \cdots\cdots ⑤$$

$Q$를 구할 때 윤활유의 비중이 0.9이므로 밀도 $\rho=900\mathrm{kg/m^3}$이고, 식의 왼쪽에서 압력의 단위가 kPa이므로 우변에 $\frac{1}{1000}$을 곱하였다.

(2) 펌프에 공급해야 할 동력[kW] : 식 ③과 ④로부터 펌프 입출구의 압력차 $\Delta P$를 구한다.

$$\Delta P=600-1{,}780Q^2=600-1{,}780\times(0.071)^2$$
$$=591.0[\mathrm{kPa}] \quad \cdots\cdots ⑥$$

따라서 펌프 효율 $\eta=0.7$일 때 펌프에 공급해야 할 동력($L_p$[kW])는 다음과 같다.

$$L_p=\frac{\Delta PQ}{\eta}=\frac{(591)(0.071)}{0.7}=59.94\,[\mathrm{kW}] \quad \cdots\cdots ⑦$$

# 참고문헌

[1] 고형종 외 공역, Young 외 공저, 쉽게 배우는 유체역학, 홍릉과학 출판사, 2010.
[2] 교육과학기술부, 유체기기, (주) 두산, 2009.
[3] 교육부, 유체기기, 대한교과서 주식회사, 1998.
[4] 김영득 외 공저, 최신유체기계, 청문각, 2007.
[5] 박영무 외 공역, G. J. Van Wylen 외 공저, 공업열역학, 희중당, 1995.
[6] 박운진 외 공역, Y. A. Cengel, J. M. Cimbala 공저, 유체역학, 한국맥그로힐(주), 2009, 2018.
[7] 부정숙 외 공역, P. M. Gerhart 외 공저, 유체역학, 반도출판사, 1993.
[8] 서상호 외 공역, R.W. Fox 외 공저, 유체역학, 텍스트북스, 2009.
[9] 유주식, 5급 공무원 기술직 시험 유체역학 문제연습, 교육과학사, 2018.
[10] 유주식, 기계공학 핵심역학, 경문사, 2019.
[11] 유주식, 쉽게 배우는 기계공학 개론, 2020.
[12] 이종춘 외 공역, Iriving Granet, P.E. 저, 유체역학, 사이텍 미디어, 1998.
[13] 이택식, 유정열 공역, R. L. Street 외 공저, 유체역학, 범한서적, 1997.
[14] 조강래 외 공역, F. M. White 저, 유체역학, 한국맥그로힐(주), 2000, 2017.
[15] B. R. Munson, D. F. Young, T. H. Okiishi, W. W. Huebsch, Fundamentals of Fluid Mechanics, John Wiley & Sons, Inc., 2009.
[16] D. Halliday, R. Resnick & J. Walker, Fundamentals of Physics, John Willey & Sons, Inc., 1993.
[17] M. Potter & D. Wiggert, Fluid Mechanics, Schaum's Outlines, Mcgraw Hill, 2008.
[18] R. V. Giles & J. B. Evett, Fluid Mechanics and Hydraulics, Schaum's Outlines, Mcgraw Hill, 1994.
[19] 사이버 국가고시센터(www.gosi.go.kr)
[20] 한국교육과정평가원(www.kice.re.kr)

## 단위 변환

- 길이 : 1mm = 0.0394 inch ; 1m = 3.281 ft ; 1 km = 0.622 mile ; 1 mile = 5280 ft
  1 inch = 2.54 cm ; 1 ft = 12 inch = 0.3048 m ; 1 yard = 0.9144 m
- 면적 : $1m^2 = 10.76 ft^2$ ; $1mm^2 = 0.00155 inch^2$
- 체적 : $1m^3 = 10^3 L = 35.31 ft^3$ ; $1 L = 10^3 cm^3 = 10^{-3} m^3$
- 질량 : 1kg = 0.0685 slug ; 1 slug = 14.59 kg ; 1 ton = 1000 kg
- 중력가속도 : $g = 9.80665 m/s^2 = 32.174 ft/s^2$
- 힘 : $1N = 10^5$ dyne ; 1 N = 0.2248 lb ; 1kgf = 9.80665 N ; 1 lb = 4.448 N
- 점성계수 : $1 Pa \cdot s = 1 N \cdot s/m^2 = 10$ poise $= 0.02089 lb \cdot s/ft^2$
  $1 poise = 1 g/cm \cdot s = 1 dyne \cdot s/cm^2 = 0.1 kg/m \cdot s$
  $1 poise = 0.1 N \cdot s/m^2 = 0.1 Pa \cdot s = 100 cP$
- 밀도 : $1 kg/m^3 = 0.00194 slug/ft^3$
- 에너지: $1J = 1N \cdot m = 0.7375 ft \cdot lb$ ; $1J = 10^7 erg$ ; 1cal = 4.1860 J (exactly)
- 유량 : $1 m^3/s = 10^6 cm^3/s = 1000 L/s = 35.31 ft^3/s$ ; $1L/s = 10^{-3} m^3/s$
- 동점성계수 : $1 m^2/s = 10^4$ stoke $= 10.76 ft^2/s$
  $1 stoke = 1 cm^2/s = 10^{-4} m^2/s = 100 cSt$
- 동력 : $1W = 1J/s = 0.7375 ft \cdot lb/s$ ; $1kW = 1.341 HP = 737.5 ft \cdot lb/s$
  $1 PS = 75 kgf \cdot m/s = 735.5 W$ ; 1 HP = 746 W ; $1HP = 550 lb \cdot ft/s$
- 압력 : $1 bar = 10^5 Pa = 100 kPa = 0.987 atm$ ; $1kN/m^2 = 1 kPa = 0.145 psi$
  $1 mm H_2O = 9.807 Pa$ ; 1 mmHg = 0.0394 inch Hg = 133.3 Pa
  1 atm = 760 mmHg = 101.325 kPa = 1.01325 bar = 14.70 psi
- 비열, 기체상수 : $1 J/kg \cdot K = 5.98 ft \cdot lb/slug \cdot R$
- 비체적 : $1 m^3/kg = 515.5 ft^3/slug$
- 비중량 : $1 N/m^3 = 0.006365 lb/ft^3$
- 온도 차이($\Delta T$) : 1 ℃ = 1 K = 1.8 °F = 1.8 R
- 속도 : 1 m/s = 3.281 ft/s = 3.60 km/h = 2.28 mile/h ; 1 knot = 0.5155 m/s

[L = liter = 1000 cc = $1000 cm^3$ ; ft = foot ; lb = pound force ; psi = $lb/inch^2$]

# 찾아보기

『ㅂ』



『ㅅ』

『 ㅇ 』



『 ㅈ 』

『 ㅎ 』



『 기타 』

# 지은이 소개

**유주식**

서울대학교 공과대학 기계공학과 졸업
한국과학기술원 기계공학과 석·박사
University of Michigan 연구교수
(현재) 안동대학교 기계교육과 교수


## 쉽게 배우는 기본 유체역학

2021년 3월 25일 1판 1쇄 발행
2023년 7월 25일 1판 3쇄 발행

지은이 : 유 주 식
펴낸이 : 한 정 주
펴낸곳 : 교육과학사

지은이와 협의하에 인지생략

경기도 파주시 광인사길 71
전화 (031)955-6956~8/팩스 (031)955-6037
Home-page : www.kyoyookbook.co.kr
E-mail : kyoyook@chol.com
등록 : 1970년 5월 18일 제2-73호

낙장 · 파본은 교환해 드립니다.
Printed in Korea.

정가 28,000 원
ISBN 978-89-254-1555-0